高等学校计算机专业“十二五”规划教材

# 计算机组网实验教程

(第二版)

马素刚　主编
赵婧如　孙韩林　副主编

西安电子科技大学出版社

## 内 容 简 介

本书由浅入深、循序渐进地设计了不同层次的网络实验，针对不同实验项目概括性地介绍了相关的网络基本理论。

全书共分为11章。第1～3章是网络基础实验部分，包括网络基本连接、网络基本应用、共享Internet接入等内容，可作为计算机网络基础等课程教学过程中的配套实验。第4～11章是网络应用实验部分，包括Windows Server 2008系统网络服务配置、交换机和路由器的配置、VPN配置、网络程序设计等内容。网络应用实验中难度较低的内容可作为计算机网络等课程教学过程中的配套实验，难度较高的综合性内容可作为课程设计等集中实践环节的实验。

本书内容详实、步骤清晰、图文并茂，注重基础理论与实验环节的紧密结合，构建了完整的网络实验体系，可作为各类大专院校网络工程专业、计算机科学与技术专业及其他相关专业的计算机网络等课程的实验教材，还可以作为计算机网络爱好者和网络工程技术人员的参考用书。

**图书在版编目(CIP)数据**

计算机组网实验教程/马素刚主编. —2版. —西安：西安电子科技大学出版社，2014.9
高等学校计算机专业“十二五”规划教材
ISBN 978-7-5606-3471-5

Ⅰ. ① 计… Ⅱ. ① 马… Ⅲ. ① 计算机网络—实验—高等学校—教材 Ⅳ. ① TP393-33

**中国版本图书馆CIP数据核字(2014)第208890号**

策　　划　云立实
责任编辑　云立实　谭　莹
出版发行　西安电子科技大学出版社（西安市太白南路2号）
电　　话　(029)88242885　88201467　邮　　编　710071
网　　址　www.xduph.com　电子邮箱　xdupfxb001@163.com
经　　销　新华书店
印刷单位　陕西天意印务有限责任公司
版　　次　2014年9月第2版　2014年9月第3次印刷
开　　本　787毫米×1092毫米　1/16　印张25
字　　数　593千字
印　　数　8001～11 000册
定　　价　43.00元
ISBN 978－7－5606－3471－5 / TP
**XDUP 3763002-3**

# 前　言

随着计算机技术和通信技术的迅速发展与相互渗透，计算机网络技术已融入社会生活的方方面面。在以信息化带动工业化和工业化促进信息化的进程中，大多数技术领域均不同程度地要求技术人员熟悉网络应用操作，或是具备网络规划与设计、网络建设与维护、网络分析与开发等专业技术能力。

目前，国内各大高等院校的电子信息类专业本科阶段普遍开设了计算机网络技术的相关课程，许多高等院校的部分专业更是把计算机网络课程作为核心课程。计算机网络是一门理论厚重而实践性又很强的课程，教授这一课程的落脚点是如何让学习者具备基于技术原理解决实际问题的能力。在教授过程中如果没有强有力的实践环节的支撑，学习者将难以真正掌握大量深难的网络技术原理，更无法学以致用。本书的编写旨在解决如何锻炼与提高学习者的网络技术应用、分析、开发能力，如何帮助学习者将理论与实践紧密联系起来，如何让学习者分层次有步骤地消化实践内容，如何帮助教师在有限的学时里高效地指导学生完成实验等问题。本教材就计算机网络技术应用及开发的典型问题，分别以不同的专题理论知识为主线，设计了系列实验项目，全书由11章内容组成。

第1章介绍了双绞线、网络硬件、TCP/IP协议、网络测试命令等网络基础知识，安排了双绞线的制作、TCP/IP 协议配置、使用交换机组建局域网，以及网络测试命令(如“ipconfig、ping、tracert、arp”)的使用等实验。

第2章介绍了IE浏览器、电子邮件收发软件Outlook/Foxmail、远程登录协议Telnet和文件传输协议FTP等网络基本应用，安排了IE浏览器、Outlook、Foxmail等客户端软件的使用，使用Telnet进行远程登录，以及使用FTP命令行和CuteFTP进行FTP客户端操作等实验。

第3章在介绍NAT的基本原理的基础上，说明了宽带路由器、ICS、代理服务器等共享Internet接入的方式，安排了利用宽带路由器、ICS、代理服务器软件(CCProxy)等三种方式共享上网设置的实验。

第4章介绍了Windows Server 2008系统的网络服务配置，包括Web服务、FTP服务、DNS服务和DHCP服务，安排了VMware Workstation的使用，以及Web、FTP、DNS、DHCP等四种服务器的配置实验。

第5章介绍了交换机的命令模式、交换机的配置方法、MAC地址表、生成树协议、交换机维护等内容，安排了交换机初始化配置、交换机基本配置、MAC地址表管理、生成树协议配置、IOS的备份和升级、配置文件的备份和恢复、IOS的恢复等实验。

第6章介绍了路由器的命令模式、GNS3软件的功能、路由器配置文件与IOS的维护等内容，安排了路由器的初始化配置，利用路由器连接两个子网，配置文件的备份与恢复，IOS的备份、升级与恢复等实验。

第7章在第5章的基础上，进一步介绍了交换机上VLAN的配置。阐述了VLAN的概念、基本原理以及VLAN的类型。安排了静态VLAN配置、VLAN中继配置、DTP协商、VTP配置，以及利用传统路由、单臂路由和三层交换机等三种方式实现VLAN间路由的实验。

第 8 章在第 6 章的基础上，进一步介绍了典型路由选择协议的配置。首先阐述了路由选择的概念、路由信息的获取途径，以及路由选择协议的分类，然后介绍了直连路由、静态路由、RIP、OSPF 的工作原理，以及路由重分布的概念，安排了直连路由配置、静态路由配置、RIPv1 和 RIPv2 的配置、OSPF 的配置及路由重分布配置等实验。

第 9 章在第 6 章的基础上，介绍了访问控制列表的配置。阐述了 ACL 的基本概念、工作原理及配置命令，安排了标准 ACL 和扩展 ACL 的配置实验。

第 10 章介绍了 VPN 的基本概念和相关技术，以及 IPSec、PPTP、L2TP 等协议基础理论，安排了 IPSec 策略配置和基于 PPTP、L2TP 的 VPN 实现等实验。

第 11 章介绍了网络程序设计的基本概念，包括套接字概念、套接字地址、常用套接字函数以及并发服务器程序模型等，通过编写简单的 Echo 程序和代理服务器程序来实践套接字程序设计，安排了简单的 Echo 程序、协议无关的并发 Echo 程序、代理服务器的设计与实现等实验。

计算机网络技术发展日新月异，网络软、硬件环境也随之发生了很大变化，第一版教材的部分实验内容已显陈旧。为了紧随网络技术发展的步伐，更好地满足现阶段和今后一定时期内的教学需求，编者结合广大教师、学生、同行专家等反馈的意见和建议，对第一版教材内容进行了大幅度的修改。第一，调整了全书整体结构。如删除了第一版教材 1.2 节中“串行、并行线的连接”，并把第 1、2 章进行合并；把第一版教材第 6 章“交换机、路由器的基本配置”拆分成两章，分别介绍交换机和路由器的基本配置。第二，重新设计或更新了各章节的实验项目，所有实验已在新的主流软、硬件环境中验证通过，各章实验项目之间联系更加紧密。第三，在文字叙述和位置安排上对各章的理论部分做了大量调整，使之对相关的实验项目有了更好的支撑。

本书基于编者长期从事计算机网络技术实践教学的经验，结合现阶段网络技术人才培养目标与教学需求，通过对实验内容的反复研讨与筛选，对实验项目进行重新编排与设计编写而成。与同类教材相比，本书具有如下特点：

(1) 内容编排遵循由易到难、由浅入深、环环相扣的原则，各章实验项目间的逻辑关联更加紧密，可以引导学生在不同的学习阶段逐步巩固和加强实践技能；

(2) 各章在实验项目之前概括性地介绍了相关理论要点，为学生动手实验做好了理论知识回顾及必要的理论补充；

(3) 实验目的明确，实验环境可根据实际实验条件灵活调整，具有良好的可操作性；

(4) 实验过程中贯穿必要的理论指导以及实验结果分析，使得理论与实践相辅相成；

(5) 实验项目设计符合网络技术应用的主流趋势，具有典型性、实用性，建立的实验原型有助于学习者解决实际问题。

本书由马素刚、赵婧如、孙韩林、张奎等编著。马素刚担任主编，负责全书定稿与审核任务。赵婧如、孙韩林担任副主编，参与全书审核工作。本书第 1、3、6、9、10 章由马素刚编写，第 7、8 章由赵婧如编写，第 4、5、11 章由孙韩林编写，第 2 章由张奎编写。

限于编者的水平，书中难免有疏漏和错误之处，恳请广大读者批评指正。

编　者

2014 年 4 月

# 第一版前言

随着计算机技术和通信技术的迅速发展和相互渗透，计算机网络已进入社会的每一个领域，迫切需要大量掌握计算机网络系统规划、设计、建设和运行维护的技术人员。

计算机网络是实践性很强的课程，为了使读者能够在学习计算机网络的基本概念、网络组成、网络功能和原理的同时，通过具体的实验加深对网络原理的理解，掌握一些基本配置方法和调试的基本技能，学会运用网络理论知识正确分析实验中所遇到的各种现象，正确整理、分析实验结果和数据，提高分析问题和解决问题的能力，我们编写了此实验指导教材。

全书由 11 章构成。

第 1 章主要介绍双绞线及其连接方法。本章安排了双绞线制作、直接电缆连接等实验。

第 2 章主要介绍基本的网络硬件，如网卡、集线器、交换机、路由器，讲述一些网络基本工具的使用、利用交换机构建基本网络环境和 Windows 下网络环境的配置。本章安排了计算机、交换机的连接，Windows 98 中网卡驱动程序的安装，NetBEUI 协议、安装及共享设置、TCP/IP 协议的配置，ping、tracert、netstat、ipconfig 命令的使用等实验。

第 3 章介绍常用网络应用工具的设置和使用，包括 IE 浏览器、Outlook 和 Foxmail 的设置及使用，用 Telnet 进行远程登录，CuteFTP 的使用等实验。

第 4 章介绍代理服务器的原理、连接与配置，并以 SyGate 为例详细地介绍代理服务器和客户端的配置。本章安排了利用 SyGate 配置代理服务器实验。

第 5 章介绍 Windows 2000 Server 配置的知识，其中包括管理工具的介绍，IIS、DNS、DHCP、NAT 的配置。本章安排了 Windows 2000 Server 安装、本地用户和组管理、IIS、DNS、DHCP、路由、NAT 的安装和配置等实验。

第 6 章介绍利用超级终端对交换机、路由器进行配置的方法。本章安排了交换机的基本连接和配置、用路由器连接两个子网等实验。

第 7 章在第 6 章的基础上进一步介绍典型路由协议的配置方法，如 RIP 路由协议、OSPF 路由协议、路由重分配等。本章安排了配置静态路由、配置 RIP 路由协议、设置 OSPF 多域和路由重新分配的设置等实验。

第 8 章介绍 ACL 的基本概念以及在 Cisco 路由器中 ACL 的设置方法。本章安排了标准 ACL 的设置、扩展 ACL 的设置等实验。

第 9 章介绍 VLAN 的概念、分类及作用，利用 Cisco 交换机设置 VLAN 的方法，干道链路、VTP 的概念及设置方法。本章安排了基于端口的 VLAN、跨越交换机的 VLAN、VLAN 间路由等实验。

第 10 章介绍 VPN 的基本概念及相关协议、基于 Windows 2000 的 VPN 设置方法。本章安排了远程访问 VPN 的设置、路由器到路由器的 VPN 设置等实验。

第 11 章介绍 Socket 的基本概念、Winsock 函数以及基于客户/服务器的程序设计思想。

本章安排了面向连接的通信程序设计、基于 TCP 端口扫描程序的开发等实验。

本书在编写过程中参考了国内外的相关文献，在此对文献的作者表示感谢。

本书由王宣政、赵婧如、刘瑛、马素刚等编著，王宣政担任主编。本书编著过程中得到了韩俊刚老师和西安电子科技大学出版社的大力支持，以及朱军星、李锐锋的帮助，在此表示衷心的感谢。

限于编者的水平，加之时间仓促，书中难免存在错误和不妥之处，恳请广大读者批评指正。

编　者<br>2005 年 4 月

# 目　　录

# 第 1 章　网络基本连接

网络基本连接是网络技术最基础的内容，本章介绍了双绞线、网络硬件、TCP/IP 协议、网络测试命令等网络技术的基础知识。通过对本章的学习，应该学会制作双绞线，能够配置 TCP/IP 协议，使用交换机组建简单的局域网，同时掌握基本网络测试命令的使用方法。

## 1.1　双绞线的制作

### 1.1.1　双绞线介绍

#### 1．概述

双绞线(Twisted Pair，TP)是综合布线工程中最常用的一种传输介质，它由两根具有绝缘保护层的铜导线组成。把两根绝缘的铜导线按一定密度互相绞在一起，可降低信号干扰的程度，这是因为一根导线在传输中辐射的电波会被另一根导线上发出的电波抵消。将一对或多对双绞线放在一个绝缘套管中便成了双绞线电缆(简称为双绞线)，如图 1.1 所示。在双绞线电缆内，不同线对具有不同的扭绞长度，一般来说，扭绞长度在 14～38.1 cm 内，按逆时针方向扭绞，相邻线对的扭绞长度在 12.7 cm 以上。与其他传输介质相比，双绞线在传输距离、信道宽度和数据传输速度等方面均受到一定限制，但价格较为低廉。

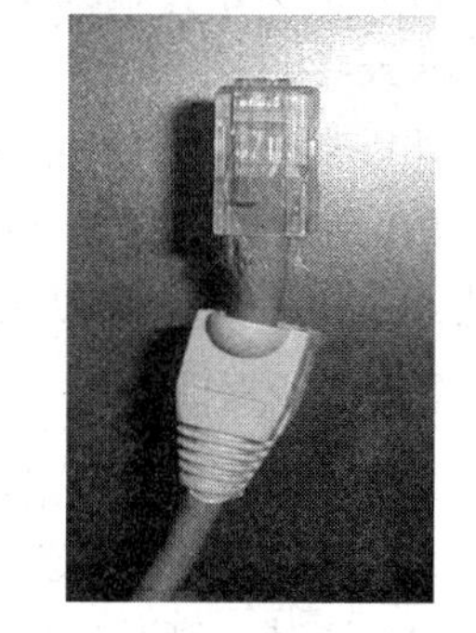

图 1.1　带有水晶头和保护套的双绞线电缆

虽然双绞线早期主要用来传输模拟声音信息，但现在同样适用于数字信号的传输，特别适用于较短距离的信息传输。采用双绞线传输信号的局域网带宽取决于所用导线的质量、长度及传输技术。只要精心选择和安装双绞线，就可以在有限的距离内达到较高的传输速率。

双绞线可分为非屏蔽双绞线(Unshielded Twisted Pair，UTP)和屏蔽双绞线(Shielded Twisted Pair，STP)两种。利用非屏蔽双绞线传输信息时，由于电磁波向外辐射，信息容易泄露。屏蔽双绞线电缆的外层由铝箔包裹，可以减小幅射，但并不能完全消除辐射。屏蔽双绞线具有较高的数据传输速率，但价格相对较高，安装时也要比非屏蔽双绞线电缆困难。类似于同轴电缆，它必须配有支持屏蔽功能的特殊连接器和相应的安装技术。除某些特殊场合(如受电磁辐射严重、对传输质量要求较高等)在布线中使用屏蔽双绞线外，一般情况下都采用非屏蔽双绞线。

非屏蔽双绞线电缆具有以下优点：无屏蔽外套，直径小，重量轻；易弯曲，易安装；串扰小；具有阻燃性；具有独立性和灵活性，适用于结构化综合布线。

### 2．分类

电子工业联盟/电信工业协会(Electronic Industries Alliance/Telecommunications Industry Association，EIA/TIA)为双绞线电缆定义了以下几种标准，计算机网络综合布线使用 3 类以上标准。

(1) 1 类：主要用于传输语音(1 类标准主要用于 20 世纪 80 年代之前的电话线缆)，不用于数据传输。

(2) 2 类：传输频率为 1 MHz，用于语音传输和最高传输速率为 4 Mb/s 的数据传输，常见于使用 4 Mb/s 规范令牌传递协议的旧的令牌网。

(3) 3 类：目前在 ANSI 和 EIA/TIA 568 标准中指定的电缆。该类电缆的传输频率为 16 MHz，用于语音传输及最高传输速率为 10 Mb/s 的数据传输，主要用于 10Base-T 网络。

(4) 4 类：该类电缆的传输频率为 20 MHz，用于语音传输和最高传输速率为 16 Mb/s 的数据传输，主要用于基于令牌环局域网和 10Base-T/100Base-T 网络。

(5) 5 类：该类电缆增加了绕线密度，其外套一种高质量的绝缘材料，传输频率为 100 MHz，用于语音传输和最高传输速率为 100 Mb/s 的数据传输，主要用于 10Base-T/100Base-T 网络，是最常用的以太网电缆。

(6) 超 5 类：它对现有的非屏蔽 5 类双绞线的部分性能加以改善，具有衰减小、串扰少、更高的衰减串扰比(ACR)和信噪比、更小的时延误差等特点，性能得到很大提高，但其传输频率仍为 100 MHz。

(7) 6 类：传输频率为 250 MHz，传输速率为 1 Gb/s，主要用于 10Base-T/100Base-T/1000Base-T 网络。

(8) 扩展 6 类：传输频率为 500 MHz，传输速率为 10 Gb/s，主要用于 10GBase-T 网络。

(9) 7 类：能满足 600 MHz 以上，甚至 1.2 GHz 的传输频率要求，传输速率达 10 Gb/s 以上，主要为了适应万兆位以太网技术的应用和发展。

### 3．性能指标

对于双绞线，用户最关心的是表征其性能的几个指标，包括衰减、近端串扰、直流环路电阻、特性阻抗、衰减串扰比等。

(1) 衰减。衰减(Attenuation)是沿链路的信号损失的度量。衰减与线缆的长度有关系，随着长度的增加，信号衰减也随之增加。衰减用“dB”作单位，表示源传送端信号与接收端信号强度的比率。由于衰减随频率而变化，因此，应测量在应用范围内的所有频率上的衰减。

(2) 近端串扰(NEXT)。串扰分近端串扰和远端串扰(FEXT)，测试仪主要是测量近端串扰。由于存在线路损耗，因此 FEXT 的影响较小。近端串扰是指一条 UTP 链路中一个线对的信号在同一端另一个线对上产生的信号耦合。对于 UTP 链路，NEXT 是一个关键的性能指标，也是最难精确测量的一个指标。随着信号频率的增加，其测量难度将加大。

(3) 直流环路电阻。它是指一对导线电阻的和。ISO/IEC 11801 规格的双绞线的直流环路电阻不得大于 19.2 Ω，每对导线间电阻值的差异不能太大(小于 0.1 Ω)。直流环路电阻会消耗一部分信号，并将其转变成热量。

(4) 特性阻抗。与直流环路电阻不同，特性阻抗包括电阻及频率为 1～100 MHz 的电感阻抗及电容阻抗，它与一对电线之间的距离及绝缘体的电气性能有关。各种电缆有不同的特性阻抗，而双绞线电缆则有 100 Ω、120 Ω 及 150 Ω 几种。

(5) 衰减串扰比(ACR)。在某些频率范围，串扰与衰减量的比例关系是反映电缆性能的另一个重要参数。ACR 是指某一频率上测得的串扰与衰减的差，单位为 dB。ACR 值较大，表示抗干扰的能力较强。一般系统要求 ACR 至少大于 10 dB。ACR 也称信噪比(Signal-Noice Ratio，SNR)。SNR 是在考虑到干扰信号的情况下，对数据信号强度的一个度量。如果 SNR 过低，将导致数据信号在接收时，接收器不能分辨数据信号和噪音信号，最终引起数据错误。因此，为了将数据错误限制在一定范围内，必须定义一个最小的可接收的 SNR。

#### 4. 双绞线的识别

随着快速以太网标准的推出和实施，5 类双绞线如今广泛地应用于网络布线。但是由于个别厂商和网络公司在宣传上的误导，以及部分网络用户对有关标准缺乏必要的了解，致使在选用 5 类双绞线时真假难辨，不知所措。一旦选用了不符合标准的 5 类双绞线，一方面会使网络整体性能下降，另一方面会为将来网络的升级埋下隐患。根据目前网络布线的实际需要，下面主要介绍 5 类非屏蔽双绞线的正确识别和选择方法。

1) 传输速度

双绞线质量的优劣是决定局域网带宽的关键因素之一。某些厂商在 5 类 UTP 电缆中所包裹的是 3 类或 4 类 UTP 中所使用的线对，这种制假方法对一般用户来说很难辨别。这种所谓的“5 类 UTP”无法达到 100 Mb/s 的数据传输率，最大为 10 Mb/s 或 16 Mb/s。可以使用网络测试仪或测速软件来验证网络所能达到的传输速率。

2) 电缆中双绞线对的扭绕应符合要求

为了降低信号的干扰，双绞线电缆中的每一线对都由两根绝缘的铜导线相互扭绕而成，而且同一电缆中的不同线对具有不同的扭绕度(就是扭绕线圈的数量)。同时，标准双绞线电缆中的线对是按逆时针方向进行扭绕的。但某些非正规厂商生产的电缆线却存在许多问题：

(1) 为了简化制造工艺，电缆中所有线对的扭绕度相同。

(2) 线对中两根绝缘导线的扭绕度不符合技术要求。

(3) 线对的扭绕方向不符合要求。

如果存在以上问题，将会引起双绞线的串扰(指 UTP 中两线对之间的信号干扰)，从而使传输距离达不到要求。双绞线的扭绕度在生产中都有较严格的标准，实际选购时，在有条件的情况下可用一些专业设备进行测量，但一般用户只能凭肉眼来观察。需要说明的是，5 类 UTP 中线对的扭绕度要比 3 类密，超 5 类要比 5 类密。

除组成双绞线线对的两条绝缘铜导线要按要求进行扭绕外，标准双绞线电缆中的线对之间也要按逆时针方向进行扭绕。否则将会引起电缆电阻的不匹配，限制了传输距离。这一点一般用户很少注意到。有关 5 类双绞线电缆的扭绕度和其他相关参数，有兴趣的读者可查阅 EIA/TIA 568 标准中的具体规定。EIA/TIA 568 是 ANSI 于 1996 年制定的布线标准，该标准给出了网络布线时有关基础设施，包括线缆、连接设备等的规范。其中，EIA/TIA 568A 表示 IBM 的布线标准，EIA/TIA 568B 表示 AT&T 公司的标准。

3) 5 类双绞线的线对数

以太网在使用双绞线作为传输介质时，只需要 2 对(4 芯)线就可以完成信号的发送和接收。在使用双绞线作为传输介质的快速以太网中存在着三个标准：100Base-TX、100Base-T2

和 100Base-T4。其中，100Base-T4 标准要求使用全部的 4 对线进行信号传输，另外两个标准只要求 2 对线。在快速以太网中最普及的是 100Base-TX 标准。在购买 100M 网络中使用的双绞线时，不要购买只有 2 个线对的双绞线。在美国线缆标准(AWG)中对 3 类、4 类、5 类和超 5 类双绞线都定义为 4 对，在千兆位以太网中更是要求使用全部的 4 对线进行通信。所以，标准 5 类双绞线中应该有 4 对线。

4) 仔细观察

在具备了以上知识后，识别 5 类 UTP 时还应注意以下几点：

(1) 查看电缆外皮的说明信息是否详细规范。在双绞线电缆的外皮上应该印有像“AMP SYSTEMS CABLE……24AWG……CAT5”的字样，表示该双绞线是 AMP 公司的 5 类双绞线，其中 24AWG 表示是局域网中所使用的双绞线，CAT5 表示为 5 类。此外还有一种 NORDX/CDT 公司的 IBDN 标准 5 类双绞线，上面的字样就是“IBDN PLUS NORDX/CDX……24AWG……CATEGORY5”，这里的“CATEGORY5”也表示 5 类(CATEGORY 是英文“种类”的意思)。

(2) 查看双绞线是否易弯曲。双绞线应弯曲自然，以方便布线。

(3) 查看双绞线中的铜芯是否具有较好的韧性。为了使双绞线在移动中不致于断线，除外皮保护层外，内部的铜芯还要具有一定的韧性。同时为便于接头的制作和连接可靠，铜芯既不能太软，也不能太硬，铜芯太软不易接头的制作，铜芯太硬则容易产生接头处断裂。

(4) 查看双绞线是否具有阻燃性。为了避免受高温或起火而引起的线缆损坏，双绞线最外面的一层外皮除应具有很好的抗拉特性外，还应具有阻燃性(可以用火烧一下来测试，如果是正品，胶皮会受热松软，不会起火；如果是假货，遇火就容易燃烧)。为了降低制造成本，非标准双绞线电缆一般采用不符合要求的材料制作电缆的外皮，不利于通信安全。

## 1.1.2 双绞线的制作标准

### 1. 双绞线制作的两种国际标准

双绞线的制作有两种国际标准，分别是 EIA/TIA 568A 和 EIA/TIA 568B，如表 1-1 所示。

表 1-1 双绞线制作的两种国际标准

| EIA/TIA 568A | | | EIA/TIA 568B | | |
|---|---|---|---|---|---|
| 引脚顺序 | 连接信号 | 排列顺序 | 引脚顺序 | 连接信号 | 排列顺序 |
| 1 | TX+ (传输) | 白绿 | 1 | TX+ (传输) | 白橙 |
| 2 | TX– (传输) | 绿 | 2 | TX– (传输) | 橙 |
| 3 | RX+ (接收) | 白橙 | 3 | RX+ (接收) | 白绿 |
| 4 | 没有使用 | 蓝 | 4 | 没有使用 | 蓝 |
| 5 | 没有使用 | 白蓝 | 5 | 没有使用 | 白蓝 |
| 6 | RX-(接收) | 橙 | 6 | RX-(接收) | 绿 |
| 7 | 没有使用 | 白棕 | 7 | 没有使用 | 白棕 |
| 8 | 没有使用 | 棕 | 8 | 没有使用 | 棕 |

实际上对于标准接法，EIA/TIA 568A 和 EIA/TIA 568B 二者并没有本质的区别，只是

颜色上的区别，用户需要注意的只是在连接两个水晶头时必须保证：1、2线对是一个绕对；3、6线对是一个绕对；4、5线对是一个绕对；7、8线对是一个绕对。双绞线中，4、5、7、8这4根线没有定义。

具体接线时，往往不注意接成了1、2、3、4，在以前做NOVELL网连接10M网络时就是这样连接的，但10M网络相对而言带宽窄、连通性好，故连接成1、2、3、4也可以互访。由于100M网络的高带宽，再连成1、2、3、4就不能很好地工作了。更为严重的是，该故障的表现方式不尽相同：有的计算机在进行连接后，网卡和集线器/交换机上的指示灯均正常点亮；有的计算机却是网卡上的指示灯正常亮，而集线器/交换机端的指示灯闪烁，从而增加了排错的难度。因此，应确保按照标准线序进行接线。

### 2. 直通线缆与交叉线缆

通常情况下，双绞线的连接方法有两种：直通线缆和交叉线缆。下面分别介绍这两种线缆的引脚排序及适用场合。

(1) 直通线缆。线缆两端都是遵循EIA/TIA 568A或EIA/TIA 568B标准，双绞线的每组绕线是一一对应的。表1-2列出了两端均遵循EIA/TIA 568B标准的直通线缆线序。

表1-2 标准的直通线缆

| A端水晶头排列顺序 | 水晶头引脚顺序 | B端水晶头排列顺序 |
|---|---|---|
| 白橙 | 1 | 白橙 |
| 橙 | 2 | 橙 |
| 白绿 | 3 | 白绿 |
| 蓝 | 4 | 蓝 |
| 白蓝 | 5 | 白蓝 |
| 绿 | 6 | 绿 |
| 白棕 | 7 | 白棕 |
| 棕 | 8 | 棕 |

直通线缆适用场合：交换机(或集线器)UPLINK口与交换机(或集线器)普通端口的连接；交换机(或集线器)普通端口与计算机网卡的连接。

(2) 交叉线缆。一端遵循EIA/TIA 568A标准，而另一端遵循EIA/TIA 568B标准，如表1-3所示。两个水晶头的连线交叉连接，A水晶头的1、2分别对应B水晶头的3、6，而A水晶头的3、6分别对应B水晶头的1、2。

表1-3 标准的交叉线缆

| A端水晶头排列顺序 | 水晶头引脚顺序 | B端水晶头排列顺序 |
|---|---|---|
| 白橙 | 1 | 白绿 |
| 橙 | 2 | 绿 |
| 白绿 | 3 | 白橙 |
| 蓝 | 4 | 蓝 |
| 白蓝 | 5 | 白蓝 |
| 绿 | 6 | 橙 |
| 白棕 | 7 | 白棕 |
| 棕 | 8 | 棕 |

交叉线缆适用场合：交换机(或集线器)普通端口与交换机(或集线器)普通端口；计算机

网卡之间的连接。

### 1.1.3 实验 双绞线的制作

**【实验目的】**

(1) 熟悉双绞线的制作标准。

(2) 学会直通双绞线的制作方法。

(3) 学会交叉双绞线的制作方法。

**【实验环境】**

双绞线 2 根，RJ-45 接头(水晶头)4 个，压线钳 1 把，网络电缆测试仪 1 只。

**【实验过程】**

**1. 直通线的制作**

按照 EIA/TIA 568B 的标准制作直通线。下面介绍制作步骤：

(1) 准备好制作工具和材料，主要包括压线钳、网络电缆测试仪、RJ-45 接头和双绞线。压线钳如图 1.2 所示，从手柄开始主要由断线刀、压头器和剥线刀三部分构成。

(2) 利用压线钳的断线刀剪下所需长度的双绞线，至少 0.6 m，最多不超过 100 m；然后利用压线钳的剥线刀将双绞线的外皮除去 2～3 cm。有一些双绞线内含有一条柔软的尼龙线，在剥除双绞线的外皮时，如果裸露出的部分太短，可以紧握双绞线外皮，再捏住尼龙线往外拉，露出足够长的导线后，剪去外皮和尼龙线。

(3) 将 4 对线按照从左到右分别为橙、绿、蓝、棕的顺序排列，小心地拨开每一线对，并使 8 根线的排列顺序为白橙、橙、白绿、绿、白蓝、蓝、白棕、棕。需要说明的是，不需要剥开各对线的外皮。把蓝色线和绿色线互换位置，形成的线序为白橙、橙、白绿、蓝、白蓝、绿、白棕、棕。

(4) 不改变 8 根线的顺序，调整使之平整，用压线钳的断线刀将裸露出的双绞线的导线头剪齐，并使剩下的长度约为 14 mm。

(5) 将剪好的 8 根线按序插入 RJ-45 接头的引脚内，直至底部。RJ-45 接头的外形及其引脚顺序如图 1.3 所示，第一只引脚内应该放白橙色的线。

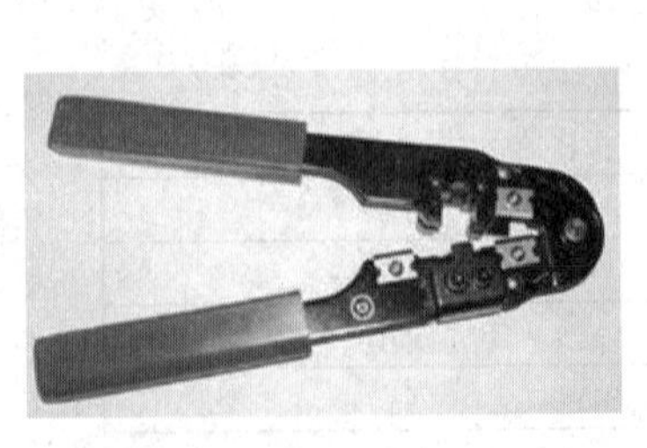

图 1.2 压线钳

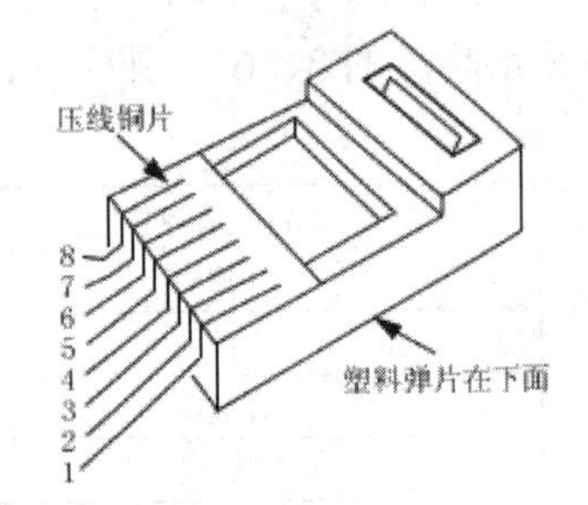


图 1.3 RJ-45 接头

(6) 在线序正确的情况下，将 RJ-45 接头放入压线钳的压槽内，握住压线钳的手柄，用压头器压紧 RJ-45 接头，确保每一根线与接头的引脚充分接触。

(7) 用同样的方法，制作双绞线的另一端，这样一根直通线就制作完成了。

(8) 可以通过网络电缆测试仪来测试双绞线是否合格。ST-248 多功能网络电缆测试仪的外形如图 1.4 所示。打开网络电缆测试仪电源，将双绞线接头分别插入主测试器和远程测试器。如果是合格的直通线，主测试器指示灯从 1～8 逐个顺序闪亮的同时，远程测试器指示灯也按 1～8 的顺序依次闪亮。

若接线不正常，按下述情况显示：

① 当有 1 根线(如 3 号线)断开，则主测试器和远程测试器的 3 号灯都不亮。

② 当有几根线不通时，这几根线的显示灯都不亮；当少于 2 根线连通时，灯都不亮。

③ 当双绞线两端乱序，例如，2、4 线乱序，则显示如下：

主测试器不变：1-2-3-4-5-6-7-8

远程测试器为：1-4-3-2-5-6-7-8

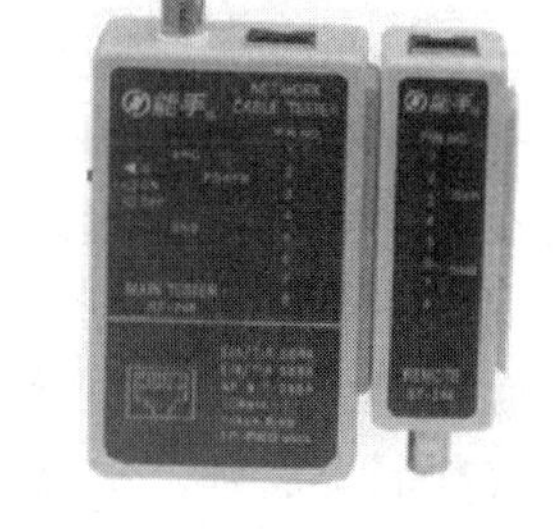

图 1.4　ST-248 网络电缆测试仪

④ 当有 2 根线短路时，则主测试器显示灯不亮，而远程测试器中短路的 2 根线的灯都微亮；若有 3 根或 3 根以上线短路时，则所有短路的线的灯都不亮。

#### 2. 交叉线的制作

交叉线一端采用 EIA/TIA 568B 标准，一端采用 EIA/TIA 568A 标准。其制作步骤如下：

(1) 参考以上步骤中直通线的制作方法，按照 EIA/TIA 568B 标准制作交叉线的一端，即线序为白橙、橙、白绿、蓝、白蓝、绿、白棕、棕。

(2) 按照类似的方法，依据 EIA/TIA 568A 标准制作交叉线的另一端。与 EIA/TIA 568B 标准不同的是：将原来的第 1 只脚的线和现在的第 3 只脚的线对调，将原来的第 2 只脚的线和第 6 只脚的线对调。接线顺序为白绿、绿、白橙、蓝、白蓝、橙、白棕、棕。

(3) 用测线仪测试做好的交叉线，检验是否合格。如果制作的交叉线合格，则测线仪的显示如下：

主测试器不变：1-2-3-4-5-6-7-8

远程测试器为：3-6-1-4-5-2-7-8

## 1.2　搭建基本网络环境

### 1.2.1　常见的网络硬件

#### 1. 网卡

网络接口卡(Network Interface Card，NIC)简称为网卡，也称为网络适配器，是应用最为广泛的一种网络设备，如图 1.5 所示。网卡是连接计算机与网络的硬件设备，是局域网最基本的组成部分之一。

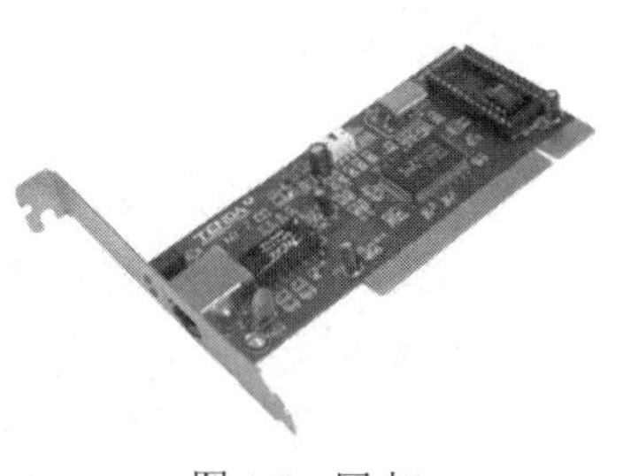

图 1.5　网卡

每一块网卡上都存储有一个物理地址，称为 MAC 地址，各网卡的 MAC 地址都是唯一的。在网络中，当源主机向网络发送数据时，它带有目的主机的MAC地址；当数据通过网络传输介质时，网络中每个主机的网卡检查它的MAC地址是否与数据包中的目的地址相符，如果不相符，网卡就忽略数据包，数据包沿着网络到达下一位置；如果匹配，网卡就拷贝数据包，把拷贝的数据包存入计算机，原始数据包仍然沿着网络传送，以便其他网卡能继续判断。

网卡起着向网络发送数据、控制数据、接收并转换数据的作用。虽然现在各厂家生产的网卡种类繁多，但其功能大同小异。网卡的主要功能有：

(1) 数据的封装与解封。发送时将上一层交下来的数据加上首部和尾部，成为以太网的帧。接收时将以太网的帧剥去首部和尾部，然后交上一层。

(2) 链路管理。主要是CSMA/CD协议的实现。

(3) 编码与译码。即曼彻斯特编码与译码。

网卡的种类非常多，按照不同的标准，可以作不同的分类。

按照传输速率的不同，可以把网卡分为10 Mb/s网卡、100 Mb/s网卡、10/100 Mb/s自适应网卡、1000 Mb/s 网卡、10/100/1000 Mb/s 自适应网卡和 10000 Mb/s 网卡。目前，10/100/1000 Mb/s网卡是使用最广泛的一种网卡，该网卡具有一定的智能性，可以与远端网络设备(集线器或交换机)自动协商，以确定当前可以使用的速率。自适应网卡的优点在于不需要用户设定，自动以最高速率连接到远端设备上。需要说明的是，相互联网的各网卡速率参数必须一致，否则是不能正常通信的。

按总线类型可以把网卡分为ISA网卡、PCI网卡、PCMCIA网卡和USB网卡四种。ISA总线的网卡多为10Mb/s，传输速率低，不能很好地支持即插即用功能，并需要人工设置中断和I/O地址，此类网卡现在已经淘汰。10/100 Mb/s自适应网卡几乎全是采用PCI总线，支持即插即用功能，且由系统自动分配中断和I/O地址。PCMCIA网卡是一种专门用于笔记本电脑的网卡，即插即用，并支持热插拔。USB网卡安装简单并支持热插拔，其传输速率远远大于传统的并行、串行接口。USB网卡的安装和其他USB设备一样便捷，不用打开机箱，是一种外置型网卡。

### 2. 集线器

集线器(HUB)是局域网中计算机之间的连接设备，其外形如图1.6所示。集线器是局域网的星型连接点，许多工作站通过双绞线连接到集线器上，实现相互的信息传输。在集线器上有固定数目的端口，如8端口、12端口、16端口、24端口等，每个网络设备都可以通过电缆线连接到一个端口上。集线器是一种特殊的中继器，其主要功能是把发送设备发送的信号进行整形放大后传输给接收设备。

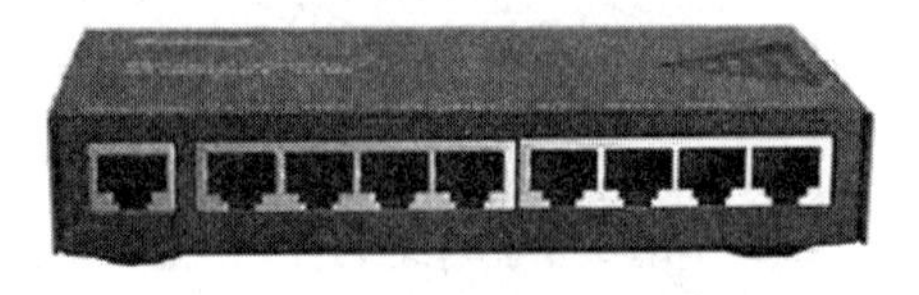

图1.6 集线器

集线器是一种用于共享式网络的设备，多个设备用集线器连接相当于连接到一段共享介质上。集线器本身不能识别地址信息，采用广播方式向所有节点发送数据包。源主机向目的主机发送数据时，源主机将对网络中所有节点同时发送同一信息，然后由每一台主机通过验证数据帧头的地址信息来确定是否接收。这种传输方式一方面很容易造成网络堵塞，因为通常只有一个终端节点接收数据，如果对所有节点都发送信息，那么绝大部分数据流量是无效的，从而导致整个网络数据传输效率相当低；另一方面，由于每个节点都能侦听到所发送的数据包，故存在不安全因素。

根据支持的带宽不同，可以把集线器分为 10 Mb/s、100 Mb/s 和 10/100 Mb/s 三种。10/100 Mb/s 集线器内置 10 Mb/s、100 Mb/s 两条内部总线，其传输速率可在两种速率之间切换。目前，几乎所有的双速集线器均为自适应，每个端口都能根据连接设备所能提供的连接速率，自动调整与之相适应的最高速率。

随着交换机性价比的不断提高，集线器逐渐被交换机替代。

3. 交换机

从外观上来看，交换机与集线器基本上没有太大区别，都是带有多个端口的长方形盒状体，如图 1.7 所示，但是交换机的工作原理与集线器是完全不同的。作为局域网的主要连接设备，以太网交换机成为应用普及最快的网络设备之一。

交换机拥有一条很高带宽的背板总线和内部交换矩阵，交换机的所有端口都挂接在背板总线上。交换机接收到数据包以后，根据数据包的目的地址查找MAC地址(硬件地址)转发表以确定对应的转发端口，然后通过内部交换矩阵直接将数据帧传送到目的节点，而不是所有节点；如果转发表中目的地址不存在，就广播到除源端口以外的所有端口。显然，这种方式一方面合理利用了网络资源，减少了网络冲突的可能性，提高了通信效率；另一方面，发送数据时非目的节点很难获得发送的信息，提高了数据传输的安全性。

图 1.7　交换机

交换机工作于交换式网络中，通过内部交换矩阵实现多个信道同时传输信息，各对节点之间的通信独占交换机所提供的带宽，只有目的节点相同时才会发生带宽争用现象。

交换机的主要功能包括物理编址、错误校验、帧序列以及流量控制等。目前一些高档交换机还具备了一些新的功能，如对 VLAN(虚拟局域网)的支持、对链路汇聚的支持，甚至还具有路由和防火墙的功能。

可以从多种角度对交换机进行分类。例如，按照传输速率可将交换机分为 10 Mb/s、10/100 Mb/s 自适应、1000 Mb/s、10/100/1000 Mb/s 自适应、10 Gb/s 等几类；按照是否具有可管理性，可分为非网管型交换机和网管型交换机；按照是否具有可扩展性，可分为固定端口交换机和模块化交换机。

4. 路由器

路由器是一种连接多个网络的网络互联设备，它能将不同网络互联起来，从而构成一个更大的网络。路由器的外观如图 1.8 所示。它与前面所介绍的集线器、交换机有所不同，它不是应用于同一网段的设备，而是应用于不同网段或不同网络之间的设备。

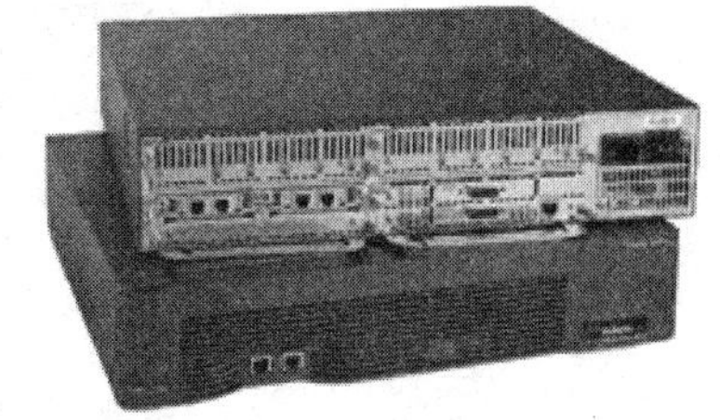
图 1.8　路由器

路由器的主要任务是选择合理的路由，进行分组转发。如果将一个网络中的分组发送到属于另一个网络的目的主机，会经过一个或多个中间路由器，中间路由器要转发该分组并且知道如何传输这个分组。

目前许多路由器具有防火墙的功能，它能够屏蔽内部网络的 IP 地址，进行通信端口过滤，从而使网络更加安全。

路由器的分类方式也很多。例如，从结构上分为模块化结构路由器和非模块化结构路由器；从性能上分为低端路由器、中端路由器和高端路由器。

### 1.2.2 TCP/IP 协议

TCP/IP 协议是包含上百个具有各种功能的协议的集合，是 Internet 网络互联的基础。传输控制协议(Transmission Control Protocol，TCP)、网际协议(Internet Protocol，IP)是 TCP/IP 协议集中最基本和最重要的两个协议，因此通常用 TCP/IP 协议代表整个 Internet 协议的集合。

TCP/IP 协议最早由斯坦福大学的两名研究人员提出，是目前网络中最常用的一种网络通信协议。TCP/IP 协议定义了在互联网络中如何传递、管理信息(文件传送、收发电子邮件、远程登录等)并制定了在出错时必须遵循的规则，用以提供可靠的数据传输。事实上它已成为 Internet 上网络与网络、或者网络与主机互连的工业标准。

TCP/IP 协议具有很强的灵活性，可以支持任意规模的网络。TCP/IP 协议不仅应用于局域网，同时也是 Internet 的基础通信协议。它还具有跨平台特性，支持路由选择，支持异种网络的互连。TCP/IP 协议能够为不同的操作系统和不同硬件体系之间的互连提供支持。

### 1.2.3 实验 Windows 7 系统下 TCP/IP 协议的配置

**【实验目的】**

能够在 Windows 7 系统下熟练地完成 TCP/IP 协议的配置。

**【实验环境】**

计算机 1 台，安装有 Windows 7 系统。

**【实验过程】**

Windows 7 系统(专业版)下的 TCP/IP 协议配置可按如下步骤进行：

(1) 右键单击桌面上的“网络”图标，在弹出的菜单中单击“属性”项，打开“网络和共享中心”窗口，如图 1.9 所示。

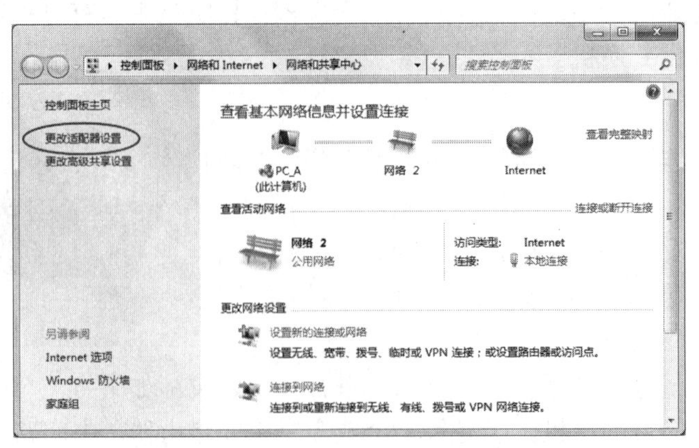


图 1.9 “网络和共享中心”窗口

(2) 单击左侧的“更改适配器设置”菜单，打开“网络连接”窗口，如图 1.10 所示。

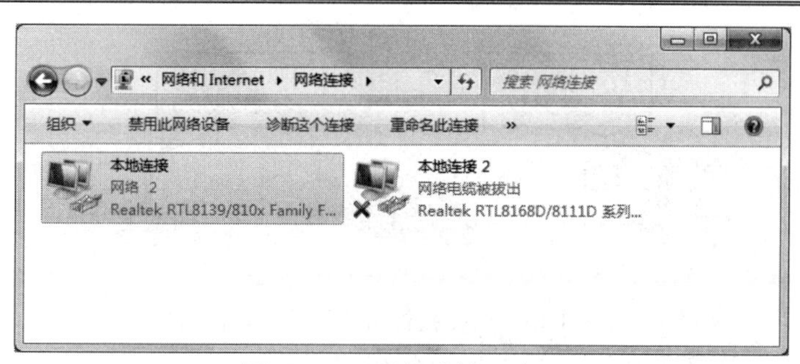


图 1.10　“网络连接”窗口

(3) 右键单击“本地连接”图标，在弹出的菜单中单击“属性”项，打开“本地连接 属性”窗口，如图 1.11 所示。

(4) 在“此连接使用下列项目”列表中选择“Internet 协议版本 4(TCP/IPv4)”项，单击“属性”按钮。

(5) 弹出“Internet 协议版本 4(TCP/IPv4)属性”窗口，如图 1.12 所示。正确填写 TCP/IP 协议的网络连接参数后，单击“确定”按钮。这些参数包括 IP 地址、子网掩码、默认网关和 DNS 服务器，具体取值与主机所处的网络环境有关，必要时可以咨询网络管理员。

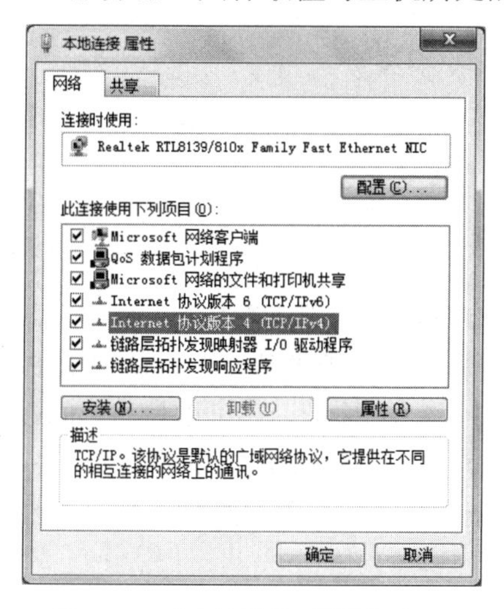


图 1.11　“本地连接 属性”窗口

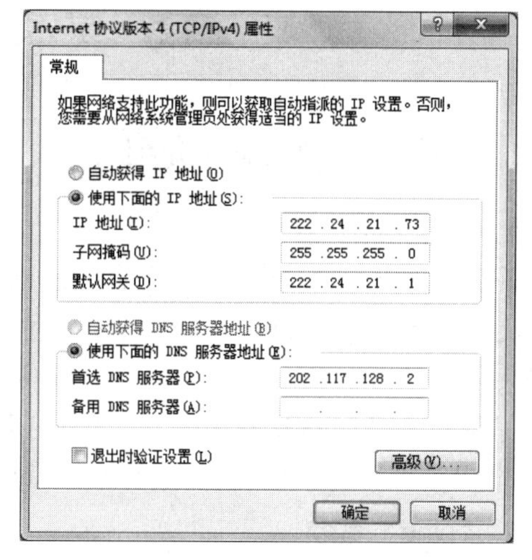


图 1.12　“TCP/IPv4 属性”窗口

## 1.2.4　实验　使用交换机组建局域网

【实验目的】

能够使用交换机组建简单的局域网。

【实验环境】

计算机至少 2 台，交换机 1 台，直通双绞线至少 2 根，连接成如图 1.13 所示网络。

【实验过程】

(1) 选好放置交换机的位置，平稳地放置好交换机。

(2) 将随机配置的电源线插在交换机的电源输入插座上，接通电源，电源指示灯亮，同时交换机进行自检，端口指示灯依次或同时闪烁一次，交换机通过自检。

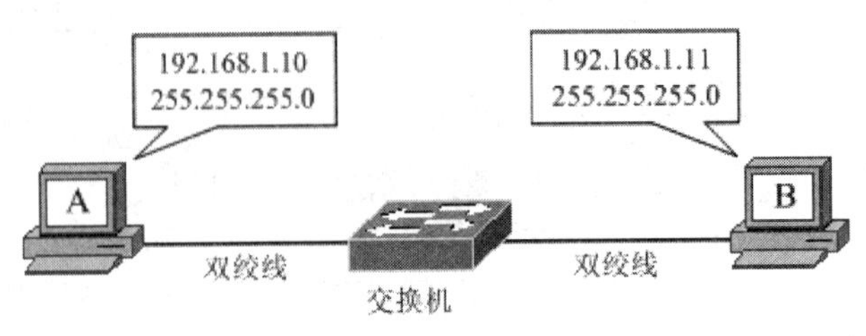


图 1.13　用交换机组建简单局域网

(3) 将双绞线一端插入交换机的任意一个 RJ-45 端口，另一端连接到计算机，则交换机相应端口的指示灯亮。连接成如图 1.13 所示网络。这里的双绞线采用直通线。

(4) 正确配置计算机 A、计算机 B 的 TCP/IP 协议，主要指 IP 地址和子网掩码两个参数。

(5) 使用“ping”命令测试计算机 A、计算机 B 之间的连通性。

(6) 如果在计算机 A 上能够 ping 通计算机 B，即可通过网络实现两台计算机之间资源共享(如文件共享、打印机共享等)。

## 1.3　基本网络测试命令

### 1.3.1　基本网络测试命令介绍

#### 1. “ipconfig”命令

“ipconfig”命令用于显示 TCP/IP 配置信息(如 IP 地址、子网掩码等)，这些信息可以用来检查当前配置的 TCP/IP 属性是否正确。如果计算机的 IP 地址被设置为从 DHCP 服务器动态获取，该命令能够检验客户机是否成功租用到一个 IP 地址。还可以使用“ipconfig”命令显示或清理 DNS 缓存的内容。不带任何参数的情况下，“ipconfig”命令只显示各个适配器的 IP 地址、子网掩码和默认网关。“ipconfig”命令是了解系统网络配置的主要命令。

#### 2. “ping”命令

“ping”命令主要用于测试网络的连通性，是一个使用频率极高的网络测试命令。“ping”命令可以用来检测网卡、Modem、电缆、交换机、路由器等硬件存在的故障，还可以用来推断 TCP/IP 协议参数配置是否正确以及 TCP/IP 协议运行是否正常。

“ping”命令利用 ICMP 协议的“回送请求”报文和“回送应答”报文来测试目标系统是否可达。ICMP“回送请求”报文和 ICMP“回送应答”报文是配合工作的。当源主机向目标主机发送 ICMP“回送请求”报文后，它期待着目标主机的应答。目标主机在收到一个 ICMP“回送请求”报文后，它将收到的报文中的数据部分原封不动地封装在自己的 ICMP“回送应答”报文中，然后发回给发送 ICMP“回送请求”报文的源主机。如果校验正确，源主机便认为目标主机的回应正常，也就说明了源主机到目的主机的物理连接是畅通的。

按照缺省设置，每执行一次“ping”命令就向对方发送 4 个 ICMP“回送请求”报文，其中“数据”部分的长度为 32 字节。如果网络连接正常，发送方应该能得到目的主机发来的 4 个“回送应答”报文，否则两者之间的网络存在连通性故障。“ping”命令发出后，能够计算出以毫秒或毫微秒为单位的应答时间。这个时间越短就表示网络连接越畅通；反之，则说明网络连接不够畅通。

通过“ping”命令显示的生存时间(Time To Live，TTL)值，可以推算出数据包在网络中经过的路由器的个数，即数据包中起始 TTL 值与返回的数据包中 TTL 值之差。起始 TTL 值是一个比返回的数据包中 TTL 值略大的 2 的乘方数。TTL 的单位是跳(hop)，每经过一个中间路由器其值减 1。

#### 3. “tracert”命令

从本地计算机到目的计算机的访问往往要经过许多路由器，为了跟踪从本地计算机到目的计算机的路径，可以使用“tracert”命令。该命令是一个实用的路由跟踪程序，可以用来确定网络故障发生的位置。“tracert”命令可以显示数据包到达目标主机所经过的路径，并显示到达每个节点的时间，比较适用于大型网络。

“tracert”命令通过递增“生存时间(TTL)”字段的值将 ICMP“回送请求”报文发送给目标主机，从而确定到达目标主机的路径。“tracert”命令先发送 TTL 值为 1 的“回送请求”报文，并在随后的发送过程中将 TTL 值递增 1，直到到达目的主机或 TTL 值达到最大。路由器收到 TTL 为零的数据包时，除了丢弃该数据包外，还要向源站发送“时间超过”报文，本地主机通过检查中间路由器发回的“时间超过”报文来确定路由。所显示的路径是源主机与目标主机间路径上的路由器的近侧接口列表，近侧接口是路径中距离发送主机最近的路由器接口。

使用“tracert”命令可以检测从本地计算机到目的计算机的路径上的哪段网络出现了故障，但是不能判断出故障原因。一般情况下，可以显示每一个路由器的反应时间、IP 地址以及站点名称。如果在某一跳出现了“*”或“请求超时”，则可能是对应的网段出现了故障，或路由器拒绝“tracert”命令操作。

#### 4. “arp”命令

TCP/IP 协议中，ARP 协议是一个重要的组成部分，用于确定某个 IP 地址对应的物理地址。“arp”命令用于显示和修改 ARP 高速缓存中保存的地址转换表。ARP 高速缓存中可以包含一个或多个表，表中记录着 IP 地址到物理地址的映射关系。如果计算机上安装有多块网卡，则每一块网卡都有自己独立的表。

通过“arp”命令，可以静态指定 IP 地址到物理地址的映射关系。使用这种方式为默认网关或本地服务器等常用主机进行设置，有助于减少网络上的 ARP 信息量。静态指定的映射关系将一直存在，除非手工删除或重新启动计算机。

### 1.3.2　基本网络测试命令在 Windows 7 系统下的格式

#### 1. “ipconfig”命令

参数格式：

**ipconfig [/allcompartments]** [**/?** | **/all** | **/renew** [adapter] | **/release** [adapter] |
**/renew6** [adapter] | **/release6** [adapter] |

**/flushdns** | **/displaydns** | **/registerdns** |
**/showclassid** adapter |
**/setclassid** adapter [classid] |
**/showclassid6** adapter |
**/setclassid6** adapter [classid] ]

参数说明：

**/allcompartments**：显示所有相关分段的信息。

**/?**：显示所有参数信息。

**/all**：显示所有网络适配器的完整 TCP/IP 配置信息。

**/renew** [adapter]：更新所有适配器(不带 adapter 参数)或特定适配器(带有 adapter 参数)从 DHCP 服务器获得的网络配置信息。该参数仅在配置为动态获取 IP 地址的计算机上使用。adapter 参数代表的适配器名称可以通过不带参数的“ipconfig”命令来查看。

**/release** [adapter]：释放所有适配器(不带 adapter 参数)或特定适配器(带有 adapter 参数)从 DHCP 服务器获得的网络配置信息。

**/renew6** [adapter]：更新 IPv6 配置信息。

**/release6** [adapter]：释放 IPv6 配置信息。

**/flushdns**：清理 DNS 缓存的内容。

**/displaydns**：显示 DNS 缓存的内容。

**/registerdns**：客户端向服务器重新申请获取 DNS 服务器的 IP 地址。

**/showclassid** adapter：显示指定适配器的 DHCP 类别 ID。要查看所有适配器的 DHCP 类别 ID，可以使用星号(*)通配符代替 adapter。该参数仅在配置为动态获取 IP 地址的计算机上使用。

**/setclassid** adapter [classid]：配置特定适配器的 DHCP 类别 ID。要设置所有适配器的 DHCP 类别 ID，可以使用星号(*)通配符代替 adapter。该参数仅在配置为动态获取 IP 地址的计算机上使用。如果未指定 DHCP 类别 ID，则会删除当前类别 ID。

**/showclassid6** adapter：显示适配器的 IPv6 DHCP 类别 ID。

**/setclassid6** adapter [classid]：设置适配器的 IPv6 DHCP 类别 ID。

2. “ping”命令

参数格式：

**ping [-t] [-a] [-n** count**] [-l** size**] [-f] [-i** TTL**] [-v** TOS**] [-r** count**] [-s** count**] [[-j** host-list**]|**
**[-k** host-list**]] [-w** timeout**] [-R] [-S** srcaddr**] [-4] [-6]** target_name

参数说明：

**-t**：持续不断地向目的主机发送 ICMP 报文，按下组合键“Ctrl-Break”中断并显示统计信息，或按下组合键“Ctrl-C”显示所有统计信息并退出“ping”命令。

**-a**：对目的主机的 IP 地址进行反向名称解析。如果解析成功，“ping”命令将显示相应的主机名。

**-n** count：指定向目的主机发送 ICMP 报文的次数，具体值用 count 表示，其默认值为 4。

**-l** size：指定发送到目的主机的 ICMP 报文中“数据”字段的长度，单位为字节，具体值用 size 表示，默认值为 32。

**-f**：源主机发送 ICMP“回送请求”报文时，需将该报文封装到 IP 数据报中，使用 -f 参数会将 IP 首部的 DF 标志位设置为 1，这意味着该 IP 数据报不能被途经的路由器执行分片。该参数仅适用于 IPv4，常用于测量网络的最大传输单元(Maximum Transmission Unit，MTU)值。

**-i** TTL：指定源主机发送的“回送请求”报文中 IP 首部的 TTL 字段值，其默认值是 64，TTL 的最大取值为 255。

**-v** TOS：早期版本中，可以用来设置 IPv4 的服务类型字段，现已不再使用，对 IP 首部中的服务类型字段不产生任何影响。

**-r** count：指定 IP 报头的“记录路由”选项字段中可以记录路由的数目，具体数值用 count 表示(仅适用于 IPv4)。count 的取值范围为 1～9。

**-s** count：指定 IP 报头的“Internet 的时间戳”选项字段中可以记录时间戳的数目，具体数值用 count 表示(仅适用于 IPv4)。count 的取值范围为 1～4。

**-j** host-list：对于 host-list 指定的中间节点，指定 IP 报头的“记录路由”选项字段中采用“松散源路由”方式(仅适用于 IPv4)。host-list 中的地址(或名称)的最大数为 9，由空格分隔开。

**-k** host-list：对于 host-list 指定的中间节点，指定 IP 报头的“记录路由”选项字段中采用“严格源路由”方式(仅适用于 IPv4)。host-list 中的地址(或名称)的最大数为 9，由空格分隔开。

**-w** timeout：指定等待“回送应答”信息的超时时间(以毫秒为单位)。如果在超时时间内未接收到“回送应答”信息，将会显示“请求超时”的错误信息。默认的超时时间为 4000 毫秒(4 秒)。

**-R**：同样采用 IPv6 扩展首部中的“路由选择字段(Routing Header)”来测试反向路由。这一参数仅适用于 IPv6。

**-S** srcaddr：指定源主机发送的请求报文中使用的源地址。当源主机具有多个网卡，配置多个 IP 地址时，使用该参数指定其中一个 IP 地址作为源地址。

**-4**：强制使用 IPv4。

**-6**：强制使用 IPv6。

target_name：目的主机的 IP 地址或主机名。

3. “tracert”命令

参数格式：

**tracert [-d] [-h** maximum_hops**] [-j** host-list**] [-w** timeout**] [-R] [-S** srcaddr**] [-4] [-6]** target_name

参数说明：

**-d**：防止试图将中间节点的 IP 地址反向解析为它们的名称，可加速显示跟踪的结果。

**-h** maximum_hops：指定在搜索路径中最大的跃点数，具体值用 maximum_hops 表示，其默认值为 30。

**-j** host-list：对于 host-list 指定的中间节点，指定 IP 报头的“记录路由”选项字段中采用“松散源路由”方式(仅适用于 IPv4)。host-list 中的地址(或名称)的最大数为 9，由空格分隔开。

**-w** timeout：指定等待“回送应答”信息的超时时间，具体值用 timeout 表示，单位为毫秒。如果在超时时间内未接收到“回送应答”信息，则显示星号(*)。

**-R**：跟踪往返路径(仅适用于 IPv6)。

**-S** srcaddr：指定源主机发送的请求报文中使用的源地址(仅适用于 IPv6)。

**-4**：强制使用 IPv4。

**-6**：强制使用 IPv6。

target_name：目的主机的 IP 地址或主机名。

#### 4. “arp”命令

参数格式：

**arp** **-a** [inet_addr] [**-N** if_addr] [**-v**]

**arp** **-d** inet_addr [if_addr]

**arp** **-s** inet_addr eth_addr [if_addr]

参数说明：

**-a**：显示当前 ARP 表包含的 ARP 项，即 IP 地址和物理地址的映射关系。如果指定 inet_addr，则只显示与该参数指定的计算机相关的 ARP 项。同一台计算机上的不同网络接口对应的 ARP 表内容不同，可以使用参数“-N if_addr”指定显示某个网络接口的 ARP 表项。“-a”也可以用“-g”代替。

inet_addr：指定一个 IP 地址。

-N if_addr：指定一个网络接口，if_addr 表示某个网络接口的 IP 地址。

**-v**：在详细模式下显示当前 ARP 项，所有无效项和环回接口上的项都显示。

**-d**：删除与 inet_addr 指定的主机相关的 ARP 项，可以用通配符“*”代替 inet_addr，表示所有主机。

**-s**：添加静态映射关系，参数 inet_addr、eth_addr 分别表示 IP 地址、物理地址。

eth_addr：表示一个物理地址，占 48 bit，用连字符“-”分割的 6 个十六进制数。

### 1.3.3 实验 “ipconfig”命令的使用

**【实验目的】**

理解“ipconfig”命令各参数的含义，掌握“ipconfig”命令的使用方法。

**【实验环境】**

计算机 1 台，安装 Windows 7 系统。

**【实验过程】**

(1) 查看 TCP/IP 基本配置，“ipconfig”命令可以不带参数，如图 1.14 所示。

(2) 如果需要查看完整的 TCP/IP 配置信息，可以使用参数“/all”，如图 1.15 所示。除了基本配置信息外，还显示了网卡物理地址、DHCP 是否启用、租约期限、DHCP 服务器地址、DNS 服务器地址等其他信息。

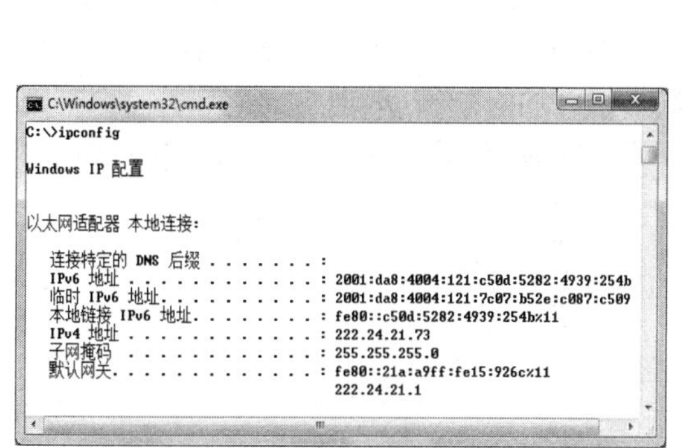


图 1.14　查看 TCP/IP 基本配置

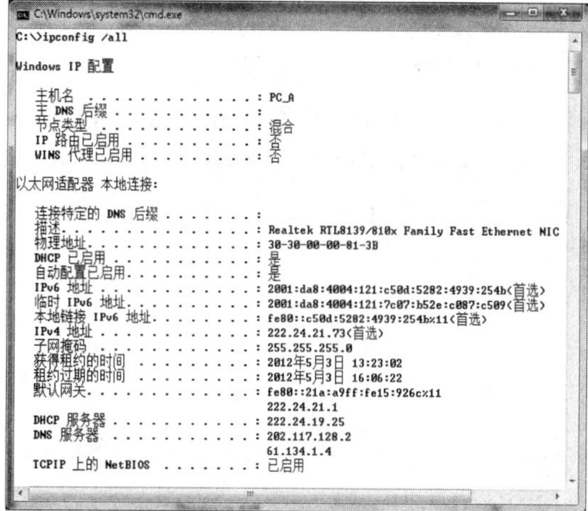


图 1.15　查看完整的 TCP/IP 配置信息

(3) 重新从 DHCP 服务器申请 IP 地址，可以在“ipconfig”命令中使用参数“/renew”，如图 1.16 所示。不难看出，DHCP 服务器分配给本机的 IP 地址为“222.24.21.73”。

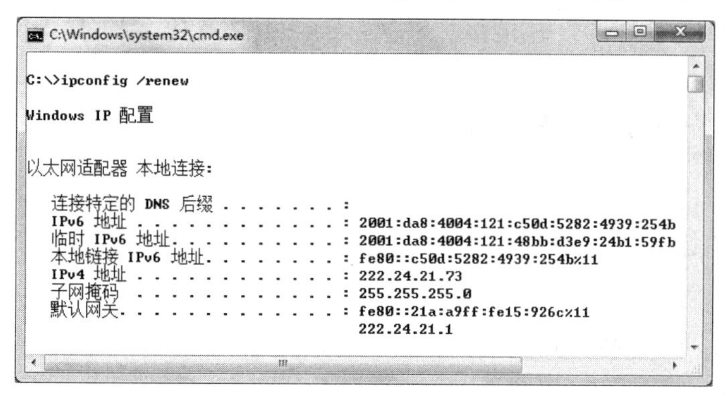


图 1.16　申请 IP 地址

**注意**：如果运行带“/renew”参数的“ipconfig”命令，除了需要在网络中正确配置 DHCP 服务器之外，还必须把本机“本地连接”的 TCP/IP 属性设置为自动获取的形式，否则，这一命令将会显示出错信息。

(4) 释放本机从 DHCP 服务器租用的 IP 地址，可以在“ipconfig”命令中使用参数“/release”，如图 1.17 所示。

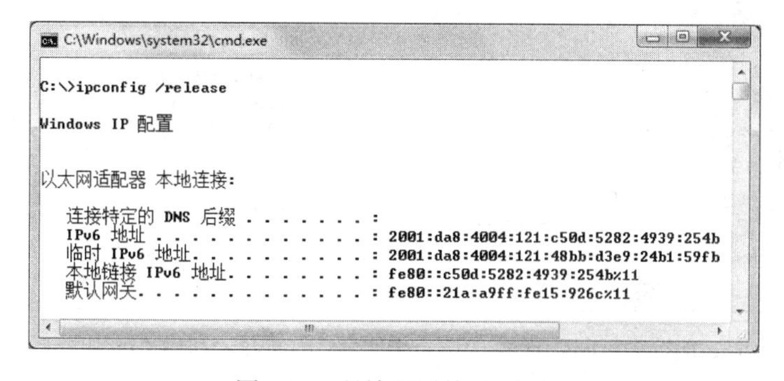


图 1.17　释放租用的 IP 地址

**注意**：如果运行带“/release”参数的“ipconfig”命令，本机“本地连接”的 TCP/IP

属性必须设置为自动获取的形式，否则将会显示出错信息。

(5) 使用域名访问网络资源时，经常会在本机缓存中自动存放一些域名与 IP 地址的映射关系。可以使用带参数“/flushdns”的“ipconfig”命令来清理 DNS 缓存，如图 1.18 所示。

(6) 使用带参数“/displaydns”的“ipconfig”命令，可以显示 DNS 缓存的内容，如图 1.19 所示。如果 DNS 缓存为空，则提示“无法显示 DNS 解析缓存。”

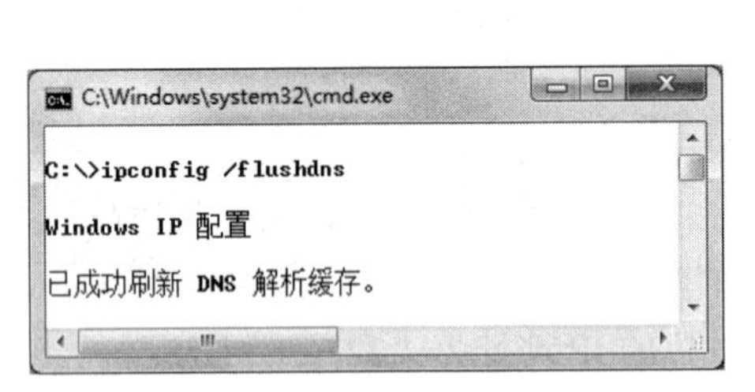


图 1.18　清理 DNS 缓存

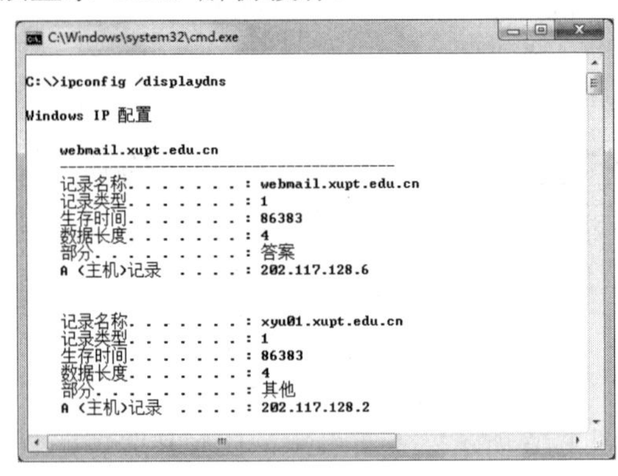


图 1.19　显示 DNS 缓存

## 1.3.4　实验　“ping”命令的使用

**【实验目的】**

理解“ping”命令各参数的含义，掌握“ping”命令的使用方法。

**【实验环境】**

计算机 1 台，安装 Windows 7 系统。

**【实验过程】**

(1) 回环测试，即“ping 127.0.0.1”，如图 1.20 所示。可以用来检测本机中 TCP/IP 协议安装是否正确。

(2) “localhost”是“127.0.0.1”的别名，也可以用“ping localhost”来进行回环测试，如图 1.21 所示。每台计算机都应该能够将名称“localhost”转换成地址“127.0.0.1”，如果不能做到这一点，则表示主机文件(hosts)存在问题。

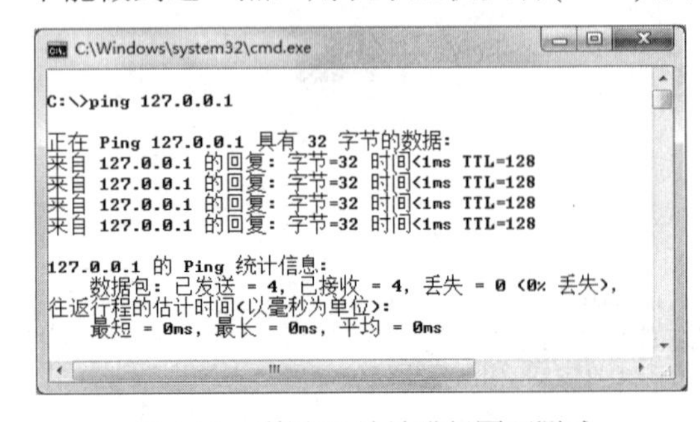


图 1.20　利用 IP 地址进行回环测试

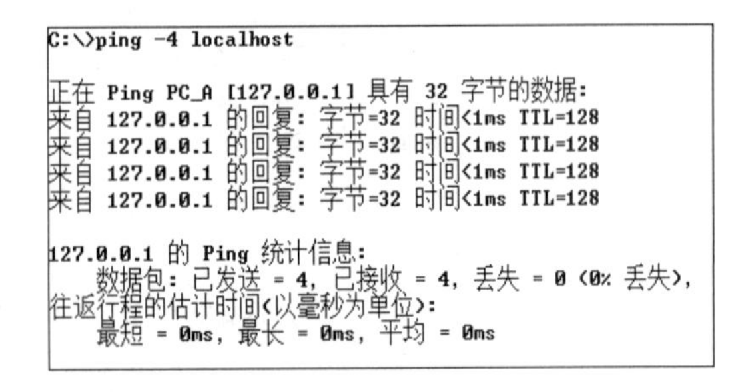


图 1.21　利用“localhost”进行回环测试

(3) ping 本机 IP 地址，如图 1.22 所示，可以用来检测本机中网卡安装以及 TCP/IP 协议配置是否正确。

```
C:\>ping 222.24.21.73

正在 Ping 222.24.21.73 具有 32 字节的数据:
来自 222.24.21.73 的回复: 字节=32 时间<1ms TTL=128
来自 222.24.21.73 的回复: 字节=32 时间<1ms TTL=128
来自 222.24.21.73 的回复: 字节=32 时间<1ms TTL=128
来自 222.24.21.73 的回复: 字节=32 时间<1ms TTL=128

222.24.21.73 的 Ping 统计信息:
    数据包: 已发送 = 4, 已接收 = 4, 丢失 = 0 (0% 丢失),
往返行程的估计时间(以毫秒为单位):
    最短 = 0ms, 最长 = 0ms, 平均 = 0ms
```

图 1.22　ping 本机 IP 地址

(4) ping 局域网内其他主机 IP 地址，如图 1.23 所示，该命令对局域网内的其他主机发送 ICMP“回送请求”报文。如果能够收到对方主机的“回送应答”报文，表明与目的主机连通正常，即说明本地网络中的网络互连设备、传输介质工作正常。

如果无法访问目的主机，不能收到目的主机的“回送应答”报文，如图 1.24 所示，一般情况下表明局域网的连通性存在问题，原因可能是协议配置不一致，传输介质工作不正常等。

```
C:\>ping 222.24.21.52

正在 Ping 222.24.21.52 具有 32 字节的数据:
来自 222.24.21.52 的回复: 字节=32 时间<1ms TTL=128
来自 222.24.21.52 的回复: 字节=32 时间<1ms TTL=128
来自 222.24.21.52 的回复: 字节=32 时间<1ms TTL=128
来自 222.24.21.52 的回复: 字节=32 时间<1ms TTL=128

222.24.21.52 的 Ping 统计信息:
    数据包: 已发送 = 4, 已接收 = 4, 丢失 = 0 (0% 丢失),
往返行程的估计时间(以毫秒为单位):
    最短 = 0ms, 最长 = 0ms, 平均 = 0ms
```

图 1.23　ping 局域网内其他主机 IP 地址

```
C:\>ping 222.24.21.52

正在 Ping 222.24.21.52 具有 32 字节的数据:
请求超时。
请求超时。
请求超时。
请求超时。

222.24.21.52 的 Ping 统计信息:
    数据包: 已发送 = 4, 已接收 = 0, 丢失 = 4 (100% 丢失),
```

图 1.24　显示请求超时信息

**注意**：某些目的主机安装有防火墙，其规则禁止其他计算机用“ping”命令来测试，此时“ping”命令测试不通，并不能说明目的主机在网络中一定不连通。

(5) ping 网关，如图 1.25 所示。如果能够收到“回送应答”报文，表明网关路由器运行正常。否则，应该检查本机与网关路由器之间传输介质是否连通，本机的默认网关配置是否正确。

(6) ping 域名服务器，如图 1.26 所示。如果能够收到“回送应答”报文，表明本机与网络中的域名服务器连通正常。

```
C:\>ping 222.24.21.1

正在 Ping 222.24.21.1 具有 32 字节的数据:
来自 222.24.21.1 的回复: 字节=32 时间<1ms TTL=255
来自 222.24.21.1 的回复: 字节=32 时间<1ms TTL=255
来自 222.24.21.1 的回复: 字节=32 时间<1ms TTL=255
来自 222.24.21.1 的回复: 字节=32 时间<1ms TTL=255

222.24.21.1 的 Ping 统计信息:
    数据包: 已发送 = 4, 已接收 = 4, 丢失 = 0 (0% 丢失),
往返行程的估计时间(以毫秒为单位):
    最短 = 0ms, 最长 = 0ms, 平均 = 0ms
```

图 1.25　ping 网关

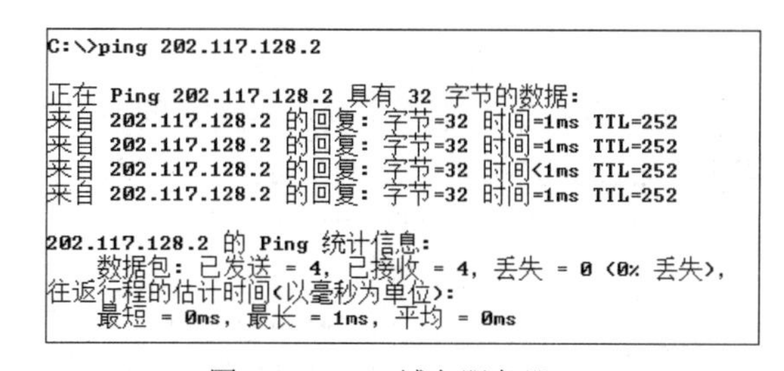

```
C:\>ping 202.117.128.2

正在 Ping 202.117.128.2 具有 32 字节的数据:
来自 202.117.128.2 的回复: 字节=32 时间=1ms TTL=252
来自 202.117.128.2 的回复: 字节=32 时间=1ms TTL=252
来自 202.117.128.2 的回复: 字节=32 时间<1ms TTL=252
来自 202.117.128.2 的回复: 字节=32 时间=1ms TTL=252

202.117.128.2 的 Ping 统计信息:
    数据包: 已发送 = 4, 已接收 = 4, 丢失 = 0 (0% 丢失),
往返行程的估计时间(以毫秒为单位):
    最短 = 0ms, 最长 = 1ms, 平均 = 0ms
```

图 1.26　ping 域名服务器

(7) ping 远程 IP 地址，如图 1.27 所示。西安邮电大学 E-mail 服务器的 IP 地址为“202.117.128.6”。如果能够收到“回送应答”报文，表明本机与 E-mail 服务器的连通正常。

(8) ping 域名，如图 1.28 所示。如果这里不能够收到“回送应答”报文，很可能是因为 DNS 服务器工作不正常，也可能因为本机使用的 DNS 服务器的 IP 地址配置不正确。

```
C:\>ping 202.117.128.6

正在 Ping 202.117.128.6 具有 32 字节的数据:
来自 202.117.128.6 的回复: 字节=32 时间=1ms TTL=61
来自 202.117.128.6 的回复: 字节=32 时间=1ms TTL=61
来自 202.117.128.6 的回复: 字节=32 时间<1ms TTL=61
来自 202.117.128.6 的回复: 字节=32 时间=1ms TTL=61

202.117.128.6 的 Ping 统计信息:
    数据包: 已发送 = 4, 已接收 = 4, 丢失 = 0 (0% 丢失),
往返行程的估计时间(以毫秒为单位):
    最短 = 0ms, 最长 = 1ms, 平均 = 0ms
```

图 1.27　ping 远程 IP 地址

```
C:\>ping webmail.xupt.edu.cn

正在 Ping webmail.xupt.edu.cn [202.117.128.6] 具有 32 字节的数据:
来自 202.117.128.6 的回复: 字节=32 时间=1ms TTL=61
来自 202.117.128.6 的回复: 字节=32 时间=1ms TTL=61
来自 202.117.128.6 的回复: 字节=32 时间=1ms TTL=61
来自 202.117.128.6 的回复: 字节=32 时间<1ms TTL=61

202.117.128.6 的 Ping 统计信息:
    数据包: 已发送 = 4, 已接收 = 4, 丢失 = 0 (0% 丢失),
往返行程的估计时间(以毫秒为单位):
    最短 = 0ms, 最长 = 1ms, 平均 = 0ms
```

图 1.28　ping 域名

至此，如果上述的各个步骤中的“ping”命令都能够正常运行，那么本地计算机基本上具备了进行本地和远程通信的功能。但是，这些命令的成功并不表示本地主机的所有网络配置都没有问题，例如，某些子网掩码错误可能无法用这些方法检测到。

(9) 如果需要持续不断地向目的主机发送“回送请求”报文，可以使用带参数“-t”的“ping”命令，如图 1.29 所示。这里只给出了 5 次“回送应答”报文。按下“Ctrl-C”组合键显示所有统计信息并退出“ping”命令。

```
C:\>ping -t 222.24.21.52

正在 Ping 222.24.21.52 具有 32 字节的数据:
来自 222.24.21.52 的回复: 字节=32 时间<1ms TTL=128
来自 222.24.21.52 的回复: 字节=32 时间<1ms TTL=128
来自 222.24.21.52 的回复: 字节=32 时间<1ms TTL=128
来自 222.24.21.52 的回复: 字节=32 时间<1ms TTL=128
来自 222.24.21.52 的回复: 字节=32 时间<1ms TTL=128
```

图 1.29　带参数“-t”的“ping”命令

(10) 在已知目的主机 IP 地址的情况下，可以使用带参数“-a”的“ping”命令进行反向名称解析，如图 1.30 所示。如果解析成功，将在结果中同时显示该主机的域名。

```
C:\>ping -a 202.117.128.6

正在 Ping webmail.xiyou.edu.cn [202.117.128.6] 具有 32 字节的数据:
来自 202.117.128.6 的回复: 字节=32 时间<1ms TTL=61
来自 202.117.128.6 的回复: 字节=32 时间=1ms TTL=61
来自 202.117.128.6 的回复: 字节=32 时间=2ms TTL=61
来自 202.117.128.6 的回复: 字节=32 时间=1ms TTL=61

202.117.128.6 的 Ping 统计信息:
    数据包: 已发送 = 4, 已接收 = 4, 丢失 = 0 (0% 丢失),
往返行程的估计时间(以毫秒为单位):
    最短 = 0ms, 最长 = 2ms, 平均 = 1ms
```

图 1.30　带参数“-a”的“ping”命令

(11) 默认情况下，本地主机向目的主机发送 4 次“回送请求”报文。我们还可以使用参数“-n count”指定发送的“回送请求”报文的次数，如图 1.31 所示。这里指定的值为“2”。

```
C:\>ping -n 2 222.24.21.52

正在 Ping 222.24.21.52 具有 32 字节的数据:
来自 222.24.21.52 的回复: 字节=32 时间<1ms TTL=128
来自 222.24.21.52 的回复: 字节=32 时间<1ms TTL=128

222.24.21.52 的 Ping 统计信息:
    数据包: 已发送 = 2, 已接收 = 2, 丢失 = 0 (0% 丢失),
往返行程的估计时间(以毫秒为单位):
    最短 = 0ms, 最长 = 0ms, 平均 = 0ms
```

图 1.31　指定发送“回送请求”报文的次数

(12) 有时为了测试网络故障，需要改变“ping”命令使用的 ICMP 报文中“数据”字段的长度。可以通过参数“-l size”来实现，如图 1.32 所示。

```
C:\>ping -l 1000 222.24.21.52

正在 Ping 222.24.21.52 具有 1000 字节的数据:
来自 222.24.21.52 的回复: 字节=1000 时间<1ms TTL=128
来自 222.24.21.52 的回复: 字节=1000 时间<1ms TTL=128
来自 222.24.21.52 的回复: 字节=1000 时间<1ms TTL=128
来自 222.24.21.52 的回复: 字节=1000 时间<1ms TTL=128

222.24.21.52 的 Ping 统计信息:
    数据包: 已发送 = 4, 已接收 = 4, 丢失 = 0 (0% 丢失),
往返行程的估计时间(以毫秒为单位):
    最短 = 0ms, 最长 = 0ms, 平均 = 0ms
```

图 1.32　改变 ICMP 报文中“数据”字段的长度

### 1.3.5　实验　“tracert”命令的使用

**【实验目的】**

理解“tracert”命令各参数的含义，掌握“tracert”命令的使用方法。

**【实验环境】**

计算机 1 台，安装 Windows 7 系统。

**【实验过程】**

(1) 如果要跟踪到达西安邮电大学 FTP 服务器的路径，可以使用不带参数的“tracert”命令，如图 1.33 所示。

(2) 在跟踪过程中，为了加快显示速度而防止将每个 IP 地址解析为域名，可以在“tracert”命令中使用参数“-d”，如图 1.34 所示。

```
C:\>tracert ftp.xupt.edu.cn

通过最多 30 个跃点跟踪
到 ftp.xupt.edu.cn [222.24.19.20] 的路由:

  1    <1 毫秒   <1 毫秒   <1 毫秒 222.24.21.1
  2     1 ms     <1 毫秒   <1 毫秒 222.24.63.65
  3    <1 毫秒   <1 毫秒   <1 毫秒 STARCRAF-PL7YLW [222.24.19.20]

跟踪完成。
```

图 1.33　跟踪到达“ftp.xupt.edu.cn”的路径

```
C:\>tracert -d ftp.xupt.edu.cn

通过最多 30 个跃点跟踪
到 ftp.xupt.edu.cn [222.24.19.20] 的路由:

  1    <1 毫秒   <1 毫秒   <1 毫秒 222.24.21.1
  2     1 ms     <1 毫秒   <1 毫秒 222.24.63.65
  3    <1 毫秒   <1 毫秒   <1 毫秒 222.24.19.20

跟踪完成。
```

图 1.34　带参数“-d”的“tracert”命令

(3) 有时没有必要知道到达目的主机的路径中的所有节点，可使用参数“-h maximum_hops”来指定路径中的最大跃点数，如图 1.35 所示。指定最大跃点数为 3，即显示到达清华大学 Web 服务器的路径中较近的 3 个节点。这里强制使用了 IPv4。

(4) 在“tracert”命令中使用“-w timeout”参数，可以指定等待应答信息的超时时间，单位为毫秒，如图 1.36 所示。这里指定了等待应答信息的超时时间为 60 毫秒。如果在指定时间内未收到应答信息，则显示星号(＊)。

```
C:\>tracert -d -h 3 -4 www.tsinghua.edu.cn

通过最多 3 个跃点跟踪
到 www.d.tsinghua.edu.cn [166.111.4.100] 的路由:

  1    <1 毫秒   <1 毫秒   <1 毫秒 222.24.21.1
  2    <1 毫秒    1 ms     <1 毫秒 222.24.63.65
  3     1 ms      1 ms      1 ms  222.24.63.1

跟踪完成。
```

图 1.35　指定路径中的最大跃点数

```
C:\>tracert -w 60 webmail.xupt.edu.cn

通过最多 30 个跃点跟踪
到 webmail.xupt.edu.cn [202.117.128.6] 的路由:

  1    <1 毫秒   <1 毫秒   <1 毫秒 222.24.21.1
  2     1 ms      1 ms     <1 毫秒 222.24.63.65
  3     1 ms      1 ms      2 ms  222.24.63.1
  4     *         *         *     请求超时。
  5     *         *         *     请求超时。
  6     1 ms      1 ms      1 ms  stu.xiyou.edu.cn [202.117.128.6]

跟踪完成。
```

图 1.36　指定等待应答信息的超时时间

## 1.3.6 实验 “arp”命令的使用

**【实验目的】**

理解“arp”命令各参数的含义，掌握“arp”命令的使用方法。

**【实验环境】**

计算机 1 台，安装 Windows 7 系统。

**【实验过程】**

(1) 使用带参数“-a”的“arp”命令查看本地 ARP 缓存，如图 1.37 所示，显示所有网络接口对应的 ARP 表项。

(2) 查看本地 ARP 缓存中与某个 IP 地址相关的 ARP 表项，如图 1.38 所示，其中显示了与 IP 地址(222.24.21.52)相关的 ARP 表项。

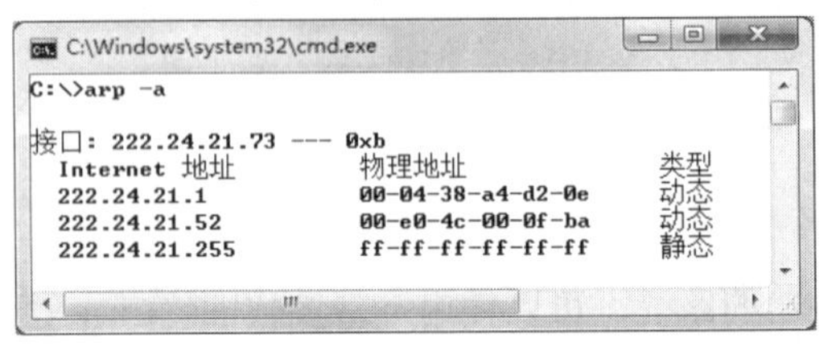


图 1.37 查看本地 ARP 缓存

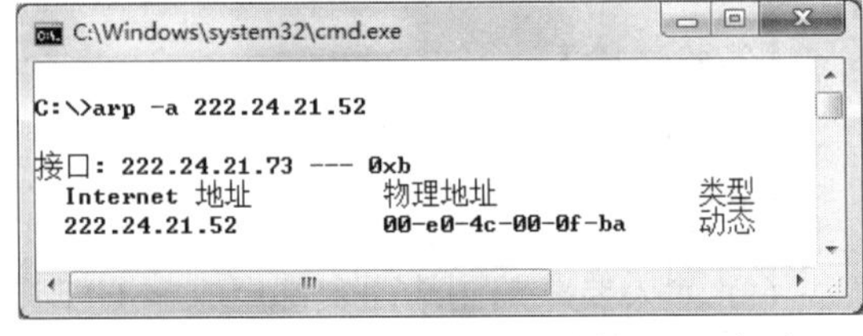


图 1.38 查看与某个 IP 地址相关的 ARP 表项

(3) 清空本地 ARP 缓存，如图 1.39 所示。这里必须具有管理员权限才能运行，否则提示“ARP 项删除失败：请求的操作需要提升。”

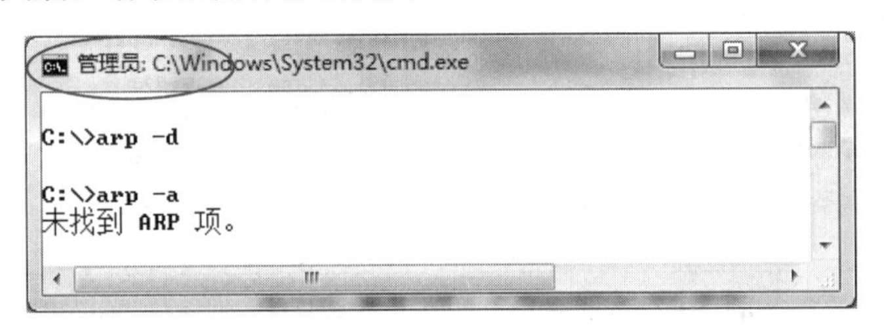


图 1.39 清空本地 ARP 缓存

(4) 在本地 ARP 缓存中添加静态 ARP 表项，如图 1.40 所示。这里必须具有管理员权限才能运行，否则提示“ARP 项添加失败：请求的操作需要提升。”

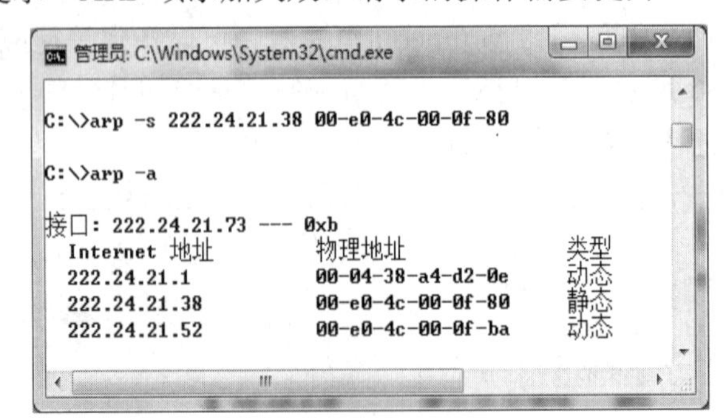


图 1.40 添加静态 ARP 表项

# 第2章　网络基本应用

浏览网页、收发电子邮件、传输文件等的网络应用是我们日常生活中使用网络的基本形式。本章介绍网络的基本应用，主要包括IE浏览器、电子邮件收发软件Outlook/Foxmail、远程登录协议Telnet和文件传输协议FTP等。通过对本章的学习，应该熟练掌握网络基本应用工具的使用方法。

## 2.1　IE浏览器的设置和使用

### 2.1.1　IE浏览器简介

无论是搜索信息还是浏览站点，通过浏览器就可以从万维网(World Wide Web，WWW)上轻松地获得丰富的信息。浏览器是WWW服务的客户端程序，用于与WWW服务器建立连接，并与之通信。常用的浏览器有Microsoft公司的Internet Explorer(简称IE)浏览器、Google公司的Google Chrome浏览器、奇虎360公司的360浏览器、开源的Mozilla Firefox浏览器等。

IE浏览器是一种常用的浏览器，是专门为Windows系统设计访问Internet的WWW浏览工具，通过Internet连接和IE的使用，可以在Internet上方便地浏览超文本与多媒体信息。默认情况下，IE浏览器支持Web访问，同时也支持FTP、NEWS、GOPHER等站点的访问。

IE 8.0浏览器是Windows 7系统内置的一个组件，安装操作系统时默认安装。下一节将以IE 8.0浏览器为例，介绍浏览器的设置与使用方法。

IE 8.0浏览器在低版本的IE浏览器浏览网络多媒体文件，使用Outlook Express发送电子邮件，定制历史记录以及Web地址的“自动完成”功能的基础上增加了一些新特性。包括：活动内容服务，当用户选中网页内容时，选择内容服务，就可以把网页的内容发送到一个Web应用程序中；网站订阅，IE 8.0浏览器内嵌了RSS阅读器，用户接入网络之后可以不用打开网站就可以查看订阅的内容；自动故障恢复，用户操作遇到IE浏览器崩溃的情况，再次打开IE浏览器后，刚才浏览的网页就会自动恢复；改进型反钓鱼过滤器，IE 8.0浏览器的“安全过滤”功能可以阻止钓鱼网站，检查恶意软件，以减少用户个人信息失窃等问题。

### 2.1.2　实验　IE浏览器的设置和使用

【实验目的】

掌握IE浏览器的设置和使用方法。

【实验环境】

接入 Internet 的计算机 1 台，安装 Windows 7 系统。

【实验过程】

### 1. IE 8.0 浏览器的基本操作

(1) 双击桌面上或单击任务栏中的 IE 浏览器图标，启动 IE 浏览器，在地址栏中输入需要访问的 URL(例如，http://www.xupt.edu.cn)，即可浏览网页，如图 2.1 所示。

图 2.1　IE 8.0 浏览器

IE 浏览器主要由如下几部分组成：

① 标题栏：显示当前所浏览网页的标题。

② 地址栏：用于输入页面地址。

③ 菜单栏：包括完成 IE 8.0 浏览器所有功能的菜单命令。

④ 收藏夹栏：包括一些网页的收藏。

⑤ 命令栏：包括常用操作的快捷按钮。

⑥ 浏览框：用于显示当前页面内容。

⑦ 状态栏：用于显示页面的状态，如保护模式、内容设置、缩放比例等。

(2) 在页面文件传送的过程中，可能发生错误，甚至可能是自己的误操作，而导致页面显示不正确或中断下载。此时，可以单击“刷新”按钮，再次向该页面所在的服务器发出请求，重新获取并显示当前页面的内容。

(3) 在 IE 浏览器中，随时可以在已经浏览过的网址之间进行跳转，最常用的方法是单击“后退”按钮和“前进”按钮。

单击“后退”按钮，可以回退到上一个网址指向的页面。

如果前面已通过“后退”按钮回退到某一个网址，则“前进”按钮就可以使用。单击“前进”按钮就可以再次前进到该网址；同样单击“前进”按钮右侧的小三角按钮，会弹出一个下拉列表，其中罗列了此次浏览器链接访问过的网址，从中选择一个，即可直接回退到该网址。

(4) 利用超链接功能可以在网上漫游，将鼠标指向具有超链接功能的文字或者图像时，鼠标指针变为手型，单击鼠标左键，即可打开链接的页面。如图 2.1 所示，如果需要查看西安邮电大学的师资情况，即可单击超链接“师资队伍”。

### 2. 保存页面信息

(1) 保存当前页面信息，可以使用“文件”菜单中的“另存为”命令将当前页面信息保存在本地主机中。单击该命令后，在弹出的“保存网页”窗口，如图 2.2 所示，选择准备用于保存页面文件的文件夹。在“文件名”框中输入该页面的文件名，单击“保存类型”下拉列表按钮，从中选取该文件的保存类型，然后单击“保存”按

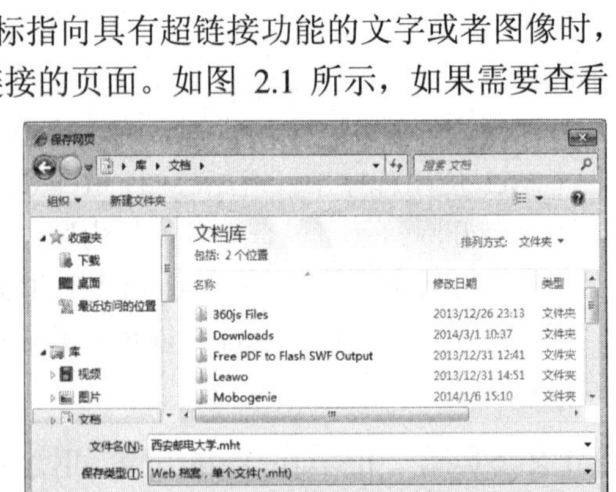

图 2.2　将当前页面信息保存在本地主机中

钮，将当前页面信息按指定类型和位置保存在本地主机中。

在“保存类型”下拉列表中有四种选择：

① “网页，全部”：保存显示该 Web 页时所需的全部文件，包括图像、框架和样式表。该选项将按原始格式保存所有文件。

② “Web 档案，单个文件(*.mht)”：将显示该 Web 页所需的全部信息保存在一个 MIME 编码的文件中。该选项保存当前 Web 页的可视信息。

③ “网页，仅 HTML”：只保存当前 HTML 页。该选项保存 Web 页信息，但它不保存图像、声音或其他文件。

④ “文本文件”：只保存当前 Web 页的文本。该选项将以纯文本格式保存 Web 页信息。

(2) 保存图片或动画。保存图片或动画，右键单击页面中的图片或动画，在弹出的菜单中选择“图片另存为”项，弹出“保存图片”窗口。指定图片保存的位置、文件名及保存类型，单击“保存”按钮即可。

### 3. 查看历史记录

IE 浏览器能够对用户访问过的页面进行保存，借助于历史记录用户可以快速打开历史页面。单击菜单栏中的“查看”按钮，依次选择下拉菜单中的“浏览器栏”→“历史记录”，将在浏览器左侧打开“历史记录”栏，如图 2.3 所示。在“历史记录”栏内有若干文件夹，其中记录了已经访问过的页面链接。

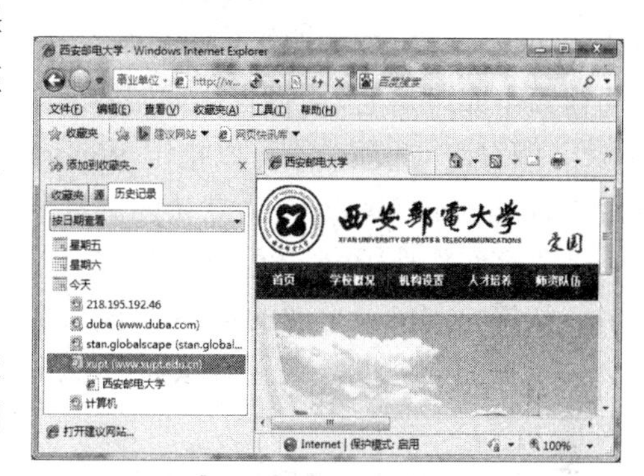

图 2.3　查看历史记录

### 4. IE 浏览器的高级应用

(1) 添加到收藏夹。利用收藏夹，可以保存经常访问的网址。依次单击“收藏夹”→“添加到收藏夹”菜单，在弹出的“添加到收藏夹”窗口中可以将当前浏览的页面网址加入到收藏夹列表中，如图 2.4 所示。

(2) 整理收藏夹。收藏夹列表中的网址采用树型结构的组织方式。过多的内容会使收藏夹变得混乱而不利于快速访问，应该定期整理收藏夹，保持一个较好的树型结构。依次单击“收藏夹”→“整理收藏夹”菜单，在弹出的“整理收藏夹”窗口中可以方便地对列表中的内容进行移动、重命名、删除等操作。

图 2.4　将当前页面网址加入到收藏夹

(3) 导入和导出收藏夹。人们经常使用多台计算机浏览网页，如宿舍的个人计算机、实验室的公共计算机等，这时可以通过 IE 浏览器的导入和导出功能，在多台计算机之间共享收藏夹的内容。如果需要将公共计算机的收藏夹内容导入到个人计算机中，方法是：依次单击公共计算机的“文件”→“导入和导出”菜单，弹出“导入和导出”窗口，根据向导将收藏夹中的内容导出为一个 HTML 文件；将该 HTML

文件复制到个人计算机中，同样根据“导入和导出”窗口的提示，将文件中的内容导入到个人计算机的收藏夹中。

(4) 设置 Internet 选项。依次单击“工具”→“Internet 选项”菜单，打开“Internet 选项”窗口，如图 2.5 所示。

“常规”选项卡：在“主页”设置区，可以设置 IE 浏览器启动时自动链接的地址；在“选项卡”设置区，可以设置弹出窗口和链接网页的显示方式。另外，还可以进行删除浏览历史记录、设置网页字体、颜色、语言等操作。

“安全”选项卡：可以对 Internet、本地 Intranet、受信任的站点和受限制的站点 4 个不同区域设置不同的安全级别。

“隐私”选项卡：可以为 Internet 区域设置不同的隐私策略，选择 cookie 处理方式，弹出窗口阻止程序等。

“内容”选项卡：通过“内容审查程序”功能，可以控制可访问的 Internet 内容，使用“监督人密码”对那些可能对未成年人产生不良影响的信息进行分级管理。另外，还提供了“证书”和“自动完成”设置等功能。

“连接”选项卡：浏览网页的过程中，经常会遇到某些站点无法被直接访问或者访问速度较慢，通过代理服务器可以达到快速访问的目的。单击“局域网设置”按钮，在弹出的窗口中即可对 LAN 设置代理服务器。

“程序”选项卡：可以指定 Windows 系统自动用于每个 Internet 服务的程序，设置是否检查 Internet Explorer 为默认的浏览器等。

“高级”选项卡：通常图像、声音和动画等多媒体文件的数据量要比 HTML 文件大很多，如果只需浏览页面的文字信息，可以通过该选项卡取消下载页面中的多媒体文件，加快显示页面的速度，设置方法如图 2.6 所示。另外，还可以对“安全”“浏览”等项进行设置。

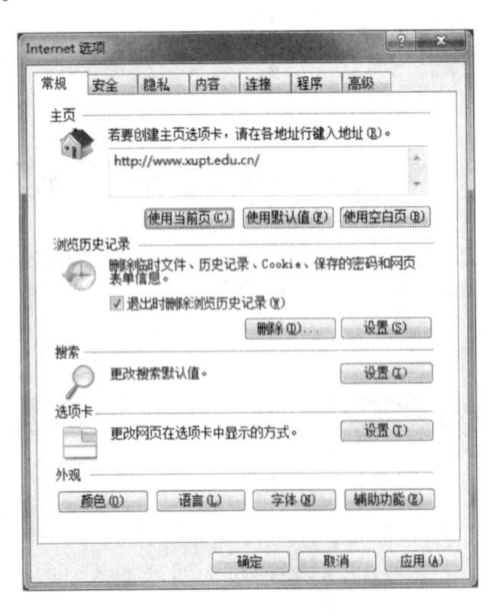

图 2.5 “Internet 选项”窗口

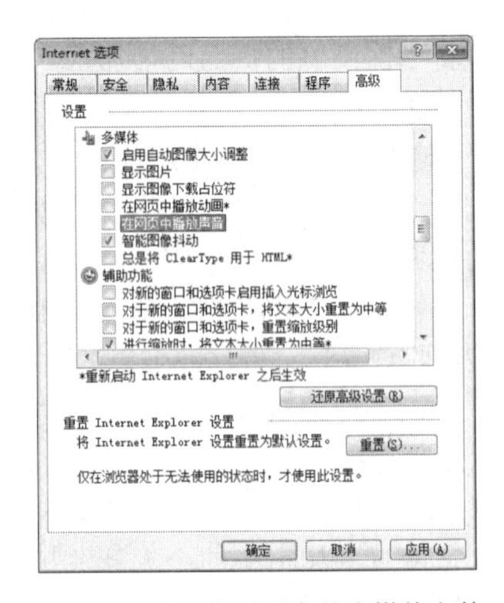


图 2.6 取消下载页面中的多媒体文件

(5) IE 浏览器上支持 FTP、NEWS、GOPHER 等其他网络的访问：默认情况下，IE 浏览器支持的是 Web 访问，但也支持对 FTP、NEWS、GOPHER 等站点的访问，方法是直接在地址栏中输入要访问的 FTP、NEWS、GOPHER 等的网络地址。例如，需要访问喀什师范学院信息系 FTP 服务器，可以在 IE 浏览器地址栏中输入“ftp://218.195.192.46”，正确输入用户名和密码，登录后如图 2.7 所示。

图 2.7　利用 IE 浏览器登录 FTP 站点

# 2.2　Outlook/Foxmail 的设置和使用

## 2.2.1　Outlook/Foxmail 简介

### 1. Outlook 简介

电子邮件(Electronic-mail，E-mail)是 Internet 上使用最广泛、最受欢迎的服务之一，它是网络用户之间进行快速、简便、可靠且低成本联络的现代通讯手段。利用电子邮件，人们可以通过网络把自己表达的信息发送出去，而对方可以在很短的时间内接收到发送给自己的邮件。电子邮件不但可以传输各种格式的文本信息，还可以传输图像、声音、视频等多种信息。电子邮件客户端软件一般都比 WebMail(基于 Web 的电子邮件)具有更为全面的功能。如使用客户端软件收发邮件，登录时不用下载网站页面内容，速度更快；使用客户端软件收到的邮件和曾经发送过的邮件都保存在自己的计算机中，不用上网就可以对旧邮件进行阅读和管理。

美国微软公司的 Outlook 是基于 Internet 标准的电子邮件和新闻阅读程序。它的功能强大，具有完善的中文界面，支持多个账户、多种语言及 HTML 格式。如果使用 Outlook 阅读电子邮件，必须使用支持 SMTP 和 POP3、IMAP 或 HTTP 协议的邮件系统。

### 2. Foxmail 简介

Foxmail 是一个国产的电子邮件客户端软件，支持全部的 Internet 电子邮件功能。Foxmail 作为民族软件的优秀代表，在众多的用户中具有极大的影响力。它具有设计优秀，体贴用户，使用方便，运行效率高等特点，其提供了全面而强大的邮件处理功能。

## 2.2.2　实验　Microsoft Outlook 的设置和使用

【实验目的】

掌握电子邮件客户端软件 Microsoft Office Outlook 2007 的设置方法，并能够利用该软件收发邮件。

**【实验环境】**

接入 Internet 的计算机 1 台。

**【实验过程】**

Microsoft Office Outlook 2007 是 Microsoft Office 2007 套装软件的组件之一，安装 Office 软件时默认安装。可以用它来收发电子邮件、管理联系人信息、记日记、安排日程、分配任务等，下面将介绍它的设置和使用方法。

### 1. Microsoft Outlook 的设置

(1) Microsoft Office 2007 安装完毕后，依次单击“开始”→“所有程序”→“Microsoft Office”→“Microsoft Office Outlook 2007”菜单，启动 Microsoft Outlook 2007，其主界面如图 2.8 所示。

在使用 Microsoft Outlook 2007 接收和发送邮件之前，需要设置两个邮件服务器的地址，即 POP3 和 SMTP 服务器。依次单击“工具”→“帐户设置”菜单，如图 2.9 所示。

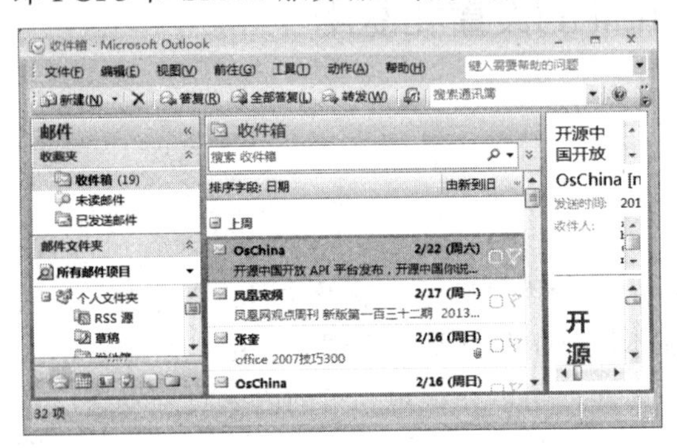


图 2.8　Microsoft Outlook 2007 主界面

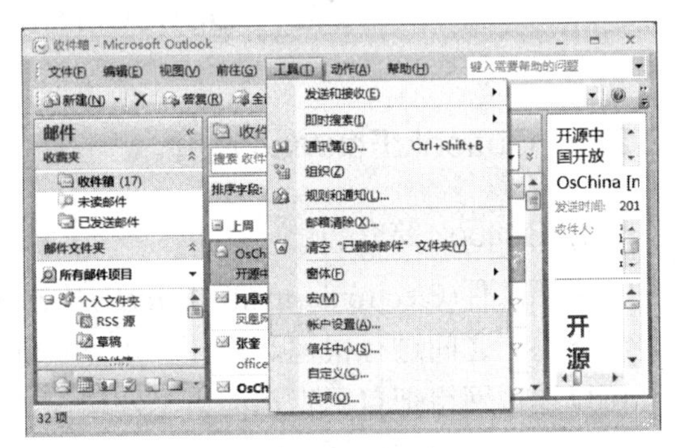


图 2.9　帐户设置

(2) 弹出“电子邮件帐户”窗口，单击“电子邮件”选项卡下的“新建”按钮，弹出“选择电子邮件服务”窗口，如图 2.10 所示。选择“Microsoft Exchange、POP3、IMAP 或 HTTP”选项，并单击“下一步”按钮。

(3) 弹出“自动帐户设置”窗口，勾选“手动配置服务器设置或其他服务器类型”复选框，如图 2.11 所示，对邮件服务器进行配置，单击“下一步”按钮。

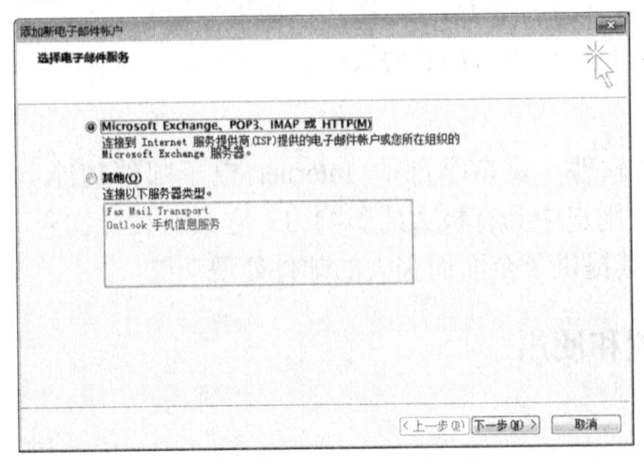


图 2.10　“选择电子邮件服务”窗口

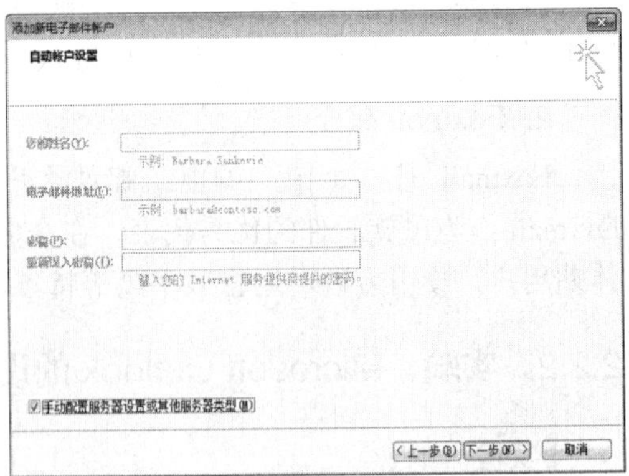


图 2.11　“自动帐户设置”窗口

(4) 弹出“选择电子邮件服务”窗口，选中“Internet 电子邮件”选项，如图 2.12 所示，单击“下一步”。

(5) 弹出“Internet 电子邮件设置”窗口，正确填写用户信息、服务器信息和登录信息，如图 2.13 所示。

**注意**：选择的“帐户类型”不同，邮件服务器的设置略有不同。如果帐户类型选择为 POP3，接收邮件服务器和发送邮件服务器分别设置为“pop.163.com，smtp.163.com”，如图 2.13 所示。如果帐户类型选择为 IMAP，接收邮件服务器和发送邮件服务器分别设置为“imap.163.com，smtp.163.com”。

设置完成后单击“测试帐户设置”按钮，测试帐户设置是否正确。

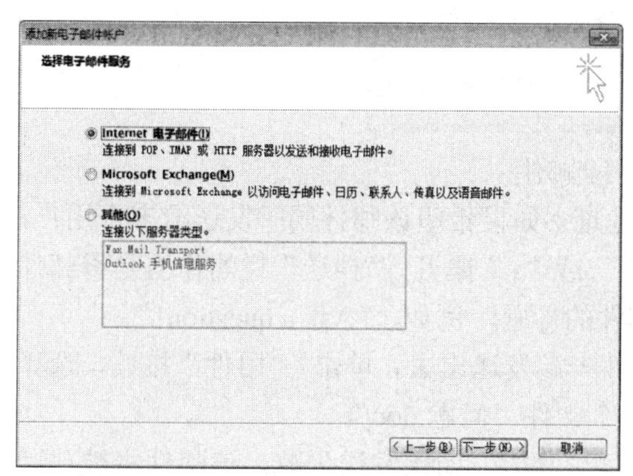


图 2.12　“选择电子邮件服务”窗口

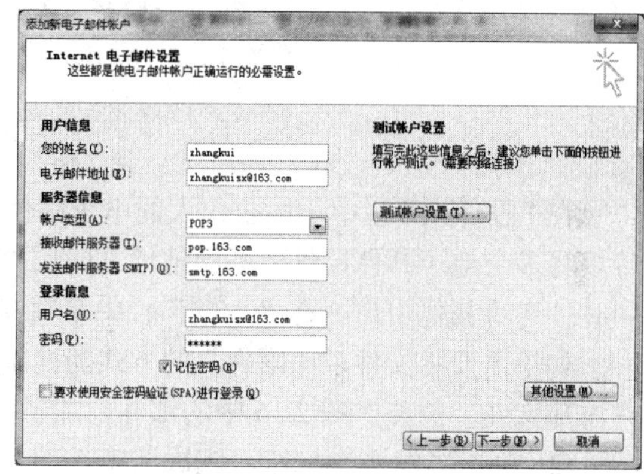


图 2.13　“Internet 电子邮件设置”窗口

(6) 单击“下一步”，弹出“祝贺您！”窗口，如图 2.14 所示，单击“完成”按钮。

(7) 返回到“帐户设置”窗口，如图 2.15 所示。在“电子邮件帐户”选项卡下的名称列表中，可以发现已经添加了一个可以用于任何连接的邮件帐户。

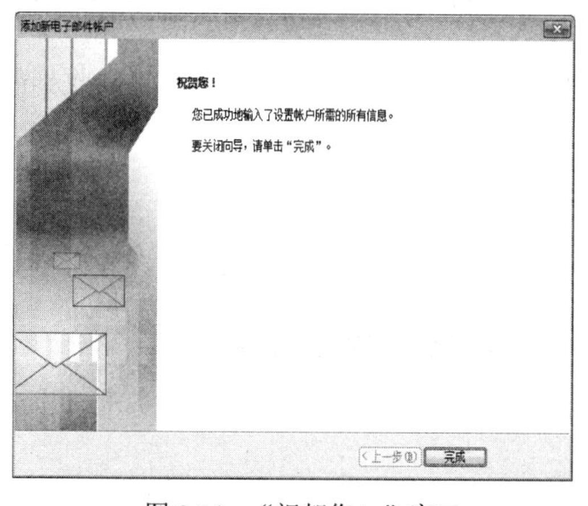


图 2.14　“祝贺您！”窗口

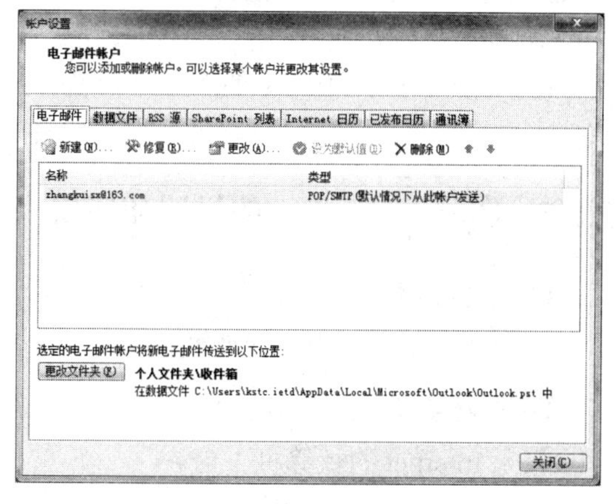


图 2.15　“帐户设置”窗口

至此，电子邮件新帐户添加完毕，可以用 Microsoft Outlook 来收发电子邮件了。

### 2. 新邮件的撰写与发送

(1) 在 Microsoft Outlook 2007 的主界面中，单击工具栏中的“新建”按钮，打开新邮件撰写窗口，如图 2.16 所示。

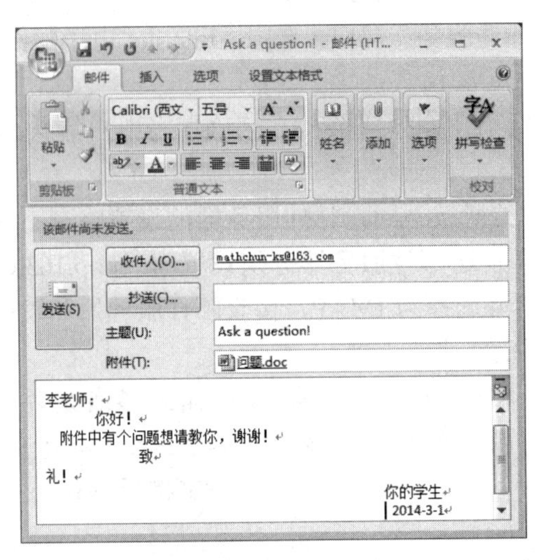


图 2.16　撰写新邮件

在“收件人”栏中填写收信人的电子邮件地址。如果希望该邮件同时发送给多个用户，可填写多个电子邮件地址，不同地址之间用“，”或“；”隔开。“抄送”栏的作用是将邮件同时抄送给其他用户。在“主题”栏中填写邮件的标题，例如，“Ask a question!”。

如果需要将文件以“附件”的方式随同邮件一起发送出去，单击 “附件”按钮，选择并添加文件。例如，图 2.16 中的邮件附加了一个文件“问题.doc”。

(2) 单击“发送”按钮，完成新邮件的撰写与发送。如果发送失败，该邮件将被放置到“发件箱”中等待下一次发送。

**3. 邮件的发送与接收**

(1) 在 Microsoft Outlook 2007 的主界面中，选择“工具”菜单下的“发送和接收”子菜单，可完成所有邮件的发送与接收。“发件箱”中的待发邮件将被发送出去，收到的新邮件将被保存到“收件箱”中。

(2) 双击“收件箱”中的新邮件，在弹出的窗口中可以查看邮件的内容。如果收到的邮件中含有附件，双击文件名即可打开附件。

## 2.2.3　实验　Foxmail 的设置和使用

**【实验目的】**

掌握电子邮件客户端软件 Foxmail 的设置方法，并能利用该软件收发邮件。

**【实验环境】**

接入 Internet 的计算机 1 台。

**【实验过程】**

**1. Foxmail 的设置**

(1) Foxmail 安装完毕后，单击任务栏中或双击桌面上的图标即可运行。第一次启动 Foxmail 时，系统启动向导程序，引导用户导入已有邮箱的数据或者新建帐号，如图 2.17 所示。单击“Microsoft Outlook 帐号”按钮。

(2) 弹出“导入帐号”窗口，如图 2.18 所示。单击“导入”按钮，自动导入 Microsoft Outlook 登录过的帐号数据。

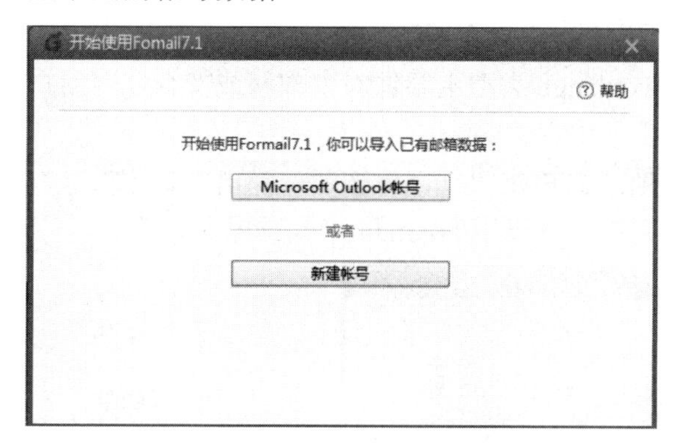


图 2.17　在向导窗口导入邮箱数据

图 2.18　“导入帐号”窗口

(3) 帐号数据导入成功后会弹出“请输入密码”窗口，如图 2.19 所示。正确输入密码后，单击“确定”按钮。

图 2.19　“请输入密码”窗口

(4) 弹出“Foxmail”主界面，如图 2.20 所示。显示“所有未读”的邮件数，以及“收件箱”等信息。

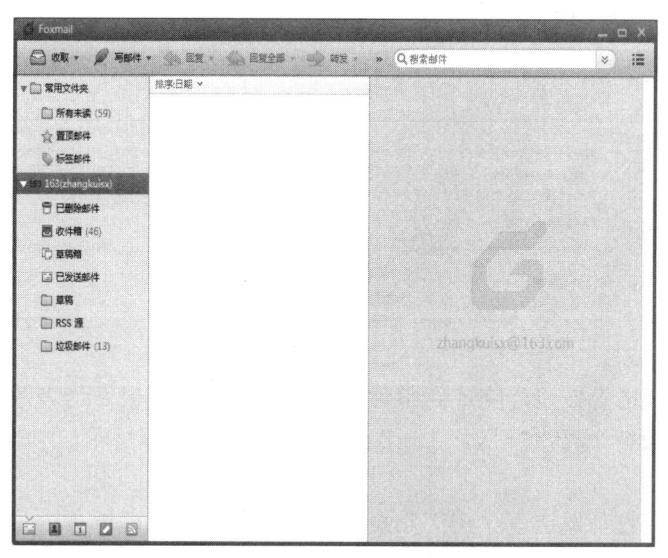


图 2.20　“Foxmail”主界面

(5) 当用户初次使用 Foxmail 时，也可以单击“新建帐号”按钮，添加新账号。在弹出的“新建帐号”窗口中选择“手动设置”按钮，选择接收服务器类型，正确填写帐户信息和服务器信息。

**注意：**“接收服务器类型”选择的不同，设置情况略有不同，POP3 和 IMAP 类型详细设置参考上节“Microsoft Outlook 的设置”，Exchange 类型主要针对内部网或者企业网用户搭建的邮件服务器系统，安全性较高，但较少使用。

这里以 POP3 为例，设置情况如图 2.21 所示。单击“创建”按钮，弹出“新建帐号”设置成功的提示窗口。至此，邮件帐号添加完毕，可以用 Foxmail 来收发电子邮件了。

图 2.21　“新建帐号”窗口

## 2. Foxmail 的使用

(1) 单击工具栏中的“写邮件”按钮，打开新邮件的撰写窗口，按要求填写邮件信息，如图 2.22 所示。

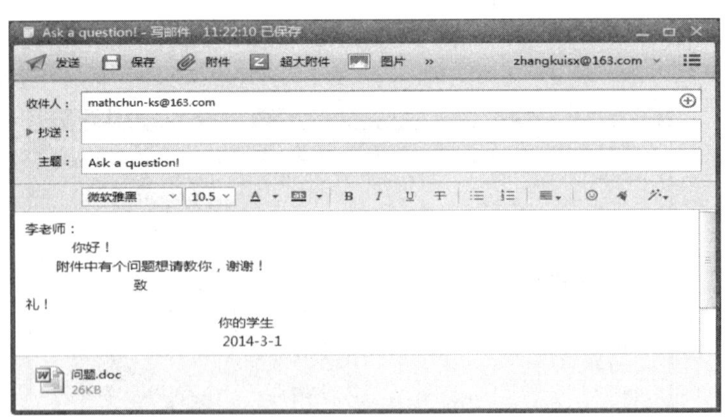


图 2.22　撰写新邮件

(2) 单击“发送”按钮，完成新邮件的撰写与发送。如果发送失败，该邮件将被放置到“草稿箱”中等待下一次发送。下一次一旦发送成功，“草稿箱”中的邮件转移到“已发送邮件箱”中。

(3) 邮件的接收与发送。单击工具栏上的“收取”按钮，屏幕上将弹出接收邮件的消息框，如图 2.23 所示。告知用户 Foxmail 正在连接邮件服务器，检查邮件服务器上是否有新邮件到达。

图 2.23　接收邮件的消息框

一旦有新邮件到达，新邮件被放置在“收件箱”中。单击“收件箱”图标，打开“收件箱”文件夹，其中列出所有已收到邮件。单击任意一个新邮件即可阅读其具体内容。

(4) 邮件的回复和转发。在阅读完邮件后，通常要对邮件进行回复和转发。

邮件回复，选中要回复的邮件，单击工具栏中的“回复”按钮，打开回复邮件窗口，此过程与邮件的撰写相同，只是不需输入收件人地址。

邮件转发，单击工具栏中的“转发”按钮，打开转发邮件窗口，其中邮件的标题和内容已经写好，只需填写收件人的地址，也可以在邮件正文中为转发邮件补充一些说明，该功能完成将邮件转发给第三方。

## 2.3　远程登录协议 Telnet

### 2.3.1　Telnet 简介

Telnet 是进行远程登录的标准协议和主要方式，它为用户提供了在本地主机上完成远程计算机工作的能力。远程登录是指在网络通信协议 Telnet 的支持下，用户的本地主机通过 Internet 连接到某台远程计算机上，作为这台远程计算机的一个终端，享用远程计算机资源的过程。通过远程登录，用户可以通过 Internet 访问任何一台远程计算机上的资源，而无须考虑地域上的限制。目前，全世界的许多大学图书馆都通过 Telnet 对外提供联机检索服务，一般政府部门、研究机构也将它们的数据库开放，供用户通过 Telnet 查阅。

远程登录服务使用客户机/服务器(Client/Server)模式。当用户 Telnet 登录远程计算机时，实际启动了两个程序：一个叫“Telnet 客户端程序”，它运行在用户的本地主机上，另一个叫 “Telnet 服务端程序”，它运行在要登录的远程计算机上。因此，在远程登录过程中，用户的本地主机是一个客户，而提供服务的远程计算机则是一个服务器。

Telnet 远程登录的使用主要有两种情况。第一种是用户在远程计算机上有自己的帐号(Account)，即用户拥有注册的用户名和口令；第二种是许多 Internet 主机为用户提供了某种形式的公共 Telnet 信息资源，这种资源对于每一个 Telnet 用户都是开放的，用户不需要事先取得用户名和口令，而是使用公共帐号 guest 来进行登录。

使用 Telnet 协议进行远程登录时，需要具备三个条件：在本地主机上装有支持 Telnet 协议的客户端程序；远程计算机的 IP 地址或域名；登录时使用的帐号。

## 2.3.2 远程登录的工作过程

Telnet 远程登录服务需要经过以下四个过程：

(1) 本地主机与远程计算机建立连接，该过程实际上是建立了一个 TCP 连接，用户需要知道远程计算机的 IP 地址或域名。

(2) 将本地终端上输入的用户名和口令及以后输入的任何命令或字符以 NVT(Net Virtual Terminal)格式传送到远程计算机。

(3) 远程计算机以 NVT 格式将处理结果返回本地主机，本地主机把远程计算机送来的 NVT 格式的数据转化为本地所接受的格式送回本地终端，包括输入命令回显和命令执行结果。

(4) 本地终端撤销和远程计算机的连接，该过程断开了一个 TCP 连接。

## 2.3.3 实验 Windows 7 系统下使用 Telnet 进行远程登录

【实验目的】

掌握在 Windows 7 系统下使用 Telnet 进行远程登录的方法。

【实验环境】

接入 Internet 的计算机 1 台。

【实验过程】

1. Telnet 服务设置

(1) 依次单击“开始”→“控制面板”→“程序和功能”菜单，在“程序和功能”窗口中单击“打开或关闭 Windows 功能”选项，弹出窗口如图 2.24 所示。找到并勾选“Telnet 服务器”和“Telnet 客户端”，最后单击“确定”按钮，稍等片刻即可完成安装。

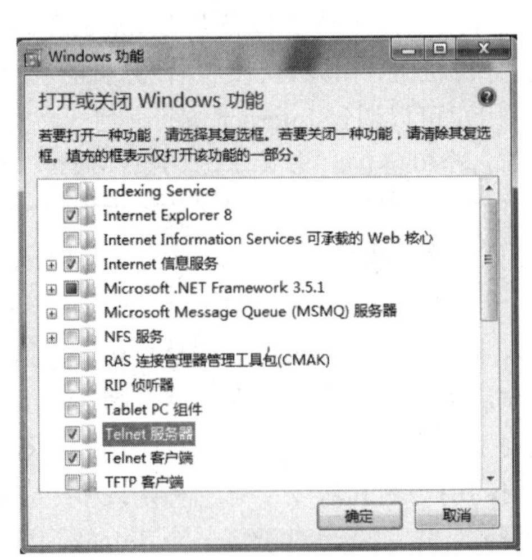


图 2.24 “打开或关闭 Windows 功能”窗口

(2) Windows 7 系统的 Telnet 服务器和 Telnet 客户端安装完成后，Telnet 服务默认情况下是禁用的，还需要启动服务。依次单击“开始”→“控制面板”→“管理工具”→“服务”菜单，弹出“服务”列表窗口，如图 2.25 所示。在“服务”列表中找到 Telnet 服务，此时该服务是禁用的。

双击 Telnet 服务或者从右键菜单选择“属性”，弹出窗口如图 2.26 所示。将“常规”选项卡下的启动类型由“禁用”改为“手动”，单击“确定”按钮。

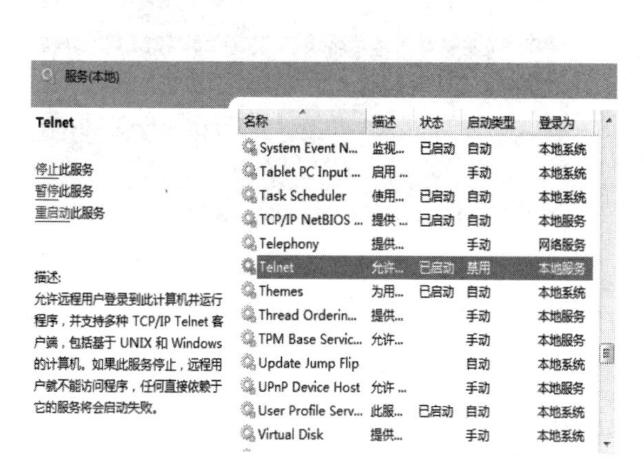


图 2.25　“服务”列表窗口

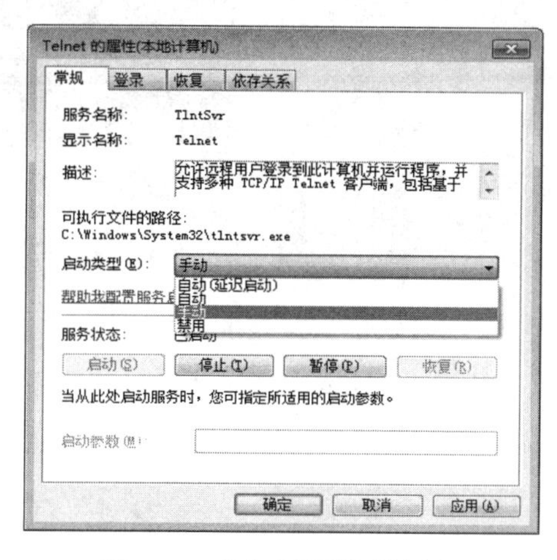


图 2.26　“启动类型”设置窗口

返回到“服务”列表窗口，在 Telnet 服务的右键菜单中选择“启动”。至此，Windows 7 系统的 Telnet 服务启动完毕。

## 2. Telnet 远程登录

(1) 依次单击“开始”→“运行”，在弹出的“运行”窗口中输入“cmd”命令，弹出命令行提示符窗口，输入“telnet”命令，如图 2.27 所示。

图 2.27　“Telnet”远程登录

“telnet”命令中应搭配使用远程计算机的 IP 地址或域名。这里使用的域名地址，可以访问西安交通大学的“兵马俑(bbs.xjtu.edu.cn)”站。如果 IP 地址或域名不正确，会提示“无法打开到主机的连接”。

(2) 连接成功后，根据提示登录“兵马俑”站，如图 2.28 所示。如果以过客的身份登录 BBS 站，输入“guest”，并按回车键结束。如果已拥有该站点的用户帐号，可在此输入用户帐号来登录站点。

(3) 登录成功后，就可以进入 BBS 站的主界面，如图 2.29 所示。用户可以移动上下方向键来选中其中的某项内容。例如，“精华公布栏”中列有各个讨论区的精华内容，其中的“讨论区精华”中提供了开发技术、电脑应用和学术科学等内容。“分类讨论区”便是访问者实时交流，畅所欲言的地方。在窗口中还列出了功能键的说明，可以按提示进行操作。

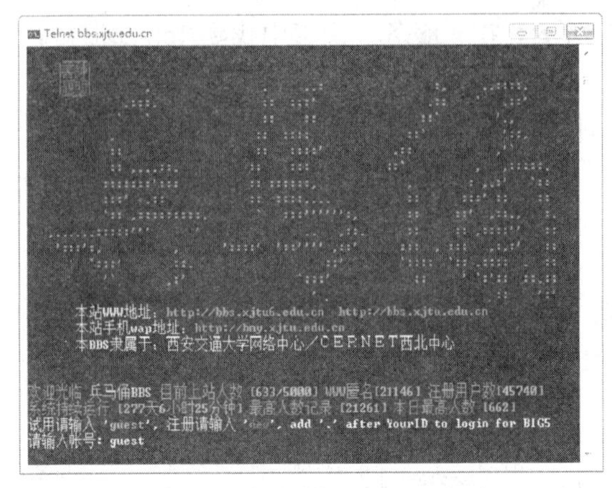


图 2.28　成功连接 BBS 兵马俑站

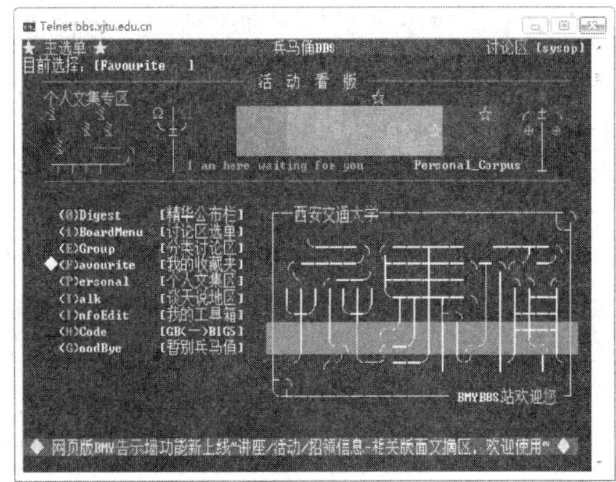


图 2.29　BBS 兵马俑站主界面

(4) 退出登录。选择“暂别兵马俑”，按照提示选择便可离开 BBS 站。

## 2.4　文件传输协议 FTP

### 2.4.1　文件传输协议

文件传输服务广泛应用于 Internet 上的文件传输，由文件传输协议(File Transfer Protocol，FTP)支持。它允许用户将文件从一台计算机传输到网络中的另一台计算机，并且能够保证传输的可靠性。

Internet 是一个复杂的网络环境，连接在 Internet 上的计算机运行各种各样的操作系统，因此在 Internet 上实现文件传输并不是一件容易的事。FTP 协议很好地解决了跨越不同网络和操作系统平台的通信问题。只要网络中的两台计算机同时支持 FTP 协议，它们之间就可以进行文件传送。

FTP 服务实质上是一种实时的联机服务。FTP 服务允许客户与服务器之间进行文件的上传(Upload)和下载(Download)，几乎可以传输任何类型的文件，如文本文件、二进制文件、图像文件、声音文件等。上传是指把本地主机上的一个或多个文件传送到远程计算机上，而下载是指从远程计算机上获取一个或多个文件。用户登录到 FTP 服务器上还可以显示文件内容，对文件进行改名、删除等。

FTP 服务采用典型的客户/服务器工作模式，它包括两个部分：远程提供服务的 FTP 服务器和用户本地的客户机。需要进行文件传输时，一般由运行在本地主机上的 FTP 客户程序提出上传或下载文件的请求，运行在远程计算机上的 FTP 服务程序响应 FTP 客户机请求，接收或传送指定文件。

目前，常用的 FTP 客户端程序有三种类型：传统的 FTP 命令行、浏览器与专用的 FTP 客户软件。在 WWW 提供更容易的文件传输方式之前，FTP 命令常被用于在计算机间交换数据，不依赖于浏览器和专用 FTP 软件，就可以完成所有 FTP 操作，是操作系统自带的 FTP 客户程序。浏览器(如 Internet Explorer)也具有 FTP 客户端软件的功能，利用浏览器来访问 FTP 服务器和浏览网页一样简单。Internet 开发者们开发的专用 FTP 客户软件(例如，

CuteFTP、SmartFTP、NetAnt 等)与浏览器相比，具有更加友好的界面，并支持连接向导、断点续传等功能。

### 2.4.2　FTP 命令介绍

FTP 在 DOS 命令行下启动以后，将创建可以使用 FTP 命令的子环境，通过键入“quit”命令可以从子环境返回至 DOS 提示符。当 FTP 子环境运行时，可以通过 FTP 命令进行各种操作。下面就对 FTP 的部分命令进行简单地介绍。

#### 1. FTP 启动命令

格式：**ftp** [-**v**] [-**d**] [-**i**] [-**n**] [-**g**] [-**s**:filename] [-**a**] [-**A**] [-**x**:sendbuffer] [-**r**:recvbuffer] [-**b**:asyncbuffers] [-**w**:windowsize] [host]

参数说明：

-v：禁止显示远程服务器的响应信息。

-d：打开调试模式，显示客户端和服务器之间传递的所有“ftp”命令。

-i：在传输多个文件时，关闭交互式提示。

-n：在初始与服务器连接时，关闭自动登录机制。

-g：禁止在本地文件名和路径名中使用通配符( * 和 ? )。

-s:filename：指定包含“ftp”命令的文本文件，当 FTP 解释器启动后，这些命令将自动运行。该参数中不允许有空格。

-a：在绑定数据连接时，使用本地的任意端口。

-A：以匿名的身份登录。

-x:sendbuffer：覆盖默认的 SO_SNDBUF 大小 8192。

-r:recvbuffer：覆盖默认的 SO_RCVBUF 大小 8192。

-b:asyncbuffers：覆盖默认的异步计数 3。

-w:windowsize：覆盖默认的传输缓冲区大小 65 535。

host：指定远程服务器的域名或 IP 地址。

#### 2. FTP 子环境中使用的命令

(1) help：显示 FTP 内部命令的帮助信息。

格式：**help** [cmd]

参数说明：

cmd：指定 FTP 的内部命令。如果省略该参数，将输出 FTP 所有的内部命令名称。

需要说明的是，问号( ? )与“help”命令具有相同的功能。

(2) open：与指定的 FTP 服务器建立连接。

格式：**open** host [port]

参数说明：

host：指定远程 FTP 服务器的域名或 IP 地址。

port：指定 FTP 服务器使用的端口号。

(3) user：指定远程 FTP 服务器的用户信息。

格式：**user** [username] [password] [account]

参数说明：

username：指定连接远程服务器所使用的用户名。

password：指定连接远程服务器所使用的密码。

account：指定连接远程服务器所使用的帐户。

(4) dir：获取远程服务器上的文件、子目录列表。

格式：**dir** [remotedirectory] [localfile]

参数说明：

remotedirectory：指定远程服务器上需要查看列表的目录。如果没有指定，将使用远程服务器的当前工作目录。

localfile：指定存储列表的本地文件。如果没有指定，将在屏幕上输出。

(5) cd：更改远程计算机上的工作目录。

格式：**cd** remotedirectory

参数说明：

remotedirectory：指定要进入的远程服务器的目录。

(6) lcd：更改本地主机的工作目录。在默认情况下，工作目录是启动"ftp"命令解释器时的目录。

格式：**lcd** [directory]

参数说明：

directory：指定本地计算机的目录。如果没有指定，将显示本地主机的当前工作目录。

(7) delete：删除远程服务器上的文件。

格式：**delete** remotefile

参数说明：

remotefile：指定远程服务器上的文件。

(8) get：使用当前文件传送类型将远程文件复制到本地主机。

格式：**get** remotefile [localfile]

参数说明：

remotefile：指定需要复制的远程文件。

localfile：指定远程文件复制到本地主机上使用的名称。如果没有指定，将与远程文件同名。

(9) put：使用当前文件传送类型将本地文件复制到远程服务器上。

格式：**put** localfile [remotefile]

参数说明：

localfile：指定需要复制的本地文件。

remotefile：指定本地文件复制到远程服务器上使用的名称。如果没有指定，将与本地文件同名。

(10) rename：重命名远程文件。

格式：**rename** filename newfilename

参数说明：

filename：指定需要重命名的远程文件。

newfilename 指定新的文件名。

(11) pwd：显示远程服务器的当前工作目录，这一命令不带参数。

格式：**pwd**

(12) prompt：在多个命令上切换交互提示。在多个文件传输的时候，FTP 将提示允许有选择地检索或存储文件。如果关闭提示，mget 及 mput 传送所有文件。默认情况下，提示是打开的。

格式：**prompt**

(13) ascii：将文件传输类型设置为“ASCII”。

格式：**ascii**

**注意**：FTP 支持两种文件传输类型：ASCII 和二进制，默认使用 ASCII 类型。

(14) binary：将文件传输类型设置为“二进制”。在传输可执行文件时，一般使用“二进制”类型。

格式：**binary**

(15) hash：打开“hash”命令标记设置。对用“get”或“put”命令传输的每 2048 字节数据，就显示一个“#”符号。默认情况下，“hash”命令标记设置是关闭的。

格式：**hash**

(16) !：在本地主机中执行交互 shell，使用“exit”命令回到 FTP 环境。

格式：**!** [cmd[args]]

参数说明：

cmd：表示需要在本地主机中执行的命令。

args：命令的参数

(17) close：断开与远程 FTP 站点的连接，结束 FTP 会话。

格式：**close**

(18) quit：结束与远程计算机的 FTP 会话并退出 FTP 命令行。

格式：**quit**

### 2.4.3 实验 FTP 的命令行操作

**【实验目的】**

(1) 熟悉常用 FTP 命令的格式。

(2) 学会使用常用命令对远程 FTP 站点的访问。

**【实验环境】**

接入 Internet 的计算机 1 台。

**【实验过程】**

(1) 在 DOS 提示符下输入“ftp”，启动 FTP 客户程序。

```
C:\Users\zhangkui>ftp
ftp>
```

(2) 与 FTP 站点(218.195.192.46)建立连接并提示进行身份验证。

```
C:\Users\zhangkui>ftp
ftp> open 218.195.192.46
连接到 218.195.192.46。
220-Wellcome to Home Ftp Server!
220 Server ready.
用户(218.195.192.46:(none)):
```

(3) 登录 FTP 站点，如果采用匿名登录的方式在用户名处输入“anonymous”，输入密码时，屏幕不回显。这里输入的密码可以是任意的字符串，也可以直接输入回车跳过。

```
用户(218.195.192.46:(none)): user1
331 Password required for user1.
密码:
230 User user1 logged in.
ftp>
```

**注意：**在 Windows 7 系统下，如果采用匿名登录后，一些 ftp 命令操作受限，在此登录使用用户名和密码。

如果登录失败需要重新登录，或者需要切换用户，可以使用“user”命令来指定新的用户名和口令。

(4) 用“pwd”命令显示远程计算机上的当前工作目录。

```
ftp> pwd
257 "/" is current directory.
ftp>
```

(5) 用“dir”命令显示远程文件和子目录列表，即显示远程目录下文件夹和文件。

```
ftp> pwd
257 "/" is current directory.
ftp> dir
200 Port command successful.
150 Opening data connection for directory list.
drw-rw-rw-    1 ftp    ftp              0 Feb 02 01:08 .
drw-rw-rw-    1 ftp    ftp              0 Feb 02 01:08 ..
-rwxrwxrwx    1 ftp    ftp      292286992 Dec 23  2013 Dreamweaver_12_LS3.exe
drw-rw-rw-    1 ftp    ftp              0 Dec 07  2013 NETWORK
-rw-rw-rw-    1 ftp    ftp       39613997 Dec 23  2013 SnifferPro.rar
drw-rw-rw-    1 ftp    ftp              0 Dec 24  2013 Webdisk
drw-rw-rw-    1 ftp    ftp              0 Dec 07  2013 复件 NETWOR
drw-rw-rw-    1 ftp    ftp              0 Dec 24  2013 桃园网络硬盘
-rw-rw-rw-    1 ftp    ftp        1566992 Dec 24  2013 桃园网络硬盘.rar
-rw-rw-rw-    1 ftp    ftp          11799 Feb 02 01:08 问题.doc
```

```
226 File sent ok
ftp: 收到 661 字节，用时 0.00 秒 165.25 千字节/秒。
ftp>
```

(6) 用“cd”命令更改远程计算机上的工作目录，执行“cd NETWORK”命令进入 NETWORK 子目录，执行“cd ..”，回到上一级目录。

```
ftp> cd NETWORK
250 CWD command successful. "/NETWORK" is current directory.
ftp> pwd
257 "/NETWORK" is current directory.
ftp> cd ..
250 CWD command successful. "/" is current directory.
ftp> pwd
257 "/" is current directory.
ftp>
```

(7) 用“lcd”命令更改本地主机上的工作目录，以后下载的文件或者操作可以在该目录下进行。如果省略该命令的目录参数，则显示本地主机启动 FTP 时的目录。

```
ftp> lcd
目前的本地目录 C:\Users\zhangkui。
ftp> lcd d:\
目前的本地目录 D:\。
ftp>
```

(8) 打开“hash”命令标记，每传输 2048 字节数据，显示一个 hash 符号(#)。

```
ftp> hash
哈希标记打印 开   ftp: (2048 字节/哈希标记) .
ftp> hash
哈希标记打印 关   .
ftp>
```

(9) 设定文件传送方式。ascii：设定以 ASCII 码方式传送文件；binary：设定以二进制方式传送文件；type：显示当前设定的传送方式。

```
ftp> type
使用 ascii 模式传送文件。
ftp> binary
200 Type set to I.
ftp> type
使用 binary 模式传送文件。
ftp> ascii
```

```
200 Type set to A.
ftp> type
使用 ascii 模式传送文件。
ftp>
```

(10) 用“get”命令把远程文件复制到本地主机。命令执行以后，远程目录“/”中的文件“问题.doc”将被复制到本地主机的当前工作目录“C:\Users\zhangkui”中。

```
ftp> get 问题.doc
200 Port command successful.
150 Opening data connection for 问题.doc.
226 File sent ok
ftp: 收到 11799 字节，用时 0.00 秒 11799.00 千字节/秒。
ftp> hash
哈希标记打印 开   ftp: (2048 字节/哈希标记) .
ftp> get 问题.doc
200 Port command successful.
150 Opening data connection for 问题.doc.
#####226 File sent ok
ftp: 收到 11799 字节，用时 0.00 秒 11799.00 千字节/秒。
ftp>
```

(11) 用“close”命令断开与远程 FTP 站点的连接，结束会话。

```
ftp>close
221 Goodbye.
ftp>
```

(12) 用“quit”命令退出 FTP 客户程序。

```
ftp>quit
C:\Users\zhangkui>
```

### 2.4.4 实验 CuteFTP 的使用

**【实验目的】**

掌握文件传输工具 CuteFTP 的上传、下载及其他使用方法。

**【实验环境】**

接入 Internet 的计算机 1 台，安装有 CuteFTP 软件。

**【实验过程】**

1. 启动 CuteFTP 软件

双击桌面上 CuteFTP 9.0 图标，启动 CuteFTP 程序后，弹出如图 2.30 所示的主界面。此时还没有与任何 FTP 站点建立连接，因此只能在左边的窗口中显示本地主机中的内容。

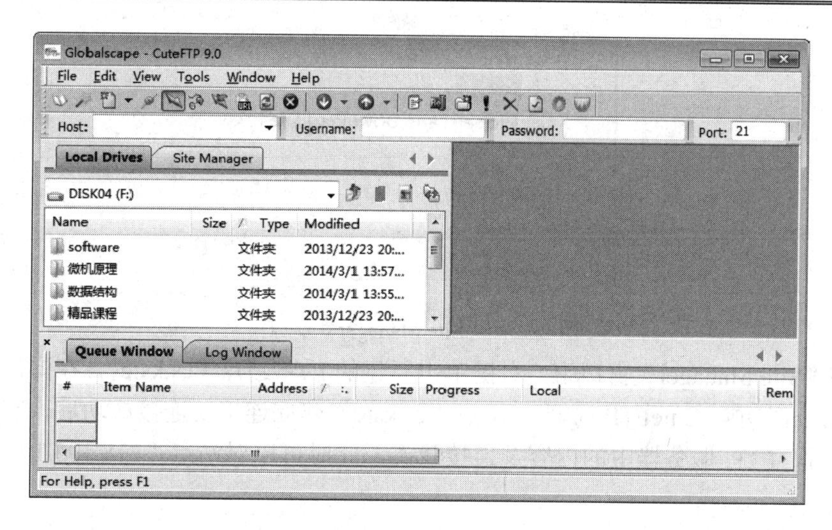


图 2.30　CuteFTP 9.0 主界面

## 2. 添加并连接 FTP 站点

为了方便连接，可以将经常访问的 FTP 站点添加到“站点管理器(Site Manager)”中，具体步骤如下：

(1) 依次单击主界面中的“File”→“New”→“FTP Site”菜单，弹出如图 2.31 所示的站点属性窗口。

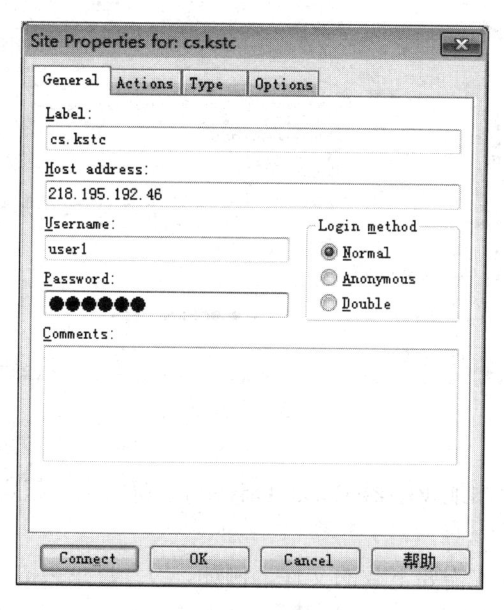


图 2.31　站点属性窗口

(2) 在“Label”栏内输入 FTP 站点的名称(如 cs.kstc)；在“主机地址”栏内输入 FTP 服务器的域名或 IP 地址(如 218.195.192.46)；如果用户拥有自己的帐户，分别在“用户名”和“密码”栏内输入，否则可以选择匿名的方式登录。

(3) 单击“OK”按钮，新建的 FTP 站点“cs.kstc”自动添加到“Site Manager”窗口中，如图 2.32 所示。

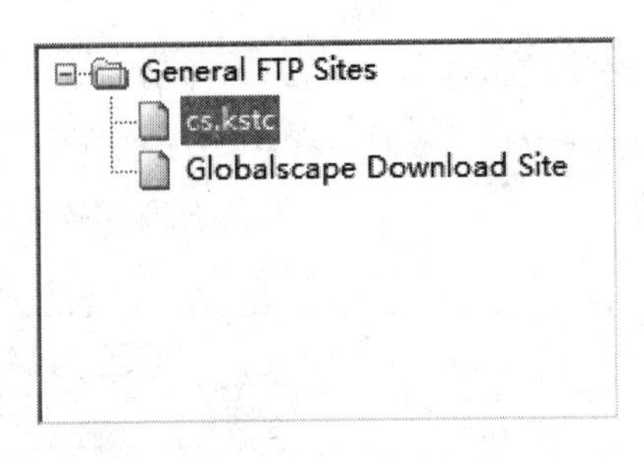


图 2.32 “Site Manager”窗口

(4) 在“Site Manager”窗口中，右键单击新建的 FTP 站点“cs.kstc”，在弹出的菜单中单击“Connect”项，CuteFTP 立即与站点“cs.kstc”建立连接。连接成功后，在主界面的右侧显示远程 FTP 服务器中的内容及连接状态，此时可以对站点“218.195.192.46”进行 FTP 访问了。

### 3. 文件的下载

与远程 FTP 服务器连接成功后，就可以进行文件下载了。下载文件就是将 FTP 服务器中的文件取到本地主机。图 2.33 显示正在将远程服务器上“ / ”目录中的文件“桃园网络硬盘.rar”下载到本地主机“F:\”目录中。

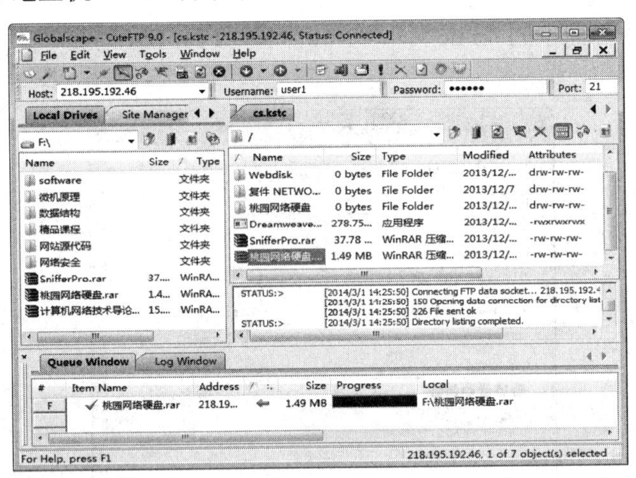


图 2.33 文件下载

具体操作步骤如下：

(1) 在主界面左侧“本地驱动器(Local Drivers)”窗口中，指定文件下载存放的路径，如 F:\。

(2) 在主界面右侧选取需要下载的文件，例如，“/”目录中的“桃园网络硬盘.rar”。

(3) 单击工具栏中的“下载”按钮 ，如图 2.33 所示，即可将服务器中选取的文件传送到本地主机指定的目录中。在下载的过程中，主界面下方显示了传送的进度。

### 4. 文件的上传

文件的上传与下载刚好相反，是把本地文件传送到远程 FTP 服务器中。具体操作步骤非常相似：首先在主界面右侧指定 FTP 服务器中存放上传文件的目录，然后在主界面左侧“本地驱动器”窗口中选取需要上传的文件，最后单击“上传”按钮 ，即可完成上传操作。

需要说明的是，如果以匿名的方式登录 FTP 服务器，多数 FTP 站点不提供上传的权限。

### 5. FXP 传输

CuteFTP 支持两个远程服务器之间的文件传输，这种功能就是常说的 FXP(File Exchange Protocol)传输。FXP 是服务器之间传输文件的协议，控制着两个支持 FXP 协议的服务器，在无需人工干预的情况下，自动地完成文件传输。有的 FTP 服务器不支持这种功能，如果出现不支持的情况，可以与 FTP 站点的管理员联系。

可以按下面的步骤实现站点对站点的 FXP 传输。

(1) 分别连接两个或多个远程 FTP 站点。

(2) 选中需要传输的文件，点击鼠标右键，在弹出的菜单中依次选择“Download Advanced”→“Site to Site Transfer to”→“General FTP Sites”，最后选择目的站点的名称(如 ietd.kstc)，如图 2.34 所示。

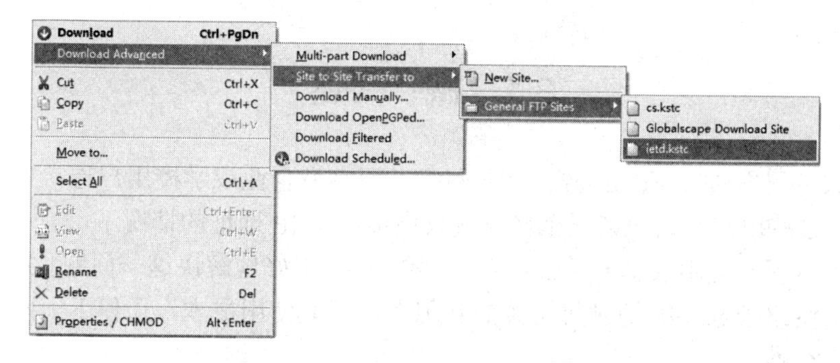


图 2.34　选择 FXP 传输的目的站点

(3) CuteFTP 开始把选择的文件传送到目的站点的当前工作目录中。

也可以选择“Windows”菜单中的“Cascade”或“Title”子菜单，这时在右窗口就会以层叠或平铺的方式显示连接的站点对应的窗口，如图 2.35 所示。可以用鼠标将需要传送的文件直接拖放到目的站点对应的窗口中，这样 CuteFTP 便将文件从源站点传输到目的站点。

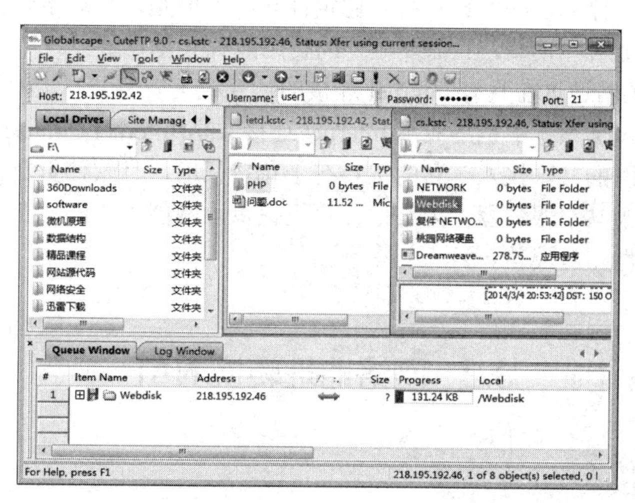


图 2.35　以层叠的方式显示站点对应的窗口

# 第3章　共享 Internet 接入

共享 Internet 接入能够提高 IP 地址利用率，降低使用成本，便于上网管理，提高内部网络安全性等。本章在介绍 NAT 的基本原理的基础上，详细说明了利用宽带路由器、ICS、代理服务器三种方式共享 Internet 接入的方法。通过对本章的学习，应该能够掌握 NAT 的工作原理，学会多种共享 Internet 接入的配置方法。

## 3.1　概　　述

如今，家庭用户通过 ADSL 方式接入网络，而小型企业或学校用户通常采用以太网方式接入网络，这些用户在只申请一个帐号或只申请一个 IP 地址的情况下，是否可以实现多台电脑同时上网呢？使用共享 Internet 接入方式，可以很好地解决这一问题。共享接入方式不仅能够提高网络带宽、IP 地址等资源的利用率，降低使用成本，还便于上网管理，提高内部网络的安全性。

共享 Internet 接入的实现方法很多，多数采用网络地址转换(Network Address Translation，NAT)技术。从技术实现来说，共享上网可以分为硬件共享上网和软件共享上网两种方式。实际应用中，用户应该根据不同的使用场合选择不同的方案。

(1) 硬件共享上网通常使用共享上网路由器，它们通过内置的硬件芯片来完成 Internet 和局域网之间数据包的交换管理，实质上就是在芯片中固化了共享上网软件。共享上网路由器的工作不依赖于计算机的操作系统，稳定性较好。但是，相对于软件共享上网来说，硬件共享上网的可更新性较差，且需要额外的费用购置共享设备。

(2) 软件共享上网通过在具有 Internet 连接的计算机上安装共享上网软件来实现，如代理服务器等。Windows 系统中也集成了 Internet 连接共享(Internet Connection Sharing，ICS)组件用于小型局域网的共享接入。它的优势在于花费低廉，且软件更新较快。这种方式需要一台计算机来作为共享服务器，为其他计算机提供上网能力。共享上网软件的工作依赖于操作系统，稳定性相对较差。

## 3.2　网络地址转换 NAT

### 3.2.1　NAT 概述

网络地址转换(NAT)是一种将私有地址翻译为合法公用 IP 地址的转换技术，它适用于多种类型 Internet 接入方式。NAT 不仅缓解了 IP 地址不足的问题，而且还能够有效地避免来自网络外部的攻击，隐藏并保护网络内部的计算机。NAT 是一个 Internet 工程任务组(Internet Engineering Task Force，IETF)标准。

计算机要在 Internet 上通信，就必须向 Internet 管理机构申请全球唯一的合法公用 IP 地址。如果为办公室或家庭中的每台计算机都申请一个公用地址，这无疑给 IP 地址资源造成了较大的压力。为了缓解这种压力，Internet 管理机构为内部网络预留了一些专用地址(私有地址、保留地址)，可供办公室或家庭中的计算机在内部局域网中使用。专用地址范围包括：

A 类：10.0.0.0～10.255.255.255

B 类：172.16.0.0～172.31.255.255

C 类：192.168.0.0～192.168.255.255

专用地址只能在内部网络中使用，而不能被路由器转发。因此，如果某个局域网内部主机使用专用地址，又需要与 Internet 进行通信，就必须要有一种机制实现地址的转换。网络地址转换(NAT)可以使多台计算机共享一个 Internet 连接，允许一个局域网整体以一个公用 IP 地址出现在 Internet 上。在 IP 地址资源即将耗尽的现状下，这无疑是一个不错的解决方案。通过在内部使用非注册的专用 IP 地址，并将它们转换为一小部分外部注册的合法公用 IP 地址，从而减少了 IP 地址注册的费用，同时也隐藏了内部网络结构，降低了内部网络受到攻击的风险，而内部网络的用户也感觉不到 NAT 的存在。

### 3.2.2　NAT 的工作原理

NAT 是一种地址转换技术，对客户机发出的每一个 IP 数据包的地址进行检查和翻译，把包内客户机的 IP 地址修改为“合法的 IP 地址”发送到 Internet，再将由 Internet 传回的数据包修改地址信息后发送到相应客户机。这样客户机就可以像一台具有“合法 IP 地址”的计算机一样访问 Internet。

NAT 设备维护一个状态表，用来把私有 IP 地址映射到真实的 IP 地址上去。每个 IP 包在 NAT 设备中都被翻译成合法的 IP 地址再发往下一级，这给处理器带来了一定的负担。当内部网络规模较小时，这种负担对传输性能的影响可以不予考虑。

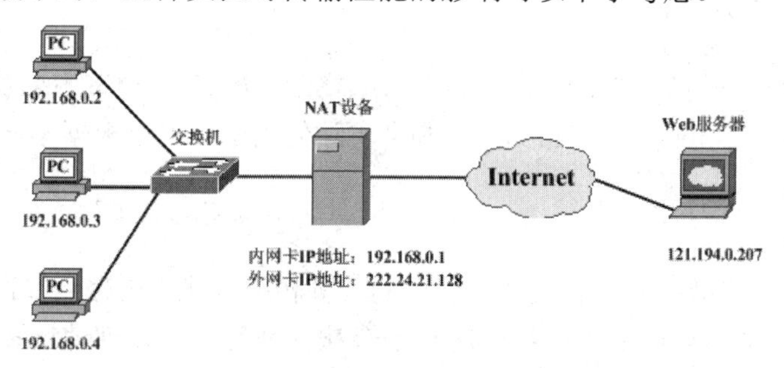


图 3.1　NAT 工作原理

NAT 工作原理如图 3.1 所示，其中 NAT 设备可以用宽带路由器、带有共享软件的计算机或专用的 NAT 设备实现。假设内网中的一台客户机(IP 地址为 192.168.0.2)需要访问远程 Web 服务器(IP 地址为 121.194.0.207)，其工作过程如下：

(1) 使用私有 IP 地址的客户机向 NAT 设备发送数据包，数据包含有如下地址信息：

- 源地址：192.168.0.2
- 源端口：TCP 1025
- 目的地址：121.194.0.207
- 目的端口：TCP 80

(2) NAT 设备接收数据包，将其中源地址和源端口分别修改为公用的 IP 地址和新的端口号并通过 Internet 向远程 Web 服务器发送，同时把{192.168.0.2，TCP，1025}到{222.24.21.128，TCP，5000}的对应关系记录到状态表中。经过 NAT 设备修改后的数据包含有如下地址信息：

- 源地址：222.24.21.128
- 源端口：TCP 5000
- 目的地址：121.194.0.207
- 目的端口：TCP 80

(3) Web 服务器接收并处理数据包，将响应数据包返回给 NAT 设备。响应数据包中含有如下地址信息：

- 源地址：121.194.0.207
- 源端口：TCP 80
- 目的地址：222.24.21.128
- 目的端口：TCP 5000

(4) NAT 设备收到 Web 服务器发来的响应数据包后，查找状态表，使用客户机的私有 IP 地址和端口号分别替换数据包中的目的 IP 地址和端口号，然后将数据包发送给内网的客户机。NAT 设备向客户机回应的数据包含有如下地址信息：

- 源地址：121.194.0.207
- 源端口：TCP 80
- 目的地址：192.168.0.2
- 目的端口：TCP 1025

### 3.2.3 NAT 的转换方式

NAT 中对地址的转换有 3 种类型：静态 NAT(Static NAT)、动态 NAT(Dynamic NAT)和端口地址转换(Port Address Translation，PAT)。实际使用中，可以根据不同的需要，选择不同的 NAT 方案。

1) 静态 NAT

静态 NAT 是设置最为简单和最容易实现的一种转换方式，在这种方式下，内部网络中的每个主机都被永久映射到外部网络中的某个合法的地址上，内部地址和外部地址是一一对应的。某个私有 IP 地址只转换为某个公用 IP 地址，除非管理员手工改变，否则这种对应关系在转换过程中是固定不变的。借助于静态转换，可以在外部网络实现对内部网络中某些特定设备(如 Web 服务器)的访问。

2) 动态 NAT

动态转换是指将内部网络的私有 IP 地址转换为公用 IP 地址时，映射关系是不确定的，是随机的。在外部网络中定义了一系列的合法地址，私有 IP 地址可随机转换为任何指定的合法 IP 地址，采用动态分配的映射方法。也就是说，只要指定哪些内部地址可以进行转换，以及用哪些合法地址作为外部地址时，就可以进行动态转换。当 Internet 服务提供商(Internet Service Provider，ISP)提供的合法 IP 地址略少于内部网络的计算机数量时，可以采用动态转换的方式。

3) PAT

PAT 是将多个内部地址映射到同一个外部地址，通过端口号来区分，即将内部地址映射到外部网络一个 IP 地址的不同端口上。内部网络的所有主机均可共享同一个合法公用 IP 地址实现对 Internet 的访问，从而最大限度地节约 IP 地址资源。PAT 可以将一个中小型的内部网络隐藏在一个合法 IP 地址后面，从而有效地避免来自 Internet 的攻击。PAT 是网络中使用最多的转换方式，普遍应用于各种接入设备中。

## 3.3 利用宽带路由器共享 Internet 接入

### 3.3.1 宽带路由器介绍

宽带路由器共享接入是一种常见的硬件共享上网方式。使用宽带路由器充当共享服务器的角色，来处理局域网中客户机的请求，不需要单独一台计算机来担任服务器。如今宽带路由器价格很便宜，在组建家庭、办公室等局域网中使用宽带路由器实现共享接入已经得到了非常广泛的应用。

常见的宽带路由器型号有：TL-WR541G+、DIR-605、WGR614 等。其中，TL-WR541G+ 宽带路由器集有线/无线网络连接于一体，专为满足小型企业、办公室和家庭上网需要而设计，其外形如图 3.2 所示。它具有以下优点：

(1) 无线覆盖范围广。采用 TP-Link 域展无线传输技术，传输距离是普通 11g 产品的 2～3 倍，传输范围能扩展到 4～9 倍，可适应不同的应用环境，消除无线覆盖盲区。

图 3.2 宽带路由器

(2) 轻松扩展无线网络。具有 WDS 无线桥接功能，可设置路由器为 Bridge 模式，实现路由器间的无线互连，轻松扩展无线网络。

(3) 网络安全可靠。提供多重安全防护，支持 64/128/152 位 WEP 数据加密，WPA/WPA2、WPA-PSK/WPA2-PSK 安全机制，SSID 广播控制，基于 MAC 地址的访问控制，再配合强大、灵活的内置防火墙，全面保障网络安全。

(4) 功能丰富多样。内置 4 个交换端口(LAN 端口)，支持多台电脑共享上网。提供多方面的管理功能，可对系统、DHCP 服务器、虚拟服务器、DMZ 主机、DDNS、上网权限等功能进行管理，此外还支持定时功能，可设置不同时间、不同用户的不同上网权限，轻松管理网络资源。

(5) 使用简单方便。全中文的 WEB 管理界面，人性化的配置向导，使得配置轻松，操作自如，此外它还具有很好的兼容性，可方便与其他 11b、11g 无线设备建立连接。

## 3.3.2 实验　宽带路由器共享上网的配置

**【实验目的】**

(1) 了解宽带路由器的功能。

(2) 理解 NAT 的工作原理。

(3) 学会宽带路由器的配置方法。

**【实验环境】**

宽带路由器(TL-WR541G+)1 台，计算机 1 台，连接成如图 3.3 所示网络。宽带路由器的广域网(Wide Area Network，WAN)端口用来连接外网，根据接入方式不同，WAN 端口连接的硬件设备也不一样。例如，采用 ADSL 接入方式时，WAN 端口与 ADSL Modem 连接。局域网(Local Area Network，LAN)端口用来连接计算机，如果计算机数量较多，也可以将 LAN 端口与交换机连接，从而为更多的计算机提供共享接入。有些宽带路由器还提供无线接口，用于连接计算机的无线网卡，对于笔记本电脑上网非常方便。

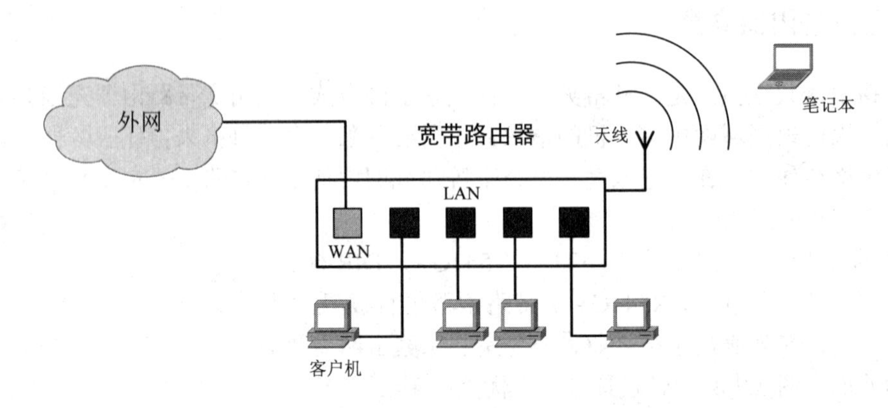


图 3.3　硬件连接图

**【实验过程】**

下面将以型号为 TL-WR541G+的宽带路由器为例，介绍宽带路由器共享接入的方法。客户机安装了 Windows 7 系统(专业版)。

### 1. 基本配置

(1) 按照图 3.3 正确连接网络。根据外网接入方式，正确连接 WAN 端口。如果外网采用 ADSL 方式，WAN 端口通过 ADSL Modem 接入到公共电话网；如果外网采用以太网方式，WAN 端口直接与外网路由器连接。LAN 端口连接需要上网的计算机，构成内部局域网络。

(2) 选择任何一台内网客户机，并设置其 IP 地址为“192.168.1.2”，子网掩码为“255.255.255.0”。如果网络连接没有问题，此时用“ping 192.168.1.1”命令可以测试该客户机与宽带路由器是连通的。

**注意：**TL-WR541G+ 宽带路由器的默认 IP 地址为“192.168.1.1”，这个地址可以通过查看路由器背面标注或说明书获得，且路由器的 IP 地址是可以被重新设置的。客户机设置的 IP 地址与路由器 IP 地址必须在同一个网段。

(3) 打开客户机的浏览器，在地址栏内输入“http://192.168.1.1”，弹出登录窗口，如图 3.4 所示。

(4) 正确输入用户名和密码后，单击“确定”按钮，打开路由器的 Web 配置界面，如图 3.5 所示。在配置过程中，可以单击页面中的“帮助”按钮，获得较详细的帮助信息。

**注意**：默认用户名和密码均为“admin”。

在左侧菜单栏中，共有“运行状态”“设置向导”“网络参数”“无线参数”“DHCP 服务器”“转发规则”“安全设置”“路由功能”“IP 与 MAC 绑定”“动态 DNS”和“系统工具”等 11 个菜单项。单击某个菜单项，即可进行相应的功能设置。

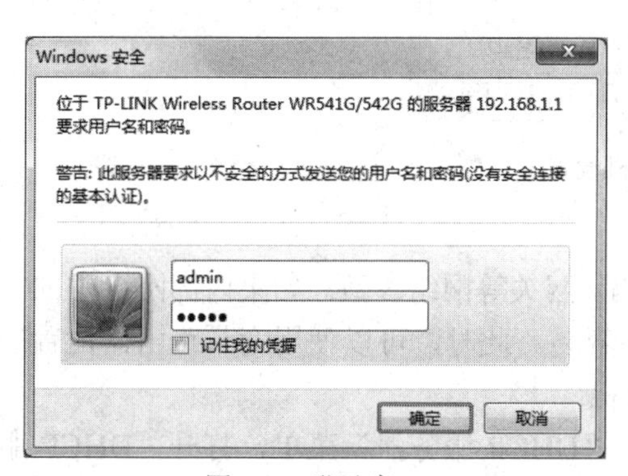


图 3.4　登录窗口

图 3.5　Web 配置界面

(5) 依次单击“网络参数”→“WAN 口设置”菜单，打开“WAN 口设置”界面，通过下拉列表可以选择多种 WAN 口连接类型，本例中采用以太网接入方式并且静态指定 IP 地址，如图 3.6 所示。另外，针对 ADSL 接入方式，可以选择“PPPoE”项。正确填写各项参数后，单击“保存”按钮。

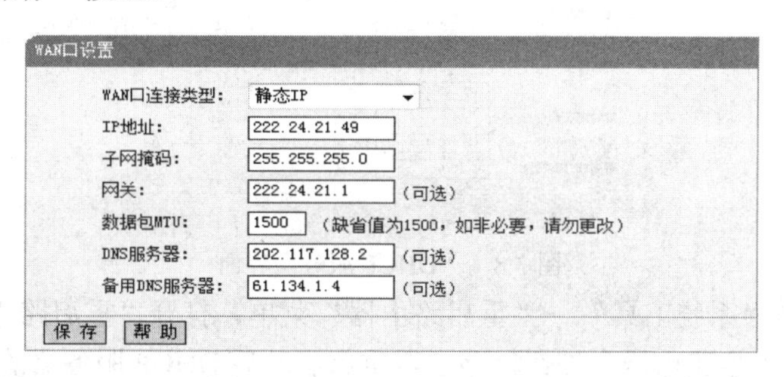


图 3.6　“WAN 口设置”界面

**注意**：不同的网络环境，使用的 IP 地址、网关、DNS 服务器等参数不尽相同，必要时可以咨询网络管理员。

### 2. 客户机设置

打开客户机的 TCP/IP 属性窗口，如图 3.7 所示。正确填写各项参数后，客户机就可以通过宽带路由器正常上网了。

客户机使用的 IP 地址形式为 192.168.1.x，并且不能与宽带路由器的局域网 IP 地址(本例中为 192.168.1.1)相同，各客户机之间使用的 IP 地址也不能相同。子网掩码为“255.255.255.0”。默认网关与宽带路由器的局域网 IP 地址相同，即“192.168.1.1”。DNS 服务器地址也为“192.168.1.1”。

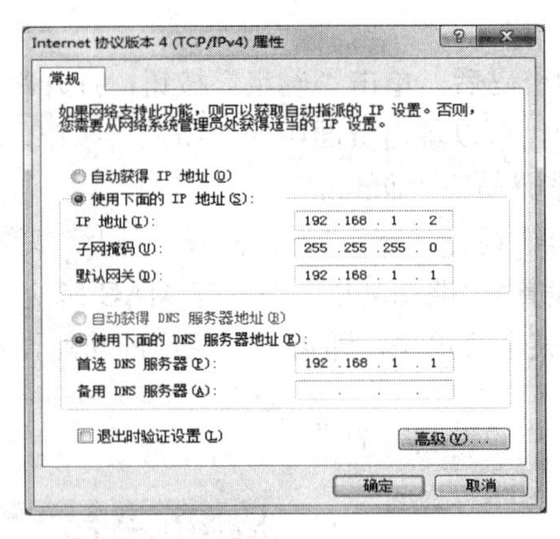


图 3.7 客户机设置

### 3. DHCP 服务器

客户机设置需要正确填写 IP 地址、子网掩码、网关等网络参数。如果内部网络中的客户机数量很多，正确设置每一台客户机并不是很容易。此时，可以使用宽带路由器内置的 DHCP 服务器，自动配置局域网中的每一台计算机。

(1) 在宽带路由器的 Web 配置界面中，单击“DHCP 服务器”菜单，打开“DHCP 服务”界面，如图 3.8 所示。启动 DHCP 服务，并正确填写各项参数后，单击“保存”按钮。这里配置的可供分配的 IP 地址范围为“192.168.1.100～192.168.1.199”。

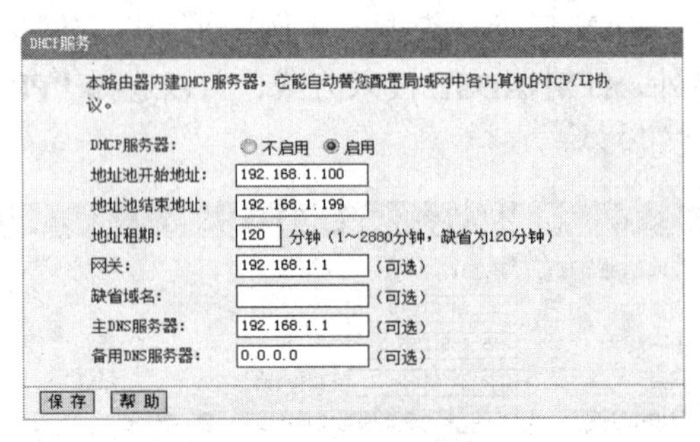


图 3.8 “DHCP 服务”界面

(2) 依次单击“系统工具”→“重启路由器”菜单，打开“重启路由器”界面，如图 3.9 所示。单击“重启路由器”按钮，路由器重新启动后 DHCP 服务器的设置生效。

图 3.9 “重启路由器”界面

(3) 启用 DHCP 服务器后，客户机的 TCP/IP 属性应该设置为自动获得的形式，如图 3.10 所示。客户机正确获得 IP 地址后，便可以上网了。

(4) 客户机获得的 IP 地址可以使用“ipconfig /all”命令来查看，如图 3.11 所示。IP 地址的重新获取与释放的命令格式分别为“ipconfig /renew”“ipconfig /release”。

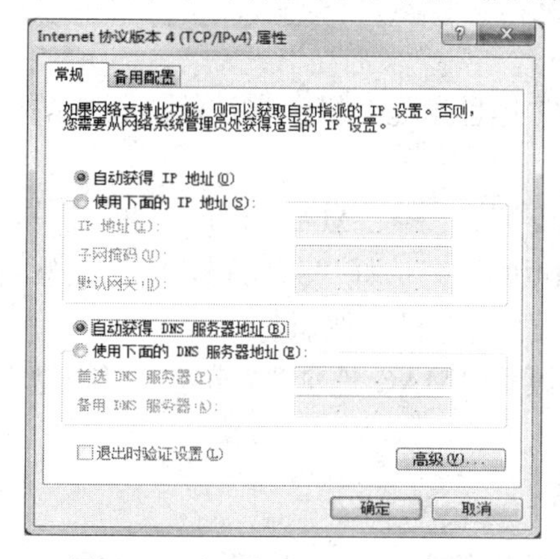


图 3.10 客户机的 TCP/IP 属性

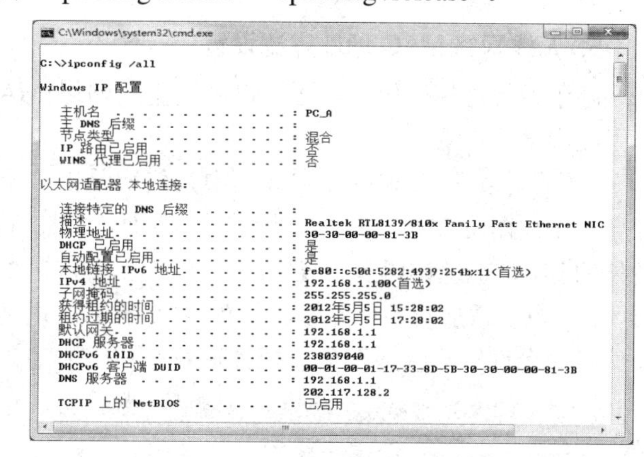


图 3.11 查看客户机网络连接参数

(5) 依次单击“DHCP 服务器”→“客户端列表”菜单，打开“客户端列表”界面，可以查看 IP 地址的分配情况，如图 3.12 所示。

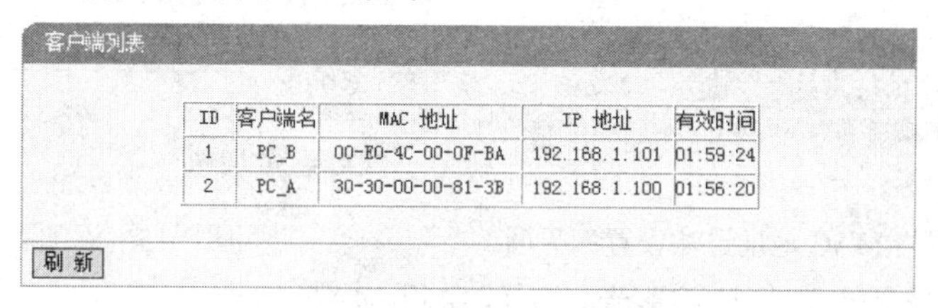

客户端列表

| ID | 客户端名 | MAC 地址 | IP 地址 | 有效时间 |
|---|---|---|---|---|
| 1 | PC_B | 00-E0-4C-00-0F-BA | 192.168.1.101 | 01:59:24 |
| 2 | PC_A | 30-30-00-00-81-3B | 192.168.1.100 | 01:56:20 |

刷 新

图 3.12 “客户端列表”界面

### 4. 无线连接密码设置

为了路由器的安全访问，有效地限制非法用户通过无线方式接入宽带路由器，可以为无线连接设置密码。

(1) 在路由器的 Web 配置界面中，依次单击“无线参数”→“基本设置”菜单，打开“无线网络基本设置”界面，如图 3.13 所示。单击选中“开启安全设置”复选框后，根据需要选择不同级别的安全类型。对于家庭及小型企业用户，建议选择 WEP 安全类型，更高级别的安全类型设置方法请单击本页面中的“帮助”按钮。

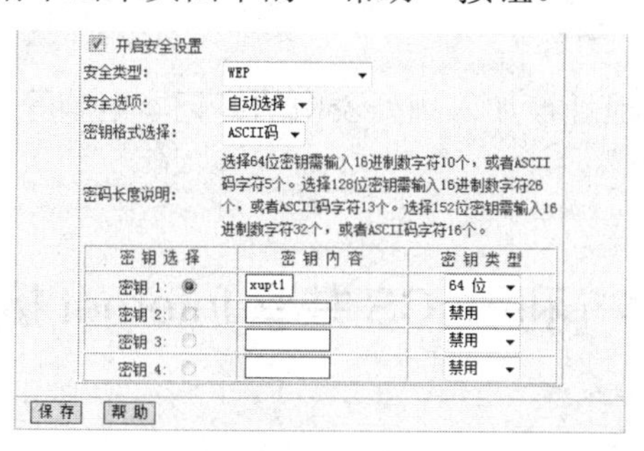


图 3.13 “无线网络基本设置”界面

(2) 选择密钥类型(64、128 或 152 位)后，填写密钥内容，单击“保存”按钮，路由器将重新启动，密码设置成功。

(3) 此时，笔记本电脑等无线终端连接宽带路由器时，需要正确输入密钥，才能接入路由器。

### 5. 无线网络 MAC 地址过滤设置

除了设置连接密码外，还可以启用无线网络 MAC 地址过滤，限制非法的无线终端接入无线宽带路由器。

(1) 在路由器的 Web 配置界面中，依次单击“无线参数”→“MAC 地址过滤”菜单，打开“无线网络 MAC 地址过滤设置”界面，如图 3.14 所示。选择“禁止列表中生效规则之外的 MAC 地址访问本无线网络”单选框，单击“添加新条目”按钮。

(2) 弹出添加新条目界面，如图 3.15 所示。正确填写“MAC 地址”“描述”,“类型”项选择“允许”,“状态”项选择“生效”。

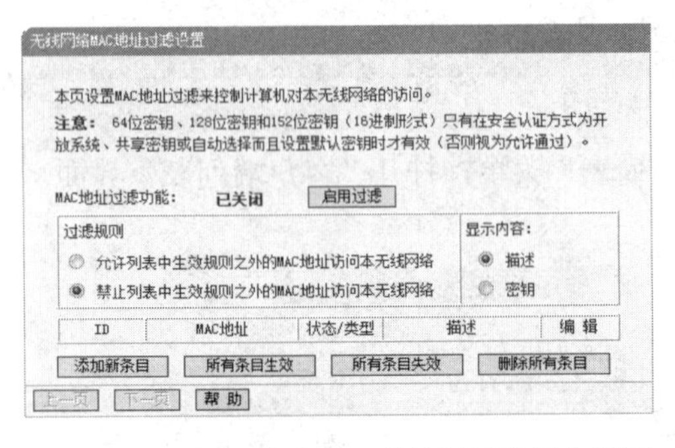


图 3.14 “无线网络 MAC 地址过滤设置”界面

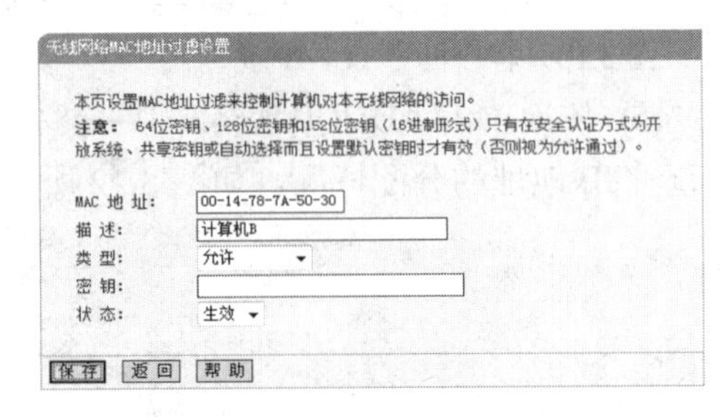


图 3.15 添加新条目界面

- MAC 地址：需要进行访问限制的无线主机 MAC 地址。
- 描述：对无线主机的简单描述。
- 类型：“允许”表示主机可以访问；“禁止”表示主机不能访问；“密钥”表示给主机设定单独的 WEP 访问密钥，在如图 3.13 所示的“无线网络基本设置”界面中，如果没有设置默认 WEP 密钥，或采用非 WEP 加密方式，则“密钥”等同于“允许”。
- 密钥：分配给主机的单独 WEP 密钥(16 进制形式)。如果在“类型”项中选择“允许”，则不需要输入密钥。
- 状态：只有设为“生效”时，本条目所设置的规则才能生效。

(3) 单击“保存”按钮，回到如图 3.14 所示“无线网络 MAC 地址过滤设置”界面，单击“启用过滤”按钮。

(4) 此时，只有 MAC 地址被加入到列表中的笔记本电脑等无线终端，才可以正常接入无线宽带路由器。

## 3.4 利用 ICS 共享 Internet 接入

### 3.4.1 ICS 介绍

Internet 连接共享(Internet Connection Sharing，ICS)是 Windows 系统针对家庭或小型办公网络提供的一种 Internet 连接共享服务，能够为家庭或小型办公网络提供网络地址转换、寻址、名称解析和入侵保护服务。所谓“连接共享”就是允许内网中的多台计算机通过 ICS 提供的服务共享一个 Internet 连接来访问 Internet。ICS 是 NAT 技术的一种应用。ICS 相当于一种网络地址转换器，在数据包向前传递的过程中，可以转换数据包中的 IP 地址、TCP/UDP 端口等地址信息。有了网络地址转换器，家庭或小型办公网络中的计算机就可以使用专有地址，并且通过网络地址转换器将专有地址转换成 ISP 分配的单一的公共 IP 地址。

ICS 是一种常用的软件共享上网方式。它的功能比较简单，设置也非常容易，非常适用于家庭、办公室等场合的小型局域网。Windows 7 系统中提供了 ICS 服务，不再需要安装其他软件。提供 ICS 服务的计算机需要一直处于开机状态，才能保证客户机随时能够上网。

## 3.4.2　实验　ICS 共享上网的配置

**【实验目的】**

(1) 了解 ICS 的实现方法。

(2) 加深对 NAT 工作原理的理解。

(3) 学会 ICS 共享上网的配置方法。

**【实验环境】**

计算机至少 2 台，其中 1 台具有双网卡，交换机 1 台，连接成如图 3.16 所示网络。

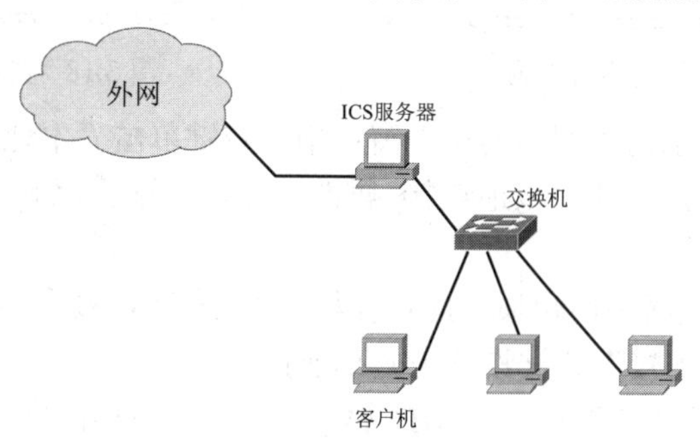


图 3.16　硬件连接图

**【实验过程】**

下面将详细介绍 Windows 7 系统(专业版)中设置 ICS 的方法，客户机也安装了 Windows 7 系统(专业版)。

### 1. 硬件连接

硬件连接如图 3.16 所示，选择一台性能较高的计算机作为 ICS 服务器，如果内网接入的计算机数量较少，也可以用一般的客户机替代 ICS 服务器。实际网络环境中，ICS 服务器接入 Internet 可能采用 ADSL、以太网、HFC 或其他方式。这里以以太网方式为例进行说明，其他接入方式的操作方法类似。

ICS 服务器具有两块网卡，分别用来连接外网和内部局域网。习惯上，把连接外网的网卡称为外网卡，把连接内部局域网的网卡称为内网卡。如果内部网络中只有一台计算机，则可以不使用交换机，利用双绞线直接把 ICS 服务器与客户机相连。如果 ICS 服务器安装有无线网卡，还可以通过无线 Ad hoc 方式直接连接内网多台计算机。

### 2. 设置 ICS 服务器

(1) 右键单击桌面上的“网络”图标，在弹出的菜单中单击“属性”项，打开“网络和共享中心”窗口。

(2) 单击左侧的“更改适配器设置”菜单，打开“网络连接”窗口，如图 3.17 所示。“本地连接”对应的网卡作为外网卡，该网卡连接外部网络，“本地连接 2”对应的网卡作为内网卡，连接内部局域网。这里需要特别注意内、外网卡的配置必须与其物理连接一致。正确配置外网卡的 TCP/IP 属性，如图 3.18 所示。ICS 服务器能够正常上网。

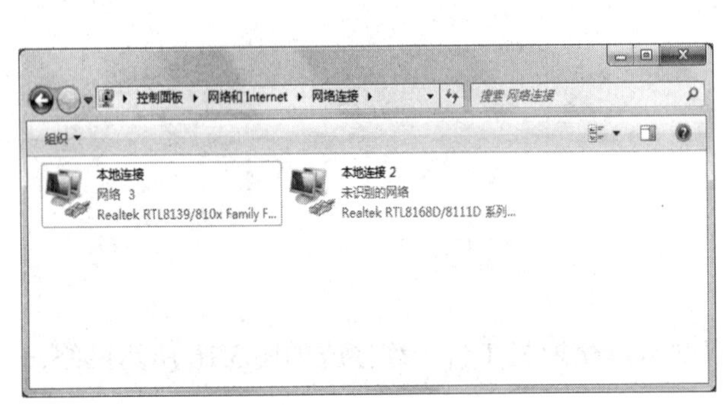


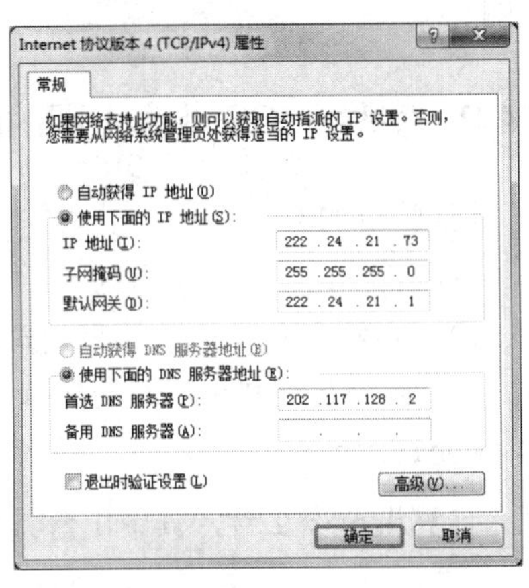


图 3.17　“网络连接”窗口

图 3.18　外网卡的 TCP/IP 属性配置

(3) 在如图 3.17 所示的“网络连接”窗口中，右键单击“本地连接”图标，在弹出的菜单中单击“属性”项，打开“本地连接 属性”窗口，选择“共享”选项卡，如图 3.19 所示。

(4) 选中“允许其他网络用户通过此计算机的 Internet 连接来连接”复选框，单击“确定”按钮，此时“本地连接”即被设置为共享连接。

(5) 打开“本地连接 2”的 TCP/IP 属性窗口，内网卡的 IP 地址被自动设置为“192.168.137.1”，如图 3.20 所示。

图 3.19　“本地连接 属性”窗口

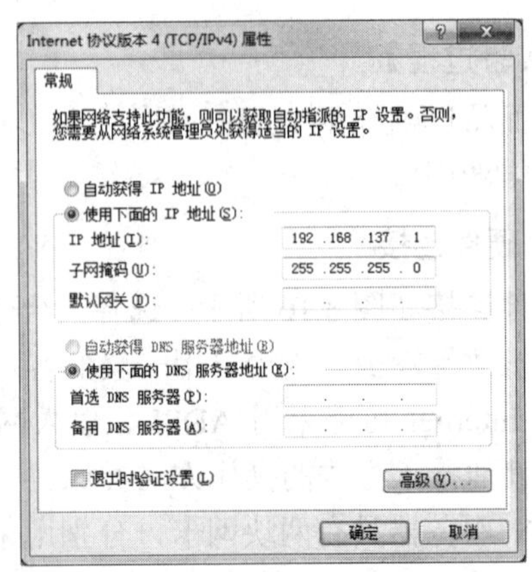


图 3.20　内网卡 TCP/IP 属性窗口

至此，ICS 服务器设置完毕。

### 3. 设置客户机

(1) 客户机的设置非常简单，打开客户机的 TCP/IP 属性窗口，设置为自动获得的方式，如图 3.21 所示。客户机正确获得 IP 地址等网络参数后就可以上网了。

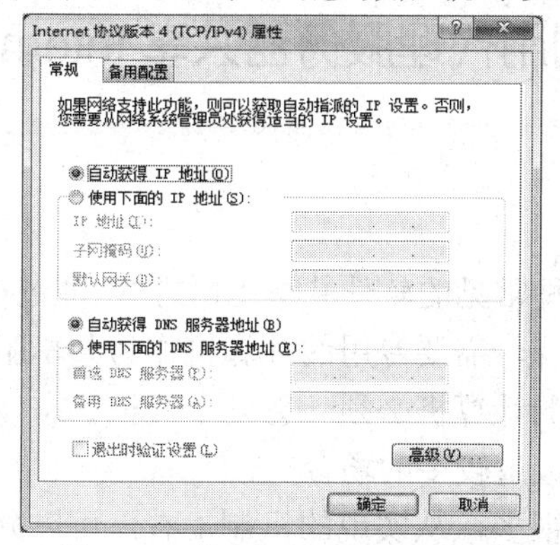


图 3.21　客户机的 TCP/IP 属性

(2) 使用“ipconfig /all”命令可以查看客户机自动获得的网络连接参数，如图 3.22 所示。

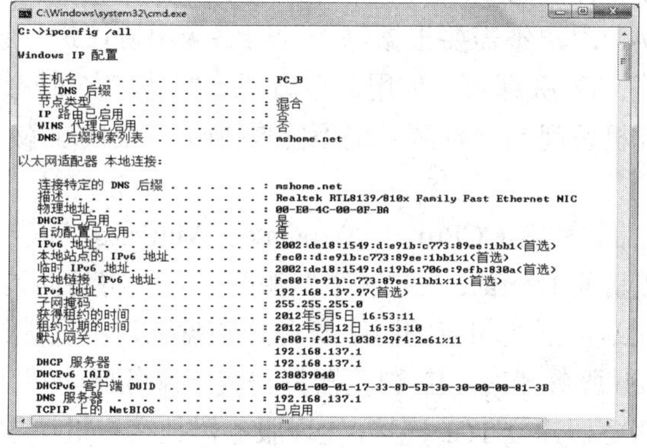


图 3.22　查看客户机网络连接参数

(3) ICS 服务器内置了 DHCP 服务器，因此可以把客户机设置为自动获得的方式。如果不使用 DHCP 服务器，也可以手工设置客户机的网络连接参数(如 IP 地址、子网掩码、默认网关、DNS 服务器地址)，如图 3.23 所示。

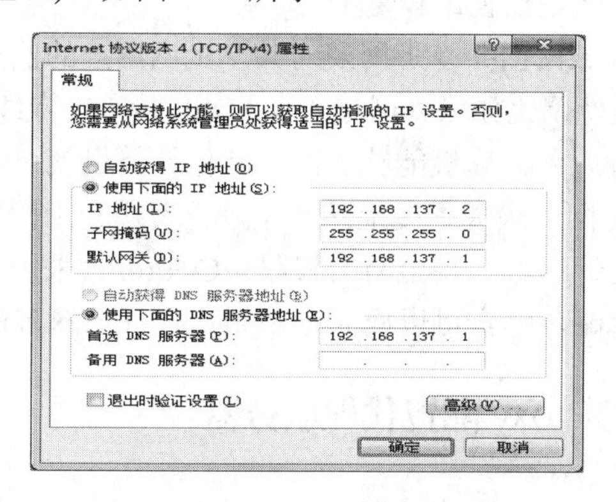


图 3.23　设置客户机网络连接参数

其中，客户机使用的 IP 地址形式为“192.168.137.x”，客户机使用的 IP 地址不能与 ICS 服务器内网卡 IP 地址(本例中为“192.168.137.1”)相同，各客户机之间使用的 IP 地址也不能相同。子网掩码为“255.255.255.0”。默认网关与 ICS 服务器内网卡 IP 地址相同，即“192.168.137.1”。DNS 服务器地址也为“192.168.137.1”。

## 3.5 利用代理服务器共享 Internet 接入

### 3.5.1 代理服务器介绍

采用代理服务器也是一种常见的软件共享上网方式。通过在具有 Internet 连接的计算机上安装代理服务器软件来实现，需要专用的计算机作为共享服务器。为了保证客户机随时能够上网，作为共享服务器的计算机必须一直处于开机状态。通过代理服务器实现共享接入，适用于局域网中计算机数量较多的场合。

代理服务器软件的种类很多，从实现的机制上看，可以分为两大类，即网关型代理服务器软件和 Proxy(代理)型代理服务器软件。

网关型代理服务器软件采用 NAT 技术，如 Sygate、WinRoute 等。网关型代理服务器针对每一个数据包转换，用户不需要根据每一种网络应用协议进行设置，只需要将服务器的 IP 地址设置为客户机的网关即可，使用简单方便。但是，它对网络应用软件的管理控制能力较弱，在多台计算机访问同一资源时也不能像 Proxy 型代理服务器那样使用缓存，因此没有速度优势。

Proxy 型代理服务器软件有 CCProxy、WinGate、WinProxy 等。如果使用这一类软件配置代理服务器，客户机访问 Internet 上的网络资源时，首先将访问请求发送到代理服务器，然后代理服务器到相应站点下载相应的网络资源到硬盘上，再反馈给发出请求的客户机。例如 IE 浏览器访问 Web 服务器时，IE 浏览器只与代理服务器建立 TCP 连接，代理服务器需要作为客户与 Web 服务器建立 TCP 连接，代理服务器把客户机请求的页面下载到硬盘后，再发送到客户机上。一般情况下，客户机接收的数据包的源地址始终为代理服务器的 IP 地址。Proxy 型代理服务器的优点是可以把客户机请求的内容保存到硬盘上作为缓冲，下次遇到相同的请求时可以提高访问速度、节约带宽。另外，对每种网络应用软件分别进行设置，管理控制能力非常强大，但是设置比较复杂。

CCProxy 主要用于局域网内共享上网及对共享上网用户的监控。目前已知的网络接入方式，CCProxy 都可以支持，比如以太网接入、ADSL 接入、专线接入、ISDN 接入、卫星接入等。只要局域网内有一台计算机能够上网，其他计算机就可以通过这台计算机上安装的 CCProxy 来代理共享上网，最大程度地减少了硬件费用和上网费用。CCProxy 提供的帐号设置功能，可以方便地管理客户端上网的权限。CCProxy 采用全中文操作界面和符合中国用户操作习惯的设计思路，完全可以成为中国用户代理上网首选的代理服务器软件。

### 3.5.2 实验 利用 CCProxy 配置代理服务器

【实验目的】

(1) 了解代理服务器的实现方法。

(2) 理解 Proxy 型代理服务器软件的工作原理。

(3) 学会使用 CCProxy 配置代理服务器。

【实验环境】

计算机至少 2 台，其中 1 台具有双网卡，交换机 1 台，连接成如图 3.24 所示网络。

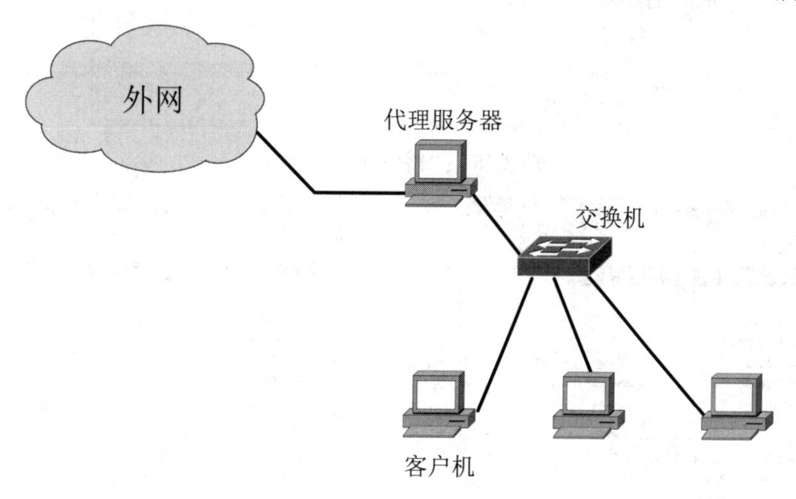


图 3.24　硬件连接图

【实验过程】

下面将以 CCProxy 7.2 为例，介绍 Proxy 型代理服务器的配置方法。代理服务器和客户端计算机均安装了 Windows 7 系统(专业版)。

1. 硬件连接

硬件连接如图 3.24 所示，选择一台性能较高的计算机作为代理服务器，如果内网接入的计算机数量较少，也可以用一般的客户机替代。实际网络环境中，代理服务器接入 Internet 可能采用 ADSL、以太网、HFC 或其他方式。这里以以太网方式为例进行说明，其他接入方式的操作方法类似。

代理服务器具有两块网卡，分别用来连接外网和内部局域网。习惯上，把连接外网的网卡称为外网卡，把连接内部局域网的网卡称为内网卡。如果内部网络中只有一台计算机，则可以不使用交换机，利用双绞线直接把代理服务器与客户机相连。如果代理服务器安装有无线网卡，还可以通过无线 Ad hoc 方式直接连接内网多台计算机。

2. 服务器双网卡参数配置

(1) 右键单击桌面上的“网络”图标，在弹出的菜单中单击“属性”项，打开“网络和共享中心”窗口。

(2) 单击左侧的“更改适配器设置”菜单，打开“网络连接”窗口，如图 3.25 所示。“本地连接”对应的网卡作为外网卡，该网卡连接外部网络，“本地连接 2”对应的网卡作为内网卡，连接内部局域网。这里需要特别注意内外网卡的配置必须与其物理连接一致。正确配置外网卡的 TCP/IP 属性，如图 3.26 所示。代理服务器能够正常上网。

(3) 打开“本地连接 2”的 TCP/IP 属性窗口，把内网卡的 IP 地址设置为“192.168.0.1”，子网掩码设置为“255.255.255.0”，默认网关和 DNS 服务器不填，如图 3.27 所示。

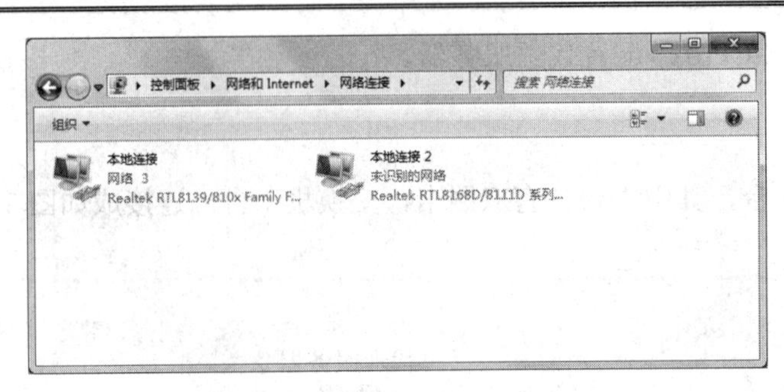


图 3.25 “网络连接”窗口

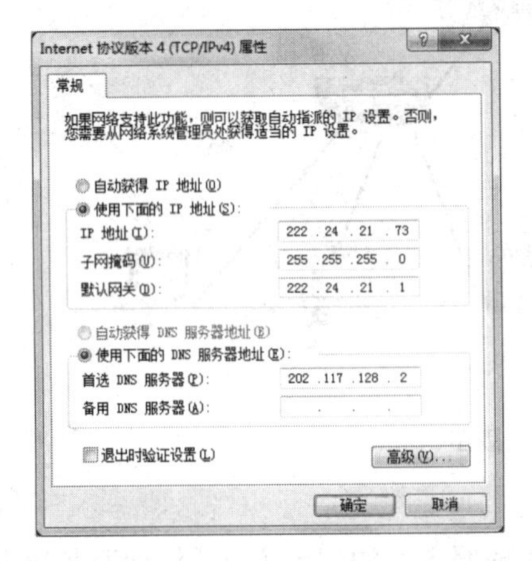


图 3.26 外网卡的 TCP/IP 属性配置

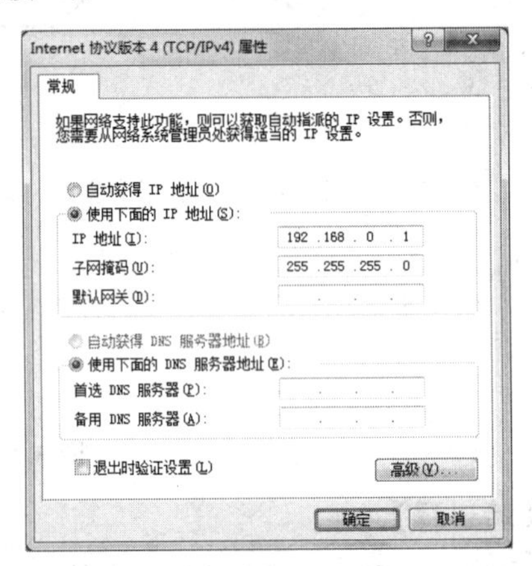


图 3.27 内网卡的 TCP/IP 属性窗口

### 3. CCProxy 设置

(1) 在代理服务器上，正确安装 CCProxy，启动主界面如图 3.28 所示。

(2) 单击“设置”按钮，弹出“设置”窗口，如图 3.29 所示。在“代理服务”栏内保留默认设置。查看各个代理协议所使用的端口，以便在客户端设置时录入对应的端口。例如，HTTP 协议采用的端口号为 808。

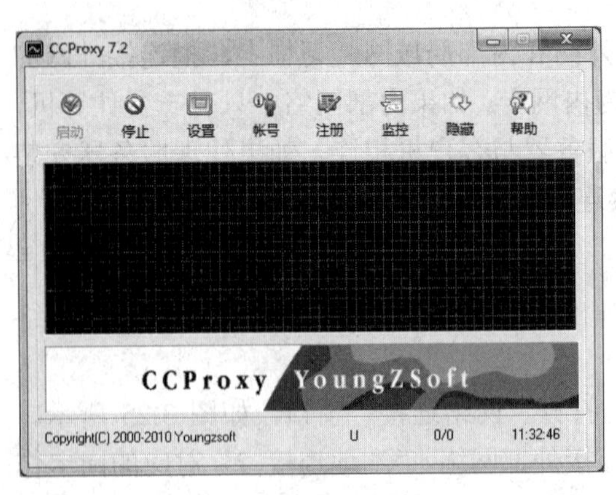


图 3.28 CCProxy 主界面

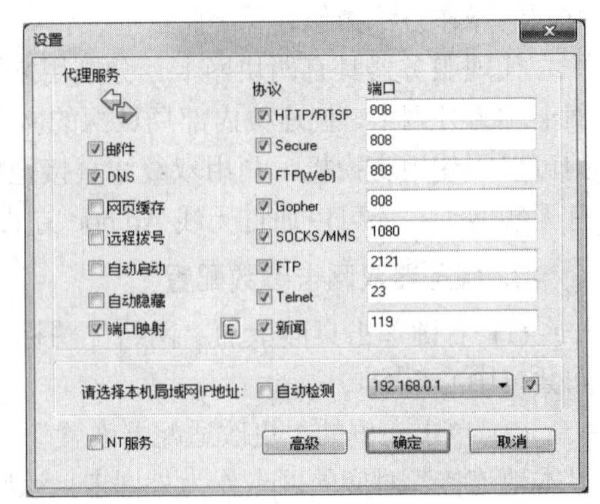


图 3.29 “设置”窗口

(3) 单击取消“自动检测”前的复选框，从下拉列表中选择服务器的局域网 IP 地址(如 192.168.0.1)，然后单击选中 IP 地址右侧的复选框，最后单击“确定”按钮。

(4) 此时，CCProxy 的默认设置已经能够提供代理服务，如果需要进行“缓存”“二级代理”等高级设置可以单击图 3.29 中的“高级”按钮。

### 4. 客户端配置

(1) 在客户机上，打开 TCP/IP 属性窗口，正确填写网络连接参数，如图 3.30 所示。这里只要确保客户机与服务器之间可以互相连通即可，可以通过“ping”命令来测试。

**注意**：客户机使用的 IP 地址必须与代理服务器内网卡地址在同一个网段，其形式为“192.168.0.x”，客户机使用的 IP 地址不能与代理服务器内网卡的 IP 地址(本例中为“192.168.0.1”)相同，各客户机之间使用的 IP 地址也不能相同。子网掩码为“255.255.255.0”。默认网关、DNS 服务器地址可以不填。

(2) 在客户机上，打开 IE 浏览器，依次单击“工具”→“Internet 选项”菜单，弹出“Internet 选项”窗口，单击“连接”选项卡，如图 3.31 所示。

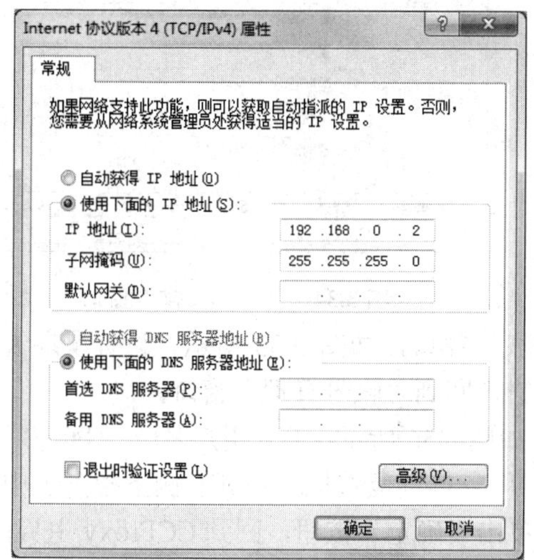

图 3.30　客户机配置

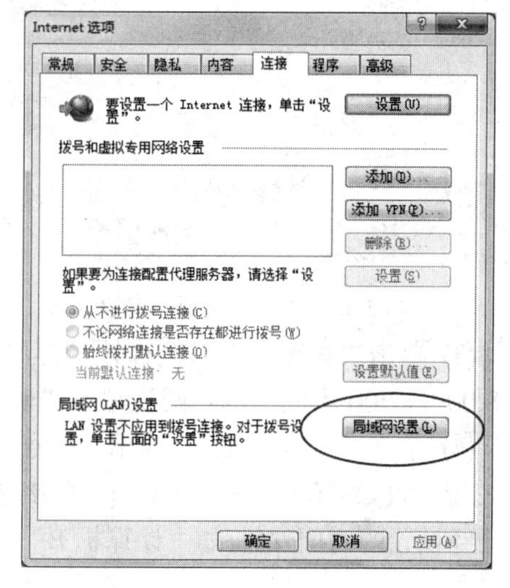


图 3.31　“Internet 选项”窗口

(3) 单击“局域网设置”按钮，弹出“局域网(LAN)设置”窗口，如图 3.32 所示。单击选中“为 LAN 使用代理服务器”复选框，在地址栏内填写代理服务器地址：“192.168.0.1”，在端口栏内填写端口号：“808”，这些参数必须与 CCProxy 中设置的值一致。如果需要对其他协议进行设置，可以单击“高级”按钮，最后单击“确定”按钮。

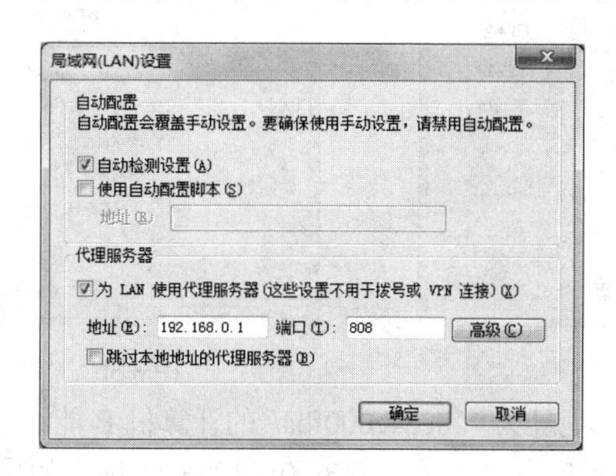


图 3.32　“局域网(LAN)设置”窗口

(4) 至此，客户机就可以通过 IE 浏览器连接网络了。

### 5. CCProxy 的高级配置

(1) 在图 3.28 所示的 CCProxy 主界面中，单击“帐号”按钮，弹出“帐号管理”窗口，如图 3.33 所示。

(2) 在“允许范围”右侧的下拉列表中选择“允许部分”，在“验证类型”右侧的下拉列表中选择“MAC 地址”，单击“时间安排”按钮，弹出“时间安排”窗口，如图 3.34 所示。在“时间安排名”右侧填写名称(如“计算机 B”)。

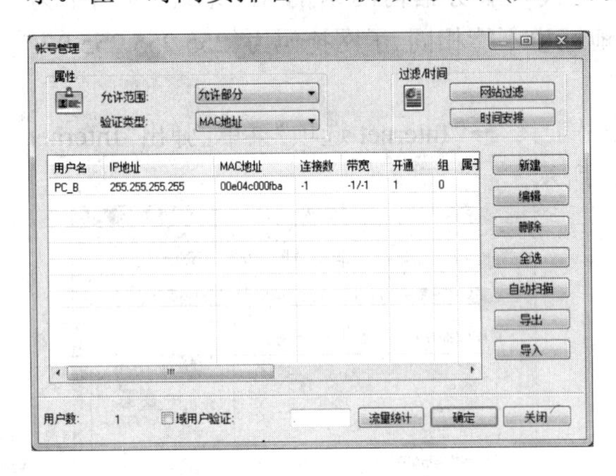


图 3.33 “帐号管理”窗口

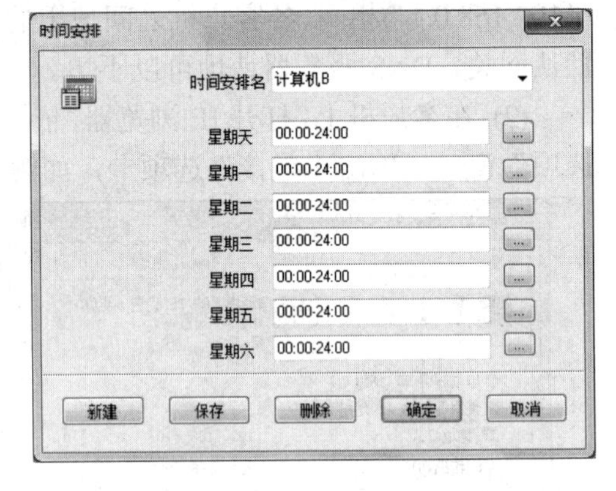


图 3.34 “时间安排”窗口

(3) 单击“星期天”右侧按钮，弹出“时间表”窗口，如图 3.35 所示。设置星期天上午 8:00～12:00 不能上网。两次单击“确定”按钮，回到“帐号管理”窗口。

(4) 单击“新建”按钮，弹出“帐号”窗口，如图 3.36 所示。输入用户名(如“PC_B”)、MAC 地址(如“00e04c000fba”)。单击选中“时间安排”复选框，在其右侧下拉列表中选择已经设置的时间安排(如“计算机 B”)。两次单击“确定”按钮，回到 CCProxy 主界面。

图 3.35 “时间表”窗口

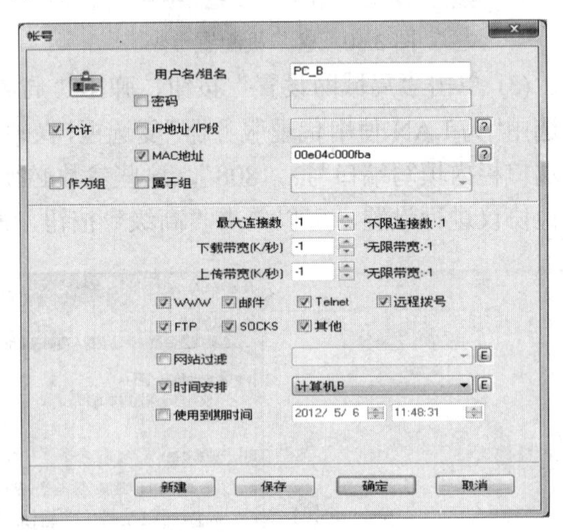


图 3.36 “帐号”窗口

(5) 此时，只有 MAC 地址为“00e04c000fba”的计算机 B 能够通过 CCProxy 代理上网，且 CCProxy 禁止了计算机 B 在星期天上午 8:00～12:00 上网。如果还有其他客户机，需要分别为它们建立帐号。CCProxy 的帐号管理还具有设置网站过滤规则等其他功能，详细设置方法请参考 CCProxy 手册。

# 第 4 章　Windows Server 2008 系统的网络服务配置

Windows Server 2008 系统提供了丰富的网络组件，不需要安装其他软件即可完成多种服务器的配置。本章主要介绍 Windows Server 2008 系统的网络服务配置，涉及的网络服务包括 Web 服务、FTP 服务、域名系统(DNS)和动态主机配置协议(DHCP)。通过对本章的学习，应该掌握这些网络服务的安装和配置方法，深入理解服务的概念。

## 4.1　VMware Workstation 的使用

### 4.1.1　VMware Workstation 简介

VMware(威睿)公司是全球领先的云计算技术厂商，提供从数据中心虚拟化(服务器虚拟化、存储虚拟化和网络虚拟化)到桌面虚拟化甚至应用程序虚拟化的一系列产品和解决方案，以支持 IT 基础设施向云计算环境的转变。

VMware Workstation 是 VMware 公司的一款工作站虚拟化软件，支持用户在 x86 架构工作站上同时创建和运行多个虚拟主机，每个虚拟机实例可以独立地运行自己的客户机操作系统，如 Windows、Linux、BSD UNIX 衍生版本等。虚拟主机可以迁移到其他安装有虚拟化软件的物理主机上运行。在工作站中运行虚拟主机，使得系统和应用的管理变得更加简单，同时也提高了物理硬件资源的利用率。本章实验将在虚拟机中安装 Windows Server 2008 R2 操作系统，并进行网络服务配置。

### 4.1.2　实验　VMware Workstation 的安装

**【实验目的】**

掌握 VMware Workstation 的安装方法。

**【实验环境】**

计算机 1 台，VMware Workstation 9.0 安装文件。

**【实验过程】**

(1) 运行 VMware Workstation 9.0 安装程序，出现安装向导窗口，如图 4.1 所示。

(2) 单击“Next”按钮，安装向导转到“Setup Type”(安装类型)窗口，如图 4.2 所示。

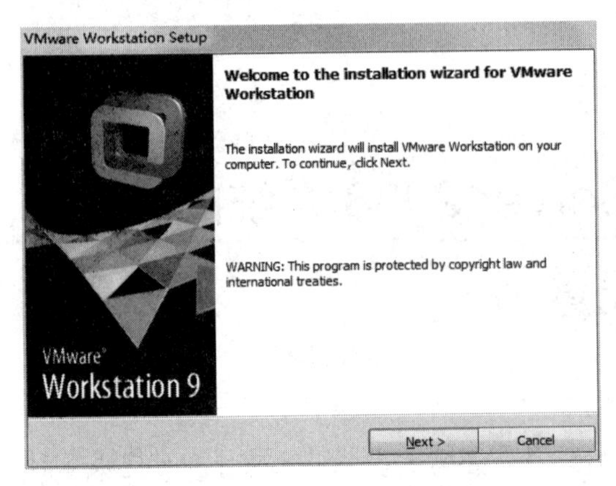


图 4.1　VMware Workstation 9.0 安装向导

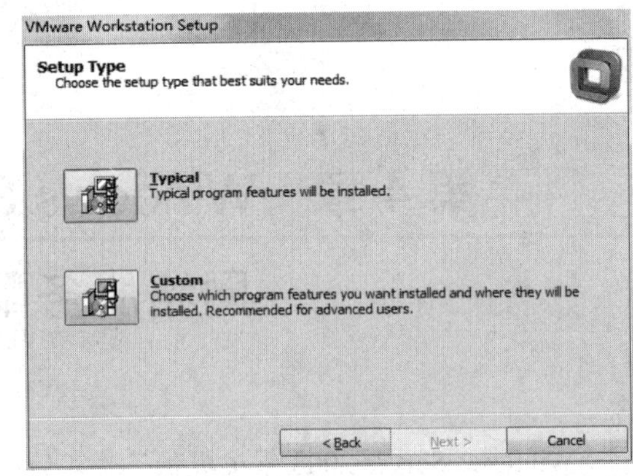


图 4.2　“安装类型”窗口

(3) 选择“Custom”(自定义)按钮，将进行自定义安装，向导转到“VMware Workstation Features”(VMware Workstation 组件选择)窗口，如图 4.3 所示。默认的安装组件包括“Core Components”(核心组件)和“VIX Application Programming Interface”(VIX 应用编程接口)。默认的安装目录是“C:\Program Files\VMware\VMware Workstation”，可通过“Change”按钮来更改安装目录。若选择“Typical”(典型)安装，则在默认目录安装默认组件(也可更改安装目录)。

(4) 单击“Next”按钮，安装向导转到“Workstation Server Component Configuration”(Workstation 服务器组件配置)窗口，如图 4.4 所示。可对(在本地安装的可共享)虚拟机的存储位置和 Workstation 服务器组件的监听端口进行设置。用 Workstation 软件可通过指定的端口连接到远程服务器(服务器上运行有 VMware 虚拟化软件 Workstation、ESX 或 vCenter Server)，并对运行在服务器上的可共享虚拟机进行管理。

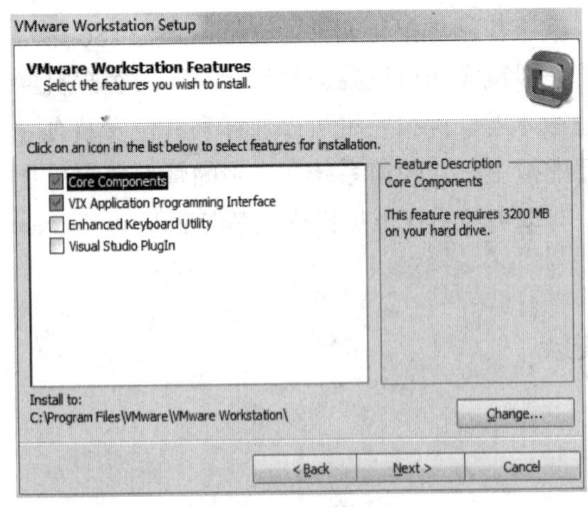


图 4.3　自定义安装设置

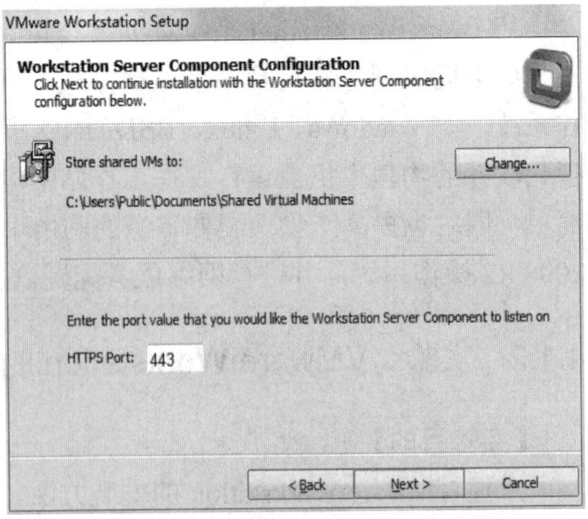

图 4.4　Workstation 服务器组件配置

(5) 单击“Next”按钮，向导转到“Software Updates”(软件更新)窗口，如图 4.5 所示。若勾选复选框“Check for product updates on startup”(启动时检查产品更新)，则 Workstation 每次启动时，将自动检查是否有软件更新。默认选中该复选框。

(6) 单击“Next”按钮，向导转到“User Experience Improvement Program”(用户体验改进计划)窗口，如图 4.6 所示。若勾选复选框“Help Improve VMware Workstation”(帮助

改进 VMware Workstation)，Workstation 会将匿名的系统数据和使用统计数据传输到 VMware 公司服务器，这些数据用来帮助改善用户体验。默认选中该复选框。

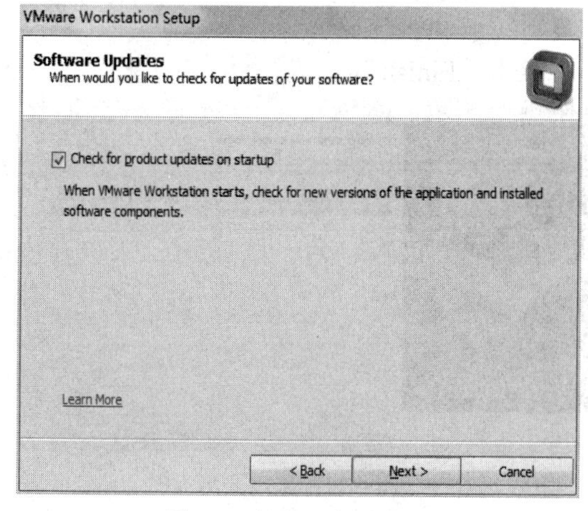


图 4.5 软件更新配置

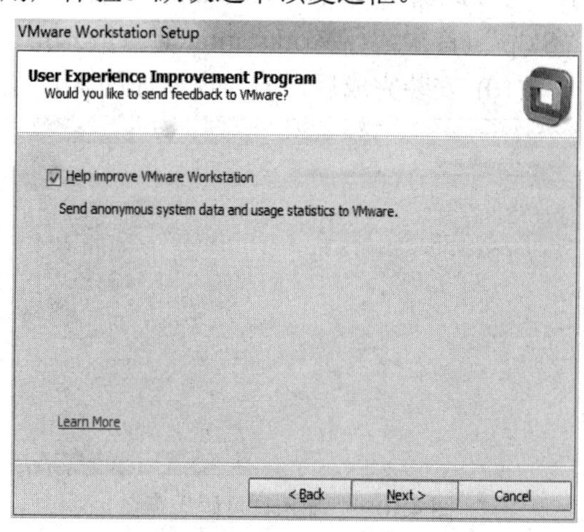


图 4.6 用户体验改进计划配置

(7) 单击“Next”按钮，向导转到“Shortcuts”(快捷方式)窗口，如图 4.7 所示。在此可设置快捷启动方式。默认在“Desktop”(桌面)和“Start Menu Programs folder”(开始菜单程序文件夹)中添加 VMware Workstation 的启动图标和命令。

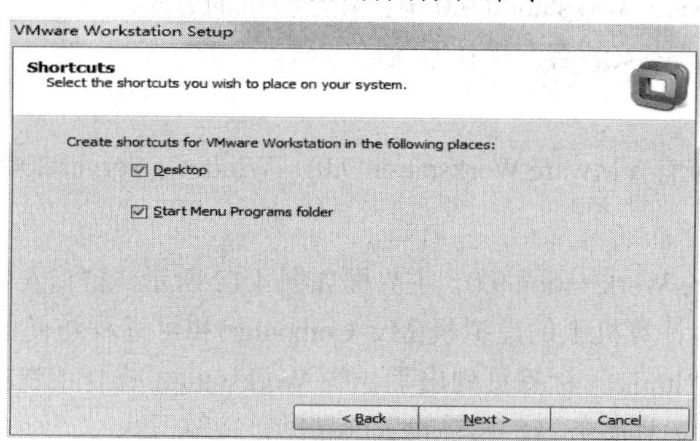


图 4.7 快捷启动方式设置

(8) 单击“Next”按钮，向导转到“Ready to Perform the Requested Operations”(准备执行所请求操作)窗口，如图 4.8 所示。此时安装设置完成，点击“Continue”按钮开始进行安装(文件复制)，如图 4.9 所示。

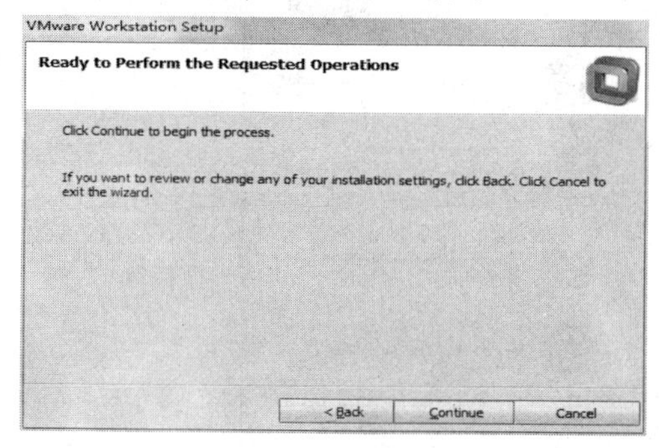


图 4.8 安装设置完成

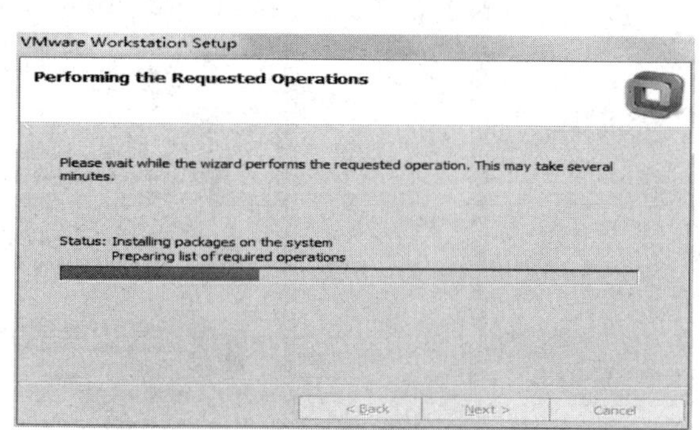


图 4.9 安装过程

(9) 文件复制完成后，向导转到“Enter License Key”(输入许可码)窗口，如图4.10所示。可在此输入购买的VMware Workstation许可码并点击“Enter”按钮，或不输入并点击“Skip”(首次运行Workstation时再输入)。

(10) 安装完成后，向导窗口如图4.11所示，点击“Finish”。

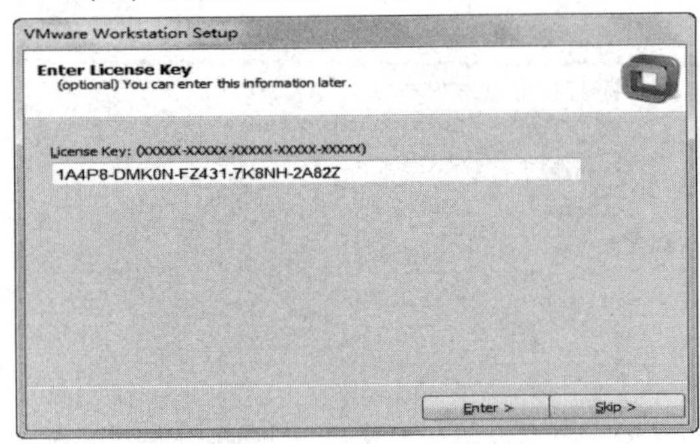


图4.10 “输入许可码”窗口

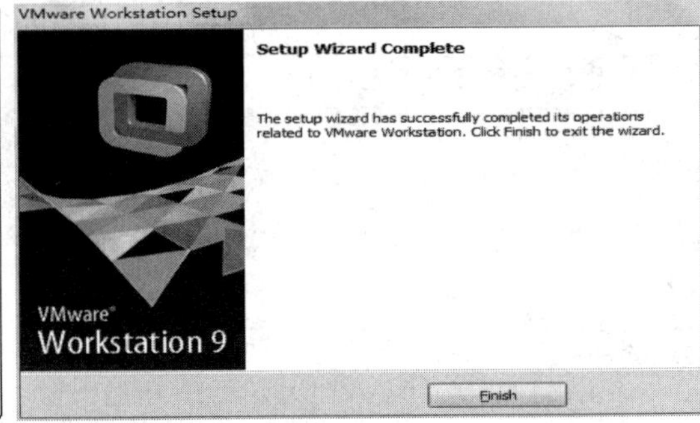


图4.11 安装完成

### 4.1.3 实验 Windows Server 2008 R2系统的安装

**【实验目的】**

(1) 掌握在VMware Workstation 9.0中创建虚拟机的方法。

(2) 掌握在虚拟机中安装客户操作系统的方法。

**【实验环境】**

计算机1台(安装有VMware Workstation 9.0)，Windows Server 2008 R2安装镜像文件。

**【实验过程】**

(1) 启动VMware Workstation 9.0，主界面如图4.12所示。窗口左侧列出当前已安装的虚拟机，包括在本地计算机上的虚拟机(My Computer)和可远程访问的共享虚拟机(Shared VMs)。窗口右侧的“home”标签页列出了一些Workstation操作的快捷访问方式，如创建或打开虚拟机、连接远程服务器、属性设置、帮助链接等。

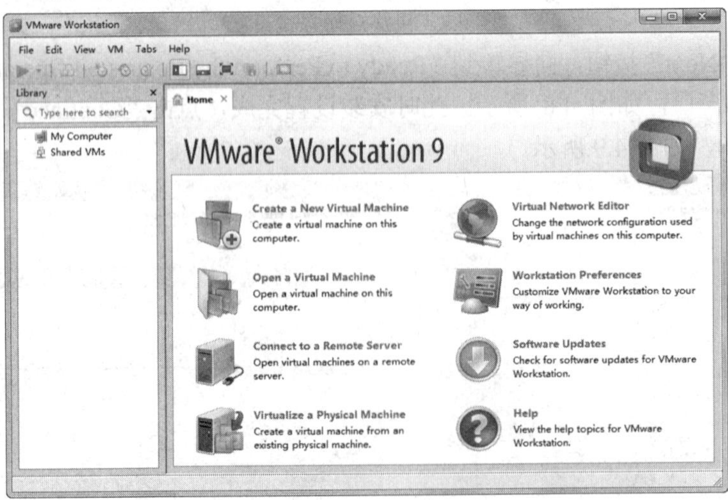


图4.12 VMware Workstation 9.0主界面

(2) 在右侧窗口点击“Create a New Virtual Machine”(创建新虚拟机)命令，弹出虚拟机创建向导窗口，如图 4.13 所示。虚拟机创建分为“Typical(recommended)”(典型(推荐))和“Custom(advanced)”(自定义(高级))两种方式。典型创建时采用系统默认配置，可通过简单的步骤生成一个虚拟机，而自定义创建时可对虚拟机属性进行更多的控制，如设置 SCSI 硬盘控制器、虚拟磁盘文件格式及是否兼容旧的 VMware 产品等。实验中选择典型创建。

(3) 单击“Next”按钮，虚拟机创建向导转到“Guest Operating System Installation”(客户操作系统安装)窗口，如图 4.14 所示。在此可以选择客户操作系统安装文件所在的位置：若从光盘进行安装，选择“Installer disc：”单选框，并指定光盘所在的驱动器；若从 ISO 镜像文件安装，选择“Installer disc image file (iso)：”，并点击“Browse”按钮指定文件所在位置；若选择“I will install the operating system later.”，则只生成一个空的裸虚拟机，而不安装客户操作系统。实验中用 ISO 镜像文件安装一个 64 位的 Windows Server 2008 R2 系统，选择“Installer disc image file (iso)：”并指定 ISO 安装文件所在的位置。

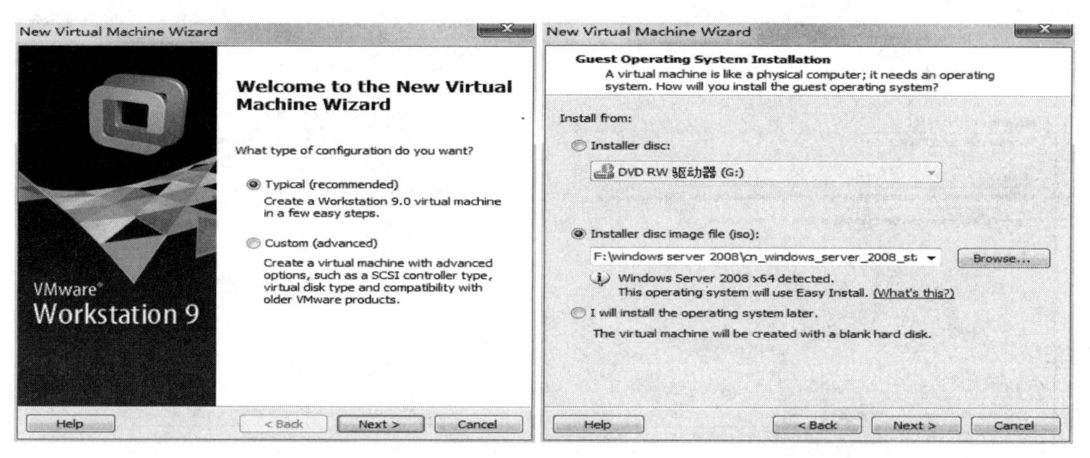


图 4.13　新建虚拟机向导　　　　图 4.14　客户操作系统安装设置

(4) 单击“Next”按钮，向导转到“Easy Install Information”(简化安装的信息)窗口，如图 4.15 所示。在此输入 Windows Server 2008 R2 的产品序列号、选择版本类型(如数据中心版(Data center)、企业版(Enterprise)或标准版(Standard))，并可新建一个系统用户(可同时设置用户密码)。实验中选择企业版安装，并创建一个用户“admin”。

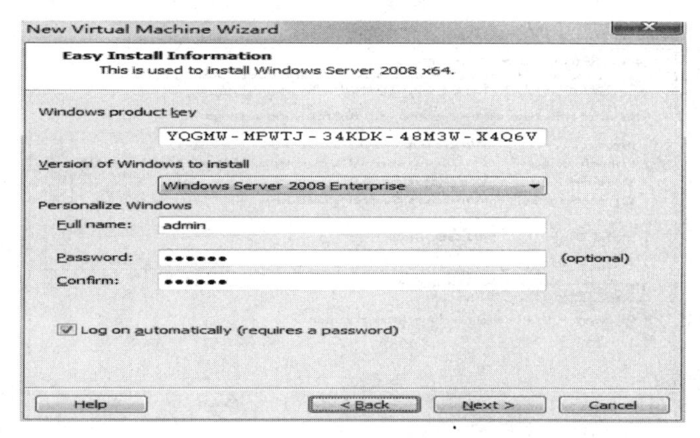


图 4.15　Windows Server 2008 R2 系统安装信息

(5) 单击“Next”按钮，向导转到“Name the Virtual Machine”(命名虚拟机)窗口，如图4.16所示。在此可为所创建的虚拟机赋予一个有意义的名字，同时可指定虚拟机文件的存储目录(通过“Browse”按钮)。

(6) 单击“Next”按钮，向导转到“Specify Disk Capacity”(指定磁盘容量)窗口，如图4.17所示。在此设置分配给所创建虚拟机的虚拟磁盘的容量。例如，对64位Windows Server 2008，系统推荐的磁盘容量为40 GB。虚拟磁盘实际上是宿主机上的文件，一个虚拟磁盘可存储为单个文件(选择“Store virtual disk as a single file”)或多个文件(选择“Split virtual disk into multiple files”)。把虚拟磁盘存储为多个文件可使虚拟机的迁移变得简单，但当虚拟磁盘很大时，可能会影响其读写性能。

**注意**：这里指定的磁盘容量是一个虚拟磁盘的所有文件(总)大小的上限，宿主机往往动态地给虚拟磁盘文件分配存储空间，初始时只分配较小空间，随着向虚拟机添加数据(如应用程序、文件等)，这些文件将逐渐增大。

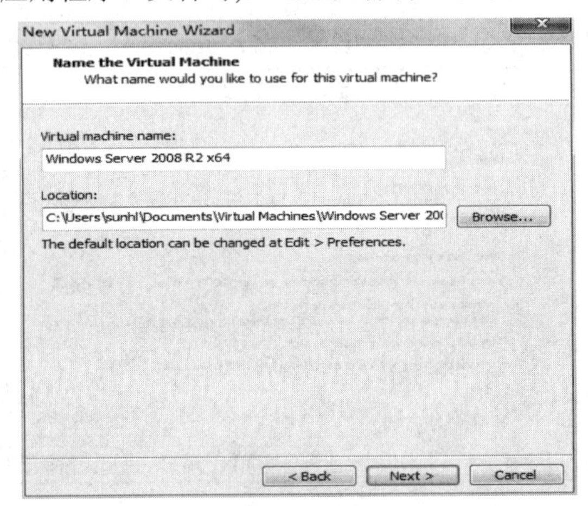


图4.16 虚拟机名称及存储位置

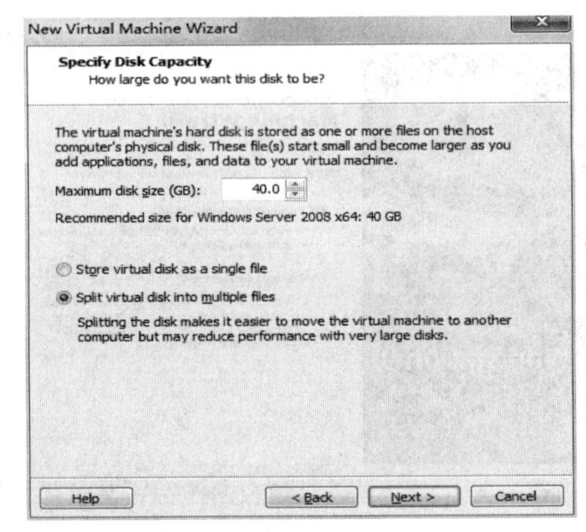


图4.17 指定虚拟磁盘容量

(7) 单击“Next”按钮，向导转到“Ready to Create Virtual Machine”(准备创建虚拟机)窗口，如图4.18所示。窗口中的文本框列出了虚拟机的配置汇总信息。例如，虚拟机名称、存储位置、客户操作系统、(虚拟)磁盘容量、虚拟机内存容量、虚拟机网络连接方式以及虚拟机的其他(虚拟)设备(如光盘驱动器、软盘驱动器、USB控制器、打印机、声卡、显示器等)。

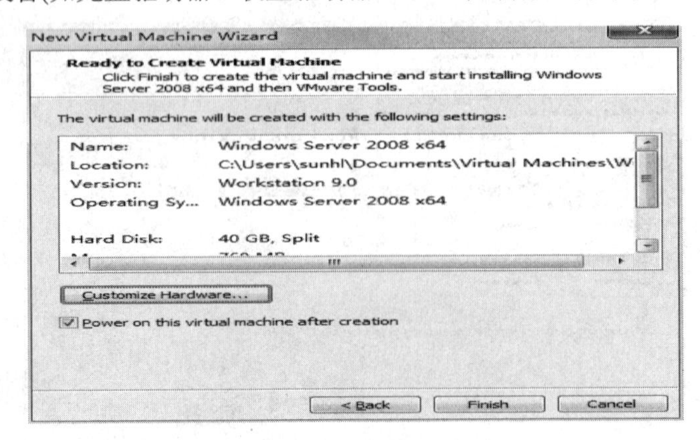


图4.18 虚拟机配置信息汇总

(8) 单击窗口中的“Customize Hardware...”按钮，弹出“Hardware”(硬件)窗口，如图 4.19 所示，在此可对虚拟机的各种虚拟设备进行设置。例如，要设置虚拟机的联网模式，在“Hardware”窗口中选择“Network Adapter”(网络适配器)，再在窗口右侧选择联网模式。其中，“Bridged”(桥接)模式联网时，虚拟机的网卡可视为等同于物理网卡，直接与物理网络相“连接”(但实际数据传输仍通过宿主机的物理网卡)；网络地址转换(Network Address Translation，NAT)模式联网时，Workstation 的虚拟网络软件为所有虚拟机的虚拟网卡提供地址转换服务；“Host-only”(仅主机)模式联网时，虚拟机连接到 Workstation 的虚拟专用以太网络，默认不能访问外部网络。“Custom”或“LAN segment”方式可对虚拟机的网络连接作更复杂的设置。用“Typical”方式创建虚拟机时，默认网络连接模式是 NAT。实验中用虚拟机的 Windows Server 2008 R2 系统作网络服务器，因此把网络连接设置为“Bridged”模式。

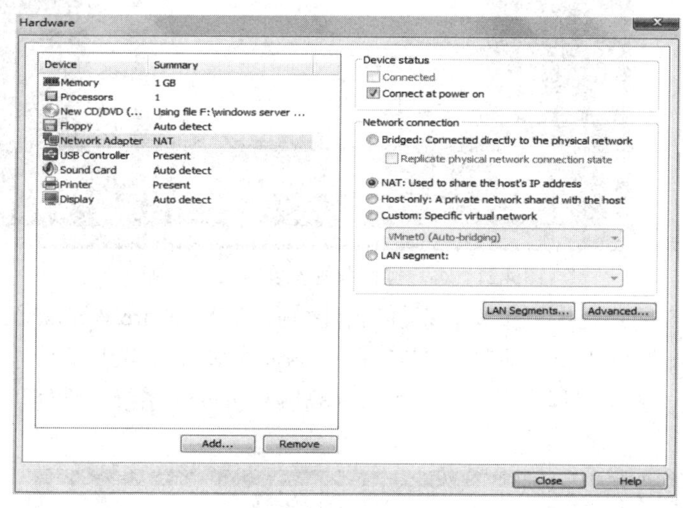


图 4.19　虚拟机设备设置

(9) 单击图 4.18 中的“Finish”按钮，开始客户操作系统的安装，虚拟机启动后首先装载安装文件，如图 4.20 所示。

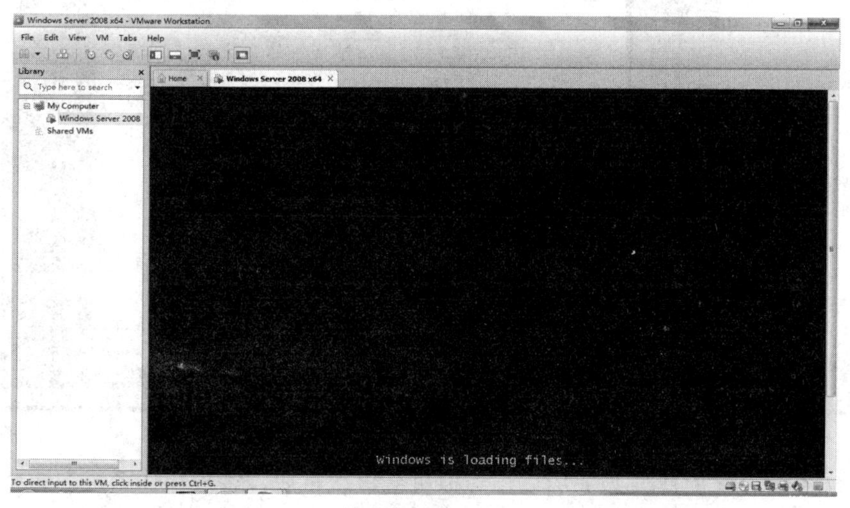


图 4.20　客户操作系统安装—虚拟机启动

(10) 文件装载完成后，开始安装 Windows Server 2008 R2 系统，依次执行“正在复制文件”“展开文件”“安装功能”“安装更新”和“完成安装”操作，如图 4.21 所示。在此过程中，虚拟机会自动重启多次。

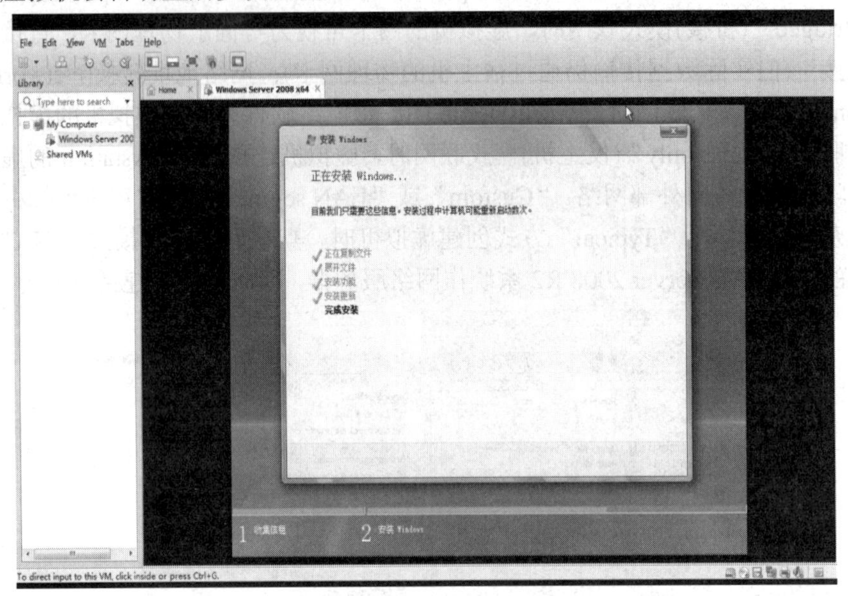


图 4.21　客户操作系统安装—文件复制

(11) 与在真实的物理主机上安装系统略有区别，在 VMware Workstation 虚拟机中安装完操作系统后，虚拟机还会自动安装 VMware Tools(VMware 工具集)，如图 4.22 所示。VMware Tools 是一种实用程序套件，可用于提高客户机操作系统的性能以及改善对虚拟机的管理。

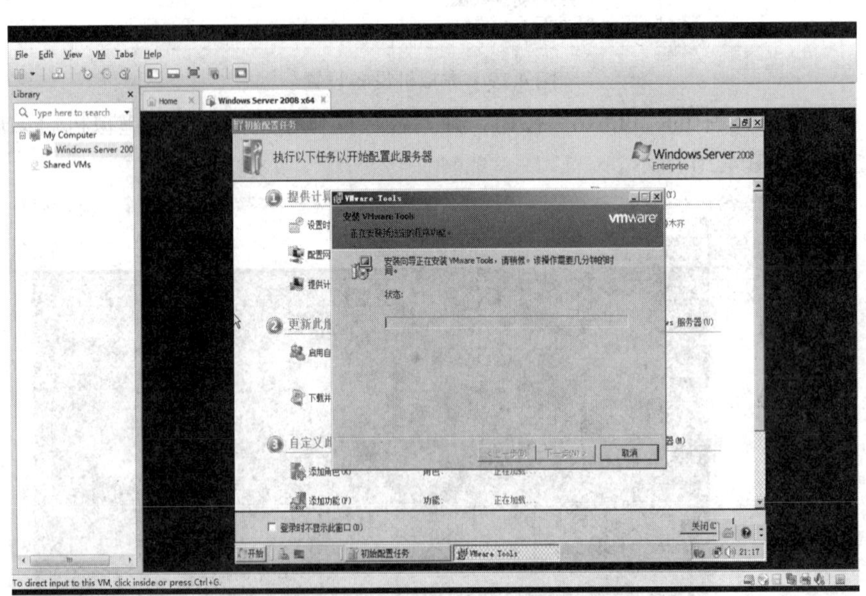


图 4.22　VMware 工具集安装

(12) VMware 工具集安装完成后，虚拟机会再次重启，客户操作系统安装完成，此时可进行 Windows Server 2008 R2 系统的配置，如图 4.23 所示。

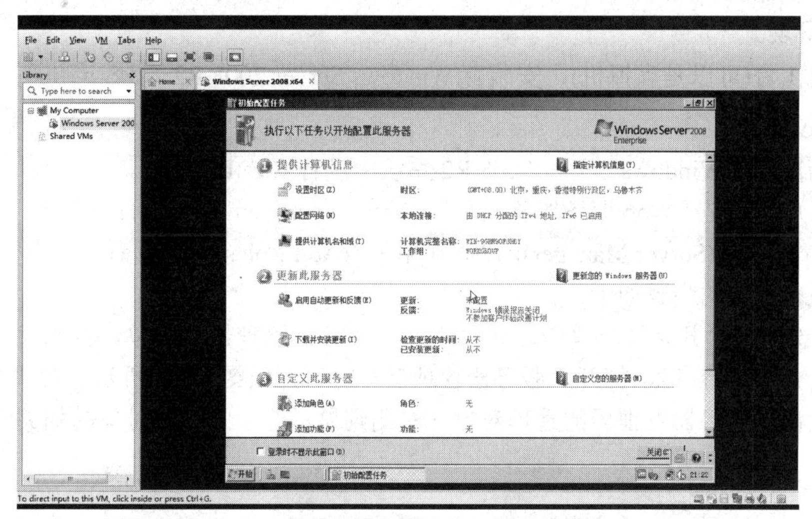

图 4.23　客户操作系统配置

# 4.2　IIS 的安装及 Web 服务器的配置

## 4.2.1　IIS 简介

Internet 信息服务器(Internet Information Server，IIS)是 Windows 系统中的网络信息服务器，支持在 Internet、Intranet 或 Extranet 上进行方便的信息共享。不同操作系统自带的 IIS 服务器版本可能不一样，而同一版本的 IIS 服务器在不同操作系统上所表现的特性也可能不同。Windows Server 2008 R2 自带了 IIS 7.5。

在 Windows Server 2008 系统中，IIS 以及其他的网络服务(如 DHCP、DNS 等)都是一种“服务器角色”(Server Role)。所谓“角色”是一组软件，若在操作系统中安装并正确配置，计算机就能向用户提供一种特定的服务。一个角色由一个或一组“角色服务”(Role Service)组成，一个角色服务就是一个或一组软件，这些软件实现了角色服务的功能。可以将角色看作一组相关的、互补的角色服务的集合，安装角色就是安装一个或若干个角色服务。Windows Server 2008 R2 中，IIS 7.5 是“Web 服务器(IIS)”角色，它是一种集成了 IIS、ASP.NET、WCF(Windows Communication Foundation)和 Windows SharePoint Services 的统一 Web 平台。

“功能”(Features)是一个与角色相关的概念。它也是软件程序，尽管这些软件不直接是某角色的一部分，但它们能够支持或增强一个或多个角色的服务，或增强整个系统的功能(而不论安装了哪些角色)。

## 4.2.2　实验　IIS 的安装

**【实验目的】**

(1) 掌握 Windows Server 2008 R2 系统中角色的安装方法。

(2) 掌握如何在 Windows Server 2008 R2 系统中安装 IIS 7.5。

【实验环境】

计算机 1 台(可以是虚拟机)，安装有 Windows Server 2008 R2 系统。

【实验过程】

默认情况下，Windows Server 2008 R2 系统中没有安装 IIS 角色。安装 IIS 需要有管理员权限，用户必须是“Web 服务器管理员”(Web Server Administrator)用户组的成员。可通过“服务器管理器”(Server Manager)的“添加角色”(Add Roles)向导或命令行来安装 IIS 7.5。通过向导进行安装的步骤如下：

(1) 依次单击“开始”→“管理工具”→“服务器管理器”菜单，弹出“用户帐户控制”窗口，点击“继续”，打开“服务器管理器”窗口，如图 4.24 所示。窗口左侧以树形列表形式列出了服务器管理器的管理对象，右侧则显示选中的管理对象的相关信息。

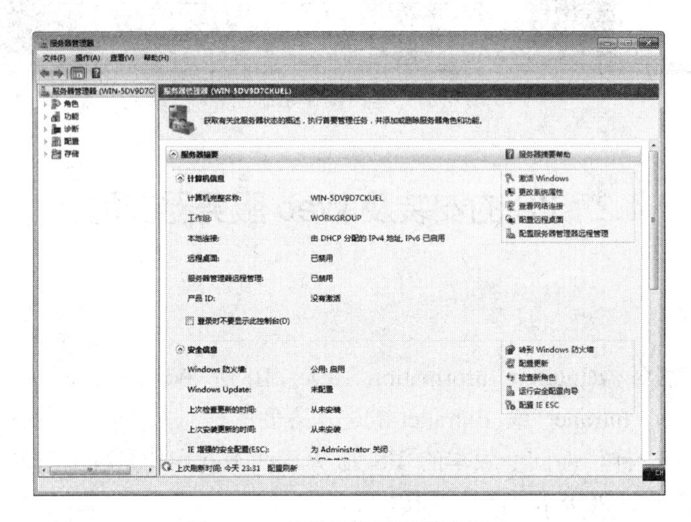


图 4.24 “服务器管理器”窗口

(2) 在窗口左侧选中“角色”节点，窗口右侧显示当前已安装的角色列表以及可对角色执行的操作(添加或删除)，如图 4.25 所示。

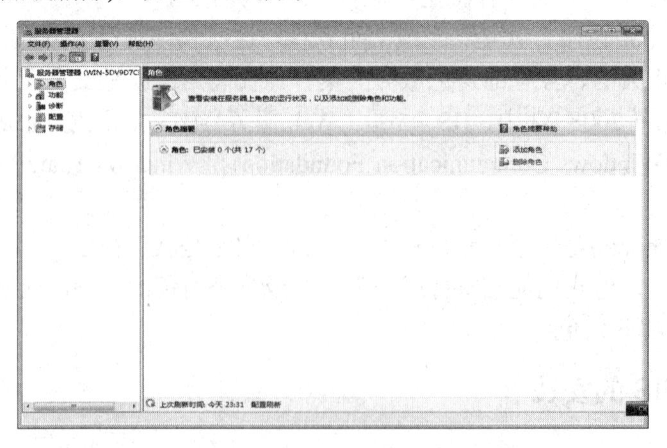


图 4.25 “角色管理”窗口

(3) 点击“添加角色”命令，弹出“开始之前”窗口，如图 4.26 所示。添加角色向导的“开始之前”窗口显示一些提示信息。若选中复选框“默认情况下将跳过此页”，再次运行添加角色向导时将不再显示提示信息，而直接进入“选择服务器角色”窗口。

(4) 单击“下一步”按钮，向导转到“选择服务器角色”窗口，如图 4.27 所示。窗口中“角色”列表框列出了系统支持的所有角色。每个角色前都有一个复选框，若选中则表示该角色已安装，否则表示未安装。若点击某一角色，窗口页面右侧会显示所选择角色的简单描述信息。在此选中角色“Web 服务器(IIS)”前的复选框。

**注意**：不是点击角色前的复选框，而是角色项本身。

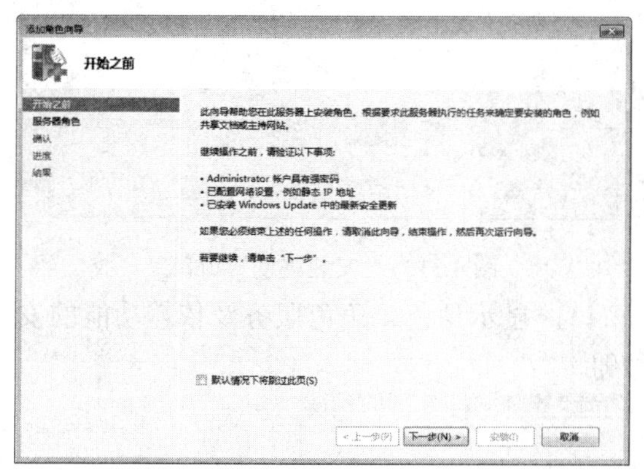


图 4.26 “开始之前”窗口

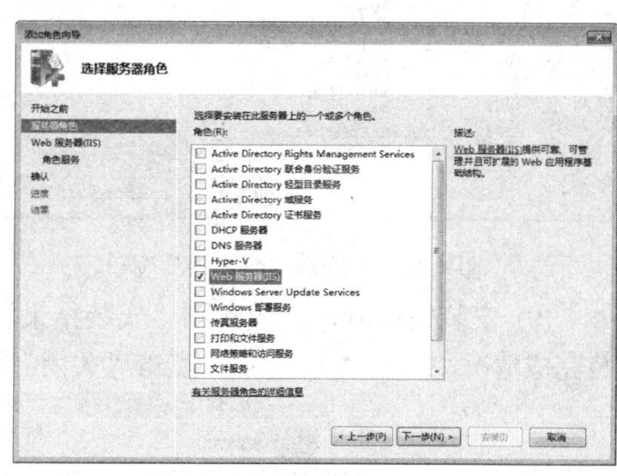


图 4.27 “选择服务器角色”窗口

(5) 单击“下一步”按钮，添加角色向导转到“Web 服务器(IIS)”窗口，如图 4.28 所示。窗口右侧显示了 Web 服务器(IIS)的简介等信息。

(6) 单击“下一步”按钮，向导转到“选择角色服务”窗口，如图 4.29 所示。窗口中的“角色服务”列表框列出了“Web 服务器”角色的角色服务，包括 Web 服务器、管理工具和 FTP 服务器。同样地，选择某一角色服务后，窗口右侧显示该角色服务的简单描述信息。实验中不做更改，安装默认选择的角色服务。

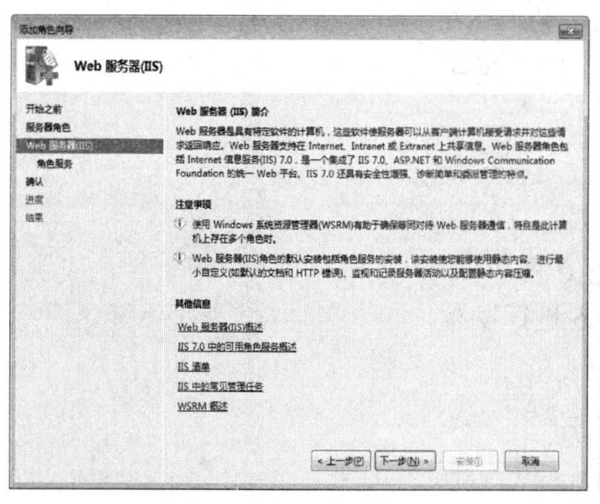


图 4.28 “Web 服务器(IIS)”窗口

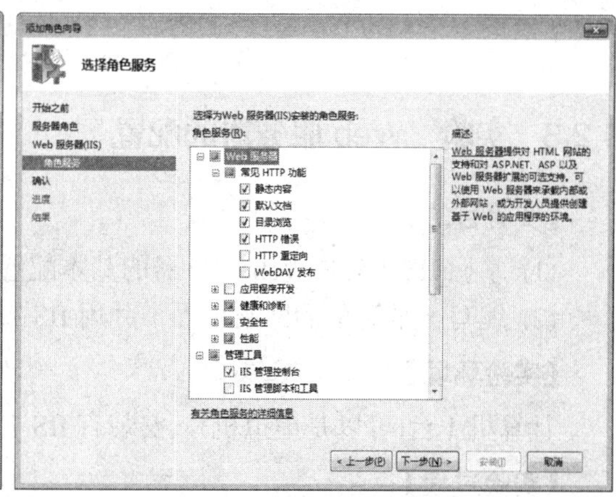


图 4.29 “选择角色服务”窗口

(7) 单击“下一步”按钮，向导转到“确认安装选择”窗口，如图 4.30 所示。该窗口显示所选择安装的角色及其角色服务(以及依赖的功能)的汇总信息。

(8) 若确认这些选择，点击“安装”按钮，开始安装 Web 服务器角色，向导转到“安装进度”窗口，显示安装完成情况，如图 4.31 所示。

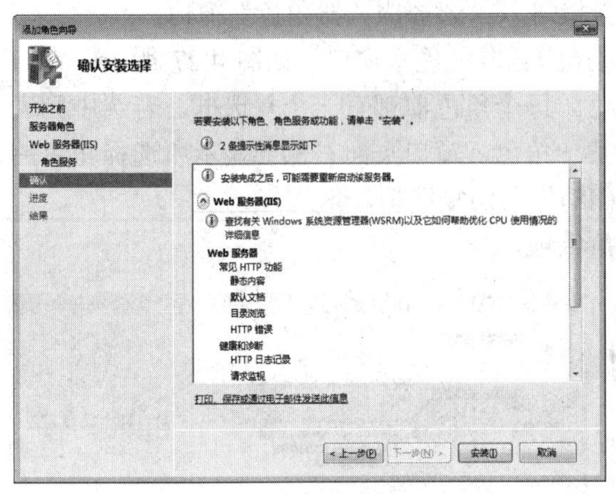


图 4.30 “确认安装选择”窗口

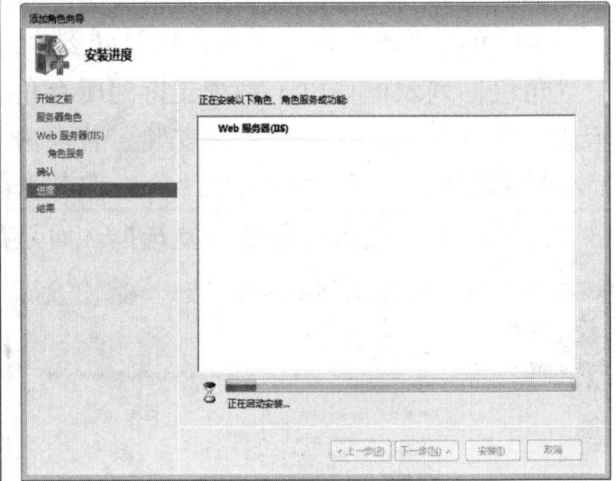


图 4.31 “安装进度”窗口

(9) 安装完成后，向导转到“安装结果”窗口，显示角色、角色服务及依赖功能的安装完成情况，如图 4.32 所示，点击“关闭”按钮。

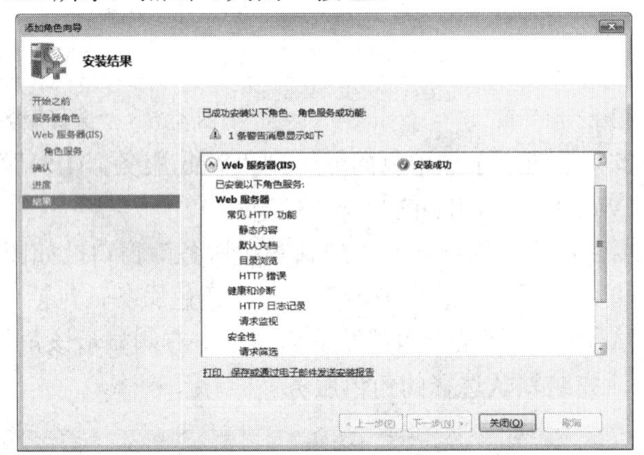


图 4.32 “安装结果”窗口

## 4.2.3 实验 Web 服务器的配置

【实验目的】

(1) 掌握 IIS 7.5 中 Web 服务器的基本配置方法。

(2) 编写一个简单的网站页面，并用 IIS 7.5 进行发布。

【实验环境】

计算机 1 台(可以是虚拟机)，安装有 IIS 7.5。

【实验过程】

### 1. 打开 IIS 管理器

依次单击“开始”→“管理工具”→“Internet 信息服务(IIS)管理器”菜单，打开 IIS 管理器窗口，如图 4.33 所示。管理器窗口左侧的“连接”面板列出了当前可管理的所有 IIS 服务器及服务器上的站点(Web 站点和 FTP 站点)，这些服务器或站点可以在本地计算机上运行，也可在远端计算机上运行。默认情况下，管理器只连接到本地计算机的 IIS 服务器。

可通过“文件”菜单中的命令连接到远端服务器或站点。若在“连接”面板中选中树形控件中的某个节点，窗口右侧会显示该节点的相关信息，如功能模块、状态和操作命令等。例如，选择“起始页”节点，窗口右侧显示了 IIS 管理器的一些操作及联机帮助等信息。

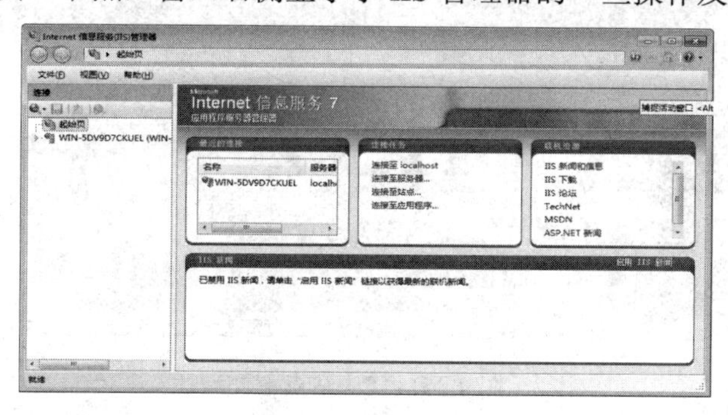


图 4.33　IIS 管理器

## 2. 查看 IIS 的站点

(1) 在 IIS 管理器窗口连接面板中选择某个服务器的“网站”节点，可查看该服务器上已经部署的所有站点。一个 IIS 服务器上能部署多个 Web 站点和 FTP 站点。IIS 安装后会自动部署一个默认 Web 站点(Default Web Site)，如图 4.34 所示。

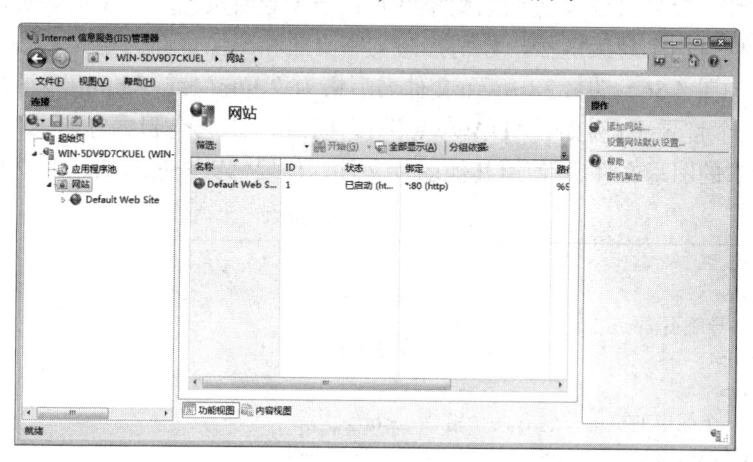


图 4.34　站点列表

(2) 在连接面板中选择某个 Web 站点后，窗口中间以“功能视图”或“内容视图”形式显示站点的相关信息：功能视图显示站点的主页，列出站点的角色服务或功能模块，如常用的 HTTP 功能、安全性、服务器组件、性能和运行状况等。内容视图显示站点的内容目录。选择某个角色服务或功能模块后，窗口右侧会列出可执行的操作。例如，在连接面板中选择“网站”节点，在“功能视图”中选择“Default Web Site”，在窗口右侧面板中点击“浏览 *:80”命令，可测试默认 Web 站点运行是否正常。正常情况下，会弹出 IIS 的欢迎页面，如图 4.35 所示。

(3) 连接面板中，每个 IIS 服务器有一个“应用程序池”节点。“应用程序池”是一个容器，可在逻辑上隔离不同组的应用程序，防止一个池中的应用程序影响另一个池中的应用程序，是一种理想的站点间隔离机制。应用程序是通过 HTTP 等协议向用户提供 Web 内容的软件程序。一个站点可以有多个应用程序。应用程序在某个“应用程序池”中运行。

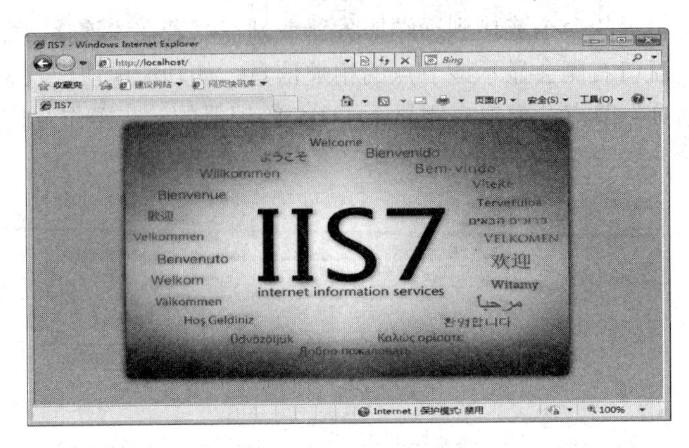


图 4.35 默认站点主页

### 3. 新建 Web 站点

这里通过创建一个新 Web 站点来学习如何用 IIS 7.5 发布 Web 服务。首先编写几个简单的 Web 页面，然后在 IIS 7.5 中创建一个新 Web 站点，再通过新站点把编写的网页发布出去。

#### 1) 编写 Web 页面

实验中设计一个只有 3 个页面的简单网站：一个导航页面，一个文字页面和一个图像页面。导航页面有两个超级链接，分别指向文字页面和图像页面。用文本编辑器编写这 3 个页面，代码如图 4.36～图 4.38 所示(文件名后缀为“.htm”或“.html”)。把这 3 个页面文件存储在一个目录下(例如，“D:\www”)。同时，在这个目录下还要存储一个名为“xuptlogo.gif”的图片文件(可使用其他图片文件，但要修改 picutre.html 文件中的图片文件名)。

```
<html>
<head>
<title>导航页面</title>
</head>
<body>
这是一个简单的页面，包含两个链接：<br/>
<a href="./text.html" target="blank">文字页面</a><br/>
<a href="./picture.html" target="blank">图像页面</a><br/>
</body>
</html>
```

图 4.36 导航页面 index.html

```
<html>
<head>
<title>文字页面</title>
</head>
<body>
    这是一个文字页面。
</body>
</html>
```

图 4.37 文字页面 text.html

```
<html>
<head>
<title>图像页面</title>
</head>
<body>
        这是一幅图像：<br/>
        <img src="./xuptlogo.gif" width="600" height="70" />
</body>
</html>
```

图 4.38　图像页面 picture.html

2) 新建 Web 站点

(1) 在 IIS 管理器连接面板中选择要建立 Web 站点的服务器的“网站”节点，在最右侧“操作”面板中点击“添加网站”命令(或在“网站”节点单击右键，选择“添加网站”)，弹出“添加网站”窗口，如图 4.39 所示。

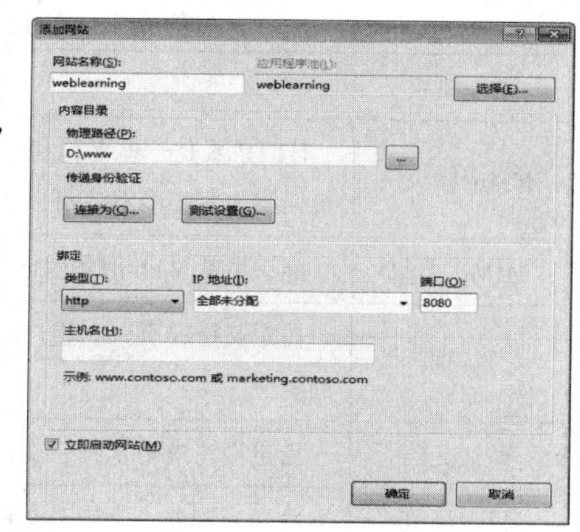


图 4.39　“添加网站”窗口

(2) IIS 中每个站点都有一个唯一的名称。在“网站名称”文本框中输入“weblearning”作为站点名。默认情况下，IIS 7.5 将为每个新建站点创建一个“应用程序池”，名字与站点名相同。可通过“选择”按钮来更改站点的“应用程序池”，指定它与其他站点共用一个已经存在的“应用程序池”。

(3) “内容目录”栏用于指定要发布的 Web 页面文件的存储位置。页面可以存储在本地计算机的文件系统中，或存储在远端计算机中。可在“物理路径”文本框中输入 Web 页面所在位置的路径，或单击文本框后面的浏览按钮来选择页面路径。注意：若页面文件存储在远端计算机中，物理路径必须是有效的 URL。同时，为了访问远端文件，还需要提供远端计算机的身份验证信息，可通过点击“连接为”按钮进行设置。按钮“测试设置”用于检查是否能通过设置的身份验证信息访问远端文件。默认站点的物理路径是“C: \inetpub\wwwroot”。假定实验中要发布的网页存储在本地计算机的“D:\www”目录下，在“物理路径”文本框中输入这个目录。

(4) “绑定”栏用于区分不同的站点。这里“绑定”意味着一个站点的唯一访问方式。默认情况下，IIS 管理器只支持 HTTP 或 HTTPS 作为访问协议。如果要添加其他协议，例如受 WCF(Windows Communication Foundation)支持的协议，就必须使用其他的管理工具。IP 地址指定了从哪个网络连接访问站点，若选择“全部未分配”，则支持从计算机的所有网络连接进行访问。IIS 7.5 也支持用主机名来区分站点绑定，需要注意的是，这里的主机名代表的是站点，而不是 IIS 服务器所在的主机。一个站点可以配置成与其他站点具有相同的 IP 地址和协议端口，只要它们的主机名不同，用户仍然可以访问。实验中不设置主机名，访问协议设置为“http”，IP 地址设置为“全部未分配”，协议端口设置为“8080”，以与默认站点相区分。

(5) 若选中“立即启动网站”复选框，点击“确定”后，站点将应用这些配置信息运行(其他属性采用默认设置值)。

3) 设置 Web 站点属性

建立站点后，可以对站点属性进行设置。

(1) 在 IIS 管理器连接面板中，选择新创建的站点“weblearning”，窗口中间的功能视图页面显示站点的主页，包括默认文档、目录浏览、错误页、响应标头、日志以及 MIME 类型等功能模块，如图 4.40 所示。表 4-1 给出了这些功能模块的简要说明。窗口右侧列出了可对站点执行的一些操作，如编辑绑定、(重新)启动或停止站点运行、浏览网站文件、浏览网页等。在功能视图中双击要编辑的功能模块，功能视图转而显示该功能模块的内容(同时窗口右侧也转到显示功能模块的编辑操作)。实验中对新站点的“默认文档”和“目录浏览”进行设置。

表 4-1　Web 站点功能模块简要说明

| 功能模块 | 简 要 说 明 |
| --- | --- |
| 响应标头 | HTTP 头是一些名称和值对，其中包含有关请求的页面的信息，如 HTTP 版本、日期和内容类型等。可以创建自定义响应标头，在响应中向客户端传递特殊的信息 |
| MIME 类型 | 标识可从 Web 服务器向浏览器或邮件客户端返回的内容的类型 |
| 错误页 | 自定义错误页，当用户无法访问所请求的内容时，向用户返回友好或信息更丰富的响应 |
| 默认文档 | 指定当请求中未指明文档名称时向用户返回的文档的列表 |
| 目录浏览 | 允许当请求中未指明文档名称且没有设置默认文档时向用户返回文档目录的列表 |
| 请求筛选 | 检查所有传入服务器的请求，并根据管理员设置的规则对这些请求进行过滤；用于限制或阻止特定的请求 |
| SSL 设置 | 设置 SSL 和客户证书的要求(用于 HTTPS 协议) |
| 身份验证 | 设置网站和应用程序的身份验证方式，包括：匿名身份验证、ASP.NET 模拟、基本身份验证、摘要式身份验证、Windows 身份验证、AD 客户端证书身份验证等 |
| 处理程序映射 | 指定处理特定类型请求的资源 |
| 模块 | 配置处理 Web 服务器上的请求的本机和托管代码模块 |
| 配置编辑器 | 提供通用的配置编辑器 |
| 输出缓存 | 指定输出缓存中缓存所提供的内容的规则 |
| 压缩 | 支持在 IIS 与启用了压缩的浏览器之间进行快速传输 |
| 日志 | 配置 IIS 在 Web 服务器上记录请求的方式 |
| 重定向 | 将 Web 服务器配置为向客户端发出重定向消息(如 HTTP 302)，指示客户端重新向新位置提交请求。通过配置重定向规则，可使用户浏览器最终加载的 URL 不同于最初请求的 URL |

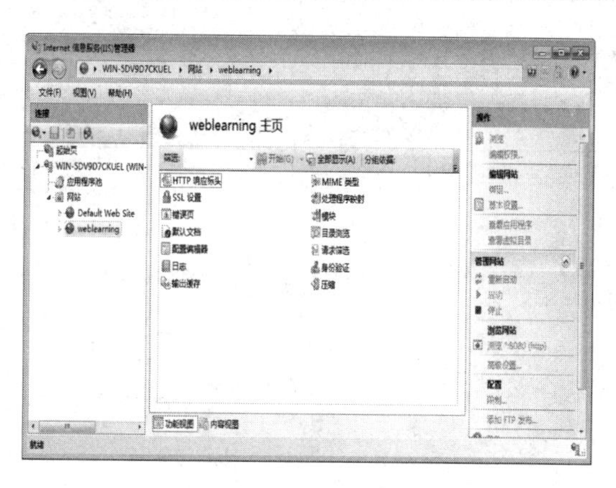


图 4.40　Web 站点的功能模块

(2) 在站点的功能视图中双击“默认文档”，IIS 管理器窗口如图 4.41 所示。功能视图页面显示当请求 URL 中未指明文档名称时，Web 站点返回给用户的默认网页列表。Web 站点将按照列表中指定的文档名称及顺序，依次在文档目录中查找这些网页，并将找到的第一个网页返回给用户。默认文档也称为网站主页。通常，Web 服务器会在默认文档中设置多个常见的主页名。管理员可通过窗口右侧的“添加”“删除”“上移”“下移”操作来编辑默认文档的设置。实验中编写的网站只有一个主页“index.html”，执行“删除”操作从列表中移除不必要的主页名。

(3) 返回到站点的功能视图，双击“目录浏览”属性，IIS 管理器窗口如图 4.42 所示。在窗口最右侧“操作”面板中点击“启用”命令，允许当请求中没有指定文档名称时，向用户返回文档目录的列表。

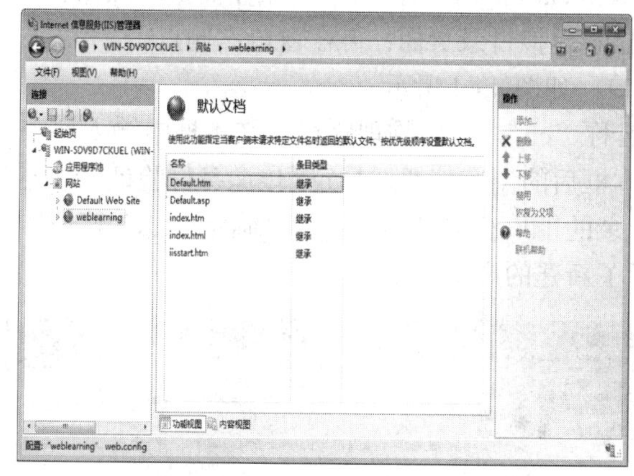


图 4.41　“默认文档”属性

图 4.42　“目录浏览”属性

4) 测试新建的 Web 站点

至此完成了新站点的创建，允许用户访问发布的网页文件。在 IIS 管理器窗口连接面板中选择站点“weblearning”，在窗口右侧操作面板中点击操作“浏览 *:8080”，测试新创建的站点是否正常运行。正常情况下，将会出现前面编写的导航页面，如图 4.43 所示。也可以在其他连网计算机的浏览器地址栏中输入“http://<weblearning 站点所在主机的 IP 地址>:8080”来访问这个站点。

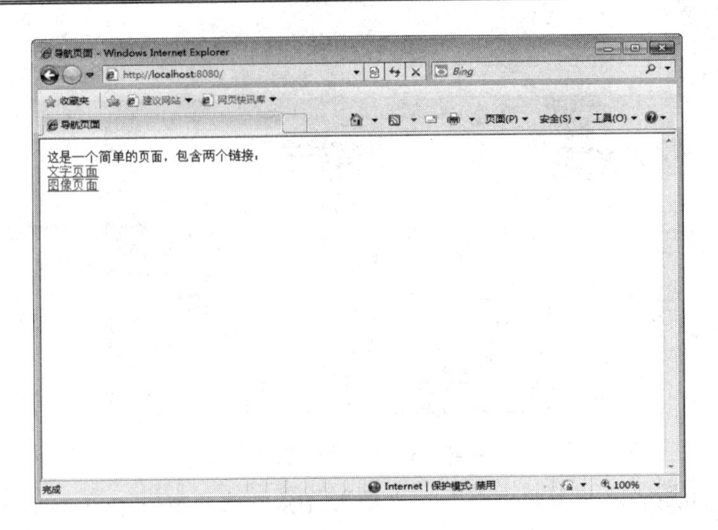


图 4.43 weblearning 站点测试

5) 设置虚拟目录

“虚拟目录”是在 IIS 中指定的、并映射到本地或远程服务器上的物理目录的目录名称，用户可通过在 URL 中指定虚拟目录名来访问所映射的目录中的文档。若为虚拟目录指定了不同于物理目录的名称，用户将无法发现服务器上的实际物理文件结构。一个站点可以有多个虚拟目录。

实验中为站点“weblearning”建立一个虚拟目录“cn”，映射到物理目录“D:\xupt\network\”，该目录下有一个子目录“directory1”和一个文本文件“file1.txt”。

(1) 在 IIS 管理器连接面板中选择站点“weblearning”，在窗口右侧操作面板中点击“查看虚拟目录”命令，窗口中间的功能视图将显示虚拟目录页面；再在窗口右侧点击 “添加虚拟目录”操作，弹出“添加虚拟目录”窗口，如图 4.44 所示。

(2) 在“别名”文本框中输入虚拟目录名称“cn”，在“物理路径”文本框中输入要映射的物理目录“D:\xupt\network\”(或通过文本框后的浏览按钮选择)。“传递身份验证”(“连接为”和“测试设置”按钮)用于远程物理目录的用户访问设置。点击“确定”，IIS 管理器窗口如图 4.45 所示。窗口内的功能视图显示了新建的虚拟目录。

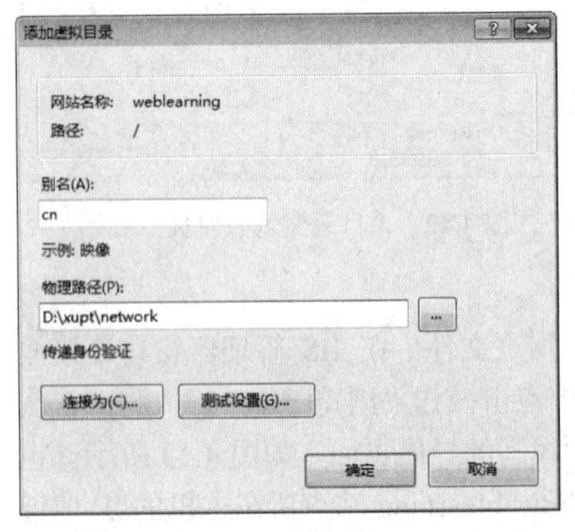


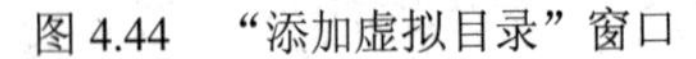
图 4.44 “添加虚拟目录”窗口

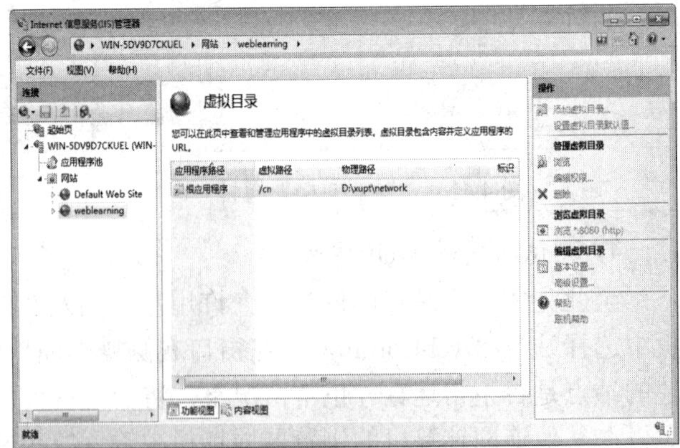

图 4.45 虚拟目录列表

(3) 虚拟目录添加完成后，在浏览器地址栏中输入“http://<weblearning 站点所在主机的 IP 地址>:8080/cn”，访问目录中的文档。由于 URL 中没有指定文档名，且该目录下不存在“默认文档”中设置的主页文档(index.html)，而该站点又设置为允许目录浏览，因此浏览器显示该目录下的子目录及文档列表，如图 4.46 所示。

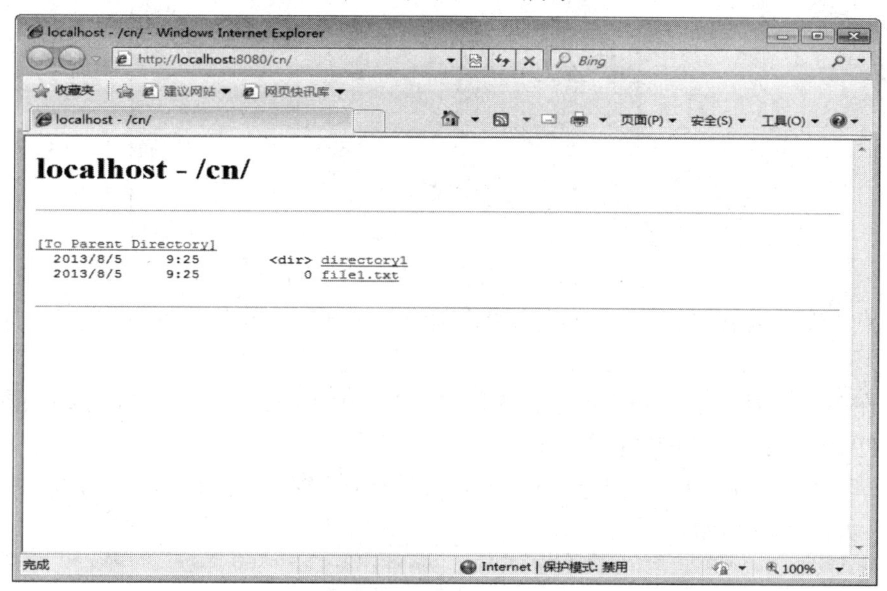


图 4.46　虚拟目录浏览

## 4.3　FTP 服务器的安装及配置

Windows Server 2008 及以上版本系统对 FTP 服务进行了升级，增加了很多新特性，提供了更多的安全和部署选项。IIS 7.5 支持 FTP 7.5。FTP 7.5 提供更健壮、更安全的文件传输解决方案，使得 Web 开发者能更容易、更安全地发布内容，同时也给 Web 管理员提供了更好的集成、管理、认证以及日志等管理特性。

### 4.3.1　实验　FTP 服务器的安装

**【实验目的】**

掌握在 IIS 7.5 中安装 FTP 7.5 服务器的方法。

**【实验环境】**

计算机 1 台(可以是虚拟机)，安装有 IIS 7.5。

**【实验过程】**

默认情况下，IIS 7.5 安装时不会自动安装 FTP 服务器。FTP 服务器的安装步骤如下：

(1) 依次单击“开始”→“管理工具”→“服务器管理器”菜单，打开“服务器管理器”，如图 4.47 所示。在窗口左侧树形列表中选择“角色”→“Web 服务器(IIS)”，窗口右侧显示了 Web 服务器的当前状态摘要信息。

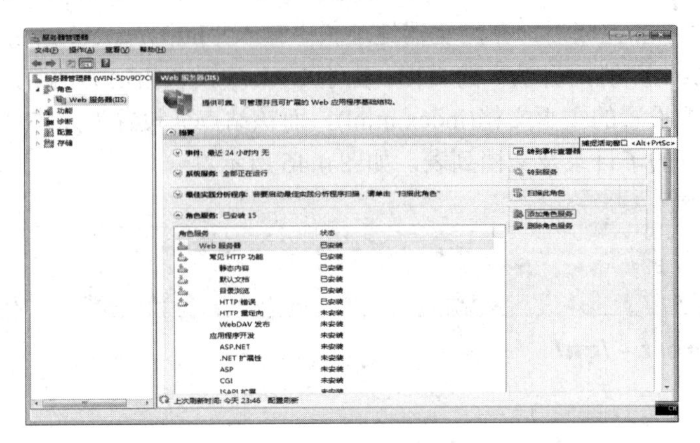


图 4.47 “服务器管理器”窗口

(2) 点击窗口最右侧的“添加角色服务”命令，弹出“选择角色服务”窗口，如图 4.48 所示。

(3) 在图 4.48 所示窗口的“角色服务”列表中选中“FTP 服务器”前的复选框(会同时选中“FTP Service”和“FTP 扩展”)。

(4) 单击“下一步”按钮，向导转到“确认安装选择”窗口，显示要添加的角色服务(FTP 服务器)，如图 4.49 所示。

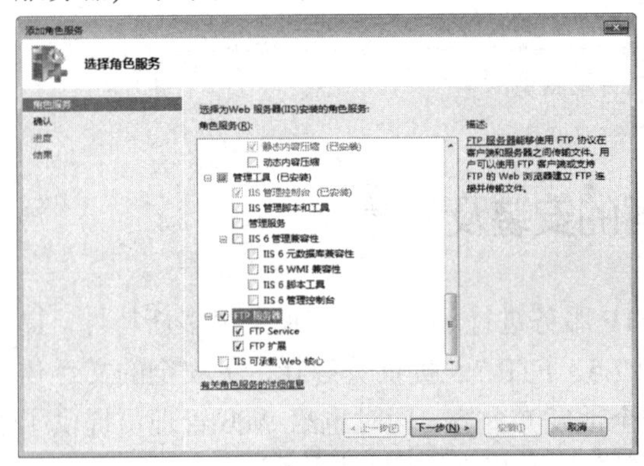


图 4.48 “选择角色服务”窗口

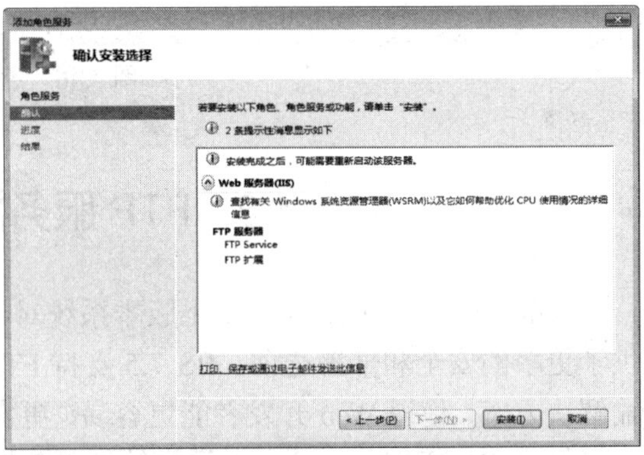

图 4.49 “确认安装选择”窗口

(5) 点击“安装”按钮，向导转到“安装进度”窗口，显示安装完成情况，如图 4.50 所示。

(6) 安装完成后，向导转到“安装结果”窗口，如图 4.51 所示，点击“关闭”按钮。

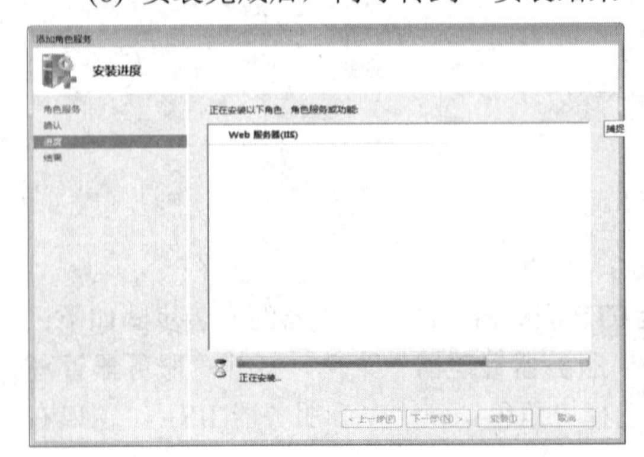


图 4. 50 “安装进度”窗口

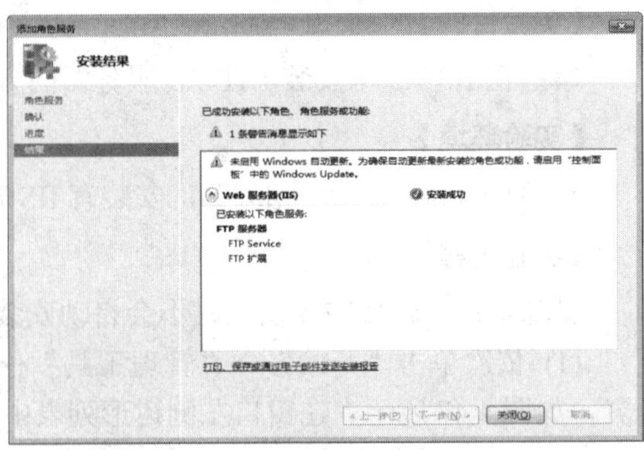


图 4.51 “安装结果”窗口

## 4.3.2　实验　FTP 服务器的配置

**【实验目的】**

掌握 IIS 7.5 中 FTP 服务器的基本配置方法。

**【实验环境】**

计算机 1 台(可以是虚拟机)，安装有 IIS 7.5 及 FTP 7.5 服务器。

**【实验过程】**

### 1. 新建 FTP 站点

安装完成后，IIS 7.5 不会自动创建默认 FTP 站点。IIS 支持两种方法新建 FTP 站点：通过 IIS 管理器向导新建，或通过编辑 IIS 配置文件创建。实验中用 IIS 管理器向导新建一个 FTP 站点，并通过设置该站点来介绍 FTP 服务器的基本配置。首先建立一个简单的 FTP 站点，允许匿名用户读取其中的文件。

(1) 依次点击“开始”→“管理工具”→“Internet 信息服务(IIS)管理器”菜单，打开 IIS 管理器，如图 4.52 所示。

(2) 在连接面板中选择“网站”节点，点击窗口最右侧操作面板中的“添加 FTP 站点”(或在“网站”节点单击右键，选择“添加 FTP 站点”命令)，弹出“添加 FTP 站点”向导窗口，如图 4.53 所示。

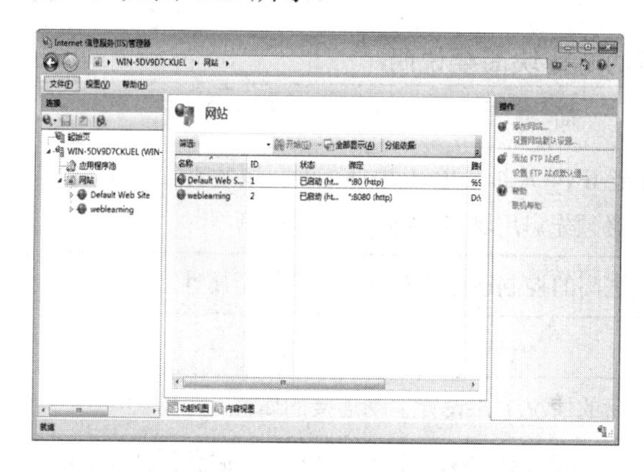


图 4.52　IIS 管理器

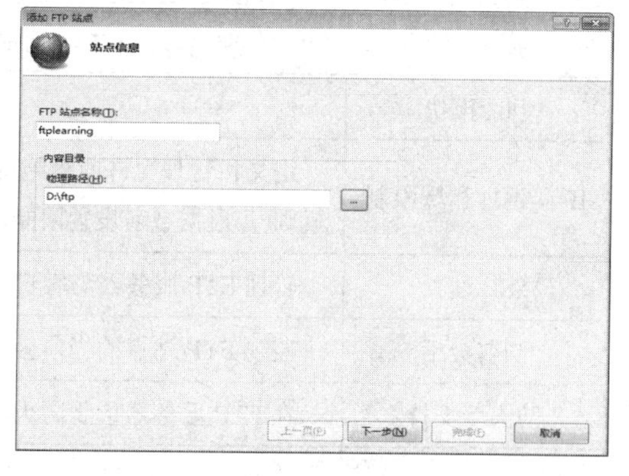


图 4.53　“添加 FTP 站点”向导

(3) 在“FTP 站点名称”文本框中输入一个有意义的 FTP 站点名称，实验中用“ftplearning”。“物理路径”指定了 FTP 站点的根目录，设置为“D:\ftp”。可直接在文本框中输入指定目录的路径，或通过文本框后的浏览按钮来选择。

(4) 单击“下一步”按钮，向导转到“绑定和 SSL 设置”窗口，如图 4.54 所示。“绑定”由 IP 地址、传输层协议端口和主机名组成，与 Web 服务器类似。实验中用协议端口来区分不同站点，不使用主机名(不选择“启用虚拟主机名”复选框)。在“IP 地址”下拉列表框中选择“全部未分配”，“端口”设置为“2121”。若选择“自动启动 FTP 站点”复选框，IIS 服务器启动时该 FTP 站点将自动运行。SSL 设置用于配置 FTP 控制通道和数据通道的安全设置，在此选择“无”，在后续实验中再增加 SSL 设置。

(5) 单击“下一步”按钮，向导转到“身份验证和授权信息”窗口，如图 4.55 所示。在“身份验证”分组中选择“匿名”，指定以匿名身份验证方式审核访问用户；在“授权”分组中，从“允许访问”下拉列表框中选择“所有用户”；在“权限”分组中，选中“读取”复选框，即允许所有用户以匿名身份访问，但只能读取站点上的文件。点击“完成”按钮。

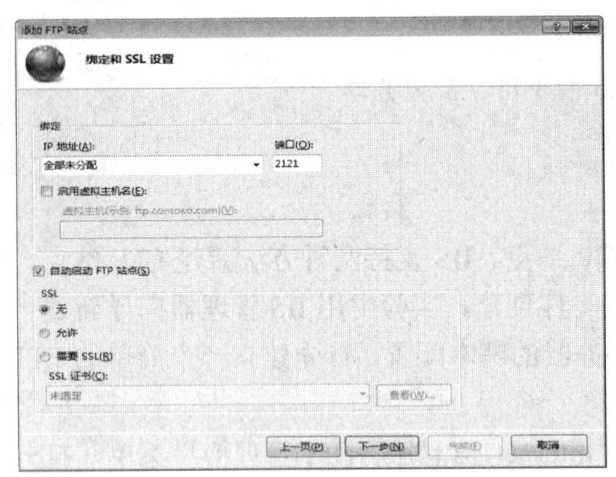


图 4.54 “绑定和 SSL 设置”窗口

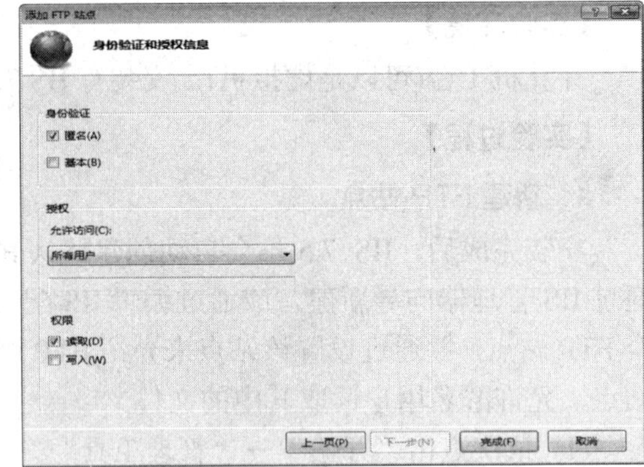


图 4.55 “身份验证和授权信息”窗口

(6) 在 IIS 管理器窗口的连接面板中选择新建的站点“ftplearning”，窗口中间功能视图页面显示 FTP 站点的功能模块，最右侧操作面板列出可执行的操作命令，如图 4.56 所示。表 4-2 给出了 FTP 站点功能模块的简要说明。

**表 4-2 FTP 站点功能模块简要说明**

| 功能模块 | 简 要 说 明 |
| --- | --- |
| IPv4 地址和域限制 | 定义和管理允许或拒绝特定 IPv4 地址、IPv4 地址范围、域名或名称访问的规则(若根据域名设置限制，必须先启用域名限制) |
| SSL 设置 | 管理 FTP 服务器与客户端之间的控制通道和数据通道的安全属性 |
| 当前会话 | 监视 FTP 站点的当前会话 |
| 防火墙支持 | 在 FTP 服务器位于防火墙后的情况下，设置主动连接的属性 |
| 目录浏览 | 修改 FTP 服务器上浏览目录的内容设置(配置目录浏览后，所有目录都使用相同的设置) |
| 请求筛选 | 一种安全功能。通过此功能，Internet 服务提供商(ISP)和应用服务提供商可以限制协议和内容的行为。例如，使用“文件扩展名”选项卡可指定要允许或拒绝的文件扩展名 |
| 日志 | 配置服务器或站点的日志记录设置 |
| 身份验证 | 配置用于 FTP 客户端内容访问权限的身份验证方法 |
| 授权规则 | 管理“允许”或“拒绝”规则列表，控制对站点内容的访问 |
| 消息 | 修改当用户登录或离开 FTP 站点时所发送消息的设置 |
| 用户隔离 | 定义 FTP 站点的用户隔离模式 |

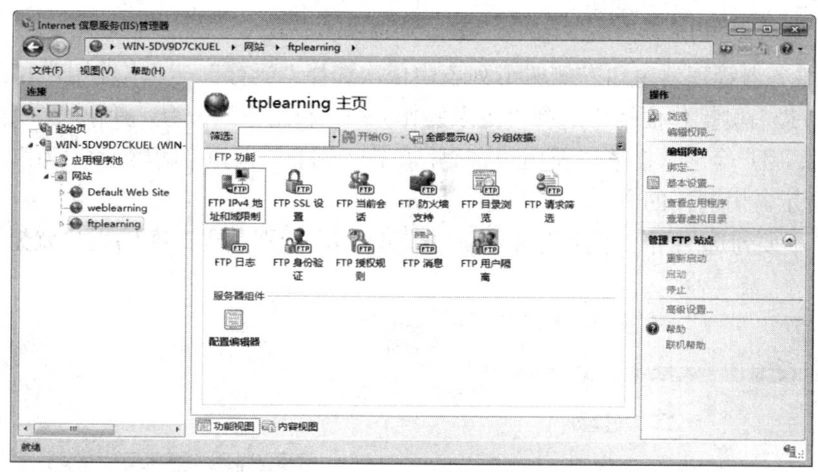


图 4.56　FTP 站点主页

(7) 打开浏览器，在地址栏中输入“ftp://<ftplearning 站点所在主机的 IP 地址>:2121/”，测试 ftplearning 站点是否运行正常。正常情况下，浏览器窗口显示如图 4.57 所示。

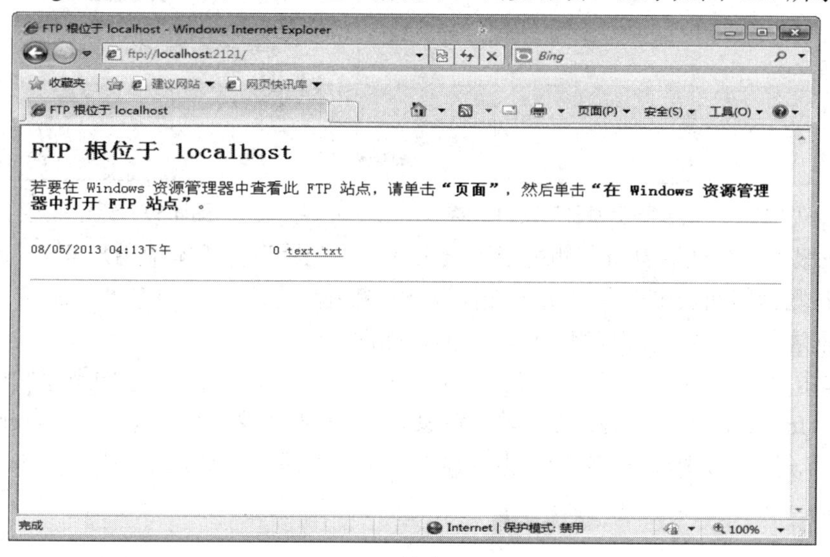


图 4.57　ftplearning 站点测试

## 2. 用户和用户组的访问权限设置

从站点安全的角度考虑，匿名用户通常被禁止访问或只被授予最低的访问权限。FTP 站点可通过身份验证、授权规则和用户隔离等功能模块，对用户访问进行更细致的权限控制。

实验中假设有 4 个用户要访问 FTP 站点：admin、ftpuser1、ftpuser2 和 ftpuser3，其中 ftpuser1 和 ftpuser2 属于用户组 ftpgroup。

1) 新增用户和组

首先在 FTP 服务器所在主机的操作系统中增加这些用户和用户组。

**注意**：admin 用户在安装操作系统时已创建，在此不需要创建该用户。

(1) 依次点击“开始”→“ 管理工具”→“服务器管理器”菜单，打开“服务器管理器”窗口，如图 4.58 所示。

(2) 在服务器管理器窗口左侧树形列表中依次选择“配置”→“本地用户和组”→“用户”，在窗口最右侧操作面板中选择“更多操作”→“新用户”命令，弹出“新用户”窗口，输入用户名、用户全名、描述以及用户密码，单击“创建”按钮，新增一个新用户 ftpuser1，如图 4.59 所示。用同样的方法创建其他新用户。

**注意：**不要勾选“用户下次登录时须更改密码”，否则不更改密码用户就无法访问 ftp 站点。

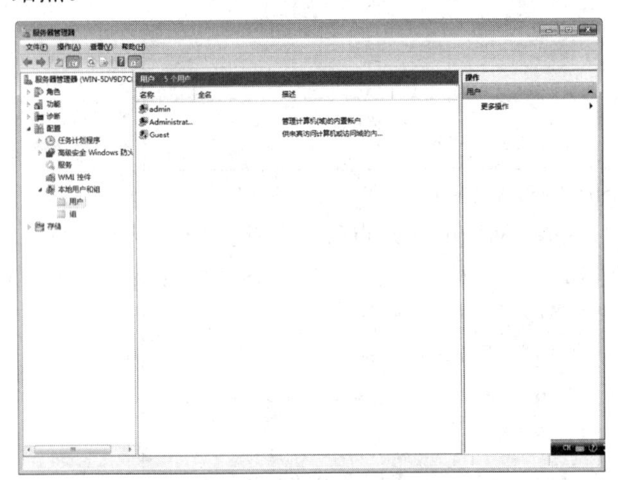

图 4.58 “服务器管理器”窗口

图 4.59 新建用户

(3) 在服务器管理器窗口左侧树形列表中选择“配置”→“本地用户和组”→“组”，在窗口最右侧操作面板中选择“更多操作”→“新建组”命令，弹出“新建组”窗口，输入组名和描述信息，新建用户组“ftpgroup”，如图 4.60 所示。

(4) 单击“添加”按钮，弹出“选择用户”窗口，如图 4.61 所示。向新建的组中添加两个本地用户 ftpuser1 和 ftpuser2。在“输入对象名称来选择”文本框中输入“ftpuser1;ftpuser2”(注意：用半角分号分隔用户名)，点击“检查名称”按钮，然后点击“确定”按钮。

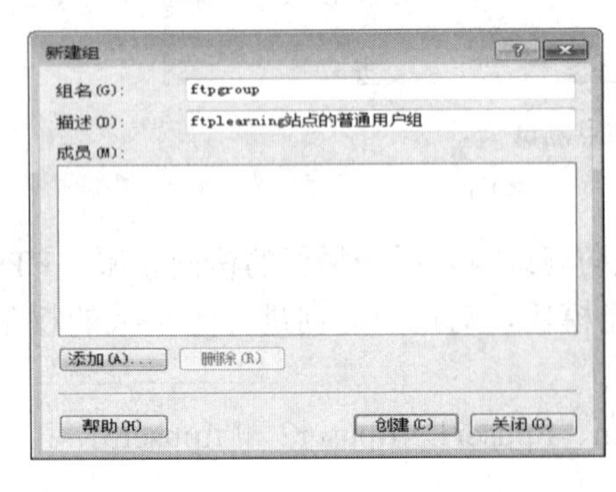


图 4.60 新建组

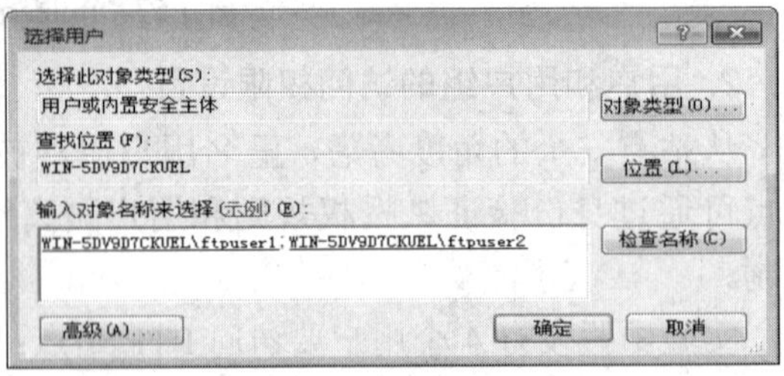

图 4.61 添加用户到组

(5) 图 4.60“新建组”窗口的“成员”列表框中将出现两个用户 ftpuser1 和 ftpuser2，点击“创建”按钮。

2) 设置身份验证方法

要允许用户访问，FTP 站点必须启用某种身份验证方法。IIS 支持内置和自定义两种身份验证方法，可通过“FTP 身份验证”功能来设置。

内置身份验证是 FTP 服务器的组成部分，分为“匿名身份验证”和“基本身份验证”。匿名身份验证允许任何用户通过提供匿名用户名(anonymous)和密码(email 地址)访问任何公共内容。默认情况下，匿名身份验证被禁用。基本身份验证要求用户提供有效的 Windows 用户名和密码才能获得内容访问权限，用户帐户可以是 FTP 服务器所在主机的本地帐户或域帐户。内置身份验证可启用或禁用，但无法删除。

**注意**：基本身份验证在网络上传输未加密的密码，只有确信已使用 SSL 保护客户端与服务器之间的连接时，才应使用基本身份验证。

自定义身份验证通过可安装的组件来实现，包括“ASP.NET 身份验证”和“IIS 管理器身份验证”。“ASP.NET 身份验证”要求用户提供有效的.NET 用户名和密码才能获取内容访问权限；“IIS 管理器身份验证”要求用户提供有效的 IIS 管理器用户名和密码。自定义身份验证可启用或禁用，而且可以将这些方法添加到 FTP 服务器或从服务器删除。

在新建 FTP 站点的过程中，已经设置了匿名身份验证方法，允许匿名用户浏览 FTP 站点内容。这里改用基本身份验证来控制本地用户和组的访问权限。自定义身份验证方法的设置请参考 IIS 帮助文档。

(1) 打开 IIS 管理器，在窗口左侧连接面板中选中“ftplearning”站点，在窗口中间的功能视图页面中双击“FTP 身份验证”，管理器窗口显示如图 4.62 所示。由于没有添加自定义身份验证方法，功能视图显示当前只有“基本身份验证”(已禁用)和“匿名身份验证”(已启用)。

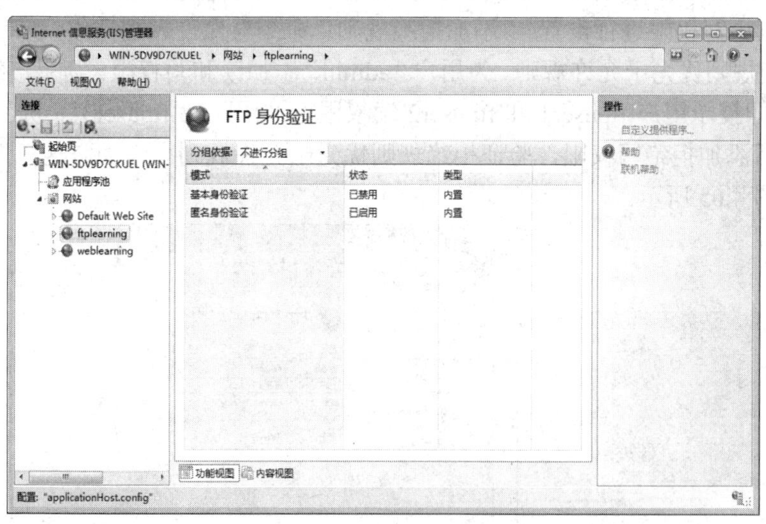


图 4.62　FTP 身份验证

(2) 在功能视图中选择“基本身份验证”，在最右侧操作面板中点击“启用”命令，开启基本身份验证(后续实验中将增加 SSL 设置，以保证基本身份验证的安全性)。

3) 给特定用户和用户组授权

“FTP 授权规则”功能可控制角色、用户或用户组对内容的访问权限。授权规则分为“允许”或“拒绝”两种模式。

(1) 打开 IIS 管理器，在窗口左侧连接面板中选中“ftplearning”站点，在窗口中间功能视图中双击“FTP 授权规则”，管理器窗口显示的内容如图 4.63 所示。创建站点过程中，设置允许匿名用户的读取权限，规则列表中已有相应的“允许”规则。点击最右侧操作面板中的“添加允许规则”或“添加拒绝规则”可添加允许或拒绝规则。在功能视图中选中某条规则后，点击操作面板中的“编辑”操作可修改规则设置，点击“删除”操作可移除规则。

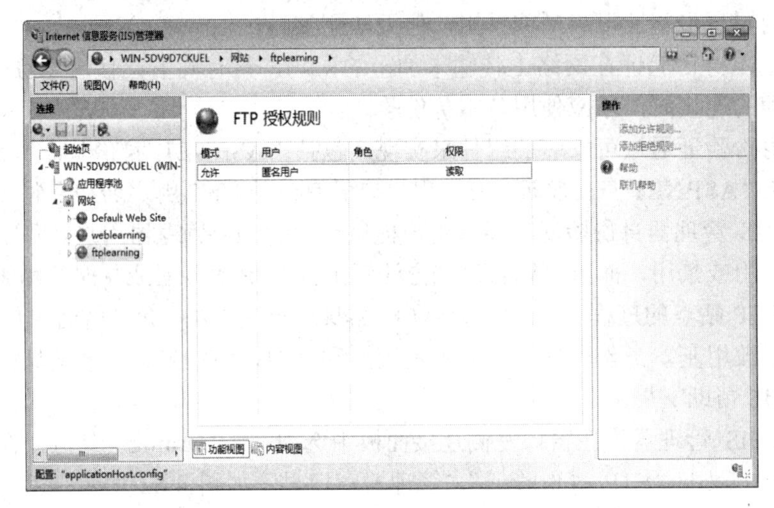


图 4.63 FTP 授权规则

(2) 点击“添加允许规则”命令，弹出“添加允许授权规则”窗口，如图 4.64 所示。可对用户的读、写权限进行设置。“添加拒绝规则”命令与允许规则一致，只是编辑的是拒绝规则。拒绝规则优先于允许规则。为用户“admin”添加读和写权限；为用户组“ftpgroup”添加读权限(即授予用户 ftpuser1 和 ftpuser2 读权限)；为用户“ftpuser3”先添加允许读和写权限，而后添加拒绝写权限，验证拒绝规则优先于允许规则。添加完这些规则后，授权规则列表如图 4.65 所示。

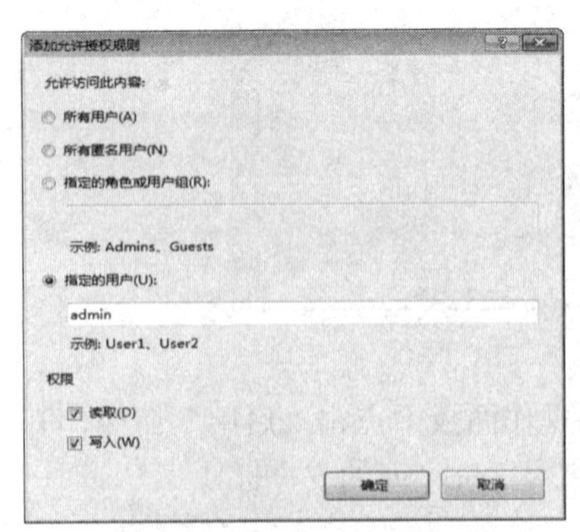


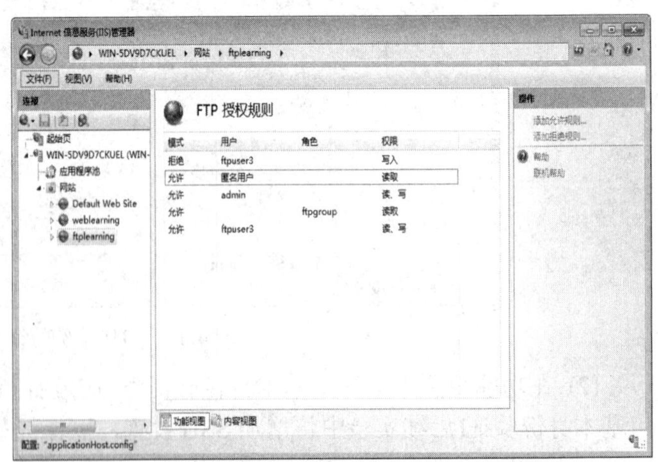


图 4.64 添加允许授权规则　　　　图 4.65 FTP 授权规则列表

(3) 打开浏览器，在地址栏中输入“ftp://<ftplearning 站点所在主机的 IP 地址>:2121/”，因 ftplearning 站点允许匿名登录，可以看到站点的文件列表。在浏览器窗口中点击“页面”→“在 Windows 资源管理器中打开 FTP 站点”，然后在弹出的资源管理器窗口空白区域点击右键，选择“登录”，弹出“登录身份”窗口，如图 4.66 所示。输入用户名 admin 和设置的密码，以 admin 的身份登录站点。给 admin 授予了读写权限，验证可以从站点下载或向站点上传文件。

(4) 用同样的方法以 ftpgroup 组中的用户(ftpuser1 或 ftpuser2)或用户 ftpuser3 登录站点。因 ftpgroup 组用户只有读权限，而授权规则又拒绝 ftpuser3 向站点写入，因此通过这 3 个用户向 ftp 站点上传文件均会被拒绝，如图 4.67 所示。

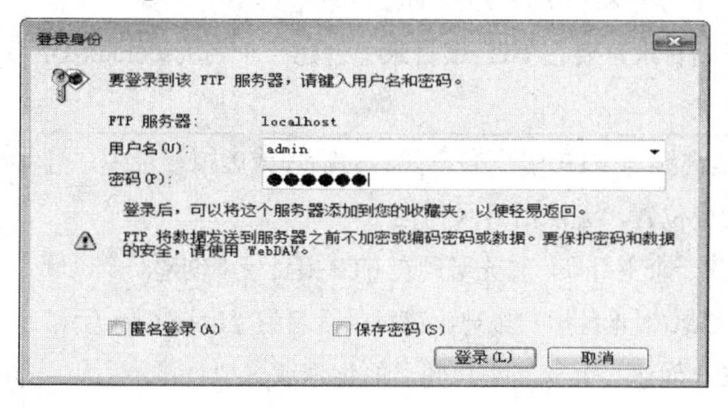


图 4.66　FTP 服务登录

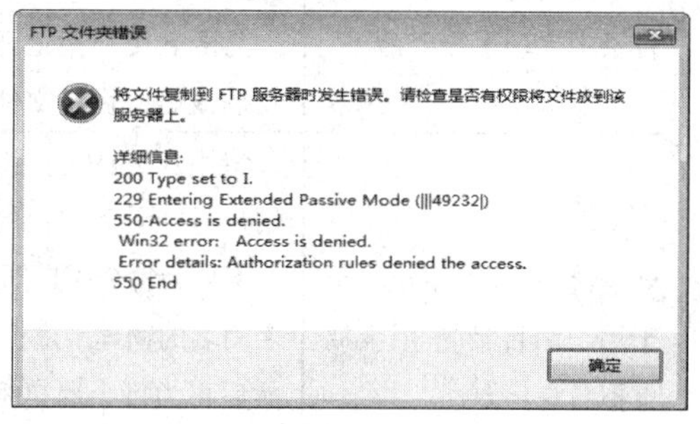


图 4.67　拒绝信息

4) 用户隔离

“FTP 用户隔离”功能可以将用户限制在自己的目录中，阻止用户查看或覆盖其他用户的内容。

(1) 打开 IIS 管理器，在窗口左侧连接面板中选择“ftplearning”站点，在窗口中间的功能视图中双击“FTP 用户隔离”，管理器窗口显示的内容如图 4.68 所示。

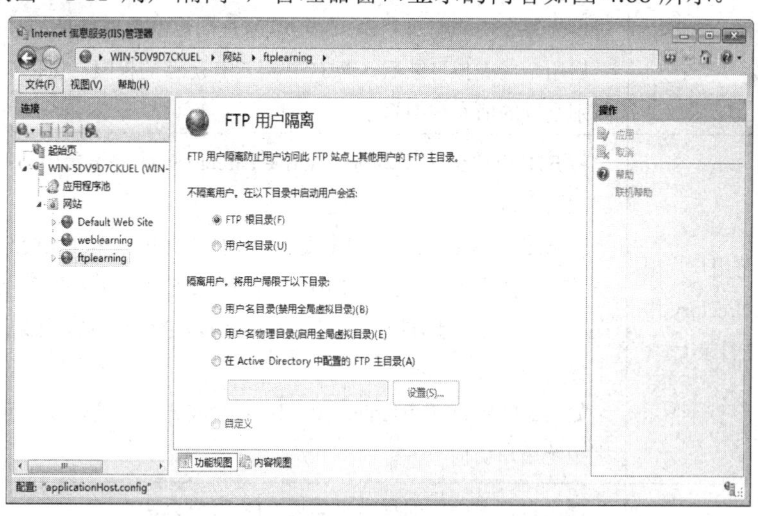


图 4.68　FTP 用户隔离

(2) 设置用户隔离模式。FTP 服务器有 6 种用户隔离模式，如表 4-3 所示。选择某种隔离模式后，点击窗口最右侧操作面板中的“启用”或“取消”命令可激活或取消所选定的隔离模式。实验中设置 ftplearning 站点采用“隔离用户。将用户局限于以下目录：用户名目录(禁用全局虚拟目录)”模式。在站点根目录(“D:\ftp”)下建立目录“LocalUser”，再在该目录下分别为用户 admin、ftpuser1、ftpuser2 和 ftpuser3 建立各自的同名子主目录(参看表 4-3 说明)，并在各个子目录下放置一个与用户同名的文本文件(用作标识文件)。

表 4-3　FTP 用户隔离模式

| 隔离模式 | 简要说明 |
| --- | --- |
| 不隔离用户，在根目录启动用户会话 | 所有 FTP 会话都将在 FTP 站点的根目录中启动 |
| 不隔离用户，在用户名目录中启动用户会话 | FTP 会话将在与当前登录用户同名的物理或虚拟目录中启动(如果该文件夹存在)；否则，FTP 会话将在 FTP 站点的根目录中启动<br>为匿名用户指定开始目录，要在 FTP 根目录中创建一个名为 default 的物理或虚拟目录文件夹 |
| 隔离用户，将用户局限于用户名目录(禁用全局虚拟目录) | 将用户 FTP 会话隔离到与 FTP 用户帐户同名的物理或虚拟目录中，且用户只能看见自己的根位置，无法沿目录树向上导航<br>若要为每个用户创建一个主目录，首先必须在 FTP 根目录下创建一个以域名命名的物理或虚拟目录(对本地用户帐户，该目录命名为“LocalUser”)，然后再为每个用户帐户创建一个与其帐户同名的物理或虚拟目录<br>任何用户都不能访问在 FTP 站点根级别配置的虚拟目录；所有虚拟目录都必须在用户的物理或虚拟主目录路径下进行显式定义 |
| 隔离用户，将用户局限于用户名物理目录(启用全局虚拟目录) | 将 FTP 用户会话隔离到与 FTP 用户帐户同名的物理目录中，且用户只能看见自己的根位置，无法沿目录树向上导航<br>若要为每个用户创建一个主目录，首先必须在 FTP 根目录下创建一个以域名命名的物理目录(对本地用户帐户，该目录命名为“LocalUser”)，然后再为每个用户帐户创建一个与其帐户同名的物理目录<br>启用全局虚拟目录后，若 FTP 用户有足够的权限，可以访问在 FTP 根级别配置的所有虚拟目录 |
| 隔离用户，将用户局限于在 Active Directory 中配置的 FTP 主目录 | 将 FTP 用户会话隔离到在 Active Directory 帐户设置中为每个 FTP 用户配置的主目录中<br>从 Active Directory 容器中提取用户的 FTPRoot 和 FTPDir 属性，组成用户主目录的完整路径。如果 FTP 服务可以成功访问该路径，则将用户放置在其主目录中，此时用户只能看见自己的 FTP 根目录，且无法沿目录树向上导航<br>如果 FTPRoot 或 FTPDir 属性不存在，或无法组成有效且可访问的路径，则拒绝用户访问 |
| 自定义 | 使用自定义提供的程序来隔离 FTP 用户会话 |

(3) 此时，再分别以这些用户登录 FTP 站点，验证用户被限制在了自己的子主目录中，且无法查看其他用户的内容。

### 3. SSL 设置

“FTP SSL 设置”功能用于设置 FTP 服务器与客户端之间的控制通道和数据通道传输的加密方法。启用基本身份验证时，在网络上传输的是未加密的密码，因此要求至少对 FTP 控制通道进行 SSL 加密设置。

1) 创建 SSL 证书

对特定的 FTP 站点或 FTP 服务器启用 SSL 必须获取并安装有效的 SSL 证书。可通过多种方式获取 SSL 证书：创建自签名证书，从外部第三方公共证书颁发机构(CA)购买证书，或从内部域 CA 申请证书。在这三种可选择的方式中，自签名证书的安全性最低，通常只用于故障排除、测试或应用程序开发。实验中创建一个自签名证书。

(1) 打开 IIS 管理器，在窗口左侧连接面板中选择本地 IIS 服务器，在窗口中间的功能视图的“安全性”组中双击“服务器证书”(或选中“服务器证书”，点击最右侧操作面板中的“打开功能”)，管理器窗口显示的内容如图 4.69 所示。

(2) 在窗口最右侧操作面板中点击“创建自签名证书”命令，弹出“创建自签名证书”窗口，如图 4.70 所示。为将要创建的证书指定名称“certificate-ftpssl”，点击“确定”按钮。

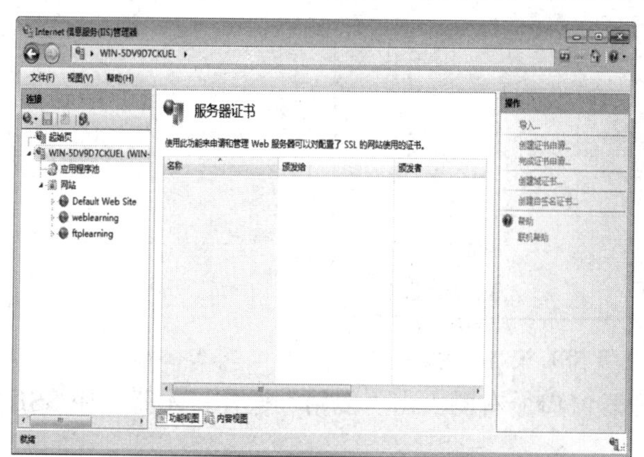


图 4.69　服务器证书

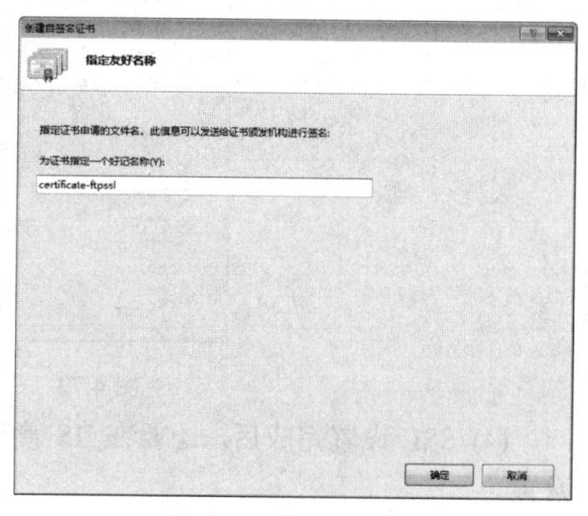


图 4.70　创建自签名证书

2) FTP SSL 设置

(1) 在 IIS 管理器窗口左侧连接面板中选择“ftplearning”站点，在窗口中间功能视图中双击“FTP SSL 设置”，管理器窗口显示的内容如图 4.71 所示。

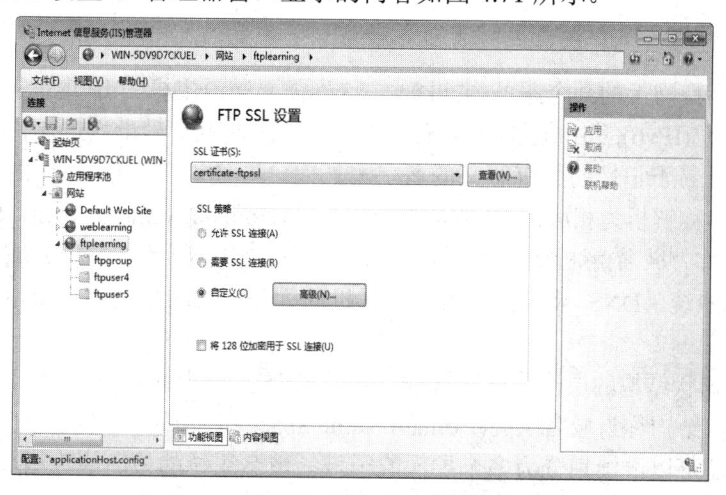


图 4.71　FTP SSL 设置

(2) 在功能视图的“SSL 证书”下拉列表框中选择刚才创建的自签名证书“certificate-ftpssl”(点击下拉列表框后的“查看”按钮可查看证书的详细内容)。

(3) SSL 设置有三种策略可选择："允许 SSL 连接"，根据用户需求允许对控制通道和数据通道进行数据加密；"需要 SSL 连接"，要求对控制通道和数据通道进行数据加密；"自定义"，可分别为控制通道和数据通道定义各自的数据加密需求。实验中选择自定义策略。点击"高级"按钮，弹出"高级 SSL 策略"窗口，如图 4.72 所示。"允许"指定根据用户的需求对控制通道或数据通道进行加密。"要求"指定必须对控制通道或数据通道的所有活动都进行加密。控制通道的"只有凭据才需要" 指定仅当传输用户凭据时才必须对控制通道进行数据加密。用户凭据传输完成后，允许客户端选择是否继续对控制通道加密。"拒绝"指定不对数据通道进行加密。

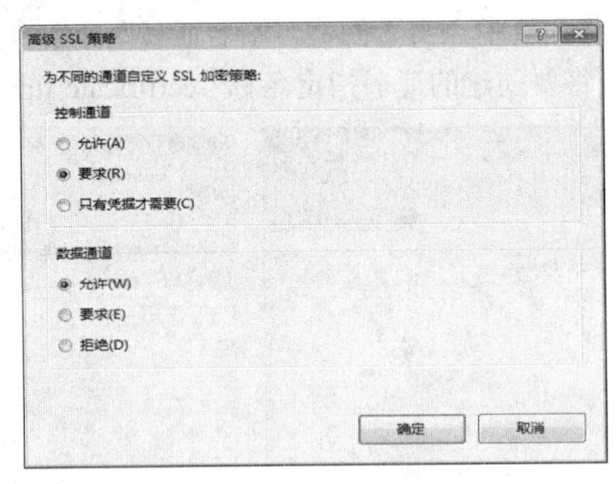


图 4.72 "高级 SSL 策略"窗口

(4) SSL 设置完成后，还要在 IIS 管理器窗口最右侧点击"应用"操作，才能启用 SSL 设置。

## 4.4 DNS 服务器的安装及配置

### 4.4.1 DNS 概述

用户访问因特网上的某个服务(主机)时，首先需要知道主机的 IP 地址。显然，使用 32 位(IPv4)或 128 位(IPv6)的 IP 地址(也可表示为点分十进制或冒号十六进制)很不方便；人们更愿意使用某种易于记忆的、有意义的名字。然而，若通过名字来访问服务(主机)，用户就需要把这个名称解析为相应的 IP 地址。域名系统(Domain Name System，DNS)是因特网上将主机名称(称为域名)解析成 IP 地址(称为正向解析)或将 IP 地址解析成域名(称为反向解析)的一种服务系统。DNS 被设计成为一个联机的、分布式的数据库系统，采用客户/服务器模式提供服务。

DNS 采用树状结构的层次式命名方法，以保证在整个因特网上域名的唯一性，如图 4.73 所示。这个树状结构称为域名空间(Domain Name Space)。"域"是名字空间中一个可被管理的划分，域还可以继续划分为多个层次的子域。域名系统的最高级为根域，根域的下一级称为顶级域，以下按树型结构逐级划分。在域名树中，一个完全的域名是从叶子节点开始，向上走到根节点，将遇到的所有节点的名称依次用"."连接。因此，不同的域下可以有相同的名称，但它们的域名不同。域名树中有一个特殊的域"in-addr.para"，它用于反向解析，即根据给定的 IP 地址查找相应的域名。

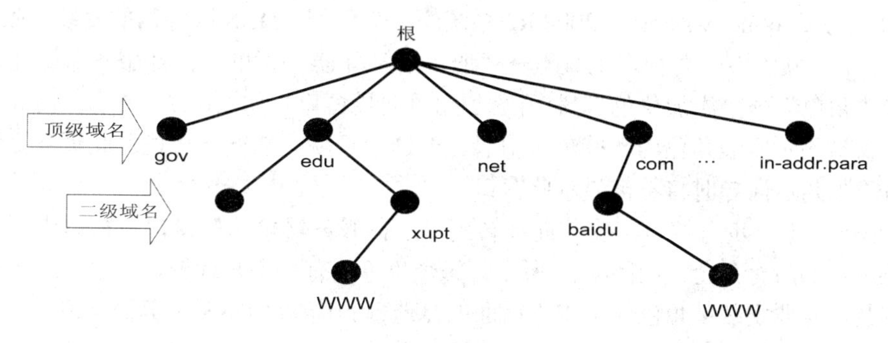


图 4.73 域名树

除了将 DNS 命名空间划分为“域”(Domain)之外，还可以将其划分为“区域”(Zone)。每个区域包含了有关的一个或多个 DNS (子)域。一个区域通常由一个域名服务器管理，一个域名服务器也可管理多个区域。域名服务器也以树形结构进行组织。

DNS 域名解析的要点如下：

(1) 当某一个用户(应用进程)需要将域名映射为 IP 地址(或相反)时，就将需要转换的域名(或IP地址)以DNS请求报文形式发送给自己配置的一个域名服务器(称为本地域名服务器)。

(2) 本地域名服务器接收到用户的请求报文后，首先在自己的数据库中进行查找。如果找到了查询请求对应的信息，就将该信息(IP 地址或域名)以 DNS 响应报文形式发送给用户。

(3) 若本地域名服务器没有用户所要查询的信息，它可以有两种操作方式：可以代替用户向其他 DNS 服务器发出查询请求，并将查询结果返回给用户(这种方式称为递归查询)，也可以引导用户向其他 DNS 服务器查询(这种方式称为迭代查询)。通常，本地域名服务器会代替用户在 DNS 系统中进行查询，它会向根域名服务器查询用户请求；而根域名服务器通常不存储具体的域名信息，根域名服务器会引导它的用户(即本地域名服务器)向存储有所请求信息的域名服务器进行查询；本地域名服务器会依据根域名服务器返回的提示信息，逐步找到存储有所查询信息的权限域名服务器，向该域名服务器发送用户请求，并最终向用户返回查询结果。

(4) 为了提高查询效率，无论是域名服务器还是用户主机，通常都会将以前的查询结果缓存一段时间，在向(其他)DNS 服务器发出查询请求前，通常先在缓存中进行查找；若缓存中没有要查询的信息，才会向(其他)DNS 服务器发出查询请求。

**注意**：域名与 IP 地址并不是一一对应的关系。一个域名可以对应多个 IP 地址，而一个 IP 地址也可以有多个域名(正式名称或别名)。

### 4.4.2 实验 DNS 服务器的安装

**【实验目的】**

掌握 Windows Server 2008 R2 系统中 DNS 服务器的安装方法。

**【实验环境】**

计算机 1 台(可以是虚拟主机)，安装有 Windows Server 2008 R2 系统。

【实验过程】

DNS 服务是 Windows Server 2008 R2 系统的一个角色。DNS 服务器的安装步骤如下：

(1) 点击“开始”→“管理工具”→“服务器管理器”菜单，打开服务器管理器；再依次选择“角色”→“添加角色”，打开添加角色向导窗口，如图 4.74 所示。向导的“开始之前”窗口显示安装角色的一些提示信息。若选中“默认情况下将跳过此页”复选框，再次运行添加角色向导时将不再显示此窗口。

(2) 单击“下一步”按钮，安装向导转到“选择服务器角色”窗口，窗口中列出了系统中可供选择的所有角色，如图 4.75 所示。每个角色前有一个复选框，若已选中则表明此角色已安装。若要安装某角色就选中它前面的复选框。选中“DNS 服务器”角色。选中某个角色后，窗口右侧会显示该角色的简要描述信息。

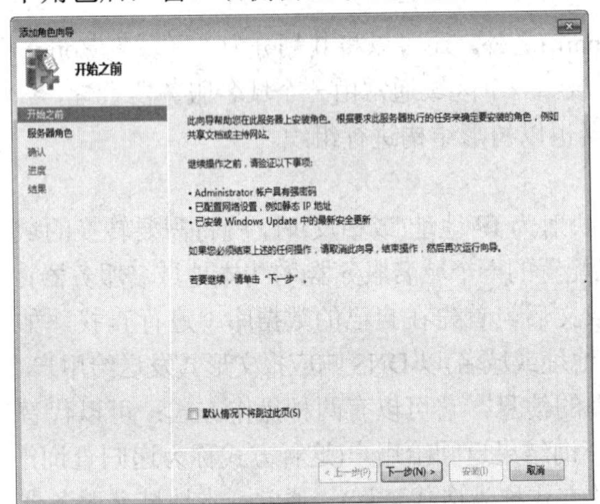

图 4.74 “开始之前”窗口

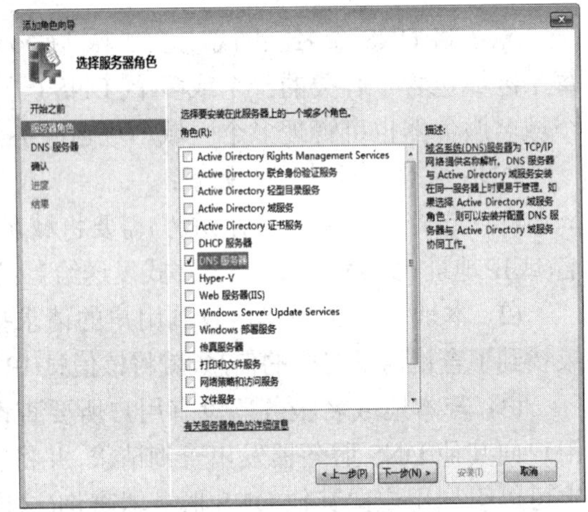

图 4.75 “选择服务器角色”窗口

(3) 单击“下一步”按钮，向导转到“DNS 服务器”窗口，如图 4.76 所示。该窗口显示了 DNS 服务器的简介、注意事项以及帮助文件链接等信息。

(4) 单击“下一步”按钮，向导转到“确认安装选择”窗口，如图 4.77 所示。窗口显示所选择的角色(及其角色服务)列表。

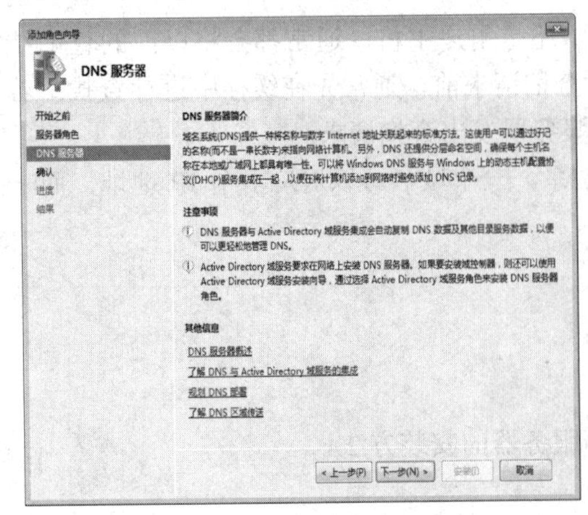

图 4.76 “DNS 服务器”窗口

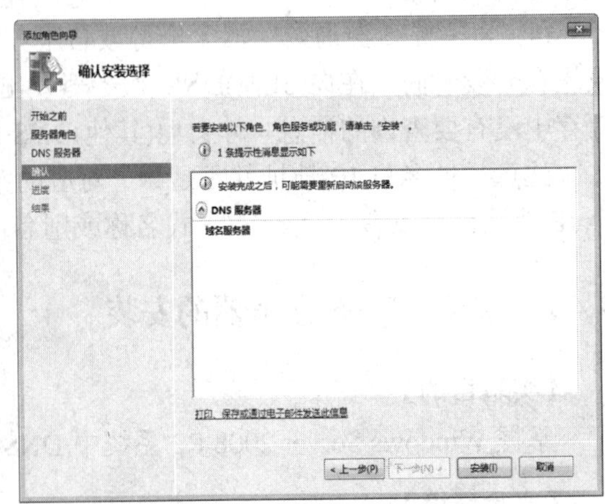

图 4.77 “确认安装选择”窗口

(5) 单击“安装”按钮，开始安装 DNS 服务器，向导转到“安装进度”窗口，显示安装完成情况，如图 4.78 所示。

(6) 安装完成后，向导转到“安装结果”窗口，如图 4.79 所示，单击“关闭”按钮。

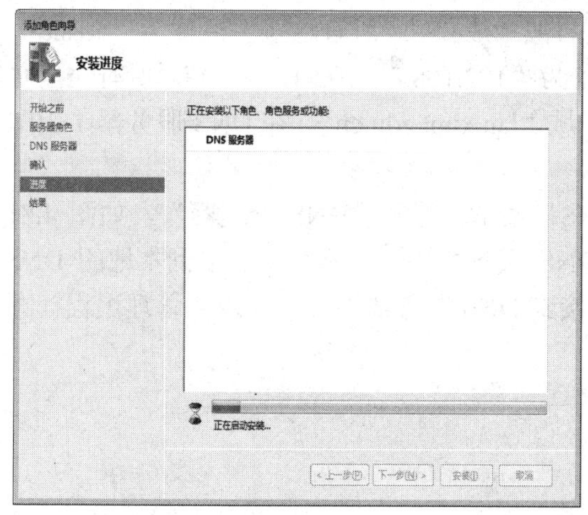


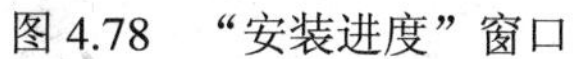
图 4.78　“安装进度”窗口

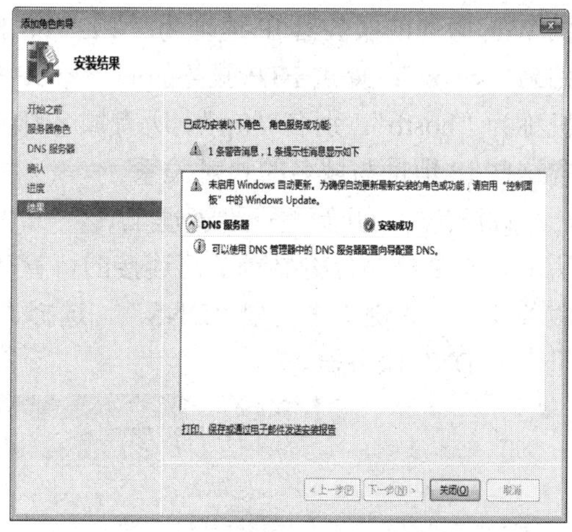


图 4.79　“安装结果”窗口

### 4.4.3　实验　DNS 服务器的配置

**【实验目的】**

(1) 掌握 DNS 服务器的基本配置方法。

(2) 深入理解 DNS 的相关概念。

**【实验环境】**

计算机 3 台(可以是虚拟主机)，其中 2 台安装有 Windows Server 2008 R2 系统，且安装有 DNS 角色；交换机 1 台；直通双绞线若干；Internet 访问连接。

**【实验过程】**

**1. 网络连接**

按照图 4.80 所示网络拓扑连接网络，并配置 DNS 服务器及客户主机的 IP 地址。网络中的主机需要访问 Internet。

注意：DNS 服务器及客户机均配置了私有 IP 地址，访问 Internet 需要通过 NAT 服务器。

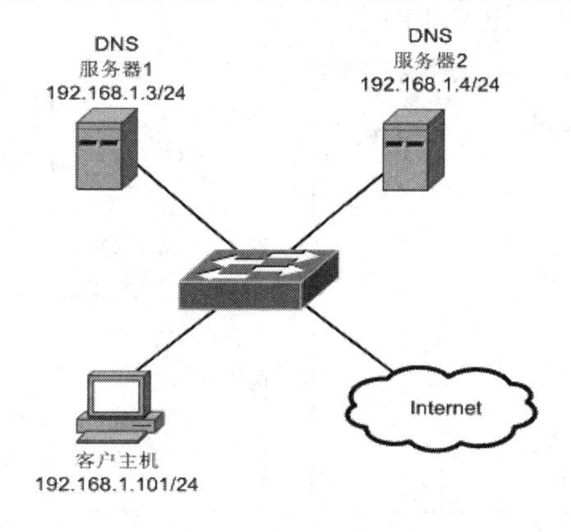


图 4.80　网络拓扑

### 2. DNS 服务器 1 配置：新建正向查找区域

实验中假设有 6 台服务器，其中 3 台用于提供 Web 服务，另外 3 台提供 FTP 服务。提供 Web 服务的服务器 IP 地址为“192.168.1.5～192.168.1.7”，所有这些主机称为“hosta”，别名“www”；提供 FTP 服务的服务器 IP 地址为“192.168.8～192.168.1.10”，所有这些主机称为“hostb”，别名“ftp”。所有域名都属于域“lab.xupt.edu.cn”。在 DNS 服务器 1 上配置这些 IP 地址与域名的映射关系。

(1) 点击“开始”→“管理工具”→“DNS”菜单，打开“DNS 管理器”，如图 4.81 所示。左侧控制台树显示了已连接的可管理 DNS 服务器。管理器默认连接到本地的 DNS 服务器。可右键单击树根“DNS”，选择“连接到 DNS 服务器”命令连接并管理远程计算机上的 DNS 服务器。

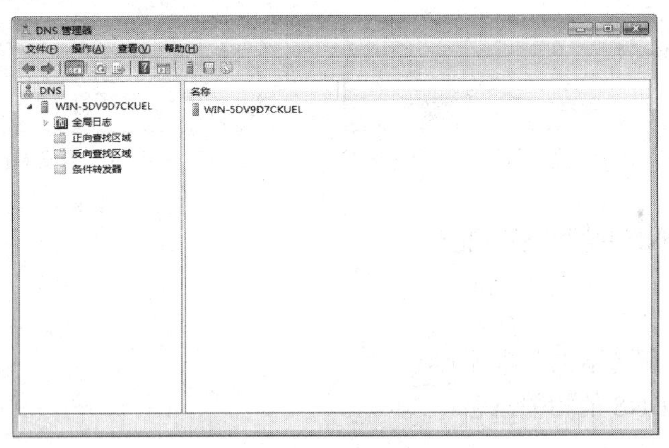


图 4.81　DNS 管理器

(2) 实验中选择本地 DNS 服务器，点击计算机名后控制台树展开，显示“全局日志”“正向查找区域”“反向查找区域”和“条件转发器”节点。在“全局日志”中可查看 DNS 服务器上的事件记录；“正向查找区域”和“反向查找区域”中分别记录了域名到 IP 地址和 IP 地址到域名的映射信息；“转发器”也是一个 DNS 服务器，它可将 DNS 查询转发给其他 DNS 服务器进行解析，“条件转发器”则按照设定的条件转发 DNS 查询请求。首先在“正向查找区域”中新建区域“lab.xupt.edu.cn”，过程如下：

① 在控制台树中右键单击“正向查找区域”，选择“新建区域”命令，如图 4.82 所示。弹出“新建区域向导”窗口，如图 4.83 所示。

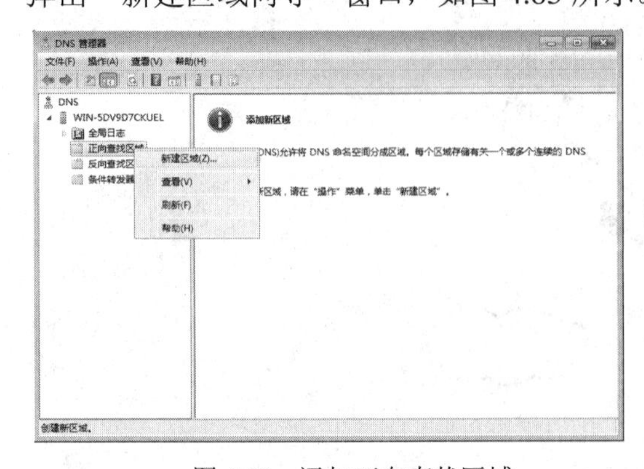


图 4.82　添加正向查找区域

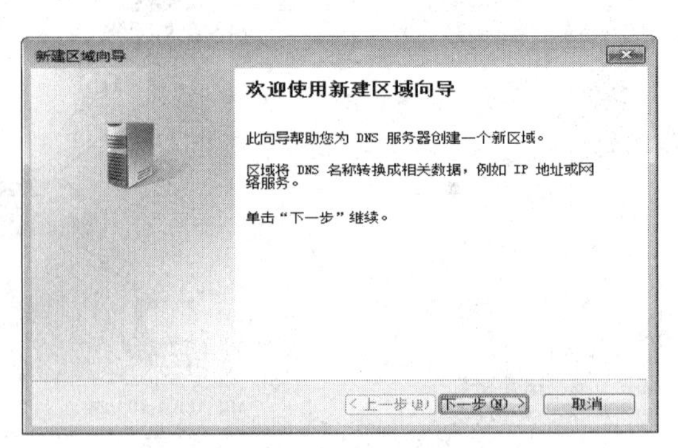


图 4.83　“新建区域向导”窗口

② 单击“下一步”按钮，向导转到“区域类型”窗口，如图 4.84 所示，DNS 服务器支持以下三种类型区域：

- 主要区域：当此 DNS 服务器承载的区域为主要区域时，DNS 服务器为此区域相关信息的主要来源，并且在本地文件或活动目录域名服务(Active Directory Domain Services，AD DS)中存储区域数据的主副本。
- 辅助区域：当此 DNS 服务器承载的区域为辅助区域时，此 DNS 服务器是此区域相关信息的辅助来源；必须从同时承载该区域的另一台远程 DNS 服务器上获取该区域的信息。辅助区域只是在另一台 DNS 服务器上承载的主要区域的副本，不能存储在 AD DS 中。
- 存根区域：当此 DNS 服务器承载的区域为存根区域时，此 DNS 服务器只是此区域的权威域名服务器的相关信息的来源。

实验中选择“主要区域”类型。

③ 单击“下一步”按钮，向导转到“区域名称”窗口，如图 4.85 所示。在“区域名称”文本框中输入“lab.xupt.edu.cn”。

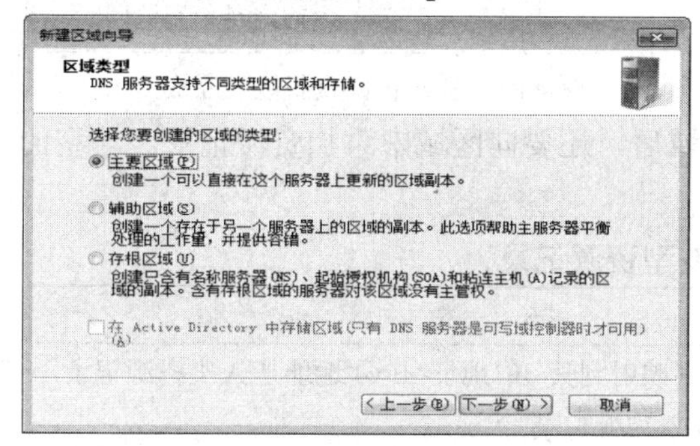


图 4.84 “区域类型”窗口

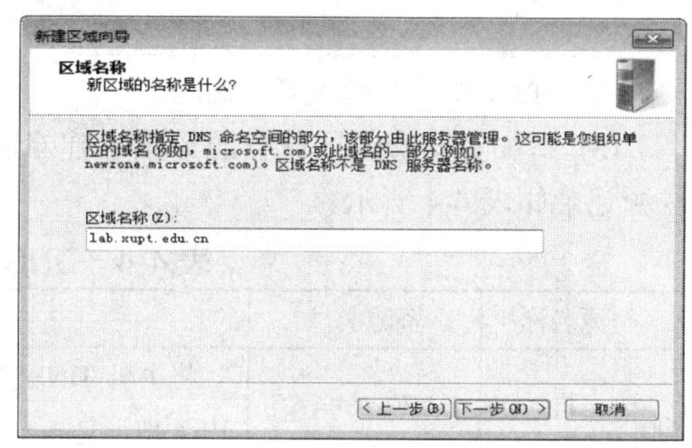


图 4.85 “区域名称”窗口

④ 单击“下一步”按钮，向导转到“区域文件”窗口，如图 4.86 所示。默认为新建区域新建一个文件来存储资源记录，文件名称为“<区域名称>.dns”(存储在 DNS 服务器的本地文件系统目录“%System%\system32\dns”下)；也可以指定一个从其他 DNS 服务器复制的文件(此时要求该文件存放在“%System%\system32\dns”目录下)。若指定已存在的文件，则该文件中已有的资源记录将会被导入到新建区域中。

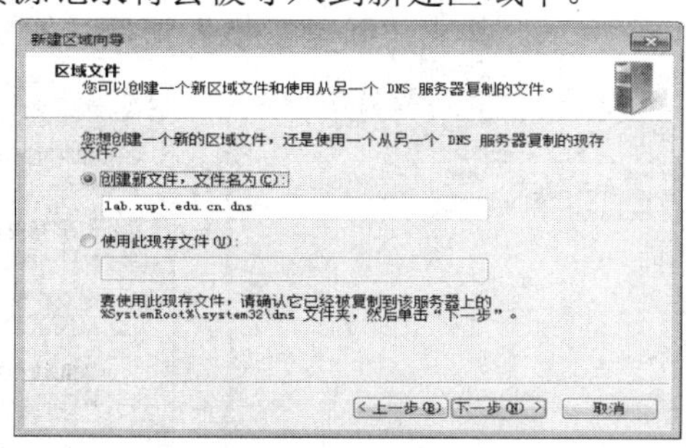


图 4.86 “区域文件”窗口

⑤ 单击“下一步”按钮，向导转到“动态更新”窗口，如图 4.87 所示。当 DNS 用户的域名与 IP 地址的映射关系发生改变时，应当在 DNS 服务器中进行更新。DNS 服务器支持以下三种更新方式：

- 安全动态更新：只有当 DNS 服务与活动目录(Active Directory)集成时才能进行安全

动态更新。活动目录环境中可进行更新用户的身份认证，因此可确保更新的安全。

- 非安全动态更新：允许任何用户进行资源记录更新，这种更新方式是一个安全隐患。
- 手动更新：不允许客户端的自动更新。

实验中选择“不允许动态更新”。

⑥ 单击“下一步”按钮，向导转到“正在完成新建区域向导”窗口，如图 4.88 所示。该窗口给出了所创建区域的汇总信息，点击“完成”按钮。

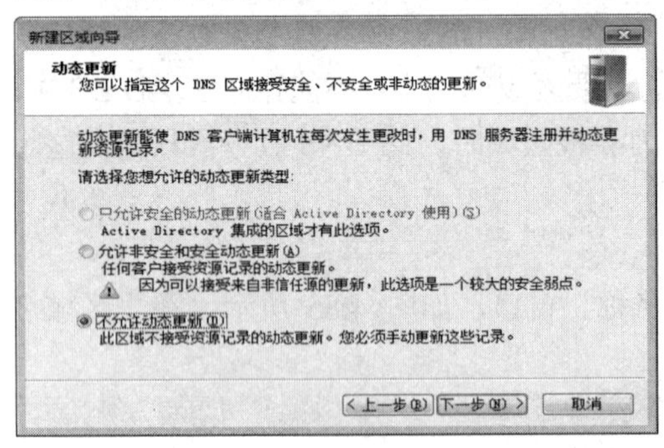


图 4.87　“动态更新”窗口

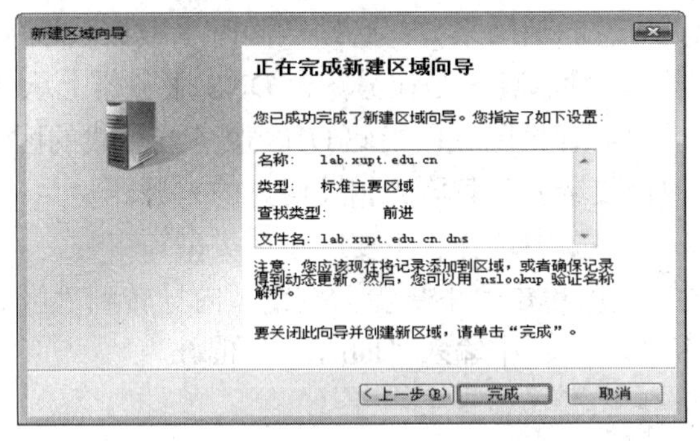


图 4.88　新建正向查找区域完成

(3) 添加正向查找区域资源记录。建立区域后，还要向区域中添加资源记录。典型的资源记录如表 4-4 所示。

**表 4-4　DNS 典型资源记录**

| 资源名称 | 资源类型 | 描　　述 |
|---|---|---|
| 主机 | A 或 AAAA | 将主机 DNS 域名映射到其 IP 地址；IPv4 地址是 A 类资源记录，IPv6 地址是 AAAA 类资源记录 |
| 别名 | CNAME | 别名也称作规范名称，映射到另一个主名称或规范名称。借助别名可以使多个名称来指向同一个主机 |
| 邮件交换器 | MX | 用于将邮件中的 DNS 域名映射到交换或转发邮件的主机的名称 |
| 指针 | PTR | 用于反向查找 |

① 在控制台树中选中新建的区域“lab.xupt.edu.cn”，右键单击后选择“新建主机(A 或 AAAA)”命令，如图 4.89 所示。弹出“新建主机”窗口，如图 4.90 所示。

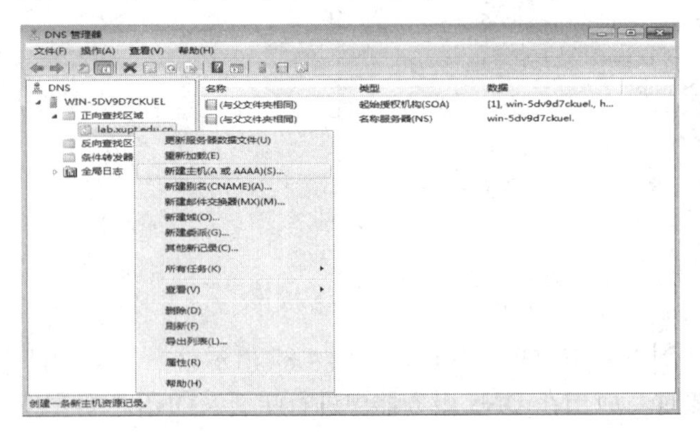


图 4.89　添加正向查找区域资源记录

新建主机
名称(如果为空则使用其父域名称)(N):
hosta
完全限定的域名(FQDN):
hosta.lab.xupt.edu.cn.
IP 地址(P):
192.168.1.5
创建相关的指针(PTR)记录(C)
添加主机(H)　取消

图 4.90　新建主机

② 在“名称”文本框中输入“hosta”作为主机名，“完全限定的域名”文本框会显示

为“hosta.lab.xupt.edu.cn”。在“IP 地址”文本框输入主机的 IP 地址“192.168.1.5”，点击“添加主机”按钮。重复上述操作，添加主机“hosta”的另外两个 IP 地址“192.168.1.6 和 192.168.1.7”。用同样的方法添加“hostb”的 3 个 IP 地址。

**注意**：若选中“创建相关的指针(PTR)记录”复选框，需要先建立相应的反向区域，这里不选中。

③ 在控制台树中选择新建的区域“lab.xupt.edu.cn”，右键单击并选择“新建别名(CNAME)”命令，如图 4.89 所示。弹出“新建资源记录”(别名)窗口，如图 4.91 所示。在“别名”文本框中输入“www”，“完全限定的域名”文本框会显示“www.lab.xupt.edu.cn”。在“目标主机的完全合格的域名”文本框中输入要映射的主机域名“hosta.lab.xupt.edu.cn”。也可以点击“浏览”按钮，弹出“浏览”窗口，如图 4.92 所示。双击“记录”列表框中的 DNS 服务器名，记录列表框转而显示“正向查找区域”；再双击“正向查找区域”，显示区域“lab.xupt.edu.cn”，再次双击“lab.xupt.edu.cn”，显示该域中已有的资源记录列表，从中选择“hosta”记录(任意一个)，点击“确定”按钮，此时图 4.91 中的“目标主机的完全合格的域名”文本框会显示 “hosta.lab.xupt.edu.cn”。用同样的方法建立别名资源记录“ftp”，指向“hostb”，其完全限定域名为“ftp.lab.xupt.edu.cn”。

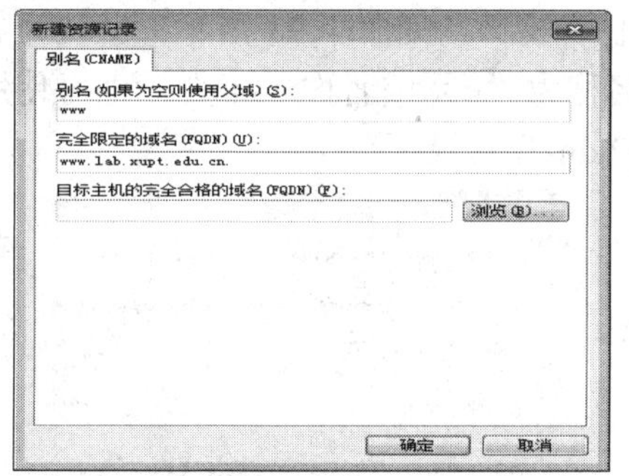


图 4.91　“新建资源记录”(别名)窗口

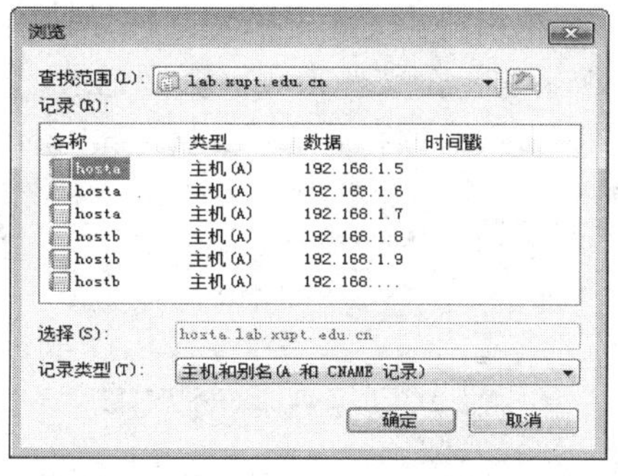


图 4.92　浏览主机资源记录

### 3. DNS 服务器 1 配置：新建反向查找区域

(1) 新建反向查找区域“1.168.192.in-addr.arpa”。

① 在控制台树中选择 DNS 服务器的“反向查找区域”，右键单击并选择“新建区域”命令，如图 4.93 所示。

② 弹出“新建区域向导”窗口，如图 4.94 所示。

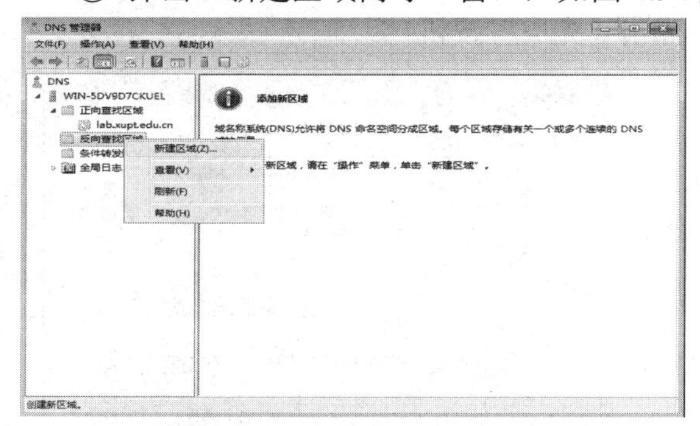


图 4.93　添加反向查找区域

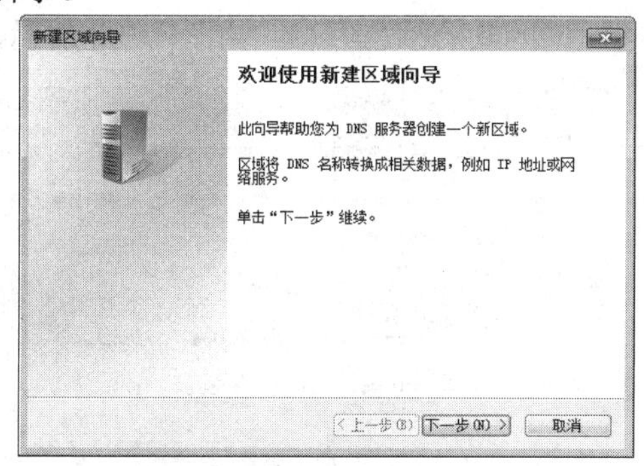


图 4.94　添加反向查找区域向导

③ 单击“下一步”按钮，向导转到“区域类型”窗口，如图 4.95 所示。这里区域类

型与正向查找的区域类型相同，选择“主要区域”。

④ 单击“下一步”按钮，向导转到“反向查找区域名称”(类型)窗口，如图 4.96 所示。选择“IPv4 反向查找区域”。

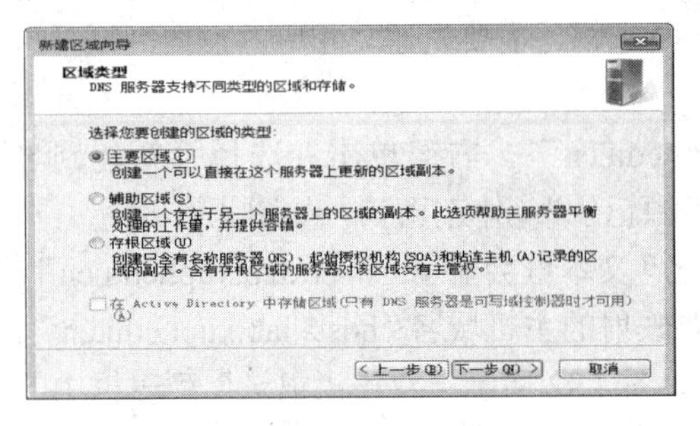


图 4.95 “区域类型”窗口

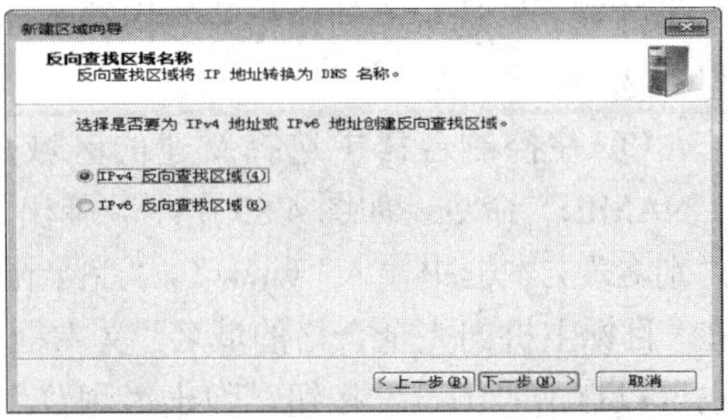

图 4.96 “反向查找区域名称”(类型)窗口

⑤ 单击“下一步”按钮，向导转到“反向查找区域名称”(设置)窗口，如图 4.97 所示。选择“网络 ID”，在其文本框中输入“192.168.1”。“反向查找区域名称”文本框则显示完整的反向查找区域名称：“1.168.192.in-addr.arpa”。也可选择“反向查找区域名称”，直接在其文本框中输入反向查找区域的完整名称。

⑥ 单击“下一步”按钮，向导转到“区域文件”窗口，如图 4.98 所示。默认为新建的区域新建一个文件来存储资源记录，默认文件名称为“<区域名称>.dns”，也可使用已有文件(文件必须存储在“%SystemRoot%\system32\dns”目录下)。

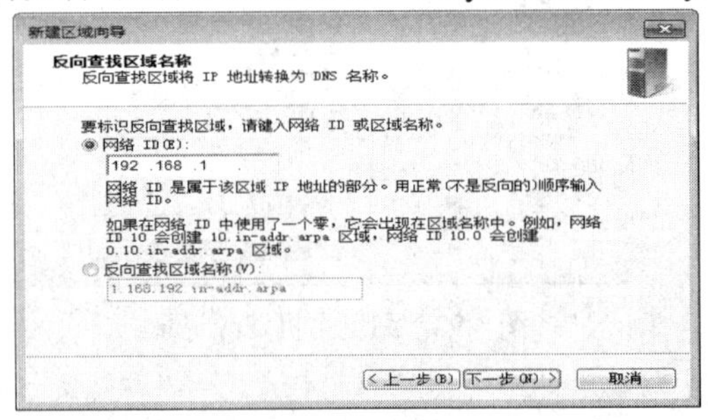


图 4.97 “反向查找区域名称”(设置)窗口

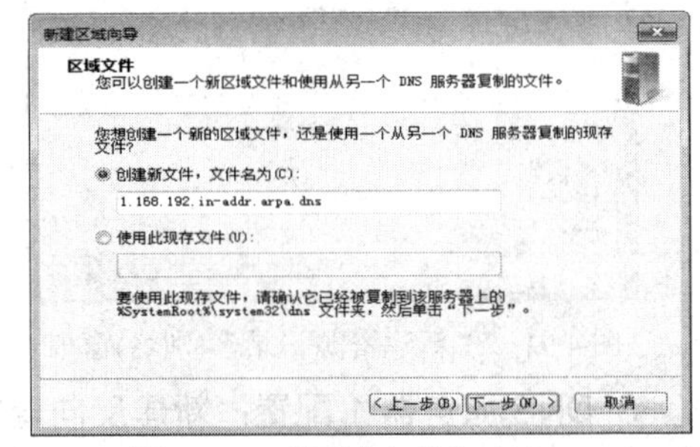


图 4.98 “区域文件”窗口

⑦ 单击“下一步”按钮，向导转到“动态更新”窗口，如图 4.99 所示。选择“不允许动态更新”。

⑧ 单击“下一步”按钮，向导转到“正在完成新建区域向导”窗口，该窗口给出了新建反向区域的汇总信息，如图 4.100 所示，点击“完成”按钮。

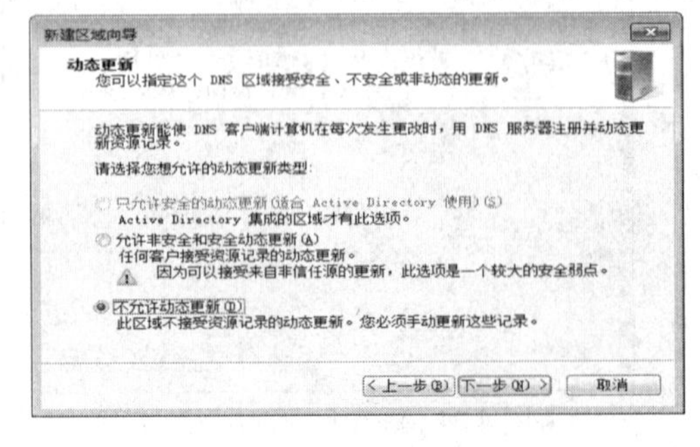


图 4.99 “动态更新”窗口

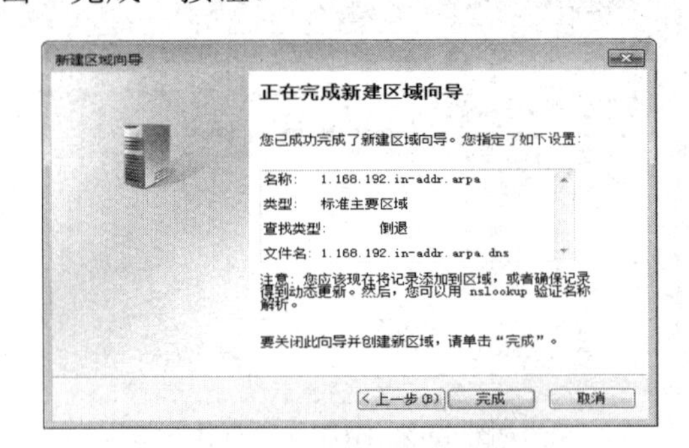


图 4.100 “正在完成新建区域向导”窗口

(2) 添加反向查找区域资源记录。

① 在控制台树中选中新建的反向区域“1.168.192.in-addr.apra”，右键单击并选择“新建指针(PTR)”命令，如图 4.101 所示。

② 弹出“新建资源记录”(指针 PTR)窗口，如图 4.102 所示。在“主机 IP 地址”文本框中补充完整要进行反向查找的 IP 地址(如 5)，“完全限定的域名”文本框会显示“5.1.168.192.in-addr.apra”。在“主机名”文本框中输入或通过“浏览”按钮选择对应的主机域名“hosta.lab.xupt.edu.cn”，点击“确定”按钮。用同样的方法建立“192.168.1.6～192.168.1.10”的反向查找区域资源记录。

**注意：**可在添加正向查找区域资源记录前先建立相应的反向查找区域，这样在添加主机资源记录时选中“创建相关的指针(PTR)记录”复选框，可同时添加指针资源记录(参看图 4.90)。

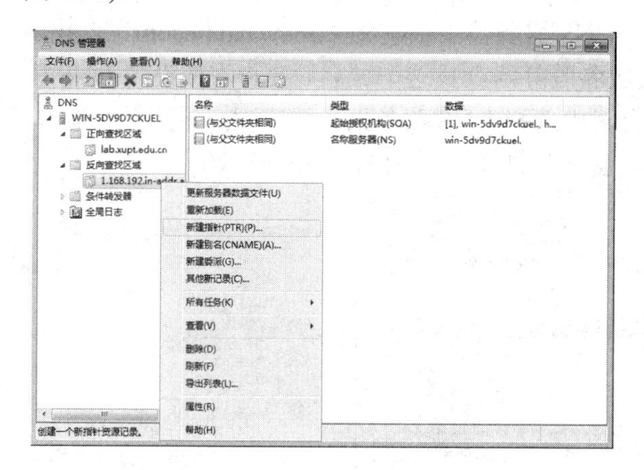


图 4.101　添加反向查找区域资源记录

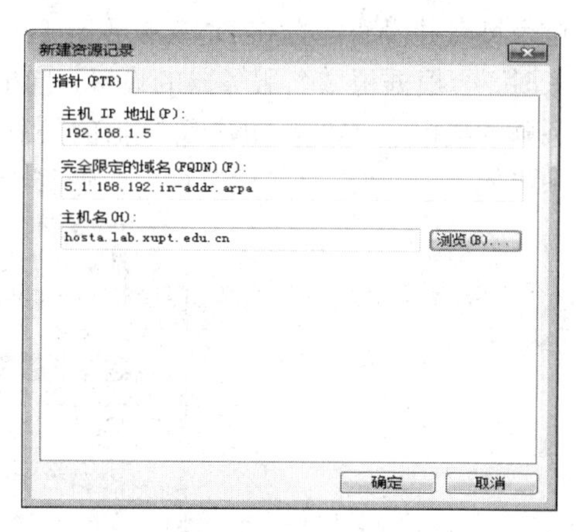


图 4.102　新建资源记录(指针 PTR)

## 4. DNS 服务器 1 测试

将客户主机的首选 DNS 服务器设置为 DNS 服务器 1 的 IP 地址(192.168.1.3)，如图 4.103 所示。在该主机的命令行窗口中用“nslookup”命令测试在 DNS 服务器 1 上所做的配置，结果如图 4.104、图 4.105 和图 4.106 所示。实验中，用“set timeout”命令将查询超时设为 20 秒。

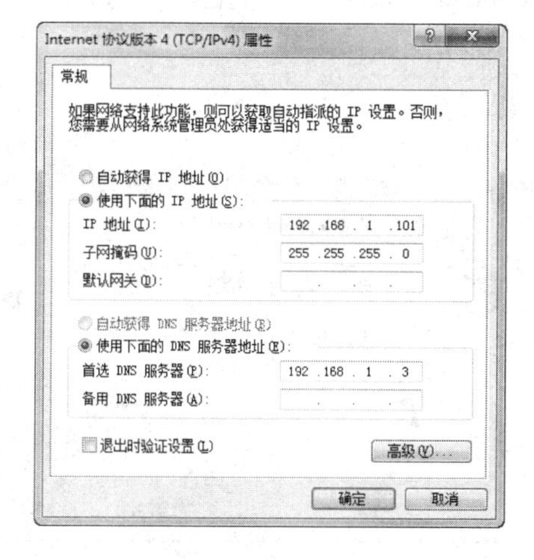


图 4.103　DNS 客户端设置

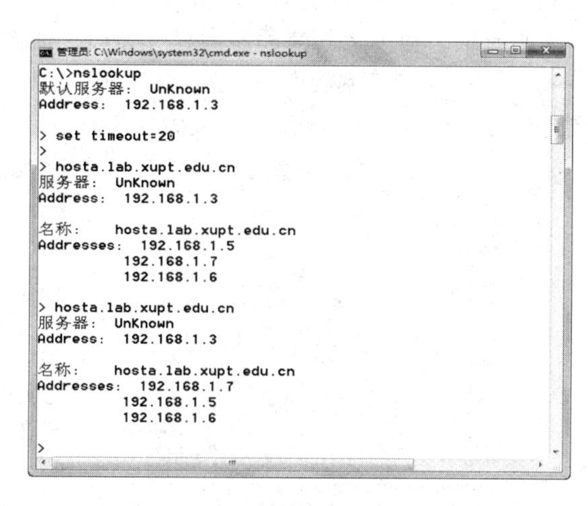


图 4.104　DNS 服务器 1 测试一

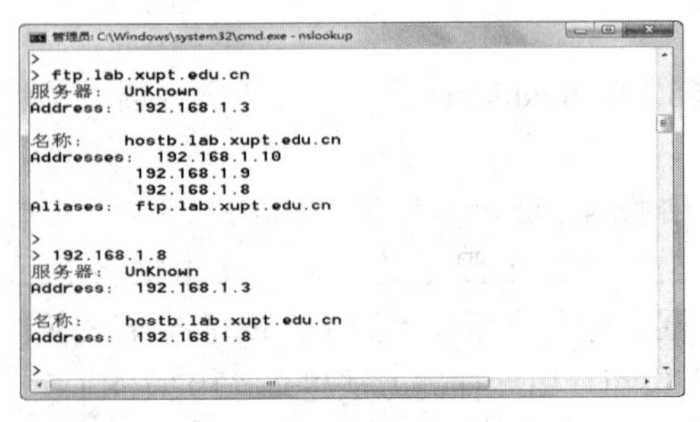


图 4.105 DNS 服务器 1 测试二

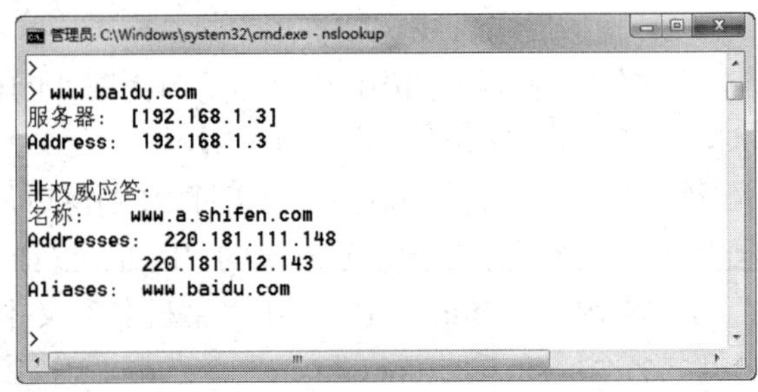


图 4.106 DNS 服务器 1 测试三

**注意**：图 4.104 中，连续查找了 2 次域名“hosta.lab.xupt.edu.cn”，2 次都返回了相应的 3 个 IP 地址，但这些 IP 地址的排列顺序不同，这是因为 DNS 服务器对请求进行了负载均衡的缘故。图 4.105 测试了别名查找和反向查找。图 4.106 中查找了“www.baidu.com”，但这个域名并没有配置在 DNS 服务器 1 中。DNS 服务器 1 接收到“www.baidu.com”查找请求时，会根据根域名服务器的设置，向根域名服务器查找这个域名。要查看或设置 DNS 服务器的根提示，可在 DNS 管理器的控制台树中选择 DNS 服务器，再依次点击菜单“操作”→“属性”，弹出“属性”窗口，选择“根提示”选项卡，如图 4.107 所示。

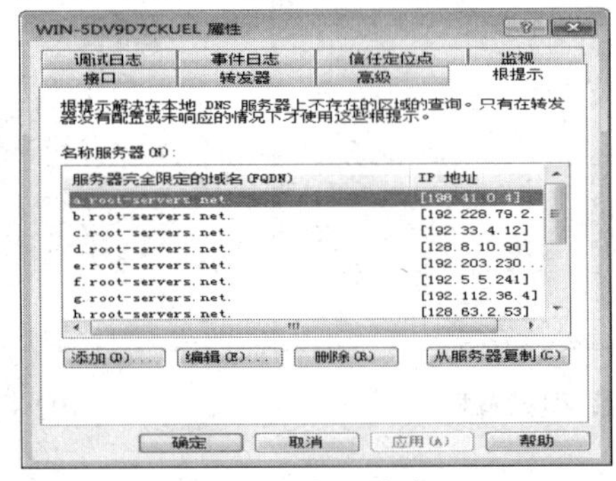


图 4.107 DNS 根提示

### 5. 域委派

实验中将域“lab.xupt.edu.cn”下的子域“net”委派给 DNS 服务器 2 进行管理。

(1) 在 DNS 服务器 1 上，右键单击域“lab.xupt.edu.cn”，选择“新建委派”命令，如图 4.108 所示。弹出“新建委派向导”窗口，如图 4.109 所示。

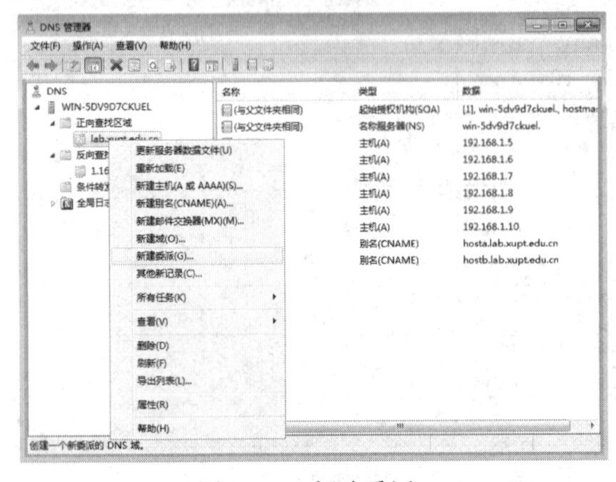


图 4.108 新建委派

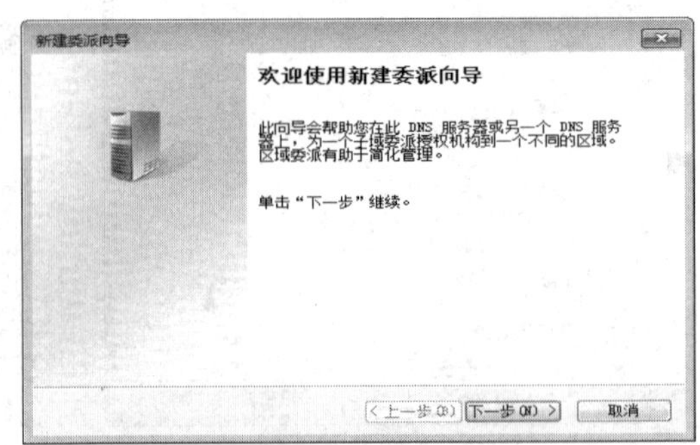


图 4.109 “新建委派向导”窗口

(2) 单击“下一步”按钮，向导转到“受委派域名”窗口，如图 4.110 所示。在“委派的域”文本框中输入“net”,“完全限定的域名”文本框会显示完整的委派域名“net.lab.xupt.edu.cn”。

(3) 单击“下一步”按钮，向导转到“名称服务器”窗口，如图 4.111 所示。点击“添加”按钮，弹出“新建名称服务器记录”窗口，如图 4.112 所示。在“服务器完全限定的域名”文本框中输入“dns.net.lab.xupt.edu.cn”，在“此 NS 记录的 IP 地址”文本框中添加受委派的 DNS 服务器的 IP 地址，即 DNS 服务器 2 的 IP 地址(192.168.1.4)，点击“确定”按钮。

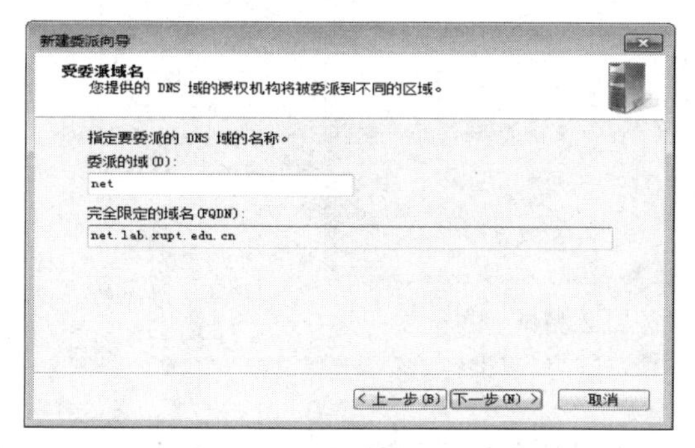


图 4. 110“受委派域名”窗口

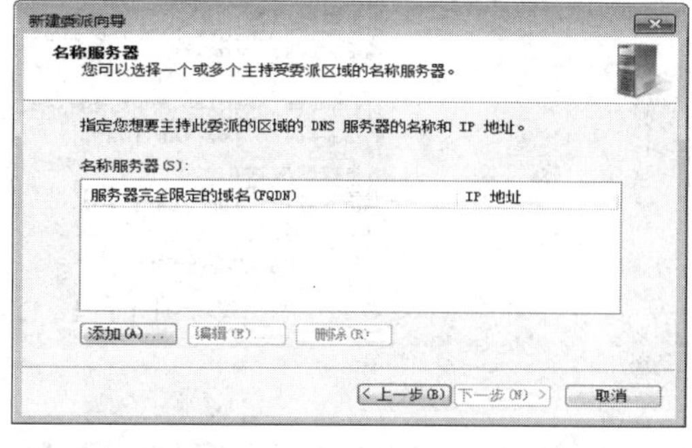


图 4.111　“名称服务器”窗口

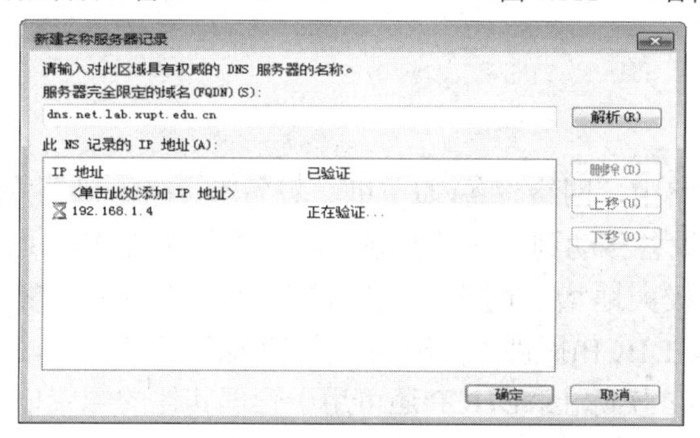


图 4.112　“新建名称服务器记录”窗口

(4) 在“名称服务器”窗口点击“下一步”按钮，向导转到“正在完成新建委派向导”窗口，如图 4.113 所示。点击“完成”按钮，确认所建的 DNS 域委派。

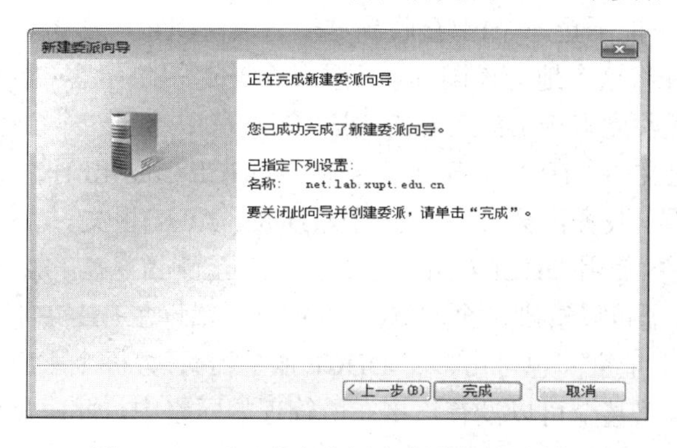


图 4.113　“正在完成新建委派向导”窗口

(5) 参照 DNS 服务器 1 上的正向查找区域设置，在 DNS 服务器 2 上建立域“net.lab.xupt.edu.cn”，并向其中添加 2 个主机 A 资源记录:“hosta.net.lab.xupt.edu.cn，192.168.1.201”

“hostb.net.lab.xupt.edu.cn，192.168.1.202”。

### 6. DNS 服务器 2 测试

在客户主机(其首选 DNS 服务器仍设置为 DNS 服务器 1)上用 nslookup 查询 DNS 服务器 2 上配置的主机资源记录，如图 4.114 所示。由于所查找的域名由 DNS 服务器 2 管理，而非客户主机请求的 DNS 服务器(DNS 服务器 1)管理，因此查询结果显示是“非权威应答”。

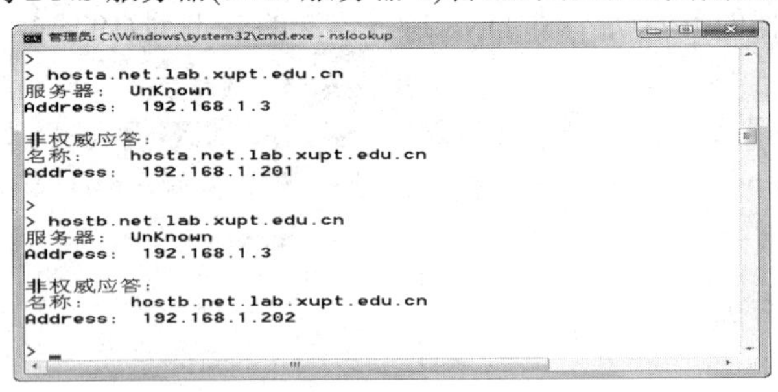


图 4.114　DNS 服务器 2 测试

## 4.5　DHCP 服务器的安装及配置

### 4.5.1　DHCP 概述

在 TCP/IP 协议网络中，网络设备(如主机、服务器、路由器等)的每一个网络接口都具有唯一的 IP 地址。当设备移动到不同的网络时，必须更改其 IP 地址。静态的 IP 地址配置方法在大型网络中将极大地增加网络管理员的负担。动态主机配置协议(Dynamic Host Configuration Protocol，DHCP)提供了一种简单的 IP 地址管理方法，从而减小了(重新)配置主机的工作量及复杂性。实际上，DHCP 还可用于管理其他的配置信息，如主机域名、DNS 服务器及默认网关等。

DHCP 服务采用客户/服务器模式。使用 DHCP 的客户主机启动时，会首先在连接的网络上广播一个 DHCP 请求(DHCP Request)报文，由于是广播报文，配置为管理该网络 IP 地址的 DHCP 服务器(可能不止一个)都会收到这个请求。DHCP 服务器在自己的数据库中查找可用的 IP 地址，并将这个地址连同其他配置信息一起提供给客户主机(通过 DHCP Offer 报文)。若客户主机接收到多个 DHCP Offer 报文，它从中选择一个(通常是接收到的第一个报文)，并向提供该报文的 DHCP 服务器发送确认(DHCP Confirm)报文，通知该服务器将使用它所提供的 IP 配置。服务器会再次发送确认(DHCP ACK)报文。客户机接收到该报文后，就可在允许的时间段内使用 DHCP Offer 报文中的 IP 配置信息。

一台 DHCP 服务器可以管理多个网络(子网)的 IP 地址(在 DHCP 服务器中称为作用域)，而一个网络(子网)的地址空间也可由多个 DHCP 服务器管理(每个服务器管理地址空间中的一部分)。DHCP 服务器甚至可以没有连接在所管理的网络中，此时需要开启连接该网络与 DHCP 服务器的路由器上的 DHCP 转发(Relay)功能。

DHCP 服务器可以为特定的设备保留 IP 地址，即每次都给它们分配相同的 IP 地址。当 DHCP 服务器给一个设备分配了不同的 IP 地址时，若该设备有域名与 IP 地址绑定，还必须更新 DNS 服务器中的映射信息。发起动态更新的通常是 DHCP 客户端或服务器，而非 DNS 客户端。

IPv6 网络中，IP 地址及地址掩码可通过 DHCPv6 服务器进行配置(称为有状态配置)，或通过路由器进行配置(无状态配置)。无状态配置时，DHCP 服务器只管理域名、DNS 服务器等配置信息。

## 4.5.2　实验　DHCP 服务器的安装

**【实验目的】**

掌握 Windows Server 2008 R2 系统中 DHCP 服务器的安装方法。

**【实验环境】**

计算机 1 台(可以是虚拟机)，安装有 Windows Server 2008 R2 系统。

**【实验过程】**

DHCP 服务是 Windows Server 2008 R2 系统中的一个角色。DHCP 服务器的安装步骤如下：

(1) 依次点击“开始”→“管理工具”→“服务器管理器”菜单，打开服务器管理器；再依次选择“角色”→“添加角色”，打开“开始之前”窗口，如图 4.115 所示。若选中“默认情况下将跳过此页”复选框，则再次运行添加角色向导时将不再出现“开始之前”窗口，而是直接跳到下一步“选择服务器角色”窗口。

(2) 单击“下一步”按钮，向导转到“选择服务器角色”窗口，如图 4.116 所示。选中“DHCP 服务器”角色之前的复选框。

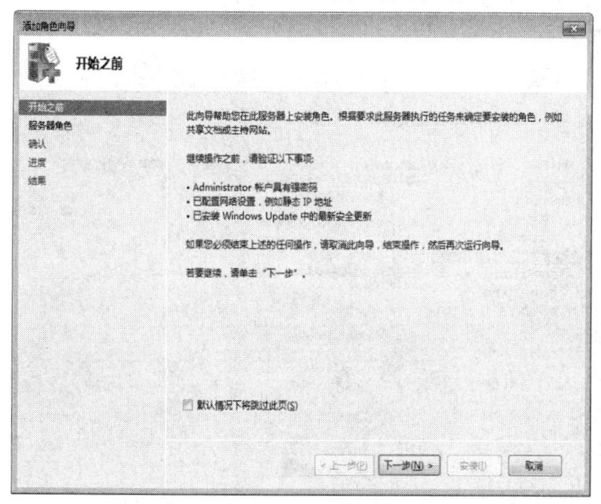


图 4.115　“开始之前”窗口

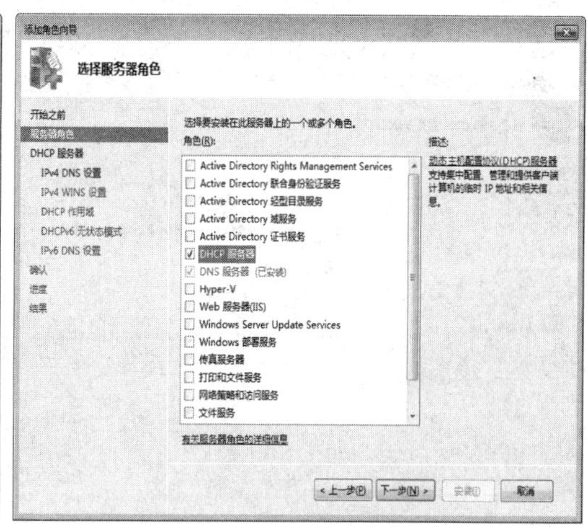


图 4.116　“选择服务器角色”窗口

(3) 单击“下一步”按钮，向导转到“DHCP 服务器”窗口，显示 DHCP 服务器的简要介绍以及帮助文件链接等信息，如图 4.117 所示。

(4) 单击“下一步”按钮，向导转到“选择网络连接绑定”窗口，如图 4.118 所示。安装 DHCP 服务的主机的网络连接必须配置有静态 IP 地址。若主机有多个网络连接，需要选择此 DHCP 服务器用于向客户端提供服务的网络连接。DHCP 服务器不在没有静态 IP 地址的网络连接上提供服务。

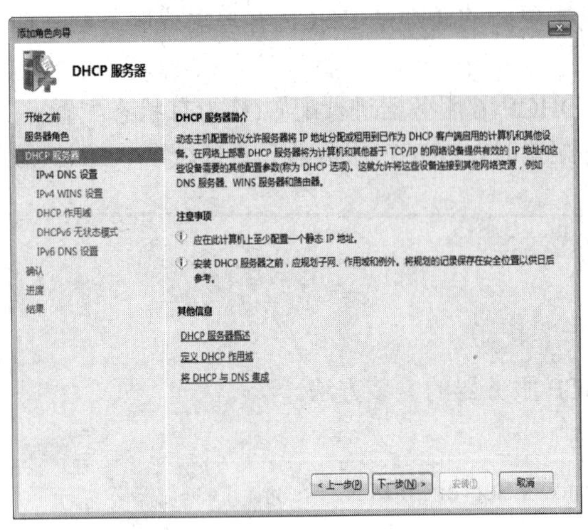


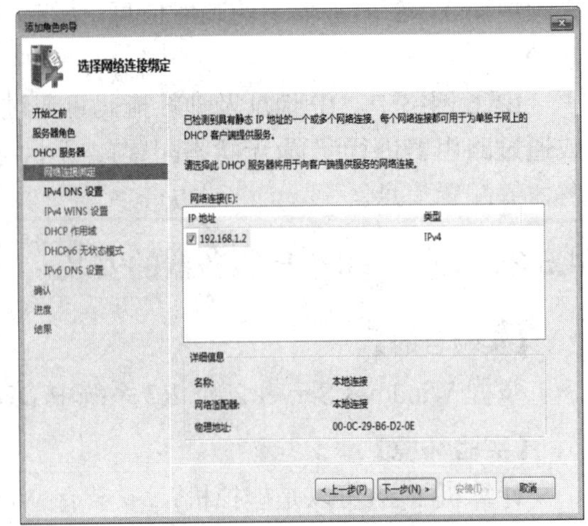


图 4.117　“DHCP 服务器”窗口　　　　图 4.118　“选择网络连接绑定”窗口

(5) 单击“下一步”按钮，向导转到“指定 IPv4 DNS 服务器设置”窗口，如图 4.119 所示。DNS 是 DHCP 服务器为客户主机提供的配置选项之一，在这里指定的 DNS 服务器信息将应用于 DHCP 服务器的所有作用域(可在建立作用域时，为特定作用域指定特殊的 DNS 服务器选项)。在“父域”文本框中输入“lab.xupt.edu.cn”，在“首选 DNS 服务器 IPv4 地址”文本框输入“192.168.1.3”。可点击“验证”来测试指定的 DNS 服务器。

(6) 单击“下一步”按钮，向导转到“指定 IPv4 WINS 服务器设置”窗口，如图 4.120 所示。WINS(Windows Internet Name Service)也是一种名称解析协议，主要服务运行旧版 Windows 的客户端和使用 NetBIOS 的应用程序，不支持 IPv6 协议，将被逐步淘汰。实验中选择“此网络上的应用程序不需要 WINS”。

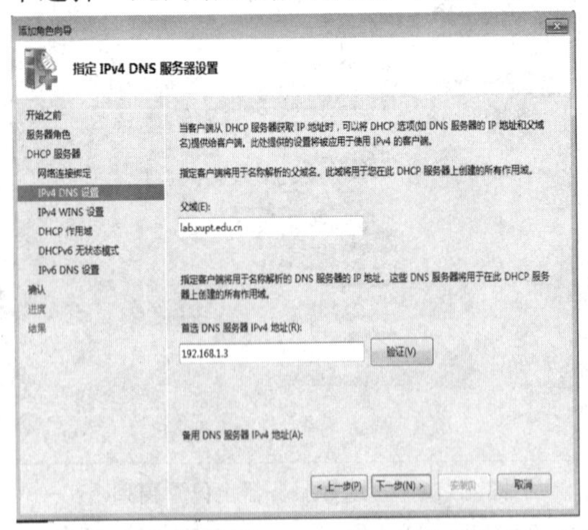


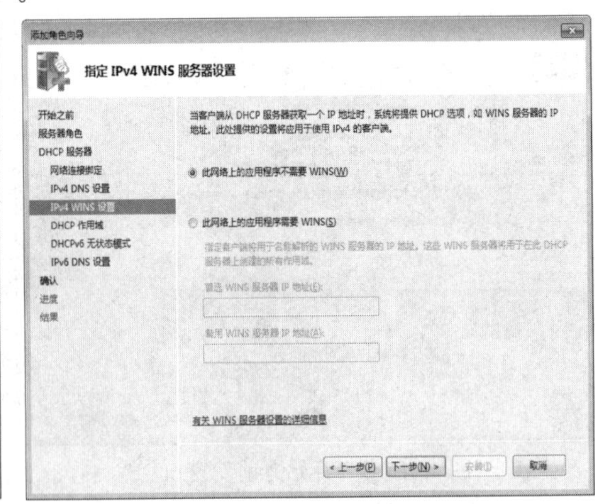


图 4.119　“指定 IPv4 DNS 服务器设置”窗口　　　　图 4.120　“指定 IPv4 WINS 服务器设置”窗口

(7) 单击“下一步”按钮，向导转到“添加或编辑 DHCP 作用域”窗口，如图 4.121 所示。作用域是指 DHCP 服务器可以租用给指定子网上的客户主机的 IP 地址池。每个子网只能有一个具有连续 IP 地址范围的作用域(DHCP 服务器配置过程中，可通过添加排除来指定服务器不分配的地址或地址范围)。一个 DHCP 服务器可以管理多个作用域。实验中完成 DHCP 服务器安装后再添加作用域。

(8) 单击“下一步”按钮，角色添加向导转到“配置 DHCPv6 无状态模式”窗口，如图 4.122 所示。在该模式下，客户主机将通过 DHCPv6 获取除 IPv6 地址外的其他网络配置参数(如 DNS 服务器、默认网关等)，而通过非 DHCPv6 机制配置 IPv6 地址(如基于路由器公告信息自动配置或静态配置等)。相对地，在 DHCPv6 有状态模式下，客户主机将通过 DHCPv6 获取所有网络配置参数。选择“对此服务器启用 DHCPv6 无状态模式”。

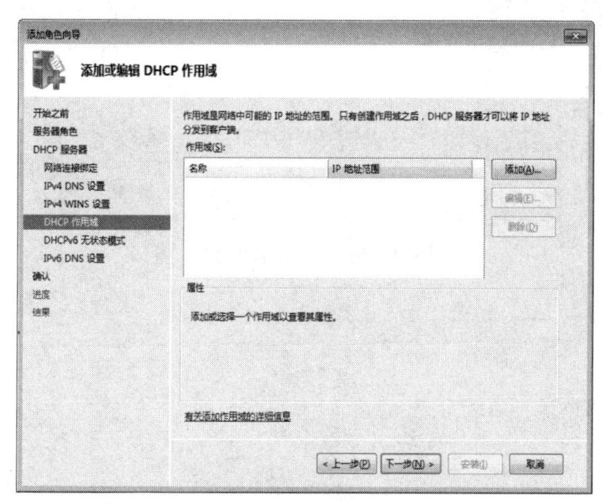


图 4.121　“添加或编辑 DHCP 作用域”窗口

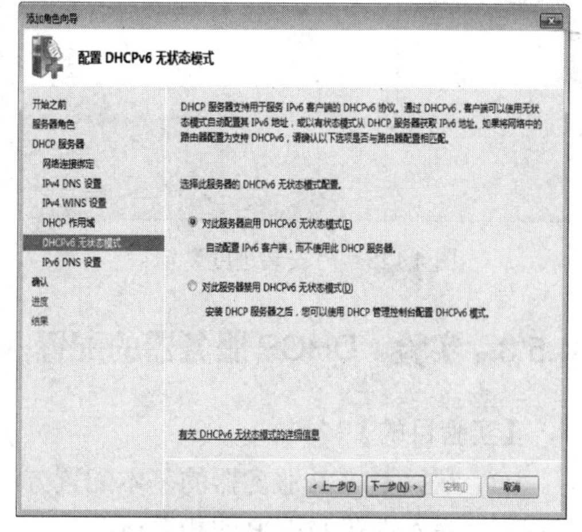


图 4.122　“配置 DHCPv6 无状态模式”窗口

(9) 单击“下一步”按钮，向导转到“指定 IPv6 DNS 服务器设置”窗口，如图 4.123 所示。与 IPv4 DNS 设置类似，可以指定父域及首选 IPv6 DNS 服务器地址。实验中不进行设置。

(10) 单击“下一步”按钮，向导转到“确认安装选择”窗口，如图 4.124 所示。该窗口显示了以上步骤中设置的 DHCP 服务器信息。

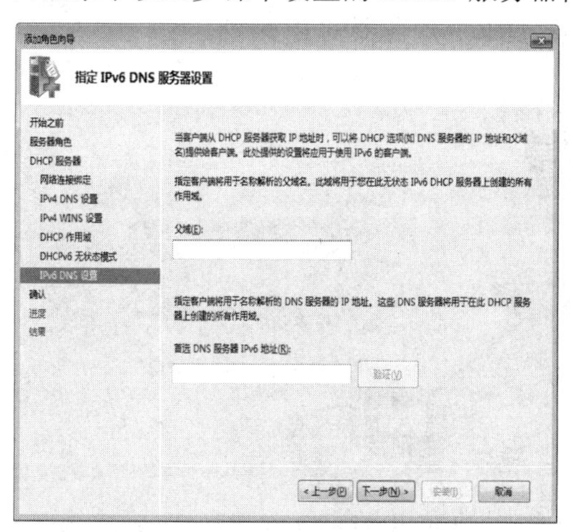


图 4.123　“指定 IPv6 DNS 服务器设置”窗口

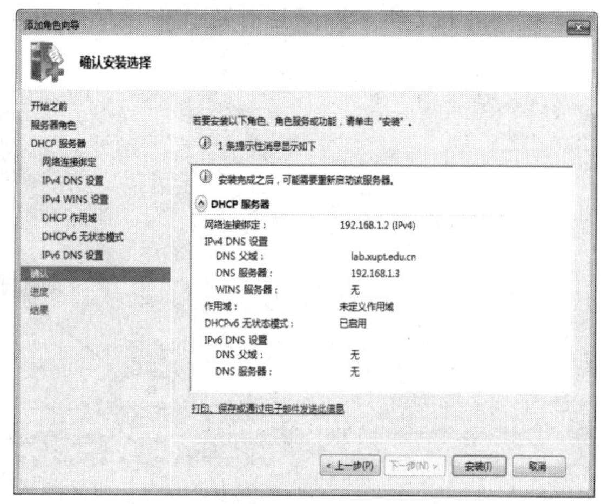


图 4.124　“确认安装选择”窗口

(11) 若确认，点击“安装”按钮，向导将转到“安装进度”窗口，显示安装完成情况，如图 4.125 所示。

(12) 安装完成后，向导转到“安装结果”窗口，如图 4.126 所示，单击“关闭”按钮。

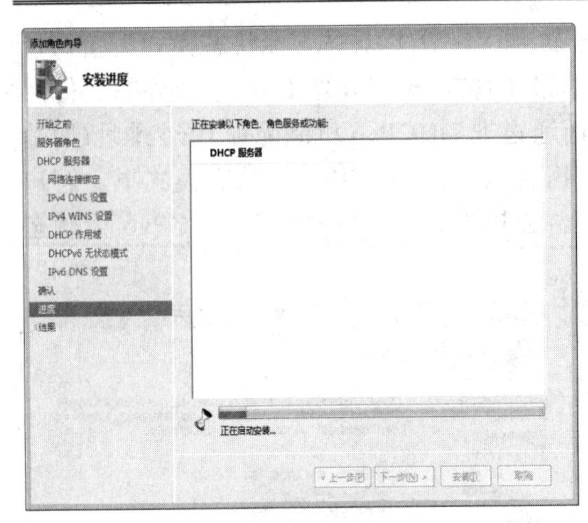


图 4.125　“安装进度”窗口

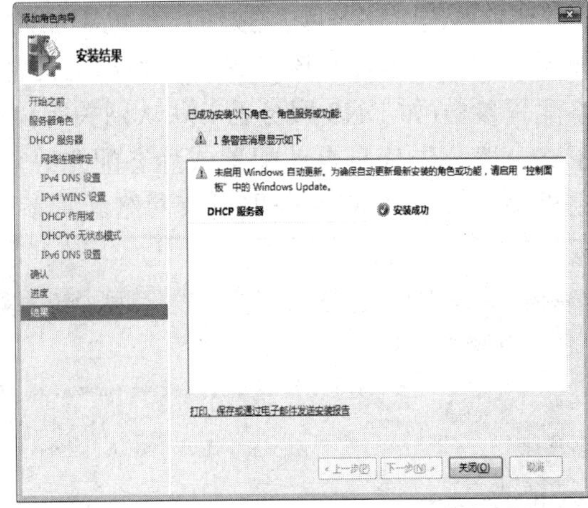


图 4.126　“安装结果”窗口

## 4.5.3　实验　DHCP 服务器的配置

【实验目的】

(1) 掌握 DHCP 服务器的基本配置方法。

(2) 深入理解 DHCP 的相关概念。

【实验环境】

计算机 3 台(可以是虚拟主机)，其中 1 台安装有 Windows Server 2008 R2 系统，且安装有 DHCP 角色；交换机 1 台；直通双绞线若干。

【实验过程】

1. 网络连接

按图 4.127 所示网络拓扑连接好网络，并配置 DHCP 服务器的 IP 地址。

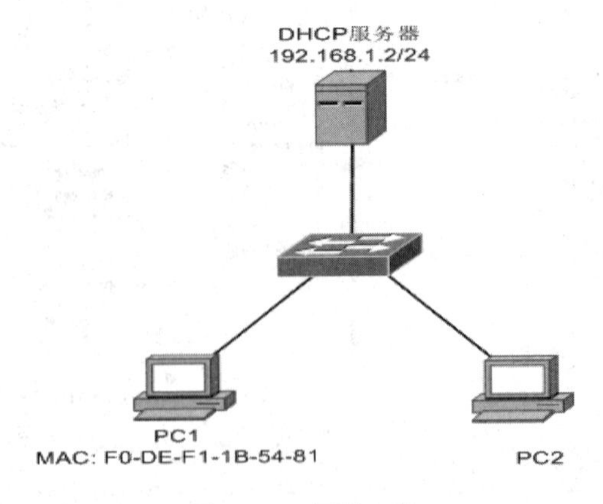


图 4.127　网络拓扑

2. DHCP 服务器配置

(1) 依次点击“开始”→“管理工具”→“DHCP”菜单，打开 DHCP 管理器。点击左侧控制台树中的 DHCP 服务器节点，展开控制台树，显示服务器支持 IPv4 和 IPv6 地址及配置选项信息的管理，如图 4.128 所示。

(2) 实验中以 IPv4 地址管理为例。在控制台树中选中“IPv4”节点，点击菜单“操作”→“新建作用域”，如图 4.129 所示；或右键点击控制台树“IPv4”节点，选择“新建作用域”，弹出“新建作用域向导”窗口，如图 4.130 所示。

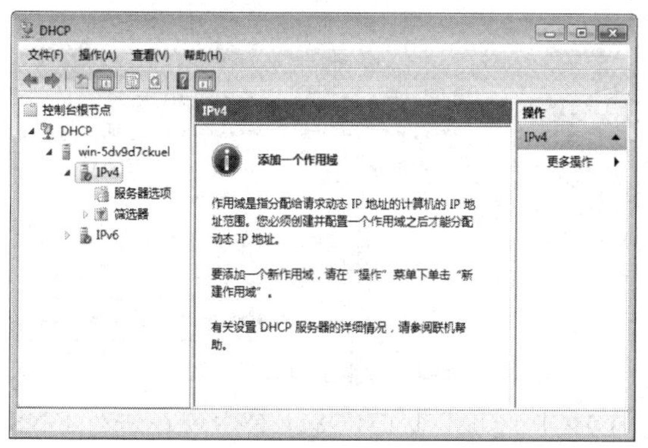


图 4.128　DHCP 管理器

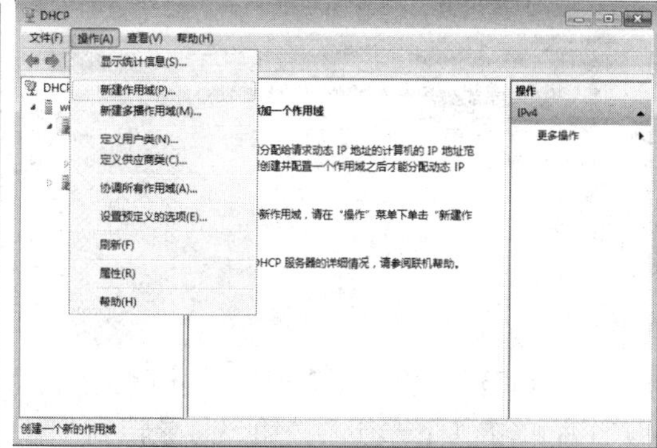


图 4.129　DHCP 新建作用域

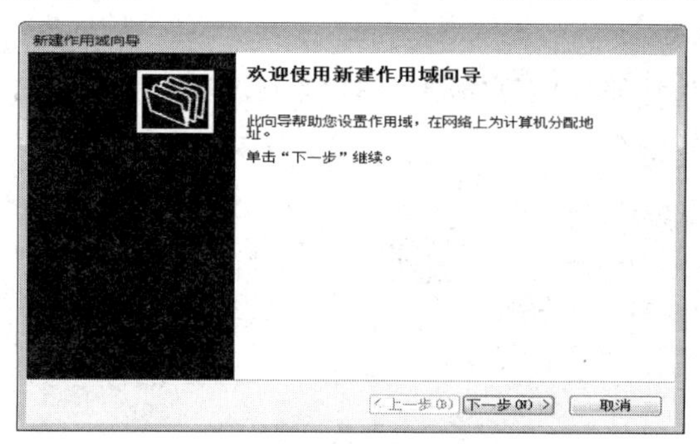


图 4.130　“新建作用域向导”窗口

(3) 单击“下一步”按钮，向导转到“作用域名称”窗口，如图 4.131 所示。在“名称”文本框中输入“lab”作为作用域名称，在“描述”文本框中输入“IP range for lab”。

(4) 单击“下一步”按钮，向导转到“IP 地址范围”窗口，如图 4.132 所示。实验中假设 DHCP 服务器管理的网络地址范围为“192.168.1.1～192.168.1.254”，地址掩码长度为 24 位。

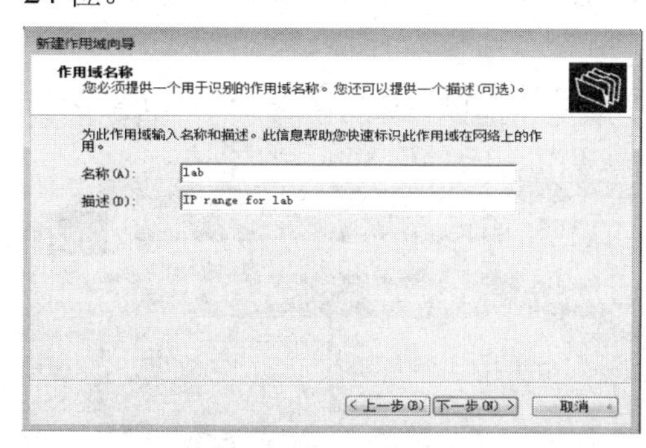


图 4.131　“作用域名称”窗口

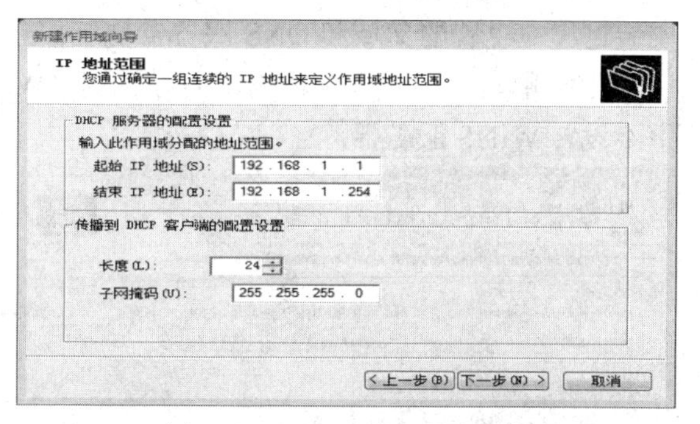


图 4.132　“IP 地址范围”窗口

(5) 单击“下一步”按钮，向导转到“添加排除和延迟”窗口，如图 4.133 所示。假设地址段“192.168.1.1～192.168.1.10”保留用于默认网关、DHCP 服务器、DNS 服务器等，不分配给 DHCP 客户主机。在起始和结束 IP 地址文本框中输入这个地址段，点击“添加”按钮。“子网延迟”指响应客户请求时推迟的时间，默认为 0 毫秒。

(6) 单击“下一步”按钮，向导转到“租用期限”窗口，如图 4.134 所示。默认租用期限为 8 天。

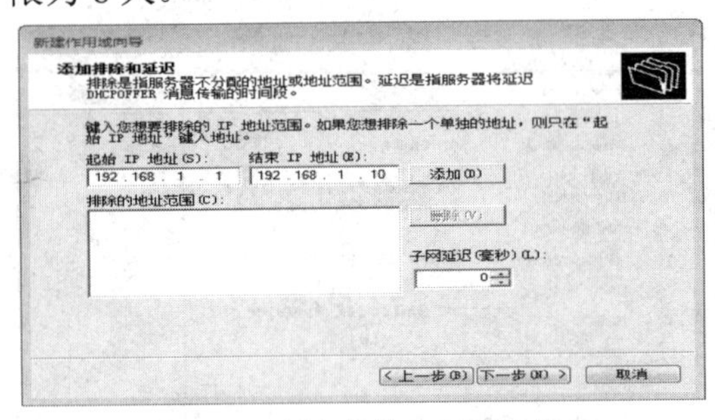


图 4.133 “添加排除和延迟”窗口

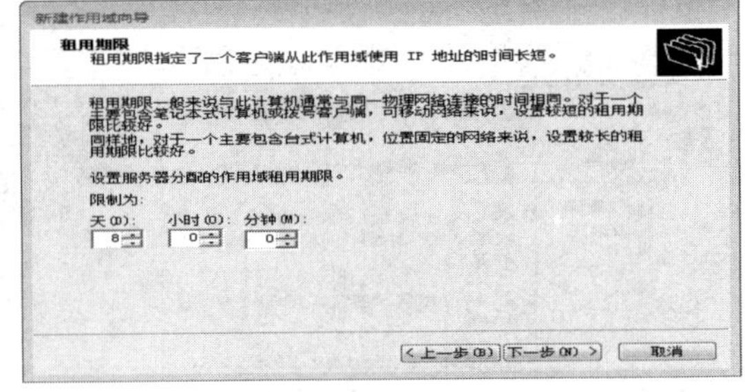


图 4.134 “租用期限”窗口

(7) 单击“下一步”按钮，向导转到“配置 DHCP 选项”窗口，提示是否现在进行 DNS 服务器、默认网关、WINS 服务器等信息的设置，如图 4.135 所示。选择“是，我想现在配置这些选项”。

(8) 单击“下一步”按钮，向导转到“路由器(默认网关)”窗口，如图 4.136 所示，设置默认网关为“192.168.1.1”。

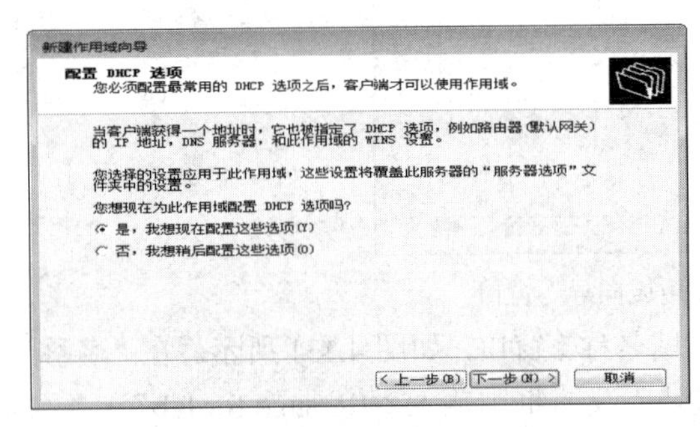


图 4.135 “配置 DHCP 选项”窗口

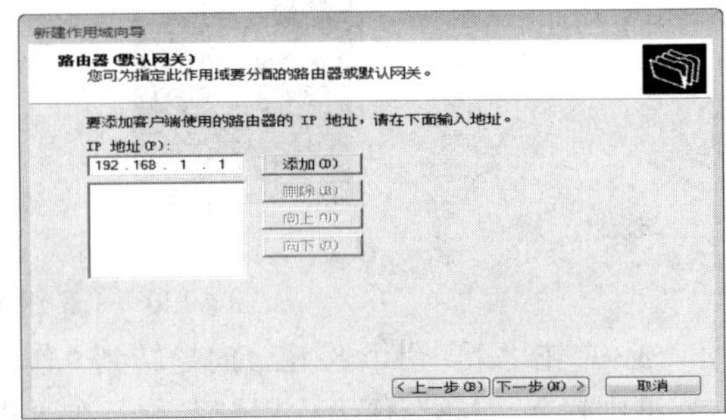


图 4.136 “路由器(默认网关)”窗口

(9) 单击“下一步”按钮，向导转到“域名称和 DNS 服务器”窗口，如图 4.137 所示。在此可指定这个作用域的主机名称的父域以及 DNS 服务器地址。若不指定，则使用 DHCP 安装过程中设置的父域和 DNS 服务器地址信息。

(10) 单击“下一步”按钮，向导转到“WINS 服务器”窗口，如图 4.138 所示。实验中不设置 WINS 服务器。

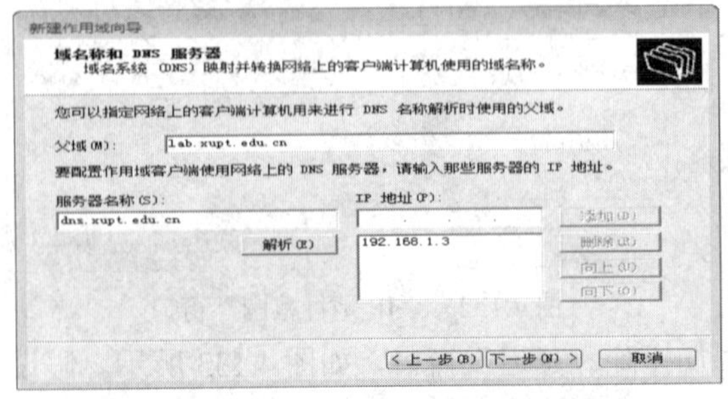


图 4.137 “域名称和 DNS 服务器”窗口

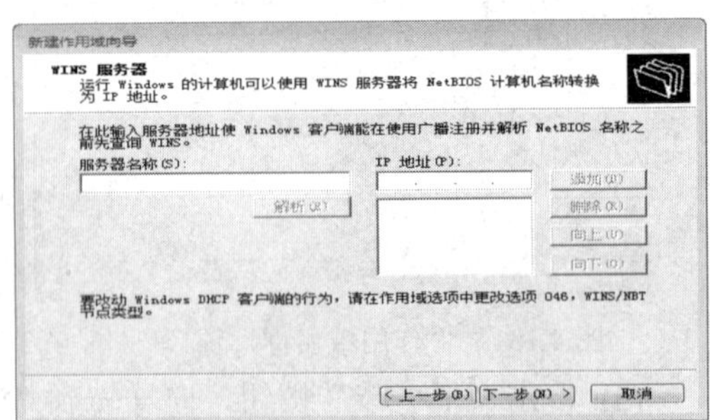


图 4.138 “WINS 服务器”窗口

(11) 单击“下一步”按钮，向导转到“激活作用域”窗口，如图 4.139 所示。作用域必须激活后，DHCP 服务器才会把作用域中的地址分配给客户主机使用。选择“是，我想现在激活此作用域”。

(12) 单击“下一步”按钮，向导转到“正在完成新建作用域向导”窗口，如图 4.140 所示，点击“完成”按钮。

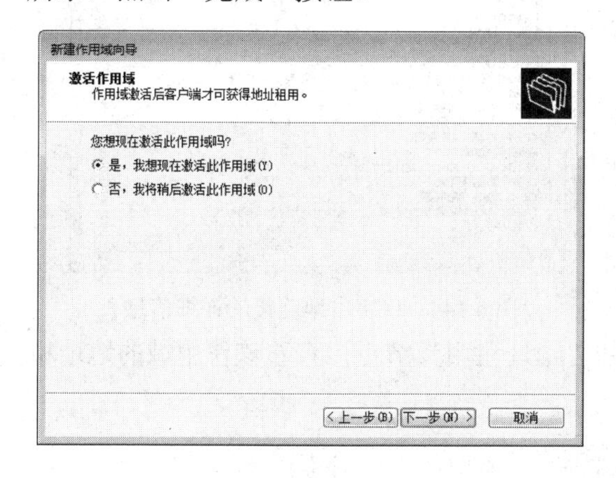


图 4.139　“激活作用域”窗口

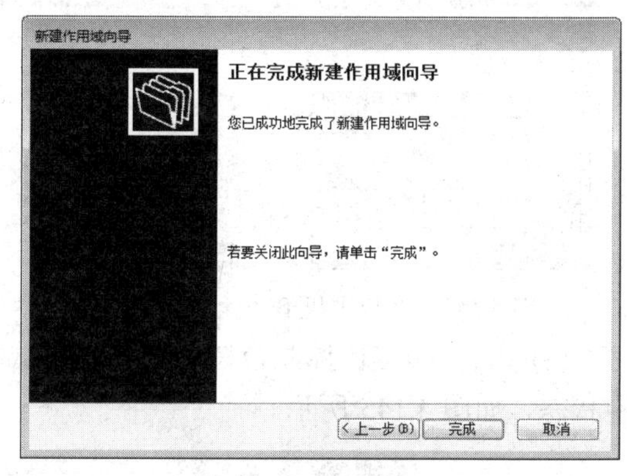


图 4.140　“正在完成新建作用域向导”窗口

(13) 作用域建立后，在控制台树中选择此作用域，可查看其设置信息，如地址池、作用域选项、保留等，如图 4.141 所示。

(14) 实验中为 PC1 设置保留地址，即每次 PC1 向 DHCP 服务器请求时，服务器都给它分配相同的 IP 地址，这通过绑定 IP 地址和 PC1 的 MAC 地址来实现。在控制台树中右键单击要建立保留地址的作用域的“保留”节点，选择“新建保留”，弹出“新建保留”窗口，如图 4.142 所示。按图所示填入信息，点击“添加”按钮。

**注意：**“MAC 地址”文本框中填写要为之保留 IP 地址的主机的 MAC 地址，实验中是 PC1 的 MAC 地址。

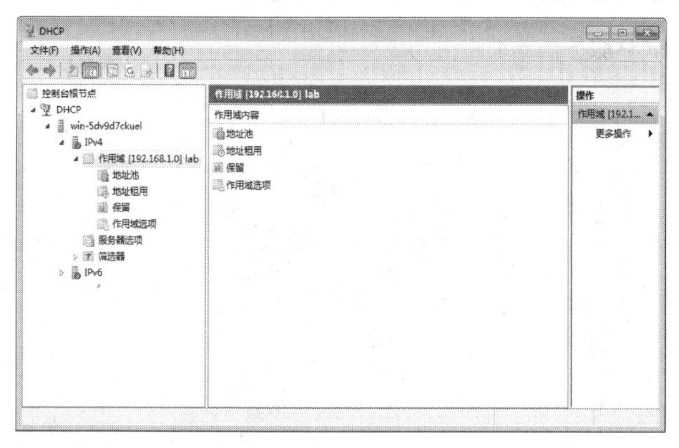


图 4.141　DHCP IPv4 作用域信息

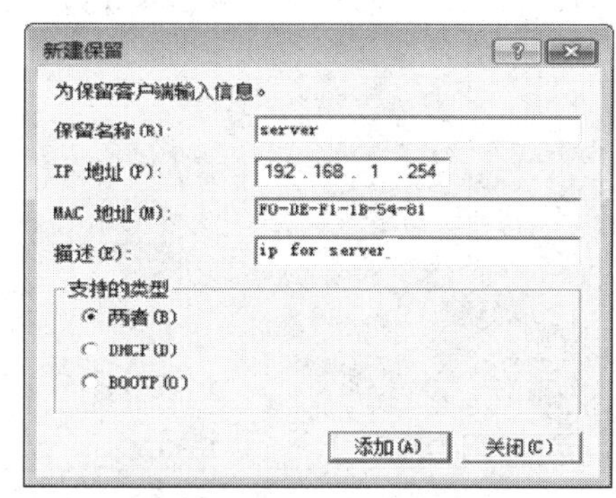


图 4.142　“新建保留”窗口

### 3. 客户主机设置及测试

(1) 将 PC1 和 PC2 的本地连接设置为通过 DHCP 自动获取 IPv4 地址和 DNS 服务器地址，如图 4.143 所示。

(2) 待客户主机获得地址后，查看本地网络连接的详细信息，验证 DHCP 服务器分配的 IP 地址、DNS 服务器、默认网关等信息。例如，图 4.144 是 PC1 本地连接的详细信息。

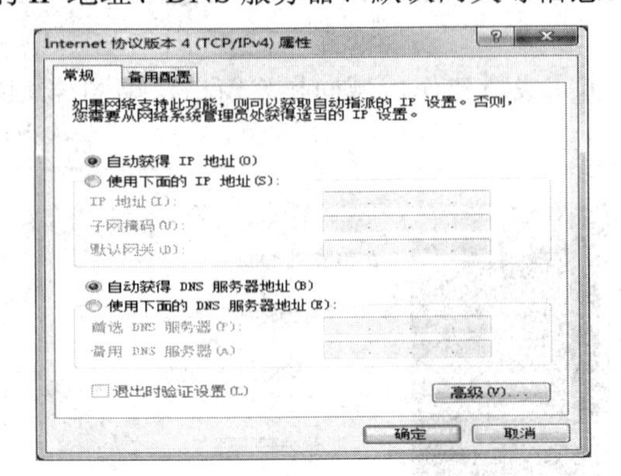


图 4.143　客户主机 IP 地址配置设置

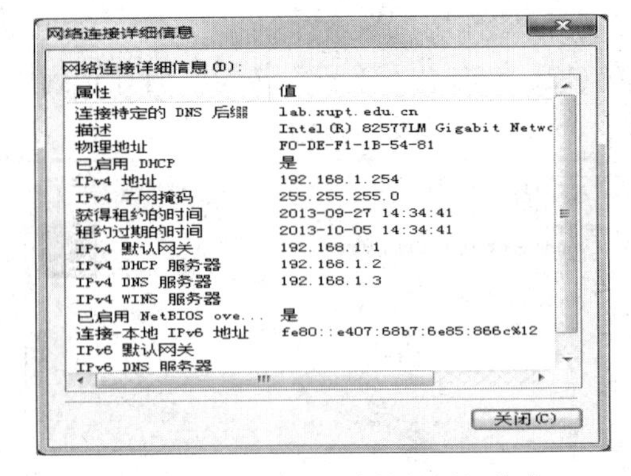


图 4.144　PC1 本地连接的详细信息

(3) 可在 DHCP 控制台树中选择作用域的“地址租用”节点，查看该作用域的地址租用状态，如图 4.145 所示。

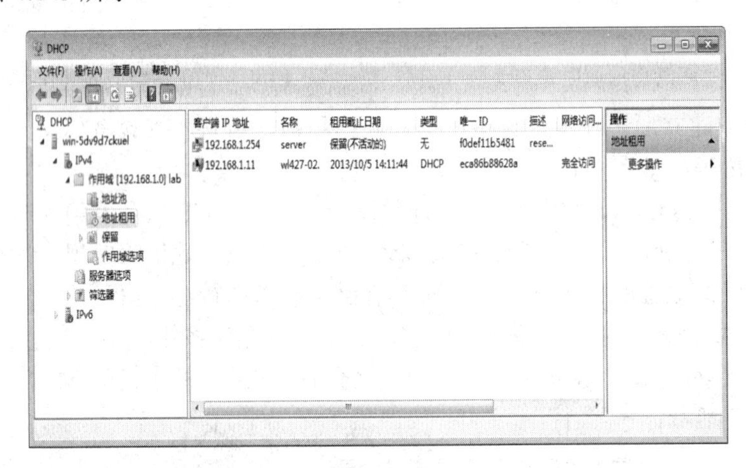


图 4.145　DHCP 服务器地址租用列表

# 第 5 章　交换机的配置

交换机是网络组建的关键设备，只有经过合理的配置，才能保证其在大规模网络中高效运行。本章主要介绍交换机配置的基本概念和方法，包括交换机的命令模式、交换机初始化配置、交换机基本配置、MAC 地址表管理、生成树协议、交换机备份和恢复。通过对本章的学习，应该掌握交换机配置的基本概念和方法，为后续章节更深入地学习网络设备的配置奠定基础。

## 5.1　交　换　机

### 5.1.1　交换机简介

#### 1. 交换机工作原理

传统交换机是一种工作在 OSI/RM 七层模型第二层(数据链路层)的网络互联设备，具有低成本、高性能、端口密集、即插即用等特点。交换机的工作原理与网桥类似，即根据帧的目的 MAC 地址对接收到的帧进行转发或过滤，其工作要点如下：

(1) 交换机的每个端口通常直接连接一个主机。交换机能同时连通许多对端口，使每一对相互通信的主机都能像独占通信媒体那样，无碰撞地传输数据，因而交换机的转发延迟很小。

(2) 交换机接收到数据帧后，提取出其中的目的 MAC 地址，然后根据该目的地址查找转发表。转发表的表项指明了一个 MAC 地址与到达该地址的交换机端口的映射关系。

(3) 若转发表中有与目的地址匹配的表项，且表项指明的发送端口与帧的接收端口不同，交换机就把帧从表项指明的端口发送出去；若表项指明端口与帧的接收端口相同，表明源主机和目的主机在同一个网段，不需要转发，交换机丢弃该帧，即交换机在转发过程中能对帧进行过滤。交换机的这种过滤机制可以起到隔离冲突域的作用。

(4) 若转发表中没有与目的地址匹配的表项，交换机把帧从除接收端口外的所有其他端口发送出去，这称为“洪泛”(Flood)。

**注意**：洪泛与广播不同，洪泛操作发送的是普通数据帧，而广播操作发送的是具有广播地址的广播帧。

(5) 交换机刚启动时，转发表是空的，交换机通过自学习过程逐渐建立起转发表。自学习依据的原理是：若从某个端口接收到一个主机发送的数据帧，则意味着从该端口可以到达该主机。交换机每接收到一个帧时，首先会提取其中的源 MAC 地址用于自学习，因而只要一个主机向网络中发送过数据帧，交换机就可以学习到这个主机 MAC 地址对应的转发表项。只有在自学习获得某个 MAC 地址表项之前，交换机在发送以该 MAC 地址为目的的帧时才需要进行洪泛操作，因此大大减少了帧的无效传输。

(6) 为了保证转发表表项与最新的网络拓扑一致，还为每个表项设置了一个计时器，当计时器超时后，就删除该表项；而每接收到一个帧进行自学习时，就重置学习到的表项的计时器。

(7) 网络管理员可以在交换机上划分虚拟局域网(VLAN)，以获得更好的数据安全性和增强的 LAN 性能。

2. MAC 地址表

交换机通过查找转发表进行帧转发，转发表也称 MAC 地址表(MAC-Address-Table)。MAC 地址表项中主要包含了主机 MAC 地址与交换机端口的映射关系，指明了数据帧的发送端口。MAC 地址表表项可分为动态地址和静态地址。

1) 动态地址

交换机自学习过程中，将接收到的数据帧的源地址与其接收端口的映射关系保留到 MAC 地址表中。若不存在与源地址相应的表项，则增加一个新表项；否则，更新已存在的表项。交换机自学习获得的表项在 MAC 地址表中只能存在一段时间，因而称为动态地址。这段时间由一个定时器控制，若定时器超时，就从表中删除该表项。自学习更新表项时会重置其定时器。

2) 静态地址

管理员可以给MAC地址表中添加MAC地址与端口的映射表项，这种表项会一直存在，而不会被交换机自动删除，称为静态地址。

3. 帧交换技术

帧交换技术是目前应用最广的局域网交换技术。以太网交换机有 3 种帧交换方式。

1) 存储转发(Store-and-Forward)

存储转发方式中，交换机把从端口输入的数据帧先全部接收并存储起来再进行处理。首先对帧进行 CRC(循环冗余码)校验，若出错则丢弃；然后提取帧目的 MAC 地址，查找转发表后进行转发或过滤。存储转发方式可以对经过交换机的帧进行高级别的错误检测，也支持不同速率端口间的帧转发，但缺点是延迟大。

2) 直通交换(Cut-Through)

直通交换方式中，交换机在输入端口检测到数据帧到达时，边接收帧边检查帧的首部，只要得到帧的目的地址就开始转发该帧。直通交换在转发前不需要读取整个完整的帧，因而延迟小。它的缺点是没有对帧进行差错控制，无法过滤错误帧或无效帧。

3) 无碎片交换(Fragment-Free)

无碎片交换方式是改进后的直通交换，它是介于前两者之间的一种交换方式。无碎片交换方式中，在读取数据帧的前 64 个字节后开始进行转发。这种方式避免了转发无效数据帧，处理速度比直通交换慢，但比存储转发快。

### 5.1.2 Cisco 交换机

1. Cisco 交换机简介

Cisco 公司的交换机产品以“Catalyst”为商标，包含 1900、2800、2900、3500、4000、5000、5500、6000、8500 等十多个系列。这些交换机可分为 2 大类：

(1) 固定配置交换机，包括 3500 及以下型号。除了可进行有限的软件升级外，这些交换机无法再进行更多的扩展。

(2) 模块化交换机，主要指 4000 及以上型号。用户可以根据建网需求，选择不同型号和数目的接口板、电源模块以及相应的软件等。

Cisco 交换机的工作状态可以通过面板上的指示灯来判断，表 5-1 给出了其主要的指示灯状态以及相应的系统工作状态(以 Catalyst 3550 系列交换机为例)。

本章实验中使用 Catalyst 2950 和 3550 系列交换机。Catalyst 2950 系列是固定安装的线速快速以太网桌面交换机，具有 10M/100 Mb/s 自适应端口，能够提供增强的服务质量(QoS)和组播管理特性，可通过集成的 Cisco IOS 软件和基于 Web 的 Cisco 集群管理套件(CMS)进行管理。Catalyst 3550 系列是多层智能以太网交换机(提供第 2～4 层功能，包括 IP 路由、QoS、802.1Q 隧道、限速、访问控制列表和多播服务等)，可进行堆叠。

表 5-1　Cisco 交换机的指示灯及相应系统工作状态(Catalyst 3550 Series)

| LED 指示灯 | 功　能 | 指示灯状态 | 系统工作状态 |
|---|---|---|---|
| SYSTEM | 系统指示灯，显示交换机工作状态 | 灭<br>持续绿色<br>闪烁绿色<br>持续琥珀色 | 系统未加电<br>系统运行正常<br>系统运行加电自测<br>系统发生故障 |
| RPS | 显示冗余电源系统 (Redundant Power System)工作状态 | 灭<br>持续绿色<br>闪烁绿色<br>持续琥珀色<br>闪烁琥珀色 | RPS 关闭，或未正确连接<br>RPS 已连接，且准备就绪提供后备电源<br>RPS 已连接但不可用(RPS 正向其他设备提供电源)<br>RPS 未激活(处于备用模式)，或发生故障<br>交换机内部电源失效，RPS 开始给交换机供电 |
| STAT | 端口指示灯，显示端口工作状态 | 灭<br>持续绿色<br>闪烁绿色<br>交替绿色和琥珀色<br>持续琥珀色<br>闪烁琥珀色 | 端口无连接，或被管理性关闭<br>端口有连接<br>端口正在发送或接收数据<br>链路故障<br>端口被生成树协议阻塞，不能转发数据<br>端口被生成树协议阻塞，正在发送或接收数据 |
| UTIL | 端口指示灯，显示背板带宽利用率 | 绿色<br>琥珀色 | 端口指示灯以对数尺度方式显示背板带宽利用率；当所有端口指示灯都亮起时，表示带宽利用率范围在 50%～100%；每有一个指示灯熄灭，表示带宽利用率范围减半(对大多数交换机而言)<br>过去 24 小时的总背板带宽利用率峰值 |
| DUPLX | 端口指示灯，显示端口双工工作模式 | 灭<br>持续绿色 | 半双工方式<br>全双工方式 |
| SPEED | 端口指示灯，指示端口速率(以太端口) | 灭<br>持续绿色<br>闪烁绿色 | 10 Mb/s<br>100 Mb/s<br>1000 Mb/s |
| | 端口指示灯，指示端口速率(GBIC 端口) | 灭<br>闪烁绿色 | 端口不工作<br>1000 Mb/s |

## 2. 网际操作系统(IOS)

网际操作系统(Internet Operation System，IOS)是 Cisco 公司的交换和路由产品的软件平台，给不同需求的客户提供了一个统一的操作控制界面。IOS 不仅支持标准的网络互联协议(如 RIP、EIGRP、OSPF、ISIS、BGP 等)，还支持大量 Cisco 私有的网络互联协议。此外，IOS 还集成了如 Firewall、NAT、DHCP、FTP、HTTP、TFTP、Voice、Multicast 等诸多服务功能，是最为复杂和完善的网络操作系统之一。IOS 的命令行接口(Command-Line Interface，CLI)是配置、监控和维护 Cisco 设备的最主要用户接口。

CLI 有多种模式，常用的模式主要有：User EXEC(用户模式)，Privileged EXEC (Enable)(特权模式，也称使能模式)、Global Configuration(全局配置模式)、Interface(接口配置模式)、Subinterface(子接口配置模式)、Protocol-specific(特定协议配置模式)、ROM Monitor(ROM 监控模式)等。用户登录到交换机、路由器时，就处于用户模式，用户模式下只有少量命令可以使用。在特权模式下，用户可以执行所有的 EXEC 命令。EXEC 是 IOS 的命令解释器，用于解释和执行用户输入的命令。各种配置模式用于设置全局、接口或协议等的运行参数。这些参数可在特权模式下用“write”命令进行保存，当交换机或路由器重启后仍然有效。ROM 监控模式用于设备恢复，当交换机或路由器由于 IOS 镜像或配置文件损坏而无法正常启动时，就进入 ROM Monitor 模式。当前可用的 CLI 命令集与所在的模式有关。表 5-2 从访问方法、提示符、退出方法以及用途等方面对上述几种模式进行了总结，也说明了几种主要模式之间的层次关系。

表 5-2 Cisco CLI 命令模式

| 命令模式 | 访问方法 | 提示符 | 退出方法 | 用途 |
|---|---|---|---|---|
| User EXEC | 连接设备 | • Switch><br>• Router> | 键入命令“logout”或“quit” | • 改变终端设置<br>• 执行基本测试<br>• 显示系统信息 |
| Privileged EXEC | 在 User EXEC 模式下键入命令“enable”(若设置了 enable 密码，还需输入密码) | • Switch#<br>• Router# | 键入命令“disable”或“exit”，退回到 User EXEC 模式 | • 执行命令“show”和“debug”<br>• 向设备复制镜像文件<br>• 重启设备<br>• 管理设备配置文件<br>• 管理设备文件系统 |
| Global Configuration | 在Privileged EXEC 模式下键入“configure terminal”命令 | • Switch(config)#<br>• Router(config)# | 键入命令“exit”或“end”，或输入“Ctrl-Z”，退回到 Privileged EXEC 模式 | 设置设备全局属性 |
| Interface Configuration | 在 Global Configuration 模式下键入命令“interface” | • Switch(config-if)#<br>• Router(config-if)# | • 键入命令“exit”退回到 Global Configuration 模式<br>• 键入命令“end”,或输入“Ctrl-Z”,退回到 Privileged EXEC 模式 | 设置指定端口属性 |
| Line Configuration | 在 Global Configuration 模式中键入命令“line vty”或“line console” | • Swith(config-line)#<br>• Router(config-line)# | • 键入命令“exit”退回到 Global Configuration 模式<br>• 键入命令“end”退回到 Privileged EXEC 模式 | 设置指定终端属性 |
| ROM Monitor | 在 Privileged EXEC 模式下键入命令“reload”，在系统启动前 60 秒内按下“Ctrl-C” | • ><br>• boot><br>• rommon #><br>注：“#”代表行号，每出现一行新的提示符，行号加 1 | 键入命令“continue” | • 设备无法加载有效镜像时，默认进入 ROM Monitor 模式<br>• 恢复设备 IOS 镜像文件<br>• 密码重置 |

CLI 命令的关键字可缩写，只要当前已输入的命令字符能与其他命令相区分即可。例如，

“configure terminal”可简写为“config t”。输入命令时，按“TAB”键也可自动补全命令关键字。

在任何模式下输入问号“？”，IOS 会列出当前可用的命令集。IOS 还支持字帮助(Word Help)和命令语法帮助(Command Syntax Help)功能。输入命令关键字前面的若干字符后，紧接着输入问号“？”(注意：它们之间没有空格)，可以列出以已输入字符开始的所有可用的命令，这称为字帮助。输入命令关键字(可缩写)后，再输入一个空格，然后再输入问号，IOS 会提示后续的命令关键字或参数，这称为命令语法帮助。此外，IOS 还会记录过去最近输入的 20 条命令，可用上下箭头或“Ctrl-P”和“Ctrl-N”重新显示历史命令并执行。

几乎所有的配置命令前都可加“no”关键字，用于执行与命令功能相反的操作。CLI 命令对字母大小写不敏感，但设置的各种密码是大小写敏感的。

### 5.1.3　console 配置端口

交换机和路由器有多种配置方式，如通过 console 端口、Telnet、SNMP、HTTP、TFTP 等。通过 console 端口配置交换机和路由器是最常用、最基本的方式，也是网络管理员必须掌握的基本技能之一。交换机或路由器的初次配置必须通过 console 端口进行，因为其他的配置方式往往需要借助于设备名称、IP 地址或域名来实现，而新购买的交换机、路由器显然没有内置这些参数。

#### 1. console 端口

交换机和路由器上都有一个 console 端口，用于对交换机、路由器进行配置和管理。不同型号交换机或路由器的 console 端口所处的位置可能不同，有的位于前面板(如 catalyst 3200 或 catalyst 4006)，而有的位于后面板(如 catalyst 1900 或 catalyst 2900XL)。该端口的周围通常有“console”字样的标识。

除了位置不固定之外，console 端口的类型也有所不同。大多数都采用 RJ-45 端口(如 catalyst 1900 和 catalyst 4006)，但也有少数采用 DB-9(如 catalyst 3200)或 DB-25 串口端口(如 catalyst 2900)。

#### 2. console 线

无论是哪种类型的 console 端口(DB-9、DB-25 串行端口或 RJ-45 端口)，都需要用专用的 console 线把交换机或路由器连接到计算机(通常称作终端)的串行口。与 console 端口的不同类型相对应，console 线也分为两种：一种是串行线，即线两端均为串行接头(均为母头)，可以分别连接到计算机的串口和交换机的 console 端口；另一种是两端均为 RJ-45 接头的扁平线，这种线无法直接与计算机串口进行连接，需要通过 RJ-45-TO-DB-9(或 RJ-45-TO-DB-25)适配器进行转接。

## 5.2　交换机的基本配置

### 5.2.1　实验　交换机的初始化配置

【实验目的】

掌握通过 console 端口对交换机进行初始化配置的方法。

【实验环境】

计算机 1 台，交换机 1 台(Catalyst 3550 Series)，console 连接线 1 根，终端仿真软件 SecureCRT 7.0。

【实验过程】

1. 通过终端仿真软件访问交换机

网络设备(路由器、交换机)管理最常用的终端仿真软件是超级终端(Hyper Terminal)。Windows XP 系统自带有超级终端，可依次点击“开始”→“程序”→“附件”→“通讯”→“超级终端”启动软件。但 Windows 7 系统中微软取消了超级终端组件，因此若在 Windows 系统环境下进行网络设备管理，需要安装第三方终端仿真软件。SecureCRT 是一款多协议终端仿真软件，支持 SSH1、SSH2、Telnet、Rlogin、Serial 等协议，能实现安全的系统远程访问和文件传输，可在 Windows、Mac 或 Linux 平台上运行。实验中用 SecureCRT 7.0 进行交换机配置。

(1) 在交换机未加电状态下，用 console 线连接计算机串口(COM1)和交换机 console 端口。

(2) 在计算机上运行 SecureCRT，其主界面如图 5.1 所示。

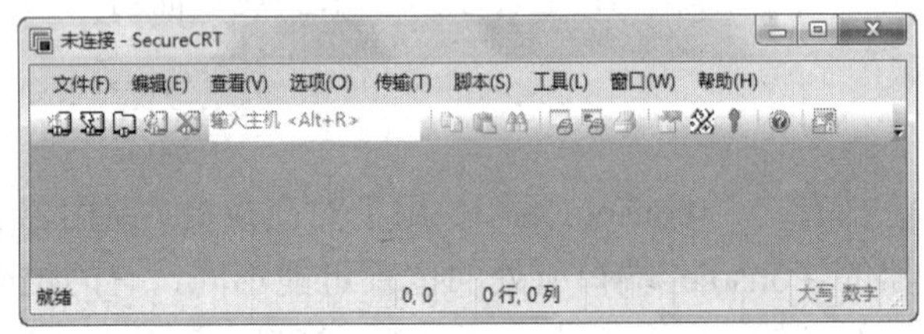


图 5.1 SecureCRT 主界面

(3) 点击菜单“文件”→“连接”，弹出“连接”窗口，如图 5.2 所示。其中显示了串口连接会话“serial-com1”。

(4) 选中“serial-com1”项，点击窗口工具栏上的“属性”按钮，弹出“会话选项”窗口，如图 5.3 所示。在窗口左侧“类别”树控件中选择“串行”项，按图中所示参数设置 COM1 端口的属性，点击“确定”按钮。在“连接”窗口中点击“连接”按钮，会打开一个控制台选项卡。

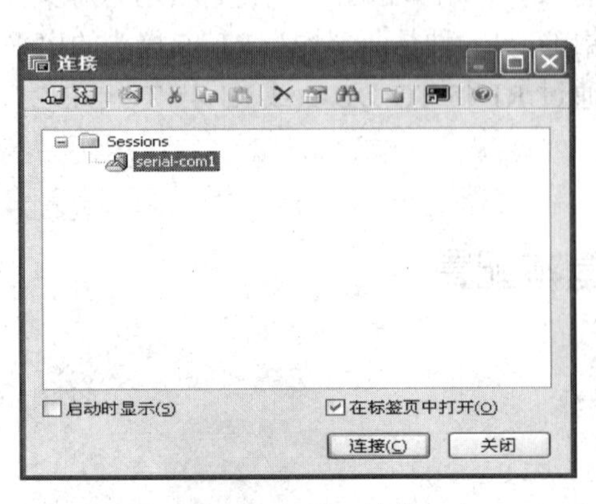


图 5.2 “SecureCRT 连接”窗口

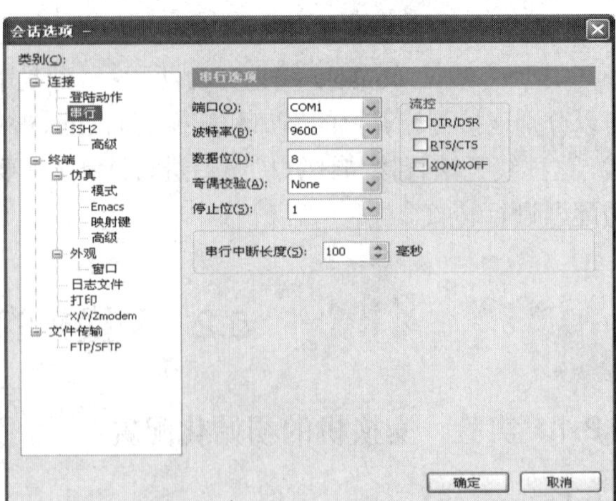


图 5.3 SecureCRT 会话选项设置

(5) 此时，打开交换机电源，观察指示灯状态以及控制台显示信息。交换机启动后，可在控制台中对其进行配置。

### 2. 交换机初始化配置

交换机加电后，控制台首先显示自检和启动引导等信息。如果是第一次启动，交换机将进入初始化配置模式，如图 5.4 所示。

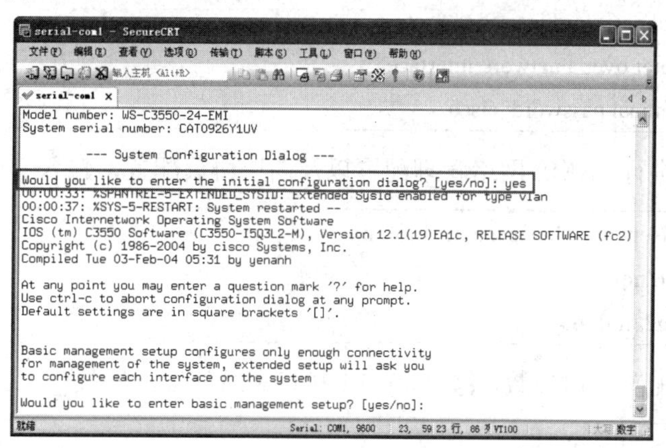


图 5.4 交换机初次启动

根据交换机提问，输入一系列回答后即可完成初始化配置。下面是截取的主要步骤(其中加粗字符为输入的回答信息)：

(1) 提示是否进入初始化配置和基本管理。

Would you like to enter the initial configuration dialog? [yes/no]: **yes**

<省略部分显示信息>

Would you like to enter basic management setup? [yes/no]: **no**

(2) 提示是否查看当前端口配置信息。

First, would you like to see the current interface summary? [yes]: **no**

(3) 配置全局参数，首先输入交换机名称。

Configuring global parameters:

Enter host name [Switch]: **sw3550**

(4) 提示输入访问密码，包括：“enable secret”用于授权从用户模式进入特权模式，这个密码以加密形式存储在配置文件中；“enable password”用于没有设置“enable secret”的情形，该密码以明文形式存储，主要是为了兼容旧版本软件；“virtual terminal password”用于保护从网络接口访问交换机或路由器。输入如下设置：

The enable secret is a password used to protect access to
privileged EXEC and configuration modes. This password, after
entered, becomes encrypted in the configuration.
Enter enable secret: **cisco**

```
The enable password is used when you do not specify an
  enable secret password, with some older software versions, and
  some boot images.
  Enter enable password: 123456

The virtual terminal password is used to protect
  access to the router over a network interface.
  Enter virtual terminal password: cisco
```

(5) 提示是否进行 SNMP 网络管理配置以及高层协议配置，输入“no”。

```
Configure SNMP Network Management? [no]: no
Configure IP? [no]: no
Configure bridging? [no]: no
```

(6) 提示是否配置接口参数，包括 Vlan 1 接口和所有以太网接口，这里全部回答“no”。

```
Configuring interface parameters:

Do you want to configure Vlan1 interface? [yes]: no

Do you want to configure FastEthernet0/1 interface? [yes]: no

Do you want to configure FastEthernet0/2 interface? [yes]: no

<省略部分显示信息>

Do you want to configure FastEthernet0/24 interface? [yes]: no

Do you want to configure GigabitEthernet0/1 interface? [yes]: no

Do you want to configure GigabitEthernet0/2 interface? [yes]: no
```

(7) 提示是否将本交换机设置为交换机集群中的命令交换机，回答“no”。至此，完成了初始化配置，系统显示当前的配置信息。

```
Would you like to enable as a cluster command switch? [yes/no]: no

The following configuration command script was created:

hostname sw3550
enable secret 5 $1$fxzS$aQrEQIyLrOX0qsRi24WIX.
enable password 123456
line vty 0 15
```

```
password cisco
no snmp-server
!
no ip routing
no bridge 1
!
interface Vlan1
shutdown
no ip address
!
interface FastEthernet0/1
!

<省略部分显示信息>

interface FastEthernet0/24
!
interface GigabitEthernet0/1
!
interface GigabitEthernet0/2
!
end
```

(8) 配置信息显示完后，交换机提示如何进行下一步操作。

```
[0] Go to the IOS command prompt without saving this config.
[1] Return back to the setup without saving this config.
[2] Save this configuration to nvram and exit.

Enter your selection [2]: 2
Building configuration...
[OK]
```

若选择“0”，将不保存刚才的设置，直接进入用户模式；选择“1”，也不保存设置，但重新回到配置对话中；如果选择“2”，确认配置，保存设置并退出到用户模式。

### 5.2.2　实验　交换机的基本配置

**【实验目的】**

掌握交换机的基本配置方法，包括密码重置、IP 地址及默认网关配置、端口速率及工作模式配置等。

【实验环境】

计算机 1 台，交换机 1 台(Catalyst 3550 Series)，console 连接线 1 根，终端仿真软件 SecureCRT 7.0。

【实验过程】

### 1. 重置交换机密码

如果忘记了交换机密码，可通过下列步骤进行密码重置：

(1) 在交换机未加电状态下，用 console 线连接计算机串口(COM1)和交换机 console 端口；在计算机上运行终端仿真软件(SecureCRT)并设置正确的参数。

(2) 打开交换机电源，持续按住交换机前面板上的“mode”键，直到 SYSTEM 状态灯熄灭后松开。控制台上显示如下信息，提示进入密码重置机制。

**注意**：提示符变为“switch:”。

```
Base ethernet MAC Address: 00:14:a8:18:b8:00
Xmodem file system is available.
The password-recovery mechanism is enabled.

The system has been interrupted prior to initializing the
flash file system. The following commands will initialize
the flash file system, and finish loading the operating
system software:

    flash_init
    boot

switch:
```

(3) 在提示符后依次输入“flash_init”和“dir flash:”命令(注意：不要丢掉第二个命令中 flash 后的冒号“：”)，初始化 flash 文件系统，并查看该文件系统中存在的文件。控制台显示的信息如下：

```
switch: flash_init
Initializing Flash...
flashfs[0]: 86 files, 4 directories
flashfs[0]: 0 orphaned files, 0 orphaned directories
flashfs[0]: Total bytes: 15998976
flashfs[0]: Bytes used: 7176192
flashfs[0]: Bytes available: 8822784
flashfs[0]: flashfs fsck took 18 seconds.
...done Initializing Flash.
Boot Sector Filesystem (bs:) installed, fsid: 3
```

```
switch: dir flash:
Directory of flash:/

2    -rwx   744     <date>        vlan.old
3    -rwx   2654    <date>        config.text.renamed
4    -rwx   616     <date>        vlan.dat
6    drwx   192     <date>        c3550-i5q3l2-mz.121-19.EA1c
8    -rwx   344     <date>        system_env_vars
5    -rwx   2585    <date>        config.old
9    -rwx   3       <date>        env_vars
10   -rwx   5       <date>        private-config.text.renamed
11   -rwx   2530    <date>        config.text
12   -rwx   5       <date>        private-config.text

8822784 bytes available (7176192 bytes used)
```

(4) 其中 config.text 是系统配置文件，执行下列命令，重命名这个文件：

```
switch: rename   flash:config.text   flash:config.bck
```

(5) 接着执行“boot”命令重启系统。

```
switch: boot
Loading "flash:c3550-i5q3l2-mz.121-19.EA1c/c3550-i5q3l2-mz.121-19.EA1c.bin"...######

    <省略部分显示信息>
```

(6) 因为找不到配置信息(文件 config.text)，系统提示进行初始化配置，回答“no”，进入用户模式。

```
Would you like to enter the initial configuration dialog? [yes/no]: no

Press RETURN to get started!


Switch>
```

(7) 输入命令“en”，进入特权模式，将文件 config.bck 名称改回为 config.text。

```
Switch>en
Switch#rename flash:config.bck flash:config.text
Destination filename [config.text]?[Enter]
Switch#
```

(8) 执行下列命令，将原来的配置信息读入内存。

**注意**：命令执行完成后，提示符变为交换机名“sw3550#”，即配置文件中的设置。

```
Switch#copy flash:config.text system:running-config
Destination filename [running-config]? [Enter]
2530 bytes copied in 0.496 secs (5101 bytes/sec)
sw3550#
```

(9) 执行下列命令，重新设置交换机密码。

```
sw3550#config terminal
Enter configuration commands, one per line.    End with CNTL/Z.
sw3550(config)#enable secret cisconew
sw3550(config)#exit
sw3550#
```

(10) 退回到用户模式，输入命令“en”验证修改的密码，然后将新配置写入 nvram。

```
sw3550#exit
sw3550 con0 is now available

Press RETURN to get started.

sw3550>
sw3550>en
Password: [输入新设置的密码]
sw3550# copy running-config startup-config
Destination filename [startup-config]? [Enter]
Building configuration...
[OK]
sw3550#
```

### 2. 设置交换机 IP

要通过其他方式远程管理维护交换机(如 Telnet、SNMP、Web、TFTP 等)，需要给交换机配置一个 IP 地址。IP 地址是设置在交换机上的全局参数。配置 IP 的命令格式是“**ip address** *address mask*”(在接口配置模式下)。给 Vlan 1 配置 IP 地址的命令如下：

```
sw3550#config terminal
Enter configuration commands, one per line.    End with CNTL/Z.
sw3550(config)#interface vlan 1
sw3550(config-if)#ip address 192.168.1.100 255.255.255.0
```

用“**no ip address**”命令可以重置 IP 地址为默认值“0.0.0.0”。

### 3. 配置默认网关

如果交换机需要发送数据到另一个不同的网络，就需要给交换机配置一个默认网关。

命令是“**ip default-gateway** *address*”(全局配置模式下)，例如：

```
sw3550(config)#ip default-gateway 192.168.1.1
```

用“**no ip default-gateway**”命令可删除配置的默认网关，将其重置为 0.0.0.0。

#### 4. 配置端口速率及双工模式

交换机的以太端口可以设置成运行在不同速率和不同双工的工作模式。FastEthernet 端口速率可设置为 10 或 100 Mb/s，GigabitEthernet 端口速率可设置为 10、100 或 1000 Mb/s；两种端口都可设置为工作在半双工或全双工模式。但 GBIC(Gigabit Interface Converter)端口不能设置速率及双工工作模式。

(1) 配置端口速率。在接口配置模式下执行命令“**speed {10 | 100 | auto }**”，例如：

```
sw3550(config)#interface FastEthernet 0/1
sw3550(config-if)#speed 100
```

(2) 配置端口双工工作模式。在接口配置模式下执行命令“**duplex {auto | full | half}**”，例如：

```
sw3550(config)#interface FastEthernet 0/1
sw3550(config-if)#duplex full
```

如果选择“auto”参数，交换机可通过自动协商来设置端口速率和双工工作模式，但是自动协商可能产生意想不到的结果。默认情况下，交换机端口工作在半双工模式。

### 5.2.3　实验　MAC 地址表管理

**【实验目的】**

(1) 理解交换机的数据帧转发工作流程。

(2) 掌握添加静态 MAC 地址表项的方法。

**【实验环境】**

计算机 2 台，交换机 1 台(Catalyst 3550 Series)，console 线 1 根，直通双绞线 2 根，终端仿真软件 SecureCRT 7.0。

**【实验过程】**

#### 1. 动态 MAC 地址表自学习

(1) 按照如图 5.5 所示网络拓扑连接网络，并用 console 线连接交换机和任一台计算机。在连接交换机的计算机上运行终端仿真程序(SecureCRT)并设置正确的参数，然后打开交换机电源。

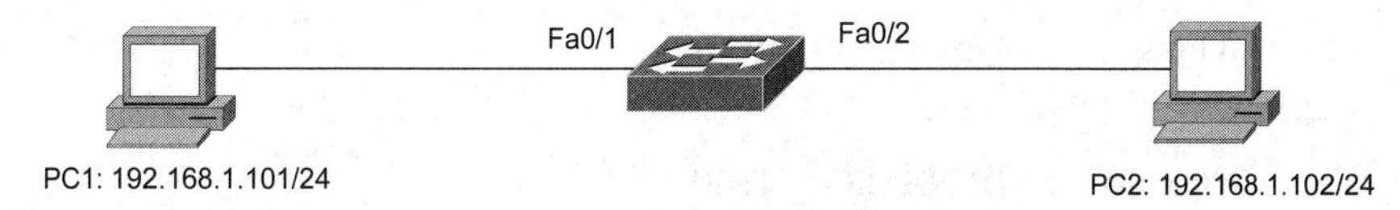


图 5.5　网络拓扑

(2) 把 PC1 的 IP 地址设为“192.168.1.101/24”，PC2 的 IP 地址设为“192.168.1.102/24”。

在各自的命令行窗口中用“ipconfig /all”命令查看并记录其网卡的MAC地址。实验中用到的两台PC的MAC地址如下：

PC1 MAC地址：EC-A8-6B-88-62-8A
PC2 MAC地址：F0-DE-F1-1B-54-81

(3) 在发生任何通信前，查看交换机的MAC地址表：

```
sw3550#show mac-address-table
          Mac Address Table
-------------------------------------------

Vlan    Mac Address       Type        Ports
----    -----------       --------    -----
All     0014.a818.b800    STATIC      CPU
All     0014.a818.b801    STATIC      CPU
<省略部分显示信息>

All     0180.c200.0010    STATIC      CPU
Total Mac Addresses for this criterion: 48
```

这些STATIC类型的MAC地址表项(端口为CPU)用于交换机内部管理，并不用于帧的转发。可以用“exclude”命令过滤这些表项：

```
sw3550#show mac-address-table | exclude CPU
          Mac Address Table
-------------------------------------------

Vlan    Mac Address       Type        Ports
----    -----------       --------    -----
Total Mac Addresses for this criterion: 48
```

此时，交换机的MAC地址表为空。

(4) 在PC1上用“ping”命令向PC2发送信息，然后再查看MAC地址转发表：

```
sw3550#show mac-address-table | exclude CPU
          Mac Address Table
-------------------------------------------

Vlan    Mac Address       Type        Ports
----    -----------       --------    -----
1       eca8.6b88.628a    DYNAMIC     Fa0/1
1       f0de.f11b.5481    DYNAMIC     Fa0/2
Total Mac Addresses for this criterion: 50
```

MAC 地址表中出现了两个新的 DYNAMIC 类型表项，其 MAC 地址分别对应于 PC1 和 PC2，这是交换机自学习的结果。用“ping”命令向 PC2 发送数据时，MAC 地址表为空，交换机把帧的源地址(PC1 MAC 地址 eca8.6b88.628a)与其接收端口(Fa0/1)的映射关系写入 MAC 地址表；同时，因为地址表中没有与帧目的地址(PC2 MAC 地址 f0de.f11b.5481)相匹配的表项，交换机会向除接收端口(Fa0/1)外的所有端口(实验环境中只有 Fa0/2)转发此帧，最终 PC2 会接收到该帧。PC2 发送响应帧的过程与此类似，交换机学习到了 MAC 地址“f0de.f11b.5481”与端口 Fa0/2 的映射关系。

**2. 管理静态 MAC 地址表项**

(1) 向 MAC 地址表中添加静态地址表项。把 PC2 的 MAC 地址静态绑定到 Fa0/3 端口(注意：PC2 仍然连接到 Fa0/2 端口)。

```
sw3550(config)#mac-address-table static f0de.f11b.5481 vlan 1 interface Fa0/3
sw3550#show mac-address-table | exclude CPU
          Mac Address Table
-------------------------------------------


Vlan    Mac Address       Type        Ports
----    -----------       --------    -----
1       eca8.6b88.628a    DYNAMIC     Fa0/1
1       f0de.f11b.5481    STATIC      Fa0/3
Total Mac Addresses for this criterion: 50
```

再在 PC1 上用“ping”命令测试 PC2 是否可达。命令执行结果显示“Request timed out.”，原因是目的地址为“f0de.f11b.5481”的帧现在根据 MAC 地址表全部被转发到 Fa0/3 端口了，而 PC2 连接在 Fa0/2 端口上。

(2) 撤销添加的静态 MAC 地址表项。

```
sw3550(config)# no mac-address-table static f0de.f11b.5481 vlan 1 interface Fa0/3
```

# 5.3　生成树协议

## 5.3.1　生成树协议简介

构建网络时，为了保证在设备或链路出现故障时不影响正常通信，往往对关键设备和关键链路进行冗余配置。但如果网络设计不合理，冗余的设备和链路可能会构成环路，从而引发诸多问题。例如，数据链路层网络的环路会引起广播风暴、单帧多次递交以及转发表不稳定等。

生成树协议(Spanning Tree Protocol，STP)是一个数据链路层管理协议，目的是在二层物理网络上建立一个无环的逻辑链路拓扑结构。STP 起源于 DEC 公司的“网桥到网桥”

协议，IEEE 802 委员会制定了生成树协议系列标准 IEEE 802.1D。

### 1. STP 术语

为了理解 STP 的工作原理，首先介绍一些 STP 术语。

(1) 网桥协议数据单元(Bridge Protocol Data Unit，BPDU)：BPDU 分为“配置 BPDU”和“拓扑变更通告 BPDU”两种类型。交换机每隔 2 秒会向网络发送配置 BPDU，根据这些报文，交换机可以判断自己的位置并设置端口的工作状态。拓扑变更通告 BPDU 用于通知所有交换机快速老化其转发表并重新计算生成树。

(2) 网桥号(Bridge ID，BID)：BID 用于标识网络中的交换机。生成树协议中的 BID 包括两部分：第一部分是优先级，占 2 字节，范围是 0～65 535，默认值是 32 768；第二部分是交换机 MAC 基地址，占 6 字节。

(3) 根网桥(Root Bridge)：具有最小网桥号的交换机将成为根网桥。整个网络中只能有一个根网桥，其他网桥称为非根网桥。

(4) 指定网桥(Designated Bridge)：网络中的每个网段要选出一个指定网桥，负责收发本网段的数据包。指定网桥到根网桥的累计路径代价最小。

(5) 根端口(Root Port)：非根网桥需要选择一个端口作为根端口。根端口到达根网桥的累计路径代价最小，交换机通过根端口和根网桥通信。

(6) 指定端口(Designated Port)：非根网桥还要为连接的每个网段选出一个指定端口。一个网段的指定端口是指该网段到根网桥累计路径代价最小的端口。该网段通过此端口向根网桥发送数据包。对于根网桥来说，其每个端口都是指定端口。一个网段的指定端口所在的交换机就是该网段的指定网桥。

(7) 非指定端口(Non Designated Port)：除根端口和指定端口外的所有其他端口是非指定端口。这些端口处于阻塞状态，不允许转发任何用户数据。

### 2. STP 工作要点

STP 通过逻辑地将某端口阻塞来断开环路，使得任何两台主机之间只有一条唯一的通路，达到既冗余又无环的目的，如图 5.6 所示。

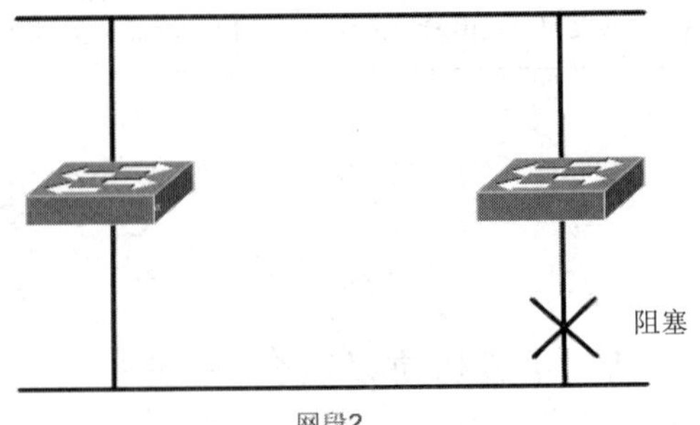

图 5.6　通过端口阻塞断开环路

#### 1) 确定根网桥

根据 IEEE 802.1D 标准，网络中只有一个交换机被标明为根网桥。交换机间通过交换配置 BPDU 来确定根网桥。

初始启动时，每台交换机都假定自己是根网桥，把自己的网桥号保存为当前的根网桥号，并周期性地从自己所有可用的端口发送配置 BPDU(以 Bridge Group Address 为目的地址)，在其中声明自己是根网桥(包含根网桥 BID)。

交换机收到其他交换机发送的配置 BPDU 时，比较其中的根网桥号与自己保存的根网桥号。如果 BPDU 中根网桥的 BID 比自己保存的根网桥 BID 小，则以这个网桥为根网桥，记录其 BID；同时，向除接收端口外的其他所有可用端口发送配置 BPDU，在其中声明当前自己所认为的根网桥。如果 BPDU 中的根网桥 BID 比自己保存的根网桥 BID 大，则从接收该 BPDU 的端口发送配置 BPDU，并在其中声明当前自己保存的根网桥。若当前交换机不是根网桥，它将不再周期性发送根网桥声明。

最后，具有最小网桥号的交换机将成为网络中的根网桥。

2) 确定根端口及指定端口

当根网桥确定后，其他非根网桥要确定自己的根端口，每个网段还要确定一个指定端口。根端口是交换机到达根网桥的累计路径代价最小的端口；一个网段的指定端口是指该网段到根网桥累计路径代价最小的端口。在交换 BPDU 过程中，一个网段上的所有端口都会学习到其他端口的路径代价，其中具有最小路径代价的端口将成为该网段的指定端口。

路径代价反映了到达根网桥的费用，计算原则是链路带宽越大，代价越小。表 5-3 给出了链路带宽与路径代价的对应关系。如果路径代价相等，则拥有较低网桥号的交换机的端口将成为网段的指定端口。既不是根端口，也不是指定端口的端口将成为非指定端口。

表 5-3　生成树协议中链路带宽与路径代价

| 链路带宽 | 路径代价 | 链路带宽 | 路径代价 |
|---|---|---|---|
| 4 Mb/s | 250 | 622 Mb/s | 6 |
| 10 Mb/s | 100 | 1 Gb/s | 4 |
| 16 Mb/s | 62 | 10 Gb/s | 2 |
| 100 Mb/s | 19 | > 10 Gb/s | 1 |
| 155 Mb/s | 14 | | |

3) 端口状态

交换机上的端口可处于下列五种状态之一：阻塞、侦听、学习、转发或无效状态。

(1) 阻塞状态(Blocked)：处于阻塞状态的端口不能进行(用户数据)帧转发，也就避免了由于网络中存在环路而引起的报文重复(Duplication)。此状态下，交换机端口只接收 BPDU 报文并按生成树协议处理，但不进行转发表学习。当协议定时器超时，或交换机任意端口接收到配置 BPDU 时，阻塞的端口进入侦听状态。交换机启动时所有端口都处于阻塞状态。

(2) 侦听状态(Listening)：处于侦听状态的端口被暂时禁止用户帧转发，以防止网络中存在临时环路。此时，端口接收 BPDU 报文并按生成树协议处理，不进行转发表学习，因为网络拓扑还不稳定。协议定时器超时后，端口从侦听状态转入学习状态。

(3) 学习状态(Learning)：处于学习状态的端口仍被禁止用户帧转发，但交换机将进行转发表学习。端口接收 BPDU 报文并按生成树协议处理。协议定时器超时后，端口进入转发状态。

(4) 转发状态(Forwarding)：在转发状态下，端口开始转发用户数据帧(同时进行转发表学习)。端口也接收 BPDU 报文并按生成树协议处理。

(5) 无效状态(Disabled)：无效状态不是正常的生成树协议状态。处于无效状态的端口不参与生成树计算，也不参与用户帧转发。当一个接口无外接链路、被管理性关闭的情况下，它将处于无效状态。

4) 重新计算生成树

由于网桥或链路故障导致网络拓扑结构变化后，要重新计算网络的生成树。

非根网桥交换机侦测到端口失效(拓扑变化)时，会通过拓扑变更通告 BPDU 通知根网桥；而根网桥在收到拓扑变更通知，或自己侦测到拓扑变化时，会在其周期性发送的配置BPDU中包含拓扑变更指示，从而通知所有交换机重新计算生成树。

若根网桥发生故障，其他交换机将无法周期性地接收到根网桥发送的配置BPDU报文，从而导致生成树状态超时，这也会引发生成树的重新计算。

## 5.3.2 Packet Tracer 简介

Packet Tracer是由Cisco公司设计的一套网络设备模拟软件，具有界面直观、操作简单和容易上手等特点，可在Windows和Linux系统中运行。网络互联实验需要多台路由器、交换机以及PC等设备，真实实验室环境往往无法满足大型网络互联实验需求。Packet Tracer提供了一种简便的实验方法，只需要在一台PC上安装模拟软件，就可在其中完成大规模的网络互联实验，而且在软件中对路由器、交换机等关键设备的操作几乎和真实的物理设备操作没有差别。Packet Tracer 5.0还新增加了一个多用户特性，支持在不同地理位置的多个使用者通过互联网一起合作完成大型的网络互联实验。

Packet Tracer安装简单。当启动软件后，其工作主界面如图5.7所示。在此简要介绍它的几个主要组成部分，更详细的内容请参考随机帮助文档。

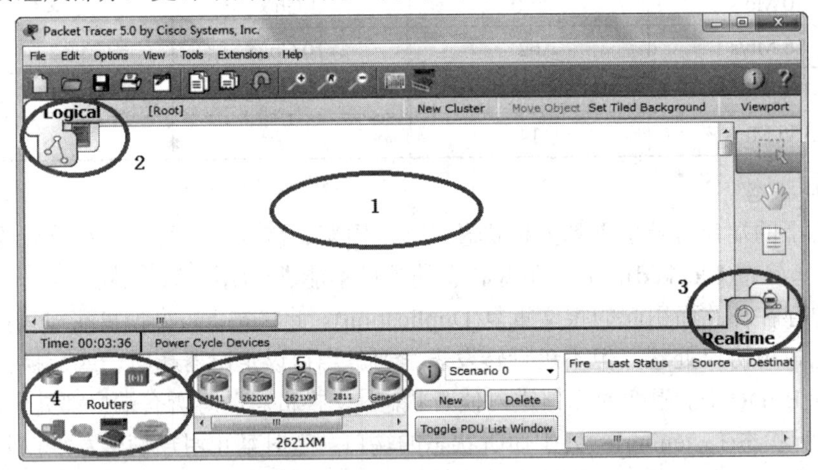


图5.7 Packet Tracker启动主界面

(1) 工作区(Workspace)。用户在工作区中搭建实验互联网络、查看模拟过程及结果以及其他信息或统计值等。

(2) 逻辑视图与物理视图切换及导航工具条(Logical/Physical Workspace and Navigation Bar)。用户可通过“Logical”或“Physical”标签在逻辑视图或物理视图间进行切换。在逻辑视图中，工作区中显示网络的连接拓扑，可通过工具条上的按钮退回到上一层次集群、创建新集群、移动对象、设置背景、设置视角等。在物理视图中，网络拓扑与物理位置相联系，使用者可以在不同物理位置间进行切换；还可以通过工具条上的按钮创建新城市、新建筑物、新房间、移动对象、设置背景及背景网格等。

(3) 实时模式与模拟模式切换工具条(Realtime/Simulation Bar)。用户通过工具条上的“Realtime”和“Simulation”标签可在实时模式和模拟模式间进行切换。在实时模式中，网络中的事件连续处理，而在模拟模式下，网络事件的处理可由使用者控制，一次只处理一个事件。在实时模式下，工具条上还提供了重启设备(Power Cycle Devices)和快速向前推进时间(Fast Forward Time)按钮；在模拟模式下，除设备重启按钮外，还有事件处理控制按钮(Play Control)、事件列表(Event List)显示/隐藏按钮等。两种模式下，工具条上都有一个时钟，显示网络的模拟运行时间。

(4) 设备类型选择框(Device-Type Selection Box)。这里列出了 Packet Tracer 支持的设备类型，如集线器、交换机、路由器、无线设备、WAN 仿真设备以及连接等。

(5) 设备选择框(Device-Specific Selection Box)。在设备类型选择框中选中某种类型后，这里列出该类型的具体设备。例如，若选中的是交换机设备，则列出具体型号的交换机；若选中的是连接设备，则列出直通双绞线、交叉双绞线、光纤、同轴电缆等。使用者可以用鼠标从这里拖拽具体的设备或连接线到工作区中创建网络。

在工作区中添加设备后，单击设备图标，会弹出设备配置管理窗口。交换机和路由器的配置窗口通常包括三个选项卡：物理(Physical)、配置(Config)和 CLI(Command Line Interface)。图 5.8 所示是一个交换机的配置窗口(Physical 选项卡)，通过该窗口可方便地对设备进行配置和管理。物理选项卡用于给设备添加新的物理模块、控制电源开关(如果设备有的话)等；配置选项卡支持以图形接口方式进行设备配置；而 CLI 则支持用命令行进行设备配置。CLI 相当于通过终端仿真软件连接到交换机或路由器的 console 端口进行操作。如图 5.9 所示是一个 PC 的配置窗口(Desktop 选项卡)。桌面(Desktop)选项卡列出了可在该 PC 上运行的程序，如 IP 配置(IP Configuration)、终端仿真(Terminal)、命令行窗口(Command Prompt)等。

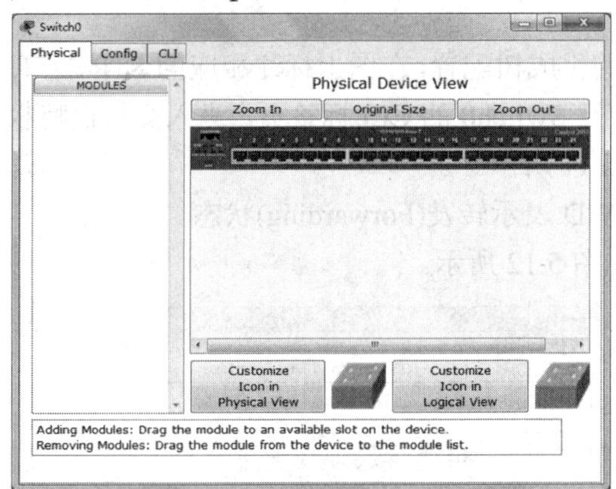


图 5.8 交换机配置窗口

图 5.9 PC 配置窗口

## 5.3.3 实验 生成树协议的配置

**【实验目的】**

通过观察生成树状态，分析生成树协议工作过程，理解其工作原理。

**【实验环境】**

计算机 1 台，安装有 Packet Tracer 5.0。

**【实验过程】**

**1. 搭建网络**

按图 5.10 所示网络拓扑在 Packet Tracer 中连接好网络，包括 3 台 Catalyst 2950-24 交换

机和 3 台 PC。

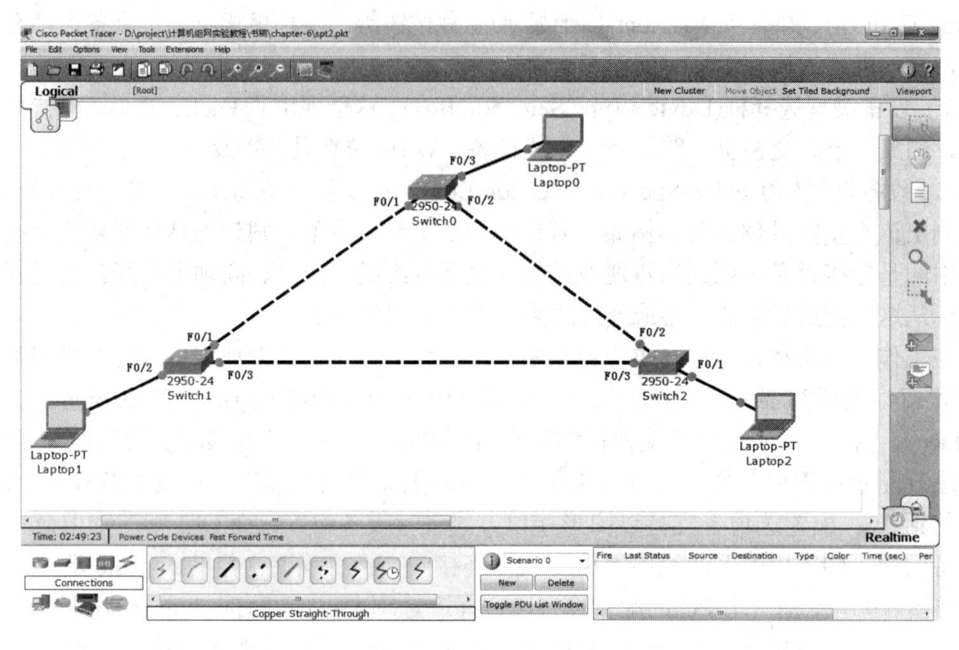


图 5.10　网络拓扑

## 2. 查看生成树

画出图 5.10 所示网络拓扑，查看各交换机的生成树配置，在图上标注相应的 STP 端口。

(1) 查看交换机 Switch0 的生成树状态。打开 Switch0 的 CLI 标签页，进入交换机特权模式，输入“show spanning-tree”命令，如图 5.11 所示。

**注意：**Desg 表示指定(Designated)端口，FWD 表示转发(Forwarding)状态。

(2) 查看交换机 Switch1 的生成树状态，如图 5.12 所示。

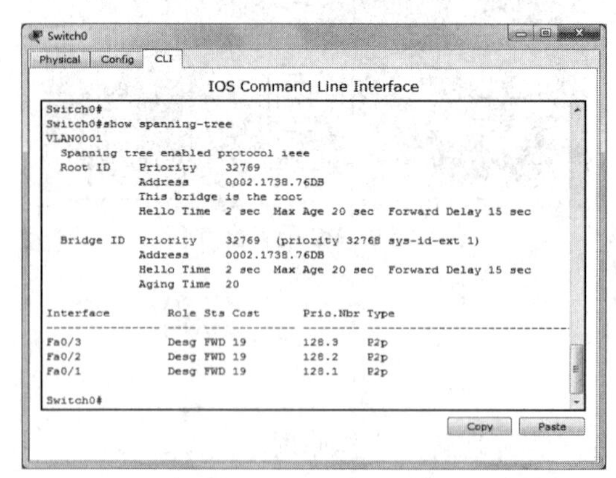


图 5.11　Switch0 的生成树状态

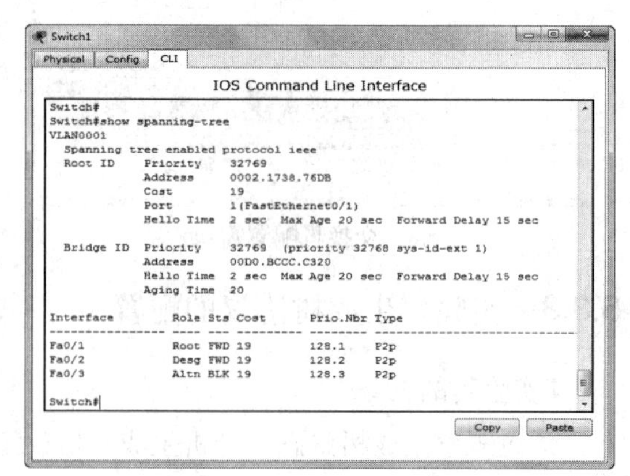


图 5.12　Switch1 的生成树状态

**注意：**Altn 表示可选(Alternate)状态，即非指定端口；BLK 表示阻塞(Blocked)状态；Root 表示根端口。

(3) 查看交换机 Switch2 的生成树状态，如图 5.13 所示。

(4) 打开 Switch2 的 CLI，进入接口配置模式(Fa0/2)，执行“shutdown”命令，关闭 Switch2

的 F0/2 端口，模拟网络故障，如图 5.14 所示。

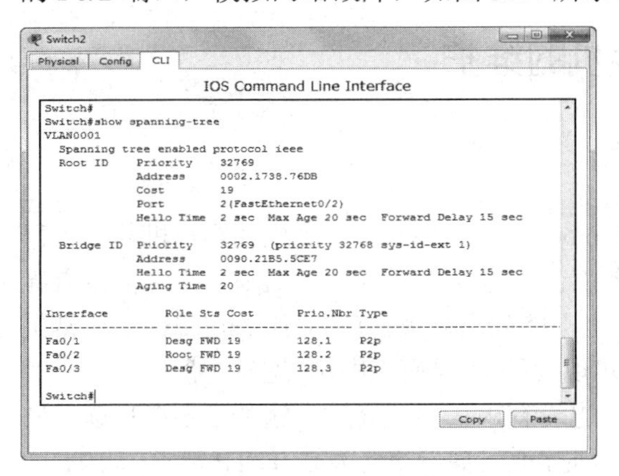


图 5.13　Switch2 的生成树状态

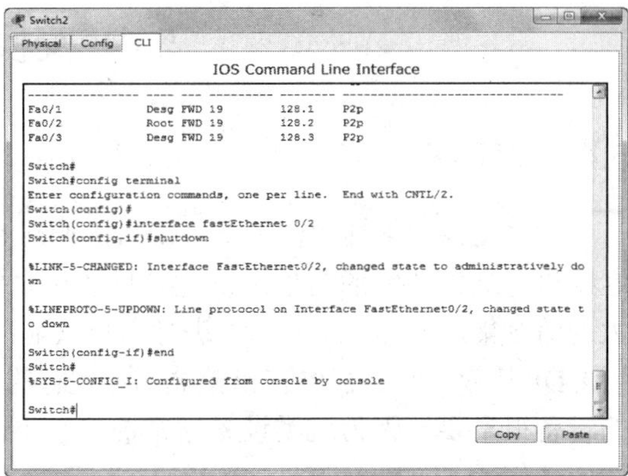


图 5.14　关闭 Switch2 的 Fa0/2 端口

(5) 生成树协议监测到网络故障后，将调整其状态；待网络收敛后，再次查看交换机的生成树状态。Switch0、Switch1 和 Switch2 的生成树状态分别如图 5.15、图 5.16 和图 5.17 所示。

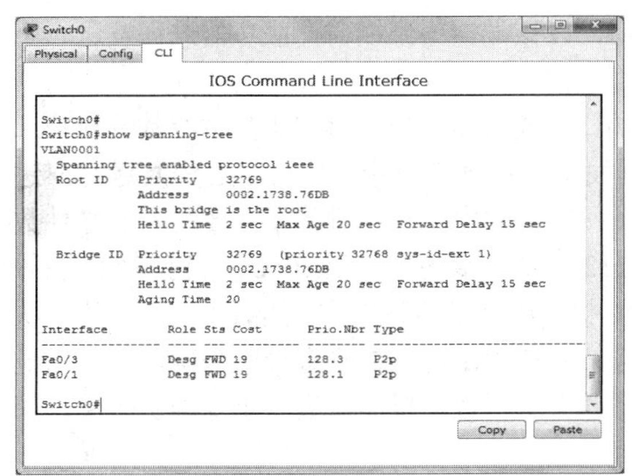


图 5.15　关闭端口后 Switch0 的生成树状态

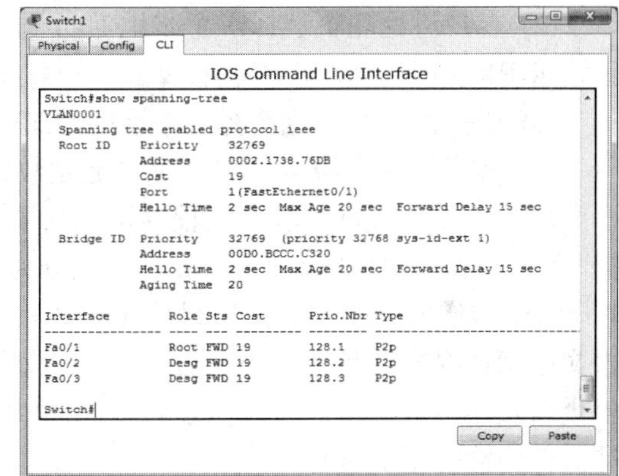


图 5.16　关闭端口后 Switch1 的生成树状态

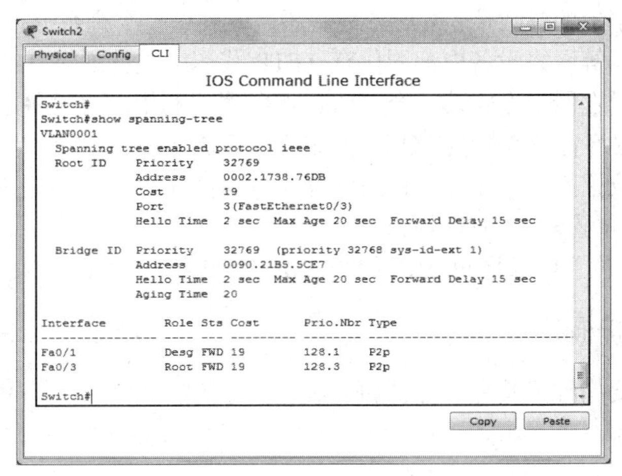


图 5.17　关闭端口后 Switch2 的生成树状态

(6) 在网络拓扑图上重新标出根网桥以及各交换机的根端口、指定端口和非指定端口。

# 5.4 交换机的维护

## 5.4.1 TFTP 简介

简单文件传输协议(Trivial File Transfer Protocol，TFTP)是一个用来在客户机与服务器之间进行文件传输的简单协议。它只能从服务器上读取文件或向服务器写入文件，没有庞大的命令集，不支持交互，不进行用户认证，也不能列出目录。TFTP 服务在传输层通常采用 UDP 协议，有自己的差错控制措施。它的实现代码所占空间很小，这对无盘工作站一类的设备很重要，因为这类设备通常内存较小，也没有永久存储介质。这类设备在只读存储器中固化了 TFTP、UDP 和 IP 代码，当设备运行时，通过向网络上发送 TFTP 请求，从 TFTP 服务器获得所需的文件(如操作系统)，或向服务器写入文件。TFTP 支持“netascii”(为 Telnet 协议修正的 ASCII 码)和“octet”(原始 8 位字节)两种文件传输模式。

TFTP 采用类似于停止等待协议的工作方式：

(1) TFTP 服务器进程打开 UDP 端口 69，等待接收客户端请求。

(2) 客户进程随机选择一个本地 UDP 端口，以该端口为源端口向服务器进程发送一个读请求(RRQ)或写请求(WRQ)报文。

(3) 服务器进程随机选择一个新的 UDP 端口，通过该端口与客户进程进行数据交换。

(4) 客户进程和服务器进程都可能是数据发送方：读请求中，服务器进程发送客户进程所请求的文件数据，客户进程发送确认报文；写请求中，客户进程发送要写入的文件数据，服务器进程发送确认报文。文件被划分为 512 字节长度的数据块(Block)，并按序编号(从 1 开始)，发送方把一个数据块封装在一个 UDP 报文中发送给接收方，然后等待对方的确认报文；确认报文中包含所确认数据报文的编号。若在规定时间内没有接收到确认，发送方就重新发送该数据块。接收方在规定时间收不到下一个数据报文，也要重发确认报文，保证文件传输能正确进行。

(5) 最后一个数据块的长度往往不是 512 字节，这可作为数据传输结束的标志。若文件长度恰好是 512 字节的整数倍，发送方最后还需要发送一个空数据报文，表明传输结束。

交换机、路由器等网络设备中都固化有 TFTP 代码，支持通过 TFTP 协议进行网络设备维护。例如，可以在网络上安装一个 TFTP 服务器，利用网络设备中的命令实现其操作系统、配置文件的网络备份或恢复。Cisco IOS 中，可通过“copy”命令来实现备份或恢复，其功能是将某个源位置的文件复制到目的位置，命令格式如下：

copy <源位置> <目的位置>

其中，源位置或目的位置可以是 FLASH、DRAM、NVRAM、SCP、SFTP、TFTP 或 FTP 等。

## 5.4.2 交换机维护概述

交换机维护主要指维护其配置文件和 IOS。

### 1. 配置文件

配置文件中包含有用户设置的交换机属性，用于控制交换机的行为。在基于 Cisco IOS 的交换机中，配置文件是存储在 flash 文件系统的文本文件 config.text。同时，这个文件还被映射为虚拟文件系统 NVRAM 中的文件 startup-config。NVRAM 虚拟文件系统是 Cisco IOS 中专用于存储配置文件的一个特殊文件系统。交换机启动时读取 startup-config，将其加载到内存中，称为 running-config 配置文件。对基于 Cisco IOS 的交换机，通过 CLI 命令所做的配置实际上只是修改了内存中的文件 running-config，若要永久保留配置信息，必须明确地用 running-config 覆盖 startup-config 文件，例如执行命令“write”或“copy running-config startup-config”。也可通过“copy startup-config running -config”命令来加载保存的配置设置信息到内存中。

2. IOS

交换机启动过程中会执行两个软件系统：ROM 监控软件（ROM monitor）和管理引擎系统（supervisor engine system，即操作系统 IOS 镜像）。当加电或重启时，交换机首先执行 ROM 监控软件，进入监控模式，并读取 NVRAM 中的配置信息（startup-config）引导交换机或者停留在 ROM 监控模式，或者加载一个操作系统镜像运行。配置寄存器（configuration register）和 BOOT 环境变量共同决定着交换机如何启动。

BOOT 环境变量定义了一系列镜像文件。若指定根据 BOOT 环境变量启动，交换机会依次尝试用这些镜像文件引导系统。如果所有尝试都失败了，交换机将进入 ROM 监控模式。BOOT 变量默认为空。交换机根据配置寄存器（的若干位）来引导系统启动。配置寄存器为缺省值时，交换机加电后，首先尝试根据 BOOT 环境变量引导系统；若 BOOT 环境变量为空，交换机将加载在 flash 文件系统中找到的第一个有效的 IOS 文件；最后，若没有找到有效 IOS 文件，交换机将停留在 ROM 监控模式。可通过 IOS 命令改变配置寄存器或 BOOT 变量设置来改变交换机的启动行为。

Cisco IOS 镜像文件以“.bin”为文件后缀名。IOS 文件可能存储在 flash 文件系统的根目录下（如 Catalyst 2940、 2950 或 2955 系列交换机），或存储在根目录下自己的子目录中（如 Catalyst 2970、3550、3560 和 3750 系列交换机；子目录名与 IOS 文件名相同，但没有“.bin”后缀）。ROM 监控软件在 flash 文件系统中查找镜像文件采用递归深度优先算法，即先完全查找一个个遇到的子目录，然后再在父目录中查找。

当交换机中没有有效的 IOS 时，将无法正常启动。此时需要重新下载合适版本的 IOS 文件到交换机中，最基本的方法是通过终端仿真软件执行文件复制命令。高配置的交换机（如 Catalyst 4500/4000 系列）配备有以太网管理端口（MGT Port），在这个接口上可设置 IP 环境，从而通过 TFTP 等网络方式来恢复。

### 5.4.3 实验　IOS 的备份和升级

**【实验目的】**

掌握通过 TFTP 服务备份或升级交换机 IOS 的方法。

**【实验环境】**

计算机 1 台，安装有 Packet Tracer 5.0。

**【实验过程】**

**1. 搭建网络**

在 Packet Tracer 5.0 中搭建一个如图 5.18 所示的网络，包括 1 台 Generic 服务器和 3 台

Catalyst 2950-24 交换机。其中，Generic 服务器用作 TFTP 服务器；Switch1 向 TFTP 服务器备份其 IOS 镜像文件；而 Switch2 从 TFTP 下载该镜像文件，并用新的镜像启动，模拟 IOS 升级过程。

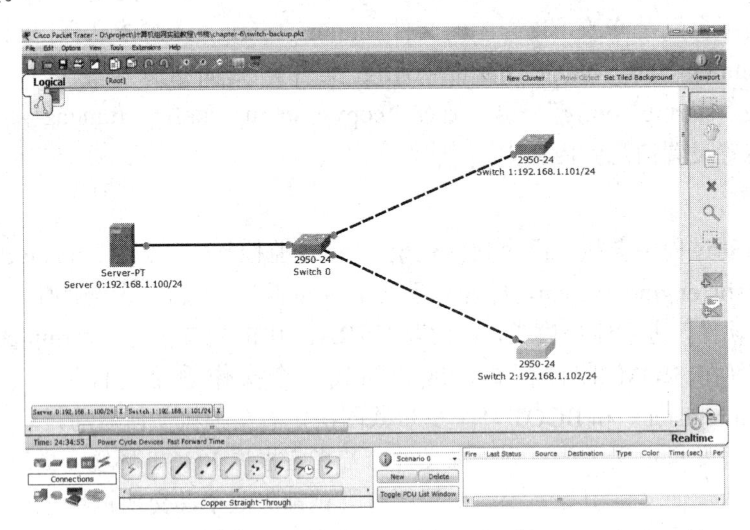


图 5.18　IOS 备份/升级网络拓扑

## 2. 配置 TFTP 服务器

默认情况下，Generic 服务器中已经安装并运行了 TFTP 服务。在工作区中点击服务器，弹出其配置窗口，如图 5.19 所示。选择“Config”标签页，在左侧“SERVICES”列表中选择“TFTP”，窗口右侧显示 TFTP 服务处于运行(on)状态，并列出了服务器上已经存在的文件。为了后续实验中易于查看上传的文件，点击右下角的“Remove File”按钮，删除这些文件。

在服务器配置窗口中选择“Desktop”标签页，点击“IP Configuration”图标，给 TFTP 服务器配置 IP 地址和子网掩码，如图 5.20 所示。

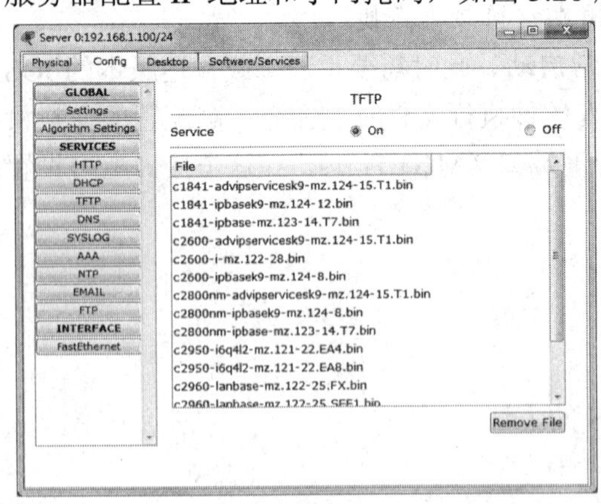


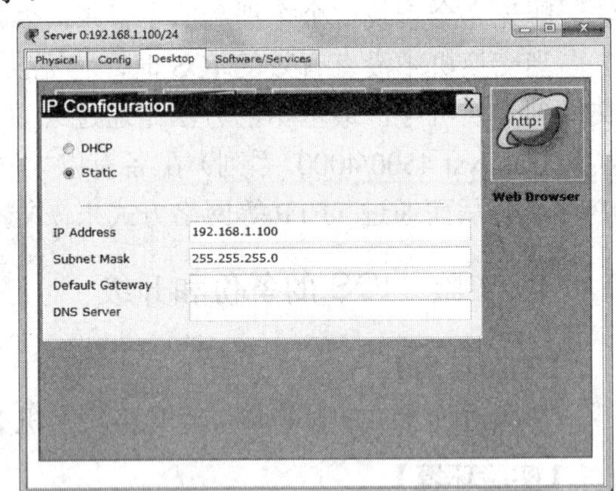


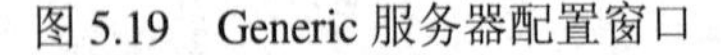

图 5.19　Generic 服务器配置窗口　　　　图 5.20　TFTP 服务器的 IP 地址配置

## 3. 配置交换机 IP 地址

交换机要能与 TFTP 服务器进行通信，需要配置一个 IP 地址。实验中设置 Switch1 的 IP 地址为“192.168.1.101/24”，Switch2 的 IP 地址为“192.168.1.102/24”。打开 Switch1 的

“CLI”标签页，配置其 Vlan 1 的 IP 地址，并用“ping”命令测试与 TFTP 服务器的连通性，如图 5.21 所示。用同样的方法配置 Switch 2 的 IP 地址。

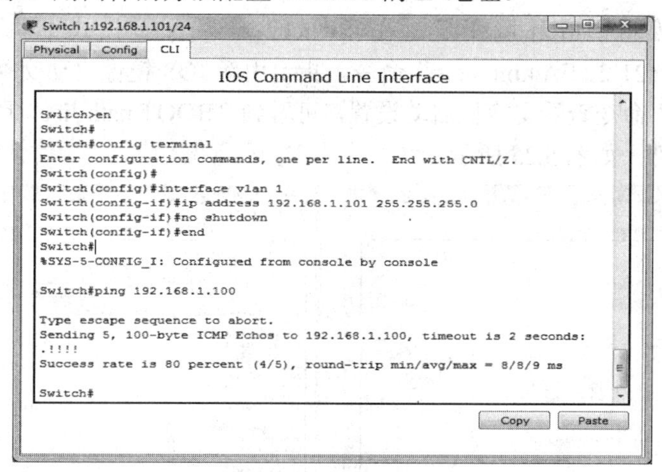


图 5.21　Switch1 IP 地址配置

### 4. 备份 Switch1 的 IOS

在 Switch1 的 CLI 选项卡中，用“dir”或“show”命令查看 flash 文件系统中的 IOS 镜像文件，用“copy”命令将镜像文件备份到 TFTP 服务器上。输入“copy flash tftp”命令并回车后，交换机询问要备份的文件名称，输入 IOS 镜像文件名并回车；接着询问 TFTP 服务器的名称或地址，输入 TFTP 服务器的 IP 地址(192.168.1.100)后回车；再询问目的文件名称，默认与源文件同名，回车确认。交换机开始文件传输，并显示完成进度，如图 5.22 所示。此时，在 TFTP 服务器上可看到上传的镜像文件，如图 5.23 所示。

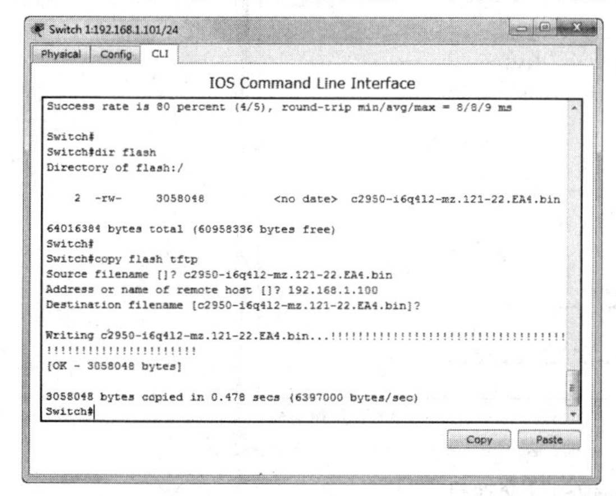


图 5.22　备份 Switch1 的 IOS 镜像到 TFTP 服务器

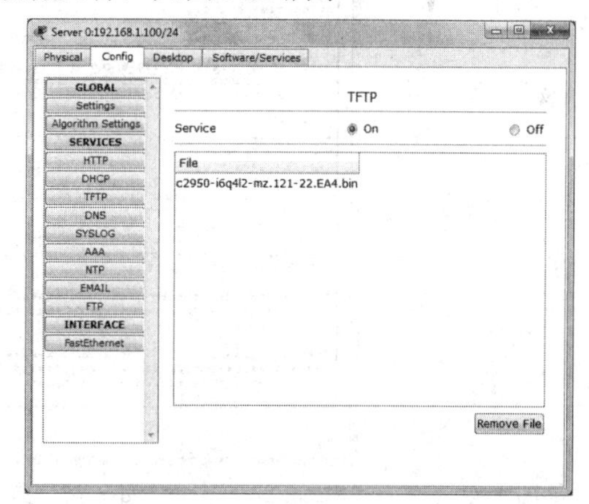


图 5.23　TFTP 服务器文件列表

### 5. 升级 Switch2 的 IOS

当有新版本的 IOS 可用时，可将新 IOS 下载到交换机中，并用新 IOS 来启动交换机。实验中通过在 Switch2 上下载 Switch1 备份的 IOS 文件，并用该文件启动 Switch2 来模拟通过 TFTP 升级 IOS 的过程。

(1) 下载“新”IOS 镜像文件。在 Switch2 上执行“copy tftp flash”命令，从 TFTP 服务器上下载 Switch1 备份的 IOS 文件，并重命名为“c2950-i6q4l2-mz.121-22.EA4.bin.new”，

如图 5.24 所示。用“dir”命令查看 flash 文件系统，发现 Switch2 上现在有两个 IOS 镜像文件。

(2) 设置交换机引导环境变量。在 Switch2 全局配置模式下执行“boot system c2950-i6q412-mz.121-22.EA4.bin.new”命令，指定用新 IOS 镜像启动交换机；在特权模式下用“show boot”命令查看交换机启动设置，可看到“BOOT path-list”环境变量已经变为新的 IOS 镜像文件，如图 5.25 所示。

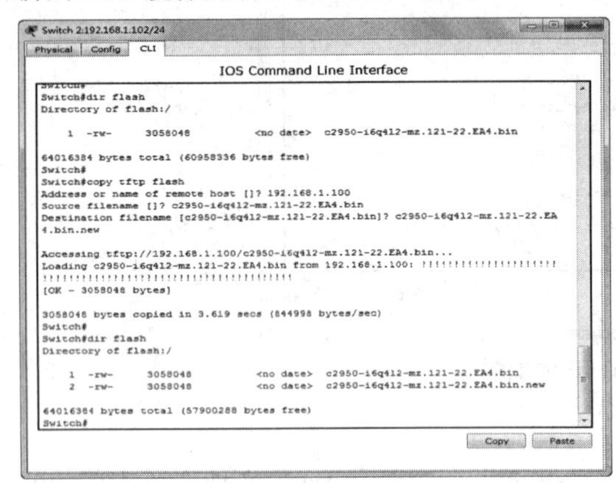


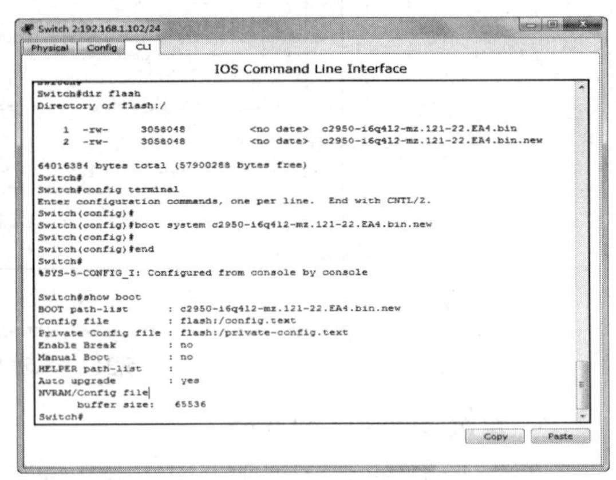


图 5.24　从 TFTP 服务器复制 IOS 镜像文件　　图 5.25　设置 Boot 镜像

(3) 在 Switch2 的特权模式下，执行“reload”命令，重新启动交换机。注意提示信息中的“Loading”一行，显示此次交换机启动加载的是新 IOS 镜像，如图 5.26 所示。

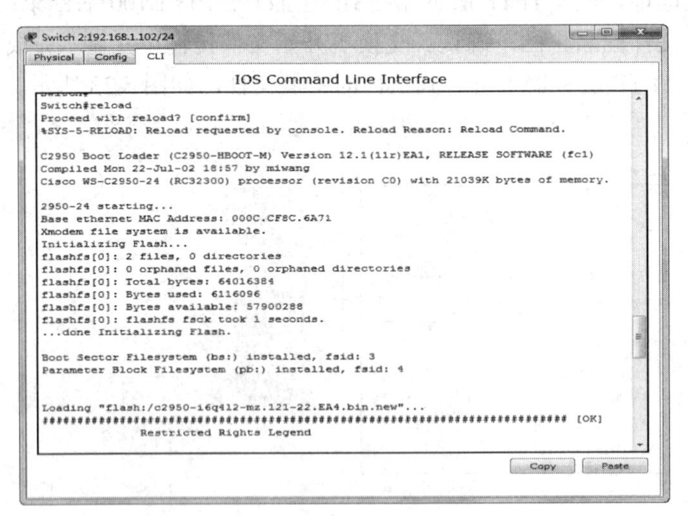


图 5.26　新镜像引导交换机

## 5.4.4　实验　配置文件的备份和恢复

**【实验目的】**

掌握通过 TFTP 服务器备份和恢复交换机配置文件的方法。

**【实验环境】**

计算机 1 台，安装有 Packet Tracer 5.0。

**【实验过程】**

实验中使用图 5.18 所示的网络，备份并恢复 Switch1 上的配置文件。

### 1. 备份 Switch1 的配置文件

1) 查看 NVRAM 中的配置文件

打开 Switch1 的 CLI 选项卡，在特权模式下执行命令“write”，将交换机的当前配置(即 running-config)写入配置文件 startup-config；执行“dir nvram”命令查看 NVRAM 中生成的配置文件，如图 5.27 所示。

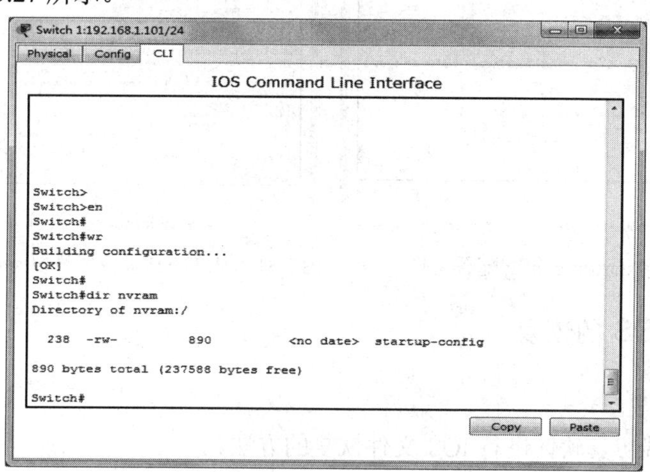


图 5.27　生成 startup-config 配置文件

2) 备份 startup-config 文件

执行“copy startup-config　tftp”命令，将配置文件备份到 TFTP 服务器，如图 5.28 所示(注意：备份的文件名改成了“Switch-config”)；可在 TFTP 服务器看到备份的配置文件，如图 5.29 所示。

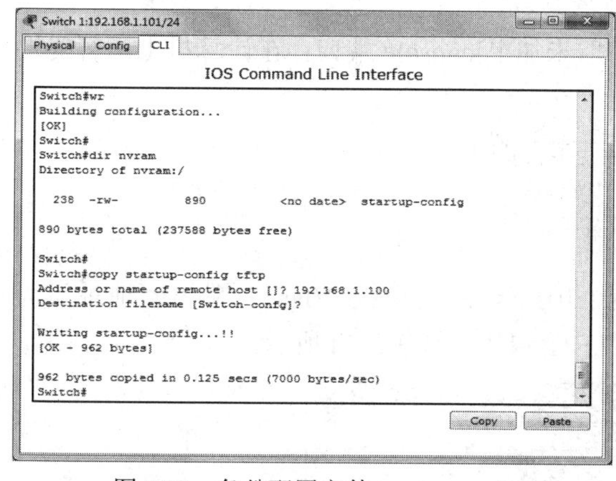


图 5.28　备份配置文件 startup-config

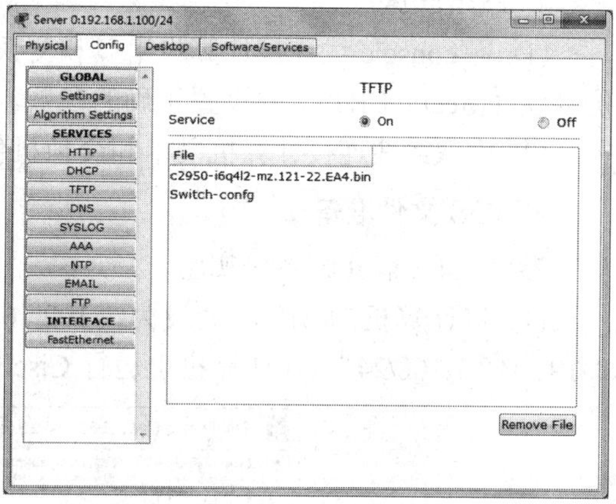

图 5.29　TFTP 服务器文件列表

### 2. 恢复 Switch1 的配置文件

1) 删除 NVRAM 中的配置文件

执行“erase startup-config”命令删除配置文件，用“show startup-config”和“dir nvram：”命令查看删除结果，如图 5.30 所示。

2) 从 TFTP 服务器复制 startup-config 配置文件到 NVRAM

执行“copy tftp　startup-config”命令，从 TFTP 服务器恢复配置文件，如图 5.31 所示。可以通过“dir nvram:”命令查看文件状态或通过“show startup-config”命令查看文件内容。

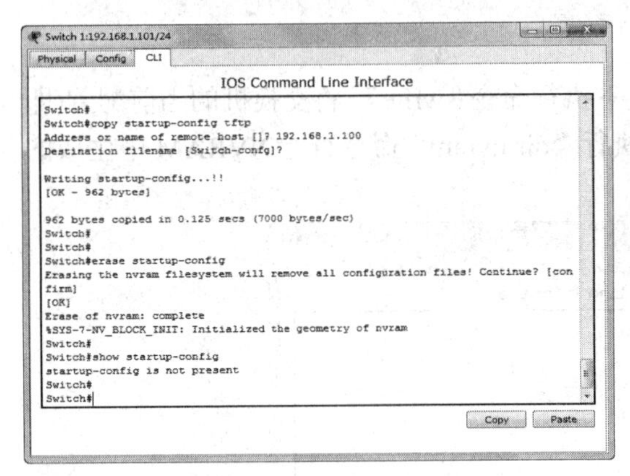


图 5.30　删除 startup-config 配置文件

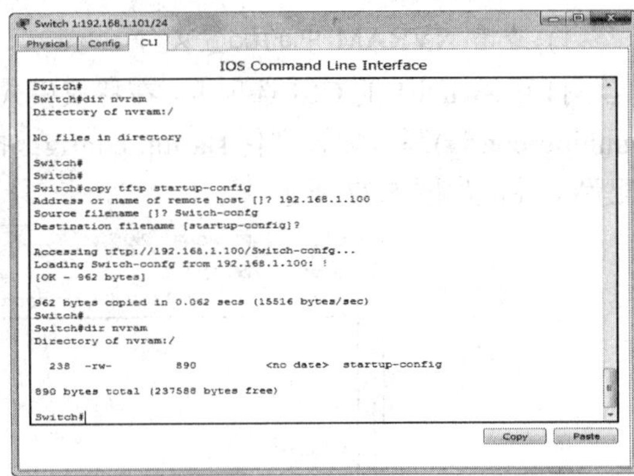


图 5.31　从 TFTP 服务器恢复 startup-config 配置文件

## 5.4.5　实验　IOS 的恢复

**【实验目的】**

掌握通过终端仿真软件进行 IOS 文件恢复的方法。

**【实验环境】**

计算机 1 台，交换机 1 台(Catalyst 3550 Series)，直通双绞线 1 根，console 连接线 1 根，终端仿真软件 SecureCRT 7.0，Cisco TFTP 服务器 1.1。

**【实验过程】**

### 1. 网络连接

(1) 用 console 线连接计算机串口和交换机(未加电)console 端口；在计算机上运行终端仿真软件(SecureCRT)，并设置正确的参数。

(2) 用双绞线连接计算机网卡和交换机任一普通端口。

### 2. IOS 文件准备

参照 5.4.2 节 IOS 备份实验。

(1) 将计算机的 IP 地址设为“192.168.1.101/24”，交换机 Vlan 1 的 IP 地址设为“192.168.1.100/24”。在计算机上运行 Cisco TFTP v1.1，如图 5.32 所示。

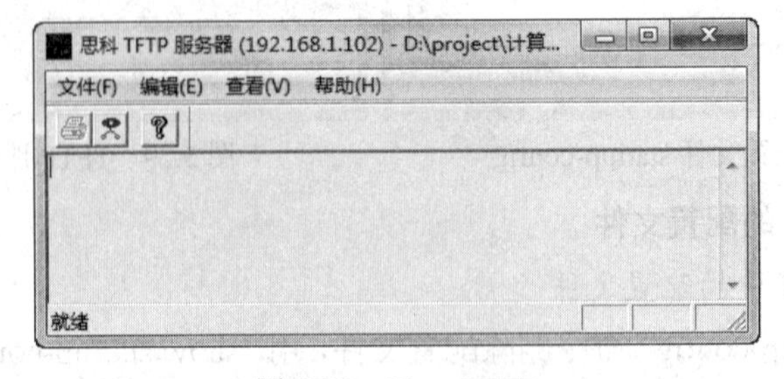


图 5.32　Cisco TFTP

(2) 执行“copy”命令，在 TFTP 上备份 IOS 文件。

**注意**：Catalyst 3550 series 交换机的 IOS 文件有目录结构，执行“copy”命令时要求在 TFTP 上有相同的目录结构，或在交换机询问目的文件名时删除目录结构，只保留文件名，如下所示：

```
sw3550#cd flash:/c3550-i5q3l2-mz.121-19.EA1c/
sw3550#dir
Directory of flash:/c3550-i5q3l2-mz.121-19.EA1c/

    7  drwx        2432   Mar 01 1993 00:03:14   html
  436  -rwx     4163995   Mar 01 1993 00:04:41   c3550-i5q3l2-mz.121-19.EA1c.bin
  437  -rwx         255   Mar 01 1993 00:04:41   info

15998976 bytes total (8822784 bytes free)
sw3550#copy c3550-i5q3l2-mz.121-19.EA1c.bin tftp
Address or name of remote host []? 192.168.1.100
    Destination filename [/c3550-i5q3l2-mz.121-19.EA1c/c3550-i5q3l2-mz.121-19.EA1c.bin]? c3550-i5q3l2-mz.121-19.EA1c.bin
!!!!!!!!!!!!!!!!!!!!!!!!!!!!!!!!!!!!!!!!!!!!!!!!!!!!!!!!!!!!!!!!!!!!!!!!!!!!!!!!!!!!!!!!!!!!!!!!!!!!!!!!!!

<省略部分显示信息>

!!!!!!!!!!!!!!!!!!!!!!!!!!!!!!!!!!!!!!!!!!!!!!!!!!!!!!!!!!!!!!!!!!!!!!!!!!!!!!!!!!!!!!!!!!!!!!!!!!!!!!!!!!
4163995 bytes copied in 28.128 secs (148037 bytes/sec)
```

在 TFTP 服务器上查看备份的 IOS 文件，确认备份成功。

### 3. IOS 文件恢复

(1) 删除交换机上的 IOS 文件，模拟 IOS 镜像损坏或丢失的情形。

```
sw3550#delete c3550-i5q3l2-mz.121-19.EA1c.bin
Delete filename [/c3550-i5q3l2-mz.121-19.EA1c/c3550-i5q3l2-mz.121-19.EA1c.bin]?
Delete flash:/c3550-i5q3l2-mz.121-19.EA1c/c3550-i5q3l2-mz.121-19.EA1c.bin? [confirm]
```

(2) 重启交换机，交换机将提示无法加载镜像文件(注意“Loading”行和“Error loading”行的错误提示信息)，进入 ROM 监控模式，提示符变为“switch:”。

```
sw3550#reload

System configuration has been modified. Save? [yes/no]: yes
Building configuration...
[OK]
Proceed with reload? [confirm]
```

```
01:19:08: %SYS-5-RELOAD: Reload requested Base ethernet MAC Address: 00:14:a8:18:b8:00
Xmodem file system is available.

<省略部分显示信息>

Loading
"flash:c3550-i5q3l2-mz.121-19.EA1c/c3550-i5q3l2-mz.121-19.EA1c.bin"... flash:c3550-i5q3l2
-mz.121-19.EA1c/c3550-i5q3l2-mz.121-19.EA1c.bin: no such file or directory

Error loading "flash:c3550-i5q3l2-mz.121-19.EA1c/c3550-i5q3l2-mz.121-19.EA1c.bin"

Interrupt within 5 seconds to abort boot process.
Boot process failed...

The system is unable to boot automatically.  The BOOT
environment variable needs to be set to a bootable
image.

switch:
```

(3) 在交换机上执行复制 xmodem 文件命令，准备接收文件。

```
switch: copy   xmodem: flash:c3550-i5q3l2-mz.121-19.EA1c/c3550-i5q3l2-mz.121-19.EA1c.bin
Begin the Xmodem or Xmodem-1K transfer now...
CCCCCCCCCC
```

(4) 在 SecureCRT 菜单上选择“传输”→“发送 Xmodem”命令，选择刚才备份的 IOS 文件，将开始文件传输并显示完成进度。文件传输完成后，终端控制台显示如下信息：

```
开始 xmodem 传输。  按 Ctrl+C 取消。
  100%     4066 KB     0 KB/s 01:34:35        0 Errors

.................................................................................................................................

<省略部分显示信息>

....................................................................................................
File "xmodem:" successfully copied to "flash:c3550-i5q3l2-mz.121-19.EA1c/c3550-i5q3l2-mz.
121-19.EA1c.bin"
switch:
```

**注意**：因为传输速率很慢(9600 b/s)，这个过程将会持续很长一段时间(甚至数小时)。可通过设置更高的波特率来加快传输。传输开始前，在交换机上执行命令“set BAUD 115200”，然后用终端仿真软件重新连接交换机(终端属性波特率也要设置为 115200 b/s)，再进行复制 xmodem 文件(“copy”命令)。完成文件传输后，要恢复交换机的波特率为 9600 b/s，执行“set BAUD 9600”或“unset BAUD”命令。

(5) 重启交换机，若新下载的 IOS 文件正确，交换机可正常启动。

```
switch: boot flash:c3550-i5q3l2-mz.121-19.EA1c/c3550-i5q3l2-mz.121-19.EA1c.bin
Loading "flash:c3550-i5q3l2-mz.121-19.EA1c/c3550-i5q3l2-mz.121-19.EA1c.bin"...#############

<省略部分显示信息>

##########################

File"flash:c3550-i5q3l2-mz.121-19.EA1c/c3550-i5q3l2-mz.121-19.EA1c.bin" uncompressed and installed, entry point: 0x3000
executing...

<省略部分显示信息>

Press RETURN to get started![Enter]


00:00:33: %SPANTREE-5-EXTENDED_SYSID: Extended SysId enabled for type vlan

<省略部分显示信息>

00:01:10: %LINEPROTO-5-UPDOWN: Line protocol on Interface Vlan1, changed state to up
sw3550>
```

# 第6章　路由器的配置

路由器是网络互联的核心设备，GNS3 软件为路由器提供了较为真实的模拟环境。本章介绍了路由器的命令模式、GNS3 软件的功能、路由器配置文件与 IOS 的维护等内容。通过对本章的学习，应该掌握路由器的基本配置、利用 GNS3 软件模拟路由器的方法，以及路由器的维护等。

## 6.1　路由器的基本配置

### 6.1.1　路由器介绍

#### 1. 路由技术

在多年之前就已经出现了对路由技术的讨论，但是直到上个世纪 80 年代路由技术才逐渐进入商业化的应用。路由技术之所以在问世之初没有被广泛使用，主要是因为 80 年代之前的网络结构都非常简单，路由技术没有用武之地。直到大规模的互联网络逐渐流行起来，才为路由技术的发展提供了良好的基础和平台。

所谓路由就是指通过相互连接的网络把信息从源地点移动到目标地点的活动。一般来说，在路由过程中，信息至少会经过一个或多个中间节点。

人们经常把路由和交换进行对比，主要是因为在普通用户看来两者所实现的功能是完全一样的。路由和交换之间的主要区别在于交换发生在 OSI 参考模型的第二层(数据链路层)，而路由发生在第三层(网络层)，这一区别决定了路由和交换在移动信息的过程中需要使用不同的控制信息，所以两者实现各自功能的方式是不同的。

路由器是互联网的主要节点设备。路由器通过路由决定数据的转发，转发策略称为路由选择(Routing)，这也是路由器(Router，转发者)名称的由来。作为不同网络之间互相连接的枢纽，路由器系统构成了基于 TCP/IP 的国际互连网络 Internet 的主体脉络，也可以说，路由器构成了 Internet 的骨架。路由器的处理速度是网络通信的主要瓶颈之一，它的可靠性直接影响着网络互连的质量。因此在园区网、地区网乃至整个 Internet 研究领域中，路由器技术始终处于核心地位，其发展历程和方向成为整个 Internet 研究的一个缩影。

#### 2. 路由器的作用

路由器可以用来连通不同的网络，并且能够选择信息传送的路径。选择通畅快捷的路径，能大大提高通信速度，减轻网络系统通信负荷，节约网络系统资源，提高网络系统畅通率，从而让网络系统发挥出更大的效益来。

从过滤网络流量的角度来看，路由器的作用与交换机、网桥非常相似。但是与工作在网络底层、从物理上划分网段的交换机不同，路由器使用专门的软件协议从逻辑上对整个网络进行划分。例如，一台支持 IP 协议的路由器可以把网络划分成多个子网络，只有网间的网络流量才可以通过路由器。对于每一个接收到的数据包，路由器都会重新计算其校验值，并写入新的物理地址。因此使用路由器转发和过滤数据的速度往往要比只查看数据包物理地址的交换机慢，但是对于那些结构复杂的网络，使用路由器可以提高网络的整体效率。路由器的另一个明显优势就是可以自动过滤网络广播。总体来说，在网络中添加路由器的整个安装过程要比即插即用的交换机复杂很多。

一般说来，不同网络互联或多个子网互联都应采用路由器来完成。路由器的主要工作就是为经过路由器的每个数据包寻找一条最佳传输路径，并将该数据有效地传送到目的站点。由此可见，选择最佳路径的策略即路由算法是路由器的关键所在。为了完成这项工作，在路由器中保存着各种传输路径的相关数据——路由表(Routing Table)，供路由选择时使用。

### 3．路由器的逻辑结构

路由器的逻辑结构主要包括 4 个部分：输入端口、交换开关、输出端口和路由处理器。

输入端口是物理链路和输入包的进口处。端口通常由线卡提供，一块线卡一般支持 4、8 或 16 个端口。输入端口具有如下一些功能：

(1) 进行链路层数据的封装和解封。

(2) 在转发表中查找输入包的目的地址，从而决定目的端口，这种过程被称为路由查找。路由查找可以使用一般的硬件来实现，或者通过在每块线卡上嵌入一个微处理器来完成。

(3) 为了提供 QoS(服务质量)，端口需要把收到的包分成几个预定义的服务级别。

(4) 端口可能需要运行诸如串行线路网际协议(Serial Line Internet Protocol，SLIP)和点对点协议(PPP)的数据链路级协议或者诸如点对点隧道协议(PPTP)的网络级协议。

交换开关可以使用多种不同的技术来实现，迄今为止使用最多的交换开关技术是总线、交叉开关和共享存储器。最简单的开关使用一条总线来连接所有输入和输出端口，总线开关的缺点是其交换容量受限于总线的容量以及为共享总线仲裁所带来的额外开销。交叉开关通过开关提供多条数据通路，具有 N×N 个交叉点的交叉开关可以被认为具有 2N 条总线。如果一个交叉点闭合，输入总线上的数据在输出总线上可用，否则不可用。交叉点的闭合与打开由调度器来控制，因此，调度器限制了交换开关的速度。在共享存储器路由器中，输入的包被存储在共享存储器中，所交换的仅是包的指针，从而提高了交换容量，但是开关的速度受限于存储器的存取速度。尽管存储器容量每 18 个月能够翻一番，但存储器的存取时间每年仅降低 5%，这是共享存储器交换开关的一个固有限制。

在包被发送到输出链路之前，输出端口对包存储可以实现复杂的调度算法，从而能够支持优先级等要求。与输入端口一样，输出端口同样要能支持链路层数据的封装和解封，以及许多较高级协议。

路由处理器计算转发表实现路由协议，并运行对路由器进行配置和管理的软件。同时，它还处理那些目的地址不在线卡转发表中的包。

### 4．路由器的物理组成

从物理组成上来看，路由器由 CPU、存储器和接口等部分组成。

1) CPU

路由器和 PC 机一样，有中央处理单元 CPU，CPU 是路由器的处理中心。对于不同的路由器，其 CPU 一般也不相同。

2) 存储器

存储器用来存储路由器的信息和数据，Cisco 路由器有以下几种存储器：

(1) ROM(Read Only Memory)。ROM 中存储路由器加电自检程序(Power-On Self-Test Program)、启动程序(Bootstrap Program)和部分或全部的 IOS。路由器中的 ROM 是可擦写的，所以 IOS 可以升级。

(2) NVRAM(Nonvolatile Random Access Memory)。非易失 RAM 用来存储路由器的启动配置文件。NVRAM 是可擦写的，可将路由器的配置信息拷贝到 NVRAM 中。

(3) FLASH RAM。闪存是一种特殊的 ROM，可擦写也可编程，用于存储 Cisco IOS 的其他版本，对路由器的 IOS 进行升级。

(4) RAM(Random Access Memory)。RAM 与 PC 机上的随机存储器相似，提供临时信息的存储，同时保存当前的路由表和配置信息。

3) 接口

路由器的接口用来连接路由器和网络，分为局域网接口和广域网接口两种。对于不同型号的路由器，接口数目和类型也不尽相同。除了 RJ-45 接口外常见的接口还有以下几种：

(1) 高速同步串口(Serial)。该端口可连接 DDN、帧中继(Frame Relay)、X.25、PSTN(模拟电话线路)。

(2) 异步串口。该端口主要用于 Modem 或 Modem 池的连接，从而实现远程计算机通过公用电话网拨入网络。

(3) AUI 端口，即粗缆口。该端口一般需要外接转换器(AUI-RJ45)，连接 10Base-T 以太网络。

(4) ISDN 端口。该端口可以连接 ISDN 网络(2B+D)，也可用来把局域网接入因特网。

(5) AUX 端口。该端口为异步端口，主要用于远程配置，也可用于拨号连接，能够与 Modem 连接，支持硬件流控制(Hardware Flow Control)。

(6) console 端口。该端口为异步端口，主要连接终端或运行终端仿真程序的计算机，用来在本地配置路由器。不支持硬件流控制。

### 5. 路由器的启动过程

路由器的启动过程可以用图 6.1 来表示，具体步骤如下：

(1) 加电之后，ROM 运行加电自检程序(POST)，检查路由器的处理器、内存及接口等硬件设备。

(2) 执行路由器中的启动程序(Bootstrap)，搜索 Cisco 的 IOS。路由器中的 IOS 可从 ROM 中装入，或从 Flash RAM 中装入，也可从 TFTP 服务器装入。

(3) 装入 IOS 后，寻找配置文件。配置文件通常在 NVRAM 中，也可从 TFTP 服务器装入配置文件。

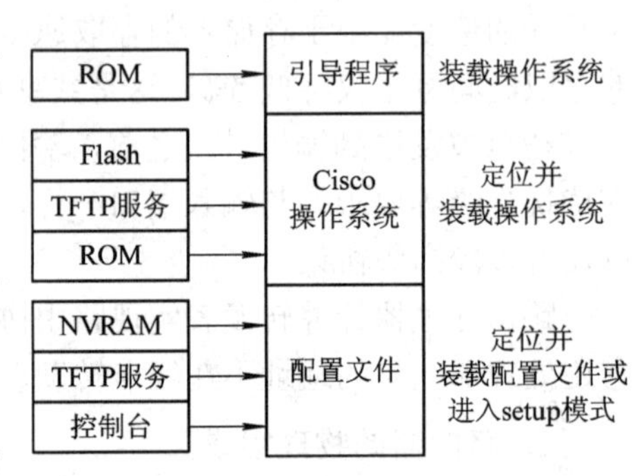


图 6.1　路由器的启动过程

(4) 装入配置文件后，其中的信息将激活有关接口、协议和网络参数。

(5) 如果找不到配置文件，路由器进入配置模式。

**6. 路由器的配置途径**

可通过以下几种途径对路由器进行配置：

(1) 控制台。将PC机的串口直接通过配置线与路由器控制台端口(console)相连，在PC机上运行超级终端程序与路由器进行通信，完成路由器的配置；也可将PC机与路由器辅助端口AUX直接相连，进行路由器的配置。

(2) 虚拟终端(Telnet)。如果路由器已经具有一些基本配置(如IP地址)，就可将运行Telnet程序的PC作为路由器的虚拟终端与路由器进行通信，完成路由器的配置。

(3) Web网管功能。Web网管功能就是通过图形化的Web页面代替繁琐的命令行来对路由器进行配置管理。当路由器启用Web网管功能后，用户可以在联网的主机上通过Web页面登录路由器的配置界面，登录路由器配置页面时使用的IP地址可以是路由器的默认IP地址或通过控制台方式配置的IP地址。

(4) 网络管理工作站。路由器可通过运行网络管理软件的工作站进行配置，如Cisco的CiscoWorks、HP的OpenView。

## 6.1.2 路由器的命令模式

路由器与交换机的配置类似，也有许多命令模式。命令模式如下：

1) 用户命令模式

路由器处于用户命令模式(router>)时，用户可以查看路由器的连接状态，访问其他网络和主机，但不能查看和更改路由器的设置内容。

2) 特权命令模式

在提示符“router>”下键入命令“enable”后，路由器进入特权命令模式(router#)，此时不但可以执行所有的用户命令，还可以查看和更改路由器的设置内容。在特权模式下键入命令“exit”，则退回到用户命令模式。在特权模式下仍然不能对路由器进行配置，必须键入命令“configure terminal”进入全局配置模式下才能实现配置。

3) 全局配置模式

在提示符“router#”下键入命令“configure terminal”，出现提示符“router(config)#”，此时路由器处于全局配置模式，可以对路由器的全局参数进行配置。

4) 局部配置模式

路由器处于局部配置模式时，可以配置路由器的局部参数，局部模式有许多种提示符，如“router(config-if)#”“router(config-line)#”“router(config-router)#”等。路由器上有许多接口，例如，多个串行口、多个以太网口，对每一接口也有许多参数需要配置。这些配置无法用一条命令来解决，所以必须进入某一接口或部件的局部配置模式，此时键入的命令只对当前接口有效，也只能键入该接口能够接受的命令。例如，可以对串行接口1的如下内容进行配置：是同步还是异步、波特率、DCE还是DTE、IP地址、关闭还是打开、使用的协议等。

5) RXBOOT 状态

加电后 60 秒内按“Ctrl-Break”键，可以使路由器进入 RXBOOT 状态，此时路由器不能完成正常的功能，只能进行软件升级和手工引导。

6) 配置对话状态

这是路由器开机时自动进入的状态，在特权命令模式使用命令“setup”也可进入此状态，此时可通过对话方式对路由器进行初始配置。

路由器配置命令的使用与交换机类似，可以只键入前几个字母，只要足以区别不同的命令。如果不清楚命令的使用方法，可以键入“？”获得帮助。当然，IOS 的命令非常复杂，一般用户也无法全部搞清楚。IOS 中许多功能需要多条命令才能完成，如果只输入一条命令可能看不到需要的执行结果。最好的办法是专题试验，设计好方案后再进行。键入一条命令后，如果需要取消该命令，可键入“no”命令来实现。

**注意**：使用命令之前应该尽量弄清楚该命令的功能。

表 6-1～表 6-3 分别列出了常用的网络命令、显示命令及模式转换命令。

**表 6-1　网 络 命 令**

| 任　务 | 命　令 |
|---|---|
| 登录远程主机 | telnet hostname\|IPaddress |
| 网络侦测 | ping hostname\|IPaddress |
| 路由跟踪 | traceroute hostname\|IPaddress |

**表 6-2　显 示 命 令**

| 任　务 | 命　令 |
|---|---|
| 查看版本及引导信息 | show version |
| 查看运行设置 | show running-config |
| 查看系统启动设置 | show startup-config |
| 显示端口信息 | show interface type slot/number |
| 显示路由信息 | show ip route |

**表 6-3　模式转换命令**

| 任　务 | 命　令 |
|---|---|
| 进入特权命令模式 | enable |
| 退出特权命令模式 | disable |
| 进入配置对话状态 | setup |
| 进入全局配置模式 | config terminal |
| 退出全局配置模式 | end |
| 进入端口设置模式 | interface type slot/number |
| 进入线路设置模式 | line type slot/number |
| 进入路由设置模式 | router protocol |
| 退出局部设置模式 | exit |

### 6.1.3　实验　路由器的初始化配置

**【实验目的】**

(1) 认识路由器结构及其配置方法。

(2) 掌握路由器的初始化配置方法。

**【实验环境】**

路由器 1 台(Cisco 3620)，计算机 1 台，并用配置线连接计算机的串口和路由器的 console 口，如图 6.2 所示，PC 机安装了 Windows 7 系统以及超级终端(Hypertrm)。

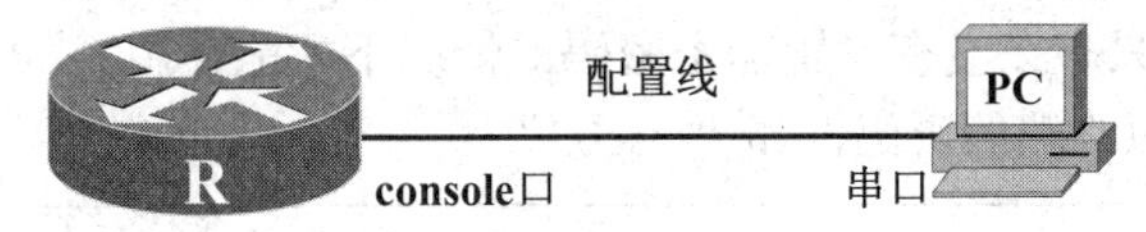


图 6.2　路由器的配置

**【实验过程】**

(1) 在断电情况下，用配置线把路由器的控制口(console 口)和计算机的串口连接起来，然后分别打开路由器和计算机的电源。

(2) 打开“超级终端”软件，路由器对系统进行自检后，启动系统，如图 6.3 所示。

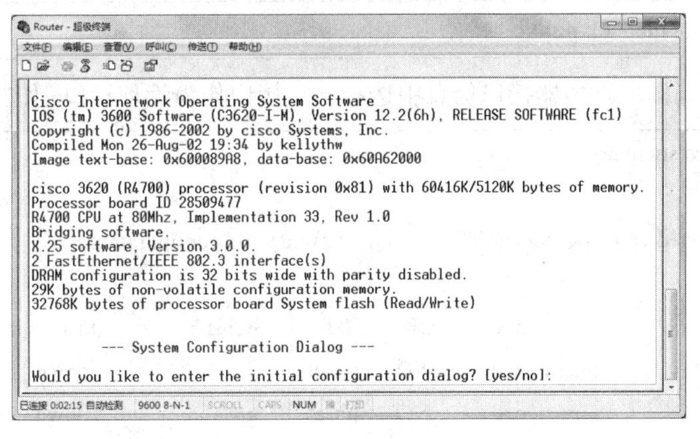


图 6.3　启动路由器

说明：Windows XP 系统内置了“超级终端”软件，可以直接使用。Windows 7 系统中没有内置“超级终端”软件，可以从 Internet 上下载相关软件(如 Hypertrm)进行安装。

(3) 提示是否进入配置对话，输入“yes”。

```
Would you like to enter the initial configuration dialog? [yes/no]: yes
```

这是路由器开机时自动进入的状态，也可以在特权命令模式下输入命令“setup”进入此状态。

(4) 提示是否进入基本管理设置，输入“yes”。

```
Would you like to enter basic management setup? [yes/no]: yes
```

(5) 输入路由器名称，如“R3620”。

```
Enter host name [Router]: R3620
```

(6) 输入进入特权命令模式的加密密码，如“cisco1”。

```
Enter enable secret: cisco1
```

(7) 输入进入特权模式的非加密密码，如“cisco2”。

```
Enter enable password: cisco2
```

这一非加密密码只有在没有设置加密密码的情况下才能使用。

(8) 输入进入虚拟终端的密码，如“cisco3”。

```
Enter virtual terminal password: cisco3
```

(9) 提示是否进行 SNMP 相关设置，输入“yes”。

```
Configure SNMP Network Management? [yes]: yes
```

(10) 输入共同体名称，如“public”。

```
Community string [public]: public
```

(11) 在屏幕列出的路由器接口信息中选择一个接口作为管理接口，如“FastEthernet0/0”。

```
Current interface summary

Any interface listed with OK? value "NO" does not have a valid configuration

Interface          IP-Address    OK?  Method  Status     Protocol
FastEthernet0/0    unassigned    NO   unset   up         down
FastEthernet0/1    unassigned    NO   unset   up         down

Enter interface name used to connect to the
management network from the above interface summary: FastEthernet0/0
```

(12) 为管理接口配置连接方式、双工模式、IP 地址、子网掩码。

```
Configuring interface FastEthernet0/0:
  Use the 100 Base-TX (RJ-45) connector? [yes]: no
  Operate in full-duplex mode? [no]: yes
  Configure IP on this interface? [yes]: yes
    IP address for this interface: 192.168.0.1
    Subnet mask for this interface [255.255.255.0]: 255.255.255.0
    Class C network is 192.168.0.0, 24 subnet bits; mask is /24
```

(13) 此时窗口列出以上步骤配置的名称、密码、IP 地址等参数信息。

```
The following configuration command script was created:

hostname R3620
enable secret 5 $1$SoS3$Cr6Z9uZa/JgKneS99I.E6/
enable password cisco2
line vty 0 4
password cisco3
snmp-server community public
!
no ip routing

!
interface FastEthernet0/0
no shutdown
full-duplex
ip address 192.168.0.1 255.255.255.0
!
interface FastEthernet0/1
shutdown
no ip address
!
end
```

(14) 如果以上配置正确，选择“2”保存配置结果，退出配置对话状态。

```
[0] Go to the IOS command prompt without saving this config.
[1] Return back to the setup without saving this config.
[2] Save this configuration to nvram and exit.

Enter your selection [2]:2
```

如果选择“0”，不保存配置结果，退出配置对话状态；如果选择“1”，不保存配置结果，返回配置对话状态。

说明：通过配置对话设置的这些参数，也可以在跳过配置对话进入系统后利用相关命令设置。

## 6.2 GNS3 的使用

### 6.2.1 GNS3 简介

GNS3(Graphical Network Simulator)是一款可以仿真复杂网络的图形化的网络设备模拟

软件，允许在 Windows、Linux 和 Mac OS X 等系统上仿真 Cisco 的 IOS，其支持的路由器平台(1700/2600/3600/3700/7200)、防火墙平台(PIX、ASA)、入侵检测系统(IDS)的类型非常丰富，甚至还可以模拟 Juniper 公司的 JunOS 平台。通过在路由器插槽中配置 NM-16ESW 模块后，GNS3 还可以模拟出该模块所支持的交换机命令。

大多数网络模拟软件都是仿真 Cisco 的网络设备，并且它们支持的路由器命令较少，在进行相关实验时，常常发现这些模拟软件不支持某些命令或参数。在 GNS3 中，所运行的是真实的 IOS，能够使用 IOS 所支持的所有命令和参数。

GNS3 是基于 Dynamips 的开源免费软件，可以从 www.gns3.net 上下载。目前 Windows 系统下最新的版本为 GNS3 v0.8.5，完整版(GNS3 v0.8.5 all-in-one)中集成了多个组件：

- GNS3：主程序。
- Dynamips(0.2.10)：模拟 Cisco 路由器。
- Qemu(0.11.0)：模拟 Cisco 的 IDS、ASA，以及 Juniper 的 JunOS。
- Pemu：模拟 Cisco 的 PIX。
- Putty(v1.4.0.4 Beta)：一个免费的、Windows 平台下的 telnet、rlogin 和 ssh 客户端。
- VPCS(0.4b2)：虚拟 PC 仿真软件。
- WinPcap(4.1.3)：Windows 平台下一个免费、公共的网络访问系统，为应用程序提供访问网络底层的能力。
- Wireshark(1.10.1)：一种网络协议分析工具。

### 6.2.2 实验 利用路由器连接两个子网

**【实验目的】**

(1) 掌握路由器的常用配置命令。

(2) 学会 GNS3 的安装与使用。

(3) 能够利用路由器实现两个子网的通信。

**【实验环境】**

计算机 1 台(Windows 7 专业版系统)，安装有 GNS3 模拟软件。在模拟软件中搭建如图 6.4 所示实验拓扑网络，其中含路由器 1 台，交换机 2 台，计算机 4 台。路由器及计算机的网络连接参数如表 6-4 所示。

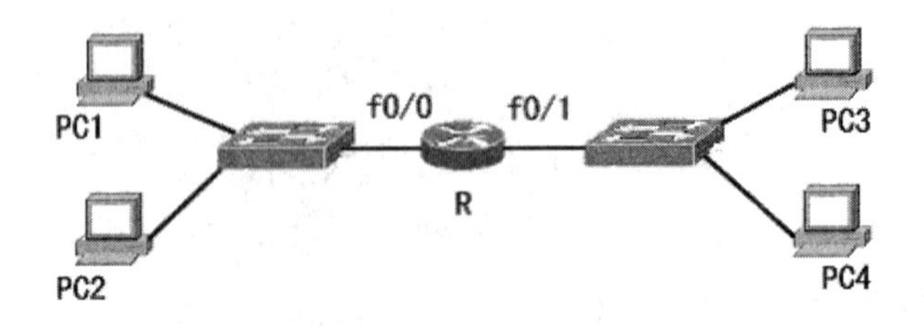


图 6.4 利用路由器连接两个子网

表 6-4 网络连接参数

| | IP 地址 | 子网掩码 | 默认网关 |
|---|---|---|---|
| 路由器端口 f0/0 | 192.168.0.1 | 255.255.255.0 | / |
| 路由器端口 f0/1 | 10.0.0.1 | 255.0.0.0 | / |
| PC1 | 192.168.0.2 | 255.255.255.0 | 192.168.0.1 |
| PC2 | 192.168.0.3 | 255.255.255.0 | 192.168.0.1 |
| PC3 | 10.0.0.2 | 255.0.0.0 | 10.0.0.1 |
| PC4 | 10.0.0.3 | 255.0.0.0 | 10.0.0.1 |

**【实验过程】**

### 1. 安装 GNS3

(1) 双击安装程序(GNS3-0.8.5-all-in-one.exe)，启动安装向导，如图 6.5 所示。单击“next”按钮。

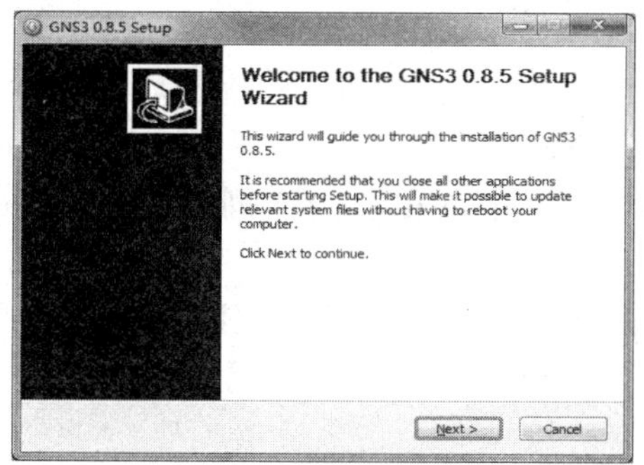


图 6.5 启动 GNS3 安装向导

图 6.6 “Choose Components”窗口

(2) 弹出“Licence Agreement”窗口，单击“I Agree”按钮。

(3) 弹出“Choose Start Menu Folder”窗口，单击“Next”按钮。

(4) 弹出“Choose Components”窗口，选择需要安装的组件，如图 6.6 所示。单击“Next”按钮。

**注意：**如果这些组件已经被安装，建议先卸载，然后重新安装，以避免版本不一致。

(5) 弹出“Choose Install Location”窗口，如图 6.7 所示。设置安装目录为“D:\GNS3”，单击“Install”按钮。

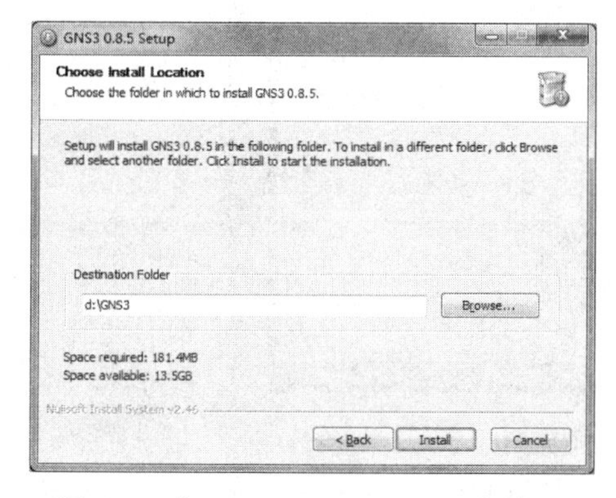


图 6.7 “Choose Install Location”窗口

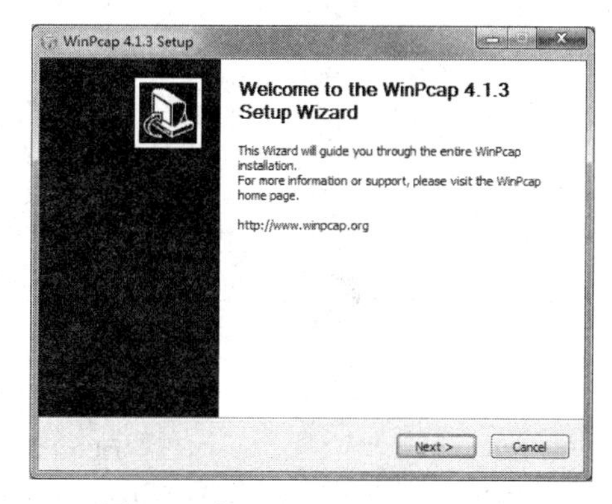


图 6.8 启动 WinPcap 安装向导

(6) 启动 WinPcap 4.1.3 的安装向导，如图 6.8 所示。单击“Next”按钮，按照提示完成 WinPcap 的安装。

(7) 启动 Wireshark 1.10.1 的安装向导，如图 6.9 所示。单击“Next”按钮，按照提示完成 Wireshark 的安装。

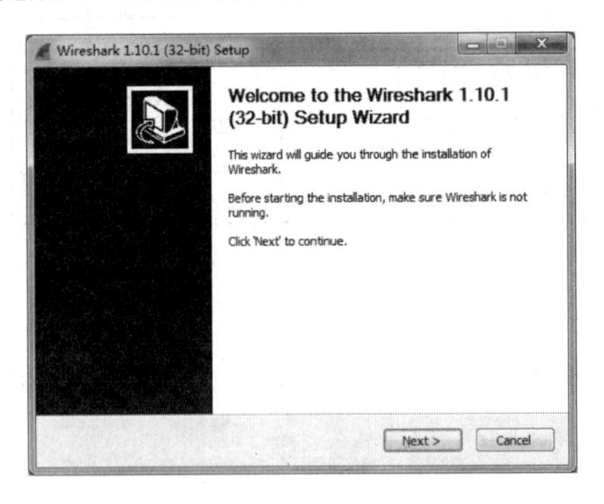


图 6.9 启动 Wireshark 安装向导

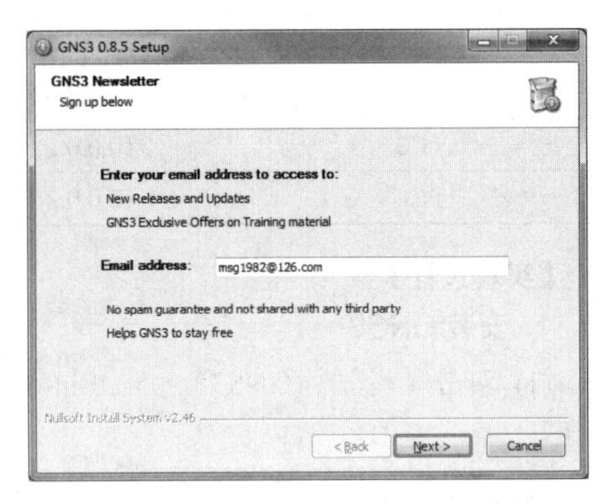


图 6.10 “GNS3 Newsletter”窗口

(8) 弹出“Installation Complete”窗口，单击“Next”按钮。

(9) 弹出“GNS3 Newsletter”窗口，如图 6.10 所示。正确填写邮箱地址后，单击“Next”按钮。

(10) 弹出“Completing the GNS3 0.8.5 Setup Wizard”窗口，单击“Finish”按钮完成 GNS3 的安装。

### 2. 设置 GNS3

(1) 在安装目录“D:\GNS3”下，新建 3 个子目录：IOS、project 和 workdir，其中 IOS 用于存放路由器的 IOS，project 作为工程目录(存放网络拓扑文件)，workdir 作为 Dynamips 的工作目录。把路由器的 IOS 文件(c3620-i-mz.122-6h.bin)复制到 IOS 目录下。

说明：路由器的 IOS 文件可以从现有的路由器上备份，也可以从网上下载。

(2) 打开 GNS3，主界面如图 6.11 所示。

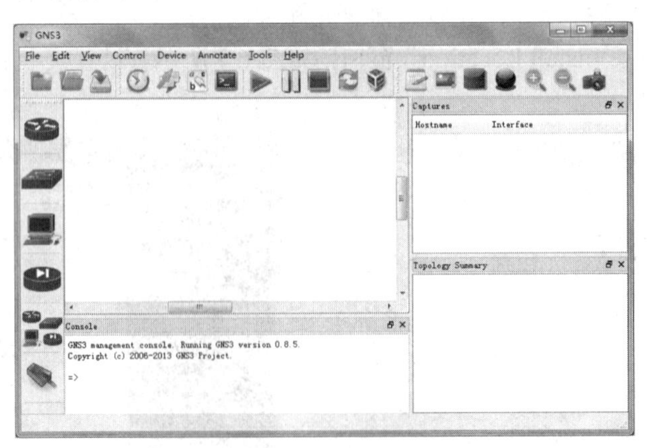


图 6.11 GNS3 主界面

(3) 依次单击“Edit”→“Preferences”菜单，弹出“Preferences”窗口，选择窗口左

上方的“General”选项，如图 6.12 所示。在窗口右侧分别设置语言、工程目录以及 IOS 存放的目录，单击“Apply”按钮。

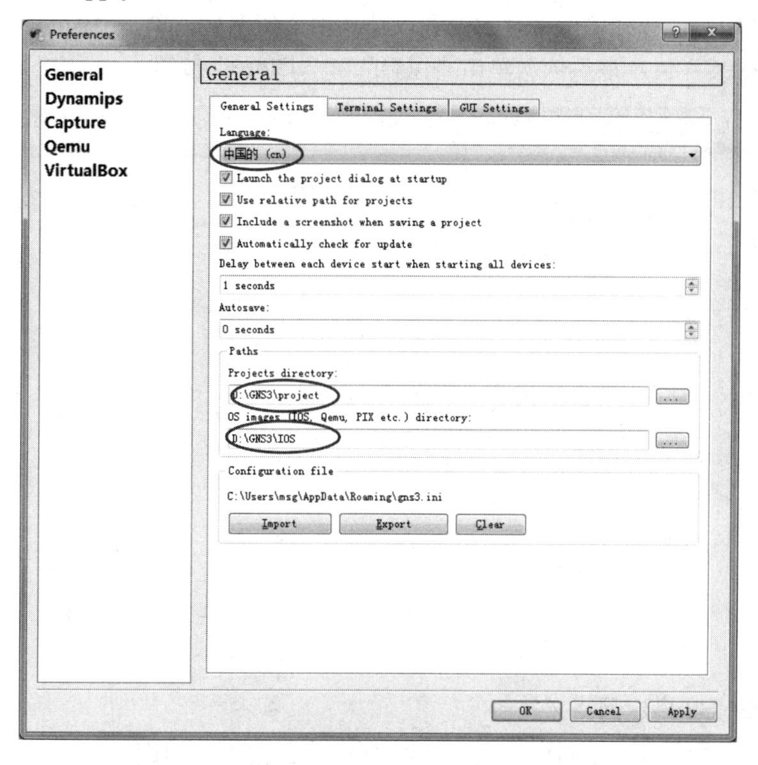


图 6.12　“General”选项

(4) 在“Preferences”窗口中，选择窗口左上方的“Dynamips”选项，如图 6.13 所示。在窗口右侧分别设置 Dynamips 安装目录、工作目录，并对其进行测试，单击“OK”按钮。

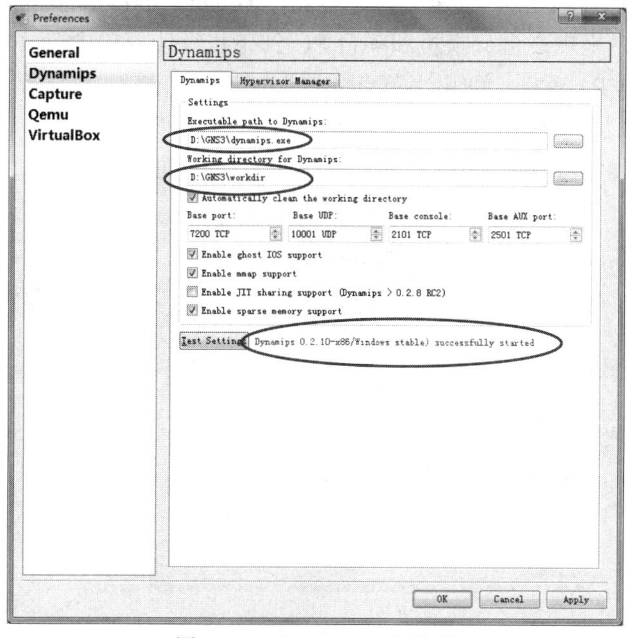


图 6.13　“Dynamips”选项

(5) 重新启动GNS3，主界面已经转换为中文显示。

(6) 依次单击“编辑”→“IOS和Hypervisors”菜单，弹出“IOS和Hypervisors”窗口，如图6.14所示。选择镜像文件的位置以及路由器的型号，单击“Auto calculation”按钮计算“IDLE PC”值，最后依次单击“保存”和“Close”按钮。

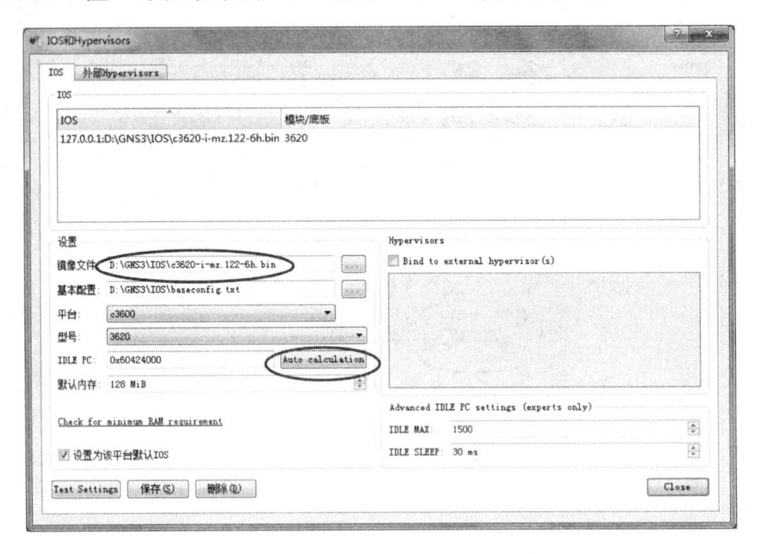


图6.14 “IOS和Hypervisors”窗口

### 3. 利用GNS3搭建网络拓扑

(1) 如图6.11所示，在GNS3主界面左上方，单击路由器图标，在弹出的路由器列表窗口中可以看出“Router c3600”处于可用状态，其他类型的路由器因没有正确配置镜像文件(IOS)暂时不能使用。

(2) 在路由器列表窗口中，拖曳一个型号为“Router c3600”的路由器到拓扑设计窗口中。用类似的方法，拖曳2台交换机和4台PC到拓扑设计窗口中。

(3) 双击路由器R1图标，弹出“节点配置”窗口，如图6.15所示。分别为R1节点的slot 0、slot 1插槽添加网络模块(NM-1FE-TX)，单击“OK”按钮。

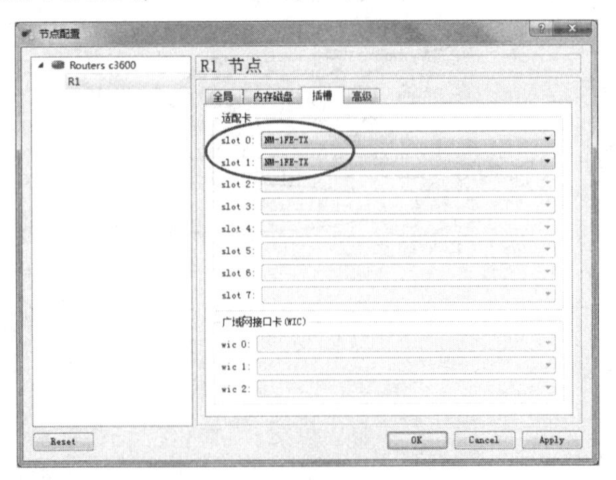


图6.15 “节点配置”窗口

(4) 右键单击主机 C1 图标，在弹出的菜单中选择“添加一个链路”项后单击图标 C1，把接口“nio_udp:30000:127.0.0.1:20000”连接到交换机 SW1 接口 2 上，按照类似的方法添加以下链路：

C2 接口“nio_udp:30001:127.0.0.1:20001”连接到交换机 SW1 接口 3 上；

C3 接口“nio_udp:30002:127.0.0.1:20002”连接到交换机 SW2 接口 2 上；

C4 接口“nio_udp:30003:127.0.0.1:20003”连接到交换机 SW2 接口 3 上；

交换机 SW1 接口 1 连接到路由器 R1 接口 f0/0；

交换机 SW2 接口 1 连接到路由器 R1 接口 f1/0。

(5) 单击主界面工具栏中的“启动/恢复所有设备”的图标，启动所有路由器、交换机和 PC，如图 6.16 所示。设备正常启动后每条链路上均为绿色的点标注。

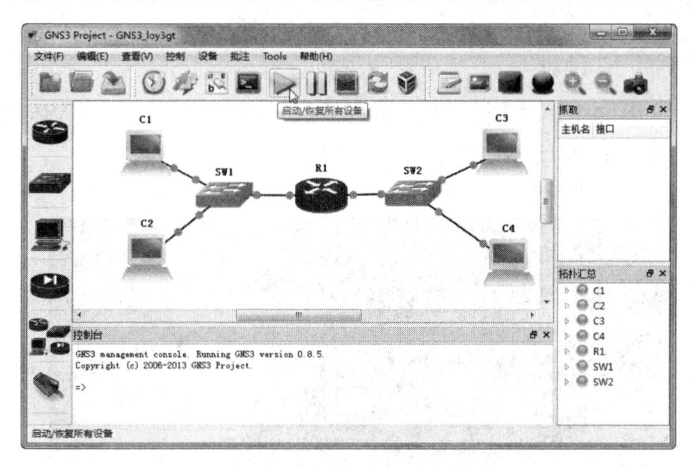


图 6.16　启动所有网络设备

(6) 右键单击路由器 R1 图标，在弹出的菜单中选择“Idle PC”项，重新为 R1 计算“IDLE PC”值，如图 6.17 所示，单击“OK”按钮。如果计算结果包含带“*”标注的项，则选择该标注项。

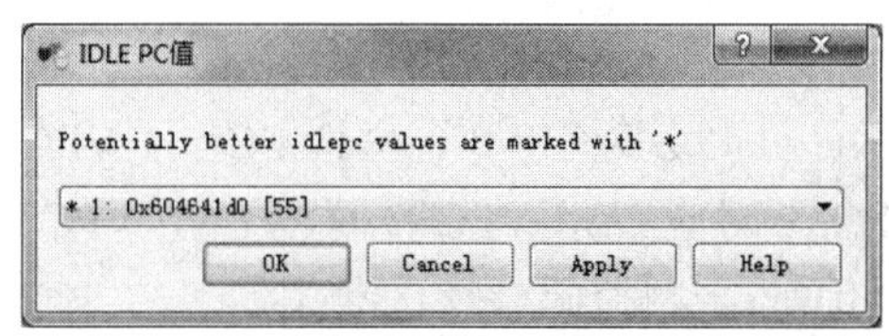


图 6.17　重新计算“IDLE PC”值

## 4. 配置路由器 R1

右键单击路由器 R1 图标，在弹出的菜单中选择“Console”项，弹出配置窗口，如图 6.18 所示。

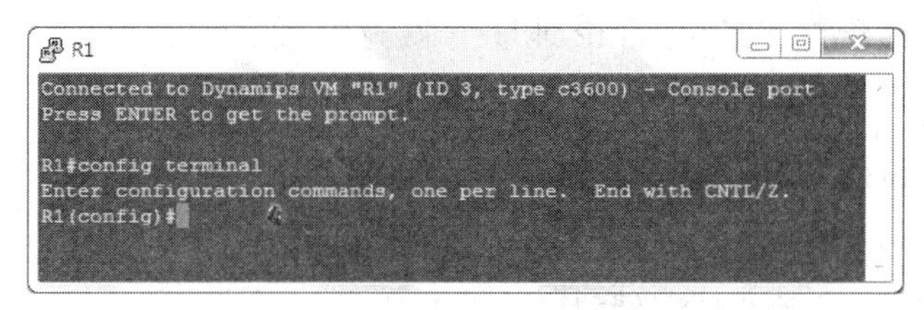


图 6.18　路由器 R1 配置窗口

按照如下步骤配置：

```
R1#configure terminal    //进入全局配置模式
R1(config)#interface f0/0    //进入端口 f0/0 配置
R1(config-if)#ip address 192.168.0.1 255.255.255.0    //配置端口 f0/0 的 IP 地址和子网掩码
R1(config-if)#no shutdown    //激活端口 f0/0
R1(config-if)#exit
R1(config)#interface f1/0    //进入端口 f1/0 配置
R1(config-if)#ip address 10.0.0.1 255.0.0.0    //配置端口 f1/0 的 IP 地址和子网掩码
R1(config-if)#no shutdown    //激活端口 f1/0
R1(config-if)#exit
```

### 5. 配置计算机的 IP 地址

(1) 在 GNS3 主界面中，如图 6.11 所示，依次单击“Tools”→“VPCS”菜单，打开虚拟 PC 仿真窗口，如图 6.19 所示。

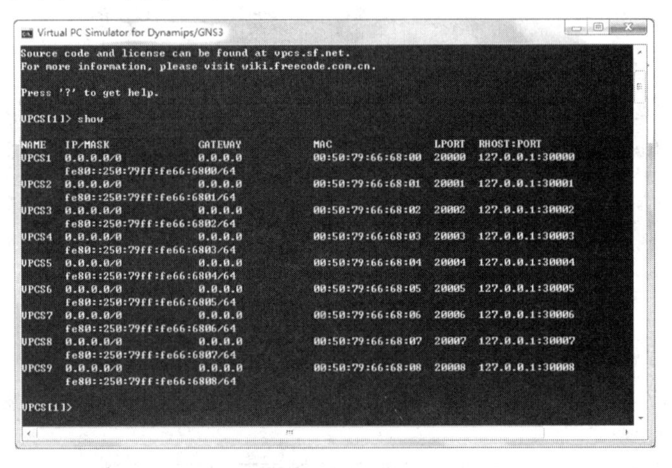


图 6.19　虚拟 PC 仿真窗口

输入“show”命令可以看出，最多支持 9 台虚拟 PC，且 VPCS1 对应网络拓扑中的 C1，如图 6.16 所示。同理，VPCS2 对应 C2，VPCS3 对应 C3，VPCS4 对应 C4。

(2) 配置 VPCS1 的 IP 地址(子网掩码、默认网关)。

```
VPCS[1]> ip 192.168.0.2  /255.255.255.0  192.168.0.1
Checking for duplicate address...
PC1 : 192.168.0.2 255.255.255.0 gateway 192.168.0.1
```

(3) 输入“2”后配置 VPCS2 的 IP 地址(子网掩码、默认网关)。

```
VPCS[1]> 2
VPCS[2]> ip 192.168.0.3 /255.255.255.0 192.168.0.1
Checking for duplicate address...
PC2 : 192.168.0.3 255.255.255.0 gateway 192.168.0.1
```

(4) 按照类似方法分别配置 VPCS3、VPCS4 的 IP 地址(子网掩码、默认网关)。

```
VPCS[2]> 3
VPCS[3]> ip 10.0.0.2 /255.0.0.0 10.0.0.1
VPCS[3]> 4
VPCS[4]> ip 10.0.0.3 /255.0.0.0 10.0.0.1
```

6．测试网络连通性

(1) 在虚拟 PC 仿真窗口中，如图 6.19 所示。用“ping”命令测试 PC1、PC2 的连通性。如果无法连通，仔细检查 PC1/PC2 与交换机 SW1 之间的连线。

```
VPCS[1]> ping 192.168.0.3
192.168.0.3 icmp_seq=1 ttl=64 time=31.200 ms
192.168.0.3 icmp_seq=2 ttl=64 time=31.200 ms
192.168.0.3 icmp_seq=3 ttl=64 time=31.200 ms
192.168.0.3 icmp_seq=4 ttl=64 time=31.200 ms
192.168.0.3 icmp_seq=5 ttl=64 time=15.600 ms
```

(2) 用“ping”命令测试 PC1 与路由器端口 f0/0(IP 地址为“192.168.0.1”)的连通性。如果无法连通，仔细检查交换机 SW1 与路由器端口 f0/0 的连线，以及路由器端口 f0/0 的配置。

(3) 用“ping”命令测试 PC1 与路由器端口 f1/0(IP 地址为“10.0.0.1”)的连通性。如果无法连通，仔细检查路由器端口 f1/0 的配置。

(4) 用“ping”命令测试 PC1 与 PC3 (IP 地址为“10.0.0.2”)之间的连通性。如果无法连通，仔细检查 PC3 与路由器端口 f1/0 的连线。

至此，可以验证路由器连接的两个子网可以正常通信。

## 6.3　路由器的维护

### 6.3.1　路由器维护概述

路由器的维护主要针对配置文件和 IOS 而言。

1．配置文件

配置文件 running-config 的内容存放在动态 RAM(DRAM)中，因所有键入的配置命令存在 DRAM 中，掉电或重启后就会丢失。配置文件 startup-config 的内容存放在 NVRAM 中，掉电后不会丢失，重启时会复制到 DRAM 中运行。可以用“copy”命令在 DRAM、NVRAM 之间相互复制配置文件，如：

```
copy running-config startup-config
copy startup-config running-config
```

也可以将 DRAM、NVRAM 中的配置文件复制到 TFTP 服务器中进行备份，在需要时，再从 TFTP 服务器中复制到 DRAM、NVRAM 中。

2. IOS

由于用户操作不当或系统故障，可能导致路由器 IOS 的丢失，系统启动时自动进入 ROM Monitor 状态，导致计算机无法正常启动系统。此时，需要对 IOS 进行恢复。为了防止路由器 IOS 的丢失，常常需要对 IOS 进行备份。有时为了使用更高版本的 IOS，需要对路由器 IOS 进行升级。与交换机类似，也可以采用 TFTP 方式对路由器的 IOS 进行维护。另外，还可以使用 Xmodem 方式对路由器 IOS 进行恢复。

## 6.3.2 实验　配置文件的备份与恢复

【实验目的】

(1) 掌握路由器“copy”命令的使用。

(2) 通过 TFTP 服务器实现配置文件的备份及恢复。

【实验环境】

计算机 1 台(Windows 7 专业版系统)，计算机安装有 TFTP 服务端软件以及超级终端软件(Hypertrm)，交换机 1 台，路由器 1 台(Cisco 3620)，连接成如图 6.20 所示网络。

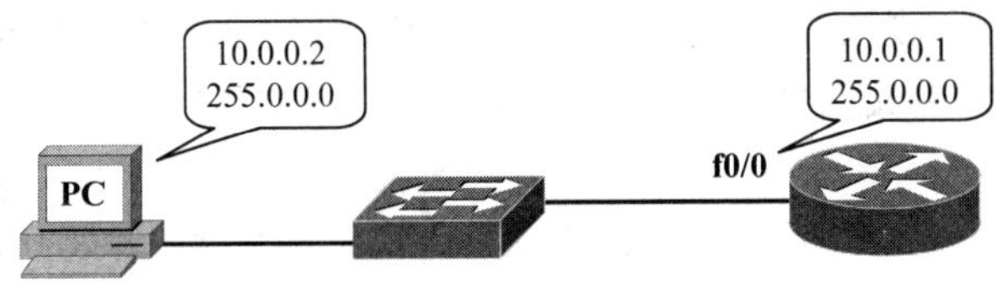


图 6.20　TFTP 实验网络拓扑图

【实验过程】

(1) 按照图 6.20 所示，连接好网络。

(2) 通过超级终端配置路由器的端口 f0/0。

```
Router#config terminal
Router(config)#interface f0/0
Router(config-if)#ip address 10.0.0.1 255.0.0.0
Router(config-if)#no shut
Router(config-if)#exit
```

(3) 配置计算机的 IP 地址(10.0.0.2)和子网掩码(255.0.0.0)。此时在计算机上用“ping”命令可以测试计算机与路由器是连通的。

(4) 在计算机上启动 TFTP 服务器，如图 6.21 所示。

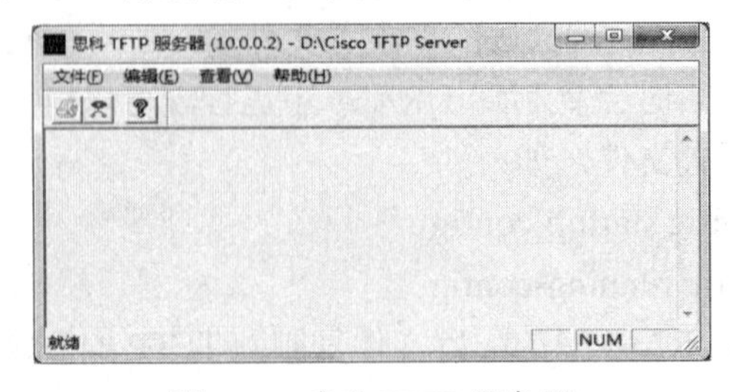


图 6.21　启动 TFTP 服务器

(5) 查看路由器 NVRAM 中的内容。

```
Router#dir nvram:
Directory of nvram:/


   28  -rw-        413          <no date>  startup-config
   29  ----          0          <no date>  private-config
    1  -rw-          0          <no date>  ifIndex-table


30712 bytes total (29223 bytes free)
```

(6) 将 startup-config 文件复制到 TFTP 服务器。

```
Router#copy startup-config tftp
Address or name of remote host []? 10.0.0.2
Destination filename [router-confg]?
!!
413 bytes copied in 0.48 secs
```

(7) 在 TFTP 服务器操作界面中可以看见文件传输的过程，如图 6.22 所示。此时，可以在 TFTP 服务器的工作目录(D:\Cisco TFTP Server)下找到备份的配置文件(router-confg)。

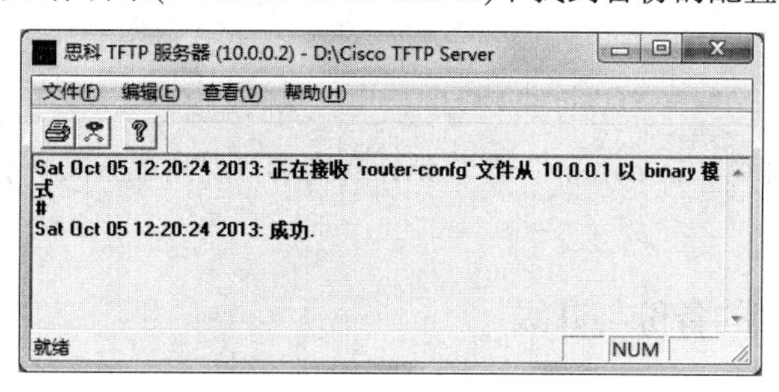


图 6.22 配置文件 startup-config 的传输过程

(8) 同理，可以将配置文件 running-config 备份到 TFTP 服务器。

```
Router#copy running-config tftp
Address or name of remote host []? 10.0.0.2
Destination filename [router-confg]? router-confg-1
!!
430 bytes copied in 0.456 secs
```

(9) 删除 NVRAM 中的配置文件。

```
Router#erase startup-config
Erasing the nvram filesystem will remove all files! Continue? [confirm]
[OK]
Erase of nvram: complete
```

(10) 再次查看路由器 NVRAM 中的内容。

```
Router#dir nvram:
Directory of nvram:/


  28   -rw-          0          <no date>   startup-config
  29   ----          0          <no date>   private-config
   1   -rw-          0          <no date>   ifIndex-table


30712 bytes total (29636 bytes free)
```

可以看出，配置文件 startup-config 的大小变为 0。

(11) 从 TFTP 服务器复制 startup-config 配置文件到 NVRAM。

```
Router#copy tftp startup-config
Address or name of remote host []? 10.0.0.2
Source filename []? router-confg
Destination filename [startup-config]?
Loading router-confg from 10.0.0.2 (via FastEthernet0/0): !
[OK - 413/4096 bytes]
[OK]
413 bytes copied in 27.752 secs (15 bytes/sec)
```

(12) 再次通过命令“dir nvram:”查看 nvram 内容，观察配置文件 startup-config 大小的变化。

## 6.3.3 实验　IOS 的备份与升级

**【实验目的】**

(1) 熟练掌握路由器“copy”命令的使用。

(2) 通过 TFTP 服务器实现 IOS 的备份与升级。

**【实验环境】**

计算机 1 台(Windows 7 专业版系统)，计算机安装有 TFTP 服务端软件以及超级终端软件(Hypertrm)，交换机 1 台，路由器 1 台(Cisco 3620)，连接成如图 6.23 所示网络。

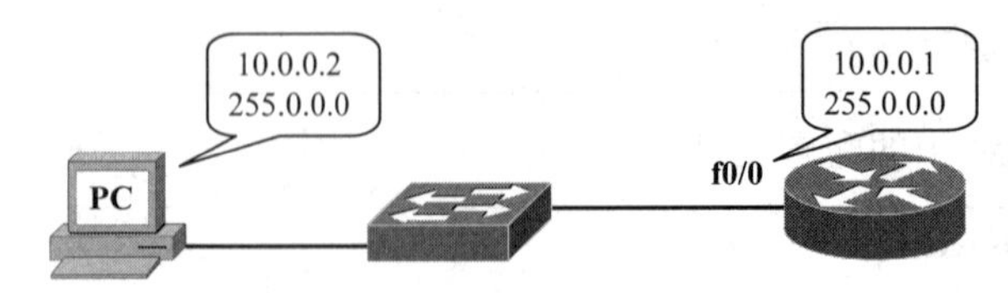


图 6.23　TFTP 实验网络拓扑图

**【实验过程】**

(1) 按照图 6.23 所示，连接好网络。

(2) 通过超级终端配置路由器的端口 f0/0。

```
Router#configure terminal
Router(config)#interface f0/0
Router(config-if)#ip address 10.0.0.1 255.0.0.0
Router(config-if)#no shut
Router(config-if)#exit
```

(3) 配置计算机的 IP 地址(10.0.0.2)和子网掩码(255.0.0.0)，并启动 TFTP 服务器。此时在计算机上用“ping”命令可以测试计算机与路由器是连通的。

(4) 用“dir”或“show”命令查看 Flash 中的 IOS 镜像文件。

```
Router#dir flash:
Directory of flash:/

    1  -rw-      5976552                 <no date>   c3620-i-mz.122-6h.bin

33030144 bytes total (27053528 bytes free)
```

(5) 将路由器中的 IOS 备份到 TFTP 服务器。在 TFTP 的操作界面中，可以观察到文件传输过程。

```
Router#copy flash: tftp
Source filename []? c3620-i-mz.122-6h.bin
Address or name of remote host []? 10.0.0.2
Destination filename [c3620-i-mz.122-6h.bin]?
!!!!!!!!!!!!!!!!!!!!!!!!!!!!!!!!!!!!!!!!!!!!!!!!!!!!!!!!!!!!!!!!!!!!!!!!!!!!
!!!!!!!!!!!!!!!!!!!!!!!!!!!!!!!!!!!!!!!!!!!!!!!!!!!!!!!!!!!!!!!!!!!!!!!!!!!!
<省略部分显示信息>
!!!!!!!!!!!!!!!!!!!!!!!!!!!!!!!!!!!!!!!!!!!!!!!!!!!
5976552 bytes copied in 37.528 secs (161528 bytes/sec)
```

(6) 在计算机中，打开 TFTP 服务器的工作目录，可以看到备份的 IOS 文件(c3620-i-mz.122-6h.bin)。以上步骤完成了 IOS 文件的备份。

(7) 擦除 Flash 中的 IOS 文件。

```
Router#erase flash:
Erasing the flash filesystem will remove all files! Continue? [confirm]
Erasing device... eeeeeeeeeeeeeeeeeeeeeeeeeeeeeeeeeeeeeeeeeeeeeeeeeeeeeeeeeeeeeeee
eeeeeeeeeeeeeeeeeeeeeeeeeeeeeeeeeeeeeeeeeeeeeeeeeeeeeeeeeeeeeeeeeeee ...erased
Erase of flash: complete
```

(8) 在升级 IOS 时，可以使用“copy”命令将 TFTP 服务器中的 IOS 文件复制到 Flash 中(这里假设 c3620-i-mz.122-6h.bin 为新版本的 IOS 文件)。

```
Router#copy tftp flash:
Address or name of remote host []? 10.0.0.2
Source filename []? c3620-i-mz.122-6h.bin
Destination filename [c3620-i-mz.122-6h.bin]?
Loading c3620-i-mz.122-6h.bin from 10.0.0.2 (via FastEthernet0/0): !
Loading c3620-i-mz.122-6h.bin from 10.0.0.2 (via FastEthernet0/0): !!!!!!!!!!!!!
!!!!!!!!!!!!!!!!!!!!!!!!!!!!!!!!!!!!!!!!!!!!!!!!!!!!!!!!!!!!!!!!!!!!!!!!!!!
!!!!!!!!!!!!!!!!!!!!!!!!!!!!!!!!!!!!!!!!!!!!!!!!!!!!!!!!!!!!!!!!!!!!!!!!!!!
<省略部分显示信息>
!!!!!!!!!!!!!!!!!!!!!!!!!!!!!!!!!!!!!!!
[OK - 5976552/11952128 bytes]

Verifying checksum...    OK (0xE3C7)
5976552 bytes copied in 48.196 secs (124511 bytes/sec)
```

(9) 重新启动路由器，即可引导新版本的 IOS 文件。

### 6.3.4 实验 IOS 的恢复

**【实验目的】**

(1) 掌握“xmodem”命令的使用。

(2) 掌握通过“xmodem”方式实现 IOS 的恢复方法。

**【实验环境】**

路由器 1 台(Cisco 3620)，计算机 1 台，并用配置线连接计算机的串口和路由器的 console 口，如图 6.24 所示，PC 机安装了 Windows 7 系统以及超级终端(Hypertrm)。

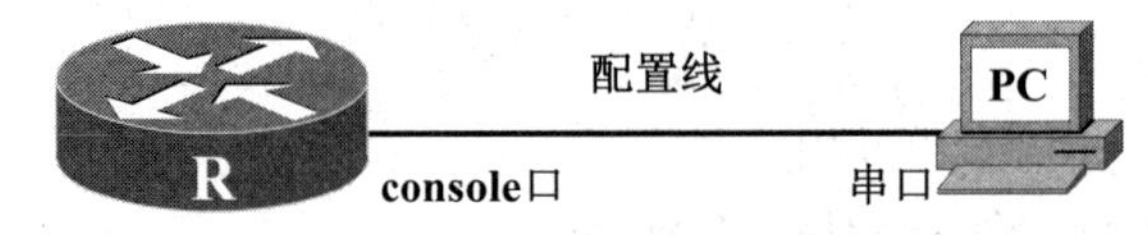


图 6.24 IOS 的恢复

**【实验过程】**

(1) 按照图 6.24 所示连接计算机与路由器。

(2) 在计算机上启动超级终端软件，然后启动路由器，进入 ROM Monitor 状态(也可以通过“Ctrl-Break”键进入)。

```
rommon 1 >
```

(3) 在路由器上运行“xmodem”命令进行文件传输。

```
rommon 1 > xmodem c3620-i-mz.122-6h.bin
Do not start the sending program yet...
device does not contain a valid magic number
```

```
dir: cannot open device "flash:"


WARNING: All existing data in flash will be lost!
Invoke this application only for disaster recovery.
Do you wish to continue? y/n   [n]:   y
Ready to receive file c3620-i-mz.122-6h.bin ...
```

(4) 在计算机的超级终端上，依次单击“传送”→“发送文件”菜单，弹出“发送文件”窗口，单击“浏览”按钮选择 IOS 文件存放路径，协议采用“Xmodem”方式，如图 6.25 所示。

说明：IOS 文件的获取有两种途径：从一个相同型号的路由器上进行备份，或者登录相关站点下载。

(5) 单击“发送”按钮，弹出文件传输窗口，如图 6.26 所示。

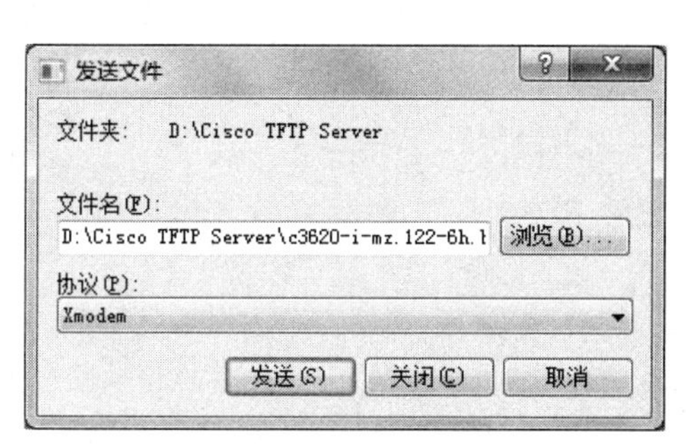


图 6.25　“发送文件”窗口

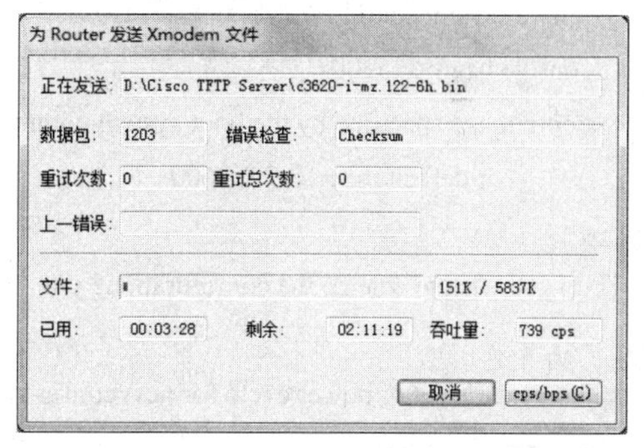


图 6.26　用 Xmodem 向路由器传送 IOS 文件

(6) 在以上步骤中，路由器 console 口的默认速率是 9600 b/s，计算机的串口速率也选择了 9600 b/s，传输速度较慢。为了缩短传输时间，可以在进入 ROM Monitor 模式时，输入“confreg”命令，把 console 口的默认速率修改为 115200 b/s，同时需要在超级终端中修改计算机串口速率为 115200 b/s。修改路由器 console 口速率的命令如下：

```
rommon 2 > confreg


    Configuration Summary
enabled are:
load rom after netboot fails
ignore system config info
console baud: 9600
boot: image specified by the boot system commands
        or default to: cisco2-C3600


do you wish to change the configuration? y/n   [n]:   y
enable   "diagnostic mode"? y/n   [n]:   n
enable   "use net in IP bcast address"? y/n   [n]:   n
```

```
disable "load rom after netboot fails"? y/n   [n]:   n
enable    "use all zero broadcast"? y/n   [n]:   n
enable    "break/abort has effect"? y/n   [n]:   n
disable "ignore system config info"? y/n   [n]:   n
change console baud rate? y/n   [n]:   y
enter rate: 0 = 9600,    1 = 4800,    2 = 1200,    3 = 2400
                4 = 19200, 5 = 38400,    6 = 57600, 7 = 115200    [0]:   7
change the boot characteristics? y/n   [n]:   n

      Configuration Summary
enabled are:
load rom after netboot fails
ignore system config info
console baud: 115200
boot: image specified by the boot system commands
        or default to: cisco2-C3600

do you wish to change the configuration? y/n   [n]:   n

You must reset or power cycle for new config to take effect
rommon 3 > reset
```

(7) 传输结束后，开始对 Flash 内容进行清除和加载，然后自动引导系统。

```
Erasing flash at 0x31fc0000
program flash location 0x305b0000
Download Complete!
program load complete, entry point: 0x80008000, size: 0x5b30cc
Self decompressing the image : ######################################################
###################################################################################
###################################################################################
###################################################################################
###################################################################################
###################################################################################
################################################################ [OK]
```

# 第 7 章　VLAN 的配置与测试

VLAN 是一个在物理网络上根据用途、工作组、应用等来逻辑划分的局域网络，与用户的物理位置没有关系。VLAN 限制了参与广播的设备数量，有效改善了网络性能，提升了网络通信安全性。本章介绍了 VLAN 的概念、基本原理以及 VLAN 的类型。通过对本章的学习，应该掌握 VLAN 的基本配置、VLAN 中继配置、VTP 配置以及 VLAN 间路由的多种实现方法。

## 7.1　VLAN 的基本原理

### 7.1.1　概述

虚拟局域网(Virtual LAN，VLAN)是物理网络上一些拥有共同需求的用户工作站构成的与其物理位置无关的逻辑组。换句话说，VLAN 不考虑用户的物理位置，而是根据功能、应用等因素将用户从逻辑上划分成一个个相对独立的工作组。但就用户的感受而言，一个 VLAN 与一个物理上形成的 LAN 有着相同的属性。

交换机多用于局域网内部站点或网段的连接，交换机可以互连不同的物理网段，但是这些互连在一起的网段仍然属于一个单一的 IP 子网(或网络)，即所有使用交换机互连的网段同处于一个广播域中。因为交换机不能隔离广播域，广播数据包会从一个网段扩散至交换机连接的所有网段上，容易引发广播风暴，并且广播域越大，用户工作站越多，广播风暴的波及面越大，网络性能下降越明显。若能将一个大的广播域分隔成若干个小的广播域，就可以减少广播可能造成的损害。

如何分隔大的广播域呢？最简单的方案就是物理分隔，即将一个完整的网络物理上分隔为两个或多个子网，然后，再通过一个能够隔离广播的路由设备(第三层设备)将彼此连接起来。另一种方法则是在交换机上采用逻辑分隔的方式，将一个大的局域网划分为若干个小的虚拟子网，即 VLAN。一个 VLAN 中的成员共享广播，形成一个广播域，而不同 VLAN 之间的广播信息是相互隔离的，这样整个网络可以被分割成多个不同的广播域。

一个 VLAN 可以看成是一个逻辑上独立的 IP 子网。VLAN 之间进行通信也需通过路由设备。当 VLAN 在交换机上划分后，属于不同 VLAN 的设备就如同被物理地分隔了。也就是说，连接到同一交换机，但处于不同 VLAN 的设备，就好像被物理地连接到两个位于不同子网的交换机上一样，彼此之间的通信一定要经过路由设备，否则，它们之间将无法得知对方的存在，也无法进行任何联系。

采用 VLAN 技术的优点主要体现在以下几个方面：

(1) 增加网络部署的灵活性。一个单位内部的改组会导致人员的移动和增减，其中很多变动都需要重新布线，重新配置网络设备，重新分配工作站地址等，这将引入较大的网络管理开支。借助 VLAN 技术，能将不同地点的不同用户组合在一起，形成一个虚拟的 LAN，就像使用物理上的 LAN 一样方便、灵活、有效。VLAN 技术可以降低工作站物理位置变更带来的管理费用，特别是一些人事或业务情况有经常性变动的单位，使用 VLAN 可以大大降低管理费用。

(2) 控制广播域的范围，防范广播风暴。当一个广播域内的设备增加时，在广播域内设备的广播频率便会相对增加，这不仅会对广播域中的设备造成更多的干扰，而且更容易引发广播风暴，使网络性能下降。划分 VLAN 可以限制一个广播域中的设备数量。一个 VLAN 就是一个独立的广播域，其广播流量不会传送到其他 VLAN 中。所以将网络划分为多个 VLAN，可以限制广播覆盖范围，减少广播流量，为用户的流量让出带宽，有效防范广播风暴的发生。

(3) 提升网络通信的安全性。如果用户需要在 LAN 上传送一些敏感的或保密的数据(如财务数据)，那么网络管理员就要限制无权限用户对网络中一个或多个敏感设备的接入。但是如果所有的设备都处于同一个广播域内，将不便于管理员实现这种限制。这时采用 VLAN 技术将网络划分为几个不同的广播域，可以很方便地限制数据的访问。具体而言，VLAN 之间相互隔离后，VLAN 间的通信必须经过第三层设备，网络管理员可以在第三层设备上设定安全控制策略来限制 VLAN 间的互访，从而保证网络通信的安全。

## 7.1.2 VLAN 的类型

### 1. 静态 VLAN

静态 VLAN 指基于端口划分的 VLAN，这是一种通过手动配置的方式指定交换机各端口分别属于哪个 VLAN 的方法，是目前划分 VLAN 最常用的方法。例如，将一台交换机的以太网端口 1～4 划分到 VLAN 1、端口 5～8 划分到 VLAN 2，如图 7.1 所示，连接在端口 1 和 3 上的主机 A、B 便成了 VLAN 1 的成员，连接在端口 6 和 8 上的主机 C、D 便成了 VLAN 2 的成员。一个交换机可以划为多个 VLAN，同一 VLAN 也可以跨越多个交换机，例如，将交换机 Switch X 的端口 1～2 和交换机 Switch Y 的端口 1～2 划分到 VLAN 1，将交换机 Switch X 的端口 3～4 和交换机 Switch Y 的端口 3～4 划分到 VLAN 2 等。当然为 VLAN 分配端口时，端口编号可以不连续。

分配到一个 VLAN 的交换机端口被称为该 VLAN 的成员端口，这种成员隶属关系不再改变，除非管理员手动地修改原有的 VLAN 配置。当 VLAN 定义好后，如果某用户离开了原来的端口，移至另一个交换机端口，例如，如图 7.1 所示，主机 C 从 6 号端口移至 2 号端口，主机 C 便会成为 VLAN 1 的成员，若想使主机 C 依然属于 VLAN 2，则需网络管理员手动将端口 2 分配到 VLAN 2，这是一种静态的处理方法。所以，基于端口划分的 VLAN 也称为静态 VLAN。虽然

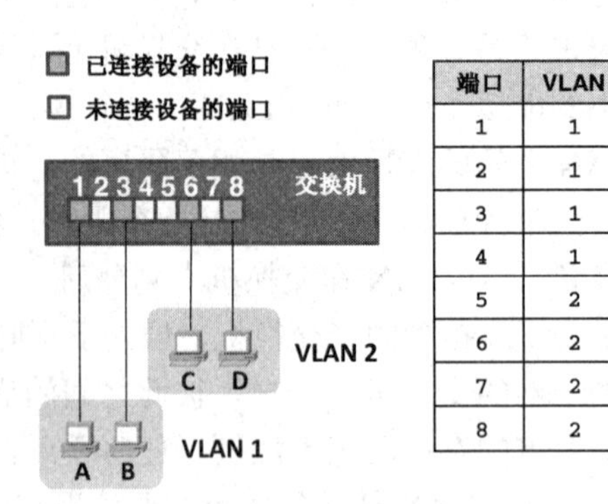


| 端口 | VLAN |
|---|---|
| 1 | 1 |
| 2 | 1 |
| 3 | 1 |
| 4 | 1 |
| 5 | 2 |
| 6 | 2 |
| 7 | 2 |
| 8 | 2 |

图 7.1　基于端口划分的 VLAN

使用这种 VLAN 定义方法需要手动改变条目，但是定义 VLAN 成员的过程非常简单，而且安全，易于监控。IEEE 802.1Q 规范规定的就是如何基于交换机端口来划分 VLAN，这种方法适合于任何规模大小的网络。

### 2. 动态 VLAN

使用上述静态 VLAN，当交换机上的设备改变了连接端口时，则需更改所连端口所属 VLAN 的设定，因此静态 VLAN 不适用于网络结构频繁改变的情况。而动态的 VLAN 则不同，它可以根据端口所连设备，随时改变端口所属的 VLAN，即当网络中计算机变更所连端口或交换机时，无需手动重新配置 VLAN。动态 VLAN 的实现方法有多种，但是动态 VLAN 技术在实际网络中并不常用。这里只介绍一种动态 VLAN 技术——基于 MAC 地址的 VLAN(MAC Based VLAN)，旨在说明动态 VLAN 的含义。

基于 MAC 地址的 VLAN 是通过查询并记录交换机端口所连接的设备 MAC 地址来决定端口所属的 VLAN。MAC 地址与 VLAN 的映射关系保存在 VLAN 成员资格策略服务器(VLAN Membership Policy Server，VMPS)上，交换机若能够在这些映射关系中找到与当前端口所连设备 MAC 地址相匹配的条目，则会将该端口分配给对应的 VLAN，如果找不到匹配，则将该端口分配给默认 VLAN。如图 7.2 所示，假设主机 A 至 D 的 MAC 地址为“08-00-55-AA-AA-AA”至“08-00-55-DD-DD-DD”，主机 A、B、C、D 分别连接在端口 1、3、6、8，这时，交换机根据 MAC 地址与 VLAN 映射关系，认定端口 1、3 属于 VLAN 1，端口 6、8 属于 VLAN 2。接下来，主机 A 和主机 C 调换位置，即主机 A 移至端口 6，主机 C 移至端口 1 时，交换机则又会认定端口 6 属于 VLAN 1，而端口 1 属于 VLAN 2。可以看出，即使主机改变了连接端口，交换机仍然能正确地指定端口所属的 VLAN。

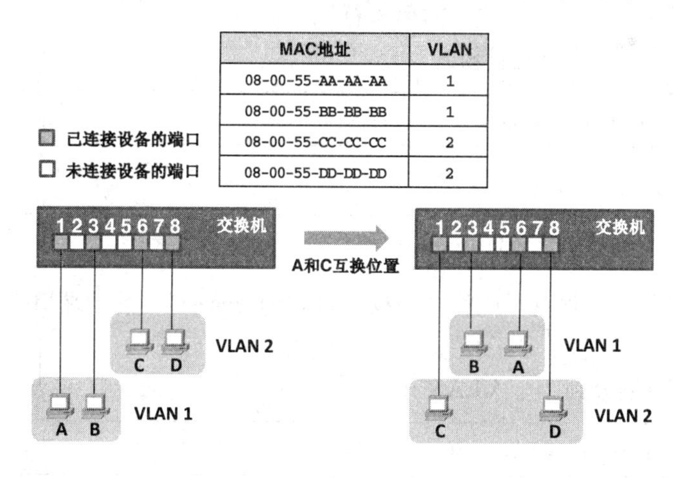


图 7.2　基于 MAC 地址的 VLAN

这种划分 VLAN 的方法是根据数据链路层的信息决定端口所属的 VLAN，能够依用户设备物理位置的改变，而动态改变端口所属的 VLAN，但是此方法在通常情况下并不使用。主要考虑存在以下弊端：第一，在网络初始化时，网络管理员必须统计所有连接的用户设备的 MAC 地址，完成 VLAN 配置，如果用户数量为几百个甚至上千个的话，配置工作量将非常大，因此这种方法更适合小型局域网；第二，这种方法导致了交换机执行效率的降低；第三，当 VLAN 用户设备更换网卡时，网络管理员必须改变 VLAN 配置。

### 7.1.3 实验相关命令格式

Cisco 交换机上的 VLAN 静态配置有两种模式，分别是数据库配置模式和全局配置模式，其中全局配置模式更具优势，较为常用。

1. 创建 VLAN

```
Switch(config)#vlan vlan-id
```

创建 VLAN 时，必须为它分配一个唯一的数字编号，*vlan-id* 处输入要创建的 VLAN 号(1～4094)。执行以上命令进入 VLAN 配置模式。

```
Switch(config-vlan)#name vlan-name
```

**name** *vlan-name* 用于为 VLAN 指定唯一的名称标识，在 *vlan-name* 处输入 VLAN 名称，长度在 1～32 个字符之间。为 VLAN 设置名称不是必须的，是个可选配置。

2. 显示 VLAN 信息

```
Switch#show vlan brief
```

执行该命令，可显示 VLAN 名称、状态和端口信息。也可以使用“**show vlan**”命令查看更详细的 VLAN 信息。

3. 为 VLAN 分配成员端口

首先进入交换机全局配置模式，然后执行以下命令：

(1) 进入指定端口的端口配置模式。

```
Switch(config)#interface interface-id
```

(2) 设置端口模式为“access”。

```
Switch(config-if)# switchport mode access
```

若端口连接的是终端设备，应将端口模式设置为“access”。关于端口模式的说明，请读者参考 7.2.1 节。

(3) 将当前端口划分到一个 VLAN 中。

```
Switch(config-if)# switchport access vlan vlan-id
```

*vlan-id* 处输入 VLAN 号，以指定当前端口所属的 VLAN。

### 7.1.4 实验　静态 VLAN 的配置

【实验目的】

(1) 掌握定义 VLAN 的基本方法，理解 VLAN 原理。

(2) 掌握改变 VLAN 成员端口以及删除 VLAN 的方法。

【实验环境】

Catalyst 2960 交换机 1 台，计算机至少 4 台。如图 7.3 所示，PC1～PC4 分别与交换机的端口 f0/1 至 f0/4 连接。实验过程中计算机的配置参数可参考表 7-1。

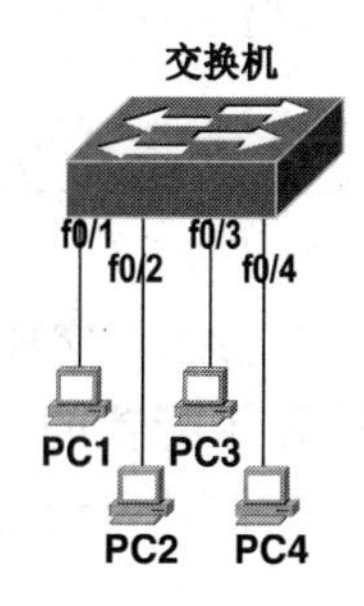


图 7.3　实验设备连接示意图

表 7-1　主机 PC1～PC4 配置信息

| 主机 | IP 地址 | 子网掩码 |
|---|---|---|
| PC1 | 192.168.1.1 | 255.255.255.0 |
| PC2 | 192.168.1.2 | 255.255.255.0 |
| PC3 | 192.168.1.3 | 255.255.255.0 |
| PC4 | 192.168.1.4 | 255.255.255.0 |

【实验过程】

### 1. 配置 VLAN

(1) 参考表 7-1，为主机 PC1～PC4 配置 IP 地址和子网掩码。然后利用“ping”命令进行主机间的连通性测试，保证主机间可以相互 ping 通。

(2) 在交换机上创建 VLAN 10 和 VLAN 20。

```
Switch#configure terminal
Switch(config)#vlan 10
Switch(config-vlan)#exit
Switch(config)#vlan 20
Switch(config-vlan)#name mySecondVlan          //为 VLAN 20 命名
Switch(config-vlan)#end
```

(3) 查看当前的 VLAN 配置。

```
Switch#show vlan brief

VLAN   Name                          Status    Ports
----   --------------------------    -------   ----------------------------
1      default                       active    Fa0/1, Fa0/2, Fa0/3, Fa0/4
                                               Fa0/5, Fa0/6, Fa0/7, Fa0/8
                                               Fa0/9, Fa0/10, Fa0/11, Fa0/12
                                               Fa0/13, Fa0/14, Fa0/15, Fa0/16
                                               Fa0/17, Fa0/18, Fa0/19, Fa0/20
                                               Fa0/21, Fa0/22, Fa0/23, Fa0/24
                                               Gig1/1, Gig1/2
```

```
10    VLAN0010                        active
20    mySecondVlan                    active
1002 fddi-default                     act/unsup
1003 token-ring-default               act/unsup
1004 fddinet-default                  act/unsup
1005 trnet-default                    act/unsup
```

可以看到 VLAN 10 和 VLAN 20 已被创建。

**注意:** 由于在上一步骤中没有为 VLAN 10 命名，交换机默认以“VLAN”字样加 VLAN ID 作为 VLAN 名称(如 VLAN0010)，而对于 VLAN 20 则直接显示配置的 VLAN 名“mySecondVlan”。同时还显示了 VLAN 1 和 VLAN 1002～1005，它们是自动创建的，不能被删除。

(4) 为交换机端口设定端口模式，并将其分配到相应的 VLAN 中。本实验将端口 f0/1 和 f0/3 分配到 VLAN 10，将端口 f0/2 和 f0/4 分配到 VLAN 20。

```
Switch(config)#interface f0/1
Switch(config-if)#switchport mode access
Switch(config-if)#switchport access vlan 10
Switch(config-if)#exit
Switch(config)#interface f0/2
Switch(config-if)#switchport mode access
Switch(config-if)#switchport access vlan 20
Switch(config-if)#exit
Switch(config)#interface f0/3
Switch(config-if)#switchport mode access
Switch(config-if)#switchport access vlan 10
Switch(config-if)#exit
Switch(config)#interface f0/4
Switch(config-if)#switchport mode access
Switch(config-if)#switchport access vlan 20
Switch(config-if)#end
```

(5) 查看 VLAN 端口分配情况，已经分配到 VLAN 10 和 VLAN 20 中的四个端口不再出现在 VLAN 1 中。

```
Switch#show vlan brief

VLAN   Name                           Status     Ports
--------  ---------------------------  ----------  ------------------------------
1        default                        active     Fa0/5, Fa0/6, Fa0/7, Fa0/8
                                                   Fa0/9, Fa0/10, Fa0/11, Fa0/12
```

```
                                             Fa0/13, Fa0/14, Fa0/15, Fa0/16
                                             Fa0/17, Fa0/18, Fa0/19, Fa0/20
                                             Fa0/21, Fa0/22, Fa0/23, Fa0/24
                                             Gig1/1, Gig1/2
10    VLAN0010                      active   Fa0/1, Fa0/3
20    mySecondVlan                  active   Fa0/2, Fa0/4
<省略部分显示信息>
```

### 2. 测试 VLAN 划分的效果

利用“ping”命令进行主机间连通性测试。PC1 可以 ping 通 PC3，但无法 ping 通 PC2 和 PC4。4 台主机虽然连接在同一台交换机上，但是分处于不同的 VLAN，只有处于同一 VLAN 中的主机才可以相互通信，VLAN 之间不能直接通信。

### 3. 尝试改变 VLAN 的成员端口

端口 f0/1 原为 VLAN 10 的成员端口，现利用“switchport access vlan 20”命令将它改为 VLAN 20 的成员端口。然后执行“show vlan brief”命令查看 VLAN 配置信息。

```
Switch#configure terminal
Switch(config)#interface f0/1
Switch(config-if)#switchport access vlan 20      //将端口 f0/1 重新分配到 VLAN 20
Switch(config-if)#end
Switch#show vlan brief

VLAN  Name                          Status   Ports
----  ----------------------------  -------  ----------------------------
1     default                       active   Fa0/5, Fa0/6, Fa0/7, Fa0/8
                                             Fa0/9, Fa0/10, Fa0/11, Fa0/12
                                             Fa0/13, Fa0/14, Fa0/15, Fa0/16
                                             Fa0/17, Fa0/18, Fa0/19, Fa0/20
                                             Fa0/21, Fa0/22, Fa0/23, Fa0/24
                                             Gig1/1, Gig1/2
10    VLAN0010                      active   Fa0/3
20    mySecondVlan                  active   Fa0/1, Fa0/2, Fa0/4
<省略部分显示信息>
```

以上显示 f0/1 已被重新分配到 VLAN 20 中了，这也说明当一个端口被分配到另一个 VLAN 中时，该端口会自动从原来的 VLAN 中删除。

至此，静态 VLAN 配置的实验内容已完成。若读者想要删除 VLAN，请参考以下步骤。

### 4. 删除 VLAN

若要删除 VLAN，必须先将 VLAN 中的成员端口重新分配给其他 VLAN，否则删除

VLAN 后，其中的成员端口将无法与其他站点通信。如果想要将端口所属 VLAN 恢复为默认的 VLAN 1，可以使用“no switchport access vlan”命令。若要将端口分配到除 VLAN 1 以外的 VLAN 中，可以参考上一步的做法。

(1) 将 VLAN 10 的成员端口 f0/3 分配到其他 VLAN。

```
Switch#configure terminal
Switch(config)#interface f0/3
Switch(config-if)#no switchport access vlan   //所属 VLAN 恢复为默认的 VLAN 1
Switch(config-if)#end
Switch#show vlan brief

VLAN   Name                              Status     Ports
------ --------------------------------- ---------- --------------------------------
1      default                           active     Fa0/3, Fa0/5, Fa0/6, Fa0/7
                                                    Fa0/8, Fa0/9, Fa0/10, Fa0/11
                                                    Fa0/12, Fa0/13, Fa0/14, Fa0/15
                                                    Fa0/16, Fa0/17, Fa0/18, Fa0/19
                                                    Fa0/20, Fa0/21, Fa0/22, Fa0/23
                                                    Fa0/24, Gig1/1, Gig1/2
10     VLAN0010                          active
20     mySecondVlan                      active     Fa0/1, Fa0/2, Fa0/4
<省略部分显示信息>
```

以上显示 VLAN 10 中已经没有成员端口了。

(2) 删除 VLAN 10，并执行“show vlan brief”命令查看删除是否成功。

```
Switch(config)#no vlan 10
Switch#show vlan brief

VLAN     Name                            Status     Ports
-------- ------------------------------- ---------- --------------------------------
1        default                         active     Fa0/3, Fa0/5, Fa0/6, Fa0/7
                                                    Fa0/8, Fa0/9, Fa0/10, Fa0/11
                                                    Fa0/12, Fa0/13, Fa0/14, Fa0/15
                                                    Fa0/16, Fa0/17, Fa0/18, Fa0/19
                                                    Fa0/20, Fa0/21, Fa0/22, Fa0/23
                                                    Fa0/24, Gig1/1, Gig1/2
20       mySecondVlan                    active     Fa0/1, Fa0/2, Fa0/4
<省略部分显示信息>
```

显示结果表明 VLAN 10 已被删除。读者可以利用同样方法删除 VLAN 20。

# 7.2　VLAN 中继

## 7.2.1　VLAN 中继简介

### 1. VLAN 中继的作用

当一个 VLAN 跨过多个交换机时，连接在不同的交换机上的同一个 VLAN 的成员是通过 VLAN 中继实现通信的。

中继是两点间的一条传输信道，中继线是能够承载多条逻辑链路的一条物理连接。VLAN 中继是一条能够传输多个 VLAN 流量的点对点链路，VLAN 中继不属于某一特定 VLAN，而是作为多个 VLAN 所共享的通道。配置 VLAN 中继可使设置了 VLAN 的两台交换机连接时节省端口。如图 7.4 所示，若没有配置 VLAN 中继，一个 VLAN 的通信将独占一条物理链路，存在两个 VLAN 则需要在交换机之间建立两条物理链路，每条物理链路占用一对交换机端口，若要添加一个新的 VLAN，就要再占用一对端口。当配置了 VLAN 中继后，无论 VLAN 数目是多少，只需在交换机之间创建一条物理连接。

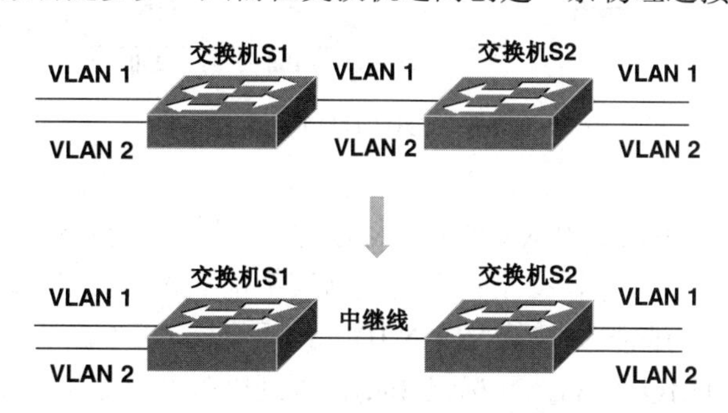


图 7.4　VLAN 中继示意

### 2. 端口运行状态

VLAN 的实现过程中，交换机端口涉及以下两种运行状态：

(1) Access 状态。如果端口为 Access 状态，则该端口只能属于一个 VLAN。设定为 Access 状态的端口可以简称为“Access 端口”。Access 端口负责连接终端设备(如用户计算机)，终端设备和 Access 端口之间的链路被称为“Access 链路”或者“访问链路”。

(2) Trunk 状态。如果端口为 Trunk 状态，则该端口同时属于多个 VLAN，而不专属于某个特定 VLAN，可以接收和发送多个 VLAN 的数据。通常 VLAN 中继线关联的交换机端口为 Trunk 状态，这时端口可以被简称为“Trunk 端口”或者“中继端口”。中继线也可直接称为“Trunk 链路”。

### 3. 端口的 PVID(Port VLAN ID)

PVID 指端口的默认 VLAN ID。Access 端口只属于一个 VLAN，其 PVID 就是它所属的 VLAN 的 ID 值，无需指定。而 Trunk 端口属于多个 VLAN，所以需要指定它的 PVID。PVID 是在 VLAN 划分时每个端口都有的属性，例如，Cisco 交换机每个端口的初始 PVID 都是 1，表示初始化时所有端口都是 VLAN 1 的成员，相当于没有划分 VLAN。当后来将端口划分给不同的 VLAN 时，各端口的 PVID 也会相应发生改变。

4. 帧标记

要在单条物理连接上承载多个 VLAN，传输来自不同 VLAN 的帧，则需要中继协议的控制，中继协议对来自不同 VLAN 的帧进行管理以将其分发到对应的 VLAN。目前存在 2 种中继机制：帧过滤和帧标记。与帧过滤相比，帧标记为 VLAN 的部署提供了一种更具扩展性的解决方法。在采用帧标记机制的 VLAN 网络中，数据帧在发送到中继线上之前，帧头被改变或者帧被再次封装，以使帧中包含 VLAN ID(VLAN ID 标识了当前数据帧属于哪个 VLAN)，最终在转发到目的设备之前，去除所有改变，使数据帧恢复原样。帧标记的常用方法有两种：IEEE 标准方法 802.1Q 和 Cisco 专有的交换机间链路(Inter-Switch Link，ISL)，其中被广泛使用的是前者。

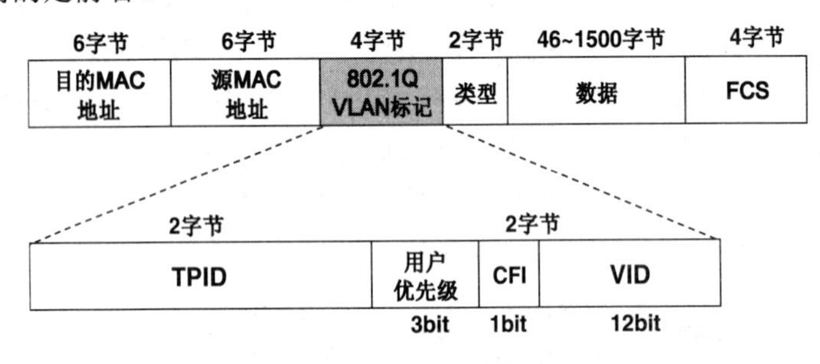


图 7.5 802.1Q 帧格式

1) 802.1Q 帧标记

802.1Q 是 IEEE 用来标识 VLAN 的一种标准方法。当一个交换机从 Access 端口上收到数据帧时，如果该帧没有标记，交换机会在数据帧头部插入 VLAN 标记字段，使用当前 Access 端口的 PVID 作为此数据帧的 VLAN ID，然后将标记后的帧从中继端口发送出去。如图 7.5 所示，IEEE802.1Q 把 VLAN 标记(Tag)插入到以太网数据帧首部的“源 MAC 地址”与“类型”字段之间，VLAN 标记包括 2 字节的 TPID(标记协议标识号)和 2 字节的 TCI(标记控制信息)：

(1) TPID：标记协议 ID 值，用于标识一个数据帧已按 802.1Q 协议进行了标记。值总是 0x8100，即为以太类型(Ether Type)。

(2) TCI 包括三部分。

① 3 位的用户优先级：实现 802.1Q/802.1p 优先级标准中的服务类别(CoS)功能。

② 1 位的规范格式指示符(Canonical Format Indicator，CFI)：若值为 0，表示 MAC 地址为标准格式；若值为 1，表示 MAC 地址为非标准格式。

③ 12 位的 VID(VLAN 标识号)：表明此数据帧属于哪一个 VLAN。数据帧的 VID 取值为接收到该帧的 Access 端口的 PVID。理论上 VID 的取值范围是 0～4095，但是 VID 等于 0，指 VLAN ID 为空，表示其为优先级帧(标记控制信息只包含用户优先级信息，不包含 VLAN 标识号)，VID 等于 4095 为保留。所以 VID 的有效取值范围是 1～4094。这个取值范围在数值上又分为普通范围和扩展范围，普通范围是 1～1005，其中 ID 为 1 和 1002～1005 的 VLAN 是自动创建的，不能删除；扩展范围是 1006～4094。

当交换机从某个 Access 端口发送 802.1Q 数据帧时，如果数据帧的 VID 与当前端口的

PVID 相等，则去掉数据帧的 VLAN 标记，恢复数据帧的原始结构，再传送给终端设备。

**注意：** 以上描述针对的是带标记流量的处理。而对于所有进入 802.1Q 端口(包括 Access 端口和 Trunk 端口)的无标记流量，交换机将会根据当前端口的 PVID 值来转发，例如交换机从某端口收到了无 VLAN 标记的数据帧，由于此端口的 PVID 为 1，则该帧会被发送到 VLAN 1。

2) ISL

ISL 是一种 Cisco 专有协议，它采用的标记机制与 IEEE 802.1Q 不同。IEEE 802.1Q 使用一种内部标记过程，使用 VLAN 标识修改现有的以太网帧结构。而 ISL 采用一种外部标记过程，不改变原始帧结构，而是对原始帧进行再封装，即采用一个新的 26 字节 ISL 头部和新的 4 字节尾部对原始帧进行封装，这意味着只有支持 ISL 协议的设备才能够解析这个帧。如图 7.6 所示，26 字节 ISL 头部中包含 15 bit 的 VLAN ID，4 字节尾部是帧校验序列 FCS，也采用 CRC 冗余校验码。注意，该校验码并没有替代原始帧的原有校验码，而是额外添加的校验码。

ISL 使用 ISL 头部和新的 FCS 将原数据帧整个包裹起来，因此也被称为封装型 VLAN(Encapsulated VLAN)。采用 ISL 封装后，数据帧的长度增加了 30 个字节。

图 7.6　ISL 封装

在 ISL 中继端口上，要求所有收发的数据帧都已被封装为 ISL 帧。ISL 中继线只支持有标记流量，不支持无标记流量，从 ISL 中继端口收到的无标记帧会被丢弃。虽然很多 Cisco 交换机可以支持 IEEE802.1Q 和 ISL 两种标记方法，但是 IEEE802.1Q 是被推荐使用的方法。

### 5. 本征 VLAN(Native VLAN)

IEEE 802.1Q 中继线关联的端口称为 802.1Q 中继端口，每个 802.1Q 中继端口都设置有本征 VLAN ID，默认为 VLAN 1，也可以更改为其他 ID。结合前文 PVID 的概念，当配置 802.1Q 中继端口时，其 PVID 取本征 VLAN ID 的值。例如，本征 VLAN 为默认的 VLAN 1，则端口的 PVID 为 1；若本征 VLAN 被设置为 VLAN 99，则端口的 PVID 为 99。注意：本征 VLAN 的概念不用于 Access 链路。

本征 VLAN 在 IEEE 802.1Q 规范中说明，其目的是兼容传统 LAN 方案中的无标记流量的传输。所以，802.1Q 中继端口既支持 VLAN 流量(有标记的流量)，又支持非 VLAN 流量(无标记的流量)。若中继端口接收到带 VLAN 标记的数据帧，会将该帧发送到其 VID 指明的 VLAN 中。而当中继端口接收到无 VLAN 标记的数据帧时，会将该帧发送到本征 VLAN。换言之，IEEE 802.1Q 不标记属于本征 VLAN 的帧，所有的无标记流量都被视为属于当前中继端口的本征 VLAN。例如，如果中继端口的本征 VLAN 为 VLAN 99，则其 PVID 为 99，由于交换机会根据 PVID 值来转发无标记流量，因此无标记流量会被转发到 VLAN 99。

### 6. 中继协商与端口模式

两个 Catalyst 交换机端口之间的链路能否形成中继线是可以通过动态中继协议(Dynamic Trunk Protocol，DTP)自动协商的。本地交换机端口与对端交换机端口分别处于怎样的端口模式直接影响到二者间的链路能否形成中继线，以下结合“switchport mode”命令列出主要的端口管理模式：

(1) switchport mode access：设置本地交换机当前端口为 access 模式。表示强制本地交换机端口处于 Access 状态，并且可以主动与对方进行 DTP 协商，诱使对端交换机端口成为 Access 状态。

(2) switchport mode trunk：设置本地交换机当前端口为 trunk 模式。表示强制本地交换机端口处于 Trunk 状态，并且可以主动与对方进行 DTP 协商，诱使对端交换机端口成为 Trunk 状态。如果对端交换机端口模式为“trunk”“desirable”或者“auto”之一，对端交换机端口会进入 Trunk 状态。

(3) switchport mode dynamic desirable：设置本地交换机当前端口为 dynamic desirable 模式。表示本地交换机端口主动与对方协商，期望成为 Trunk 状态，如果对端交换机端口模式为“trunk”“desirable”或者“auto”之一，则本地交换机端口将变成 Trunk 状态。如果不能形成 Trunk 状态，则工作在 Access 状态。

(4) switchport mode dynamic auto：设置本地交换机当前端口为 dynamic auto 模式。表示本地交换机端口能够进入 Trunk 状态，但是只有对端交换机主动与自己协商时才会变成 Trunk 状态，所以这是一种被动模式。仅当对端交换机端口模式为“trunk”或“desirable”时，本地交换机端口才能成为 Trunk 状态。如果本地和对端交换机端口都是“auto”模式，那么它们不会协商进入 Trunk 状态，而是会进入 Access 状态。

因此，在设置中继线时，需要在链路的两端都确认 Trunk 状态的形成，只有两端都进入 Trunk 状态了，该链路才成为一条中继线。如果本地交换机要与不支持 DTP 的交换机连接，建议本地交换机使用“switchport nonegotiate”命令关闭 DTP。

## 7.2.2 实验相关命令格式

### 1. 配置中继线

首先进入交换机全局配置模式，然后执行以下命令：

(1) 进入指定端口的端口配置模式。

```
Switch(config)#interface interface-id
```

(2) 将当前端口设置为 Trunk 状态。

```
Switch(config-if)#switchport mode trunk
```

当一端的交换机端口处于 Trunk 状态时，会诱使对端的交换机端口变为 Trunk 状态。因为一般情况下，Catalyst 交换机的默认端口模式为 desirable 或者 auto。

### 2. 查看端口信息

```
Switch#show interfaces [interface-id] switchport
```

该命令是 Catalyst 交换机上最常用的命令之一，通过执行该命令，可以查看交换机端口的管理状态、运行状态、所属 VLAN，以及端口作为中继端口时的本征 VLAN 等信息。指定 *interface-id* 则显示当前指定端口的信息，省略 *interface-id* 则可查看所有端口信息。

## 7.2.3　实验　VLAN 中继的配置

**【实验目的】**

(1) 学会如何在交换机之间配置一条 VLAN 中继线。

(2) 通过观察端口模式的变化，了解 DTP 协商。

**【实验环境】**

Catalyst 2960 交换机 2 台，计算机至少 4 台，如图 7.7 所示，实验开始前各设备间暂不连接。

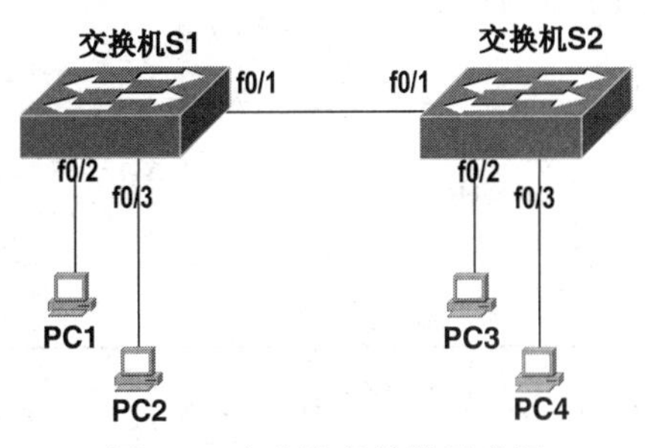


图 7.7　实验设备连接示意图

**【实验过程】**

### 1. 观察设备连接前后端口的管理模式

(1) 在端口连接设备(PC 或者其他交换机)前，利用“show interfaces switchport”命令在交换机 S1(或者 S2)上查看 f0/1、f0/2、f03 的端口信息。

```
S1#show interface f0/1 switchport
Name: Fa0/1
Switchport: Enabled
Administrative Mode: dynamic auto
Operational Mode: down
Administrative Trunking Encapsulation: dot1q
Operational Trunking Encapsulation: native
Negotiation of Trunking: On
Access Mode VLAN: 1 (default)
Trunking Native Mode VLAN: 1 (default)
Voice VLAN: none
<省略部分显示信息>
```

显示 S1 的 f0/1 端口的管理模式(Administrative Mode)为“dynamic auto”，即处于被动协商模式，其运行模式(Operational Mode)为“down”，表示还未连接设备或者执行

“shutdown”命令。f0/2、f03 端口的查看结果与 f0/1 相同。

(2) 分别将 PC1、PC2 与交换机 S1 的端口 f0/2、f0/3 连接；分别将 PC3、PC4 与交换机 S2 的端口 f0/2、f0/3 连接；将交换机 S1 的端口 f0/1 与交换机 S2 的端口 f0/1 连接。

(3) 再次利用“show interfaces switchport”命令在交换机 S1(或者 S2)上查看 f0/1 的端口信息(也可以尝试查看其他端口)。也可以在交换机 S2 上进行相同的操作。

```
S1#show interface f0/1 switchport
Name: Fa0/1
Switchport: Enabled
Administrative Mode: dynamic auto
Operational Mode: static access          // 协商进入 Access 状态
Administrative Trunking Encapsulation: dot1q
Operational Trunking Encapsulation: native
Negotiation of Trunking: On
Access Mode VLAN: 1 (default)
Trunking Native Mode VLAN: 1 (default)
Voice VLAN: none
<省略部分显示信息>
```

显示 S1 的 f0/1 端口的运行模式变为“static access”了。查看其他所有端口，结果与此相同。

**注意**：虽然交换机 S1 的端口 f0/1 与交换机 S2 的端口 f0/1 已经连接，但是双方端口都是“dynamic auto”模式，所以它们不会协商进入 Trunk 状态，而是会进入 Access 状态。

### 2. VLAN 中继的配置

(1) 在交换机 S1 上创建 VLAN 10 和 VLAN 20。同时，在交换机 S2 上完成相同的操作。

```
S1#configure terminal
S1(config)#vlan 10
S1(config-vlan)#name teacher
S1(config-vlan)#exit
S1(config)#vlan 20
S1(config-vlan)#name student
S1(config-vlan)#exit
```

(2) 将交换机 S1 的端口 f0/2 和 f0/3 设置为 Access 端口，并分别分配到 VLAN 10、VLAN 20 中。然后查看端口 f0/2 和 f0/3 的信息，以确认端口模式设置以及端口划分的操作有效。同时，在交换机 S2 上完成相同的操作。

```
S1(config)#interface f0/2
S1(config-if)#switchport mode access
S1(config-if)#switchport access vlan 10
```

```
S1(config-if)#exit
S1(config)#interface f0/3
S1(config-if)#switchport mode access
S1(config-if)#switchport access vlan 20
S1(config-if)#exit

S1#show interfaces f0/2 switchport
Name: Fa0/2
Switchport: Enabled
Administrative Mode: static access     //表明命令 switchport mode access 执行有效
Operational Mode: static access
Administrative Trunking Encapsulation: dot1q
Operational Trunking Encapsulation: native
Negotiation of Trunking: Off
Access Mode VLAN: 10 (teacher)     //表明命令 switchport access vlan 10 执行有效
Trunking Native Mode VLAN: 1 (default)
Voice VLAN: none
<省略部分显示信息>
```

(3) 将交换机 S1 的端口 f0/1 配置为中继端口，并通过“show interfaces f0/1 switchport”命令查看端口 f0/1 的信息，以确认端口 f0/1 已经成为中继端口。

```
S1(config)#interface f0/1
S1(config-if)#switchport mode trunk
S1(config-if)#end
S1#show interfaces f0/1 switchport
Name: Fa0/1
Switchport: Enabled
Administrative Mode: trunk     //表明命令 switchport mode trunk 的执行有效
Operational Mode: trunk     //强制置为 Trunk 状态，能主动与对方进行 DTP 协商
Administrative Trunking Encapsulation: dot1q
Operational Trunking Encapsulation: dot1q
Negotiation of Trunking: On
Access Mode VLAN: 1 (default)
Trunking Native Mode VLAN: 1 (default)
Voice VLAN: none
<省略部分显示信息>
```

(4) 在交换机 S2 上查看端口 f0/1 的信息。

```
S2#show interfaces f0/1 switchport
Name: Fa0/1
```

```
Switchport: Enabled
Administrative Mode: dynamic auto    //dynamic auto 模式是被动协商，即只有对方主动与自己协商时
才会变成 trunk 状态
Operational Mode: trunk              //已被对方诱使成为 Trunk 状态
Administrative Trunking Encapsulation: dot1q
Operational Trunking Encapsulation: dot1q
Negotiation of Trunking: On
Access Mode VLAN: 1 (default)
Trunking Native Mode VLAN: 1 (default)
Voice VLAN: none
<省略部分显示信息>
```

显示结果表明：通过 DTP 协商，端口 f0/1 也已经成为中继端口。这时，无需再手动配置端口 f0/1 为中继端口了。

(5) 在交换机 S1 上查看 VLAN 信息，检查端口分配的正确性。同时在交换机 S2 上完成相同操作。

```
S1#show vlan brief

VLAN  Name                           Status     Ports
----- ------------------------------ ---------  ------------------------------
1     default                        active     Fa0/4, Fa0/5, Fa0/6, Fa0/7
                                                Fa0/8, Fa0/9, Fa0/10, Fa0/11
                                                Fa0/12, Fa0/13, Fa0/14, Fa0/15
                                                Fa0/16, Fa0/17, Fa0/18, Fa0/19
                                                Fa0/20, Fa0/21, Fa0/22, Fa0/23
                                                Fa0/24, Gig1/1, Gig1/2
10    teacher                        active     Fa0/2
20    student                        active     Fa0/3
1002  fddi-default                   active
1003  token-ring-default             active
1004  fddinet-default                active
1005  trnet-default                  active
```

**注意**：f0/1 是中继端口，不属于任何 VLAN，因此各 VLAN 的成员端口一栏都没有显示 f0/1。

### 3. VLAN 中继测试

(1) 参考表 7-1，为主机 PC1～PC4 配置 IP 地址和子网掩码。

(2) 测试 VLAN 中继线是否正常工作。分处在不同交换机的同一个 VLAN 中的 PC 可以通过中继线相互通信，如 PC1 可以 ping 通 PC3、PC2 可以 ping 通 PC4，说明 VLAN 中

继线可以承载不同的 VLAN 流量。

### 7.2.4 实验 DTP 协商

**【实验目的】**

通过端口模式的配置，进一步加深对 DTP 协商的理解。

**【实验环境】**

本实验在 7.2.3 节实验的配置基础上进行，实验环境同 7.2.3 节，参见图 7.7。

**【实验过程】**

(1) 在 7.2.3 节实验中交换机 S1 的端口 f0/1 的管理模式为“trunk”，现在将其改为“desirable”。这时该端口会主动与对方协商，期望成为 Trunk 状态，如果对端交换机端口模式为“trunk”“desirable”或者“auto”之一，则可以顺利变成 Trunk 状态。

```
S1(config)#interface f0/1
S1(config-if)#shutdown
S1(config-if)#switchport mode dynamic desirable
S1(config-if)#no shutdown
```

(2) 将交换机 S2 的端口 f0/1 关闭。

```
S2(config)#interface f0/1
S2(config-if)#shutdown
```

(3) 查看交换机 S1 的端口 f0/1 信息。

```
S1#show interfaces f0/1 switchport
Name: Fa0/1
Switchport: Enabled
Administrative Mode: dynamic desirable        //这是步骤(1)设置的结果
Operational Mode: down                        //这是链路另一端执行 shutdown 的结果
<省略部分显示信息>
```

(4) 查看交换机 S2 的端口 f0/1 信息。

```
S2#show interfaces f0/1 switchport
Name: Fa0/1
Switchport: Enabled
Administrative Mode: dynamic auto        //维持原来的默认值
Operational Mode: down                   //这是步骤(2)中执行 shutdown 的结果
```

(5) 在交换机 S2 上激活端口 f0/1。

```
S2(config)#interface f0/1
S2(config-if)#no shutdown
```

(6) 分别查看交换机 S1 和 S2 的端口 f0/1 信息，可以看到双方端口已协商进入 Trunk 状态，中继线形成了。

```
S1#show interfaces f0/1 switchport
Name: Fa0/1
Switchport: Enabled
Administrative Mode: dynamic desirable
Operational Mode: trunk                    //主动协商结果
<省略部分显示信息>
```

```
S2#show interfaces f0/1 switchport
Name: Fa0/1
Switchport: Enabled
Administrative Mode: dynamic auto
Operational Mode: trunk                    //被动协商结果
<省略部分显示信息>
```

# 7.3 VLAN 中继协议

## 7.3.1 VTP 的作用

前述章节描述了如何为交换机配置中继、创建和管理 VLAN，当网络内有多台交换机时，只需按照同样的方法及步骤在每一台交换机上进行相应的 VLAN 配置即可。但是当网络中的交换机数量较多，为每一台交换机手动配置 VLAN 的工作量会比较大，工作的重复性较高，而且不利于实现网络内多台交换机 VLAN 信息的同步与统一管理，这时应该考虑使用更高效的方法。由 Cisco 公司开发的 VLAN 中继协议(VLAN Trunking Protocol，VTP)可以帮助网络管理员自动完成 VLAN 的创建、删除和同步等工作，维持整个管理域内 VLAN 配置的一致性。VTP 能够跟踪和监视 VLAN 变化，将 VLAN 配置变动所导致的信息不一致性降至最低，从而有效降低网络管理员管理和监控 VLAN 网络的工作复杂度。

VTP 会广播 VLAN ID、VLAN 名称和 VLAN 类型信息，但是，它不会广播有关哪些端口属于哪个 VLAN 的信息，所以这些还是需要手工在每台交换机上配置。VTP 仅获知普通范围内的 VLAN(ID 值为 1 至 1005)，不支持扩展范围内的 VLAN(ID 值为 1006 至 4094)。

## 7.3.2 VTP 要点

### 1. VTP 域

VTP 允许将网络划分为更小的管理域，通常称为 VTP 域。一个 VTP 域由一台或多台被配置为同一 VTP 域名的相互连接的交换机组成。一个网络可以包含多个 VTP 域，每个 VTP 域限定了在网内实施特定 VLAN 配置与管理的范围。所有加入同一 VTP 域的交换机，参与该域内的 VLAN 同步工作。通常一台交换机通过设置特定的 VTP 域名来加入一个域，域名区分大小写。一台交换机每次只能加入一个 VTP 域，即一台交换机只属于一个 VTP 域。以 Cisco Catalyst 交换机为例缺省情况下，一个交换机不属于任何 VTP 域，当该交换机通过中继线接收了关于某个域的通告时，它会自动将自身的 VTP 域名设置为通告中的域名，为了明确地将该交换机分配到特定的 VTP 域中，通常由管理员手工为交换机设定 VTP 域名。为提高 VTP 域的安全性，可以为 VTP 域设置密码，但需确保同一 VTP 域内的交换机设置了相同的密码，因为没有设置密码或者密码错误的交换机将拒绝 VTP 通告。

#### 2. VTP 配置修订号

VTP 配置修订号代表 VTP 帧的修订版本，它是一个 32 位的数字，缺省情况下，交换机的 VTP 配置修订号为 0，每次创建和删除 VLAN 时，VTP 配置修订号都会加 1。VTP 配置修订号的作用是判断从域中其他交换机发来的配置信息是否比存储在本交换机上的版本更新。交换机认为只要 VTP 配置修订号一致则 VLAN 配置信息就一致，VTP 域中交换机的 VLAN 配置始终与拥有最高配置修订号的配置一致。值得注意的是，改变 VTP 域名的操作会使本交换机的 VTP 配置修订号重新置 0。如果欲将一个已配置过的交换机加入 VTP 域中，必须首先将该交换机的配置修订号重置为 0，否则可能引发 VTP 域中其他交换机上的 VLAN 配置损坏。

#### 3. VTP 模式

VTP 域中的交换机可以配置为三种模式：服务器模式、客户端模式、透明模式。

1) 服务器模式(Server)

服务器模式是 Catalyst 交换机的默认模式，在 VTP 服务器模式下，可以创建、修改或删除 VTP 域内的 VLAN。VTP 服务器交换机通过中继线向本域内的其他交换机通告 VTP 信息，以使域中的所有交换机同步 VLAN 配置信息。VTP 服务器交换机通过设置 VTP 配置修订号跟踪更新，其他交换机通过对比 VTP 配置修订号来决定是否需要与 VTP 服务器同步 VLAN 信息。

2) 客户端模式(Client)

交换机必须经过手动配置，才能被置为客户端模式。在 VTP 客户端交换机上无法手动创建、修改或删除 VLAN。VTP 客户端交换机从中继线上接收来自 VTP 域内其他交换机的 VTP 通告，并将通告的全局 VLAN 配置应用到自身，同时所收到的 VTP 通告也会通过中继线继续向其他交换机转发。VTP 客户端交换机利用 VTP 配置修订号来决定是否要进行同步更新，如果接收到 VTP 配置修订号更大的通告，它将对本地的相关配置信息进行更新。

3) 透明模式(Transparent)

交换机必须经过手动配置，才能被置为透明模式。VTP 透明模式交换机会在中继线上转发自己收到的 VTP 通告，以确保其他交换机能够收到 VLAN 的更新信息，但是它不会产生和处理 VTP 通告。换句话说，VTP 透明模式交换机既不与其他交换机的 VLAN 配置保持同步，也不通告它自身的 VLAN 配置信息。如果在 VTP 透明模式交换机上创建、修改和删除 VLAN，仅对该交换机生效，这些本地设置对域中的其他交换机而言是不可见的、透明的。

#### 4. VTP 的消息类型

VTP 消息被封装在以太网帧中，以太网帧又被标记为 IEEE 802.1Q 帧或封装为 ISL 帧。

VTP 消息在中继线上传递，目的地设一个组播地址“01-00-0C-CC-CC-CC”。VTP 消息有三种类型，包括由 VTP 服务器发出的“汇总通告”和“子集通告”，由 VTP 客户端发出的“通告请求”。VTP 通过通告的分发来同步 VTP 域信息和 VLAN 配置信息。

1) 汇总通告(Summary Advertisement)

汇总通告包含 VTP 版本、VTP 域名、当前 VTP 配置修订号、更新者身份、更新时间戳等 VTP 详细配置信息。VTP 服务器默认每 5 分钟发送一次汇总通告，但执行配置操作会立即触发汇总通告。

当交换机收到汇总通告时，它会对比本地设置的 VTP 域名是否与通告中的一致，如果域名一致，则进一步对比 VTP 配置修订号，如果通告中的 VTP 配置修订号大于交换机自身的 VTP 配置修订号，则该交换机会发出一个对新 VLAN 信息的通告请求。如果域名不一致，或者交换机当前的 VTP 配置修订号高于或等于通告中的值，交换机将忽略收到的通告内容。

2) 子集通告(Subset Advertisement)

子集通告主要包含 VLAN 的详细信息。当管理员在 VTP 服务器上创建、删除和修改 VLAN 时，该交换机会增加配置修订号，并发送一条汇总通告，然后又会发送一个或多个子集通告来完成 VLAN 信息的更新。另外，挂起或激活 VLAN，更改 VLAN 的名称，更改 VLAN 的 MTU，也会触发子集通告。

子集通告除了包含 VTP 版本、VTP 域名、当前 VTP 配置修订号等 VTP 配置信息以外，最主要的是它包含多个 VLAN 信息字段，每个 VLAN 信息字段存放一个 VLAN 的详细信息。

3) 通告请求(Advertisement Request)

通告请求主要用于 VTP 客户端请求 VLAN 信息。当 VTP 服务器收到通告请求时，VTP 服务器会先发送汇总通告，接着发送所需数量的子集通告。通告请求包含 VTP 版本、VTP 域名、起始值等字段。

VTP 客户端交换机在下列情况下会发出 VTP 通告请求：重新启动；更改 VTP 域名；收到 VTP 配置修订号比自身更高的汇总通告；子集通告丢失。

### 5. VTP 版本

在 VTP 管理域中，有两个 VTP 版本可供采用，Cisco Catalyst 交换机既可运行版本 1，也可运行版本 2，但是在一个 VTP 域中，这两个版本是不可互操作的。因此，在同一个 VTP 域中，每台交换机必须配置相同的 VTP 版本。交换机上默认的 VTP 版本是版本 1，如果一个域中的所有交换机都支持 VTP 版本 2，只需要在一台交换机上启用 VTP 版本 2，版本号会自动传送给域内的所有交换机。VTP 版本 2 与版本 1 区别不大，主要不同在于：VTP 版本 2 支持令牌环 VLANs，而 VTP 版本 1 不支持。通常只有在使用令牌环 VLANs 时，才会使用到 VTP 令牌环，否则一般情况下并不使用 VTP 版本 2。另外值得注意的区别是在 VTP 版本 1 中，一个 VTP 透明模式的交换机在转发 VTP 信息给其他交换机时，先检查 VTP 版本号和域名是否与本机相匹配，如果匹配，才转发该信息，而 VTP 版本 2 在转发信息时，不检查版本号和域名。

#### 6. VTP 修剪

交换机对收到的广播帧或未知帧采取洪泛的方法转发出去，以保证该数据帧能够到达目的地，但是这会导致不必要的数据流量穿过网络，从而耗费带宽。所以，默认情况下，发给某个 VLAN 的广播帧会传送到所有承载该 VLAN 的中继线上，而 VTP 修剪(VTP Pruning)能防止不必要的广播流量从一个 VLAN 洪泛到所有中继线上，从而增加了可用带宽。默认情况下，VTP 修剪功能是禁用的，要在 VTP 域中启用 VTP 修剪，只需在一台 VTP 服务器模式的交换机上使用全局配置命令“vtp pruning”启用 VTP 修剪即可。

### 7.3.3　实验相关命令格式

#### 1. 创建或加入一个 VTP 域

```
Switch(config)#vtp domain vtp-domain-name
```

在 *vtp-domain-name* 处输入 VTP 域名，长度在 1～32 个字符之间，VTP 域名大小写敏感。在域内第一台服务器模式交换机上创建 VTP 域，需要用到该命令。要把一个交换机添加到已有 VTP 域内，也使用该命令，且之前一定要确保新添交换机的 VTP 配置修订号为 0。

#### 2. 配置 VTP 模式

```
Switch(config)#vtp mode {server|client|transparent}
```

根据为交换机设置的模式选择对应命令参数。选定模式的参考原则是：如果当前交换机是 VTP 域中的第一台交换机，并期望在以后 VTP 域内添加其他的交换机，那么把其模式设置为 **server**。如果 VTP 域内已有其他交换机，而当前交换机是新加入的，那么把其模式设置为 **client，**以防止新加入的交换机意外向现有域内传播错误信息。如果当前交换机不与 VTP 域中的其他交换机共享 VLAN 信息，那么将其模式设置为“**transparent**”。

#### 3. 为 VTP 域设定密码

```
Switch(config)#vtp password password
```

在 *password* 处输入密码，密码是区分大小写的，长度在 1～64 个字符之间。若要删除 VTP 域中的密码，执行“**no vtp password**”即可恢复到缺省状态。

#### 4. VTP 版本的设置

```
Switch(config)#vtp version {1|2}
```

VTP 默认设置为版本 1，一般不用显式设置。当版本已被设置为 2 后，执行“no vtp version 2”命令，将切换回 VTP 版本 1。

#### 5. 查看 VTP 状态

```
Switch#show vtp status
```

执行该命令可以查看 VTP 版本、VTP 域名、VTP 配置修订号等 VTP 配置信息。

### 7.3.4 实验 VTP 的基本配置

【实验目的】

学会 VTP 的配置方法，理解 VTP 的工作原理。

【实验环境】

Catalyst 2960 交换机 3 台，计算机 6 台。按照图 7.8(a)所示，PC1、PC2、PC3 分别与交换机 S1 的 f0/2、f0/3、f0/4 端口连接，PC4、PC5、PC6 分别与交换机 S2 的 f0/2、f0/3、f0/4 端口连接，而 3 台交换机 S0、S1、S2 之间暂不连接。

实验过程中计算机的配置参数可参考表 7-2。

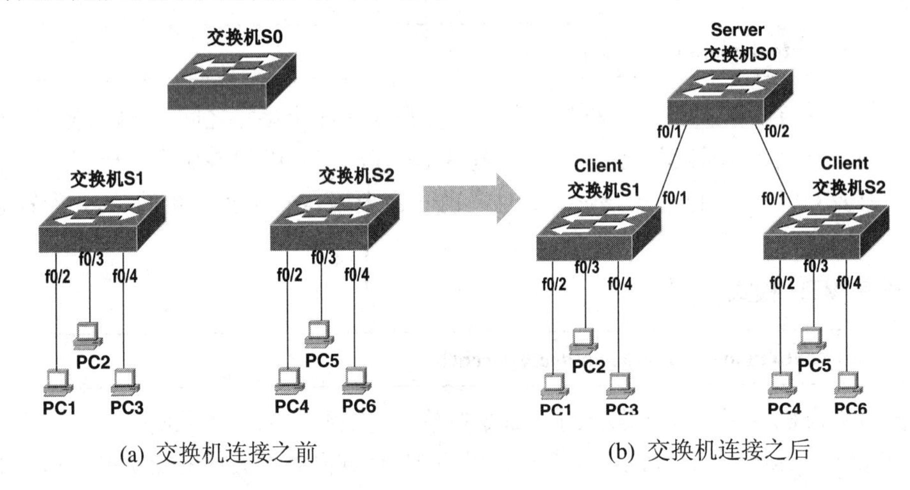


(a) 交换机连接之前　　(b) 交换机连接之后

图 7.8 实验设备连接示意图

表 7-2 主机 PC1～PC6 配置信息

| 主 机 | IP 地址 | 子网掩码 |
|---|---|---|
| PC1 | 192.168.1.1 | 255.255.255.0 |
| PC2 | 192.168.1.2 | 255.255.255.0 |
| PC3 | 192.168.1.3 | 255.255.255.0 |
| PC4 | 192.168.1.4 | 255.255.255.0 |
| PC5 | 192.168.1.5 | 255.255.255.0 |
| PC6 | 192.168.1.6 | 255.255.255.0 |

【实验过程】

开始进行 VTP 配置之前，首先要确认所有要配置的交换机都已清除之前配置信息和残留的 VLAN 信息，恢复到默认设置。注意：在配置普通范围 VLAN 时，配置信息会自动存储在交换机 Flash 内一个名为 vlan.dat 的文件中，因此，如果要完全清除已有的 VLAN 配置，除了在特权模式下执行“erase starting-config”命令外，还要执行“delete flash:vlan.dat”命令。

交换机 S0 将被配置为 VTP 服务器，交换机 S1 和 S2 将被配置为 VTP 客户端。

### 1. 配置 VTP 服务器

(1) 在交换机 S0 上执行“show vtp status”命令查看 VTP 状态，观察交换机的默认 VTP 信息。

```
S0#show vtp status
VTP Version                        : 2          //表示支持两种 VTP 版本(1 和 2)
Configuration Revision             : 0          //配置修订号为 0，表明尚未配置任何 VLAN
Maximum VLANs supported locally    : 255        //本交换机支持的最大 VLAN 数量
Number of existing VLANs           : 5          //表示已经有 5 个 VLAN(都是自动创建的)
VTP Operating Mode                 : Server     //VTP 模式默认为 Server
VTP Domain Name                    :            //VTP 域名默认为空
VTP Pruning Mode                   : Disabled   //VTP 裁剪功能，默认未开启
VTP V2 Mode                        : Disabled   //未开启 VTP 版本 2，默认使用版本 1
VTP Traps Generation               : Disabled   //向 SNMP 管理站发送 Trap 消息的功能，默认未开启
MD5 digest                         : 0x7D 0x5A 0xA6 0x0E 0x9A 0x72 0xA0 0x3A
Configuration last modified by 0.0.0.0 at 0-0-00 00:00:00
Local updater ID is 0.0.0.0 (no valid interface found)
```

(2) 为交换机 S0 配置 VTP 域名。

```
S0#configure terminal
S0(config)#vtp domain CiscoVtp
Changing VTP domain name from NULL to CiscoVtp
```

(3) 在交换机 S0 上执行“show vtp status”命令，重新查看 VTP 状态，阴影部分显示了上一步配置的 VTP 域名。

```
S0#show vtp status
VTP Version                        : 2
Configuration Revision             : 0
Maximum VLANs supported locally    : 255
Number of existing VLANs           : 5
VTP Operating Mode                 : Server
VTP Domain Name                    : CiscoVtp
VTP Pruning Mode                   : Disabled
VTP V2 Mode                        : Disabled
VTP Traps Generation               : Disabled
MD5 digest                         : 0x3D 0xBB 0xC6 0xB8 0x65 0xD0 0xA7 0x37
Configuration last modified by 0.0.0.0 at 0-0-00 00:00:00
Local updater ID is 0.0.0.0 (no valid interface found)
```

(4) 在交换机 S0 上创建 3 个 VLAN。创建 VLAN 时，确保 VLAN 的 ID 值在普通范围(1～1005)内。

```
S0#configure terminal
S0(config)#vlan 10
S0(config-vlan)#exit
S0(config)#vlan 20
S0(config-vlan)#exit
S0(config)#vlan 30
S0(config-vlan)#end
```

**注意**：不能在 server 模式下创建扩展 VLAN(1006～4094)，若要创建扩展 VLAN，必须将交换机设置为透明模式。以下阴影部分所示为在 server 模式下创建扩展 VLAN 时的提示信息。

```
S0(config)#vlan 1006
S0(config-vlan)#end
Extended VLANs not allowed in VTP SERVER mode
S0#
02:40:36: %SW_VLAN-4-EXT_VLAN_CREATE_FAIL: Failed to create VLANs 1006: extended
 VLAN(s) not allowed in current VTP modeshow
```

(5) 在交换机 S0 上显示 VLAN 信息，可以看到目前有 8 个 VLAN，其中 VLAN 1 以及 VLAN 1002 至 1005 是自动创建的 5 个 VLAN。另外 3 个是步骤(4)新创建的 VLAN。

```
S0#show vlan brief

VLAN  Name                              Status     Ports
----- --------------------------------  ---------  -------------------------------
1     default                           active     Fa0/1, Fa0/2, Fa0/3, Fa0/4
                                                   Fa0/5, Fa0/6, Fa0/7, Fa0/8
                                                   Fa0/9, Fa0/10, Fa0/11, Fa0/12
                                                   Fa0/13, Fa0/14, Fa0/15, Fa0/16
                                                   Fa0/17, Fa0/18, Fa0/19, Fa0/20
                                                   Fa0/21, Fa0/22, Fa0/23, Fa0/24
                                                   Gig1/1, Gig1/2
10    VLAN0010                          active
20    VLAN0020                          active
30    VLAN0030                          active
1002  fddi-default                      active
1003  token-ring-default                active
1004 fddinet-default                    active
1005 trnet-default                      active
```

(6) 在交换机 S0 上查看 VTP 状态，注意配置修订号和现有 VLAN 个数的变化。

```
S0#show vtp status
VTP Version                        : 2
Configuration Revision             : 3        //因为添加了3个VLAN，修订号从0增加到3
Maximum VLANs supported locally    : 255
Number of existing VLANs           : 8        //上一步骤中显示了8个VLAN的信息
VTP Operating Mode                 : Server
VTP Domain Name                    : CiscoVtp
VTP Pruning Mode                   : Disabled
VTP V2 Mode                        : Disabled
VTP Traps Generation               : Disabled
MD5 digest                         : 0x8B 0xA6 0xA8 0x71 0x78 0xFC 0xEB 0x5A
Configuration last modified by 0.0.0.0 at 3-1-93 00:09:15
Local updater ID is 0.0.0.0 (no valid interface found)
```

(7) 在交换机S0上将端口f0/1和f0/2配置为Trunk端口。

```
S0#configure terminal
S0(config)#interface f0/1
S0(config-if)#switchport mode trunk
S0(config-if)#interface f0/2
S0(config-if)#switchport mode trunk
S0(config-if)#end
```

### 2. 配置VTP客户

(1) 在交换机S1上查看VTP状态，确认为默认状态。同时在交换机S2上完成相同操作。

```
S1#show vtp status
VTP Version                        : 2
Configuration Revision             : 0
Maximum VLANs supported locally    : 255
Number of existing VLANs           : 5
VTP Operating Mode                 : Server
VTP Domain Name                    :
VTP Pruning Mode                   : Disabled
VTP V2 Mode                        : Disabled
VTP Traps Generation               : Disabled
MD5 digest                         : 0x7D 0x5A 0xA6 0x0E 0x9A 0x72 0xA0 0x3A
Configuration last modified by 0.0.0.0 at 0-0-00 00:00:00
Local updater ID is 0.0.0.0 (no valid interface found)
```

(2) 将交换机S1配置为Client模式，并查看VTP状态，以确认修改结果。同时在交换机 S2 完成相同配置。

```
S1#configure terminal
S1(config)#vtp mode client
Setting device to VTP CLIENT mode.
S1(config)#exit
S1#show vtp status
VTP Version                              : 2
Configuration Revision                   : 0
Maximum VLANs supported locally          : 255
Number of existing VLANs                 : 5
VTP Operating Mode                       : Client        //已配置为客户模式
VTP Domain Name                          :
VTP Pruning Mode                         : Disabled
VTP V2 Mode                              : Disabled
VTP Traps Generation                     : Disabled
MD5 digest                               : 0x7D 0x5A 0xA6 0x0E 0x9A 0x72 0xA0 0x3A
Configuration last modified by 0.0.0.0 at 0-0-00 00:00:00
```

### 3. 连接交换机并观察 VLAN 信息的同步

(1) 如图 7.8(b)所示，将交换机 S0 的端口 f0/1 与交换机 S1 的端口 f0/1 相连，并将交换机 S0 的端口 f0/2 与交换机 S2 的端口 f0/1 相连。

(2) 在交换机 S0 上执行“show interfaces trunk”命令查看中继端口，显示端口 f0/1 和 f0/2 的状态为 trunking，封装为 802.1q。

```
S0#show interfaces trunk
Port      Mode       Encapsulation   Status      Native vlan
Fa0/1     on         802.1q          trunking    1
Fa0/2     on         802.1q          trunking    1

Port      Vlans allowed on trunk
Fa0/1     1-1005
Fa0/2     1-1005

Port      Vlans allowed and active in management domain
Fa0/1     1, 10, 20, 30
Fa0/2     1, 10, 20, 30

Port      Vlans in spanning tree forwarding state and not pruned
Fa0/1     1, 10, 20, 30
Fa0/2     1, 10, 20, 30
```

**注意：**一条链路的两端都确认为 Trunk 状态，该链路才会成为一条中继线，所以接下来要分别检查 S1 的端口 f0/1 以及 S2 的端口 f0/1 是否已经进入 Trunk 状态。

(3) 在交换机 S1 上执行“show interfaces trunk”命令查看中继端口信息，发现 f0/1 已经被动变为“trunking”状态了，封装为 n-802.1q，其中“n”表示封装类型也是自动协商的。同样在交换机 S2 上执行“show interfaces trunk”命令，结果同 S1。

```
S1#show interfaces trunk
Port        Mode        Encapsulation   Status        Native vlan
Fa0/1       auto        n-802.1q        trunking      1

Port        Vlans allowed on trunk
Fa0/1       1-1005

Port        Vlans allowed and active in management domain
Fa0/1       1,10,20,30

Port        Vlans in spanning tree forwarding state and not pruned
Fa0/1       1,10,20,30
```

(4) 在交换机 S1 上查看 VLAN 信息，观察 S0 是否已通过中继线通告了 VLAN 信息。

```
S1#show vlan brief

VLAN  Name                          Status     Ports
----  ----------------------------  ---------  -------------------------------
1     default                       active     Fa0/2, Fa0/3, Fa0/4, Fa0/5
                                               Fa0/6, Fa0/7, Fa0/8, Fa0/9
                                               Fa0/10, Fa0/11, Fa0/12, Fa0/13
                                               Fa0/14, Fa0/15, Fa0/16, Fa0/17
                                               Fa0/18, Fa0/19, Fa0/20, Fa0/21
                                               Fa0/22, Fa0/23, Fa0/24, Gig1/1
                                               Gig1/2
10    VLAN0010                      active
20    VLAN0020                      active
30    VLAN0030                      active
<省略部分显示信息>
```

VLAN 10、VLAN 20、VLAN 30 的出现说明 VTP 服务器 S0 已经通过中继线向 VTP 客户端 S1 和 S2 通告了 VLAN 信息。注意：“Ports”栏中没有显示 Fa0/1，这是因为 Fa0/1 已被设置为 Trunk 模式，而中继端口不属于任何一个 VLAN。若在 S0 和 S2 上查看 VLAN 信息，也会发现类似情况。

**注意**：交换机 S1 是 VTP 客户端，试图在其上删除某个 VLAN 的操作是不可行的。

```
S1(config)#no vlan 10
VTP VLAN configuration not allowed when device is in CLIENT mode.
```

(5) 在交换机 S1 查看 VTP 状态，结果显示配置修订号，VLAN 个数、VTP 域名已更新，与 VTP 服务器 S0 的 VTP 状态一致。

```
S1#show vtp status
VTP Version                          : 2
Configuration Revision               : 3
Maximum VLANs supported locally      : 255
Number of existing VLANs             : 8
VTP Operating Mode                   : Client
VTP Domain Name                      : CiscoVtp
VTP Pruning Mode                     : Disabled
VTP V2 Mode                          : Disabled
VTP Traps Generation                 : Disabled
MD5 digest                           : 0x8B 0xA6 0xA8 0x71 0x78 0xFC 0xEB 0x5A

Configuration last modified by 0.0.0.0 at 3-1-93 00:09:15
```

4. 为 VLAN 分配成员端口并测试

(1) 在交换机 S1 上，分别将 f0/2、f0/3、f0/4 分配到 VLAN10、VLAN20、VLAN30 中，并通过“show vlan brief”命令查看 VLAN 信息。同时在交换机 S2 上完成相同操作。

```
S1#configure terminal
S1(config)#interface f0/2
S1(config-if)#switchport access vlan 10
S1(config-if)#exit
S1(config)#interface f0/3
S1(config-if)#switchport access vlan 20
S1(config-if)#exit
S1(config)#interface f0/4
S1(config-if)#switchport access vlan 30
S1(config-if)#end

S1#show vlan brief

VLAN  Name                           Status     Ports
----  ----------------------------   ---------  ------------------------------
```

```
1       default                      active    Fa0/5, Fa0/6, Fa0/7, Fa0/8
                                               Fa0/9, Fa0/10, Fa0/11, Fa0/12
                                               Fa0/13, Fa0/14, Fa0/15, Fa0/16
                                               Fa0/17, Fa0/18, Fa0/19, Fa0/20
                                               Fa0/21, Fa0/22, Fa0/23, Fa0/24
                                               Gig1/1, Gig1/2
10      VLAN0010                     active    Fa0/2
20      VLAN0020                     active    Fa0/3
30      VLAN0030                     active    Fa0/4
<省略部分显示信息>
```

(2) 参考表 7-2，为主机 PC1～PC6 配置 IP 地址和子网掩码。

(3) 利用“ping”命令进行主机间连通性测试。同一 VLAN 的成员可以 ping 通，不同 VLAN 的成员之间不能 ping 通，说明 VLAN 运行正常。如 PC1 只能 ping 通 PC4，但不能 ping 通其他主机。

### 7.3.5 实验 添加 VTP 透明模式交换机

**【实验目的】**

理解透明模式交换机的作用，以及它与其他两种模式交换机的区别。

**【实验环境】**

本实验在 7.3.4 节实验的配置基础上进行，实验环境如图 7.9 所示，在 7.3.4 节实验的基础上添加 2 台 Catalyst 2960 交换机 S3、S4，但是在配置开始前，3 台交换机 S0、S3、S4 之间暂不连接。

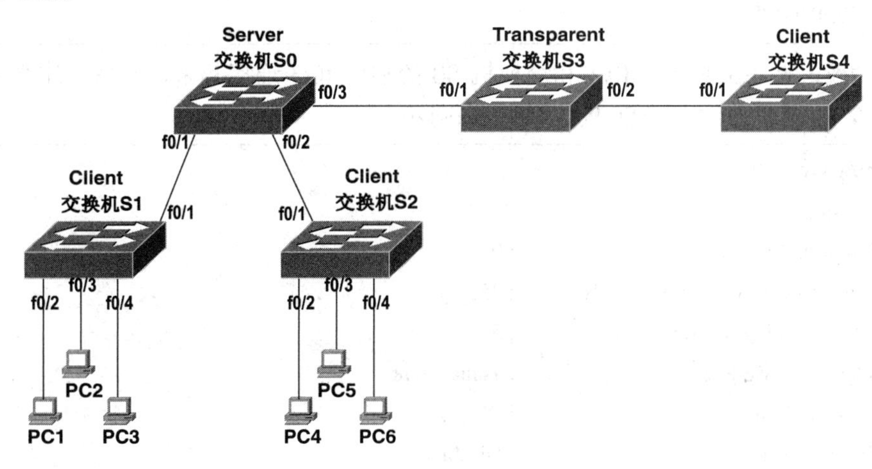


图 7.9 实验设备连接示意图

**【实验过程】**

本实验在 7.3.4 节实验的基础上进行，请确保已经完成前述实验的相关配置。

(1) 在连接交换机 S3 之前，查看 S3 的 VTP 状态，以确认为默认状态。

```
S3#show vtp status
VTP Version                          : 2
Configuration Revision               : 0
Maximum VLANs supported locally      : 255
Number of existing VLANs             : 5
VTP Operating Mode                   : Server
VTP Domain Name                      :
VTP Pruning Mode                     : Disabled
VTP V2 Mode                          : Disabled
VTP Traps Generation                 : Disabled
MD5 digest                           : 0x7D 0x5A 0xA6 0x0E 0x9A 0x72 0xA0 0x3A
Configuration last modified by 0.0.0.0 at 0-0-00 00:00:00
Local updater ID is 0.0.0.0 (no valid interface found)
```

(2) 将交换机 S3 设置为透明模式。

```
S3#configure terminal
S3(config)#vtp mode transparent
Setting device to VTP TRANSPARENT mode.
S3(config)#exit
```

(3) 在交换机 S0 上将端口 f0/3 设置为 trunk 模式，并查看设置结果。

```
S0#configure terminal
S0(config)#interface f0/3
S0(config-if)#switchport mode trunk
S0(config-if)#end
```

(4) 将交换机 S3 的端口 f0/1 和交换机 S0 的端口 f0/3 连接起来，然后再次查看 S3 的 VTP 状态，发现其并没有与 S0 的 VTP 状态同步。

```
S3#show vtp status
VTP Version                          : 2
Configuration Revision               : 0
Maximum VLANs supported locally      : 255
Number of existing VLANs             : 5
VTP Operating Mode                   : Transparent
VTP Domain Name                      :
VTP Pruning Mode                     : Disabled
VTP V2 Mode                          : Disabled
VTP Traps Generation                 : Disabled
MD5 digest                           : 0x7D 0x5A 0xA6 0x0E 0x9A 0x72 0xA0 0x3A
Configuration last modified by 0.0.0.0 at 0-0-00 00:00:00
```

(5) 在交换机 S3 上查看 Trunk 信息。

```
S3#show interfaces trunk
Port        Mode          Encapsulation   Status      Native vlan
Fa0/1       auto          n-802.1q        trunking    1
//可以看出端口 f0/1 已经被动进入 trunking 状态
Port        Vlans allowed on trunk
Fa0/1       1-1005

Port        Vlans allowed and active in management domain
Fa0/1       1

Port        Vlans in spanning tree forwarding state and not pruned
Fa0/1       1
```

(6) 在连接交换机 S4 之前，将 S4 设置为客户模式，然后查看 S4 的 VTP 状态。

```
S4# configure terminal
S4(config)#vtp mode client
Setting device to VTP CLIENT mode.
S4(config)#end
S4#show vtp status
VTP Version                          : 2
Configuration Revision               : 0
Maximum VLANs supported locally      : 255
Number of existing VLANs             : 5
VTP Operating Mode                   : Client
VTP Domain Name                      :
VTP Pruning Mode                     : Disabled
VTP V2 Mode                          : Disabled
VTP Traps Generation                 : Disabled
MD5 digest                           : 0x7D 0x5A 0xA6 0x0E 0x9A 0x72 0xA0 0x3A
Configuration last modified by 0.0.0.0 at 0-0-00 00:00:00
```

(7) 将交换机 S4 的端口 f0/1 设置为 trunk 模式。

```
S4#configure terminal
S4(config)#interface f0/1
S4(config-if)#switchport mode trunk
S4(config-if)#end
```

(8) 将交换机 S4 的端口 f0/1 和交换机 S3 的端口 f0/2 连接起来，在交换机 S3 上查看 trunk 端口信息。

```
S3#show interfaces trunk
Port        Mode        Encapsulation   Status      Native vlan
Fa0/1       auto        n-802.1q        trunking    1
Fa0/2       auto        n-802.1q        trunking    1
//可以看出端口 f0/2 已经被动进入 trunking 状态
<省略部分显示信息>
```

(9) 在交换机 S4 上查看 VTP 状态和 VLAN 信息。

```
S4#show vtp status
VTP Version                          : 2
Configuration Revision               : 3
Maximum VLANs supported locally      : 255
Number of existing VLANs             : 8
VTP Operating Mode                   : Client
VTP Domain Name                      : CiscoVtp
VTP Pruning Mode                     : Disabled
VTP V2 Mode                          : Disabled
VTP Traps Generation                 : Disabled
MD5 digest                           : 0x8B 0xA6 0xA8 0x71 0x78 0xFC 0xEB 0x5A
Configuration last modified by 0.0.0.0 at 3-1-93 00:09:15

S4#show vlan brief

VLAN  Name                              Status    Ports
----- --------------------------------- --------- -------------------------------
1     default                           active    Fa0/1, Fa0/2, Fa0/4, Fa0/5
                                                  Fa0/6, Fa0/7, Fa0/8, Fa0/9
                                                  Fa0/10, Fa0/11, Fa0/12, Fa0/13
                                                  Fa0/14, Fa0/15, Fa0/16, Fa0/17
                                                  Fa0/18, Fa0/19, Fa0/20, Fa0/21
                                                  Fa0/22, Fa0/23, Fa0/24, Gig1/1
                                                  Gig1/2
10    VLAN0010                          active
20    VLAN0020                          active
30    VLAN0030                          active
<省略部分显示信息>
```

显示结果为 S4 上的 VTP 状态和 VLAN 信息已与 CiscoVtp 域的其他交换机同步。说明配置为透明模式的交换机 S3 已经把从中继线上接收到的 VTP 通告转发给了 S4。

(10) 在交换机 S3 上，创建 VLAN 40，并查看 VLAN 信息。

```
S3#configure terminal
S3(config)#vlan 40
S3(config-vlan)#end
S3#show vlan brief

VLAN  Name                          Status     Ports
----  ----------------------------  ---------  -------------------------------
1     default                       active     Fa0/3, Fa0/4, Fa0/5, Fa0/6
                                               Fa0/7, Fa0/8, Fa0/9, Fa0/10
                                               Fa0/11, Fa0/12, Fa0/13, Fa0/14
                                               Fa0/15, Fa0/16, Fa0/17, Fa0/18
                                               Fa0/19, Fa0/20, Fa0/21, Fa0/22
                                               Fa0/23, Fa0/24, Gig1/1, Gig1/2
40    VLAN0040                      active
1002  fddi-default                  active
1003  token-ring-default            active
1004  fddinet-default               active
1005  trnet-default                 active
```

显示结果中并未包含 VLAN 10、VLAN 20、VLAN 30，说明透明模式交换机 S3 不与其他交换机同步 VLAN 配置。而且在其他任何交换机(S0、S1、S2、S4)上执行“show vlan brief”命令，均无法查看到 VLAN 40 的信息，说明 S3 不会通告自身的 VALN 配置，即 S3 上创建的 VLAN 40 只在本地有效。

## 7.3.6 实验 为 VTP 域设定密码以增加安全性

**【实验目的】**

(1) 学会如何为 VTP 域设定密码。

(2) 理解为 VTP 配置密码的意义。

**【实验环境】**

本实验在 7.3.5 节实验的配置基础上进行，实验环境参见 7.3.5 节图 7.9。若读者不考虑透明模式的交换机，则请参考 7.3.4 节图 7.8。

**【实验过程】**

虽然本实验在 7.3.5 节实验的配置基础上进行的，但是这不是必要的，如果读者单独进行 VTP 域设定密码的实验，可以使用更简单的实验环境与配置。

(1) 在 S0 上设置 VTP 密码(如 123456)。

```
S0# configure terminal
S0(config)#vtp password 123456
Setting device VLAN database password to 123456
```

(2) 在 S0 创建新的 VLAN 100，并查看 VTP 状态。由于增加了 1 个 VLAN，请注意 VTP 修订版本号和 VLAN 数目的变化。

```
S0(config)#vlan 100
S0(config-vlan)#end
S0#show vtp status
VTP Version                          : 2
Configuration Revision               : 4      //因为增加了 1 个 VLAN，该值由 3 升为 4
Maximum VLANs supported locally      : 255
Number of existing VLANs             : 9      //因为增加了 1 个 VLAN，该值由 8 增为 9
VTP Operating Mode                   : Server
VTP Domain Name                      : CiscoVtp
VTP Pruning Mode                     : Disabled
VTP V2 Mode                          : Disabled
VTP Traps Generation                 : Disabled
MD5 digest                           : 0x8B 0x33 0x2C 0x8C 0xF7 0x5B 0xDC 0xBC
Configuration last modified by 0.0.0.0 at 3-1-93 09:39:23
Local updater ID is 0.0.0.0 (no valid interface found)
```

(3) 在 S1(或 S2、S4)上查看 VTP 状态和 VLAN 信息，会发现 VTP 信息并没有与 S0 同步，VLAN 信息也没有任何改变。

```
S1#show vtp status
VTP Version                          : 2
Configuration Revision               : 3
Maximum VLANs supported locally      : 255
Number of existing VLANs             : 8
VTP Operating Mode                   : Client
VTP Domain Name                      : CiscoVtp
VTP Pruning Mode                     : Disabled
VTP V2 Mode                          : Disabled
VTP Traps Generation                 : Disabled
MD5 digest                           : 0xCD 0xAB 0x99 0x4B 0xE2 0xAE 0x6A 0x2C
Configuration last modified by 0.0.0.0 at 3-1-93 01:07:46

S1#show vlan brief

VLAN   Name                             Status      Ports
-------  ----------------------------    ---------   ------------------------------
1      default                          active      Fa0/5, Fa0/6, Fa0/7, Fa0/8
                                                    Fa0/9, Fa0/10, Fa0/11, Fa0/12
                                                    Fa0/13, Fa0/14, Fa0/15, Fa0/16
```

```
                                                          Fa0/17, Fa0/18, Fa0/19, Fa0/20
                                                          Fa0/21, Fa0/22, Fa0/23, Fa0/24
                                                          Gig1/1, Gig1/2
10   VLAN0010                                  active     Fa0/2
20   VLAN0020                                  active     Fa0/3
30   VLAN0030                                  active     Fa0/4
1002 fddi-default                              act/unsup
1003 token-ring-default                        act/unsup
1004 fddinet-default                           act/unsup
1005 trnet-default                             act/unsup
```

(4) 为 S1、S2 和 S4 设定 CiscoVtp 域的密码(必须与 S0 的密码一致)，然后再次查看 VTP 状态，会显示与 S0 上一致的信息，即设定密码后 3 台交换机的 VTP 信息与 S0 同步了。

注意：无需为处于透明模式的交换机 S3 设定 CiscoVtp 域的密码。

(5) 在 S1(或 S2、S4)上查看 VLAN 信息，显示结果里出现了 S0 上新建的 VLAN100。

```
S1#show vlan brief

VLAN  Name                             Status     Ports
----  -------------------------------- ---------  -------------------------------
1     default                          active     Fa0/5, Fa0/6, Fa0/7, Fa0/8
                                                  Fa0/9, Fa0/10, Fa0/11, Fa0/12
                                                  Fa0/13, Fa0/14, Fa0/15, Fa0/16
                                                  Fa0/17, Fa0/18, Fa0/19, Fa0/20
                                                  Fa0/21, Fa0/22, Fa0/23, Fa0/24
                                                  Gig1/1, Gig1/2
10    VLAN0010                         active     Fa0/2
20    VLAN0020                         active     Fa0/3
30    VLAN0030                         active     Fa0/4
100   VLAN0100                         active
1002  fddi-default                     act/unsup
1003  token-ring-default               act/unsup
1004  fddinet-default                  act/unsup
1005  trnet-default                    act/unsup
```

## 7.4 VLAN 间路由

### 7.4.1 概述

当一个 VLAN 中的站点要与另一个 VLAN 中的站点进行通信时，需要用到第三层路由设备。VLAN 间路由是指由第三层路由设备从一个 VLAN 向另一个 VLAN 转发网络流量的过程。VLAN 间通信时，即使属于不同 VLAN 的通信双方连接在同一台交换机上，也必须经过“发送方——交换机——路由设备——交换机——接收方”的流程来实现通信，如图 7.10 所示，VLAN 10 的 PC1 要将数据送至 VLAN 20 的 PC2，必须按照图中箭头所示方向进行。下面简单介绍 VLAN 间路由的三种实现方法。

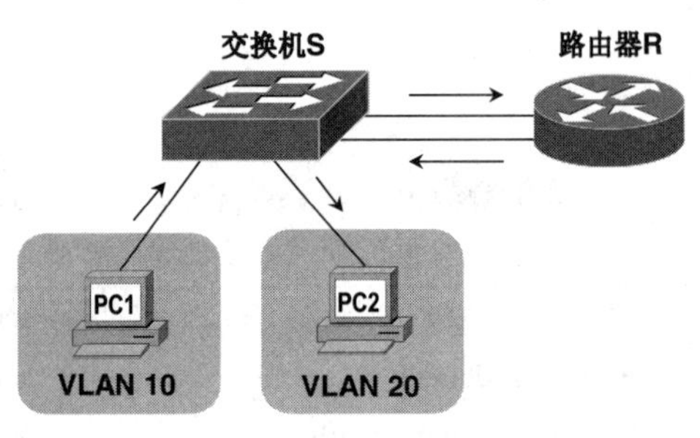


图 7.10　VLAN 间通信

1. 传统路由

不同 VLAN 间的信息传输可以通过路由器来实现，路由器的每个物理接口传统上只支持一个网络(或子网)。当使用传统技术时，不同的 VLAN 就需分配不同的路由器物理接口，即路由器要为交换机上的每个 VLAN 单独建立一条独立的物理连接，例如交换机上有 4 个 VLAN，则该交换机需要和路由器之间建立 4 条物理连接。由于路由器用于连接不同 VLAN 的物理接口数量有限，当网络中 VLAN 数量增加时，这种每个 VLAN 使用一个物理接口的方法很快就会变得不可扩展。

2. 单臂路由

单臂路由是指路由器通过单个物理接口来实现 VLAN 间流量的转发。使用单臂路由的方式，无论 VLAN 的数量是多少，路由器与交换机之间只需一条物理连接，这条物理连接就是一条中继线，与这条物理连接关联的交换机端口需设置为 Trunk 模式。路由器实际与交换机连接的物理接口只有一个，要实现路由，则需在该物理接口上定义多个子接口，子接口是单个物理接口上的一个虚拟接口，每个子接口配置有 IP 地址、子网掩码和唯一的 VLAN 分配，如图 7.11 所示的 f0/1.1、f0/1.2、f0/1.3 分别对应 VLAN 10、20、30，这样物理接口 f0/1 可以同时属于多个逻辑网络。子接口的 IP 地址应与所属 VLAN 中的其他设备的 IP 地址同属一个网络或子网。当源 VLAN 的流量从中继线上到达路由器的物理接口时，路由器会使用该物理接口的子接口执行 VLAN 间路由，然后将发往目的 VLAN 的流量从同一物理接口转发出去。

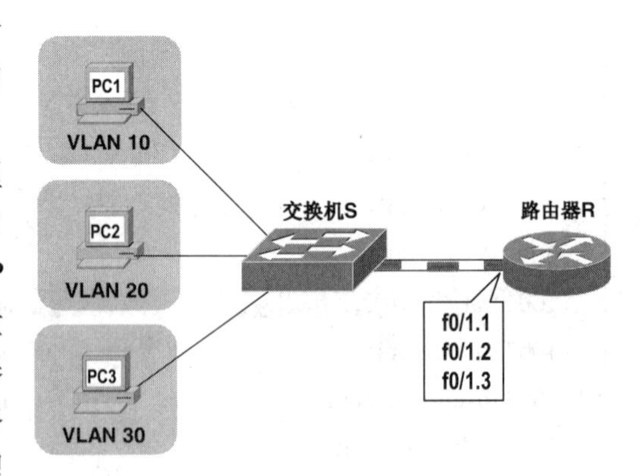


图 7.11　基于单臂路由的 VLAN 连接

采用这种方法，即使以后在交换机上新建 VLAN，交换机和路由器之间仍然只需要一条物理连接。用户只需要在路由器上新定义一个对应新 VLAN 的子接口即可，这一点带来了良好的扩展性，管理员无需担心路由器物理接口数量可能不足，以及添加新 VLAN 时物理线路的添加等问题。但是随着网络中 VLAN 数量的增加，VLAN 间的流量会集中在交换机和路由器之间的单一物理连接上，而物理连接的速率往往受路由器物理接口速率的限制，从而容易引发拥塞。

### 3. 三层交换

使用路由器进行 VLAN 间的路由时，由于路由器是基于软件来进行路由决策的，因此会引入较大的延迟，易成为网络传输的瓶颈，而三层交换机基于硬件实现路由，处理流量的速率是路由器的数十倍。可以将三层交换机理解为二层交换机和路由器的组合，基于三层交换机可以实现 VLAN 间的高速路由。

Catalyst 三层交换机支持三种不同类型的三层端口：

① 路由端口：类似于 Cisco IOS 路由器上路由接口的纯三层端口。

② 交换机虚拟接口(Switch Virtual Interface，SVI)：管理员为交换机上配置的 VLAN 创建的虚拟接口。虽然 SVI 是虚拟接口，但是执行 VLAN 间路由时，SVI 与路由器接口具有相同的功能。管理员需要给每个 VLAN 的 SVI 接口分配一个 IP 地址。使用 SVI 实现 VLAN 间路由是一种常用方法。7.4.5 节实验就是一个应用 SVI 的典型例子。

③ 网桥虚拟接口(Bridge Virtual Interface，BVI)：三层虚拟桥接接口。

基于 SVI 配置 VLAN 间路由的一般步骤如下：

(1) 创建 VLAN，并为每个 VLAN 创建一个 SVI 接口。

(2) 确定在 SVI 接口上配置什么协议，如果只使用 IP 协议，则需为每个 SVI 接口配置 IP 地址和子网掩码。

(3) 使用“no shutdown”命令启动 SVI 接口。

## 7.4.2 实验相关命令格式

本节实验可能使用到一些 VLAN 基本配置、中继配置、VTP 配置以及路由器基本配置的命令，请读者参考相关章节，以下不再重复介绍。

### 1. 单臂路由子接口配置

(1) 启用路由器接口。

```
Router(config)#interface interface slot/port
Router(config-if)#no shutdown
```

进入接口配置模式，使用“**no shutdown**”命令启用该物理接口。

(2) 创建子接口。

```
Router(config)# interface interface slot/port.subinterface
```

interface slot/port.subinterface 处输入子接口的标识，如 f0/1.1。执行该命令将进入子接口配置模式。

**注意**：基于单臂路由实现 VLAN 间路由，必须为每个 VLAN 创建一个子接口。

(3) 为子接口配置封装模式和 IP 地址。

```
Router(config-subif)#encapsulation [dot1Q|isl] vlan-id {native}
```

封装模式有 dot1Q 和 isl 两种可以选择，通常选择前者。*vlan-id* 处输入当前子接口要为之承载流量的 VLAN。关键字 **native** 表示本征 VLAN，如果由 *vlan-id* 指定的 VLAN 是本征 VLAN，可以使用此关键字，Cisco 交换机和路由器不会对本征 VLAN 进行帧标记。

```
Router(config-subif)#ip address ip_address subnet_mask
```

在子接口配置模式下，在 *ip_address* 处输入该子接口的 IP 地址，在 *subnet_mask* 处输入子网掩码。给子接口分配 IP 地址之后，路由器即可在 VLAN 之间进行路由。

**2. 三层交换机虚接口配置**

```
Switch(config)#interface vlan vlan-id
```

执行此命令会进入 VLAN 接口配置模式。

```
Switch(config-if)#ip address ip_address subnet_mask
```

为 *vlan-id* 指定的 VLAN 的 SVI 接口配置 IP 地址。

```
Switch(config-if)#no shutdown
```

启用该接口。

**3. 在三层交换机上启用 IP 路由功能**

```
Switch(config)#ip routing
```

### 7.4.3 实验　利用传统路由实现 VLAN 间路由

**【实验目的】**

(1) 学会利用传统路由实现 VLAN 间路由的配置方法。

(2) 理解不同 VLAN 之间通信的一般过程。

**【实验环境】**

Catalyst 2960 交换机 1 台，Cisco 2621 路由器 1 台，计算机 2 台。如图 7.12 所示，PC1、PC2 分别与交换机端口 f0/1、f0/2 连接。路由器接口 f0/0、f0/1 分别与交换机端口 f0/3、f0/4 连接。实验过程中计算机的配置参数参考表 7-3。

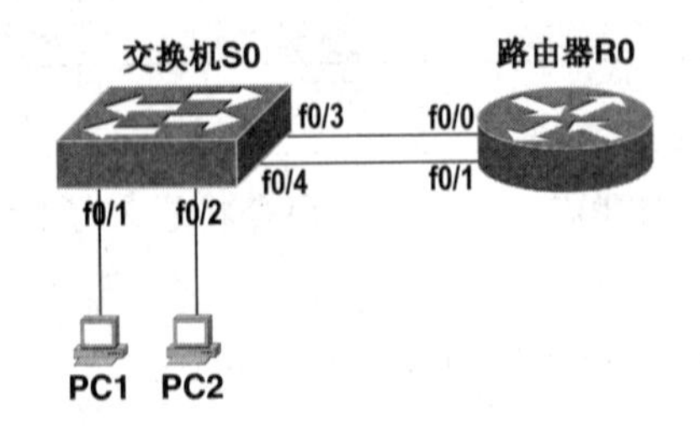


图 7.12　实验设备连接示意图

表 7-3　主机配置参数

| 主　机 | IP 地址 | 子网掩码 | 默认网关 |
|---|---|---|---|
| PC1 | 192.168.1.2 | 255.255.255.0 | 192.168.1.1 |
| PC2 | 192.168.2.2 | 255.255.255.0 | 192.168.2.1 |

**【实验过程】**

**1. 交换机的配置**

(1) 为交换机 S0 添加 VLAN，并为各 VLAN 分配成员端口。这里将端口 f0/1 分配至

VLAN 10，将端口 f0/2 分配至 VLAN 20。

```
Switch#configure terminal
Switch(config)#vlan 10
Switch(config-vlan)#exit
Switch(config)#vlan 20
Switch(config-vlan)#exit
Switch(config)#interface f0/1
Switch(config-if)#switchport mode access
Switch(config-if)#switchport access vlan 10
Switch(config-if)#interface f0/2
Switch(config-if)#switchport mode access
Switch(config-if)#switchport access vlan 20
Switch(config-if)#end
```

(2) 在交换机 S0 执行“show vlan brief”命令，查看 VLAN 配置结果，确保端口分配正确。

### 2. 路由器的配置

(1) 为路由器接口配置 IP 地址，并启动接口，这样才能通过路由器接口实现 VLAN 间路由。配置 IP 地址时，不同的接口配置的网络号必须不同。

```
Router#configure terminal
Router(config)#interface f0/0
Router(config-if)#ip address 192.168.1.1 255.255.255.0
Router(config-if)#no shutdown
Router(config-if)#interface f0/1
Router(config-if)#ip address 192.168.2.1 255.255.255.0
Router(config-if)#no shutdown
```

(2) 在路由器上查看路由信息。路由表中有两个条目，目标网络分别为“192.168.1.0”和“192.168.2.0”，如果流量是发往子网“192.168.1.0”的，则路由器应将流量从接口 f0/0 转发出去。

```
Router#show ip route
Codes: C - connected, S - static, I - IGRP, R - RIP, M - mobile, B - BGP
       D - EIGRP, EX - EIGRP external, O - OSPF, IA - OSPF inter area
       N1 - OSPF NSSA external type 1, N2 - OSPF NSSA external type 2
       E1 - OSPF external type 1, E2 - OSPF external type 2, E - EGP
       i - IS-IS, L1 - IS-IS level-1, L2 - IS-IS level-2, ia - IS-IS inter area
       * - candidate default, U - per-user static route, o - ODR
       P - periodic downloaded static route
```

```
Gateway of last resort is not set

C       192.168.1.0/24 is directly connected, FastEthernet0/0
C       192.168.2.0/24 is directly connected, FastEthernet0/1
```

3. VLAN 间通信测试

(1) 参考表 7-3，为主机 PC1 和 PC2 配置协议参数。其中，主机 PC1 的 IP 地址为“192.168.1.0/24”子网内地址，网关为路由器的 f0/0 接口 IP 地址，主机 PC2 的 IP 地址应设置为“192.168.2.0/24”子网内地址，网关为路由器的 f0/1 接口 IP 地址。

(2) 测试主机 PC1 和 PC2 之间的连通性。PC1 和 PC2 之间可以相互 ping 通，即已实现 VLAN 间路由。也可以在 PC1 上通过“tracert”命令跟踪到 PC2 的路由。

```
C:\>tracert 192.168.2.2

Tracing route to 192.168.2.2 over a maximum of 30 hops:

  1    1 ms     1 ms     1 ms     192.168.1.1
  2    1 ms     1 ms     1 ms     192.168.2.2

Trace complete.
```

注意：“192.168.1.1”是路由器接口 f0/0 的 IP 地址，说明数据经过了路由器的转发。

### 7.4.4 实验　利用单臂路由实现 VLAN 间路由

【实验目的】

掌握路由器物理接口上的子接口定义，以及单臂路由的配置方法。

【实验环境】

Catalyst 2960 交换机 1 台，Cisco 2621 路由器 1 台，计算机 2 台。如图 7.13 所示，PC1、PC2 分别连接至交换机的端口 f0/2、f0/3。交换机的端口 f0/1 与路由器的接口 f0/0 连接。

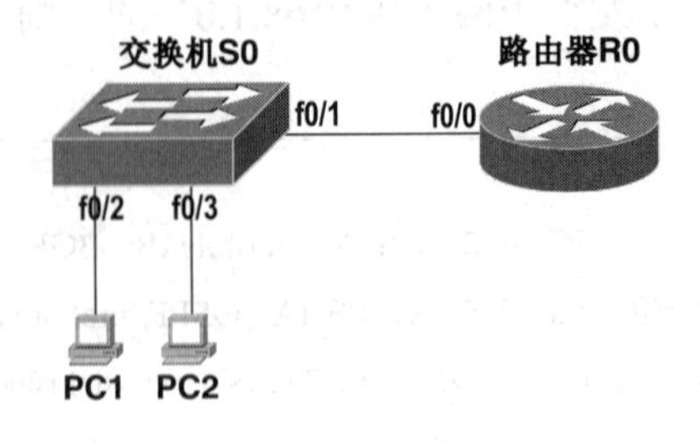


图 7.13　实验设备连接示意图

【实验过程】

1. 交换机的配置

(1) 为交换机创建 VLAN，并为 VLAN 添加成员端口。这里将交换机端口 f0/2 分配至

VLAN 10，将端口 f0/3 分配至 VLAN 20。

```
Switch#configure terminal
Switch(config)#vlan 10
Switch(config-vlan)#exit
Switch(config)#vlan 20
Switch(config-vlan)#exit
Switch(config)#interface f0/2
Switch(config-if)#switchport access vlan 10
Switch(config-if)#exit
Switch(config)#interface f0/3
Switch(config-if)#switchport access vlan 20
Switch(config-if)#exit
```

(2) 将交换机的 f0/1 端口配置为 trunk 模式。

```
Switch(config)#interface f0/1
Switch(config-if)#switchport mode trunk
```

### 2. 路由器的配置

(1) 为路由器启动接口 f0/0，并创建子接口 f0/0.10 和 f0/0.20，然后为子接口配置 IP 地址。**注意**：为不同的子接口配置 IP 地址时，其网络号必须不同。

```
Router#configure terminal
Router(config)#interface f0/0
Router(config-if)#no shutdown
Router(config-if)#interface f0/0.10
Router(config-subif)#encapsulation dot1q 10
Router(config-subif)#ip address 192.168.1.1 255.255.255.0
Router(config-subif)#exit
Router(config-if)#interface f0/0.20
Router(config-subif)#encapsulation dot1q 20
Router(config-subif)#ip address 192.168.2.1 255.255.255.0
Router(config-subif)#end
```

(2) 在路由器上查看路由表，路由表中有两条路由，一条通往连接到子接口 f0/0.10 的网络“192.168.1.0”，另一条通往连接到子接口 f0/0.20 的网络“192.168.2.0”。这时若路由器收到发往网络“192.168.1.0”的数据包，会根据第一条路由，将该数据包从子接口 f0/0.10 发送出去。

```
Router#show ip route
Codes: C - connected, S - static, I - IGRP, R - RIP, M - mobile, B - BGP
       D - EIGRP, EX - EIGRP external, O - OSPF, IA - OSPF inter area
```

```
        N1 - OSPF NSSA external type 1, N2 - OSPF NSSA external type 2
        E1 - OSPF external type 1, E2 - OSPF external type 2, E - EGP
        i - IS-IS, L1 - IS-IS level-1, L2 - IS-IS level-2, ia - IS-IS inter area
        * - candidate default, U - per-user static route, o - ODR
        P - periodic downloaded static route

Gateway of last resort is not set

C    192.168.1.0/24 is directly connected, FastEthernet0/0.10
C    192.168.2.0/24 is directly connected, FastEthernet0/0.20
```

3. VLAN 间通信测试

(1) 参考 7.4.3 节实验的表 7-3，为主机 PC1 和 PC2 配置协议参数。其中，主机 PC1 的 IP 地址为“192.168.1.0/24”子网内地址，网关为路由器的子接口 f0/0.10 的 IP 地址，主机 PC2 的 IP 地址应设置为“192.168.2.0/24”子网内地址，网关为路由器的子接口 f0/0.20 的 IP 地址。

(2) 测试主机 PC1 和 PC2 之间的连通性。PC1 和 PC2 之间可以相互 ping 通，即已实现 VLAN 间路由。也可以在 PC2 上通过“tracert”命令跟踪到 PC1 的路由。

```
C:\>tracert 192.168.1.2

Tracing route to 192.168.1.2 over a maximum of 30 hops:

  1    63 ms    63 ms    62 ms    192.168.2.1
  2    109 ms   125 ms   125 ms   192.168.1.2

Trace complete.
```

注意：“192.168.2.1”是路由器子接口 f0/0.20 的 IP 地址，说明数据经过了路由器的转发。

## 7.4.5 实验 利用三层交换机实现 VLAN 间路由

**【实验目的】**

理解三层交换的概念，学会利用三层交换机实现 VLAN 间路由的配置方法。

**【实验环境】**

Catalyst 2960 二层交换机 1 台，Catalyst 3560 三层交换机 1 台，计算机 2 台。如图 7.14 所示，PC1 和 PC2 分别连接至二层交换机的端口 f0/2、f0/3。二层交换机的端口 f0/1 与三层交换机的端口 f0/1 暂不连接。

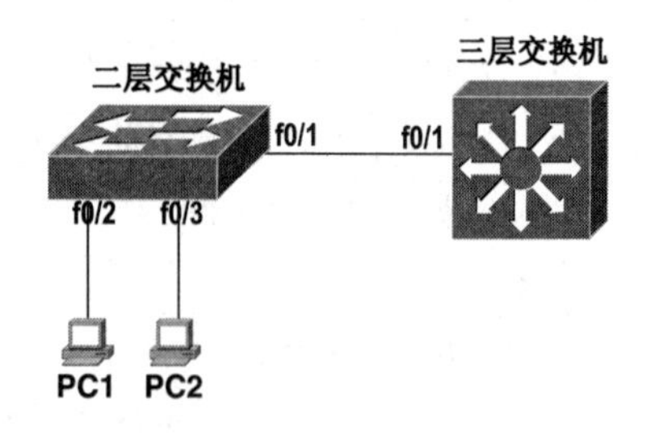


图 7.14 实验设备连接示意图

**【实验过程】**

为了方便 VLAN 信息的更新，本实验结合了 VTP 配置，这不是必须的。读者可以去除 VTP 配置部分，在不同交换机上分别进行 VLAN 的创建。

### 1. 配置三层交换机

(1) 在三层交换机上查看 VTP 状态，确认为默认状态。

```
3layerSwitch#show vtp status
VTP Version                          : 2
Configuration Revision               : 0
Maximum VLANs supported locally      : 1005
Number of existing VLANs             : 5
VTP Operating Mode                   : Server
VTP Domain Name                      :
VTP Pruning Mode                     : Disabled
VTP V2 Mode                          : Disabled
VTP Traps Generation                 : Disabled
MD5 digest                           : 0x7D 0x5A 0xA6 0x0E 0x9A 0x72 0xA0 0x3A
Configuration last modified by 0.0.0.0 at 0-0-00 00:00:00
Local updater ID is 0.0.0.0 (no valid interface found)
```

(2) 将三层交换机作为 VTP 服务器，并设置 VTP 域名。

```
3layerSwitch#configure terminal
Enter configuration commands, one per line.    End with CNTL/Z.
3layerSwitch(config)#vtp domain Cisco
Changing VTP domain name from NULL to Cisco
```

(3) 将三层交换机的端口 f0/1 设置为 Trunk 端口，然后查看其端口信息。

```
3layerSwitch(config)#interface f0/1
3layerSwitch(config-if)#switchport trunk encapsulation dot1q
3layerSwitch(config-if)#switchport mode trunk
3layerSwitch(config-if)#end
3layerSwitch#show interfaces switchport
Name: Fa0/1
Switchport: Enabled
Administrative Mode: trunk          //原状态为 dynamic auto
Operational Mode: down
Administrative Trunking Encapsulation: dot1q
Operational Trunking Encapsulation: dot1q
Negotiation of Trunking: On
```

```
Access Mode VLAN: 1 (default)
Trunking Native Mode VLAN: 1 (default)
Voice VLAN: none
<省略部分显示信息>
```

(4) 创建 2 个 VLAN(VLAN 10 和 VLAN 20)。

```
3layerSwitch(config)#vlan 10
3layerSwitch(config-vlan)#exit
3layerSwitch(config)#vlan 20
3layerSwitch(config-vlan)#exit
```

(5) 分别为 VLAN 10 和 VLAN 20 指定 SVI 接口，并设置 IP 地址和子网掩码，然后启用 SVI 接口。

```
3layerSwitch(config)#interface vlan 10
3layerSwitch(config-if)#ip address 192.168.1.1 255.255.255.0
3layerSwitch(config-if)#no shutdown
3layerSwitch(config-if)#exit
3layerSwitch(config)#interface vlan 20
3layerSwitch(config-if)#ip address 192.168.2.1 255.255.255.0
3layerSwitch(config-if)#no shutdown
3layerSwitch(config-if)#end
```

(6) 在三层交换机上启用 IP 路由功能。

```
3layerSwitch(config)#ip routing
```

(7) 在三层交换机上查看 VTP 状态。

```
3layerSwitch#show vtp status
VTP Version                          : 2
Configuration Revision               : 2
Maximum VLANs supported locally      : 1005
Number of existing VLANs             : 7
VTP Operating Mode                   : Server
VTP Domain Name                      : Cisco
VTP Pruning Mode                     : Disabled
VTP V2 Mode                          : Disabled
VTP Traps Generation                 : Disabled
MD5 digest                           : 0xA4 0xD1 0x43 0xF4 0xC0 0x95 0xF3 0x10
Configuration last modified by 0.0.0.0 at 3-1-93 00:08:11
Local updater ID is 192.168.1.1 on interface Vl10 (lowest numbered VLAN interface found)
```

### 2. 配置二层交换机

(1) 首先查看 VTP 状态，确保二层交换机的 VTP 配置修订号为 0，然后将二层交换机设置为 client 模式。

```
2layerSwitch#configure terminal
2layerSwitch(config)#vtp mode client
Setting device to VTP CLIENT mode.
```

(2) 将二层交换机的 f0/1 端口和三层交换机的 f0/1 端口连接起来。

(3) 查看二层交换机 VTP 状态和 VLAN 信息，可以看到 VTP 状态、VLAN 信息已与三层交换机同步。

```
2layerSwitch#show vtp status
VTP Version                          : 2
Configuration Revision               : 2
Maximum VLANs supported locally      : 255
Number of existing VLANs             : 7
VTP Operating Mode                   : Client
VTP Domain Name                      : Cisco
VTP Pruning Mode                     : Disabled
VTP V2 Mode                          : Disabled
VTP Traps Generation                 : Disabled
MD5 digest                           : 0xA4 0xD1 0x43 0xF4 0xC0 0x95 0xF3 0x10
Configuration last modified by 0.0.0.0 at 3-1-93 00:08:11
2layerSwitch#show vlan brief

VLAN  Name                             Status    Ports
----- -------------------------------- --------- -------------------------------
1     default                          active    Fa0/2, Fa0/3, Fa0/4, Fa0/5
                                                 Fa0/6, Fa0/7, Fa0/8, Fa0/9
                                                 Fa0/10, Fa0/11, Fa0/12, Fa0/13
                                                 Fa0/14, Fa0/15, Fa0/16, Fa0/17
                                                 Fa0/18, Fa0/19, Fa0/20, Fa0/21
                                                 Fa0/22, Fa0/23, Fa0/24, Gig1/1
                                                 Gig1/2
10    VLAN0010                         active
20    VLAN0020                         active
1002 fddi-default                      active
1003 token-ring-default                active
1004 fddinet-default                   active
1005 trnet-default                     active
```

(4) 在二层交换机上查看 Trunk 端口情况。

```
2layerSwitch#show interfaces trunk
Port        Mode          Encapsulation   Status        Native vlan
Fa0/1       auto          n-802.1q        trunking      1
//可以看出 f0/1 已经被动变为 trunking
Port        Vlans allowed on trunk
Fa0/1       1-1005

Port        Vlans allowed and active in management domain
Fa0/1       1,10,20

Port        Vlans in spanning tree forwarding state and not pruned
Fa0/1       1,10,20
```

(5) 在二层交换机上为 VLAN 分配成员端口，将 f0/2 和 f0/3 分别分配到 VLAN 10 和 VLAN 20 中。

```
2layerSwitch#configure terminal
2layerSwitch(config)#interface f0/2
2layerSwitch(config-if)#switchport access vlan 10
2layerSwitch(config-if)#exit
2layerSwitch(config)#interface f0/3
2layerSwitch(config-if)#switchport access vlan 20
2layerSwitch(config-if)#exit
```

### 3. VLAN 间通信测试

(1) 在三层交换机上查看路由表，已经有两条到达不同 VLAN 的路由。

```
3layerSwitch#show ip route
Codes:  C - connected, S - static, I - IGRP, R - RIP, M - mobile, B - BGP
        D - EIGRP, EX - EIGRP external, O - OSPF, IA - OSPF inter area
        N1 - OSPF NSSA external type 1, N2 - OSPF NSSA external type 2
        E1 - OSPF external type 1, E2 - OSPF external type 2, E - EGP
        i - IS-IS, L1 - IS-IS level-1, L2 - IS-IS level-2, ia - IS-IS inter area
        * - candidate default, U - per-user static route, o - ODR
        P - periodic downloaded static route

Gateway of last resort is not set

C      192.168.1.0/24 is directly connected, Vlan10
C      192.168.2.0/24 is directly connected, Vlan20
```

(2) 参考 7.4.3 节实验的表 7-3，为主机 PC1 和 PC2 配置协议参数。其中，主机 PC1 的 IP 地址为“192.168.1.0/24”子网内地址(如 192.168.1.2)，网关为三层交换机上对应 VLAN 10 的 SVI 接口的 IP 地址(192.168.1.1)，主机 PC2 的 IP 地址应设置为“192.168.2.0/24”子网内地址(如 192.168.2.2)，网关为三层交换机上 VLAN 20 的 SVI 接口的 IP 地址(192.168.2.1)。

(3) 测试主机 PC1 和 PC2 之间的连通性。PC1 和 PC2 之间可以相互 ping 通，即已实现 VLAN 间路由。也可以在 PC1 上通过“tracert”命令跟踪到 PC2 的路由，观察数据是否经过了三层交换机的转发。

```
C:\>tracert 192.168.2.2

Tracing route to 192.168.2.2 over a maximum of 30 hops:

  1    1 ms     0 ms     0 ms     192.168.1.1  //VLAN 10 的 SVI 接口的 IP 地址
  2    0 ms     0 ms     0 ms     192.168.2.2

Trace complete.
```

# 第 8 章　路由选择协议及其配置

路由器通过管理员的配置或者路由选择协议来获取路由信息，生成路由表，并依据路由表为数据包进行路由选择。本章首先介绍了路由选择的概念、路由信息的获取途径，以及路由选择协议的分类，然后介绍了直连路由、静态路由、RIP、OSPF 的工作原理，以及路由重分布的概念。通过对本章的学习，应该掌握静态路由、RIP、OSPF、路由重分布的配置方法，深刻理解路由选择协议的工作原理。

## 8.1　路由选择概述

### 1. 路由选择

如果将一个网络中的某个站点产生的数据包，经过网络发送到属于另一个网络的某个目的站，途中需要经过一个或多个中间结点(路由器)，所有中间结点都必须知道如何传送这个数据包。确定一个数据包怎样从源站传送到目的站的过程被称为路由选择，换言之，源站发送的数据包要经过路由选择才能送达目的站。如图 8.1 所示，如果子网“10.0.0.0”中的一台主机要与另一子网“172.17.0.0”中的主机进行通信，途经的路由器必须进行路由选择，以确定到达目的站的最佳路径。

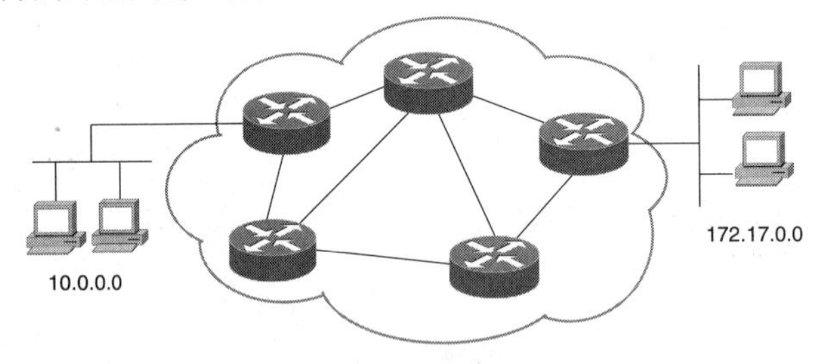


图 8.1　路由选择

### 2. 路由信息的获取

路由器依据路由表进行数据包的转发，路由表是一种数据结构，用于存储路由信息，这些路由信息为路由器提供了到达不同目的网络的最佳路径。之所以说“目的网络”而非“目的主机”，是因为在绝大多数情况下，路由器是基于网络地址寻址的，而不是依据单个主机地址进行寻址。一般情况下，路由表中的每一条路由记录都包含了目的网络地址、下一跳、度量等信息。然而这些网络地址以及对应的转发路径等信息是如何添加到路由表中的？主要通过以下三种途径：直连路由、静态路由、动态路由。

(1) 直连路由。如果为路由器的某个接口配置了 IP 地址和网络掩码，并启用了该接口，那么与这个接口连接的网络就会被路由器识别，路由器会将到达该网络的路由记录在路由表中，这条路由就是直连路由。简言之，路由器自动添加到达其直接网络的路由。

(2) 静态路由。静态路由是网络管理员手动添加的路由，除非人为干预，否则不会发生变化。通过配置静态路由，可以人为地指定访问某一网络时所要经过的路径。静态路由不受路由选择协议的影响，如果到达某一网络所经过的路径唯一，可以采用静态路由，从而避免运行路由选择协议引入的开销。静态路由不能自动对网络拓扑结构的变化作出反应，适用于拓扑结构简单且稳定的小规模互连网络。

(3) 动态路由。动态路由的建立依赖路由器上运行的路由选择协议，在路由选择协议的控制下，网络中的路由器将参与路由信息的传递，并利用收到的路由信息更新自己的路由表(如添加新条目，修改已有条目等)。如果网络中发生链路失效，或者新链路、新设备的添加等变化，路由器在路由选择协议控制下会发出路由更新信息，相互告知网络变化情况，这些更新信息通过网络，引起各路由器重新运行路由算法，更新各自的路由表，以及时反映当前网络拓扑结构的变化。换言之，动态路由能够动态地适应网络拓扑结构的变化，管理员在为路由选择协议配置了基本参数后，无需再进行人为干预。动态路由适用于规模较大、拓扑结构复杂的网络。当然，运用各种路由选择协议会不同程度地增加了对网络带宽、路由器 CPU 和内存资源的消耗。

### 3. 路由选择协议分类

根据使用范围的不同，动态路由选择协议分为内部网关协议(Interior Gateway Protocol，IGP)和外部网关协议(External Gateway Protocol，EGP)。内部网关协议在一个自治系统(Autonomous System，AS)内部使用，外部网关协议在多个自治系统之间使用。自治系统是指具有统一管理机构、统一路由策略的路由器和网络群组。

根据使用的路由算法的不同，路由选择协议一般分为距离矢量、链路状态、路径矢量路由选择协议，另外还有具有多种类别算法特点的混合型路由选择协议。常用的距离矢量路由选择协议有路由信息协议(Routing Information Protocol，RIP)、内部网关路由选择协议(Interior Gateway Routing Protocol，IGRP)。常用的链路状态路由选择协议是开放最短路径优先(Open Shortest Path First，OSPF)、中间系统到中间系统的路由选择协议(Intermediate System to Intermediate System Routing Protocol，IS-IS)。常用的路径矢量路由选择协议是边界网关协议(Border Gateway Protocol，BGP)。而 Cisco 专有的增强型内部网关路由选择协议(Enhanced Interior Gateway Routing Protocol，EIGRP)被描述为兼具距离矢量和链路状态算法特点的混合型路由选择协议。以上例举的协议，除了 BGP 是一种外部网关协议以外，其他几种都是内部网关协议。

## 8.2 静态路由

### 8.2.1 静态路由概述

静态路由是依靠管理员将其输入路由器的，如果网络拓扑结构改变了，管理员就必须手动更新相关的静态路由条目。静态路由不会占用路由器过多的 CPU 和内存资源，也不会产生大量的路由更新信息占用网络带宽，可以由管理员人为控制数据转发路径，配置简单。

静态路由的操作有以下 3 个步骤：

(1) 管理员配置路由。

(2) 路由器将路由装入路由表。

(3) 使用静态路由来路由分组。

拓扑结构简单且稳定的小规模互连网络适合使用静态路由，因为即使只有几台路由器，当配置的路由选择协议启动后，路由器发出的路由控制信息依然会或多或少地消耗一些网络资源，而应用静态路由则可以避免这些不必要的资源消耗，同时也完全能满足路由需求。如果一个网络有且仅有一个对外的出口点，或者说只能通过一条路径到达该网络，这样的网络被称为存根网络(Stub Network)，也称末节网络。如图 8.2 所示，网络 N 是一个存根网络，到达网络 N 有一条静态路由就足够了，这样可以避免使用动态路由带来的开销。

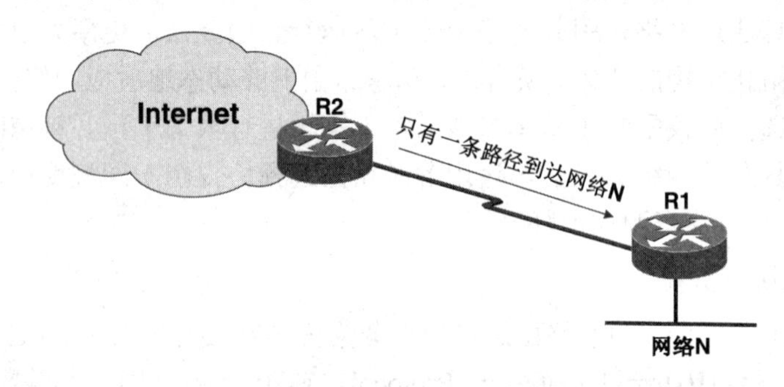


图 8.2　存根网络示意图

路由器在转发一个数据包时，通过查找路由表来进行路由决策，为了减少路由表所占用的空间和搜索路由表所用的时间，提高查找效率，路由器需要尽可能地减少路由条目的数量。如图 8.2 所示，网络 N 是一个存根网络，所有送往外界目标网络的数据包必经路由器 R2，如果将到达外界目标网络的路由都列入 R1 的路由表，会发现这些路由记录的“下一跳”均为 R2，维护这些具体路由是不必要的，可以用一条静态路由替代它们。方法有以下两种：

(1) 汇总静态路由。汇总静态路由是指将多条静态路由汇总成一条静态路由。汇总前首先要确定多条路由的目的网络地址是否可以汇总为单个网络地址，以及它们的下一跳(或送出接口)是否相同。

(2) 配置静态默认路由。默认路由是能与任意数据包匹配的路由，换言之，若数据包的目的 IP 地址与路由表中的所有具体路由都不匹配，那么一定可以与默认路由匹配。这是因为默认路由是基于零比特匹配的路由，即数据包目的地址与路由的匹配位数为零。如果路由器根据数据包的目的地址在路由表中找不到任何能到达目的地的显式匹配条目，则会将数据包按默认路由转发，从而借助默认路由将数据包投向任意目的网络。

## 8.2.2　实验相关命令格式

### 1. 添加静态路由

```
Router(config)#ip route network mask {address | interface} [distance] [permanent]
```

*network* 和 *mask* 两处分别输入目的网络的 IP 地址、掩码。{*address* | *interface*}两个参数二选一，在 *address* 处输入到达目的网络的下一跳路由器 IP 地址，或者在 *interface* 处输入到达目标所使用的本地网络接口。

*distance* 处输入管理距离(Administrative Distance)，这是提供路由可靠性测量的一个可选参数，取值 0～255。管理距离定义了路由来源的优先级，当路由器从多个路由来源获得通往同一目标网络的路由信息时，路由器为了从中挑选出一条最佳路由添加到路由表中，会对比它们的管理距离，值越小，路由来源的优先级越高，意味着路由的可靠性越高。管理距离值为 255 表示该路由来源根本不可靠，应该忽略；值为 0 的管理距离保留用于直连接口，也就是说直连路由最可靠。表 8-1 列出了 Cisco 所支持协议的默认管理距离值。静态路由的管理距离为 1，其优先级高于其他任何路由选择协议。直连网络的管理距离不能修改，但是静态路由和路由选择协议的管理距离可以修改。例如，有时会处于备份目的创建静态路由，这种静态路由仅在路由器动态获得的路由失效时才被使用，为了以备份方式使用静态路由，就要将静态路由的管理距离设置为一个比当前正在使用的路由选择协议的管理距离更大的值。

**permanent** 也是可选项，使用此项，表示即使接口被关闭，路由也不能被取消。

**表 8-1　各种路由源的默认管理距离**

| 路　由　源 | 默认管理距离 |
| --- | --- |
| 直连接口 | 0 |
| 静态路由 | 1 |
| 外部 BGP | 20 |
| 内部 EIGRP | 90 |
| IGRP | 100 |
| OSPF | 110 |
| IS-IS | 115 |
| RIP | 120 |
| EGP | 140 |
| 外部 EIGRP | 170 |
| 内部 BGP | 200 |
| 未知 | 255 |

### 2. 设置静态默认路由

配置静态默认路由的语法与上文类似。

```
Router(config)#ip route 0.0.0.0 0.0.0.0 {address | interface}
```

其中，前一个“0.0.0.0”表示把数据包发往一个未知的网络，后一个“0.0.0.0”是网络掩码，路由器收到的数据包的目的 IP 地址与网络掩码“0.0.0.0”进行逻辑“与”操作，其结果总是“0.0.0.0”，因此，对于任意数据包，即使它与路由表中的其他路由都不匹配，但它一定能与默认路由匹配，从而被转发到默认路由指示的下一跳。

### 3. 查看路由表事件

```
Router#debug ip routing
```

执行该命令后，当有新路由加入路由器的路由表时，便会显示相关信息。

### 4. 查看路由表

```
Router#show ip route
```

使用此命令查看路由表时，路由记录行首标记有“S”的路由条目是静态路由，行首标记有“S*”的是静态默认路由。

## 8.2.3 实验 直连路由的配置

**【实验目的】**

(1) 观察接口与直连路由之间的关联，理解路由器如何添加直连路由。

(2) 认识路由表中路由条目的基本形式。

**【实验环境】**

Cisco 2621 路由器 3 台，交换机 3 台，计算机 3 台。按照图 8.3 所示的拓扑，连接设备。实验过程中涉及到的路由器和计算机的配置参数分别如表 8-2 和表 8-3 所示。

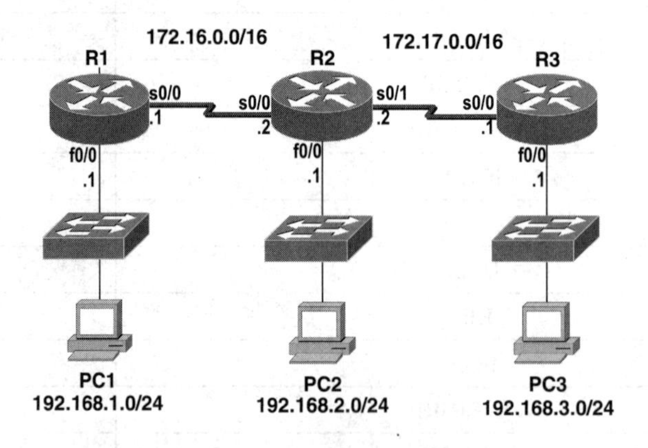


图 8.3 设备连接示意图

表 8-2 路由器接口参数设置

| 路由器 | 接口 | IP 地址 | 网络掩码 |
|---|---|---|---|
| R1 | s0/0 | 172.16.0.1 | 255.255.0.0 |
| | f0/0 | 192.168.1.1 | 255.255.255.0 |
| R2 | s0/0 | 172.16.0.2 | 255.255.0.0 |
| | s0/1 | 172.17.0.2 | 255.255.0.0 |
| | f0/0 | 192.168.2.1 | 255.255.255.0 |
| R3 | s0/0 | 172.17.0.1 | 255.255.0.0 |
| | f0/0 | 192.168.3.1 | 255.255.255.0 |

表 8-3 主机协议参数设置

| 主机 | IP 地址 | 子网掩码 | 默认网关 |
|---|---|---|---|
| PC1 | 192.168.1.2 | 255.255.255.0 | 192.168.1.1 |
| PC2 | 192.168.2.2 | 255.255.255.0 | 192.168.2.1 |
| PC3 | 192.168.3.2 | 255.255.255.0 | 192.168.3.1 |

【实验过程】

1．查看初始信息

(1) 在任意路由器上查看路由表，发现此时没有任何路由信息。

```
R1#show ip route
Codes:  C - connected, S - static, I - IGRP, R - RIP, M - mobile, B - BGP
        D - EIGRP, EX - EIGRP external, O - OSPF, IA - OSPF inter area
        N1 - OSPF NSSA external type 1, N2 - OSPF NSSA external type 2
        E1 - OSPF external type 1, E2 - OSPF external type 2, E - EGP
        i - IS-IS, L1 - IS-IS level-1, L2 - IS-IS level-2, ia - IS-IS inter area
        * - candidate default, U - per-user static route, o - ODR
        P - periodic downloaded static route

Gateway of last resort is not set
```

(2) 路由器 R1 上使用“show ip interface brief”命令查看接口的 IP 地址和状态信息，观察在配置开始前的接口初始信息。

```
R1#show ip interface brief
Interface          IP-Address      OK? Method    Status                   Protocol
FastEthernet0/0    unassigned      YES unset     administratively down    down
FastEthernet0/1    unassigned      YES unset     administratively down    down
Serial0/0          unassigned      YES unset     administratively down    down
Serial0/1          unassigned      YES unset     administratively down    down
```

IP-Address 栏显示“unassigned”表明还没有为接口配置 IP 地址。Status 栏显示“administratively down”表示接口因管理原因关闭，意味着该接口处于 shutdown 模式。Protocol 栏显示“down”表示线路协议关闭。

2. 配置并激活接口

(1) 使用“debug ip routing”命令开启调试功能，以方便观察路由信息如何添加至路由表。需要时，可使用“undebug ip routing”命令关闭调试功能。

```
R1#debug ip routing
IP routing debugging is on
```

注意：“debug”命令是一个用来诊断和发现网络问题的工具，可以提供实时和连续的调试信息，但实际应用中，最好在网络流量比较小，用户数量比较少的时候使用“debug”命令。

(2) 配置并激活路由器 R1 的接口 s0/0。

```
R1(config)#interface s0/0
R1(config-if)#ip address 172.16.0.1 255.255.0.0
```

```
R1(config-if)#no shutdown
%LINK-5-CHANGED: Interface Serial0/0, changed state to down
```

**注意：**由于路由器 R2 的接口 s0/0 还未激活，因此路由器 R1 的接口 s0/0 依然是 down 状态。

(3) 配置并激活路由器 R2 的接口 s0/0。这时，路由器 R1 和 R2 会同时出现调试信息，显示到达直连网络“172.16.0.0/16”的路由已被添加到路由表。

```
R2(config)#interface s0/0
R2(config-if)#ip address 172.16.0.2 255.255.0.0
R2(config-if)#clock rate 64000   //s0/0 连接的是 DCE 电缆，需要为其配置时钟速率
R2(config-if)#no shutdown
R2(config-if)#                              //与此同时，在 R1 上也会出现如下信息
%LINK-5-CHANGED: Interface Serial0/0, changed state to up
%LINEPROTO-5-UPDOWN: Line protocol on Interface Serial0/0, changed state to up
RT: interface Serial0/0 added to routing table
RT: SET_LAST_RDB for 172.16.0.0/16
    NEW rdb: is directly connected
RT: add 172.16.0.0/16 via 0.0.0.0, connected metric [0/0]
RT: NET-RED 172.16.0.0/16
```

如上阴影部分“172.16.0.0/16 via 0.0.0.0, connected metric [0/0]”是一条路由，其中“172.16.0.0”是目的网络地址，“/16”是网络掩码，“via 0.0.0.0”表示经由本路由器，“[0/0]”表明直连路由的管理距离为 0(参见表 8-1)，度量也为 0。

(4) 配置并激活路由器 R2 的接口 s0/1。由于路由器 R3 的接口 s0/0 还未激活，因此路由器 R2 的接口 s0/1 依然是 down 状态。

```
R2(config-if)#interface s0/1
R2(config-if)#ip address 172.17.0.2 255.255.0.0
R2(config-if)#no shutdown
%LINK-5-CHANGED: Interface Serial0/1, changed state to down
```

(5) 配置路由器 R3 的接口 s0/0，激活接口后路由器 R3 和 R2 会同时出现调试信息，显示到达“172.17.0.0/16”的路由已被添加入路由表。

```
R3(config)#interface s0/0
R3(config-if)#ip address 172.17.0.1 255.255.0.0
R3(config-if)#clock rate 64000
R3(config-if)#no shutdown
R3(config-if)#
%LINK-5-CHANGED: Interface Serial0/0, changed state to up
%LINEPROTO-5-UPDOWN: Line protocol on Interface Serial0/0, changed state to up
RT: interface Serial0/0 added to routing table
```

```
RT: SET_LAST_RDB for 172.17.0.0/16
     NEW rdb: is directly connected
RT: add 172.17.0.0/16 via 0.0.0.0, connected metric [0/0]
RT: NET-RED 172.17.0.0/16
```

(6) 分别为路由器 R1、R2、R3 配置接口 f0/0。激活接口后，R1、R2、R3 的调试信息将分别显示到达直连网络“192.168.1.0/24、192.168.2.0/24、192.168.3.0/24”的路由已被加入路由表。

```
R1(config)#interface f0/0
R1(config-if)#ip address 192.168.1.1 255.255.255.0
R1(config-if)#no shutdown
R1(config-if)#
%LINK-5-CHANGED: Interface FastEthernet0/0, changed state to up
%LINEPROTO-5-UPDOWN: Line protocol on Interface FastEthernet0/0, changed state to up
RT: interface FastEthernet0/0 added to routing table
RT: SET_LAST_RDB for 192.168.1.0/24
     NEW rdb: is directly connected
RT: add 192.168.1.0/24 via 0.0.0.0, connected metric [0/0]
RT: NET-RED 192.168.1.0/24
```

```
R2(config)#interface f0/0
R2(config-if)#ip address 192.168.2.1 255.255.255.0
R2(config-if)#no shutdown
<省略输出的调试信息>
```

```
R3(config)#interface f0/0
R3(config-if)#ip address 192.168.3.1 255.255.255.0
R3(config-if)#no shutdown
<省略输出的调试信息>
```

(7) 在路由器 R1、R2、R3 上分别使用“show ip interface brief”命令查看接口信息，检查哪些接口已连接了线缆并且已被激活，以及接口 IP 地址的配置是否符合表 8-2。

```
R1#show ip interface brief
Interface          IP-Address     OK? Method Status                  Protocol
FastEthernet0/0    192.168.1.1    YES manual up                      up
FastEthernet0/1    unassigned     YES unset  administratively down   down
Serial0/0          172.16.0.1     YES manual up                      up
Serial0/1          unassigned     YES unset  administratively down   down
```

```
R2#show ip interface brief
Interface          IP-Address     OK? Method Status                  Protocol
```

```
FastEthernet0/0   192.168.2.1   YES manual up                      up
FastEthernet0/1   unassigned    YES unset  administratively down   down
Serial0/0         172.16.0.2    YES manual up                      up
Serial0/1         172.17.0.2    YES manual up                      up
```

```
R3#show ip interface brief
Interface         IP-Address    OK? Method Status                  Protocol
FastEthernet0/0   192.168.3.1   YES manual up                      up
FastEthernet0/1   unassigned    YES unset  administratively down   down
Serial0/0         172.17.0.1    YES manual up                      up
Serial0/1         unassigned    YES unset  administratively down   down
```

(8) 分别在路由器R1、R2、R3上利用“show ip route”命令查看路由表，表中标记为“C”的路由是路由器自动添加的直连路由。

```
R1#show ip route
Codes:  C - connected, S - static, I - IGRP, R - RIP, M - mobile, B - BGP
        D - EIGRP, EX - EIGRP external, O - OSPF, IA - OSPF inter area
        N1 - OSPF NSSA external type 1, N2 - OSPF NSSA external type 2
        E1 - OSPF external type 1, E2 - OSPF external type 2, E - EGP
        i - IS-IS, L1 - IS-IS level-1, L2 - IS-IS level-2, ia - IS-IS inter area
        * - candidate default, U - per-user static route, o - ODR
        P - periodic downloaded static route
Gateway of last resort is not set
C       172.16.0.0/16 is directly connected, Serial0/0
C       192.168.1.0/24 is directly connected, FastEthernet0/0
```

```
R2#show ip route
<省略部分显示信息>
Gateway of last resort is not set
C       172.16.0.0/16 is directly connected, Serial0/0
C       172.17.0.0/16 is directly connected, Serial0/1
C       192.168.2.0/24 is directly connected, FastEthernet0/0
```

```
R3#show ip route
<省略部分显示信息>
Gateway of last resort is not set
C       172.17.0.0/16 is directly connected, Serial0/0
C       192.168.3.0/24 is directly connected, FastEthernet0/0
```

**注意**：直连路由的管理距离是0，但是在以上路由表并没有显示，如果想要查看某一条路由的管理距离，可使用带“目的网络地址”参数的“show ip route”命令。下面以在R1上查看到达目的网络“192.168.1.0”的路由为例，阴影部分显示管理距离值为0。

```
R1#show ip route 192.168.1.0
Routing entry for 192.168.1.0/24
Known via "connected", distance 0, metric 0 (connected, via interface)
  Routing Descriptor Blocks:
  * directly connected, via FastEthernet0/0
      Route metric is 0, traffic share count is 1
```

### 3. 直连路由测试

(1) 在路由器上使用“ping”命令测试连通性。路由器可以 ping 通处于其直连网络中的任何设备，但是无法 ping 通非直连网络中的设备。例如，R2 可以 ping 通 R1 和 R3 的接口 s0/0，但是无法 ping 通 R1 和 R3 的接口 f0/0，这是因为 R2 的路由表里没有到达网络“192.168.1.0/24”和“192.168.3.0/24”的路由。也可在路由器 R1 和 R3 上进行类似测试。

(2) 参照表 8-3，为所有 PC 配置网络协议参数。在 PC 上使用“ping”命令测试连通性。PC2 可以 ping 通路由器 R2 的 f0/0、s0/0、s0/1 接口，但是不能 ping 通 R1(或 R3)的 s0/0 接口，因为在 R1(或 R3)要将“ping”命令响应报文发送给 PC2 时，在其路由表中找不到目的网络是“192.168.2.0/24”的路由，致使“ping”命令响应无法被送至 PC2。也可在主机 PC1 和 PC3 上进行类似测试。

(3) 如果利用“shutdown”命令关闭接口，路由器将在路由表中清除该接口关联的直连路由。这里以路由器 R2 为例，关闭其 f0/0 接口，调试信息显示到达“192.168.2.0”的路由已被删除。

```
R2(config)#interface f0/0
R2(config-if)#shutdown
R2(config-if)#
%LINK-5-CHANGED: Interface FastEthernet0/0, changed state to administratively down
%LINEPROTO-5-UPDOWN: Line protocol on Interface FastEthernet0/0, changed state to down
RT: interface FastEthernet0/0 removed from routing table
RT: del 192.168.2.0 via 0.0.0.0, connected metric [0/0]
RT: delete network route to 192.168.2.0
RT: NET-RED 192.168.2.0/24
```

## 8.2.4 实验　静态路由的配置

**【实验目的】**

(1) 掌握静态路由的配置方法。

(2) 通过验证静态路由的配置结果，加深对路由概念的理解。

**【实验环境】**

本实验在 8.2.3 节实验的配置基础上进行，实验环境同 8.2.3 节实验，设备连接参见图 8.3。

【实验过程】

(1) 参考 8.2.3 节表 8-2 和“2. 配置并激活接口”部分，完成 3 台路由器 R1、R2、R3 的接口配置，并激活。同时，完成所有 PC 的协议参数(参考 8.2.3 节表 8-3)配置。

(2) 确定与路由器 R1、R2、R3 非直连的网络(即远程网络)分别有哪些。然后在路由器 R1、R2、R3 上分别添加到达远程网络的静态路由。

```
R1(config)#ip route 192.168.2.0 255.255.255.0 172.16.0.2
R1(config)#ip route 192.168.3.0 255.255.255.0 172.16.0.2
R1(config)#ip route 172.17.0.0 255.255.0.0 172.16.0.2
```

```
R2(config)#ip route 192.168.1.0 255.255.255.0 172.16.0.1
R2(config)#ip route 192.168.3.0 255.255.255.0 172.17.0.1
```

```
R3(config)#ip route 192.168.2.0 255.255.255.0 172.17.0.2
R3(config)#ip route 192.168.1.0 255.255.255.0 172.17.0.2
R3(config)#ip route 172.16.0.0 255.255.0.0 172.17.0.2
```

(3) 在路由器 R1、R2、R3 上分别查看路由表，标记为“S”的为静态路由。

```
R1#show ip route
<省略部分显示信息>
Gateway of last resort is not set

C       172.16.0.0/16 is directly connected, Serial0/0
S       172.17.0.0/16 [1/0] via 172.16.0.2
C       192.168.1.0/24 is directly connected, FastEthernet0/0
S       192.168.2.0/24 [1/0] via 172.16.0.2
S       192.168.3.0/24 [1/0] via 172.16.0.2
```

```
R2#show ip route
<省略部分显示信息>
Gateway of last resort is not set

C       172.16.0.0/16 is directly connected, Serial0/0
C       172.17.0.0/16 is directly connected, Serial0/1
S       192.168.1.0/24 [1/0] via 172.16.0.1
C       192.168.2.0/24 is directly connected, FastEthernet0/0
S       192.168.3.0/24 [1/0] via 172.17.0.1
```

```
R3#show ip route
<省略部分显示信息>
Gateway of last resort is not set

S       172.16.0.0/16 [1/0] via 172.17.0.2
```

```
C       172.17.0.0/16 is directly connected, Serial0/0
S       192.168.1.0/24 [1/0] via 172.17.0.2
S       192.168.2.0/24 [1/0] via 172.17.0.2
C       192.168.3.0/24 is directly connected, FastEthernet0/0
```

以 R1 的路由表为例，其中第一条静态路由是“172.17.0.0/16 [1/0] via 172.16.0.2”，其中“172.17.0.0”为目的网络，“/16”表示数据包的目的地址应该匹配前 16 位，“[1/0]”表示管理距离为 1(参见表 8-1)，度量为 0，“via 172.16.0.2”表示通往目标的下一跳地址为“172.16.0.2”。

(4) 使用“ping”命令测试连通性，3 台 PC 相互都可以 ping 通，说明以上配置的静态路由是有效的。在 PC1 上通过“tracert”命令跟踪路由，显示结果如下。也可以在其他 PC 上进行路由跟踪。

```
C:\>tracert 192.168.2.2                    //PC1 跟踪到达 PC2 的路由

Tracing route to 192.168.2.2 over a maximum of 30 hops:

  1    1 ms     0 ms     0 ms     192.168.1.1      //经由网关 R1
  2    0 ms     0 ms     1 ms     172.16.0.2       //经由 R2
  3    0 ms     1 ms     0 ms     192.168.2.2      //到达目的主机 PC2

Trace complete.

C:\>tracert 192.168.3.2                    //PC1 跟踪到达 PC3 的路由

Tracing route to 192.168.3.2 over a maximum of 30 hops:

  1    0 ms     0 ms     0 ms     192.168.1.1      //经由网关 R1
  2    0 ms     0 ms     0 ms     172.16.0.2       //经由 R2
  3    0 ms     2 ms     1 ms     172.17.0.1       //经由 R3
  4    0 ms     0 ms     0 ms     192.168.3.2      //到达目的主机 PC3

Trace complete.
```

### 8.2.5 实验　静态路由汇总及静态默认路由的配置

**【实验目的】**

(1) 理解如何通过汇总静态路由、配置静态默认路由来减少路由表的路由条目，明确两种方法的适用场合。

(2) 学会静态路由汇总及静态默认路由的配置方法，理解它们和其他路由的关联。

**【实验环境】**

本实验在 8.2.4 节实验的配置基础上进行，实验环境同 8.2.3 节实验，设备连接参见图 8.3。

**【实验过程】**

(1) 观察 8.2.4 节实验步骤(3)路由器 R1 的路由表，发现符合汇总条件的路由有两条，分别是到达远程网络“192.168.2.0/24”和“192.168.3.0/24”的路由，这两个网络地址可以汇总成一个网络地址“192.168.2.0/23”，并且这两条路由的下一跳相同。首先将这两条静态路由一一删除，然后添加一条以“192.168.2.0/23”为目的网络的静态路由，并查看路由表，以确定路由条目的改变。

```
R1(config)#no ip route 192.168.2.0 255.255.255.0 172.16.0.2 //删除原静态路由
R1(config)#no ip route 192.168.3.0 255.255.255.0 172.16.0.2 //删除原静态路由
R1(config)#ip route 192.168.2.0 255.255.254.0 172.16.0.2      //汇总静态路由
R1(config)#end
R1#show ip route
<省略部分显示信息>
Gateway of last resort is not set

C      172.16.0.0/16 is directly connected, Serial0/0
S      172.17.0.0/16 [1/0] via 172.16.0.2
C      192.168.1.0/24 is directly connected, FastEthernet0/0
S      192.168.2.0/23 [1/0] via 172.16.0.2      //新添加的汇总路由
```

(2) 网络“192.168.3.0/24”是存根网络，该网络通往外界只有一个出口点，因此，可以使用一条默认路由来替代原有的三条指向远程网络的静态路由，参见 8.2.4 节实验步骤(3)路由器 R3 的路由表。首先在路由器 R3 上删除原有的三条静态路由，然后创建一条静态默认路由。查看路由表，具有“S*”标记的路由就是静态默认路由。

```
R3(config)#no ip route 192.168.2.0 255.255.255.0 172.17.0.2
R3(config)#no ip route 192.168.1.0 255.255.255.0 172.17.0.2
R3(config)#no ip route 172.16.0.0 255.255.0.0 172.17.0.2
R3(config)#ip route 0.0.0.0 0.0.0.0 172.17.0.2              //创建静态默认路由
R3(config)#end
R3#show ip route
<省略部分显示信息>
Gateway of last resort is 172.17.0.2 to network 0.0.0.0

C      172.17.0.0/16 is directly connected, Serial0/0
C      192.168.3.0/24 is directly connected, FastEthernet0/0
S*     0.0.0.0/0 [1/0] via 172.17.0.2              //新添加的默认路由
```

(3) 使用“ping”命令测试连通性，3 台 PC 相互都可以 ping 通，若在 PC 上执行“tracert”命令，路由跟踪结果同 8.2.4 节实验。说明静态路由汇总和静态默认路由的配置是正确有效的。

# 8.3 RIP

## 8.3.1 RIP 概述

RIP 是以跳数(即到达目的网络所要经过的路由器个数)作为路由选择度量的距离矢量路由选择协议。RIP 在自治系统内部执行路由功能，属于内部网关协议。和其他距离矢量路由选择协议一样，RIP 关心到达目的网络的距离和矢量(即方向)。网络拓扑结构没有变化时，使用 RIP 的路由器以固定的时间间隔向相邻路由器发送自己完整的路由表，这个过程被称为“定期更新”。当网络拓扑结构改变时，路由器会不等周期到，立即发起路由更新，这被称为“触发更新”。

当路由器启动后，只要正确地配置了接口信息，路由器便会首先发现与其接口直连的网络，并将直连路由添加至路由表中，然后路由器每隔 30 秒就将自己的路由表发给相邻路由器。如图 8.4 所示(若“下一跳”为接口，表示当前路由器与目的网络直接连接，无需经过其他路由器)，R1 会收到邻居 R2 的路由表，R2 会收到 R1、R3 的路由表，R3 会收到 R2 的路由表。当路由器收到邻居的路由表时，首先把其“距离”值加 1，“下一跳”修改为邻居的 IP 地址，然后再进行路由条目的更新。下面以 R1 为例说明，当 R1 收到邻居 R2 的路由表时，会将到达 N2、N3 的路由“距离”改为 1，“下一跳”改为 R2。然后 R1 会查看修改后的每个路由条目，如果路由条目(如到达 N3 的路由)是新的，就将该条路由添加到自己的路由表中。如果路由条目(如到达 N2 的路由)已经包含在自己的表中，若新路由和现有路由的“下一跳”相同，则直接用新路由替换现有路由，若新路由和现有路由的“下一跳”不同，则仅当新路由的“距离”更小时，用新路由替换现有路由(本例中，新路由的“距离”更大，无需替换)。

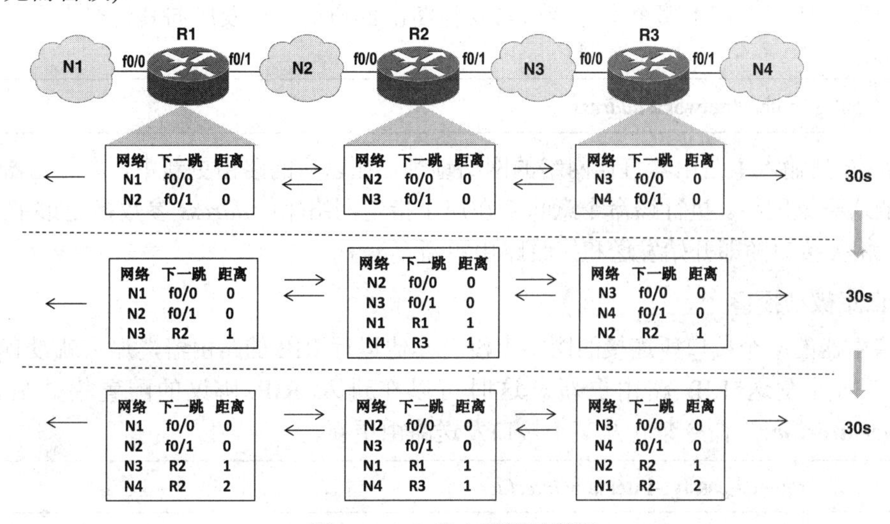


图 8.4　RIP 路由更新示意图

总而言之，路由器根据收到的路由表来更新自己的路由表，然后定期将自己更新后的路由表广播或组播出去，因此，路由器中的路由条目会越来越完善，在几轮路由更新之后，路由器的路由表中会存有完整的正确的路由条目，这时路由器达到收敛状态。

RIP 协议分为 RIPv1 和 RIPv2 两个版本。两个版本具有很多相同的功能，它们的区别在于：RIPv1 是有类路由选择协议，而 RIPv2 是无类路由选择协议；RIPv1 不支持可变长子网掩码(Variable Length Subnet Mask，VLSM)和无分类域间路由选择(Classless Inter-Domain Routing，CIDR)，而 RIPv2 支持 VLSM 和 CIDR；RIPv1 采用广播更新，而 RIPv2 采用组播更新；RIPv1 不提供认证，而 RIPv2 提供认证；RIPv1 在路由更新过程中不携带子网信息，而 RIPv2 在路由更新时携带子网信息。

RIP 的主要限制在于以跳数为距离，最大值为 15，如果路由器收到了路由更新信息，且把距离加 1 后等于 16(意为无穷大)，就认为其目的网络不可达。另外，在网络拓扑发生变化时，RIP 收敛很慢，因此 RIP 不适用于大型网络。

### 8.3.2 实验相关命令格式

#### 1. 启用 RIP

```
Router(config)#router rip
```

执行此命令后进入 RIP 协议配置模式，此时不会发送路由更新。如果需要从设备上停止 RIP 路由过程并清除所有的 RIP 配置，可以在全局配置模式下使用“**no router rip**”命令。

#### 2. 指定 RIP 协议的版本

```
Router(config-router)#version {1|2}
```

默认情况下，Cisco 路由器可以接收 RIPv1 和 RIPv2 的路由信息，但只发送 RIPv1 的路由信息。Cisco 路由器的 RIPv2 支持验证、密钥管理、路由汇总、CIDR 和 VLSM。

#### 3. 指定要包含在路由更新中的直连网络

路由器需要明确使用哪个本地接口与其他路由器通信，以及应向其他路由器通告哪些直连网络。

```
Router(config-router)#network address
```

*address* 处输入本路由器直连网络的网络地址，在以后的路由更新中，本路由器会向其他路由器通告该网络。执行该命令意味着在属于指定网络(由 *address* 参数指定)的接口上启用 RIP，相关接口随即开始发送和接收路由更新。

#### 4. 指定被动接口

若路由器的某个接口所连接的网络上没有其他运行 RIP 的路由器，那么就没有必要从这个接口向外发送 RIP 路由更新。这时可以在进入 RIP 协议的配置模式后，使用“**passive-interface**”命令禁止从某个接口发送路由更新。

```
Router(config-router)#passive-interface interface
```

在 *interface* 处指定要禁止发送更新的接口。

**注意**：虽然该命令停止了从指定接口发送路由更新，但是该接口所连接的网络仍然会被当前路由器通告出去。所以该命令不会影响网络的可达性。

5. 查看路由选择协议信息

```
Router#show ip protocols
```

可用于显示路由器上启用的任何路由选择协议信息。

6. 监控 RIP 更新

```
Router#debug ip rip
```

执行该命令后，当路由器发送和接收 RIP 更新时，便会显示这些更新信息。要停止监控，在特权模式下执行“**no debug ip rip**”命令或者“**undebug all**”命令即可。

### 8.3.3　实验　RIPv1 的配置

【实验目的】

(1) 学会 RIPv1 的基本配置方法，实现不同网络间的通信。

(2) 理解动态路由选择的概念以及 RIP 协议的工作原理。

【实验环境】

本实验在 8.2.3 节实验的配置基础上进行，实验环境同 8.2.3 节实验，设备连接如图 8.3 所示。

【实验过程】

1. RIPv1 基本配置

(1) 参考 8.2.3 节表 8-2 和“2. 配置并激活接口”部分，完成 3 台路由器 R1、R2、R3 的接口配置，并激活。同时，完成所有 PC 的协议参数(参考 8.2.3 节表 8-3)配置。

(2) 检查第(1)步配置的参数是否正确，然后使用“ping”命令测试，此时各 PC 之间无法连通。

(3) 分别在 3 台路由器上启用 RIP。在全局配置模式下启用 RIP，然后指定与本路由器直接连接的网络。

```
R1(config)#router rip
R1(config-router)#version 1
R1(config-router)#network 192.168.1.0
R1(config-router)#network 172.16.0.0
R1(config-router)#end
```

```
R2(config)#router rip
R2(config-router)#version 1
R2(config-router)#network 192.168.2.0
R2(config-router)#network 172.16.0.0
R2(config-router)#network 172.17.0.0
R2(config-router)#end
```

```
R3(config)#router rip
R3(config-router)#version 1
R3(config-router)#network 192.168.3.0
R3(config-router)#network 172.17.0.0
R3(config-router)#end
```

(4) 分别在3台路由器上查看路由表，以确保路由配置正确。

```
R1#show ip route
Codes: C - connected, S - static, I - IGRP, R - RIP, M - mobile, B - BGP
       D - EIGRP, EX - EIGRP external, O - OSPF, IA - OSPF inter area
       N1 - OSPF NSSA external type 1, N2 - OSPF NSSA external type 2
       E1 - OSPF external type 1, E2 - OSPF external type 2, E - EGP
       i - IS-IS, L1 - IS-IS level-1, L2 - IS-IS level-2, ia - IS-IS inter area
       * - candidate default, U - per-user static route, o - ODR
       P - periodic downloaded static route

Gateway of last resort is not set

C    172.16.0.0/16 is directly connected, Serial0/0
R    172.17.0.0/16 [120/1] via 172.16.0.2, 00:00:07, Serial0/0
C    192.168.1.0/24 is directly connected, FastEthernet0/0
R    192.168.2.0/24 [120/1] via 172.16.0.2, 00:00:07, Serial0/0
R    192.168.3.0/24 [120/2] via 172.16.0.2, 00:00:07, Serial0/0
```

```
R2#show ip route
<省略部分显示信息>
Gateway of last resort is not set

C    172.16.0.0/16 is directly connected, Serial0/0
C    172.17.0.0/16 is directly connected, Serial0/1
R    192.168.1.0/24 [120/1] via 172.16.0.1, 00:00:09, Serial0/0
C    192.168.2.0/24 is directly connected, FastEthernet0/0
R    192.168.3.0/24 [120/1] via 172.17.0.1, 00:00:04, Serial0/1
```

```
R3#show ip route
<省略部分显示信息>
Gateway of last resort is not set

R    172.16.0.0/16 [120/1] via 172.17.0.2, 00:00:20, Serial0/0
```

```
C       172.17.0.0/16 is directly connected, Serial0/0
R       192.168.1.0/24 [120/2] via 172.17.0.2, 00:00:20, Serial0/0
R       192.168.2.0/24 [120/1] via 172.17.0.2, 00:00:20, Serial0/0
C       192.168.3.0/24 is directly connected, FastEthernet0/0
```

以 R1 的路由条目“R　172.17.0.0/16 [120/1] via 172.16.0.2, 00:00:07, Serial0/0”为例，说明路由信息的含义。“R”标记表示该路由条目是通过 RIP 协议学习来的。“172.17.0.0/16”表示目的网络/网络掩码。“[120/1]”中 120 是 RIP 协议的默认管理距离(详见 8.2.2 节表 8-1)，1 是度量值，表示从当前路由器 R1 出发，到达网络“172.17.0.0”有 1 跳距离。“via 172.16.0.2”表示下一跳地址为“172.16.0.2”(即路由器 R2 的接口 s0/0)。“00:00:07”表示自上次路由更新以来已经过了 7 秒，即距离下一次路由更新还有 23 秒。“Serial0/0”表示去往下一跳的本地出口。

(5) 使用“ping”命令测试 PC 之间的连通性，结果为 PC 之间可以两两通信，表明 RIP 路由生效了。

### 2. 指定被动接口

(1) 分别在 3 台路由器上使用“show ip protocols”命令查看协议配置。

```
R1#show ip protocols
Routing Protocol is "rip"
Sending updates every 30 seconds, next due in 22 seconds
Invalid after 180 seconds, hold down 180, flushed after 240
Outgoing update filter list for all interfaces is not set
Incoming update filter list for all interfaces is not set
Redistributing: rip
Default version control: send version 1, receive 1
//以下列出了参与路由更新的接口
   Interface              Send   Recv   Triggered RIP   Key-chain
   FastEthernet0/0        1      1
   Serial0/0              1      1
Automatic network summarization is in effect
Maximum path: 4
//以下列出了使用“network”命令指定的网络，路由器会在路由更新中包含这些指定网络。
Routing for Networks:
   172.16.0.0
   192.168.1.0
Passive Interface(s):                //为空，表明没有指定被动接口
//以下列出了发送路由更新的邻居路由器地址、管理距离、自上次更新以来经过的时间
Routing Information Sources:
```

```
    Gateway              Distance       Last Update
    172.16.0.2              120           00:00:14
  Distance: (default is 120)
```

```
R2#show ip protocols
<省略部分显示信息>
Default version control: send version 1, receive 1
  Interface              Send   Recv   Triggered RIP   Key-chain
  Serial0/0               1      1
  FastEthernet0/0         1      1
  Serial0/1               1      1
Automatic network summarization is in effect
Maximum path: 4
Routing for Networks:
   172.16.0.0
   172.17.0.0
   192.168.2.0
Passive Interface(s):
Routing Information Sources:
   Gateway              Distance       Last Update
   172.16.0.1              120           00:00:10
   172.17.0.1              120           00:00:06
Distance: (default is 120)
```

```
R3#show ip protocols
<省略部分显示信息>
Default version control: send version 1, receive 1
  Interface              Send   Recv   Triggered RIP   Key-chain
  Serial0/0               1      1
  FastEthernet0/0         1      1
Automatic network summarization is in effect
Maximum path: 4
Routing for Networks:
   172.17.0.0
   192.168.3.0
Passive Interface(s):
Routing Information Sources:
   Gateway              Distance       Last Update
   172.17.0.2              120           00:00:02
Distance: (default is 120)
```

(2) 观察 8.2.3 节图 8.3，路由器 R1、R2、R3 的 f0/0 所连接的网络上没有其他路由器，所以可以在这些接口上停止发送路由更新。在路由器 R1 上将接口 f0/0 指定为被动接口。同时，在路由器 R2、R3 上完成相同配置。

```
R1(config)#router rip
R1(config-router)#passive-interface f0/0
R1(config-router)#end
```

(3) 再次在 3 台路由器上使用“show ip protocols”命令查看路由配置。

```
R1#show ip protocols
<省略部分显示信息>
Default version control: send version 1, receive 1
  Interface             Send  Recv  Triggered RIP  Key-chain
  Serial0/0             1     1
Automatic network summarization is in effect
Maximum path: 4
Routing for Networks:
   172.16.0.0
   192.168.1.0
Passive Interface(s):
   FastEthernet0/0
<省略部分显示信息>
```

```
R2#show ip protocols
<省略部分显示信息>
Default version control: send version 1, receive 1
  Interface             Send  Recv  Triggered RIP  Key-chain
  Serial0/1             1     1
  Serial0/0             1     1
Automatic network summarization is in effect
Maximum path: 4
Routing for Networks:
   172.16.0.0
   172.17.0.0
   192.168.2.0
Passive Interface(s):
   FastEthernet0/0
<省略部分显示信息>
```

```
R3#show ip protocols
<省略部分显示信息>
Default version control: send version 1, receive 1
  Interface          Send   Recv   Triggered RIP   Key-chain
  Serial0/0          1      1
Automatic network summarization is in effect
Maximum path: 4
Routing for Networks:
   172.17.0.0
   192.168.3.0
Passive Interface(s):
   FastEthernet0/0
<省略部分显示信息>
```

以 R1 为例说明回显信息，“Interface”一栏中已经不再列出 f0/0，而是将 f0/0 列入“Passive Interface(s)”中，说明 f0/0 已被指定为被动接口，自此不再发送路由更新。但与该接口连接的网络“192.168.1.0”依然列在“Routing for Networks”之下，表示到达网络“192.168.1.0”的路由条目依然被包含在发给邻居 R2 的路由更新中。

## 8.3.4 实验 RIPv2 的配置

【实验目的】

(1) 观察 RIPv1 的路由表及路由更新情况，了解 RIPv1 和 RIPv2 的主要区别。

(2) 掌握 RIPv2 的基本配置方法。

【实验环境】

Cisco 2621 路由器 3 台，交换机 5 台，计算机 5 台。按照图 8.5 所示的拓扑，连接设备。实验过程中涉及到的路由器和计算机的配置参数分别如表 8-4 和表 8-5 所示。

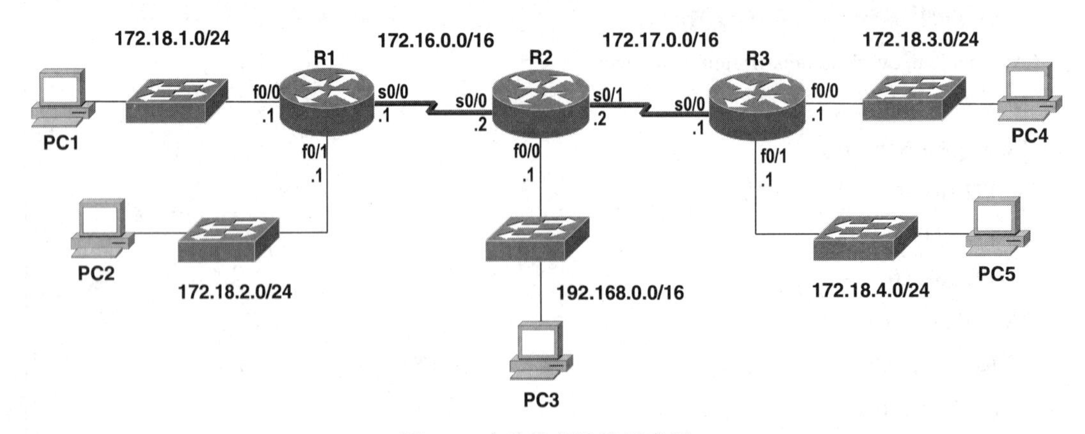


图 8.5 实验设备连接示意图

表 8-4　路由器接口参数设置

| 路由器 | 接　口 | IP 地址 | 网络掩码 |
|---|---|---|---|
| R1 | s0/0 | 172.16.0.1 | 255.255.0.0 |
|  | f0/0 | 172.18.1.1 | 255.255.255.0 |
|  | f0/1 | 172.18.2.1 | 255.255.255.0 |
| R2 | s0/0 | 172.16.0.2 | 255.255.0.0 |
|  | s0/1 | 172.17.0.2 | 255.255.0.0 |
|  | f0/0 | 192.168.0.1 | 255.255.0.0 |
| R3 | s0/0 | 172.17.0.1 | 255.255.0.0 |
|  | f0/0 | 172.18.3.1 | 255.255.255.0 |
|  | f0/1 | 172.18.4.1 | 255.255.255.0 |

表 8-5　主机协议参数设置

| 主　机 | IP 地址 | 子网掩码 | 默认网关 |
|---|---|---|---|
| PC1 | 172.18.1.2 | 255.255.255.0 | 172.18.1.1 |
| PC2 | 172.18.2.2 | 255.255.255.0 | 172.18.2.1 |
| PC3 | 192.168.0.2 | 255.255.0.0 | 192.168.0.1 |
| PC4 | 172.18.3.2 | 255.255.255.0 | 172.18.3.1 |
| PC5 | 172.18.4.2 | 255.255.255.0 | 172.18.4.1 |

**【实验过程】**

### 1. 配置并激活接口

参照表 8-4 完成 3 台路由器的接口配置，并激活。配置过程可参考 8.2.3 节实验“2. 配置并激活接口”部分。同时，参考表 8-5 完成所有 PC 的协议参数配置。

### 2. 启用 RIPv1 并观察自动汇总路由

(1) 分别在 3 台路由器上启用 RIPv1，并指定与当前路由器直接连接的网络。

```
R1(config)#router rip
R1(config-router)#version 1
R1(config-router)#network 172.16.0.0
R1(config-router)#network 172.18.1.0
R1(config-router)#network 172.18.2.0
R1(config-router)#passive-interface f0/0
R1(config-router)#passive-interface f0/1
R1(config-router)#end
```

```
R2(config)#router rip
R2(config-router)#version 1
R2(config-router)#network 192.168.0.0
R2(config-router)#network 172.16.0.0
```

```
R2(config-router)#network 172.17.0.0
R2(config-router)#passive-interface f0/0
R2(config-router)#end
```

```
R3(config)#router rip
R3(config-router)#version 1
R3(config-router)#network 172.17.0.0
R3(config-router)#network 172.18.3.0
R3(config-router)#network 172.18.4.0
R3(config-router)#passive-interface f0/0
R3(config-router)#passive-interface f0/1
R3(config-router)#end
```

(2) 分别在 3 台路由器上查看路由表。

```
R1#show ip route
<省略部分显示信息>
Gateway of last resort is not set

C       172.16.0.0/16 is directly connected, Serial0/0
R       172.17.0.0/16 [120/1] via 172.16.0.2, 00:00:27, Serial0/0
        172.18.0.0/24 is subnetted, 2 subnets
C       172.18.1.0 is directly connected, FastEthernet0/0
C       172.18.2.0 is directly connected, FastEthernet0/1
```

```
R2#show ip route
<省略部分显示信息>
Gateway of last resort is not set

C     172.16.0.0/16 is directly connected, Serial0/0
C     172.17.0.0/16 is directly connected, Serial0/1
R     172.18.0.0/16  [120/1] via 172.16.0.1, 00:00:09, Serial0/0
                     [120/1] via 172.17.0.1, 00:00:03, Serial0/1
C     192.168.0.0/16 is directly connected, FastEthernet0/0
```

```
R3#show ip route
<省略部分显示信息>
Gateway of last resort is not set

R       172.16.0.0/16 [120/1] via 172.17.0.2, 00:00:03, Serial0/0
C       172.17.0.0/16 is directly connected, Serial0/0
        172.18.0.0/24 is subnetted, 2 subnets
C       172.18.3.0 is directly connected, FastEthernet0/0
C       172.18.4.0 is directly connected, FastEthernet0/1
```

观察 3 台路由器的路由表，存在 3 个问题：第 1，路由器 R1 和 R3 中没有关于“192.168.0.0/16”的路由。第 2，R2 的路由表中的阴影部分显示存在两条等价路径的汇总路由“172.18.0.0/16”，换句话说就是 R2 假设通过 R1 或 R3 到达“172.18.0.0/16”是等价的。第 3，路由器 R1 和 R3 中没有汇总路由“172.18.0.0/16”。

(3) 在 3 台路由器上通过“debug ip rip”命令查看路由器送出的更新和收到的更新。

```
R1#debug ip rip
RIP protocol debugging is on
R1#RIP: sending   v1 update to 255.255.255.255 via Serial0/0 (172.16.0.1)
RIP: build update entries
        network 172.18.0.0 metric 1                    //R1 送出的更新
RIP: received v1 update from 172.16.0.2 on Serial0/0
        172.17.0.0 in 1 hops
```

```
R2#debug ip rip
RIP protocol debugging is on
R2#RIP: received v1 update from 172.17.0.1 on Serial0/1
        172.18.0.0 in 1 hops                           //R2 收到的更新
RIP: received v1 update from 172.16.0.1 on Serial0/0
        172.18.0.0 in 1 hops                           //R2 收到的更新
RIP: sending   v1 update to 255.255.255.255 via Serial0/0 (172.16.0.2)
RIP: build update entries
        network 172.17.0.0 metric 1
RIP: sending   v1 update to 255.255.255.255 via Serial0/1 (172.17.0.2)
RIP: build update entries
        network 172.16.0.0 metric 1
```

```
R3#debug ip rip
RIP protocol debugging is on
R3#RIP: sending   v1 update to 255.255.255.255 via Serial0/0 (172.17.0.1)
RIP: build update entries
        network 172.18.0.0 metric 1                    //R3 送出的更新
RIP: received v1 update from 172.17.0.2 on Serial0/0
        172.16.0.0 in 1 hops
```

**注意**：第 1，由于 RIPv1 是有类路由选择协议，所以这些更新中没有随网络地址提供网络掩码信息。第 2，以上监控信息中“sending  v1 update to 255.255.255.255……”表示 RIPv1 是采用广播方式发送路由更新的。

R1 创建的更新为“network 172.18.0.0 metric 1”，因为 R1 在通过其接口 s0/0 向外发送更新时，已经自动将“172.18.1.0”和“172.18.2.0”两条路由汇总为一条路由“172.18.0.0”。

R3 创建的更新也是“network 172.18.0.0 metric 1”，因为 R3 在通过其接口 s0/0 向外发

送更新时，已将“172.18.3.0”和“172.18.4.0”两条路由汇总为一条路由“172.18.0.0”。

R1 和 R3 都发布目标网络为“172.18.0.0”的路由，因此 R2 的路由表阴影部分显示路由器 R2 上收到了两条到达网络“172.18.0.0”的等价路由。另外，值得注意的是“192.168.0.0/16”是一个无类地址，因此 R2 发送更新时并没有将网络“192.168.0.0”通告出去。

(4) 在 R2 上 ping 主机 PC1、PC2、PC4、PC5，结果全部为间断性连通，如下所示连通成功率(Success Rate)为 40%或 60%。

```
R2#ping 172.18.1.2            // ping PC1

Type escape sequence to abort.
Sending 5, 100-byte ICMP Echos to 172.18.1.2, timeout is 2 seconds:
!U!.!
Success rate is 60 percent (3/5), round-trip min/avg/max = 1/9/25 ms

R2#ping 172.18.2.2            // ping PC2

Type escape sequence to abort.
Sending 5, 100-byte ICMP Echos to 172.18.2.2, timeout is 2 seconds:
U!.!U
Success rate is 40 percent (2/5), round-trip min/avg/max = 1/15/27 ms

R2#ping 172.18.3.2            // ping PC4

Type escape sequence to abort.
Sending 5, 100-byte ICMP Echos to 172.18.3.2, timeout is 2 seconds:
U!.!U
Success rate is 40 percent (2/5), round-trip min/avg/max = 1/14/25 ms

R2#ping 172.18.4.2            // ping PC5

Type escape sequence to abort.
Sending 5, 100-byte ICMP Echos to 172.18.4.2, timeout is 2 seconds:
!U!.!
Success rate is 60 percent (3/5), round-trip min/avg/max = 1/9/26 ms
```

(5) 由于 R1 和 R3 的路由表中没有关于“192.168.0.0/16”的路由，因此，现在 R1 和 R3 无法 ping 通“192.168.0.1”(R2 的接口 f0/0)和“192.168.0.2”(PC3)。

### 3. 启用 RIPv2 并禁止自动汇总

(1) 在 3 台路由器上启用 RIPv2 并使用“no auto-summary”命令关闭自动汇总。

```
R1(config)#router rip
R1(config-router)#version 2
R1(config-router)#no auto-summary
R1(config-router)#end
```

```
R2(config)#router rip
R2(config-router)#version 2
R2(config-router)#no auto-summary
R2(config-router)#end
```

```
R3(config)#router rip
R3(config-router)#version 2
R3(config-router)#no auto-summary
R3(config-router)#end
```

(2) 在 3 台路由器上通过“debug ip rip”命令查看路由器送出和收到的更新。RIPv2 是无类路由选择协议，所以这些更新中每个网络地址都携带了网络掩码信息。

```
R1#debug ip rip
RIP protocol debugging is on
R1#RIP: sending   v2 update to 224.0.0.9 via Serial0/0 (172.16.0.1)
RIP: build update entries
        172.18.1.0/24 via 0.0.0.0, metric 1, tag 0
        172.18.2.0/24 via 0.0.0.0, metric 1, tag 0
RIP: received v2 update from 172.16.0.2 on Serial0/0
        172.17.0.0/16 via 0.0.0.0 in 1 hops
        172.18.3.0/24 via 0.0.0.0 in 2 hops
        172.18.4.0/24 via 0.0.0.0 in 2 hops
        192.168.0.0/16 via 0.0.0.0 in 1 hops
```

```
R2#debug ip rip
RIP protocol debugging is on
R2#RIP: received v2 update from 172.17.0.1 on Serial0/1
        172.18.3.0/24 via 0.0.0.0 in 1 hops
        172.18.4.0/24 via 0.0.0.0 in 1 hops
RIP: received v2 update from 172.16.0.1 on Serial0/0
        172.18.1.0/24 via 0.0.0.0 in 1 hops
        172.18.2.0/24 via 0.0.0.0 in 1 hops
RIP: sending   v2 update to 224.0.0.9 via Serial0/1 (172.17.0.2)
RIP: build update entries
        172.16.0.0/16 via 0.0.0.0, metric 1, tag 0
        172.18.1.0/24 via 0.0.0.0, metric 2, tag 0
        172.18.2.0/24 via 0.0.0.0, metric 2, tag 0
```

```
        192.168.0.0/16 via 0.0.0.0, metric 1, tag 0
RIP: sending  v2 update to 224.0.0.9 via Serial0/0 (172.16.0.2)
RIP: build update entries
        172.17.0.0/16 via 0.0.0.0, metric 1, tag 0
        172.18.3.0/24 via 0.0.0.0, metric 2, tag 0
        172.18.4.0/24 via 0.0.0.0, metric 2, tag 0
        192.168.0.0/16 via 0.0.0.0, metric 1, tag 0
```

```
R3#debug ip rip
RIP protocol debugging is on
R3#RIP: sending  v2 update to 224.0.0.9 via Serial0/0 (172.17.0.1)
RIP: build update entries
        172.18.3.0/24 via 0.0.0.0, metric 1, tag 0
        172.18.4.0/24 via 0.0.0.0, metric 1, tag 0
RIP: received v2 update from 172.17.0.2 on Serial0/0
        172.16.0.0/16 via 0.0.0.0 in 1 hops
        172.18.1.0/24 via 0.0.0.0 in 2 hops
        172.18.2.0/24 via 0.0.0.0 in 2 hops
        192.168.0.0/16 via 0.0.0.0 in 1 hops
```

**注意**：以上显示的调试信息中“sending v2 update to 224.0.0.9……”表示 RIPv2 是采用组播方式发送路由更新的，“224.0.0.9”为组播地址。

观察 R1 的“build update entries”阴影部分，可以得知 R1 在通过其接口 s0/0 向外发送更新时，不再自动将“172.18.1.0”和“172.18.2.0”两条路由汇总为一条路由“172.18.0.0”。观察 R3 与 R1 的路由表，情况相同。

R2 的路由表阴影部分显示路由器 R2 上收到了 4 条明确路由(172.18.1.0/24、172.18.2.0/24、172.18.3.0/24、172.18.4.0/24)，而非两条到达网络“172.18.0.0”的等价路由，表明路由的自动汇总已被禁止。而且 R2 发送的更新中包含了“192.168.0.0/16”这条路由，说明 RIPv2 支持 CIDR。

(3) 查看 3 台路由器的路由表，如下所示为收敛状态时的路由表。

```
R1#show ip route
<省略部分显示信息>
Gateway of last resort is not set

C       172.16.0.0/16 is directly connected, Serial0/0
R       172.17.0.0/16 [120/1] via 172.16.0.2, 00:00:14, Serial0/0
        172.18.0.0/24 is subnetted, 4 subnets
C       172.18.1.0 is directly connected, FastEthernet0/0
C       172.18.2.0 is directly connected, FastEthernet0/1
R       172.18.3.0 [120/2] via 172.16.0.2, 00:00:14, Serial0/0
```

```
R        172.18.4.0 [120/2] via 172.16.0.2, 00:00:14, Serial0/0
R        192.168.0.0/16 [120/1] via 172.16.0.2, 00:00:14, Serial0/0
```

```
R2#show ip route
<省略部分显示信息>
Gateway of last resort is not set

C        172.16.0.0/16 is directly connected, Serial0/0
C        172.17.0.0/16 is directly connected, Serial0/1
         172.18.0.0/24 is subnetted, 4 subnets
R        172.18.1.0 [120/1] via 172.16.0.1, 00:00:02, Serial0/0
R        172.18.2.0 [120/1] via 172.16.0.1, 00:00:02, Serial0/0
R        172.18.3.0 [120/1] via 172.17.0.1, 00:00:26, Serial0/1
R        172.18.4.0 [120/1] via 172.17.0.1, 00:00:26, Serial0/1
C        192.168.0.0/16 is directly connected, FastEthernet0/0
```

```
R3#show ip route
<省略部分显示信息>
Gateway of last resort is not set

R        172.16.0.0/16 [120/1] via 172.17.0.2, 00:00:21, Serial0/0
C        172.17.0.0/16 is directly connected, Serial0/0
         172.18.0.0/24 is subnetted, 4 subnets
R        172.18.1.0 [120/2] via 172.17.0.2, 00:00:21, Serial0/0
R        172.18.2.0 [120/2] via 172.17.0.2, 00:00:21, Serial0/0
C        172.18.3.0 is directly connected, FastEthernet0/0
C        172.18.4.0 is directly connected, FastEthernet0/1
R        192.168.0.0/16 [120/1] via 172.17.0.2, 00:00:21, Serial0/0
```

可以看到 R1 和 R3 都已获得关于“192.168.0.0/16”的路由，说明 RIPv2 是无类路由选择协议，能够识别无类网络地址。

(4) 在 R2 上 ping 主机 PC1、PC2、PC4、PC5，连通成功率全部为 100%。

由于 R1 和 R3 的路由表中有了关于“192.168.0.0/16”的路由，因此，现在 R1 和 R3 已经可以 ping 通“192.168.0.1”(即 R2 的接口 f0/0)和“192.168.0.2”(即 PC3)。

PC 之间也可以相互通信。

## 8.4 OSPF

### 8.4.1 OSPF 概述

OSPF 是一种典型的链路状态路由选择协议。OSPF 用于一个自治系统内部，在这个自治系统中，每个 OSPF 路由器都维护着一个链路状态数据库(Link State Database，LSDB)，并基于 LSDB 中存储的链路状态信息，利用路由算法计算出到达目的地的最佳路由，生成路由表。

链路状态信息包括当前路由器与哪些路由器相邻，以及该路由器到达邻居的度量值，OSPF 通过洪泛链路状态通告(Link State Advertisement，LSA)将自己的链路状态信息传送给其他路由器。这一点与距离矢量路由选择协议 RIP 不同，运行 RIP 的路由器是将自己的路由表传送给相邻的路由器。RIP 基于跳数选路，有可能选择了很慢的路径。OSPF 基于和带宽相关的度量进行选路，选择最快的无环路径。RIP 支持的最大跳数是 15，限制了网络规模，而 OSPF 路由不受物理跳数的限制，可用于大型网络。

### 1. 区域(Area)

RIP 将整个自治系统看成一个平面结构，并无区域与边界的定义。而 OSPF 将一个自治系统划分为多个区域，即将 AS 这个大的路由器组划分为多个较小的路由器组。区域不能相互重叠，不同区域通过区域边界路由器(Area Border Router，ABR)相连，区域间可以通过路由总结(Summary)来减少路由信息，缩减路由表，提高路由器的运算速度。

每一个区域都有该区域独立的 LSDB 及网络拓扑结构，这意味同在一个区域的所有路由器都维护着相同的 LSDB。ABR 与多个区域相连，它维护有与其相连的每一个区域的 LSDB。不同区域的 LSDB 是各自独立的，不同区域的最短路径优先(Shortest Path First，SPF)算法也是分开进行运算的。

每个使用 OSPF 的 AS 中都有一个主干区域，称为 0 号区域(Area 0)，其主要工作是在其他区域间传递路由信息。其他所有区域都要求连接到主干区域上，所以，从 AS 的任何一个区域出发，经过主干区域，总是可以到达该 AS 的任何其他区域。当一个区域对外广播时，其路由信息首先传递至主干区域，再由主干区域将该路由信息向其余区域广播。主干区域与其余区域的关系可以如图 8.6 所示。

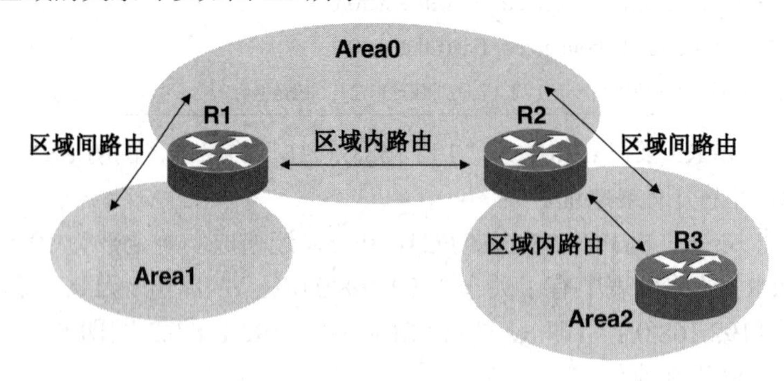


图 8.6　OSPF 区域示意图

### 2. OSPF 路由器分类

当一个 AS 划分成几个 OSPF 区域时，根据路由器在相应区域内的作用，可以将 OSPF 路由器作如下分类：

(1) 区域内部路由器：是指所有直连的链路都处于同一个区域的路由器，如图 8.7 中 R2、R4。内部路由器仅维护其所属区域的链路状态数据库，运行该区域的 OSPF 运算法则。

(2) 区域边界路由器：是指与多个区域相连，且其上有接口处于 Area 0 的路由器，如

图 8.7 中 R3。ABR 具有相连的每一个区域的网络结构数据，运行与其相连的所有区域定义的 OSPF 运算法则，并且了解如何将该区域的链路状态信息广播至主干区域，再由主干区域转发至其余区域。一个区域可能有一台或多台 ABR。

(3) 主干路由器(Backbone Router，BR)：是指有一个接口位于主干区域的路由器，如图 8.7 中 R1、R2、R3。

(4) AS 边界路由器(Autonomous System Border Router，ASBR)，是指有一个或多个接口连接至其他 AS 的路由器，如图 8.7 中 R1。ASBR 能够实施路由重分布(详见 8.5 节内容)，将外部路由(如 RIP)导入 OSPF 路由域中。

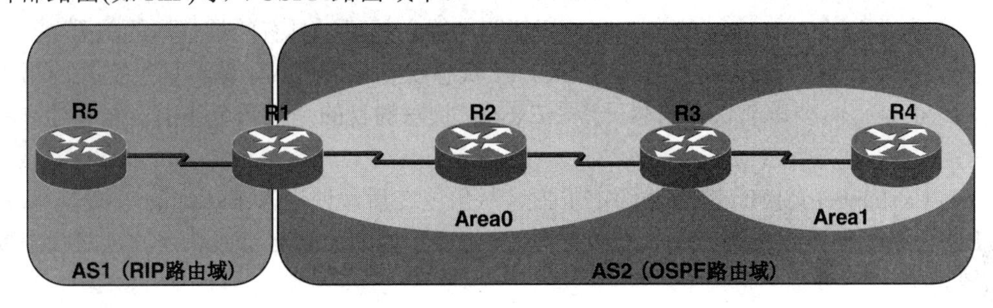


图 8.7　OSPF 路由器分类说明

以上 4 种类型的路由器存在概念上的重叠，例如，所有的边界路由器自然就是主干的一部分。在主干区域内的路由器，如果它并不属于其他的区域，那它也是一台区域内部路由器。

### 3. OSPF 分组类型

RIP 路由器默认每隔 30 秒就发送一次路由信息，携带路由信息的 RIP 报文只有一种类型。而 OSPF 依靠 5 种不同类型的分组来建立毗邻关系和交换路由信息，表 8-6 简要说明了 OSPF 路由器的 5 种类型分组的功能。

表 8-6　OSPF 的分组类型

| 分组类型 | 名　称 | 功　能 |
|---|---|---|
| 类型 1 | 问候(Hello)分组 | 发现邻居，维护毗邻关系 |
| 类型 2 | 数据库描述(Database Description，DBD)分组 | 描述一个 OSPF 路由器的链路状态数据库内容 |
| 类型 3 | 链路状态请求(Link State Request，LSR)分组 | 请求邻居发送其链路状态数据库中的具体条目 |
| 类型 4 | 链路状态更新(Link State Update，LSU)分组 | 向邻居发送链路状态通告 |
| 类型 5 | 链路状态确认(Link State Acknowledgment，LSAck)分组 | 确认收到了邻居的链路状态通告 |

### 4. OSPF 状态

使用 OSPF 协议的路由器能否有效地共享链路状态信息取决于该路由器与其相邻的路

由器建立了何种关系或状态。OSPF 接口可能处于以下 7 种状态之一，路由器间的关系将随着以下状态的推进顺序而发展。

(1) Down。Down 状态下，OSPF 进程还没有与任何邻居交换信息，OSPF 在等待进入“Init”状态。

(2) Init。当路由器的一个接口收到第一个 Hello 分组时，该路由器就进入 Init 状态。这意味着，路由器知道有个相邻的路由器正在等待将关系发展到下一步，即基本关系“Two-Way(双向)”或者高级关系“Adjacency(毗邻)”。

(3) Two-Way(双向)。当一台路由器看到自己的 ID 出现在相邻路由器发来的 Hello 分组中，它就进入了 Two-Way 状态，这是相邻路由器之间可以具有的最基本的关系。

(4) ExStart(准启动)。路由器进入 ExStart 状态就意味着进入了路由信息交换的第一个阶段，这也是迈向全毗邻状态的第一步。ExStart 状态的目的是在两个路由器之间建立主、从关系。

(5) Exchange(交换)。路由器确定了主、从角色之后，便进入 Exchange 状态，双方使用 DBD 分组来描述它们的链路状态数据库，并将所学到的信息与自己现存的链路状态数据库比较。

(6) Loading(加载)。在 Loading 状态下，双方使用 LSR 分组(用于请求有关某链路状态的完整更新信息)和 LSU 分组(含有确切的链路状态信息 LSA) 进行交互。LSU 分组由 LSAck 分组确认。

(7) Full Adjacency(全毗邻)。Loading 状态结束后，路由器变成全毗邻状态。此时，具有毗邻关系的 2 台路由器应该具有相同的链路状态数据库，即双方建立了全毗邻关系。

### 5. OSPF 自动识别的网络类型

由于 2 台 OSPF 路由器之间需要建立毗邻关系才能共享路由信息，所以 OSPF 路由器必须在它所连接的每个网络上至少与一个相邻路由器建立毗邻关系。OSPF 路由器根据接口连接的网络类型来决定与谁建立毗邻关系。

OSPF 接口可以自动识别的网络类型有 3 种：广播型多路访问、非广播型多路访问(NonBroadcast Multi-Access，NBMA)、点对点型。

广播型和非广播型多路访问网络中，连接到同一网络的路由器有多台，如果它们两两建立毗邻关系，则 N 台路由器将建立 N(N－1)/2 个毗邻关系。当 OSPF 初始化或者拓扑变化时，每台路由器都要向其他 N－1 台路由器洪泛 LSA，并确认其他路由器发来的 LSA，这将使网络变得异常繁忙，因此，为了降低路由更新时的额外开销，需要在这 N 台路由器中选择一个路由器，让其充当指派路由器(Designated Router，DR)。DR 会与该网络上的所有其他路由器建立毗邻关系，网络中其他路由器均向 DR 发送链路状态信息，DR 负责向所有路由器发送这些链路状态信息。DR 的另一个作用是作为该网络的“发言人”向其他网络发送 LSA。考虑到 DR 有可能发生故障，需在选举 DR 的同时，选择另一台路由器作为备用指派路由器(Backup Designated Route，BDR)，当 DR 出现故障时，由 BDR 替代 DR 成为新的 DR(当然与此同时将重新选举一个新的 BDR)。BDR 也必须与该网络上的所有其他路由器建立毗邻关系，但不负责洪泛链路状态信息。经过 DR 的选举过程后，既不是 DR 也不是 BDR 的路由器被称为“其他路由器”。在多路访问型网络中的所有其他路由器仅与 DR

和 BDR 建立毗邻关系，其他路由器之间没有毗邻关系。其他路由器只将其 LSA 发送给 DR 和 BDR，而非洪泛至网络中的所有路由器。

点到点型网络仅仅涉及两台路由器，所以不需要选举 DR 和 BDR，两台路由器之间会建立毗邻关系。

综上所述，若 OSPF 路由器接口连接的是点到点网络，该路由器就与链路另一端的伙伴建立毗邻关系。若 OSPF 路由器接口连接的是多路访问型网络，该路由器就进入 DR 和 BDR 的选举过程。DR 和 BDR 的选举原则为具有最高 OSPF 接口优先级的路由器当选 DR，具有次高优先级的路由器当选 BDR，如果 OSPF 接口优先级相等，则路由器 ID 最高者当选 DR，次高者当选 BDR。DR 选出后，不再更改，除非 DR 发生故障，或者 DR 上的 OSPF 进程故障，或者 DR 上连接多路访问型网络的接口故障。这意味着一台路由器一旦当选 DR，以后即使出现接口优先级或路由器 ID 更高的路由器，也不会取代它成为新的 DR。

## 8.4.2 实验相关命令格式

### 1. 启用 OSPF

```
Router(config)#router ospf process-id
```

*process-id* 表示本路由器上的 OSPF 进程号，取值范围为 1～65 535。一台路由器可以同时运行多个 OSPF 进程，但多个 OSPF 进程需要生成多个数据库实例，增加了路由器的负荷，因此不推荐这样做。进程 ID 只在路由器内部起作用，不同路由器的 OSPF 进程 ID 可以相同。通常网络管理员会在整个 AS 中保持相同的进程 ID。执行此命令后进入 OSPF 协议配置模式。

### 2. 指定与该路由器直接相连的网络

```
Router(config-router)#network address wildcard-mask area area-id
```

*address* 处输入本路由器直连网络的网络地址，*wildcard-mask* 表示通配符掩码，使用网络掩码的反码，其中为 0 的位表示需要匹配，为 1 的位表示无需匹配。*area-id* 是区域号，可以是数字或者 IP 地址(x.x.x.x)形式的数据。主干区域的区域号必须为 0 或 0.0.0.0。

### 3. 指定路由器 ID

OSPF 使用路由器 ID 唯一地标识 OSPF 路由域内的每台路由器。路由器确定 ID 的原则为优先使用“router-id”命令配置的 IP 地址；若未使用“router-id”命令配置 ID，则路由器会选择所有环回接口(Loopback Interface)的最大 IP 地址作为路由器 ID；若未配置环回接口，则路由器会选择所有活动物理接口的最大 IP 地址作为路由器 ID。

1) 使用“router-id”命令

```
Router(config-router)#router-id ip-address
```

在 OSPF 协议配置模式下执行该命令，*ip-address* 处输入一个将作为路由器 ID 的 IP 地址。这样配置的路由器 ID，优先级高于环回接口地址，但不是所有的 Cisco IOS 都支持该命令。

2) 配置环回接口

环回接口是路由器的虚拟接口。环回接口无需依赖实际电缆和相邻设备即可处于工作状态，它不会像物理接口那样发生故障，因此环回接口不会出现链路失效的情况。使用环回接口地址作为路由器的 ID 可以避免由于 ID 变化而重新建立毗邻关系和重新发送链路状态信息的开销。若要使用环回接口地址作为路由器 ID，建议在启动 OSPF 进程前就完成环回接口的配置。

```
Router(config)#interface loopback number
Router(config-if)#ip address ip-address mask
```

通过"**interface loopback**"命令可以进入环回接口配置模式，*number* 处指定要配置的环回接口编号。和其他接口的配置类似，执行命令"**ip address** *ip-address mask*"为环回接口配置 IP 地址和网络掩码。

### 4. 重启 OSPF 进程

```
Router#clear ip ospf process
```

### 5. 查看 OSPF 相关信息

```
Router #show ip ospf neighbor
```

用于显示 OSPF 相关邻居信息。

```
Router#show ip ospf interface [interface]
```

可用于验证 OSPF 接口配置，查看毗邻路由器等。*interface* 是可选参数，如果在 *interface* 处输入接口名称及编号(如 f0/0)，即可显示特定接口的输出。

```
Router#show ip ospf database
```

用于显示路由器维护的链路状态数据库信息。

## 8.4.3 实验　单区域点到点网络 OSPF 的配置

【实验目的】

(1) 掌握单区域点到点网络 OSPF 的配置方法。

(2) 通过观察分析邻居关系表和路由表，理解 OSPF 单区域路由的过程。

【实验环境】

Cisco 2621 路由器 3 台，计算机 3 台，交换机 3 台。按照图 8.8 所示的网络拓扑，连接设备。实验过程中涉及到的路由器和计算机的配置参数分别如表 8-7 和表 8-8 所示。

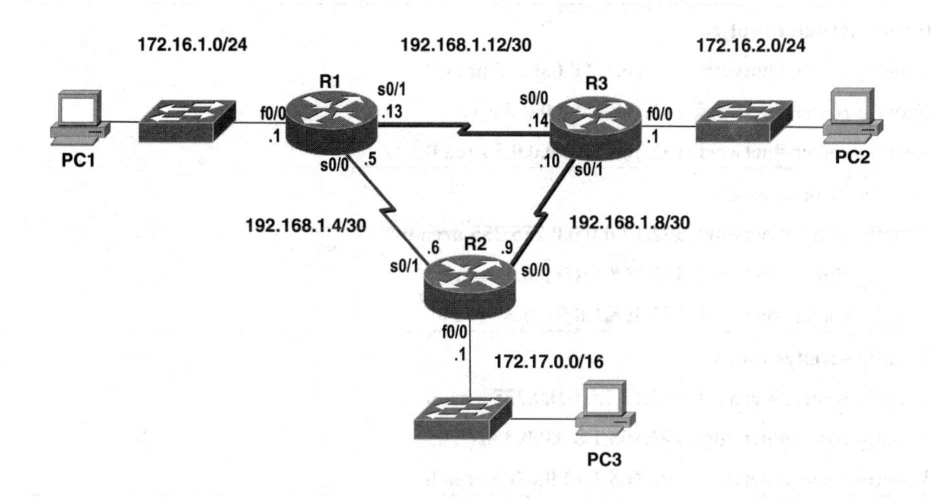


图 8.8　实验设备连接示意图

**表 8-7　路由器接口参数设置**

| 路由器 | 接口 | IP 地址 | 网络掩码 |
|---|---|---|---|
| R1 | s0/0 | 192.168.1.5 | 255.255.255.252 |
| | s0/1 | 192.168.1.13 | 255.255.255.252 |
| | f0/0 | 172.16.1.1 | 255.255.255.0 |
| R2 | s0/0 | 192.168.1.9 | 255.255.255.252 |
| | s0/1 | 192.168.1.6 | 255.255.255.252 |
| | f0/0 | 172.17.0.1 | 255.255.0.0 |
| R3 | s0/0 | 192.168.1.14 | 255.255.255.252 |
| | s0/1 | 192.168.1.10 | 255.255.255.252 |
| | f0/0 | 172.16.2.1 | 255.255.255.0 |

**表 8-8　主机协议参数设置**

| 主机 | IP 地址 | 子网掩码 | 默认网关 |
|---|---|---|---|
| PC1 | 172.16.1.2 | 255.255.255.0 | 172.16.1.1 |
| PC2 | 172.16.2.2 | 255.255.255.0 | 172.16.2.1 |
| PC3 | 172.17.0.2 | 255.255.0.0 | 172.17.0.1 |

**【实验过程】**

**1. 配置并激活接口**

参照表 8-7 完成 3 台路由器的接口配置，并激活。配置过程可参考 8.2.3 节实验“2. 配置并激活接口”部分。然后参考表 8-8，完成所有 PC 的协议参数配置。

**2. 启用 OSPF**

在 3 台路由器上分别启用 OSPF 并指定直连网络。注意：单区域内的所有路由器必须使用相同的区域号。

```
R1(config)#router ospf 1
R1(config-router)#network 172.16.1.0 0.0.0.255 area 0
R1(config-router)#network 192.168.1.4 0.0.0.3 area 0
R1(config-router)#network 192.168.1.12 0.0.0.3 area 0
```

```
R2(config)#router ospf 1
R2(config-router)#network 172.17.0.0 0.0.255.255 area 0
R2(config-router)#network 192.168.1.4 0.0.0.3 area 0
R2(config-router)#network 192.168.1.8 0.0.0.3 area 0
```

```
R3(config)#router ospf 1
R3(config-router)#network 172.16.2.0 0.0.0.255 area 0
R3(config-router)#network 192.168.1.8 0.0.0.3 area 0
R3(config-router)#network 192.168.1.12 0.0.0.3 area 0
```

### 3. 确定路由器的 ID

(1) 在 3 台路由器上通过命令“show ip protocols”来查看路由器 ID。

```
R1#show ip protocols
Routing Protocol is "ospf 1"
  Outgoing update filter list for all interfaces is not set
  Incoming update filter list for all interfaces is not set
  Router ID 192.168.1.13
  Number of areas in this router is 1. 1 normal 0 stub 0 nssa
  <省略部分显示信息>
```

```
R2#show ip protocols
Routing Protocol is "ospf 1"
  Outgoing update filter list for all interfaces is not set
  Incoming update filter list for all interfaces is not set
  Router ID 192.168.1.9
  Number of areas in this router is 1. 1 normal 0 stub 0 nssa
  <省略部分显示信息>
```

```
R3#show ip protocols
Routing Protocol is "ospf 1"
  Outgoing update filter list for all interfaces is not set
  Incoming update filter list for all interfaces is not set
  Router ID 192.168.1.14
  Number of areas in this router is 1. 1 normal 0 stub 0 nssa
  <省略部分显示信息>
```

由于还未通过“router-id”命令配置路由器的 ID，也没有配置环回接口，因此路由器选择其物理接口的最大 IP 地址作为 ID。例如，R1 的 ID 之所以是“192.168.1.13”，是因为该地址大于“172.16.1.1”和“192.168.1.5”两个地址。

(2) 在 3 台路由器上设置环回接口地址，以作为新的路由器 ID。

**注意**：为了避免引发路由问题，当配置环回接口 IP 地址时，使用全 1 网络掩码(即要求 32 位全匹配)，也称为主机掩码。

要使环回接口地址替代当前原有的路由器 ID，需要重新加载路由器或者利用“clear ip ospf process”命令重新启动所有的 OSPF 进程，新的路由器 ID 才会生效。

```
R1(config)#interface loopback 0
R1(config-if)#ip address 10.0.0.1 255.255.255.255
R1#clear ip ospf process
```

```
R2(config)#interface loopback 0
R2(config-if)#ip address 10.0.0.2 255.255.255.255
R2#clear ip ospf process
```

```
R3(config)#interface loopback 0
R3(config-if)#ip address 10.0.0.3 255.255.255.255
R3#clear ip ospf process
```

如果路由器已使用某个接口 IP 地址作为自己的 ID，但是与该 IP 地址对应的物理接口处于 Down 状态时，路由器就不能再用这个 IP 地址作为 ID 了，而会选用另一个接口 IP 地址作为 ID，之后，它必须在其所有链路上向相邻的路由器重新介绍自己。

**注意**：第一，本实验使用配置环回接口地址的方法分配路由器 ID 是一种相对稳妥的方式，虽然路由器的 ID 可以通过“router-id”命令来指定，但是某些 IOS 版本不支持“router-id”命令(有关“router-id”命令的使用，请参考 8.4.5 节实验)。第二，应避免同一个 OSPF 路由域内的两台路由器具有相同的路由器 ID，否则无法正常工作。

(3) 在 3 台路由器上再次执行“show ip protocols”命令，确认 R1、R2、R3 的路由器 ID 已经修改为以上配置的环回接口地址。

#### 4. 查看 OSPF 邻居关系

在 3 台路由器上执行“show ip ospf neighbor”命令查看路由器之间的邻居关系，以确保正确。

```
R1#show ip ospf neighbor

Neighbor ID     Pri   State        Dead Time    Address         Interface
10.0.0.3          0   FULL/  -     00:00:37     192.168.1.14    Serial0/1
10.0.0.2          0   FULL/  -     00:00:34     192.168.1.6     Serial0/0
```

```
R2#show ip ospf neighbor

Neighbor ID     Pri   State        Dead Time    Address         Interface
10.0.0.3          0   FULL/  -     00:00:38     192.168.1.10    Serial0/0
10.0.0.1          0   FULL/  -     00:00:31     192.168.1.5     Serial0/1
```

```
R3#show ip ospf neighbor

Neighbor ID     Pri   State        Dead Time    Address         Interface
10.0.0.1          0   FULL/  -     00:00:30     192.168.1.13    Serial0/0
10.0.0.2          0   FULL/  -     00:00:33     192.168.1.9     Serial0/1
```

“Neighbor ID”是邻居路由器的ID；“Pri”表示邻居路由器接口的优先级；“State”表示邻居路由器接口的状态，“FULL”是全毗邻(Full Adjacency)的简写，代表该路由器和其邻居具有相同的OSPF链路状态数据库，“FULL/”后的“-”表示点到点链路上OSPF不进行DR选举；“Dead Time”表示清除邻居关系前等待的最长时间；“Address”处显示的是邻居接口的地址；“Interface”表示本路由器与邻居直连的接口。例如，路由器R1的第一条记录表明R1的相邻路由器是R3(ID为10.0.0.3)，R1和R3已达到全毗邻状态，R1的接口s0/1与R3上IP地址为“192.168.1.14”的接口相连。

### 5. 查看并测试路由

(1) 在3台路由器上执行“show ip route”命令查看路由表。表中标记为“O”的路由是OSPF路由。

```
R1#show ip route
<省略部分显示信息>

Gateway of last resort is not set

        10.0.0.0/32 is subnetted, 1 subnets
C       10.0.0.1 is directly connected, Loopback0
        172.16.0.0/24 is subnetted, 2 subnets
C       172.16.1.0 is directly connected, FastEthernet0/0
O       172.16.2.0 [110/65] via 192.168.1.14, 00:01:45, Serial0/1
O       172.17.0.0/16 [110/65] via 192.168.1.6, 00:01:35, Serial0/0
        192.168.1.0/30 is subnetted, 3 subnets
C           192.168.1.4 is directly connected, Serial0/0
O           192.168.1.8 [110/128] via 192.168.1.14, 00:01:35, Serial0/1
                        [110/128] via 192.168.1.6, 00:01:35, Serial0/0
C           192.168.1.12 is directly connected, Serial0/1
```

```
R2#show ip route
<省略部分显示信息>

Gateway of last resort is not set

        10.0.0.0/32 is subnetted, 1 subnets
C       10.0.0.2 is directly connected, Loopback0
        172.16.0.0/24 is subnetted, 2 subnets
O       172.16.1.0 [110/65] via 192.168.1.5, 00:00:19, Serial0/1
O       172.16.2.0 [110/65] via 192.168.1.10, 00:00:29, Serial0/0
C       172.17.0.0/16 is directly connected, FastEthernet0/0
        192.168.1.0/30 is subnetted, 3 subnets
```

```
C       192.168.1.4 is directly connected, Serial0/1
C       192.168.1.8 is directly connected, Serial0/0
O       192.168.1.12 [110/128] via 192.168.1.5, 00:00:19, Serial0/1
                     [110/128] via 192.168.1.10, 00:00:19, Serial0/0
```

```
R3#show ip route
<省略部分显示信息>

Gateway of last resort is not set

        10.0.0.0/32 is subnetted, 1 subnets
C       10.0.0.3 is directly connected, Loopback0
        172.16.0.0/24 is subnetted, 2 subnets
O       172.16.1.0 [110/65] via 192.168.1.13, 00:01:02, Serial0/0
C       172.16.2.0 is directly connected, FastEthernet0/0
O       172.17.0.0/16 [110/65] via 192.168.1.9, 00:01:02, Serial0/1
        192.168.1.0/30 is subnetted, 3 subnets
O       192.168.1.4 [110/128] via 192.168.1.13, 00:01:02, Serial0/0
                    [110/128] via 192.168.1.9, 00:01:02, Serial0/1
C       192.168.1.8 is directly connected, Serial0/1
C       192.168.1.12 is directly connected, Serial0/0
```

**注意**：Cisco IOS 将当前路由器到目的网络所途经的每一个送出接口的开销(Cost)累计值作为路由度量。Cisco 使用“$10^8$/接口带宽”来计算接口开销，其中 $10^8$ 作为参考带宽，接口带宽值与接口类型有关。例如，R2 和 R1 通过串行接口连接，串行接口的默认带宽值为 T1 速率，即 1544 Kb/s，则串行接口的开销为 $10^8/1544000\approx64$。再如，R1 的 f0/0 接口是快速以太网接口，其默认带宽为 100 Mb/s，则快速以太网接口开销为 $10^8/100000000=1$。当接口的实际带宽不是默认值时，可以在 OSPF 配置模式下使用“**bandwidth** *bandwidth*”命令改变接口带宽值，从而让路由器计算出更为准确的接口开销值。

以路由器 R2 的路由表为例，“172.16.1.0 [110/65] via 192.168.1.5, 00:00:19, Serial0/1”这条路由显示到达网络“172.16.1.0”的度量为 65。这是因为从 R2 出发到达目标网络“172.16.1.0”途经 R2 上的出口 s0/1 和 R1 上的出口 f0/0，而 s0/1 的接口开销为 64，f0/0 的接口开销为 1，二者累计结果为 65。

(2) 在 PC3 上使用“tracert”命令跟踪到 PC1 和 PC2 的路由。也可以在 PC1 和 PC2 上完成类似操作。

```
C:\>tracert 172.16.1.2                                  //至 PC1 的路由跟踪

Tracing route to 172.16.1.2 over a maximum of 30 hops:

  1    0 ms     0 ms     0 ms     172.17.0.1            //PC3 的网关，路由器 R2
```

```
  2    0 ms      0 ms      1 ms      192.168.1.5       //R1 的接口 s0/0
  3    0 ms      1 ms      0 ms      172.16.1.2        //目标主机 PC1

Trace complete.

C:\>tracert 172.16.2.2                                 //至 PC2 的路由跟踪

Tracing route to 172.16.2.2 over a maximum of 30 hops:

  1    1 ms      0 ms      0 ms      172.17.0.1        //PC3 的网关，路由器 R2
  2    1 ms      1 ms      0 ms      192.168.1.10      //R3 的接口 s0/1
  3    0 ms      1 ms      1 ms      172.16.2.2        //目标主机 PC2

Trace complete.
```

以 PC3 到 PC1 的路由跟踪为例，当路由器 R2 收到目的地址为“172.16.1.2”的数据包时，该目的地址与路由条目“172.16.1.0 [110/65] via 192.168.1.5, 00:00:19, Serial0/1”匹配，路由器 R2 将数据包转发至下一跳 R1，R1 根据路由条目“172.16.1.0 is directly connected, FastEthernet0/0”将该数据包从接口 f0/0 送出。

### 8.4.4 实验 单区域广播型多路访问网络 OSPF 的配置

**【实验目的】**

(1) 掌握单区域广播型多路访问网络 OSPF 的配置方法。

(2) 通过观察和分析邻居关系表和 OSPF 接口信息，理解多路访问链路上选举 DR、BDR 的过程与意义。

**【实验环境】**

Cisco 2621 路由器 4 台，交换机 1 台。按照图 8.9 所示的网络拓扑，连接设备。实验过程中涉及到的路由器的配置参数如表 8-9 所示。

表 8-9 路由器接口参数设置

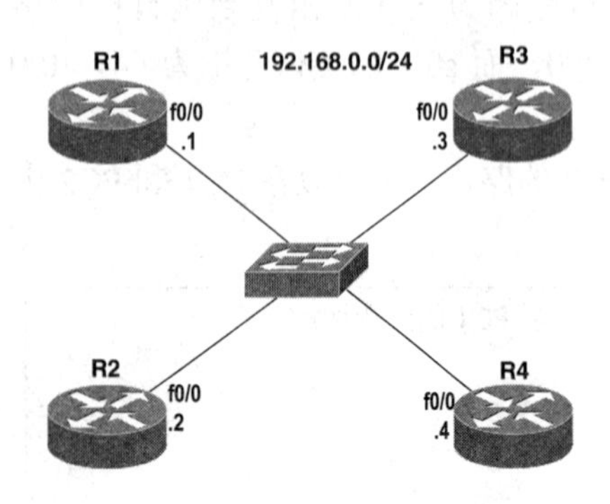


图 8.9 实验设备连接示意图

<table>
<tr><td>路由器</td><td>接口</td><td>IP 地址</td><td>网络掩码</td></tr>
<tr><td rowspan="2">R1</td><td>f0/0</td><td>192.168.0.1</td><td>255.255.255.0</td></tr>
<tr><td>loopback0</td><td>10.0.0.1</td><td>255.255.255.255</td></tr>
<tr><td rowspan="2">R2</td><td>f0/0</td><td>192.168.0.2</td><td>255.255.255.0</td></tr>
<tr><td>loopback0</td><td>10.0.0.2</td><td>255.255.255.255</td></tr>
<tr><td rowspan="2">R3</td><td>f0/0</td><td>192.168.0.3</td><td>255.255.255.0</td></tr>
<tr><td>loopback0</td><td>10.0.0.3</td><td>255.255.255.255</td></tr>
<tr><td rowspan="2">R4</td><td>f0/0</td><td>192.168.0.4</td><td>255.255.255.0</td></tr>
<tr><td>loopback0</td><td>10.0.0.4</td><td>255.255.255.255</td></tr>
</table>

**【实验过程】**

(1) 参考表 8-9，分别在 4 台路由器上配置环回接口地址以作为路由器 ID，同时为接口 f0/0 分配地址并激活。

```
R1(config)#interface loopback0
R1(config-if)#ip address 10.0.0.1 255.255.255.255
R1(config-if)#interface f0/0
R1(config-if)#ip address 192.168.0.1 255.255.255.0
R1(config-if)#no shutdown
```

```
R2(config)#interface loopback0
R2(config-if)#ip address 10.0.0.2 255.255.255.255
R2(config-if)#interface f0/0
R2(config-if)#ip address 192.168.0.2 255.255.255.0
R2(config-if)#no shutdown
```

```
R3(config)#interface loopback0
R3(config-if)#ip address 10.0.0.3 255.255.255.255
R3(config-if)#interface f0/0
R3(config-if)#ip address 192.168.0.3 255.255.255.0
R3(config-if)#no shutdown
```

```
R4(config)#interface loopback0
R4(config-if)#ip address 10.0.0.4 255.255.255.255
R4(config-if)#interface f0/0
R4(config-if)#ip address 192.168.0.4 255.255.255.0
R4(config-if)#no shutdown
```

(2) 分别为 4 台路由器启用 OSPF，并指定所连网络。

```
R1(config)#router ospf 1
R1(config-router)#network 192.168.0.0 0.0.0.255 area 0
R1(config-router)#end
```

```
R2(config)#router ospf 1
```

```
R2(config-router)#network 192.168.0.0 0.0.0.255 area 0
R2(config-router)#end
```

```
R3(config)#router ospf 1
R3(config-router)#network 192.168.0.0 0.0.0.255 area 0
R3(config-router)#end
```

```
R4(config)#router ospf 1
R4(config-router)#network 192.168.0.0 0.0.0.255 area 0
R4(config-router)#end
```

(3) 在4台路由器上使用“show ip ospf neighbor”命令查看邻居关系。

```
R1#show ip ospf neighbor

Neighbor ID Pri  State           Dead Time   Address        Interface
10.0.0.2      1  FULL/BDR        00:00:35    192.168.0.2    FastEthernet0/0
10.0.0.3      1  FULL/DROTHER    00:00:36    192.168.0.3    FastEthernet0/0
10.0.0.4      1  FULL/DROTHER    00:00:34    192.168.0.4    FastEthernet0/0
```

```
R2#show ip ospf neighbor

Neighbor ID Pri  State           Dead Time   Address        Interface
10.0.0.1      1  FULL/DR         00:00:39    192.168.0.1    FastEthernet0/0
10.0.0.3      1  FULL/DROTHER    00:00:31    192.168.0.3    FastEthernet0/0
10.0.0.4      1  FULL/DROTHER    00:00:39    192.168.0.4    FastEthernet0/0
```

```
R3#show ip ospf neighbor

Neighbor ID   Pri  State          Dead Time   Address        Interface
10.0.0.1      1    FULL/DR        00:00:30    192.168.0.1    FastEthernet0/0
10.0.0.2      1    FULL/BDR       00:00:31    192.168.0.2    FastEthernet0/0
10.0.0.4      1    2WAY/DROTHER   00:00:30    192.168.0.4    FastEthernet0/0
```

```
R4#show ip ospf neighbor

Neighbor ID   Pri  State          Dead Time   Address        Interface
10.0.0.2      1    FULL/BDR       00:00:30    192.168.0.2    FastEthernet0/0
10.0.0.3      1    2WAY/DROTHER   00:00:30    192.168.0.3    FastEthernet0/0
10.0.0.1      1    FULL/DR        00:00:39    192.168.0.1    FastEthernet0/0
```

以上显示R1(10.0.0.1)被选为DR，R2(10.0.0.2)被选为BDR，R3和R4是DROTHER，即“其他路由器”。但是优先级相同(均为1)的情况下，路由器ID最大的R4为什么没有当选DR呢？原因在于：在R1执行OSPF的“network”命令时，DR和BDR的选举就已经开始了，按照实验中的配置顺序，R1的f0/0是广播型多路访问网络上最先出现的OSPF接口，在部分路由器还未完成 OSPF 启动过程时，R1 就已经当选。

(4) 执行“clear ip ospf process”命令以引发 DR 的重新选举，然后使用“show ip ospf neighbor”命令再次查看路由器之间的邻居关系，会发现路由器 ID 最大的 R4 当选为 DR。

```
R1#show ip ospf neighbor

Neighbor ID   Pri   State            Dead Time   Address        Interface
10.0.0.2      1     2WAY/DROTHER     00:00:35    192.168.0.2    FastEthernet0/0
10.0.0.3      1     FULL/BDR         00:00:36    192.168.0.3    FastEthernet0/0
10.0.0.4      1     FULL/DR          00:00:34    192.168.0.4    FastEthernet0/0
```

```
R2#show ip  ospf neighbor

Neighbor ID   Pri   State            Dead Time   Address        Interface
10.0.0.1      1     2WAY/DROTHER     00:00:30    192.168.0.1    FastEthernet0/0
10.0.0.4      1     FULL/DR          00:00:31    192.168.0.4    FastEthernet0/0
10.0.0.3      1     FULL/BDR         00:00:32    192.168.0.3    FastEthernet0/0
```

```
R3#show ip  ospf neighbor

Neighbor ID   Pri   State            Dead Time   Address        Interface
10.0.0.1      1     FULL/DROTHER     00:00:35    192.168.0.1    FastEthernet0/0
10.0.0.2      1     FULL/DROTHER     00:00:37    192.168.0.2    FastEthernet0/0
10.0.0.4      1     FULL/DR          00:00:36    192.168.0.4    FastEthernet0/0
```

```
R4#show ip ospf neighbor

Neighbor ID   Pri   State            Dead Time   Address        Interface
10.0.0.1      1     FULL/DROTHER     00:00:33    192.168.0.1    FastEthernet0/0
10.0.0.2      1     FULL/DROTHER     00:00:35    192.168.0.2    FastEthernet0/0
10.0.0.3      1     FULL/BDR         00:00:35    192.168.0.3    FastEthernet0/0
```

**注意**：第一，同为“DROTHER”身份的 R1 和 R2 虽然相邻，但是它们没有达到全毗邻状态(FULL 状态)，而是“2WAY”状态(双向状态)，当路由器看到自己出现在相邻路由器发来的 Hello 分组中，它就进入了 2WAY 状态，而此时这两台相邻的路由器的链路状态数据库尚未同步，还不是完全的邻居关系。第二，当选为 DR(或 BDR)的路由器会与其他路由器建立全毗邻关系。总之，在多路访问链路上，所有其他路由器只与 DR、BDR 建立全毗邻关系。

(5) DR 和 BDR 的选举情况也可以通过“show ip ospf interface f0/0”命令来查看，显示信息中包括网络类型，当前路由器的状态(DR、BDR、DROTHER 三种之一)，DR 和 BDR 的 ID 等。以下以 R1 和 R4 为例进行说明。

```
R1#show ip ospf interface f0/0
FastEthernet0/0 is up, line protocol is up
  Internet address is 192.168.0.1/24, Area 0
  Process ID 1, Router ID 10.0.0.1, Network Type BROADCAST, Cost: 1
  Transmit Delay is 1 sec, State DROTHER, Priority 1
  Designated Router (ID) 10.0.0.4, Interface address 192.168.0.4
  Backup Designated Router (ID) 10.0.0.3, Interface address 192.168.0.3
  Timer intervals configured, Hello 10, Dead 40, Wait 40, Retransmit 5
    Hello due in 00:00:09
  Index 1/1, flood queue length 0
  Next 0x0(0)/0x0(0)
  Last flood scan length is 1, maximum is 1
  Last flood scan time is 0 msec, maximum is 0 msec
  Neighbor Count is 3, Adjacent neighbor count is 2
    Adjacent with neighbor 10.0.0.4   (Designated Router)
    Adjacent with neighbor 10.0.0.3   (Backup Designated Router)
  Suppress hello for 0 neighbor(s)
```

```
R4#show ip ospf interface f0/0
FastEthernet0/0 is up, line protocol is up
  Internet address is 192.168.0.4/24, Area 0
  Process ID 1, Router ID 10.0.0.4, Network Type BROADCAST, Cost: 1
  Transmit Delay is 1 sec, State DR, Priority 1
  Designated Router (ID) 10.0.0.4, Interface address 192.168.0.4
  Backup Designated Router (ID) 10.0.0.3, Interface address 192.168.0.3
  Timer intervals configured, Hello 10, Dead 40, Wait 40, Retransmit 5
    Hello due in 00:00:00
  Index 1/1, flood queue length 0
  Next 0x0(0)/0x0(0)
  Last flood scan length is 1, maximum is 1
  Last flood scan time is 0 msec, maximum is 0 msec
  Neighbor Count is 3, Adjacent neighbor count is 3
    Adjacent with neighbor 10.0.0.1
    Adjacent with neighbor 10.0.0.2
    Adjacent with neighbor 10.0.0.3   (Backup Designated Router)
  Suppress hello for 0 neighbor(s)
```

R1 上显示“Network Type BROADCAST”表明网络类型为广播型多路访问；“State DROTHER”表明 R1 是其他路由器；“Designated Router (ID) 10.0.0.4”和“Backup Designated Router (ID) 10.0.0.3”分别指明了当选 DR、BDR 的路由器 ID；“Neighbor Count is 3, Adjacent neighbor count is 2”表明与 R1 相邻的路由器有 3 个，但是与 R1 建立了真正的邻居关系的路由器有 2 个。

R4 上显示状态是 DR，“Neighbor Count is 3, Adjacent neighbor count is 3”表明与 R4 相邻的和具有真正邻居关系的路由器均为 3 个。这又一次说明：在多路访问链路上，DR 会与所有其他路由器建立真正的邻居关系。

### 8.4.5　实验　多区域 OSPF 的配置

**【实验目的】**

(1) 掌握 OSPF 多域路由器的配置方法。

(2) 通过观察和分析链路状态数据库和路由表，理解 OSPF 多域路由更新的过程。

**【实验环境】**

Cisco 2621 路由器 4 台，交换机 2 台，计算机 2 台。按照图 8.10 所示的网络拓扑，连接设备。实验过程中涉及到的路由器和计算机的配置参数分别如表 8-10 和表 8-11 所示。

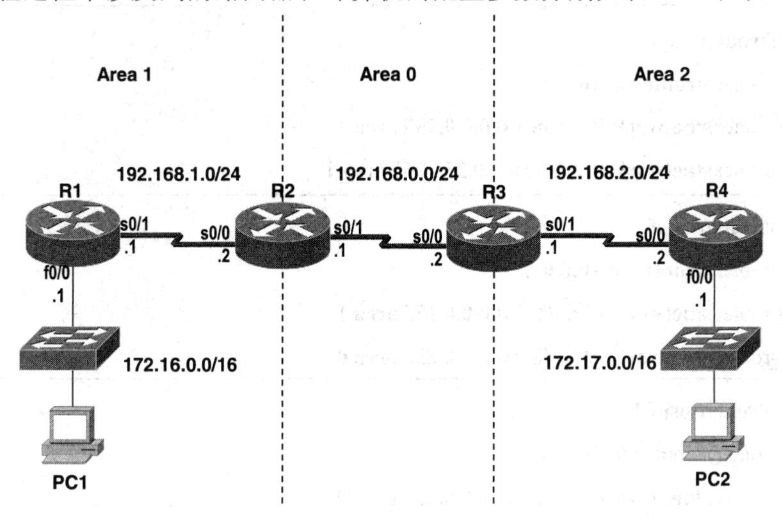


图 8.10　实验设备连接示意图

**表 8-10　路由器接口参数设置**

| 路由器 | 接　口 | IP 地址 | 网络掩码 |
|---|---|---|---|
| R1 | f0/0 | 172.16.0.1 | 255.255.0.0 |
| | s0/1 | 192.168.1.1 | 255.255.255.0 |
| R2 | s0/0 | 192.168.1.2 | 255.255.255.0 |
| | s0/1 | 192.168.0.1 | 255.255.255.0 |
| R3 | s0/0 | 192.168.0.2 | 255.255.255.0 |
| | s0/1 | 192.168.2.1 | 255.255.255.0 |
| R4 | s0/0 | 192.168.2.2 | 255.255.255.0 |
| | f0/0 | 172.17.0.1 | 255.255.0.0 |

表 8-11　主机协议参数设置

| 主　机 | IP 地址 | 子网掩码 | 默认网关 |
|---|---|---|---|
| PC1 | 172.16.0.2 | 255.255.0.0 | 172.16.0.1 |
| PC2 | 172.17.0.2 | 255.255.0.0 | 172.17.0.1 |

【实验过程】

1. 配置并激活接口

参照表 8-10 完成 4 台路由器的接口配置，并激活。配置过程可参考 8.2.3 节实验“2. 配置并激活接口”部分。然后参考表 8-11，完成两台 PC 的协议参数配置。

2. 启用 OSPF

(1) 在 4 台路由器上分别启用 OSPF，并使用“router-id”命令设置路由器 ID(也可提前配置环回接口地址，作为路由器 ID)，R1 至 R4 的 ID 依次为“10.0.0.1、10.0.0.2、10.0.0.3、10.0.0.4”。设置好路由器 ID 之后，指定连接网络、设定所在区域。

```
R1(config)#router ospf 1
R1(config-router)#router-id 10.0.0.1
R1(config-router)#network 192.168.1.0 0.0.0.255 area 1
R1(config-router)#network 172.16.0.0 0.0.255.255 area 1
```

```
R2(config)#router ospf 1
R2(config-router)#router-id 10.0.0.2
R2(config-router)#network 192.168.1.0 0.0.0.255 area 1
R2(config-router)#network 192.168.0.0 0.0.0.255 area 0
```

```
R3(config)#router ospf 1
R3(config-router)#router-id 10.0.0.3
R3(config-router)#network 192.168.0.0 0.0.0.255 area 0
R3(config-router)#network 192.168.2.0 0.0.0.255 area 2
```

```
R4(config)#router ospf 1
R4(config-router)#router-id 10.0.0.4
R4(config-router)#network 192.168.2.0 0.0.0.255 area 2
R4(config-router)#network 172.17.0.0 0.0.255.255 area 2
```

(2) 分别在 4 台路由器上使用“show ip ospf database”命令查看链路状态数据库。

```
R1#show ip ospf database
            OSPF Router with ID (10.0.0.1) (Process ID 1)


                Router Link States (Area 1)
```

```
Link ID          ADV Router      Age     Seq#          Checksum     Link count
10.0.0.1         10.0.0.1        1287    0x80000003    0x0035c9     3
10.0.0.2         10.0.0.2        1237    0x80000003    0x008247     2

                 Summary Net Link States (Area 1)
Link ID          ADV Router      Age     Seq#          Checksum
192.168.0.0      10.0.0.2        1227    0x80000001    0x00f3b5
192.168.2.0      10.0.0.2        1106    0x80000002    0x005e08
172.17.0.0       10.0.0.2        857     0x80000003    0x009c75
```

```
R2#show ip ospf database
              OSPF Router with ID (10.0.0.2) (Process ID 1)

                 Router Link States (Area 0)

Link ID          ADV Router      Age     Seq#          Checksum     Link count
10.0.0.2         10.0.0.2        1193    0x80000002    0x006863 2
10.0.0.3         10.0.0.3        1167    0x80000003    0x005a6e 2

                 Summary Net Link States (Area 0)
Link ID          ADV Router      Age     Seq#          Checksum
192.168.1.0      10.0.0.2        1278    0x80000001    0x00e8bf
172.16.0.0       10.0.0.2        1278    0x80000002    0x00282c
192.168.2.0      10.0.0.3        1157    0x80000001    0x00d7ce
172.17.0.0       10.0.0.3        908     0x80000002    0x00163c

                 Router Link States (Area 1)

Link ID          ADV Router      Age     Seq#          Checksum Link count
10.0.0.1         10.0.0.1        1334    0x80000003    0x0035c9 3
10.0.0.2         10.0.0.2        1284    0x80000003    0x008247 2

                 Summary Net Link States (Area 1)
Link ID          ADV Router      Age     Seq#          Checksum
192.168.0.0      10.0.0.2        1274    0x80000001    0x00f3b5
192.168.2.0      10.0.0.2        1153    0x80000002    0x005e08
172.17.0.0       10.0.0.2        904     0x80000003    0x009c75
```

```
R3#show ip ospf database
                    OSPF Router with ID (10.0.0.3) (Process ID 1)

                        Router Link States (Area 0)

Link ID          ADV Router        Age       Seq#             Checksum Link count
10.0.0.2         10.0.0.2          1357      0x80000002       0x006863 2
10.0.0.3         10.0.0.3          1330      0x80000003       0x005a6e 2

                        Summary Net Link States (Area 0)
Link ID          ADV Router        Age       Seq#             Checksum
192.168.1.0      10.0.0.2          1442      0x80000001       0x00e8bf
172.16.0.0       10.0.0.2          1442      0x80000002       0x00282c
192.168.2.0      10.0.0.3          1320      0x80000001       0x00d7ce
172.17.0.0       10.0.0.3          1072      0x80000002       0x00163c

                       Router Link States (Area 2)

Link ID          ADV Router        Age       Seq#             Checksum Link count
10.0.0.3         10.0.0.3          1131      0x80000002       0x00a61e 2
10.0.0.4         10.0.0.4          1077      0x80000003       0x005e95 3

                        Summary Net Link States (Area 2)
Link ID          ADV Router        Age       Seq#             Checksum
192.168.0.0      10.0.0.3          1326      0x80000001       0x00edba
192.168.1.0      10.0.0.3          1326      0x80000002       0x006303
172.16.0.0       10.0.0.3          1326      0x80000003       0x00a26f
```

```
R4#show ip ospf database
                    OSPF Router with ID (10.0.0.4) (Process ID 1)

                        Router Link States (Area 2)

Link ID          ADV Router        Age       Seq#             Checksum Link count
10.0.0.3         10.0.0.3          1160      0x80000002       0x00a61e 2
10.0.0.4         10.0.0.4          1106      0x80000003       0x005e95 3

                        Summary Net Link States (Area 2)
Link ID          ADV Router        Age       Seq#             Checksum
```

```
192.168.0.0      10.0.0.3        1355      0x80000001     0x00edba
192.168.1.0      10.0.0.3        1355      0x80000002     0x006303
172.16.0.0       10.0.0.3        1355      0x80000003     0x00a26f
```

名为“Router Link States (Area N)”的表列出的是 Area N 的类型 1 的 LSA 条目(类型 1 的 LSA 能够描述本路由器的多个链路)，在一个区域内每个路由器都会产生一个类型 1 的 LSA 并将其洪泛到当前区域。表中的“Link ID”实际上指的是 Link-State ID，这是 LSA 的唯一 ID，取值为产生该 LSA 的路由器的 ID，“ADV Router”是产生该 LSA 的路由器的 ID；“Age”是 LSA 条目的老化时间。“Seq#”是 LSA 的序列号；“Checksum”是 LSA 的校验和；“Link count”是通告路由器(ADV Router)在本区域内检测到的活动链路数目。

名为“Summary Net Link States (Area N)”的表列出的是 Area N 的类型 3 的 LSA 条目(除了类型 1 和类型 3 的 LSA 以外，还有类型 2、类型 4、类型 5 的 LSA，请感兴趣的读者参考其他相关书籍)。ABR 路由器针对某个区域内的每个网络产生一个类型 3 的 LSA 并将其洪泛到其他区域。以 R1 的“Summary Net Link States (Area 1)”表为例，表中“10.0.0.2”即 R2，它是一个 ABR，它向本区域(Area 1)通告了其他区域中的网络链路状态信息，表中的“Link ID”即 Link-State ID，取值为网络标识信息。同样，观察 R2 的“Summary Net Link States (Area 0)”的表，可以看出 R2 也向其他区域通告了 Area 1 中的网络链路状态信息。

**注意**：R2 是跨接在 Area 0 和 Area 1 上的 ABR，因此 R2 维护着 Area 0、Area 1 两个链路状态数据库。收敛后，同一区域中路由器的链路状态数据库是一致的，例如，R2 和 R1 的 Area 1 的链路状态数据库完全相同；R2 和 R3 的 Area 0 的链路状态数据库完全相同；R3 和 R4 的 Area 2 的链路状态数据库完全相同。如果使用“show ip ospf neighbor”命令观察路由器之间的关系状态，能够发现 R2 和 R1，R2 和 R3，R3 和 R4 均为全毗邻关系。

(3) 在 4 台路由器上查看路由表。

```
R1#show ip route
<省略部分显示信息>

Gateway of last resort is not set

C     172.16.0.0/16 is directly connected, FastEthernet0/0
O IA 192.168.0.0/24 [110/128] via 192.168.1.2, 00:06:09, Serial0/1
C     192.168.1.0/24 is directly connected, Serial0/1
O IA 192.168.2.0/24 [110/192] via 192.168.1.2, 00:04:07, Serial0/1
```

```
R2#show ip route
<省略部分显示信息>

Gateway of last resort is not set

O     172.16.0.0/16 [110/65] via 192.168.1.1, 00:19:57, Serial0/0
O IA 172.17.0.0/16 [110/129] via 192.168.0.2, 00:12:55, Serial0/1
```

```
C      192.168.0.0/24 is directly connected, Serial0/1
C      192.168.1.0/24 is directly connected, Serial0/0
O IA 192.168.2.0/24 [110/128] via 192.168.0.2, 00:17:04, Serial0/1
```

```
R3#show ip route
<省略部分显示信息>

Gateway of last resort is not set

O IA 172.16.0.0/16 [110/129] via 192.168.0.1, 00:17:59, Serial0/0
O      172.17.0.0/16 [110/65] via 192.168.2.2, 00:13:18, Serial0/1
C      192.168.0.0/24 is directly connected, Serial0/0
O IA 192.168.1.0/24 [110/128] via 192.168.0.1, 00:17:59, Serial0/0
C      192.168.2.0/24 is directly connected, Serial0/1
```

```
R4#show ip route
<省略部分显示信息>

Gateway of last resort is not set

O IA 172.16.0.0/16 [110/193] via 192.168.2.1, 00:14:28, Serial0/0
C       172.17.0.0/16 is directly connected, FastEthernet0/0
O IA 192.168.0.0/24 [110/128] via 192.168.2.1, 00:14:28, Serial0/0
O IA 192.168.1.0/24 [110/192] via 192.168.2.1, 00:14:28, Serial0/0
C       192.168.2.0/24 is directly connected, Serial0/0
```

路由表中标记为“O”的路由是区域内路由，而标记为“O IA”的路由是区域间路由。R2 是 Area 0 和 Area 1 间的 ABR，以 R2 的路由表为例，“O 172.16.0.0/16……”这条路由是区域内路由，因为目标网络“172.16.0.0”就在 Area 1 中，而“O IA 172.17.0.0/16……”和“O IA 192.168.2.0/24……”这两条路由之所以是区域间路由，是因为目标网络“172.17.0.0”和“192.168.2.0”均在 Area 2 中。在本实验中(不含多路访问链路)，区域内路由是根据类型 1 的 LSA 生成的，区域间路由是根据类型 3 的 LSA 生成的。

### 3. 路由配置测试

在主机 PC1 上利用“tracert”命令跟踪到达 PC2 的路由，路由正确表明路由配置有效。

```
C:\>tracert 172.17.0.2

Tracing route to 172.17.0.2 over a maximum of 30 hops:

  1    1 ms     0 ms     0 ms     172.16.0.1
  2    0 ms     1 ms     0 ms     192.168.1.2
  3    1 ms     2 ms     0 ms     192.168.0.2
```

```
    4    2 ms      1 ms      1 ms      192.168.2.2
    5    11 ms     11 ms     10 ms     172.17.0.2


Trace complete.
```

# 8.5 路由重分布

## 8.5.1 路由重分布概述

在实际网络环境中，可能遇到使用多种路由选择协议的网络。为了使整个网络正常地工作，必须在多个路由选择协议之间成功地进行路由重分布。在不同的路由选择协议之间交换路由信息的过程称为路由重分布，它将一种路由选择协议获悉的路由信息告知给另一种路由选择协议。路由重分布可以是单向的或双向的。一个 AS 作为一个独立的路由选择域，其内部使用的路由策略是统一的，通常只有位于两个或多个 AS 边界的路由器会执行路由重分布，这样的路由器被称为 AS 边界路由器(ASBR)。

路由重分布涉及到如何将一个路由选择域(如采用 RIP 协议)中的路由加入到另一个路由选择域(如采用 OSPF 协议)中。路由器根据路径的度量值来确定最佳路由，每种路由选择协议计算度量值的方法不同，这些度量值不具有可比性，无法进行数值上的转换。当一种路由选择协议生成的路由被重分布到另一个路由选择域中时，其原有的度量值将丢失，取而代之的是当前路由选择域能够解读的一个外部度量值。

## 8.5.2 实验相关命令格式

### 1. 重分布默认路由

```
Router(config-router)#default-information originate
```

进入某种路由选择协议的配置模式下执行该命令，指定当前路由器为默认信息的来源，由该路由器在路由更新中传播静态默认路由。

### 2. 重分布 OSPF 路由

```
Router(config-router)#redistribute ospf process-id metric metric-value
```

*process-id* 处输入 OSPF 进程号，**metric** *metric-value* 表示将 OSPF 基于带宽的度量转换为当前路由选择协议所使用的度量参照值，在 *metric-value* 处输入转换后具体度量值。

### 3. 重分布 RIP 路由

```
Router(config-router)#redistribute rip metric metric-value [subnets]
```

**metric** *metric-value* 表示将 RIP 的跳数转换为当前路由选择协议所使用的度量参照值。

如果使用 **subnets** 关键字，表示需要重分布 RIP 子网路由；如果没有使用 **subnets** 关键字，则表示只重发布非子网化的网络。

4. 查看 AS 边界路由器

```
Router#show ip ospf border-routers
```

显示至 ABR 和 ASBR 的 OSPF 内部路由表。可用于查看哪些路由器是 ABR 或 ASBR。

### 8.5.3 实验 路由重分布的配置

【实验目的】

(1) 掌握在使用不同路由选择协议的 AS 间进行路由重分布的配置方法。

(2) 分析路由重分布的结果，理解路由重分布之后的路由过程。

【实验环境】

Cisco 2621 路由器 4 台，交换机 1 台，计算机 1 台。按照图 8.11 所示的网络拓扑，连接设备。实验过程中涉及到的路由器的接口配置参数如表 8-12 所示。

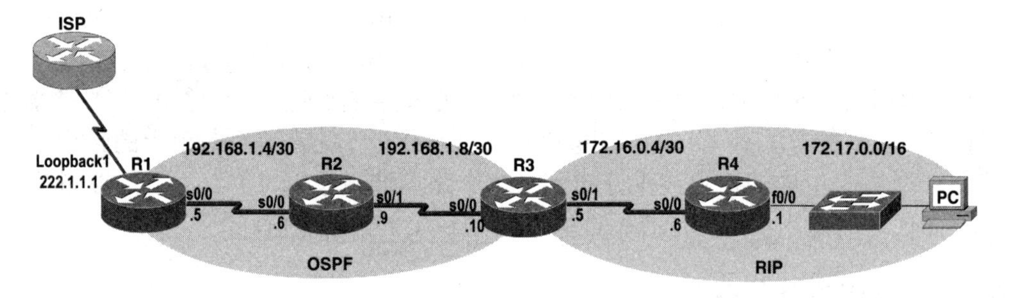


图 8.11 路由重分布配置实验设备连接示意图

表 8-12 路由器接口参数设置

| 路由器 | 接 口 | IP 地址 | 网络掩码 |
|---|---|---|---|
| R1 | s0/0 | 192.168.1.5 | 255.255.255.252 |
| | loopback1 | 222.1.1.1 | 255.255.255.252 |
| R2 | s0/0 | 192.168.1.6 | 255.255.255.252 |
| | s0/1 | 192.168.1.9 | 255.255.255.252 |
| R3 | s0/0 | 192.168.1.10 | 255.255.255.252 |
| | s0/1 | 172.16.0.5 | 255.255.255.252 |
| R4 | s0/0 | 172.16.0.6 | 255.255.255.252 |
| | f0/0 | 172.17.0.1 | 255.255.0.0 |

【实验过程】

1. 配置并激活接口

参照表 8-12 完成 4 台路由器的接口配置，并激活。配置过程可参考 8.2.3 节实验

“2. 配置并激活接口”部分。然后为主机 PC 配置 IP 地址为“172.17.0.2”，子网掩码为“255.255.0.0”，默认网关为“172.17.0.1”。

### 2. 配置路由选择协议

(1) 在路由器 R1 上配置环回接口，然后添加一条静态默认路由，并使用环回接口作为送出接口。这是因为本实验中的 ISP 路由器实际上并不存在，因此使用环回接口来模拟与 ISP 路由器的连接。

```
R1(config)#interface loopback1
R1(config-if)#ip address 222.1.1.1 255.255.255.252
R1(config-if)#exit
R1(config)#ip route 0.0.0.0 0.0.0.0 loopback1
```

(2) 在路由器 R1、R2 上配置 OSPF。

```
R1(config)#router ospf 1
R1(config-router)#router-id 10.0.0.1
R1(config-router)#network 192.168.1.4 0.0.0.3 area 0
```

```
R2(config)#router ospf 1
R2(config-router)#router-id 10.0.0.2
R2(config-router)#network 192.168.1.4 0.0.0.3 area 0
R2(config-router)#network 192.168.1.8 0.0.0.3 area 0
```

(3) 在路由器 R3 上配置 OSPF 和 RIP。

```
R3(config)#router ospf 1
R3(config-router)#router-id 10.0.0.3
R3(config-router)#network 192.168.1.8 0.0.0.3 area 0
R3(config-router)#exit
R3(config)#router rip
R3(config-router)#version 2
R3(config-router)#no auto-summary
R3(config-router)#network 172.16.0.4
```

(4) 在路由器 R4 上配置 RIP。

```
R4(config)#router rip
R4(config-router)#version 2
R4(config-router)#no auto-summary
R4(config-router)#network 172.16.0.4
R4(config-router)#network 172.17.0.0
```

(5) 分别在 4 台路由器上查看路由表。

```
R1#show ip route
<省略部分显示信息>
```

```
Gateway of last resort is 0.0.0.0 to network 0.0.0.0

     192.168.1.0/30 is subnetted, 2 subnets
C        192.168.1.4 is directly connected, Serial0/0
O        192.168.1.8 [110/128] via 192.168.1.6, 00:49:08, Serial0/0
     222.1.1.0/30 is subnetted, 1 subnets
C        222.1.1.0 is directly connected, Loopback1
S*   0.0.0.0/0 is directly connected, Loopback1
```

```
R2#show ip route
<省略部分显示信息>
Gateway of last resort is not set

     192.168.1.0/30 is subnetted, 2 subnets
C        192.168.1.4 is directly connected, Serial0/0
C        192.168.1.8 is directly connected, Serial0/1
```

```
R3#show ip route
<省略部分显示信息>
Gateway of last resort is not set

     172.16.0.0/30 is subnetted, 1 subnets
C        172.16.0.4 is directly connected, Serial0/1
R     172.17.0.0/16 [120/1] via 172.16.0.6, 00:00:13, Serial0/1
     192.168.1.0/30 is subnetted, 2 subnets
O        192.168.1.4 [110/128] via 192.168.1.9, 00:24:27, Serial0/0
C        192.168.1.8 is directly connected, Serial0/0
```

```
R4#show ip route
<省略部分显示信息>
Gateway of last resort is not set

     172.16.0.0/30 is subnetted, 1 subnets
C        172.16.0.4 is directly connected, Serial0/0
C     172.17.0.0/16 is directly connected, FastEthernet0/0
```

观察以上路由表，可以发现 2 个问题：第一，R1 并没有将静态默认路由通告给其他路由器。第二，OSPF 域内的 R1、R2 没有到达 RIP 域网络的路由，同样 RIP 域内的 R4 没有到达 OSPF 域网络的路由。

#### 3. 配置静态默认路由重分布

(1) 在路由器 R1 上，进入 OSPF 配置模式，执行“default-information originate”命令，这意味着以后由 R1 将默认路由“0.0.0.0/0……”通告给 OSPF 域内的其他路由器。

```
R1(config)#router ospf 1
R1(config-router)#default-information originate
```

(2) 重新查看 R2 和 R3 的路由表，会看到其路由表中都已添加了“0.0.0.0/0”默认路由项。

```
R2#show ip route
……                     //省略的显示信息为步骤 2(4)的 R2 路由表内容
O*E2 0.0.0.0/0 [110/1] via 192.168.1.5, 00:00:16, Serial0/0
```

```
R3#show ip route
……                     //省略的显示信息为步骤 2(4)的 R3 路由表内容
O*E2 0.0.0.0/0 [110/1] via 192.168.1.9, 00:09:16, Serial0/0
```

标记“O*”表示这是一条 OSPF 默认路由，“E2”表示这是 OSPF 第 2 类外部路由。OSPF 将自治系统外部路由分为 E1 和 E2 两类，它们的差异在于：E1 外部路由在整个 OSPF 区域内传播时，会累计路由度量，这与 OSPF 内部路由的计算过程相同。而 E2 外部路由的度量始终是外部度量值，例如，本实验中源自 R1 的默认路由的外部度量值为 1，所以 R2 和 R3 的“E2”路由的度量值显示为 1。如果只有一台路由器通告某条外部路由，可以使用 E2 类型，但是当有多个 ASBR 通告同一条外部路由时则使用 E1 类型。默认情况下，ASBR 使用 E2 类型。

### 4. 配置动态路由重分布

(1) 在路由器 R3 上将 RIP 重分布到 OSPF。

```
R3(config)#router ospf 1
R3(config-router)#redistribute rip metric 10 subnets
```

**注意**：如果重分布 RIP 路由时，不使用关键字 subnets，则 OSPF 只会重分布 RIP 域内非子网化的网络，即“172.17.0.0/16”会被重分布，而“172.16.0.4/30”不会被重分布，那么 R1 和 R2 的路由表中就不会出现目标网络为“172.16.0.4”的路由。

(2) 在路由器 R1 和 R2 上查看路由表，并与执行重分布前的路由表对比，查看 RIP 路由重分布的结果。

```
R1#show ip route
<省略部分显示信息>
Gateway of last resort is 0.0.0.0 to network 0.0.0.0


         172.16.0.0/30 is subnetted, 1 subnets
O E2     172.16.0.4 [110/10] via 192.168.1.6, 00:00:43, Serial0/0
O E2     172.17.0.0/16 [110/10] via 192.168.1.6, 00:03:17, Serial0/0
         192.168.1.0/30 is subnetted, 2 subnets
C        192.168.1.4 is directly connected, Serial0/0
O        192.168.1.8 [110/128] via 192.168.1.6, 00:31:17, Serial0/0
```

```
        222.1.1.0/30 is subnetted, 1 subnets
C       222.1.1.0 is directly connected, Loopback1
S*      0.0.0.0/0 is directly connected, Loopback1
```

```
R2#show ip route
<省略部分显示信息>
Gateway of last resort is 192.168.1.5 to network 0.0.0.0

        172.16.0.0/30 is subnetted, 1 subnets
O E2    172.16.0.4 [110/10] via 192.168.1.10, 00:00:14, Serial0/1
O E2    172.17.0.0/16 [110/10] via 192.168.1.10, 00:02:47, Serial0/1
        192.168.1.0/30 is subnetted, 2 subnets
C       192.168.1.4 is directly connected, Serial0/0
C       192.168.1.8 is directly connected, Serial0/1
O*E2    0.0.0.0/0 [110/1] via 192.168.1.5, 00:30:58, Serial0/0
```

R1 和 R2 的路由表阴影部分为路由器从 RIP 域获得的两条外部路由。

(3) 在路由器 R3 上将 OSPF 重分布到 RIP。

```
R3(config)#router rip
R3(config-router)#redistribute ospf 1 metric 3
```

(4) 在 R4 上查看路由表，并与执行重分布前的路由表对比，查看 OSPF 路由重分布的结果。

```
R4#show ip route
<省略部分显示信息>
Gateway of last resort is 172.16.0.5 to network 0.0.0.0

      172.16.0.0/30 is subnetted, 1 subnets
C     172.16.0.4 is directly connected, Serial0/0
C     172.17.0.0/16 is directly connected, FastEthernet0/0
      192.168.1.0/30 is subnetted, 2 subnets
R     192.168.1.4 [120/3] via 172.16.0.5, 00:00:06, Serial0/0
R     192.168.1.8 [120/3] via 172.16.0.5, 00:00:06, Serial0/0
R*    0.0.0.0/0 [120/3] via 172.16.0.5, 00:00:06, Serial0/0
```

R4 的路由表中标记为“R”的 3 条路由不是 RIP 的内部路由，而是源于 OSPF 的外部路由，其中“R*”正是源于 R1 的那条默认路由。

5. 观察 ASBR

在路由器 R2 上执行“show ip ospf border-routers”命令，可以查看路由器是否为 ABR 或 ASBR。

```
R2#show ip ospf border-routers
OSPF Process 1 internal Routing Table

Codes: i - Intra-area route, I - Inter-area route

i 10.0.0.3 [64] via 192.168.1.10, Serial0/1, ASBR, Area 0, SPF 64
i 10.0.0.1 [64] via 192.168.1.5, Serial0/0, ASBR, Area 0, SPF 64
```

以上显示的 OSPF 内部路由表中路由器 R1(ID 为 10.0.0.1)和 R3(ID 为 10.0.0.3)都是 ASBR。这说明在 OSPF 路由域中，执行了路由重分布的路由器会成为 ASBR。

路由表中有 2 条到达 ASBR 的路由，标记“i”表示区域内路由(而“I”为区域间路由)。“64”表示从本路由器出发到达目标的度量，本实验中从 R2 到达 R1 或 R3 的度量都为 64。如果在 R1 上执行“show ip ospf border-routers”命令进行观察，会发现 R1 到 R3 的度量为 128(累计值)。

### 6. 路由配置测试

在主机 PC 上执行“tracert”命令，跟踪到“222.1.1.1”的路由，以验证路由配置的有效性。

```
C:\>tracert 222.1.1.1

Tracing route to 222.1.1.1 over a maximum of 30 hops:

  1    1 ms    0 ms    0 ms    172.17.0.1
  2    2 ms    1 ms    0 ms    172.16.0.5
  3    1 ms    0 ms    2 ms    192.168.1.9
  4    1 ms    3 ms    1 ms    222.1.1.1

Trace complete.
```

# 第 9 章　访问控制列表

访问控制列表(ACL)是保证网络安全的核心策略之一，主要用来保护网络资源不被非法使用和访问，本章介绍了 ACL 的基本概念、工作原理及配置命令。通过对本章的学习，应该理解访问控制列表的工作过程，学会如何在路由器上配置标准 ACL 和扩展 ACL。

## 9.1　访问控制列表

### 9.1.1　ACL 的基本概念

默认情况下，路由器不过滤任何流量，可以通过为路由器配置和应用 ACL 来过滤通过路由器的流量。访问控制列表(Access Control List，ACL)是应用到路由器接口的指令列表，这些指令列表用来告诉路由器哪些数据包可以接收，哪些数据包需要拒绝。至于数据包是被接收还是被拒绝，可以由特定指示条件如源地址、目的地址、端口号等来决定。基于 ACL 可以实现流量过滤。

将 ACL 应用于路由器的某个接口的输入(或输出)流量后，通过该接口的输入(或输出)通信流量都要按照 ACL 指定的条件接受检测。通过灵活地设置访问控制列表，ACL 可以作为一种网络控制的有力工具。路由器接口可能支持多种网络层协议(如 IP、IPX、AppleTalk)，ACL 的定义是基于每一种协议的(如 IP、IPX 等)，即如果想控制某一种协议的通信数据流，就必须要对路由器接口为这种协议定义单独的 ACL。如 IP ACL 用于匹配 IP 数据报内容，过滤 IP 数据流；而 IPX ACL 用于匹配 IPX 数据包内容，过滤 IPX 数据流。实际应用时，只能在每个接口、每个协议、每个方向上应用一个 ACL。例如，在某个接口的输入方向，不能同时有两个 IP ACL，但是可以在该接口的输入和输出方向分别应用一个 IP ACL，或者将一个 IP ACL 和 IPX ACL 同时应用到该接口的输入方向。

一般来说，ACL 可以分为标准访问控制列表(Standard ACL)和扩展访问控制列表(Extended ACL)。

#### 1. 标准访问控制列表

当要过滤来自某一网络的所有通信流量、或者允许来自某一特定网络的所有通信流量、或者想要拒绝某一协议簇的所有通信流量时，可以使用标准访问控制列表来实现这一目标。标准访问控制列表检查传输的数据包的源地址，从而允许或拒绝基于网络、子网或主机地址的所有通信流量通过路由器。

#### 2. 扩展访问控制列表

扩展访问控制列表既检查数据包的源地址，也检查数据包的目的地址，还可以检查数据包的特定协议类型、端口号等。扩展访问控制列表更具有灵活性和可扩充性。例如，可以对同一地址允许使用某些协议的通信流量通过，而拒绝使用其他协议的流量通过。

### 9.1.2　ACL 的工作原理

为实现流量过滤，需要通过 ACL 语句在路由器上定义条件，根据这些条件来决定是否允许流量通过。一个 ACL 是一组判断语句的集合，它可以应用于路由器的某个接口，从而可以对入站接口的数据包、通过路由器进行中继的数据包或从出站接口送出路由器的数据包进行控制。

ACL 语句有两个组成部分：条件和操作。条件基本上是一组规则，用于匹配数据包内容，如在数据包源地址中查找匹配，或者在源地址、目的地址、协议类型和协议信息中查找匹配。当 ACL 语句条件与比较的数据包内容相匹配时，则会采取一个操作：允许或拒绝数据包。每条 ACL 语句只能列出一个条件和一个操作，如果需要多个条件或多种操作时，则必须设置多条 ACL 语句。ACL 语句组合在一起形成一个列表或策略，一个列表中包含的语句数量是没有限制的，零条、一条或多条都是允许的，当然列表越长，管理越复杂。

一个数据包到达某个接口时，如果该接口应用了某个访问控制列表，则需要与访问控制列表中的条件判断语句进行匹配。ACL 的基本工作过程如图 9.1 所示。路由器自上而下地处理列表，从第一条语句开始，如果数据包内容与当前语句条件不匹配，则处理列表中的下一条语句，以此类推；如果数据包内容与当前语句条件匹配，则不再处理后面的语句；如果数据包内容与列表中任何显式语句条件都不匹配，则丢弃该数据包，这是因为在每个访问控制列表的最后都跟随着一条看不见的语句，称为“隐式的拒绝”语句，致使所有没有找到显式匹配的数据包都被拒绝。所以，在 ACL 中应至少包含一条允许操作的语句，否则数据包即使没有与带有拒绝操作的语句条件匹配，也会因隐式的拒绝语句而被丢弃。但是，如果路由器激活了一个不包含任何语句的 ACL，即空的 ACL，它将允许所有的数据包通过，这意味着一个空的 ACL 是不包含隐式拒绝语句的，隐式拒绝语句只在非空的 ACL(至少包含一条允许或拒绝语句)中起作用。

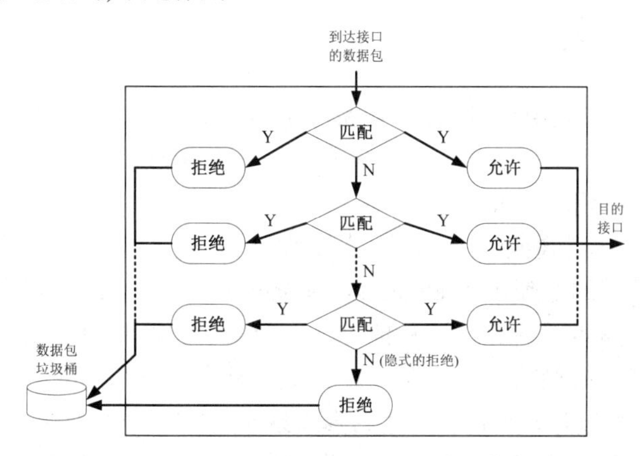


图 9.1　数据包的 ACL 匹配性检查过程

从图 9.1 中可以看出，ACL 中条件语句的放置顺序是很重要的。在路由器中的某个接口根据条件语句对数据包进行检查时，按照顺序一旦找到一个匹配条件，则后面的条件不会得到检查。例如，如果创建了一个允许所有通信流量通过的条件语句，则后面的条件语句不会得到检查。

ACL 语句的排列顺序很重要，下面举例说明语句的顺序可能带来的问题。如图 9.2 所示，路由器分隔了两个网段，一个网段由用户使用，另一个网段放置服务器，过滤流量的目标是允许所有用户访问 Web 服务器，但只允许用户 C 访问 FTP 服务器。假设按照以下顺序将 ACL 过滤规则配置在路由器上：

(1) 允许所有用户访问服务器网段。

(2) 拒绝用户 A 访问 FTP 服务器。

(3) 拒绝用户 B 访问 FTP 服务器。

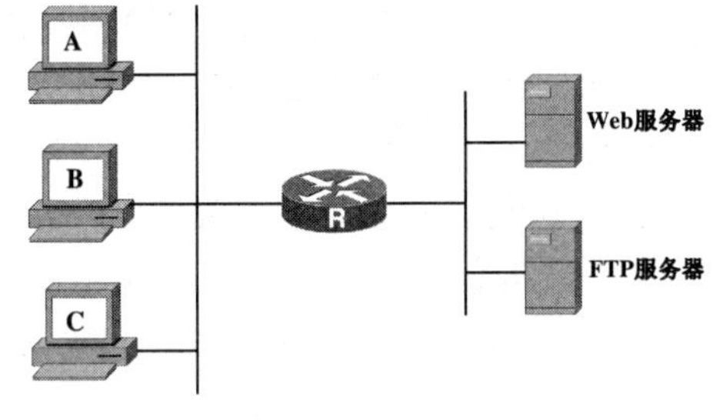


图 9.2　说明 ACL 语句排列顺序的重要性

语句是自上而下处理的，当某一时刻用户 A 试图访问 FTP 服务器时，会因与第一条语句匹配而得到允许。当然，这样的排列顺序会造成每个用户都可以访问 FTP 服务器。

为达到过滤流量的目的，ACL 应该按照以下顺序配置：

(1) 拒绝用户 A 访问 FTP 服务器。

(2) 拒绝用户 B 访问 FTP 服务器。

(3) 允许所有用户访问服务器网段。

当新的 ACL 语句被添加到列表中时，默认会被添加到列表的最后，所以设置 ACL 前应先理清 ACL 语句顺序。一般规则是：按照条件约束由强到弱的顺序排列语句，将“条件约束最强的语句”放在列表的顶部，“条件约束最弱的语句”放在列表的底部。两种常用的配置方式是：如果想允许每个用户都能够访问大多数服务，只拒绝少数特定用户，则在设置 ACL 时，首先拒绝特定的连接，然后允许所有其他连接；反之，如果只想允许少数用户访问，而拒绝所有其他的访问，则在设置 ACL 时，首先指定允许语句，而隐式拒绝所有其他访问。

### 9.1.3　ACL 的配置方式

配置 ACL 时，可以采用编号 ACL 和命名 ACL 两种方式，前者用编号来标识 ACL，后者则用名称来标识。在命名访问控制列表中使用一个字母或字母与数字组合的字符串(名称)来代替编号 ACL 中使用的数字(编号)。

在创建 ACL 的过程中难免需要修改，当要修改一个已经分配好编号的访问控制列表的条件判断语句时，只能通过使用“no access-list <ACL_num>”命令删除该访问控制表中的所有条件判断语句，再重新建立。这种情况下，命名访问控制列表就体现出其优越性，修改其条件判断语句时不必删除整个列表，只需要用配置命令“deny | permit”添加语句，或在它们之前加上“no”删除语句，从而达到修改条件判断语句的目的。使用命名访问控制列表更容易删除某一条特定的控制条目，因此在使用 ACL 的过程中可以更方便地进行修改。

配置 ACL 可以分两个步骤进行，即先定义 ACL，然后应用 ACL。下面只讨论 IP ACL 的情形。

# 9.2　标准 ACL

## 9.2.1　配置标准 ACL 的命令

### 1. 编号的标准 ACL

1) 定义编号的标准 ACL

```
Router(config)#access-list ACL_num {permit|deny} {source_IP_address [wildcard_mask]|any}
```

*ACL_num* 是 ACL 编号，用于组合同一列表中的语句。Cisco 路由器中规定 IP 的标准 ACL 的编号范围为 1～99，AppleTalk 标准 ACL 的编号范围为 600～699，IPX 的标准 ACL 的编号范围为 800～899。在一个路由器中定义针对某个协议的标准访问控制列表时，可以在指定范围内任意选择一个编号。针对一个编号可以定义一系列访问控制策略，即可以用一系列 **access-list** 针对同一编号定义一组策略，如果将该编号对应的一组策略应用于路由器，则路由器从最先定义的条件开始依次检查，检查过程如图 9.1 所示。

ACL 编号后面的 **permit|deny** 是语句条件匹配时所要采取的操作只有两种：允许或者拒绝。**permit|deny** 后面跟着的是条件，使用标准 ACL，只能指定 *source_IP_address* (源地址)和 *wildcard_mask* (通配符掩码)。*wildcard_mask* 是可选项，如果忽略不写，则默认是“0.0.0.0”，即精确匹配。如果想要匹配所有地址，可以用关键字 **any** 来替换源地址和通配符掩码两项。

2) 应用编号的标准 ACL

如果希望在流量进入或者离开路由器时过滤它们，可以在特定接口上使用命令：

```
Router(config-if)#ip access-group ACL_num {in|out}
```

*ACL_num* 是要应用的 ACL 编号，**in|out** 指定路由器过滤信息的方向：过滤进入路由器接口的流量时，使用参数 **in**；过滤离开路由器接口的流量时，使用参数 **out**。

3) 删除编号的标准 ACL

删除某个编号 ACL：

```
Router(config)#no access-list ACL_num
```

**注意**：不能删除编号 ACL 中的一个特定条目，如果想要通过 no 参数来删除一个特定条目，将会删除整个 ACL，即与命令“**no access-list** *ACL_num*”的效果等同。编号的标准 ACL 和编号的扩展 ACL 都是如此。

### 2. 命名的标准 ACL

命名 ACL 与编号 ACL 相比，前者允许管理员给 ACL 指定一个描述性的名称，因此建立的 ACL 的数量不受数字编号最大值的限制，且允许删除 ACL 中的特定条目。

1) 定义命名的标准 ACL

```
Router(config)#ip access-list standard ACL_name
Router(config-std-nacl)#{permit|deny} {source_IP_address [wildcard_mask]|any}
```

使用“**ip access-list**”命令指定命名 ACL，**standard** 表示标准的命名 ACL，*ACL_name* 指明 ACL 的名称，名称可以是描述性字符，也可以是个号码(数字)。执行“**ip access-list**”命令后，将进入子配置模式，在这里输入“**permit**”命令和“**deny**”命令语句，基本语法与编号的标准 ACL 中的“**access-list**”命令类似。

2) 应用命名的标准 ACL

命令格式与编号的标准 ACL 类似，如果想在流量进入或者离开路由器接口时过滤它们，使用“**ip access-group**”命令在路由器接口上激活 ACL。唯一不同的是，要将命令中 *ACL_num* 替换为 *ACL_name*。

3) 删除命名的标准 ACL

要删除某个命名的标准 ACL 下：

```
Router(config)#no ip access-list standard ACL_name
```

命名的标准 ACL 允许删除 ACL 中某个特定条目，首先通过“**ip access-list standard** *ACL_name*”进入该 ACL 的子配置模式中，然后可使用 no 参数，删除某个特定条目，而不会影响其他条目的存在。

### 9.2.2 通配符掩码的使用

在设置“deny”或“permit”命令的测试条件时，通配符掩码(Wildcard Mask)的设置是非常重要的。通配符掩码长度是 32 比特(bit)，它被用点号分成 4 个 8 位组，每个 8 位组包含 8 比特。通配符掩码的每一位与相应的 IP 地址位一一对应。在通配符掩码中，0 表示“检查相应的位”，1 表示“不检查相应的位”，即路由器将检查与通配符掩码中的“0”对应的地址位，对于通配符掩码中“1”位置对应的地址位将忽略不检查。通配符掩码与 IP 地址是成对出现的，通配符掩码与子网掩码工作原理是不同的。在子网掩码中，数字 1 和 0 用来决定是网络、子网，还是相应的主机号。如表示“172.16.0.0”这个网段，使用的通配符掩码应为“0.0.255.255”。

通配符掩码“255.255.255.255”表示对应的所有 32 位都不检查，这时也可以用 any 来取代，即相当于输入“0.0.0.0”(IP 地址)和“255.255.255.255”(通配符掩码)。而通配符掩码“0.0.0.0”则表示所有 32 位都要进行匹配，这时输入的 IP 地址只能表示一个地址(而不是一个网段)，此时的通配符掩码也可以用“host”表示，就相当于输入一个特定的主机 IP 地址和“0.0.0.0”。

例如，假设希望允许从 IP 地址为“198.78.46.8”的主机发来的数据包，使用的标准访问控制列表语句为

```
access-list 1 permit 198.78.46.8 0.0.0.0
```

如果采用关键字“host”，可以用下面的语句来代替：

access-list 1 permit host 198.78.46.8

假设要拒绝从源地址“198.78.46.8”发来的报文，同时允许从其他源地址发来的报文，标准访问控制列表语句为

access-list 1 deny host 198.78.46.8

access-list 1 permit 0.0.0.0 255.255.255.255

也可以用下面的语句来代替：

access-list 1 deny host 198.78.46.8

access-list 1 permit any

### 9.2.3 实验 标准 ACL 的配置

**【实验目的】**

(1) 掌握路由器上标准 ACL 的配置方法。

(2) 理解编号 ACL 与命名 ACL 的差别。

(3) 学会根据实际需要设计 ACL 策略并能进行配置。

**【实验环境】**

路由器 1 台，交换机 2 台，计算机至少 3 台，连接成如图 9.3 所示网络。路由器端口及 PC 机的网络连接参数配置如表 9-1 所示。

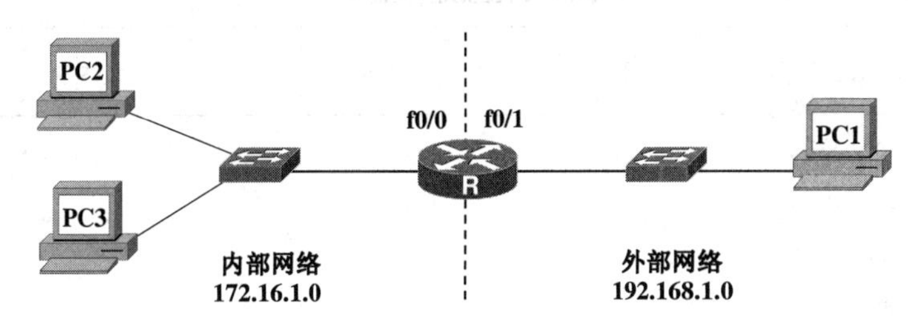


图 9.3 标准 ACL 的配置

**表 9-1 网络连接参数**

| 设　　备 | IP 地址 | 子网掩码 | 默认网关 |
|---|---|---|---|
| 计算机 PC1 | 192.168.1.2 | 255.255.255.0 | 192.168.1.1 |
| 计算机 PC2 | 172.16.1.2 | 255.255.255.0 | 172.16.1.1 |
| 计算机 PC3 | 172.16.1.3 | 255.255.255.0 | 172.16.1.1 |
| 路由器 R 端口 f0/0 | 172.16.1.1 | 255.255.255.0 | — |
| 路由器 R 端口 f0/1 | 192.168.1.1 | 255.255.255.0 | — |

**【实验过程】**

#### 1. 搭建基本网络环境

(1) 按照图 9.3 所示网络拓扑，连接网络。

(2) 路由器 R 配置。

① 配置端口 f0/0。

```
Router(config)#interface f0/0
Router(config-if)#ip address 172.16.1.1 255.255.255.0
Router(config-if)#no shutdown
```

② 配置端口 f0/1。

```
Router(config)#interface f0/1
Router(config-if)#ip address 192.168.1.1 255.255.255.0
Router(config-if)#no shutdown
```

(3) 按照表 9-1，正确配置各计算机的网络连接参数。

(4) 用“ping”命令测试以上配置过程是否正确，此时 PC1、PC2、PC3 之间可以相互连通。

### 2. 配置编号的标准 ACL 禁止内部网络中的 PC2 访问外部网络

(1) 在路由器 R 上定义编号为 1 的标准 ACL，拒绝 PC2 对外网的访问，允许其他主机访问外网。

```
Router(config)#access-list 1 deny 172.16.1.2 0.0.0.0
Router(config)#access-list 1 permit 0.0.0.0 255.255.255.255
```

(2) 查看定义的 ACL。

```
Router#show access-list
Standard IP access list 1
    deny      172.16.1.2
    permit    any
```

(3) 在端口 f0/1 的输出方向上应用 ACL。

```
Router(config)#interface f0/1
Router(config-if)# ip access-group 1 out
```

(4) 用“ping”命令测试 PC1、PC2、PC3 之间的连通性。此时，PC2 与 PC1 之间无法相互 ping 通，PC3 仍可以 ping 通 PC1。

(5) 如果要禁止内部网络 172.16.1.0 中所有用户访问外部网络，需要将拒绝操作的语句改为“Router(config)#**access-list 1 deny 172.16.1.0 0.0.0.255**”，其他步骤同上。测试结果将显示 PC2 和 PC3 都无法 ping 通 PC1。

(6) 为不影响后续实验结果，需要删除编号的标准 ACL。

```
Router(config)#no access-list 1
```

### 3. 配置命名的标准 ACL 禁止内部网络中的 PC2 访问外部网络

(1) 在路由器 R 上定义名称为“pc_out”的标准 ACL。

```
Router(config)#ip access-list standard pc_out
Router(config-std-nacl)#deny 172.16.1.2
Router(config-std-nacl)#permit any
```

(2) 查看定义的 ACL。

```
Router#show access-list
Standard IP access list pc_out
    deny     172.16.1.2
    permit   any
```

(3) 在 f0/1 的输出方向上应用 ACL。

```
Router(config)#interface f0/1
Router(config-if)#ip access-group pc_out out
```

(4) 用“ping”命令测试 PC1、PC2、PC3 之间的连通性。此时，PC2 与 PC1 之间无法相互 ping 通，PC3 仍可以 ping 通 PC1。

(5) 为不影响后续实验结果，删除命名的标准 ACL。

```
Router(config)#no ip access-list standard pc_out
```

# 9.3 扩展 ACL

扩展 ACL 的条件可以匹配数据包头部的更多字段，也提供了更大的弹性和控制范围，因此在实际应用中扩展 ACL 比标准 ACL 使用得更广泛，配置也更为复杂。

## 9.3.1 配置扩展 ACL 的命令

### 1. 编号的扩展 ACL

定义编号的扩展 ACL 的命令格式如下：

```
Router(config)#access-list ACL_num {permit | deny} protocol source_IP_address source_wildcard_mask destination_IP_address destination_wildcard_mask [protocol_options] [precedence precedence] [dscp value] [tos tos] [log | log input] [fragments] [established]
```

使用“**access-list**”命令来建立扩展 ACL，*ACL_num* 是 ACL 编号，用来对 ACL 语句分组。针对不同协议的扩展 ACL 的编号范围不同，例如，IP 为 100～199，IPX 为 900～999。**permit|deny** 是语句条件匹配时所要采取的操作(允许或者拒绝)，后面紧跟着的是条件。

*protocol* 是 TCP/IP 协议的名称或者编号。Cisco IOS 支持的协议名称有：AH(认证头协议)、EIGRP(Cisco EIGRP 路由选择协议)、ESP(封装安全有效载荷)、GRE(Cisco GRE 隧道)、ICMP(Internet 控制报文协议)、IGMP(Internet 组管理协议)、IP(网际协议)、IPINIP(IP 隧道中的 IP)、NOS(兼容 IP 之上的 IP 隧道)、OSPF(OSPF 路由选择协议)、PSP(有效载荷压缩协

议)、PIM(协议独立组播)、TCP(传输控制协议)、UDP(用户数据报协议)。如果想要过滤的协议名称在以上的罗列中没有出现，可以使用协议编号，范围是0～255。

与标准ACL不同，扩展ACL必须同时指定源地址和目的地址，以及它们相应的通配符掩码，分别对应 *source_IP_address*、*source_wildcard_mask*、*destination_IP_address*、*destination_wildcard_mask* 四个参数。当通配符掩码是“0.0.0.0”时，路由器将它转换为 **host** *IP_address*，如输入“10.0.0.1 0.0.0.0”等同于输入“host 10.0.0.1”。

其余的参数是可选的。对于特定的协议(如 TCP、UDP、ICMP 及其他协议)可以应用 *protocol_options* 来优化条件。

可选参数 **precedence** *precedence* 能使数据包基于优先级的级别来过滤，范围是0～7。

可选参数 **dscp** *value* 用于依据IP数据包头中的区分服务代码点(Differentiated Services Code Point，DSCP)值来进行过滤。DSCP用于通过区分流量的优先次序来实施QoS(服务质量)。可以指定一个0～63的值或者DSCP代码名称。

可选参数 **tos** *tos* 能使数据包基于服务类型的级别来过滤，范围是1～15。它们可用于QoS机制。

可选参数 **log** 使得Cisco IOS可以将符合条件的匹配记录到已经打开的日志记录设备。

可选参数 **log input** 记录的信息包括接收到数据包的输入接口和数据包中的第2层源地址。

可选参数 **fragments** 用于过滤分片。

可选参数 **established** 是只针对TCP连接的参数，其功能详见下文关于过滤TCP流量部分的描述。

扩展ACL对于所使用的不同协议提供了不同的参数选项，根据 *protocol* 参数指定协议的不同，语法也有所不同。以下分别描述基于TCP、UDP、ICMP协议的语法格式。

1) 过滤TCP流量

要过滤TCP流量，*protocol* 参数使用 **tcp** 关键字，建立ACL的命令格式如下：

```
Router(config)#access-list ACL_num {permit | deny} tcp source_IP_address source_wildcard_mask [operator src_port] destination_IP_address destination_wildcard_mask [operator dest_port] [precedence precedence] [dscp value] [tos tos] [log | log input] [fragments] [established] [ack] [fin] [psh] [rst] [syn] [urg]
```

*operator src_port* 和 *operator dest_port* 是可选的，其中 *src_port* 和 *dest_port* 分别代表源端口和目的端口，输入端口号或者端口名称都是有效的，端口号范围是0～65 535，0代表所有TCP端口。*operator* 处需要指定一个操作符，可以是eq、lt、gt、neq、range五种操作符，含义分别为等于、小于、大于、不等于、一个端口范围。例如，“eq 25”表示必须精确匹配25号端口。又如“range 21 23”表示必须匹配21至23号范围内的端口(包含边界值)。指定一个操作符，后面跟着一个基于TCP的端口名称或端口号，便可用于匹配TCP流量中的端口信息。

**established** 是一个用于TCP连接的参数，当内部网络的用户向外部网络发起TCP连接时，应允许其返回流量进入内部网络，而拒绝其他外来流量，这时可以使用 **established** 参数。设置了该参数后，路由器将检查由外入内的流量是否设置了ACK、FIN、PSH、RST、SYN、URG这些TCP协议标记，如果已经设置好，则允许该TCP流量进入，如果未设置，则路由器会认为这是新的 TCP 连接，于是拒绝该流量进入。另外，利用可选参数 **ack**、**fin**、**psh**、**rst**、**syn**、**urg** 可以更具体地过滤单一的 TCP 协议标志。**established** 参数实现的功能与有状态的过滤功能有点类似，但是不能认为使用了该参数的扩展 ACL 可以完成有状态的过滤功能，因为无论是标准 ACL 还是扩展 ACL 都不维护状态信息。使用 **established** 参数，路由器并不是基于状态来查看要进入的流量是否是内部网络发起的连接的返回流量，路由器只是查看那些 TCP 协议标记是否设置，而黑客往往会利用这一点，如使用数据包生成器，将 TCP 报文的相应标记设置为适当的值。所以，如果使用 **established** 参数允许返回流量进入网络，将在路由器上构成一个大的漏洞。

2) 过滤 UDP 流量

要过滤 UDP 流量，*protocol* 参数使用 **udp** 关键字，建立 ACL 的命令格式如下：

```
Router(config)#access-list ACL_num {permit | deny} udp source_IP_address source_wildcard_mask
[operator src_port] destination_IP_address destination_wildcard_mask [operator dest_port] [precedence
precedence] [dscp value] [tos tos] [log | log input] [fragments]
```

也可以选择匹配源和目的端口，且必须指定操作符、端口名称或端口号。操作符和 TCP 所使用的一样。如果指定了一个操作符，后面必须跟着基于 UDP 的端口名称或端口号(0～65 535)，注意这里 0 代表所有 UDP 端口。UDP 不同于 TCP，它是无连接的协议，所以参数 **established** 和 **ack**、**fin**、**psh**、**rst**、**syn**、**urg** 对过滤 UDP 流量是无效的。

3) 过滤 ICMP 流量

要过滤 ICMP 流量，*protocol* 参数使用 **icmp** 关键字，建立 ACL 的命令格式如下：

```
Router(config)#access-list ACL_num {permit | deny} icmp source_IP_address source_wildcard_mask
destination_IP_address destination_wildcard_mask [ICMP_type] [precedence precedence] [dscp value]
[tos tos] [log | log input] [fragments]
```

与 TCP、UDP 不同，命令中没有通过操作符和端口来指定一个匹配条件。而是增添可选项 *ICMP_type* 用于匹配 ICMP 消息类型，可以输入 ICMP 消息类型名称，如 echo(询问请求)、echo-reply(询问响应)、host-redirect(主机重定向)、host-unknown(未知主机)、host-unreachable(主机不可达)、net-unknown(未知网络)、net-unreachable(网络不可达)等，也可以输入 ICMP 消息类型编号，范围是 0～255，0 代表所有的 ICMP 消息。如果没有指定 ICMP_type，则默认匹配任何 ICMP 消息类型。

定义 ACL 后，必须在路由器端口的某个方向上应用 ACL，过滤规则才能生效。编号的扩展 ACL 的应用或删除命令与编号的标准 ACL 类似。

### 2. 命名的扩展 ACL

定义命名的扩展 ACL 的命令如下：

```
Router(config)#ip access-list extended ACL_name
Router(config-ext-nacl)#{permit | deny} protocol source_IP_address source_wildcard_mask
destination_ IP_address destination_wildcard_mask [protocol_options] [precedence precedence] [dscp
value] [tos tos] [log | log input] [fragments] [established]
```

使用“**ip access-list**”命令定义命名 ACL，**extended** 表示扩展的命名 ACL。*ACL_name* 指明 ACL 的名称，名称可以是描述性字符，也可以是个号码(数字)。执行“**ip access-list extended**”命令后，将进入扩展 ACL 子配置模式，在这里输入“**permit**”命令或“**deny**”命令语句，基本语法与编号的扩展 ACL 中的“access-list”命令相同，并且支持相同的选项。

命名的扩展 ACL 的应用或删除命令与命名的标准 ACL 类似。

### 9.3.2 实验　扩展 ACL 的配置

**【实验目的】**

(1) 掌握路由器上扩展 ACL 的配置方法。

(2) 进一步理解编号 ACL 与命名 ACL 的差别。

(3) 学会根据实际需要设计较为复杂的 ACL 策略并能进行配置。

**【实验环境】**

路由器 1 台，交换机 2 台，计算机至少 3 台，连接成如图 9.4 所示网络。路由器端口及 PC 机的网络连接参数配置如表 9-2 所示。

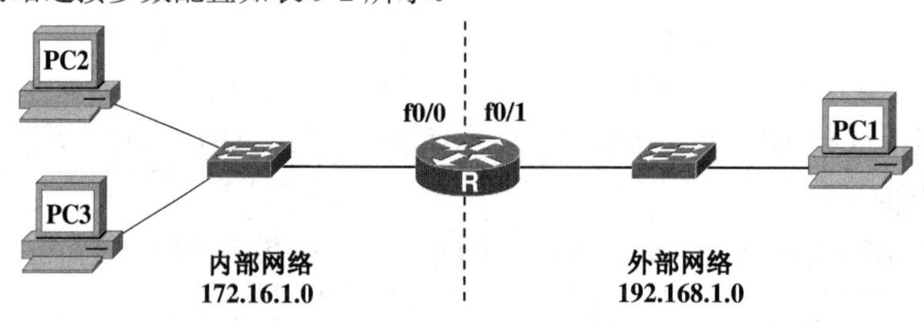


图 9.4　扩展 ACL 的配置

**表 9-2　网络连接参数**

| 设　　备 | IP 地址 | 子网掩码 | 默认网关 |
|---|---|---|---|
| 计算机 PC1 | 192.168.1.2 | 255.255.255.0 | 192.168.1.1 |
| 计算机 PC2 | 172.16.1.2 | 255.255.255.0 | 172.16.1.1 |
| 计算机 PC3 | 172.16.1.3 | 255.255.255.0 | 172.16.1.1 |
| 路由器 R 端口 f0/0 | 172.16.1.1 | 255.255.255.0 | — |
| 路由器 R 端口 f0/1 | 192.168.1.1 | 255.255.255.0 | — |

**【实验过程】**

#### 1. 搭建基本网络环境

(1) 按照图 9.4 所示网络拓扑，连接网络。

(2) 路由器 R 配置。

① 配置端口 f0/0。

```
Router(config)#interface f0/0
Router(config-if)#ip address 172.16.1.1 255.255.255.0
Router(config-if)#no shutdown
```

② 配置端口 f0/1。

```
Router(config)#interface f0/1
Router(config-if)#ip address 192.168.1.1 255.255.255.0
Router(config-if)#no shutdown
```

(3) 按照表 9-2，正确配置各计算机的网络连接参数。

(4) 用“ping”命令测试以上配置过程是否正确，此时 PC1、PC2、PC3 之间可以相互连通。

### 2. 配置 PC1 为 FTP 服务器和 Web 服务器

(1) 配置 PC1 为 FTP 服务器，在 PC2、PC3 上均能正常访问。

(2) 配置 PC1 为 Web 服务器，在 PC2、PC3 上均能正常访问。

### 3. 配置编号的扩展 ACL 禁止内部网络中的 PC2 访问 PC1 的 FTP 服务

(1) 在路由器 R 上定义编号为 100 的扩展 ACL，禁止 PC2 访问 PC1 的 FTP 服务器，不限制其他主机对 PC1 服务的访问。

```
Router(config)#access-list 100 deny tcp 172.16.1.2 0.0.0.0 192.168.1.2 0.0.0.0 eq ftp
Router(config)#access-list 100 permit ip any any
```

(2) 在 f0/0 的输入方向上应用编号为 100 的 ACL。

```
Router(config)#interface f0/0
Router(config-if)#ip access-group 100 in
```

(3) 此时，PC2 无法访问 PC1 的 FTP 服务，但仍能访问 PC1 的 Web 服务；PC3 能正常访问 PC1 的 FTP 服务和 Web 服务。

(4) 为不影响后续实验结果，需要删除编号的扩展 ACL。

```
Router(config)#no access-list 100
```

### 4. 配置编号的扩展 ACL 只允许内部网络中的 HTTP 流量访问外部网络

(1) 在路由器 R 上定义编号为 101 的扩展 ACL，只允许内部网络中的 HTTP 流量访问外部网络，而拒绝所有的其他流量访问外部网络。命令如下：

```
Router(config)#access-list 101 permit tcp 172.16.1.0 0.0.0.255 any eq www
```

(2) 在 f0/0 的输入方向上应用编号为 101 的 ACL。

```
Router(config)#interface f0/0
Router(config-if)#ip access-group 101 in
```

(3) 此时，PC2、PC3 均能够访问 PC1 的 Web 服务，但都不能访问 PC1 的 FTP 服务。

(4) 为不影响后续实验结果，需要删除编号的扩展 ACL。

```
Router(config)#no access-list 101
```

### 5. 配置命名的扩展 ACL 禁止内部网络中的 PC2 访问 PC1 的 FTP 服务

(1) 在路由器 R 上定义名称为“deny_ftp”的扩展 ACL，禁止 PC2 访问 PC1 的 FTP 服务器，不限制其他主机对 PC1 的服务访问。

```
Router(config)#ip access-list extended deny_ftp
Router(config-ext-nacl)#deny tcp host 172.16.1.2 host 192.168.1.2 eq ftp
Router(config-ext-nacl)#permit ip any any
```

说明：“host IP_address”形式等同于“IP_address 0.0.0.0”，所以第二条语句也可以写为“deny tcp 172.16.1.2 0.0.0.0 192.168.1.2 0.0.0.0 eq ftp”。

(2) 在 f0/0 的输入方向上应用名称为“deny_ftp”的 ACL，并查看建立的 ACL。

```
Router(config)#interface f0/0
Router(config-if)#ip access-group deny_ftp in
Router(config-if)#end
Router#show access-list
Extended IP access list deny_ftp
    deny tcp host 172.16.1.2 host 192.168.1.2 eq ftp
    permit ip any any
```

(3) 此时，PC2 无法访问 PC1 的 FTP 服务，但仍能访问 PC1 的 Web 服务；PC3 能正常访问 PC1 的 FTP 服务和 Web 服务。

(4) 为不影响后续实验结果，需要删除命令的扩展 ACL。

```
Router(config)#no ip access-list extended deny_ftp
```

### 6. 配置扩展 ACL 限制外网主动向内网发出“ping”命令操作

(1) 配置 ACL，拒绝外网任何主机向内部网络主动发起“ping”命令请求，但允许外网主机向内部网络返回的“ping”命令响应。

```
Router(config)#ip access-list extended icmp_filter
Router(config-ext-nacl)#deny icmp 192.168.1.0 0.0.0.255 any echo
Router(config-ext-nacl)#permit icmp 192.168.1.0 0.0.0.255 any echo-reply
```

(2) 在 f0/1 的输入方向上应用 ACL。

```
Router(config)#interface f0/1
Router(config-if)#ip access-group icmp_filter in
```

(3) 此时，PC2 和 PC3 可以 ping 通 PC1，但 PC1 不能 ping 通 PC2 和 PC3。

(4) 查看 ACL 配置以及匹配统计。

```
Router#show access-list
Extended IP access list icmp_filter
    deny icmp 192.168.1.0 0.0.0.255 any echo (16 matches)
    permit icmp 192.168.1.0 0.0.0.255 any echo-reply (8 matches)
```

(5) 为不影响后续实验结果，删除命令的扩展 ACL。

```
Router(config)#no ip access-list extended icmp_filter
```

# 第 10 章　基于 Windows Server 2008 系统的 VPN

基于公共网络的虚拟专用网络(VPN)技术，可以实现两个远距离的网络用户在一个专用的网络通道中进行高效低价、安全可靠的通信。本章介绍了 VPN 的基本概念、采用的安全技术以及协议(IPSec、PPTP、L2TP)等。通过对本章的学习，应该理解 VPN 的工作原理与实现协议，学会如何在 Windows Server 2008 系统下配置多种模式的 VPN。

## 10.1　VPN 介绍

### 10.1.1　VPN 产生背景

随着 Internet 的广泛应用和电子商务的蓬勃发展，许多用户逐渐认识到，经济全球化的最佳途径是发展基于 Internet 的商务应用。现在越来越多的企业出现了跨地区甚至是跨国经营的现象，对企业内部不同分支机构或者企业与合作伙伴之间的通信提出了更高的要求。另外，企业移动用户需要在外地访问企业内部网络的情况也时有发生。再如，越来越多的高等学校已拥有两个或多个校区，政府机关各部门之间的地理分布也越来越分散。

Internet 是一个基于 TCP/IP 技术的国际互联网络，具有全球性、开放性、可管理等特点。如果直接采用 Internet 来连接上述组织的局域网，必然面临各种信息威胁和安全隐患，需要采取相应的安全措施来保障信息的安全性。如果按照传统的专用网络设计方案，则必须在不同局域网之间租用光纤或帧中继链路，以使各个局域网分别作为子网处于同一个网络内，这样就解决了几乎所有的软硬件共享问题。这种解决方案安全性高，线路为用户专用，不同用户间物理隔离，但是最大的缺点就是耗资巨大，带宽浪费严重。

虚拟专用网络(Virtual Private Network, VPN)是一种建立在公共网络上的虚拟专用网络，它能够利用 Internet 或其他公共互联网络的基础设施为用户创建隧道，并提供与专用网络一样的安全和功能保障。VPN 为企业 Intranet(内联网)、Extranet(外联网)的建设提供了一种很好的解决方案。虚拟专用网可以让企业利用现有的 Internet 来建立自己的企业网络。针对一些大型的而且在各个分散的地方有分公司的企业，VPN 能够提供一种廉价的高性能解决方案，从而实现将分散在各地的网络通过现有的公共网络连接起来。

### 10.1.2　VPN 分类

VPN 的分类方式很多，例如，可以从服务类型、网络结构、隧道协议等方面对 VPN 进行划分。

### 1. 服务类型

根据服务类型，VPN 业务大致分为三类：接入 VPN(Access VPN)、内联网 VPN(Intranet VPN)和外联网 VPN(Extranet VPN)。

(1) 接入 VPN。企业员工通过公网远程访问企业内部网络时采用接入 VPN 方式。远程用户一般是一台计算机，而不是网络，因此接入 VPN 是一种主机到网络的拓扑模型。

(2) 内联网 VPN。企业总部与分支机构之间通过公网构筑的虚拟网采用内联网 VPN 方式，这是一种网络到网络以对等的方式连接起来构成的 VPN。

(3) 外联网 VPN。企业在发生收购、兼并或企业间建立战略联盟后，采用外联网 VPN 方式使不同企业间通过公网来构筑虚拟网。这是一种网络到网络以不对等的方式连接起来构成的 VPN，主要在安全策略上有所不同。

### 2. 网络结构

根据网络结构，可以把 VPN 分为两类：远程访问 VPN 和网关到网关 VPN。

远程访问 VPN 是为了实现接入互联网的终端用户能够通过公共网络访问企业局域网内部的网络资源，其网络结构如图 10.1 所示。在实际应用中，移动办公人员或远程工作用户可通过模拟拨号 Modem，ISDN，ADSL，有线电视电缆，小区宽带网关等多种方式接入 Internet，然后创建到企业 VPN 网关的 VPN 连接，实现对内部资源的远程访问。

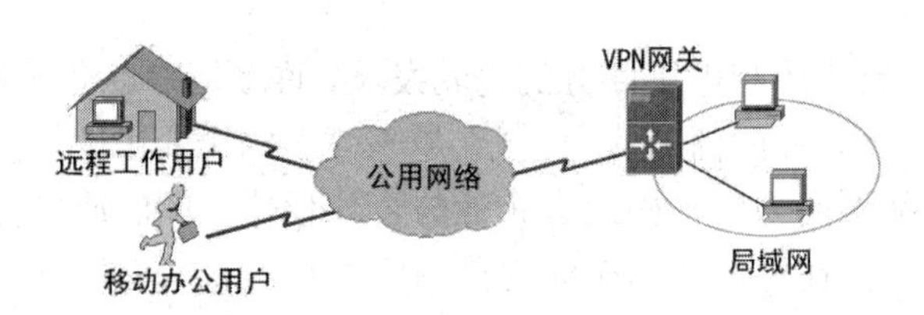


图 10.1　远程访问 VPN 网络结构

网关到网关 VPN 可以使通过公共网络(通常是 Internet)互联的两个局域网内的终端用户相互使用对方局域网内部的网络资源，如同他们处于同一个局域网络的不同子网一样，其网络结构如图 10.2 所示。实际中，可应用于企业总部与分支机构之间，以及企业与合作伙伴之间的 VPN 建立。

图 10.2　网关到网关 VPN 网络结构

### 3. 隧道协议

根据分层模型，VPN 可以在第二层建立，也可以在第三层建立，甚至可以把在更高层的一些安全协议也归入 VPN 协议(如 SSL VPN)。

(1) 第二层隧道协议：包括点对点隧道协议(Point-to-Point Tunneling Protocol，PPTP)、第二层转发协议(Layer 2 Forwarding，L2F)、第二层隧道协议(Layer 2 Tunneling Protocol，L2TP)、多协议标记交换(Multi Protocol Label Switching，MPLS)等。

(2) 第三层隧道协议：包括通用路由封装协议(Generic Routing Encapsulation，GRE)、IP 安全(IPSec)，这是目前最流行的两种三层协议。

第二层和第三层隧道协议的区别主要在于用户数据在网络协议栈的第几层被封装，其中 GRE、IPSec 和 MPLS 主要用于实现专线 VPN 业务，L2TP 主要用于实现拨号 VPN 业务(也可以用于实现专线 VPN 业务)，当然这些协议本身是不冲突的，可以结合使用。

### 10.1.3　VPN 功能特性

一般情况下，一个高效、成功的 VPN 应具备以下功能特性：

#### 1. 安全保障

虽然实现 VPN 的技术和方式很多，但所有 VPN 均应保证通过公用网络平台传输数据的专用性和安全性。在非面向连接的公用 IP 网络上建立一个逻辑的、点对点的连接，称之为建立一个隧道，可以利用加密技术对经过隧道传输的数据进行加密，以保证数据仅被指定的发送者和接收者了解，从而保证了数据的私有性和安全性。在安全性方面，由于 VPN 直接构建在公用网上，实现简单、方便、灵活，但同时其安全问题也更为突出。企业必须确保其 VPN 上传送的数据不被攻击者窥视和篡改，并且要防止非法用户对网络资源或私有信息的访问。Extranet VPN 将企业网扩展到合作伙伴和客户，对安全性提出了更高的要求。

#### 2. 服务质量保证

VPN 应当为企业数据提供不同等级的服务质量(Quality of Service，QoS)保证。不同的用户和业务对服务质量保证的要求差别较大。例如，移动办公用户，提供广泛的连接和覆盖性是保证 VPN 服务的一个主要因素；而对于拥有众多分支机构的专线 VPN 网络，交互式的内部企业网应用则要求网络能提供良好的稳定性；对于其他应用(如视频等)则对网络提出了更明确的要求，如网络时延及误码率等。所有以上网络应用均要求网络根据需要提供不同等级的服务质量。在网络优化方面，构建 VPN 的另一重要需求是充分有效地利用有限的广域网资源，为重要数据提供可靠的带宽。广域网流量的不确定性使其带宽的利用率很低，在流量高峰时引起网络阻塞，产生网络瓶颈，使实时性要求高的数据得不到及时发送；而在流量低谷时又造成大量的网络带宽空闲。QoS 通过流量预测与流量控制策略，可以按照优先级分配带宽资源，实现带宽管理，使得各类数据能够被合理地先后发送，并预防阻塞的发生。

#### 3. 可扩充性和灵活性

VPN 必须能够支持通过 Intranet 和 Extranet 的任何类型的数据流，方便增加新的节点，支持多种类型的传输媒介，可以满足同时传输语音、图像和数据等新应用对高质量传输以及带宽增加的需求。

#### 4. 可管理性

从用户角度和运营商角度来说，VPN 应可方便地进行管理、维护。在 VPN 管理方面，VPN 要求企业将其网络管理功能从局域网无缝地延伸到公用网，甚至是客户和合作伙伴。虽然可以将一些次要的网络管理任务交给服务提供商去完成，企业自己仍需要完成许多网络管理任务。所以，一个完善的 VPN 管理系统是必不可少的。VPN 管理的目标为：减小网络风险、具有高扩展性、经济性、高可靠性等优点。事实上，VPN 管理主要包括安全管理、设备管理、配置管理、访问控制列表管理、QoS 管理等内容。

### 10.1.4 VPN 采用的安全技术

在开放的公共网络环境中，VPN 利用多种技术组建专用网络，能够在处于不可靠、非安全网络中的两个实体之间建立一条安全的、私有的专用信道，如同物理上的专用连接一样为企业网络提供安全性、可靠性、可管理性和服务质量保证。

VPN 用来保证数据安全传输的技术主要有：

(1) 隧道技术(Tunneling)。隧道技术是 VPN 的基本技术，它在公用网上建立一条数据通道(隧道)，让数据包通过这条隧道传输。隧道将原始数据包隐藏(或称封装)在新的数据包内部，使用隧道传递的数据(或负载)可以是不同协议的数据帧或数据包。隧道是由隧道协议形成的，隧道协议将这些其他协议的数据帧或数据包重新封装在新的包头中发送。新的包头提供了路由信息，从而使封装的负载数据能够通过互联网络传递。数据包通过 Internet 时，只有在形成隧道的网关之间才被加密。一旦到达网络终点，数据将被解包并转发到最终目的地。隧道技术是包含数据封装、传输和解包在内的全过程。

对于第二层隧道协议(如 PPTP、L2TP)，创建隧道的过程类似于在双方之间建立会话。隧道的两个端点必须同意创建隧道并协商隧道各种配置变量，如地址分配、加密或压缩等参数。第三层隧道协议通常假定所有配置问题已经通过手工完成，这些协议不对隧道进行维护。与第三层隧道协议不同，第二层隧道协议必须包括对隧道的创建、维护和终止。

(2) 加解密技术(Encryption & Decryption)。加解密技术在数据通信中已经较成熟，可以在协议栈的任意层进行，可以对数据包首部或有效负载加密。加密操作可以在端到端之间或网关之间进行。如果采用网关到网关的加密，数据从终端系统传送到第一跳路由器过程中可能被截获。

(3) 密钥管理技术(Key Management)。密钥管理技术规定如何生成密钥，如何保证在公共网络上安全地传递密钥而不被窃取，并能够定期更新 VPN 双方的加密密钥。现行密钥管理技术可分为 SKIP 与 ISAKMP/OAKLEY 两种。SKIP 主要利用 Diffie-Hellman 的演算法则，在网络上传输密钥；在 ISAKMP 中，双方都有两个密钥，分别用于公钥、私钥。

(4) 使用者与设备身份认证技术(Authentication)。使用者与设备身份认证技术用于鉴别通信双方的身份，可以采用口令验证或证书等方式。VPN 采用了许多现存的认证技术，如 PAP(密码认证协议)、CHAP(挑战握手认证协议)、MS-CHAP(Microsoft 挑战握手认证协议)、EAP(扩展认证协议)等。

## 10.2 三层 VPN 技术

### 10.2.1 IPSec 协议

IPSec(IP 安全)协议是因特网工程部(Internet Engineering Task Force，IETF)开发的一套互联网安全标准，为 IP 数据报提供完整性、机密性、数据源身份认证等安全服务。IPSec

协议是在 IP 层提供通信安全的一套协议簇，主要包括密钥协商协议和安全协议两个部分。

1. Internet 密钥交换

IPSec 采用 Internet 密钥交换协议(Internet Key Exchange，IKE)实现安全协议的自动安全参数协商。IKE 协商的安全参数包括加密及认证算法、加密及认证密钥、通信的保护模式(传输或隧道模式)、密钥的生存期等。IKE 还负责这些安全参数的更新。

IKE 主要是两种协议的组合：Internet 安全关联和密钥管理协议 ISAKMP、OAKLEY 密钥决定协议。ISAKMP 定义了认证对方身份的方法、密钥的产生、以及对安全服务进行协商的方法。OAKLEY 密钥决定协议用来建立一个共享的密码，该密码可以作为数据交换时的密钥。

2. 安全协议

IPSec 使用两个安全协议提供数据包的安全保护，即鉴别首部(Authentication Header，AH)和封装安全有效载荷(Encapsulation Security Payload，ESP)。

(1) AH 为 IP 数据报提供完整性检验和身份认证。然而，AH 并不提供任何机密性服务，它不加密受保护的数据包。AH 通过对 IP 数据报进行完整性检验，以确保数据包的完整性。

AH 具有两种工作模式，即传输模式和隧道模式，其数据包封装格式分别如图 10.3 和图 10.4 所示。传输模式使用原有的 IP 首部，AH 首部被插入到 IP 首部的后面；隧道模式中需要建立一个新的 IP 首部，AH 被插入到原 IP 首部和新 IP 首部之间，原始 IP 数据报保持完整不变而被封装在新的 IP 数据报中。

传输模式仅为上层协议(IP 包的有效载荷)提供保护，而隧道模式能够为整个 IP 数据报提供保护机制。

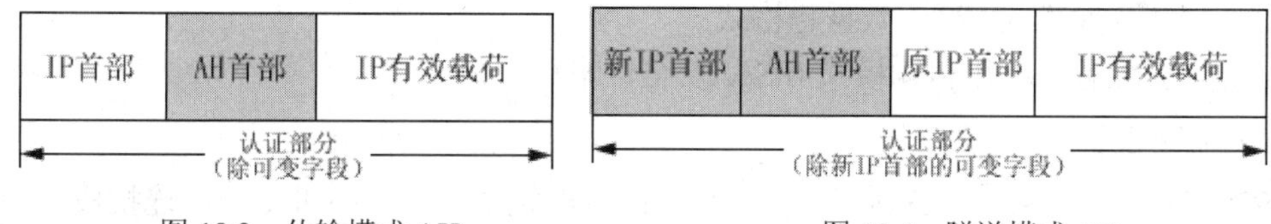


图 10.3　传输模式 AH　　　　图 10.4　隧道模式 AH

隧道模式下，外层 IP 首部中的 IP 地址可以与内部 IP 首部中的 IP 地址不同，这就使得两个网关可以通过 AH 隧道对它们所连接的网络之间的全部通信进行安全保护。

传输模式 AH 适用于主机而不是网关，优点在于额外开销较小，但是无法对原 IP 首部的可变字段进行保护。隧道模式能够对被封装的数据报提供完全的保护，同时使得私有地址在 Internet 的使用成为可能。不足的是，隧道模式带来了额外的处理开销。

(2) ESP 的功能是为 IP 数据报提供完整性检验、身份认证和加密，同时还可能提供可选择的重放攻击保护。重放攻击保护功能只能由接收方来选择。

与 AH 一样，ESP 也具有两种工作模式：传输模式和隧道模式，其数据包格式分别如图 10.5 和图 10.6 所示。

传输模式把 ESP 首部插入到 IP 首部之后，并在原始 IP 数据报的尾部增加一个 ESP 尾部，ESP 认证数据紧跟 ESP 尾部。隧道模式把整个原始 IP 数据报封装在新的 IP 数据报中，在原始 IP 数据报开始部分添加一个新的 IP 首部和 ESP 首部，在结尾部分附加 ESP 尾部和 ESP 认证数据。

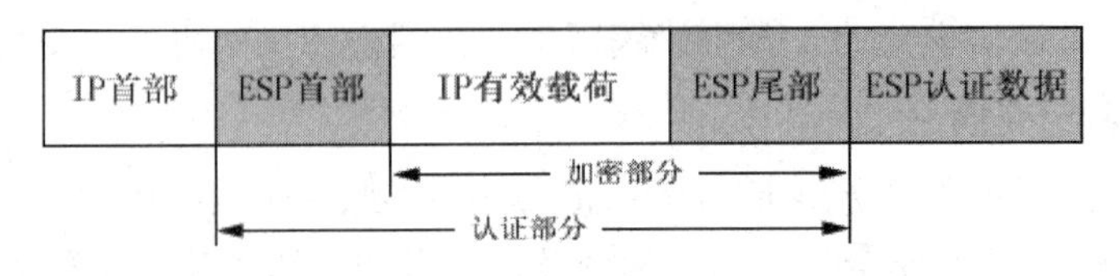


图 10.5　传输模式 ESP

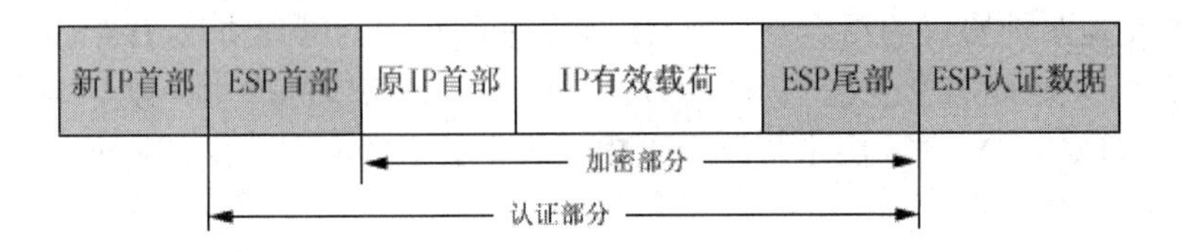


图 10.6　隧道模式 ESP

传输模式 ESP 并不对 IP 首部提供身份认证和加密，但是隧道模式能够对原有的 IP 首部提供身份认证和加密功能。

如果隧道起点与终点分别位于两个主机之间，新 IP 首部中的 IP 地址和原 IP 首部中的 IP 地址可能相同。但是，如果隧道是位于两个网关之间，新的 IP 首部中的 IP 地址将反映网关的地址。

### 10.2.2　实验　传输模式 IPSec 策略的配置

【实验目的】

(1) 了解 IPSec 协商过程。

(2) 理解传输模式 IPSec 数据包格式。

(3) 学会配置并应用传输模式 IPSec 安全策略。

【实验环境】

安装 Windows Server 2008 系统(标准版)的 PC 机 2 台，交换机 1 台，连接成如图 10.7 所示网络。

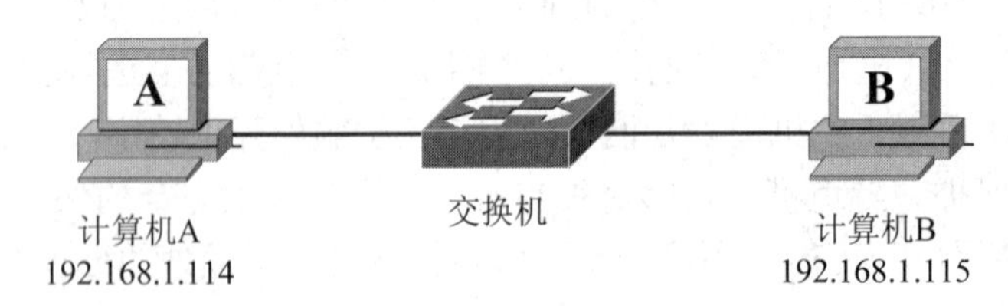


图 10.7　网络连接拓扑图

【实验过程】

#### 1. 新建 IP 安全策略

(1) 在计算机 A 上，依次单击“开始”→“管理工具”→“本地安全策略”菜单，打开“本地安全策略”窗口，如图 10.8 所示。

(2) 右键单击节点“IP 安全策略，在本地计算机”，在弹出的快捷菜单中，单击“创建 IP 安全策略”项。

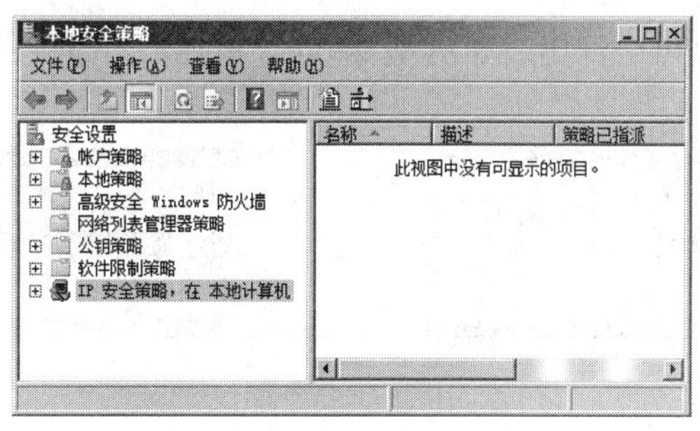


图 10.8　“本地安全策略”窗口

(3) 弹出“欢迎使用 IP 安全策略向导”窗口，如图 10.9 所示。单击“下一步”按钮。

(4) 弹出“IP 安全策略名称”窗口，如图 10.10 所示。填写合适的“名称”和“描述”，单击“下一步”按钮。

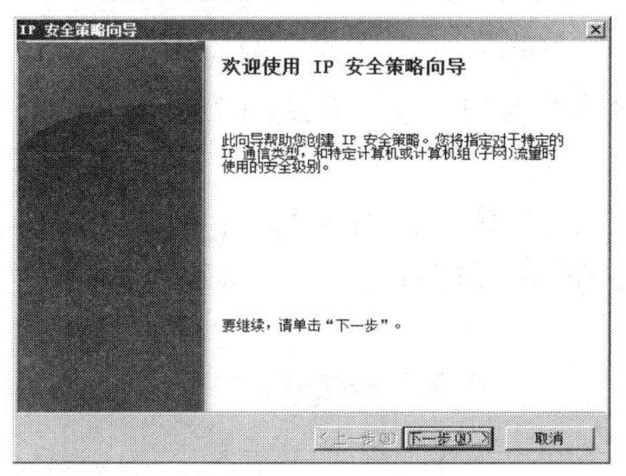

图 10.9　启动 IP 安全策略向导

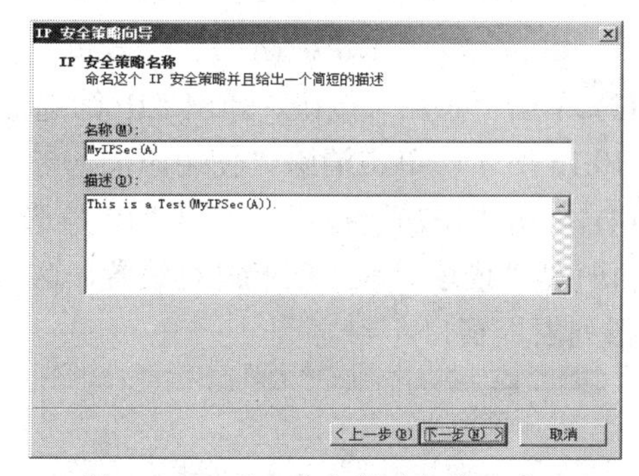


图 10.10　“IP 安全策略名称”窗口

(5) 弹出“安全通讯请求”窗口，如图 10.11 所示。单击“下一步”按钮。

(6) 弹出“正在完成 IP 安全策略向导”窗口，单击清除“编辑属性”复选框，如图 10.12 所示。单击“完成”按钮。

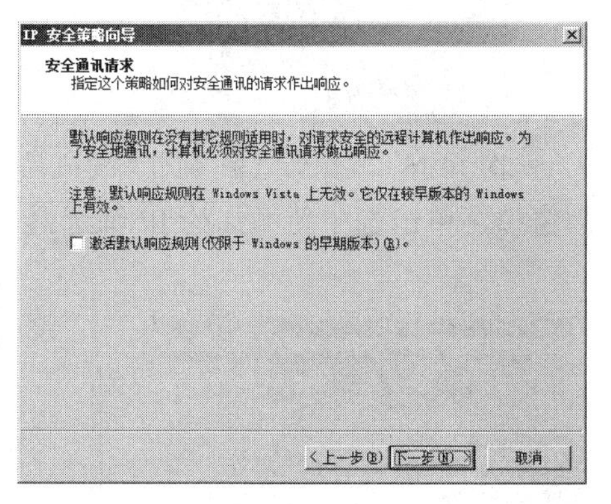


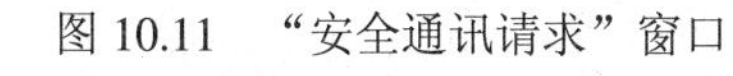
图 10.11　“安全通讯请求”窗口

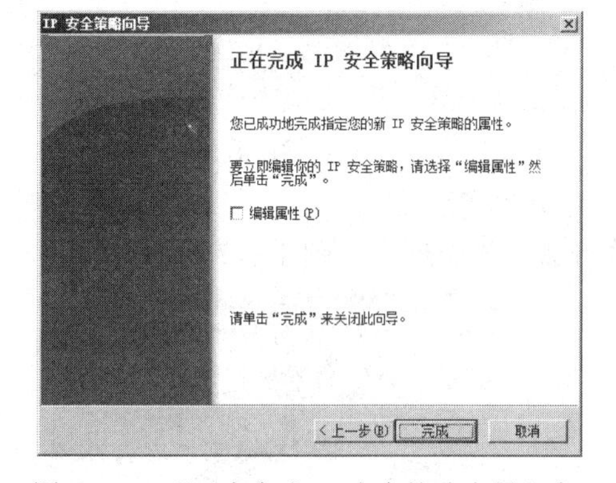


图 10.12　“正在完成 IP 安全策略向导”窗口

至此，新建了名称为“MyIPSec(A)”的安全策略，下面将对其属性进行编辑。

### 2. 添加 IP 安全规则

(1) 在“本地安全策略”窗口中，如图 10.8 所示，双击新建的 IP 安全策略，弹出“MyIPSec(A) 属性”窗口，如图 10.13 所示。选择“规则”选项卡，单击清除“使用‘添加向导’”复选框。

(2) 单击“添加”按钮，弹出“新规则 属性”窗口，选择“IP 筛选器列表”选项卡，如图 10.14 所示。

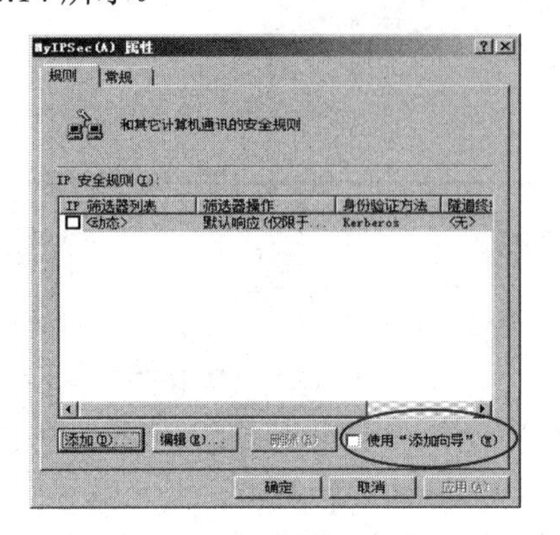


图 10.13 “MyIPSec(A) 属性”窗口

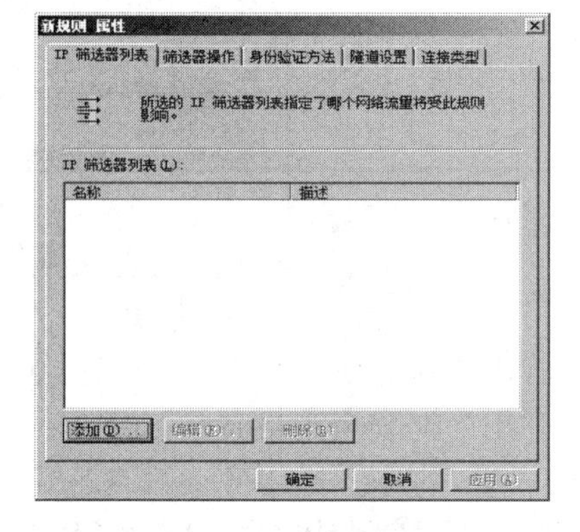


图 10.14 “新规则 属性”窗口

(3) 单击“添加”按钮，弹出“IP 筛选器列表”窗口，填写合适的“名称”和“描述”，如图 10.15 所示。单击清除“使用添加向导”复选框。

(4) 单击“添加”按钮，弹出“IP 筛选器 属性”窗口，如图 10.16 所示。可以对“地址”“协议”“描述”等选项卡进行设置，这里保留默认值即可，单击“确定”按钮回到“IP 筛选器列表”窗口。

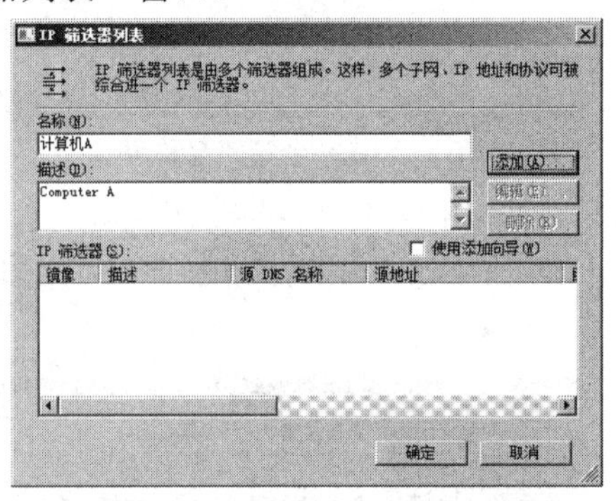


图 10.15 “IP 筛选器列表”窗口

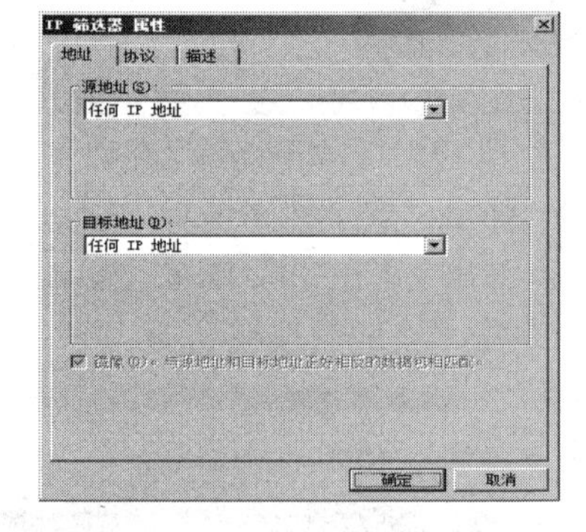


图 10.16 “IP 筛选器 属性”窗口

(5) 单击“确定”按钮，回到“新规则 属性”窗口，单击选中新添加的 IP 筛选器“计算机 A”单选框，如图 10.17 所示。

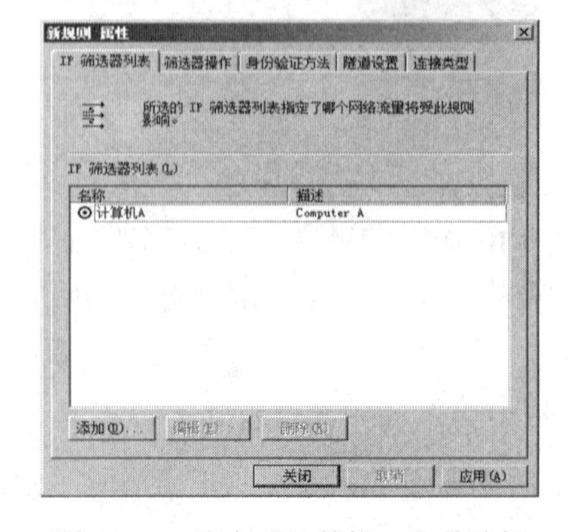


图 10.17 选中“计算机 A”单选框

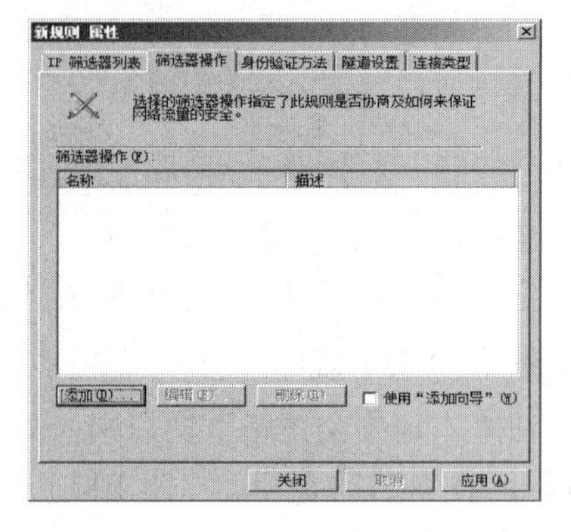


图 10.18 “筛选器操作”选项卡

(6) 选择“筛选器操作”选项卡，如图 10.18 所示。单击清除“使用‘添加向导’”复选框。

(7)　单击“添加”按钮，弹出“新筛选器操作 属性”窗口，如图 10.19 所示。

(8) 单击“添加”按钮，弹出“新增安全方法”窗口，如图 10.20 所示。选择“完整性和加密”项，单击“确定”按钮回到“新筛选器操作 属性”窗口。

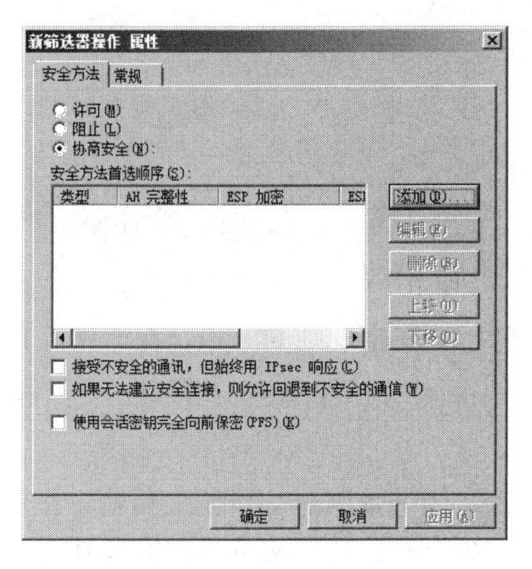


图 10.19　“新筛选器操作 属性”窗口

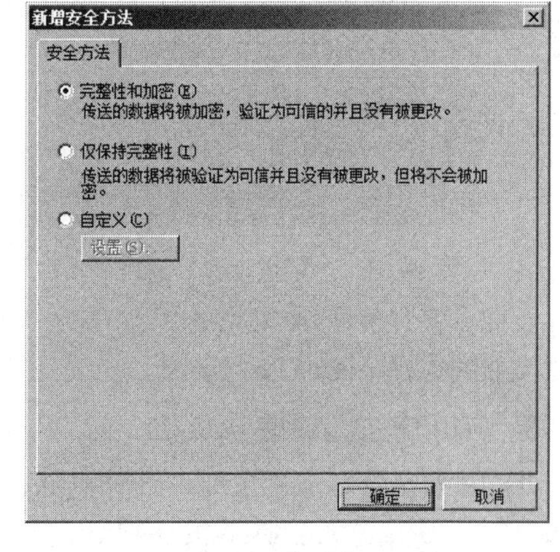


图 10.20　“新增安全方法”窗口

(9) 单击“确定”按钮，回到“新规则 属性”窗口，单击选中新添加的筛选器操作“新筛选器操作”单选框。

(10) 选择“身份验证方法”选项卡，如图 10.21 所示。单击选择“身份验证方法首选顺序”列表中的第一项，单击“编辑”按钮。

(11) 弹出“身份验证方法 属性”窗口，如图 10.22 所示。单击选中“使用此字符串(预共享密钥)”项，并输入预共享密钥(如 12345678)，单击“确定”按钮。

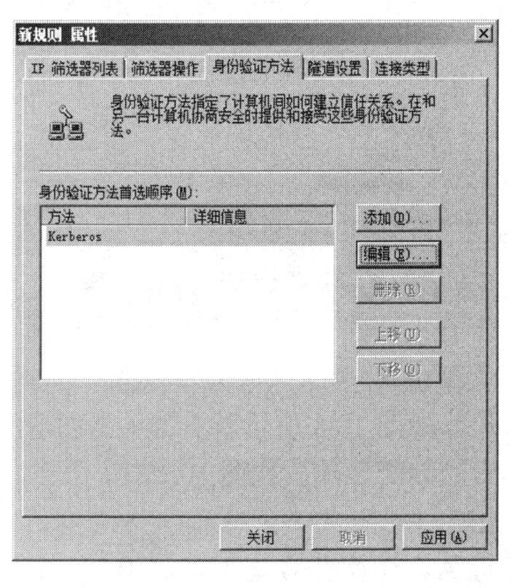


图 10.21　“身份验证方法”选项卡

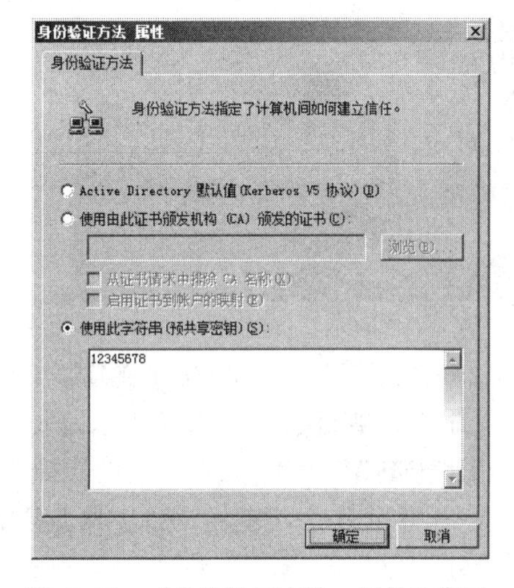


图 10.22　“身份验证方法　属性”窗口

(12) “隧道设置”和“连接类型”选项卡分别保留默认值，分别如图 10.23、图 10.24 所示。单击“关闭”按钮回到“MyIPSec(A) 属性”窗口，单击“确定”按钮。

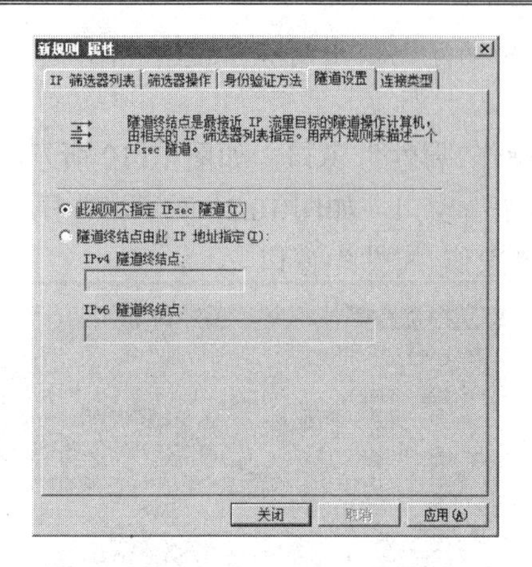


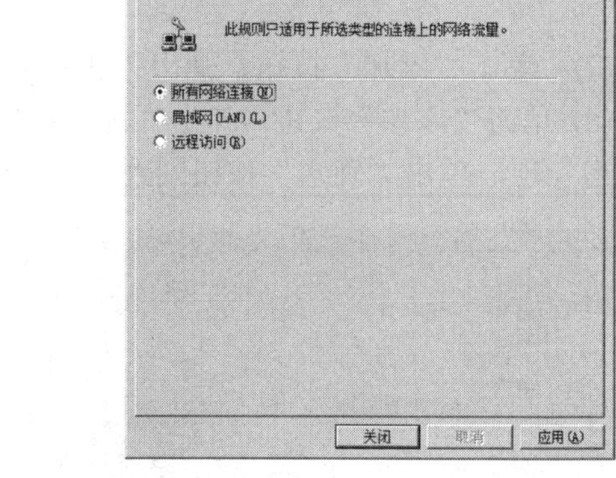


图 10.23 “隧道设置”选项卡　　　　图 10.24 “连接类型”选项卡

至此，在计算机 A 上完成了 IP 安全策略的创建及 IP 安全规则的添加。在计算机 B 上按照类似的方法，重复以上步骤。

### 3．应用 IP 安全策略

(1) IP 安全策略应用之前，计算机 A、计算机 B 之间的数据包均以明文传输。在计算机 A 上启动协议分析工具 Wireshark，同时用“ping”命令测试计算机 A、计算机 B 之间的连通性，如图 10.25 所示。

(2) Wireshark 捕获的数据包如图 10.26 所示。可以看出计算机 A、计算机 B 之间以明文传输 ICMP 数据。

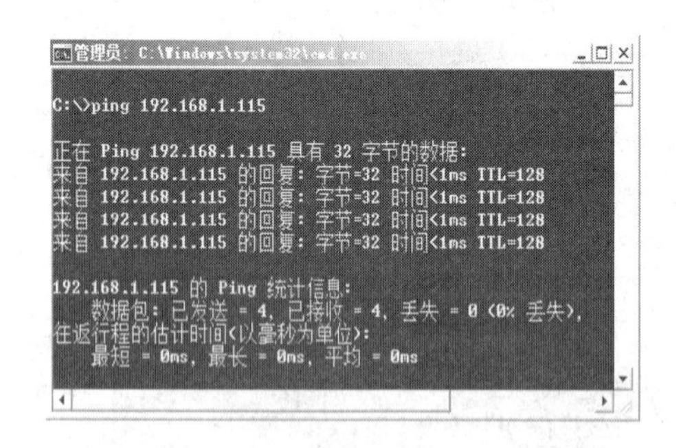


图 10.25 测试计算机 A、计算机 B 的连通性　　　　图 10.26 明文传输 ICMP 数据

(3) 在计算机 A 上，打开“本地安全策略”窗口，如图 10.8 所示。右键单击创建的 IP 安全策略(MyIPSec(A))，在弹出的快捷菜单中，单击“分配”项，如图 10.27 所示。

在计算机 B 上，重复这一步骤，分配 IP 安全策略。

(4) 在计算机 A 上，用“ping”命令测试计算机 A、计算机 B 之间的连通性。计算机 A、计算机 B 之间，IPSec 协商成功后即可按照 IPSec 策略指定的规则通信。

(5) 再次在计算机 A 上启动 Wireshark，并用“ping”命令测试计算机 A、计算机 B 之间的连通性，传输的 ICMP 数据如图 10.28 所示。此时，ICMP 数据包内容已经被加密。

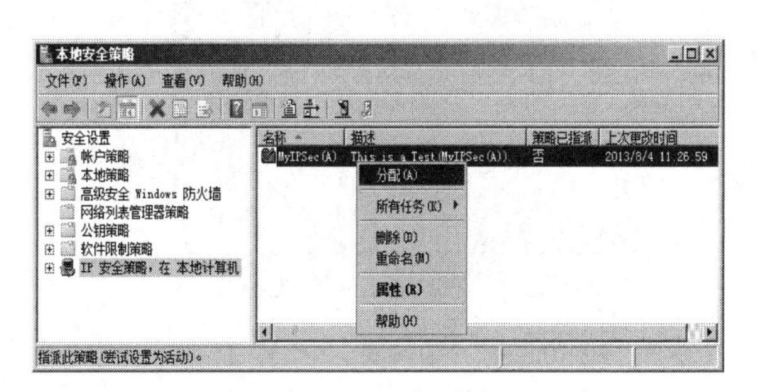


图 10.27　分配 IP 安全策略

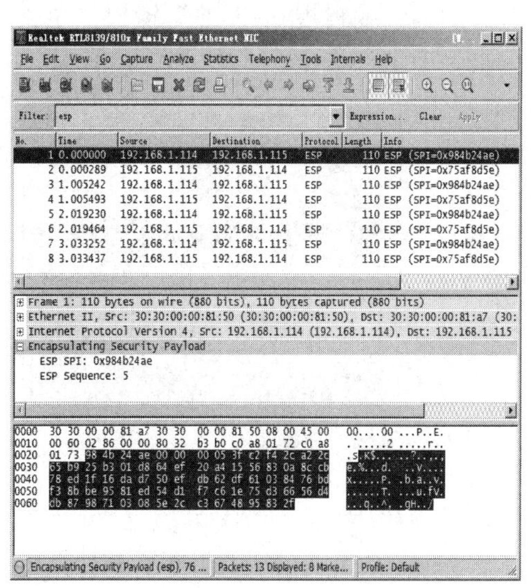


图 10.28　传输模式 ICMP 数据

## 4．更改“筛选器操作”

(1) 在计算机 A 上，打开“本地安全策略”窗口，如图 10.8 所示，双击新建的 IP 安全策略(MyIPSec(A))，弹出“MyIPSec(A) 属性”窗口，选择“规则”选项卡，如图 10.29 所示。

(2) 选择新添加的 IP 安全规则“计算机 A”，单击“编辑”按钮，弹出“编辑规则 属性”窗口，选择“筛选器操作”选项卡，如图 10.30 所示。

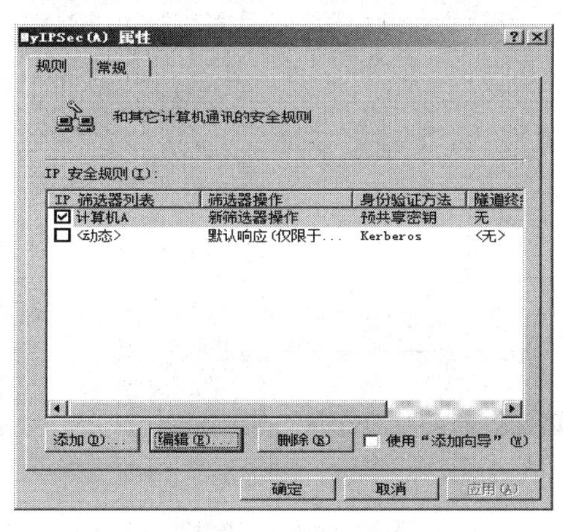


图 10.29　“规则”选项卡

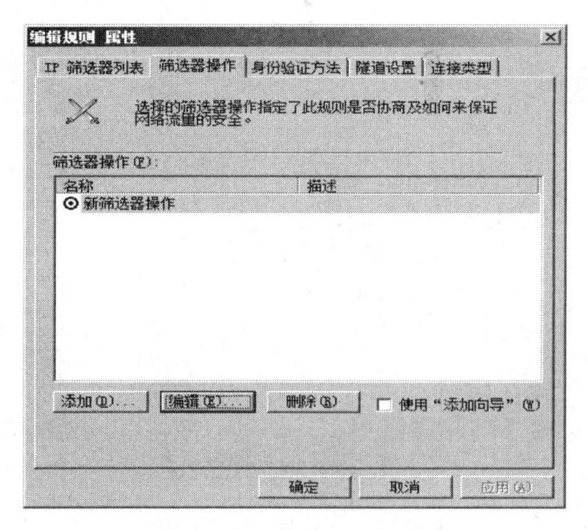


图 10.30　“编辑规则 属性”窗口

(3) 选择“筛选器操作”列表中的“新筛选器操作”项，单击“编辑”按钮，弹出“新筛选器操作 属性”窗口，如图 10.31 所示。

(4) 单击“编辑”按钮，弹出“编辑安全方法”窗口，如图 10.32 所示。选择“自定义”项，单击“设置”按钮。

(5) 弹出“自定义安全方法设置”窗口，如图 10.33 所示。单击选中“数据和地址不加密的完整性(AH)”复选框，清除“数据完整性和加密(ESP)”复选框。三次单击“确定”按钮，回到“编辑规则 属性”窗口。单击“关闭”按钮，回到“MyIPSec(A) 属性”窗口，单击“确定”按钮。

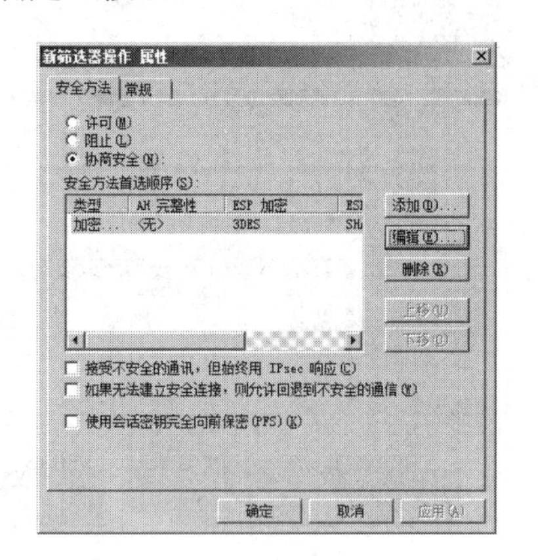


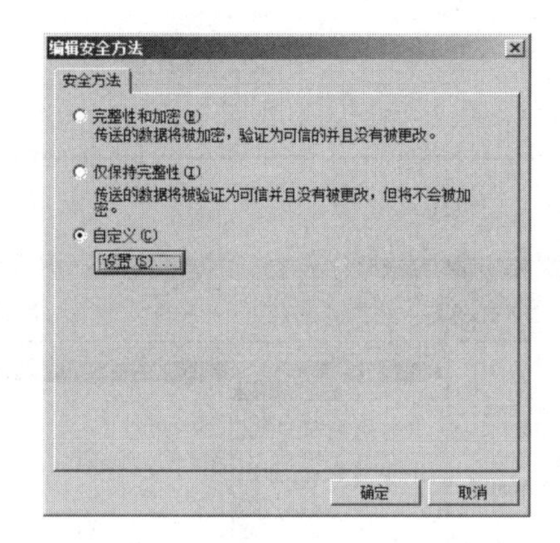


图 10.31 “新筛选器操作 属性”窗口　　　　图 10.32 “编辑安全方法”窗口

(6) 在计算机 B 上，重复以上更改“筛选器操作”的步骤。

(7) 用“ping”命令测试计算机 A、计算机 B 之间的连通性，并用 Wireshark 捕获传输的数据，如图 10.34 所示。此时，能够看出明文的 ICMP 数据包，这正说明了 AH 协议并不对数据包提供加密保护。

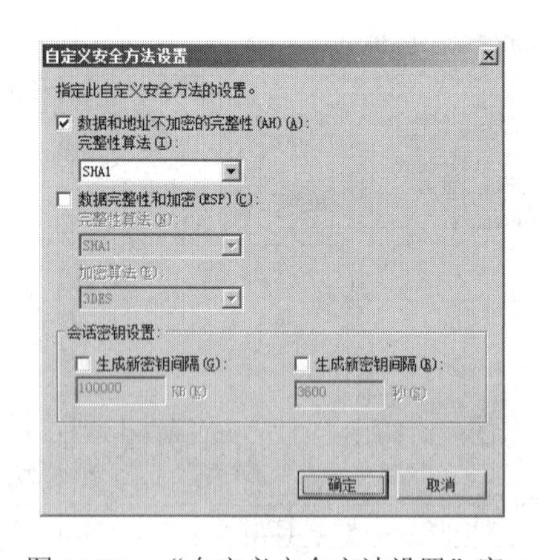


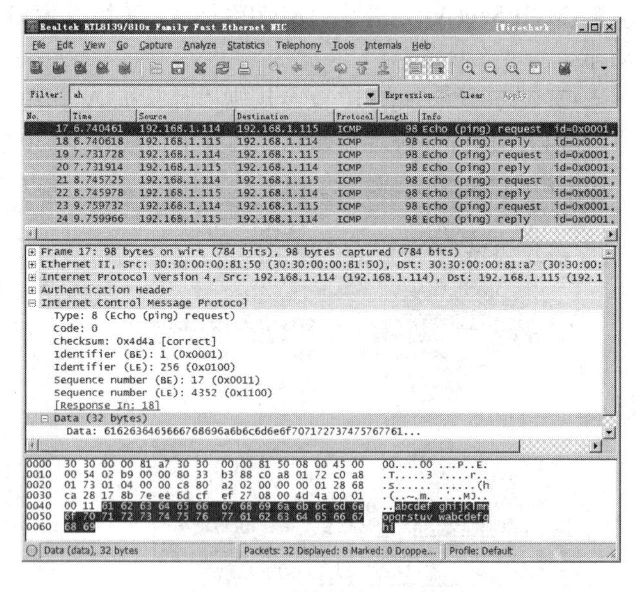


图 10.33 “自定义安全方法设置”窗口　　　　图 10.34 传输模式 AH 数据

## 10.2.3 实验 隧道模式 IPSec 策略的配置

**【实验目的】**

(1) 加深对 IPSec 协商过程的理解。

(2) 理解隧道模式 IPSec 数据包格式。

(3) 学会配置并应用隧道模式 IPSec 安全策略。

【实验环境】

安装 Windows Server 2008 系统(标准版)的 PC 机 2 台，交换机 1 台，连接成如图 10.35 所示网络。

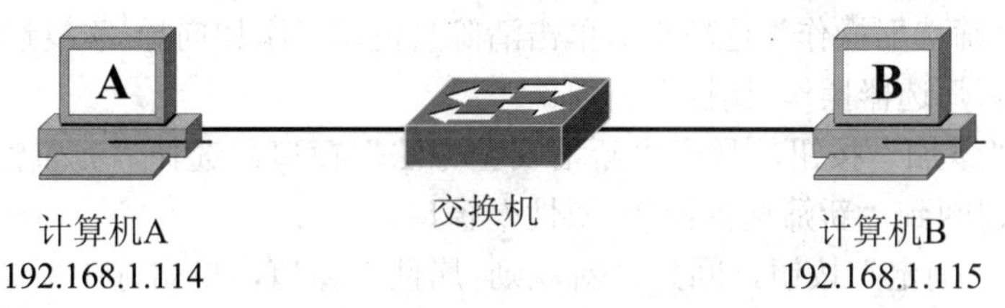


图 10.35　网络连接拓扑图

【实验过程】

1. 新建 IP 安全策略

参考 10.2.2 节相关步骤，在计算机 A 上，创建名称为“隧道模式 IPSecA”的 IPSec 策略。

在计算机 B 上，重复同样步骤，创建名称为“隧道模式 IPSecB”的 IPSec 策略。

2. 添加 IP 安全规则

(1) 在计算机 A 的“本地安全策略”窗口中，如图 10.8 所示，双击新建的 IP 安全策略“隧道模式 IPSecA”，弹出“隧道模式 IPSecA 属性”窗口，如图 10.36 所示。选择“规则”选项卡，单击清除窗口右下角的“使用‘添加向导’”复选框。

(2) 单击“添加”按钮，弹出“新规则 属性”窗口，选择“IP 筛选器列表”选项卡。

(3) 单击“添加”按钮，弹出“IP 筛选器列表”窗口，填写合适的“名称”和“描述”，如图 10.37 所示。单击清除“使用‘添加向导’”复选框。

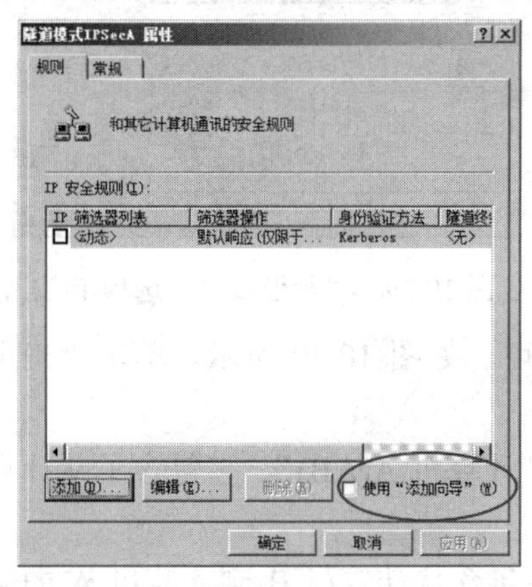


图 10.36　“隧道模式 IPSecA 属性”窗口

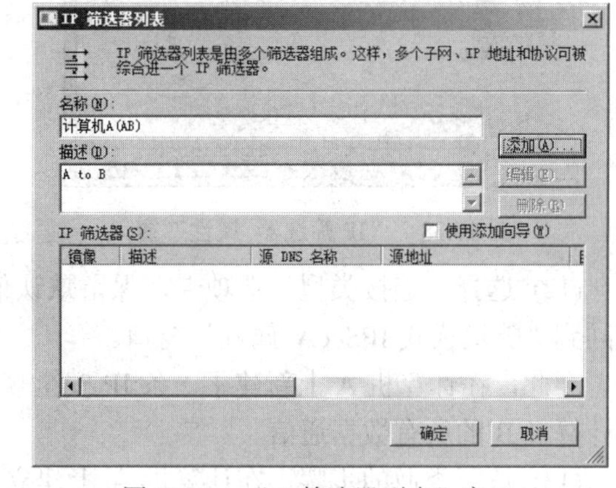


图 10.37　“IP 筛选器列表”窗口

(4) 单击“添加”按钮，弹出“IP 筛选器 属性”窗口，选择“地址”选项卡，如图 10.38 所示。完成以下操作后，单击“确定”按钮，回到“IP 筛选器列表”窗口。

- 在“源地址”栏内，单击下拉列表选择“一个特定的 IP 地址或子网”项，并输入计算机 A 的 IP 地址，即“192.168.1.114”。
- 在“目标地址”栏内，单击下拉列表选择“一个特定的 IP 地址或子网”项，并输入计算机 B 的 IP 地址，即“192.168.1.115”。

● 单击清除“镜像”复选框。隧道模式 IPSec 的筛选器不可使用“镜像”功能。

(5) 单击“确定”按钮，回到“新规则 属性”窗口，在“IP 筛选器列表”选项卡中单击选中新添加的 IP 筛选器“计算机 A(AB)”单选框。

(6) 选择“筛选器操作”选项卡，单击清除“使用‘添加向导’”复选框。单击“添加”按钮，弹出“新筛选器操作 属性”窗口。

(7) 单击“添加”按钮，弹出“新增安全方法”窗口，选择“完整性和加密”项，单击“确定”按钮回到“新筛选器操作 属性”窗口。

(8) 单击“确定”按钮，回到“新规则 属性”窗口，单击选中新添加的筛选器操作“新筛选器操作”单选框。

(9) 选择“身份验证方法”选项卡，单击选择“身份验证方法首选顺序”列表中的第一项，单击“编辑”按钮。

(10) 弹出“身份验证方法 属性”窗口，单击选中“使用此字符串(预共享密钥)”项，并输入预共享密钥(如 12345678)，单击“确定”按钮。

(11) 选择“隧道设置”选项卡，单击选中“隧道终结点由此 IP 地址指定”项，并在“IPv4 隧道终结点”下方文本框内输入计算机 B 的 IP 地址，即“192.168.1.115”，如图 10.39 所示。单击“应用”按钮。

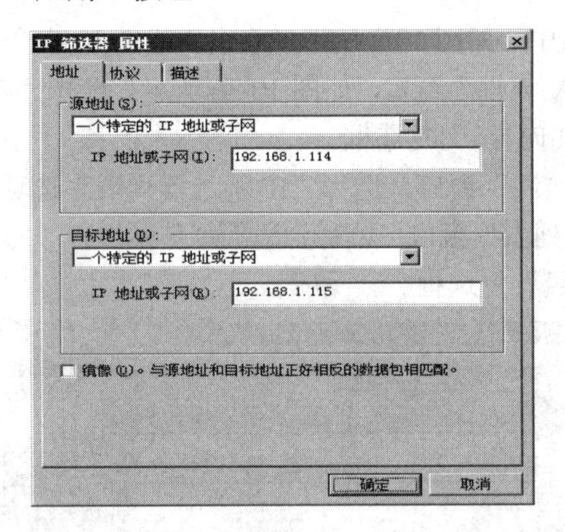


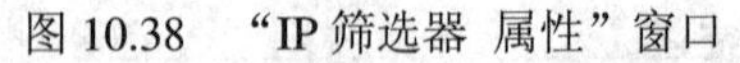
图 10.38 “IP 筛选器 属性”窗口

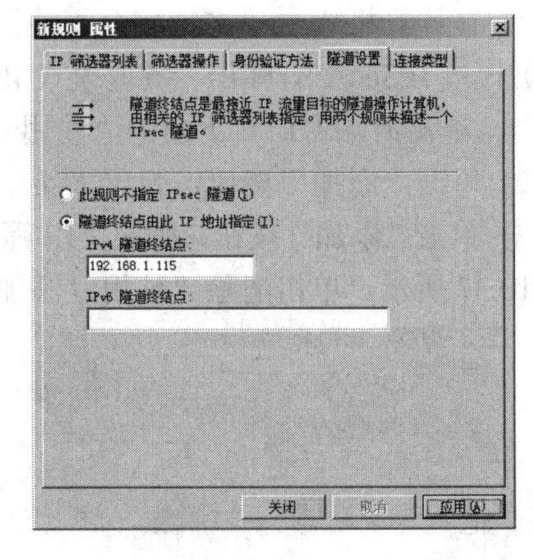


图 10.39 “隧道设置”选项卡

(12) 选择“连接类型”选项卡，保留默认值即可，如图 10.40 所示。单击“确定”按钮回到“隧道模式 IPSecA 属性”窗口。

至此，在计算机 A 上新建了一条 IP 安全规则“计算机 A(AB)”，它包含了从计算机 A 到计算机 B 的所有数据通信。

(13) 按照类似的步骤，在计算机 A 上建立一条包含从计算机 B 到计算机 A 的所有数据通信的规则“计算机 A(BA)”。与上述步骤不同的是：

● 源地址与目标地址，如图 10.41 所示。源地址指定为计算机 B 的 IP 地址，目标地址指定为计算机 A 的 IP 地址。

● 指定隧道终结点的 IP 地址，如图 10.42 所示。 隧道终结点的地址指定为计算机 A 的 IP 地址。

(14) 创建完成的两条 IP 安全规则，即计算机 A(AB)和计算机 A(BA)，如图 10.43 所示。

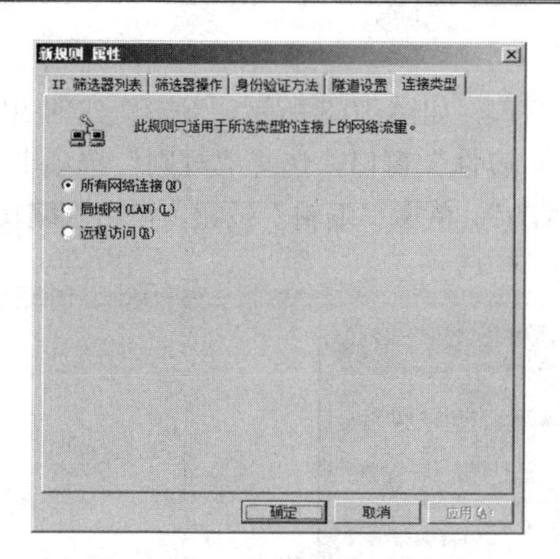


图 10.40　“连接类型”选项卡

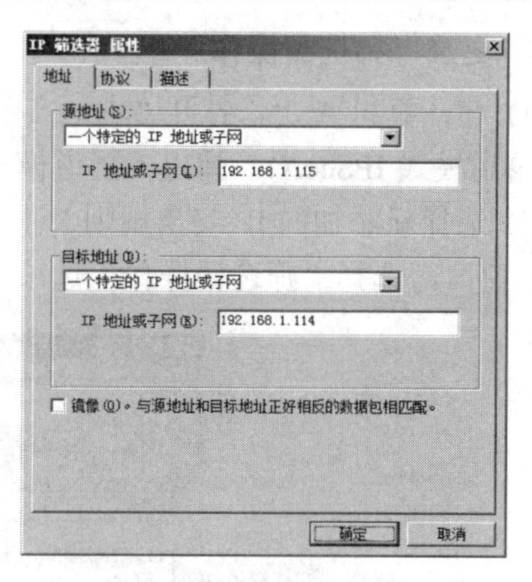


图 10.41　指定源地址及目标地址

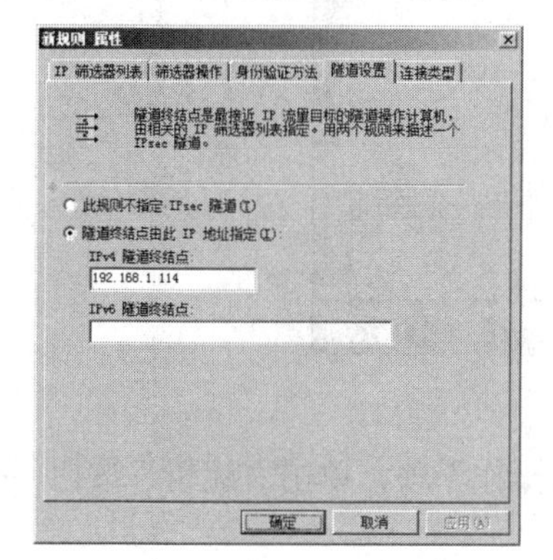


图 10.42　指定隧道终结点

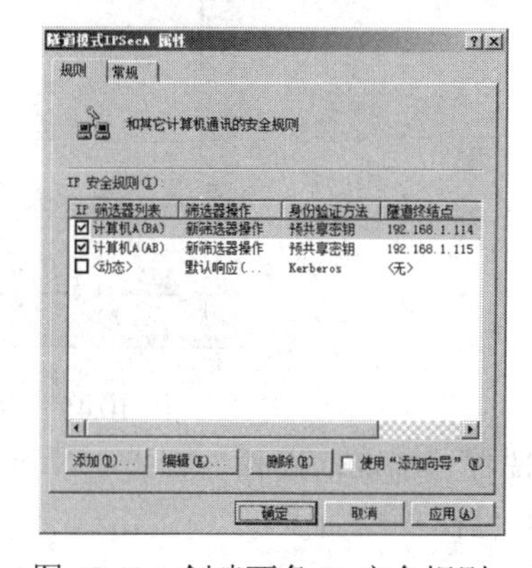


图 10.43　创建两条 IP 安全规则

(15) 在计算机 B 上，按照类似的步骤，为 IPSec 策略“隧道模式 IPSecB”创建两条 IP 安全规则，即计算机 B(BA)和计算机 B(AB)。

### 3. 应用 IPSec 策略

(1) 分别在计算机 A、计算机 B 上分配新建的 IPSec 策略。

(2) 在计算机 A 上，启动 Wireshark，并用“ping”命令测试计算机 A、计算机 B 之间的连通性，传输的 ICMP 数据如图 10.44 所示。此时，ICMP 数据包内容已经被加密。

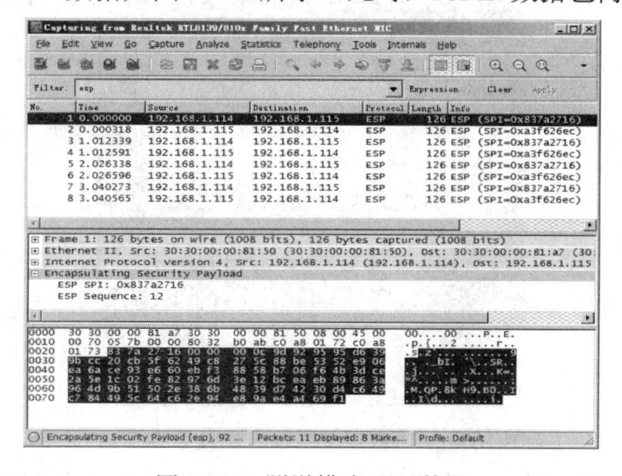


图 10.44　隧道模式 ESP 数据

### 4．更改“筛选器操作”

(1) 在计算机 A 上，打开“本地安全策略”窗口，如图 10.8 所示。双击新建的 IP 安全策略(隧道模式 IPSecA)，弹出“隧道模式 IPSecA 属性”窗口，选择“规则”选项卡。

(2) 选择新添加的 IP 安全规则“计算机 A(AB)”，单击“编辑”按钮，弹出“编辑规则属性”窗口，选择“筛选器操作”选项卡，如图 10.45 所示。

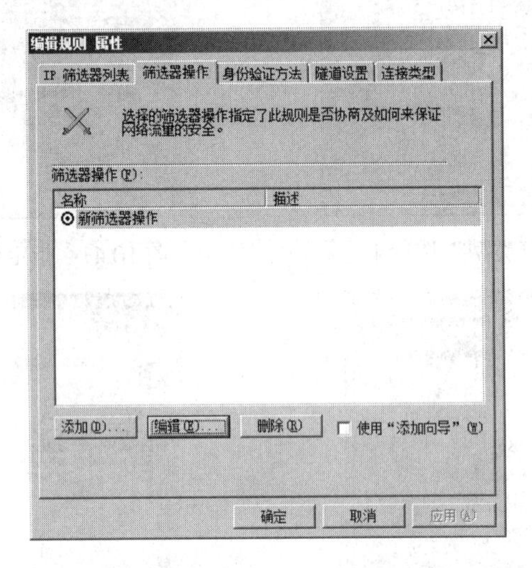


图 10.45 “编辑规则 属性”窗口

(3) 选择“筛选器操作”列表中的“新筛选器操作”项，单击“编辑”按钮，弹出“筛选器操作 属性”窗口。

(4) 单击“编辑”按钮，弹出“编辑安全方法”窗口，选择“自定义”项，单击“设置”按钮。

(5) 弹出“自定义安全方法设置”窗口，如图 10.46 所示。单击选中“数据和地址不加密的完整性(AH)”复选框，清除“数据完整性和加密(ESP)”复选框。三次单击“确定”按钮，回到“编辑规则 属性”窗口。单击“关闭”按钮，回到“隧道模式 IPSecA 属性”窗口，单击“确定”按钮。

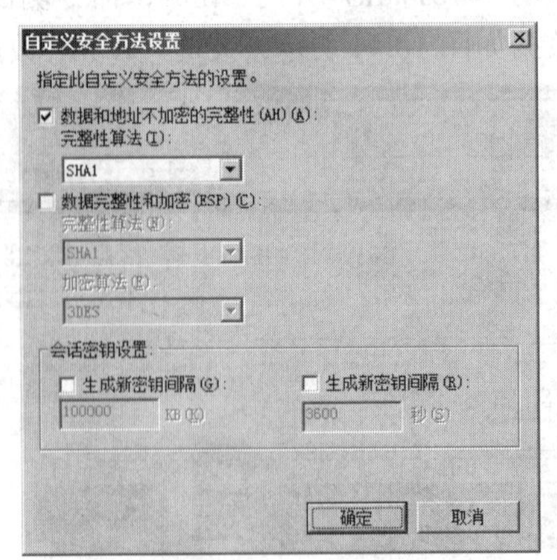


图 10.46 “自定义安全方法设置”窗口

说明：“计算机 A(AB)”和“计算机 A(BA)”两条 IP 安全规则共用了同一个筛选器操

作，即“新筛选器操作”，因此不再需要对“计算机 A(BA)”执行以上更改筛选器操作的步骤。

(6) 在计算机 B 上，按照类似的方法，执行更改“筛选器操作”的步骤。

(7) 在计算机 A、计算机 B 上，分别对 IP 安全策略“隧道模式 IPSecA”、“隧道模式 IPSecB”重新进行分配，以使更改筛选器操作的步骤生效。

(8) 用“ping”命令测试计算机 A、计算机 B 之间的连通性，并用 Wireshark 捕获传输的数据，如图 10.47 所示。此时，能够看出明文的 ICMP 数据包，报文中同时包含了原 IP 首部、新 IP 首部。可以分析传输模式 AH 和隧道模式 AH 数据格式的不同。

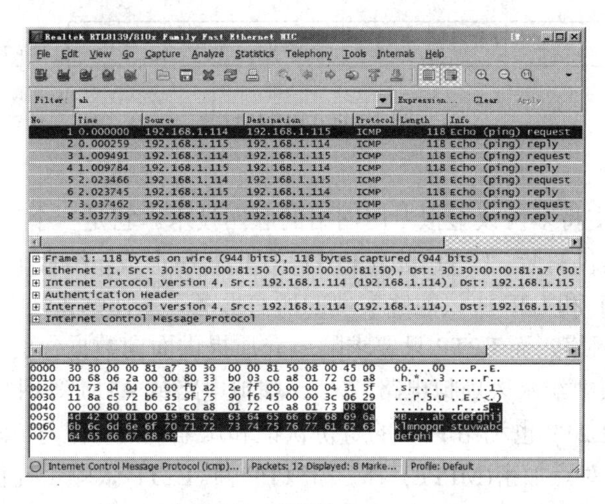


图 10.47　隧道模式 AH 数据

## 10.3　二层 VPN 技术

### 10.3.1　第二层隧道协议

VPN 客户和 VPN 服务器使用隧道协议管理隧道和发送隧道中的数据。典型的第二层隧道协议有：点对点隧道协议(Point-to-Point Tunneling Protocol，PPTP)和第二层隧道协议(Layer 2 Tunneling Protocol，L2TP)。

#### 1. PPTP 协议

PPTP 是一种支持多协议虚拟专用网络的联网技术。VPN 的两个主要服务就是封装和加密，使用 PPTP 协议对数据包的封装过程如图 10.48 所示。PPTP 是点对点协议(Point-to-Point Protocol, PPP)的扩展，并利用 PPP 的身份认证、压缩和加密机制。一个包含 IP 数据报的 PPP 帧是用通用路由封装(Generic Routing Encapsulation，GRE)报头和 IP 报头来封装的。响应 VPN 客户端和 VPN 服务器的源 IP 地址及目标 IP 地址位于 IP 报头中。

PPTP 通过使用从 MS-CHAP 或 EAP-TLS 身份认证过程中生成的密钥，对 PPP 帧以“Microsoft 点对点加密(MPPE)”方式进行加密。为了加密 PPP 有效负载，VPN 客户端必须使用 MS-CHAP 或 EAP-TLS 身份认证协议。PPTP 不提供加密服务，PPTP 对已经加密的

PPP 帧进行封装。

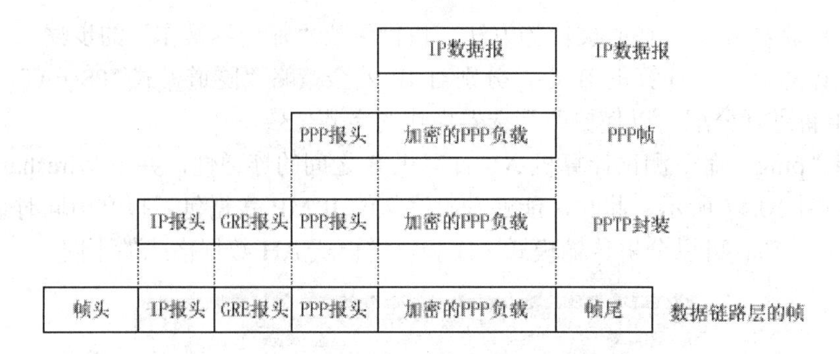


图 10.48　PPTP 封装

2. L2TP 协议

L2TP 也是一种支持多协议虚拟专用网络的联网技术。它是一个工业标准的 Internet 隧道协议，对 PPP 帧提供封装。L2TP 融合 PPTP 与 L2F 而形成，结合了 PPTP 和 L2F 协议的优点，几乎实现 PPTP 和 L2F 协议能够实现的所有服务，并且更加强大、灵活。例如，PPTP 要求互联网络为 IP 网络，而 L2TP 只要求隧道介质提供面向数据包的点对点的连接，可以在 IP(使用 UDP)、帧中继永久虚拟电路、X.25 虚拟电路或 ATM 等网络上使用。

与 PPTP 一样，L2TP 也利用 PPP 的身份认证和压缩机制。但与 PPTP 不同的是，L2TP 不采用“Microsoft 点对点加密(MPPE)”来加密 PPP 帧。L2TP 依赖于提供加密服务的 IPSec。基于 L2TP 的虚拟专用网络是 L2TP 和 IPSec 的组合。L2TP 负责为 IP、IPX 和其他协议包提供封装和隧道管理，IPSec 提供 L2TP 隧道数据包的安全性。L2TP 和 IPSec 都必须被 VPN 双方所支持。

基于 IPSec 的 L2TP 数据包经过两次封装，如图 10.49 所示。首先，一个包含 IP 数据报的 PPP 帧是用 L2TP 报头和 UDP 报头来封装的；然后，使用 IPSec 的 ESP 及 IP 报头封装，即增加了 ESP 报头、ESP 报尾、ESP 认证数据和 IP 报头，响应 VPN 客户端和 VPN 服务器的源 IP 地址及目标 IP 地址位于 IP 报头中。

L2TP 协议通过使用在 IPSec 身份认证过程中生成的密钥，并采用对称加密算法加密 L2TP 数据包。

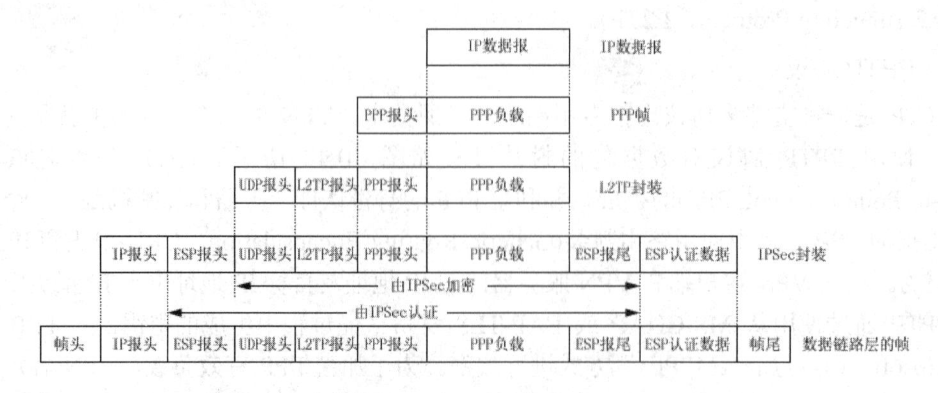


图 10.49　L2TP 封装

### 10.3.2　实验　基于 PPTP 的远程访问 VPN 实现

【实验目的】

(1) 了解 PPTP 协议的工作过程。

(2) 了解 VPN 的原理。

(3) 学会配置基于 PPTP 的远程访问 VPN。

【实验环境】

PC 机至少 3 台，交换机 4 台，路由器 2 台，连接成如图 10.50 所示网络。其中，VPN 服务器用具有双网卡的计算机实现，安装 Windows Server 2008 系统(标准版)。路由器端口及计算机的网络连接参数如表 10-1 所示。

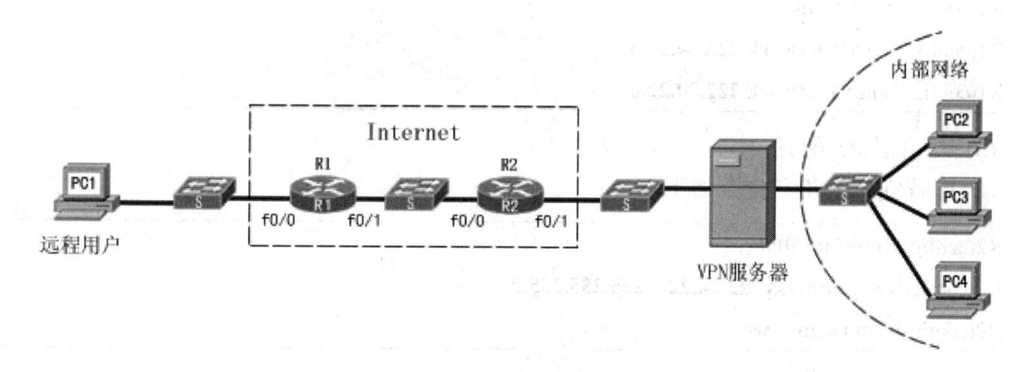


图 10.50　网络连接拓扑图

表 10-1　网络连接参数

| 设　　备 | IP 地址 | 子网掩码 | 默认网关 |
|---|---|---|---|
| 计算机 PC1 | 222.24.21.2 | 255.255.255.0 | 222.24.21.1 |
| 路由器 R1 端口 f0/0 | 222.24.21.1 | 255.255.255.0 | — |
| 路由器 R1 端口 f0/1 | 222.24.22.1 | 255.255.255.0 | — |
| 路由器 R2 端口 f0/0 | 222.24.22.2 | 255.255.255.0 | — |
| 路由器 R2 端口 f0/1 | 222.24.23.1 | 255.255.255.0 | — |
| VPN 服务器外网卡 | 222.24.23.2 | 255.255.255.0 | 222.24.23.1 |
| VPN 服务器内网卡 | 10.0.0.1 | 255.0.0.0 | — |
| 计算机 PC2 | 10.0.0.2 | 255.0.0.0 | 10.0.0.1 |
| 计算机 PC3 | 10.0.0.3 | 255.0.0.0 | 10.0.0.1 |
| 计算机 PC4 | 10.0.0.4 | 255.0.0.0 | 10.0.0.1 |

【实验过程】

#### 1. 搭建基本网络环境

(1) 按照图 10.50 所示网络拓扑，连接网络。

(2) 路由器 R1 配置。

① 配置端口 f0/0。命令如下：

```
R1(config)#interface f0/0
R1(config-if)#ip address 222.24.21.1 255.255.255.0
R1(config-if)#no shutdown
```

② 配置端口 f0/1。命令如下：

```
R1(config)#interface f0/1
R1(config-if)#ip address 222.24.22.1 255.255.255.0
R1(config-if)#no shutdown
```

③ 配置 RIP 协议。命令如下：

```
R1(config)#router rip
R1(config-router)#network 222.24.21.0
R1(config-router)#network 222.24.22.0
```

(3) 路由器 R2 配置。

① 配置端口 f0/0。命令如下：

```
R2(config)#interface f0/0
R2(config-if)#ip address 222.24.22.2 255.255.255.0
R2(config-if)#no shutdown
```

② 配置端口 f0/1。命令如下：

```
R2(config)#interface f0/1
R2(config-if)#ip address 222.24.23.1 255.255.255.0
R2(config-if)#no shutdown
```

③ 配置 RIP 协议。命令如下：

```
R2(config)#router rip
R2(config-router)#network 222.24.22.0
R2(config-router)#network 222.24.23.0
```

(4) 按照表 10-1，正确配置各计算机的网络连接参数。

(5) 用"ping"命令测试以上配置过程是否正确，此时 PC1 可以与 VPN 服务器的外网卡(222.24.23.2)连通，但不能与内网卡(10.0.0.1)连通。

### 2. 安装"路由和远程访问服务"

默认情况下，Windows Server 2008 系统(标准版)中没有安装"路由和远程访问服务"，可以通过添加角色向导来安装。

(1) 在 VPN 服务器上，依次单击"开始"→"管理工具"→"服务器管理器"菜单，打开"服务器管理器"窗口，如图 10.51 所示。双击左侧节点"角色"后，单击右侧"添加角色"链接。

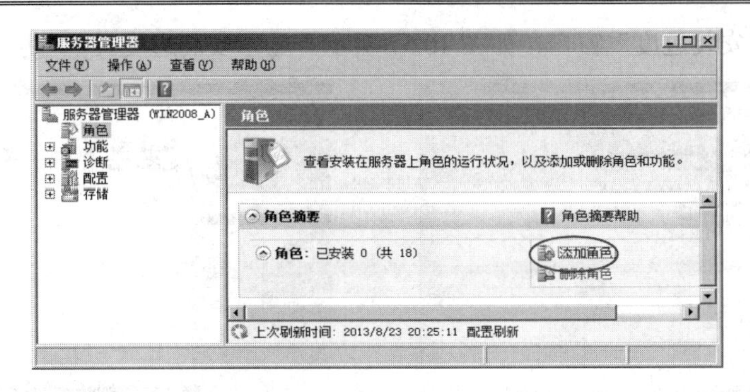


图 10.51　“服务器管理器”窗口

(2) 弹出“开始之前”窗口，如图 10.52 所示。单击“下一步”按钮。

(3) 弹出“选择服务器角色”窗口，如图 10.53 所示。单击选中“网络策略和访问服务”复选框，单击“下一步”按钮。

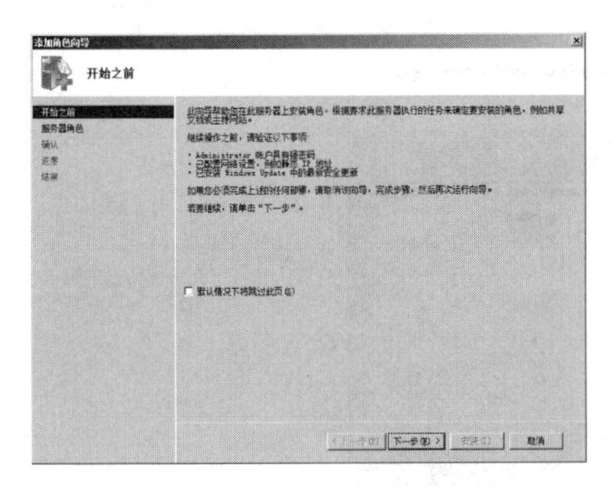


图 10.52　“开始之前”窗口

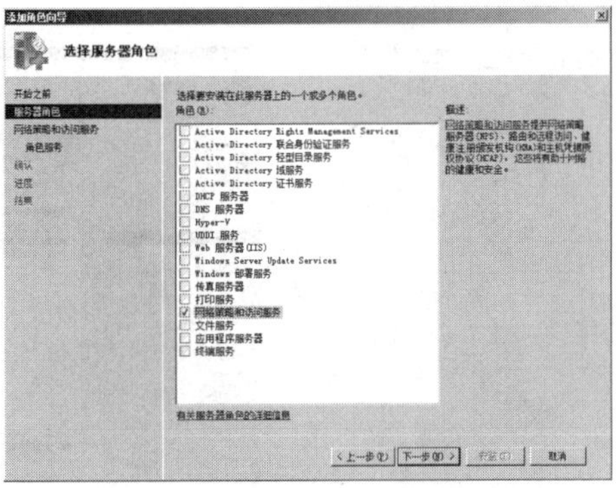

图 10.53　“选择服务器角色”窗口

(4) 弹出“网络策略和访问服务”窗口，如图 10.54 所示。查看网络策略和访问服务简介，单击“下一步”按钮。

(5) 弹出“选择角色服务”窗口，如图 10.55 所示。单击选中“路由和远程访问服务”复选框，单击“下一步”按钮。

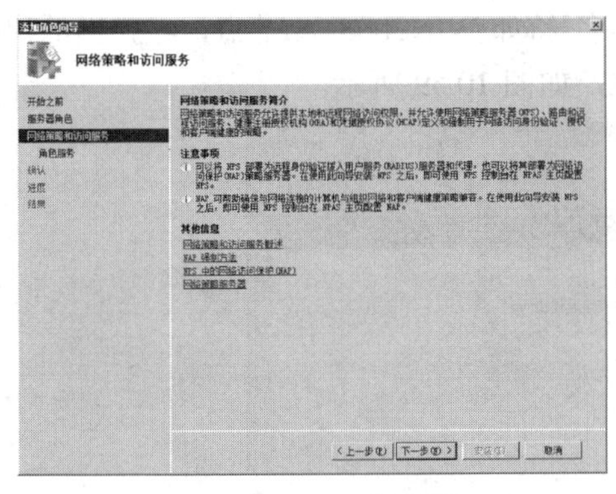


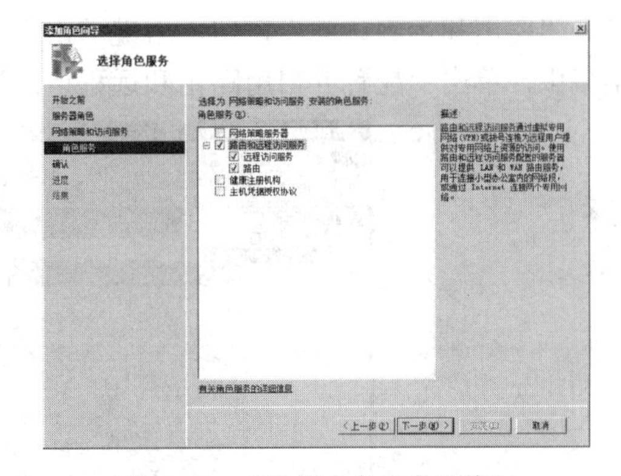


图 10.54　“网络策略和访问服务”窗口

图 10.55　“选择角色服务”窗口

(6) 弹出“确认安装选择”窗口，如图 10.56 所示。列出了准备安装的角色、角色服务，单击“安装”按钮。

(7) 弹出“安装进度”窗口，如图 10.57 所示。显示安装进度。

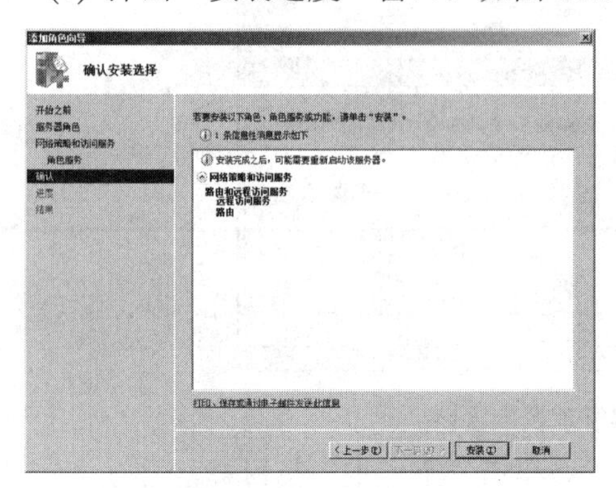


图 10.56 “确认安装选择”窗口

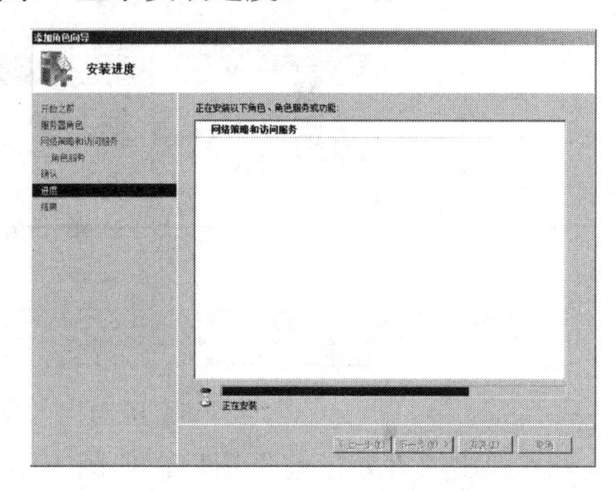


图 10.57 “安装进度”窗口

(8) 安装完成后，弹出“安装结果”窗口，如图 10.58 所示。单击“关闭”按钮结束安装向导。

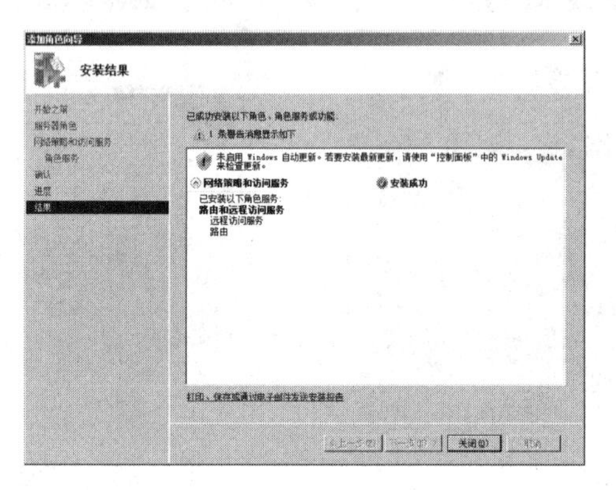


图 10.58 “安装结果”窗口

## 3．VPN 服务器配置

### 1) 配置并启用路由和远程访问

(1) 在 VPN 服务器上，依次单击“开始”→“管理工具”→“路由和远程访问”菜单，打开“路由和远程访问”窗口。右键单击服务器名称(如 WIN2008_A)节点，在弹出的快捷菜单中，单击“配置并启用路由和远程访问”项，如图 10.59 所示。

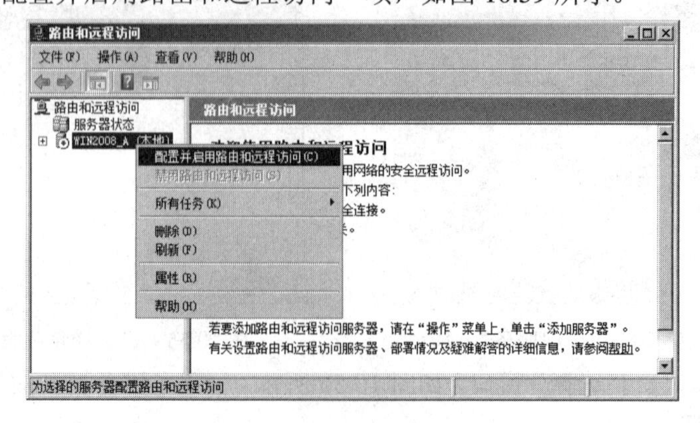


图 10.59 “路由和远程访问”窗口

(2) 弹出“欢迎使用路由和远程访问服务器安装向导”窗口，如图 10.60 所示。单击“下一步”按钮。

(3) 弹出“配置”窗口，如图 10.61 所示。单击选中“远程访问(拨号或 VPN)”项，单击“下一步”按钮。

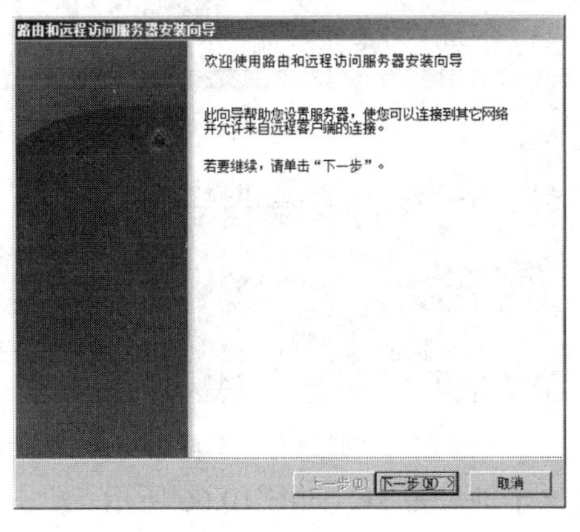


图 10.60　启动安装向导

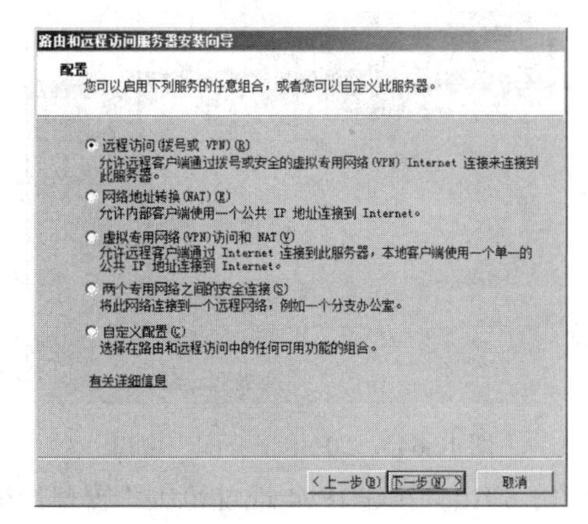


图 10.61　“配置”窗口

(4) 弹出“远程访问”窗口，如图 10.62 所示。单击选中“VPN”复选框，单击“下一步”按钮。

(5) 弹出“VPN 连接”窗口，如图 10.63 所示。选择外网卡对应的本地连接(222.24.23.2)作为连接到 Internet 的连接，单击取消“通过设置静态数据包筛选器来对选择的接口进行保护”复选框后，单击“下一步”按钮。

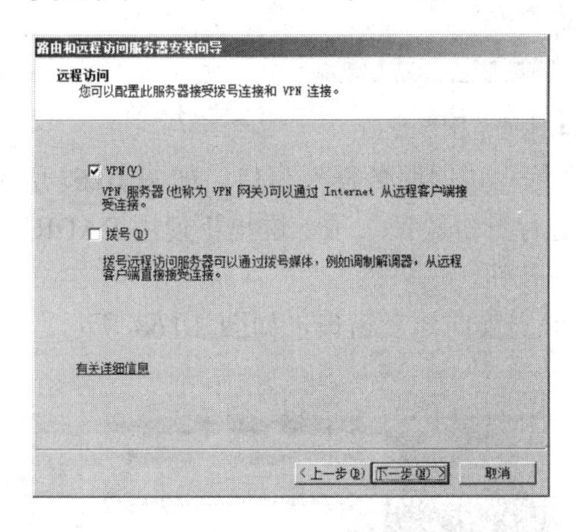


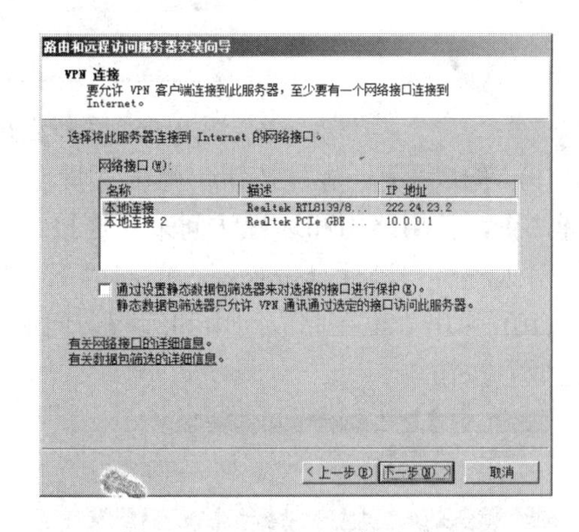


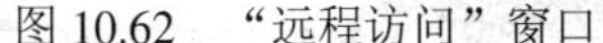

图 10.62　“远程访问”窗口　　　　图 10.63　“VPN 连接”窗口

说明：当选中“通过设置静态数据包筛选器来对选择的接口进行保护”后，VPN 服务器会限制只有 VPN 的数据包才可以通过此网卡进入内部网络，其他的 IP 数据包到该 VPN 服务器将被拒绝，从而增强 VPN 系统的安全性。但是，选中该选项后，服务器通过该接口只能与 VPN 客户端进行通信，而无法与非 VPN 客户端进行通信。如果不是专用的 VPN 服务器，建议取消此选项。

(6) 弹出“IP 地址分配”窗口，如图 10.64 所示。选择“来自一个指定的地址范围”项，以便从一个指定的地址池中为拨入客户端和 VPN 服务器分配 IP 地址，单击“下一步”

按钮。

(7) 弹出“地址范围分配”窗口，如图 10.65 所示。单击“新建”按钮。

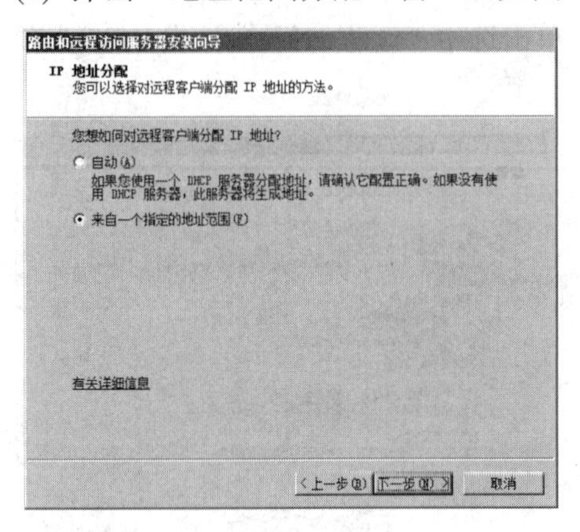


图 10.64　“IP 地址分配”窗口

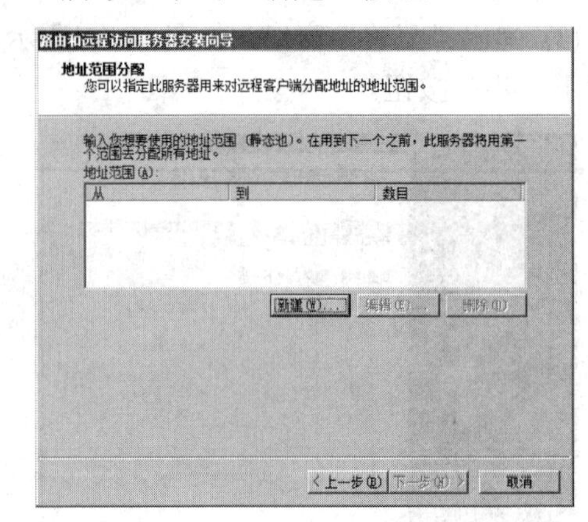


图 10.65　“地址范围分配”窗口

(8) 弹出“新建 IPv4 地址范围”窗口，指定一个地址范围，如图 10.66 所示。单击“确定”按钮回到“地址范围分配”窗口。

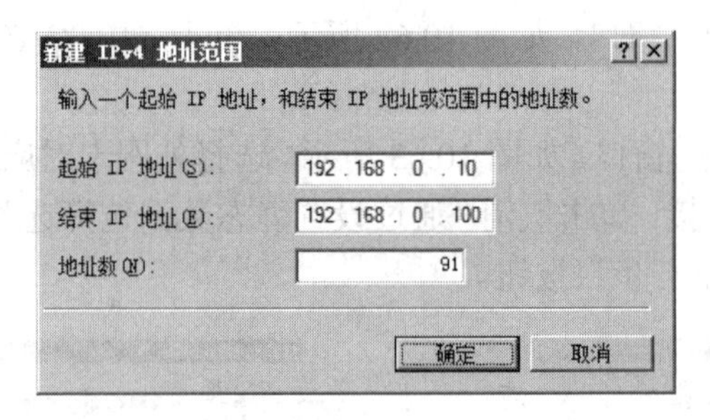


图 10.66　“新建 IPv4 地址范围”窗口

(9) 单击“下一步”按钮，弹出“管理多个远程访问服务器”窗口，如图 10.67 所示。选择“否，使用路由和远程访问来对连接请求进行身份验证”项，这里不使用 RADIUS 服务器对远程客户进行身份验证，单击“下一步”按钮。

(10) 弹出“正在完成路由和远程访问服务器安装向导”窗口，如图 10.68 所示。单击“完成”按钮。

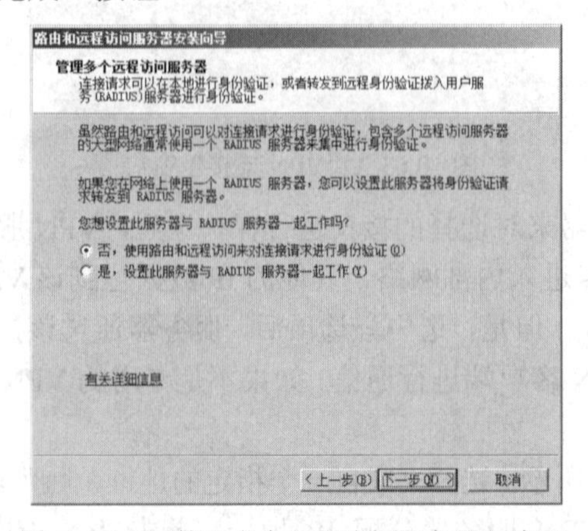


图 10.67　“管理多个远程访问服务器”窗口

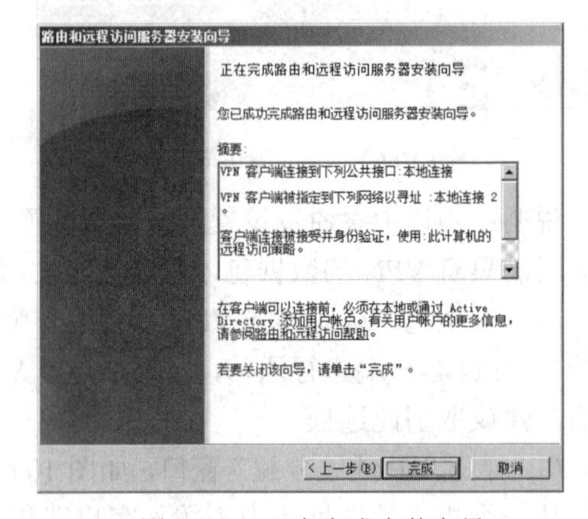


图 10.68　正在完成安装向导

(11) 弹出“提示配置 DHCP 中继代理程序”窗口，如图 10.69 所示。这里不使用 DHCP 服务器分配 IP 地址，因此不需要配置 DHCP 中继代理程序的属性，单击“确定”按钮。

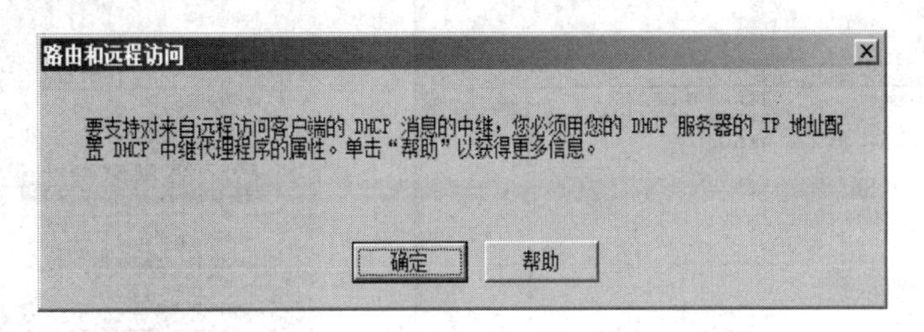


图 10.69　“提示配置 DHCP 中继代理程序”窗口

(12) 系统开始启动路由和远程访问服务，如图 10.70 所示。

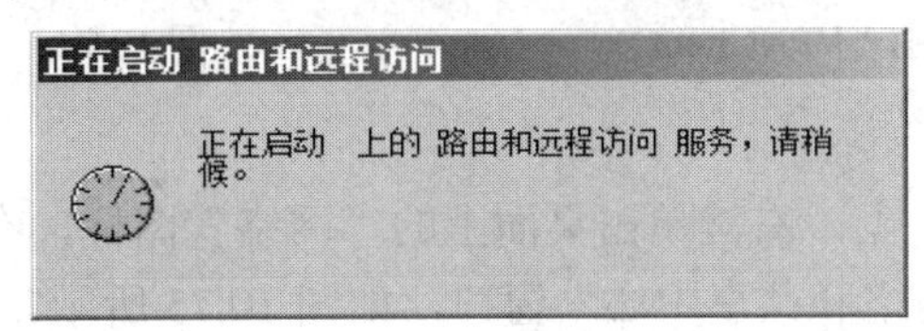


图 10.70　正在启动路由和远程访问服务

2) 创建远程拨入用户

(1) 在 VPN 服务器上，依次单击“开始”→“管理工具”→“计算机管理”菜单，打开“计算机管理”窗口，如图 10.71 所示。展开节点“本地用户和组”，单击打开“用户”文件夹。

(2) 右键单击“用户”图标，在弹出的快捷菜单中，单击“新用户”项，如图 10.71 所示。弹出“新用户”窗口，如图 10.72 所示。正确填写用户的各项信息，并通过复选框设置相关密码策略，单击“创建”按钮。

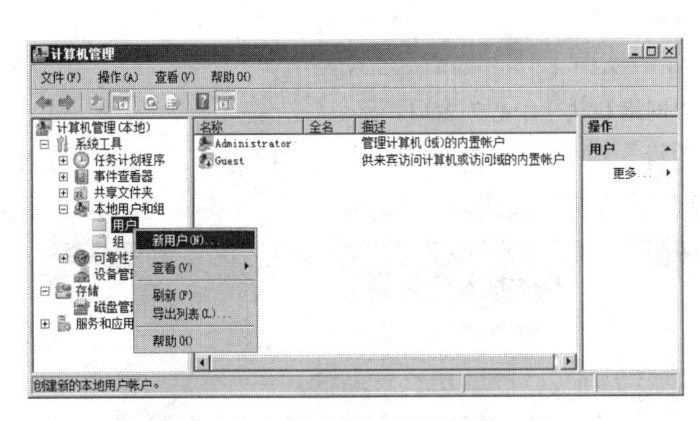


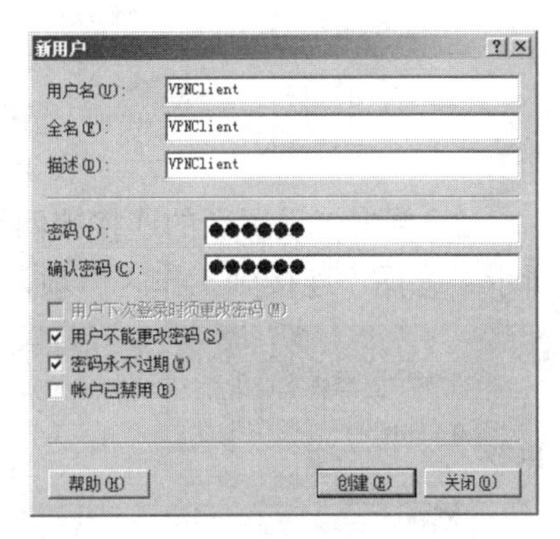


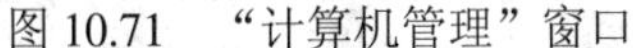

图 10.71　“计算机管理”窗口　　　　图 10.72　“新用户”窗口

(3) 单击“关闭” 按钮回到“计算机管理”窗口，这里创建了新用户 VPNClient(密码：123456)，如图 10.73 所示。

(4) 右键单击新建的用户 VPNClient，在弹出的快捷菜单中，单击“属性”项，打开“VPNClient 属性”窗口，选择“拨入”选项卡，如图 10.74 所示。在“网络访问权限”栏内选择“允许访问”项，使得远程计算机有权限以 VPNClient 的身份拨入 VPN 服务器，单击“确定”按钮。

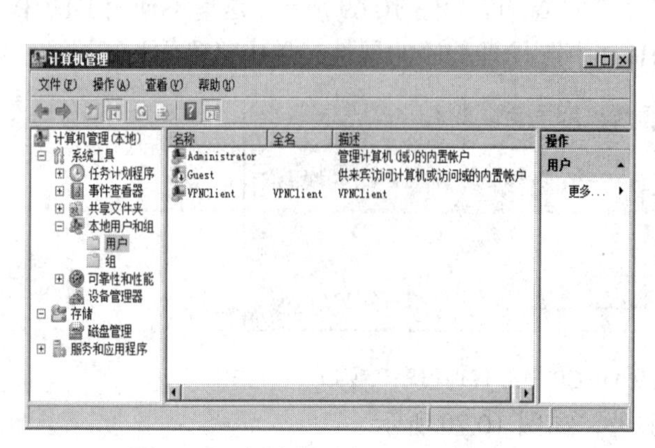

图 10.73　创建新用户 VPNClient

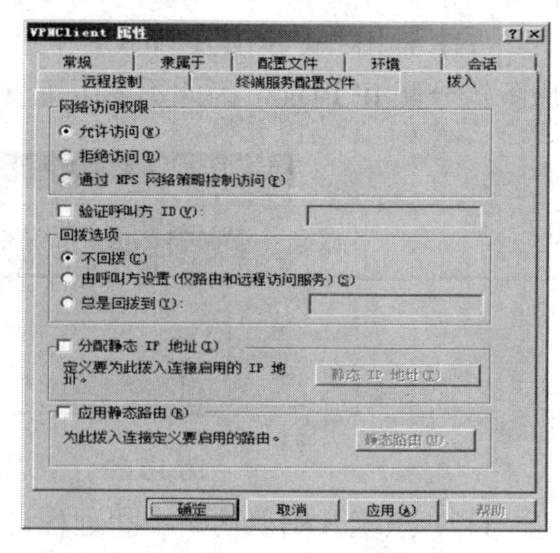

图 10.74　“VPNClient 属性”窗口

4．客户端配置

(1) 在远程用户 PC1 上，右键单击桌面上的“网络”图标，在弹出的快捷菜单中，单击“属性”项，打开“网络和共享中心”窗口，如图 10.75 所示。

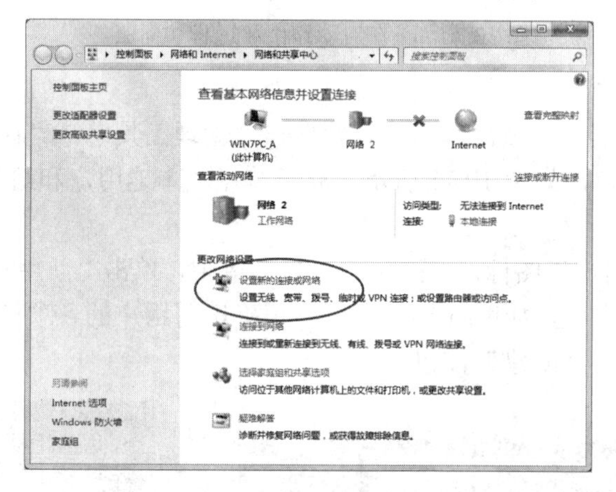

图 10.75　“网络和共享中心”窗口

(2) 单击“设置新的连接或网络”图标，弹出“选择一个连接选项”窗口，如图 10.76 所示。选择“连接到工作区”项，单击“下一步”按钮。

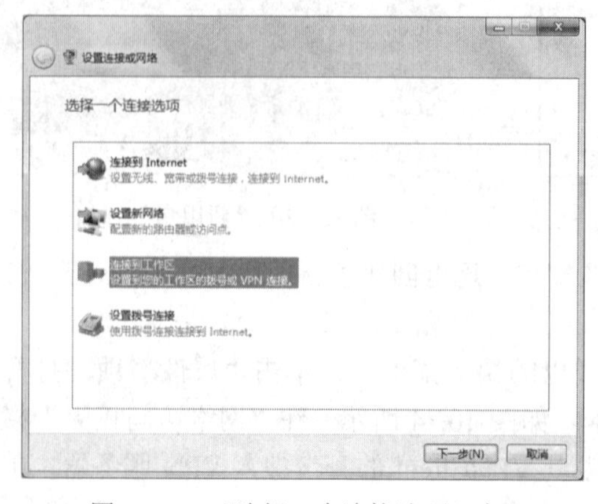

图 10.76　“选择一个连接选项”窗口

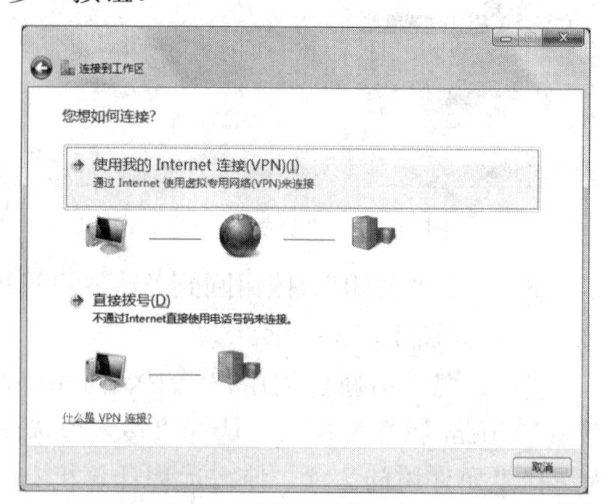

图 10.77　“您想如何连接？”窗口

(3) 弹出“您想如何连接？”窗口，如图 10.77 所示。单击选择“使用我的 Internet 连接(VPN)”项。

(4) 弹出“您想在继续之前设置 Internet 连接吗？”窗口，如图 10.78 所示。单击选择“我将稍后设置 Internet 连接”项。

(5) 弹出“键入要连接的 Internet 地址”窗口，如图 10.79 所示。输入 VPN 服务器的 IP 地址(222.24.23.2)，单击“下一步”按钮。

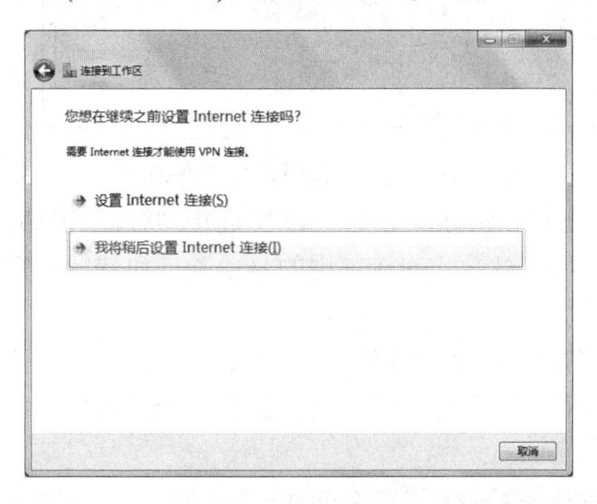


图 10.78　稍后设置 Internet 连接

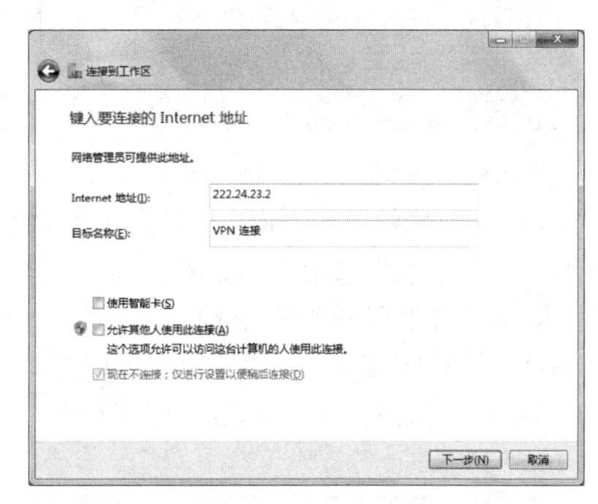


图 10.79　“键入要连接的 Internet 地址”窗口

(6) 弹出“键入您的用户名和密码”窗口，如图 10.80 所示。正确填写在 VPN 服务器上创建的用户名(VPNClinet)和密码(123456)，单击“创建”按钮。

(7) 弹出“连接已经可以使用”窗口，如图 10.81 所示。单击“关闭”按钮。

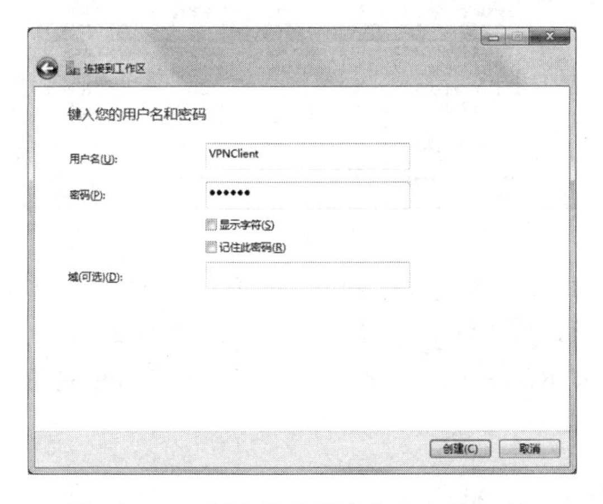


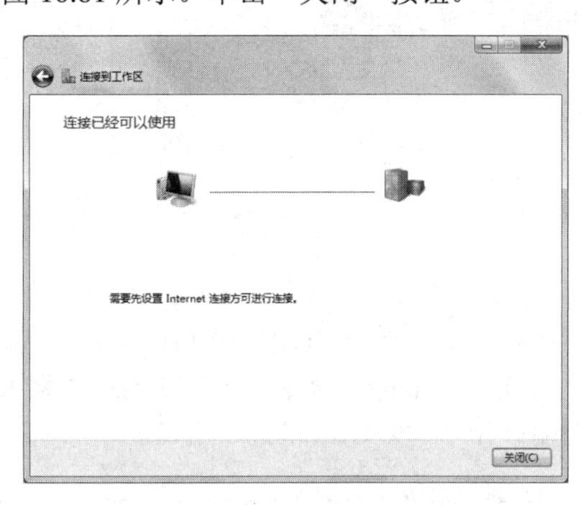


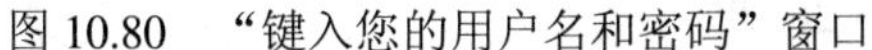

图 10.80　“键入您的用户名和密码”窗口　　　图 10.81　“连接已经可以使用”窗口

### 5．测试 VPN 配置

(1) 在远程用户 PC1 上的“网络和共享中心”窗口中，如图 10.75 所示，单击窗口左上角的“更改适配器设置”链接，打开“网络连接”窗口；双击新建的“VPN 连接”图标，弹出“连接 VPN 连接”窗口，如图 10.82 所示。正确填写用户名(VPNClient)和密码(123456)后，单击“连接”按钮。

(2) 经过验证用户名和密码等过程后，连接成功，如图 10.83 所示。

图 10.82 “连接 VPN 连接”窗口

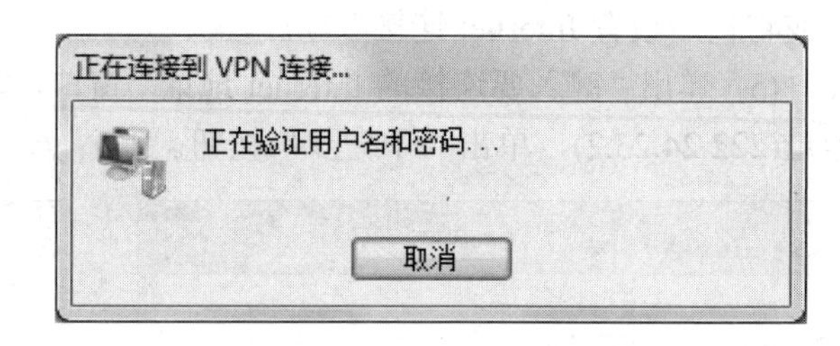


图 10.83 正在验证用户名和密码

(3) 在“网络连接”窗口中，双击“VPN 连接”图标，打开“VPN 连接 状态”窗口，选择“详细信息”选项卡，如图 10.84 所示。可以查看此连接使用的身份验证协议、加密机制、客户端及服务器的 IP 地址等信息。

(4) 在 VPN 服务器的“路由和远程访问”窗口中，可以看到有一个 PPTP 端口处于“活动”状态，同时在节点“远程访问客户端”右侧列出了已经建立连接的客户端的数目，如图 10.85 所示。

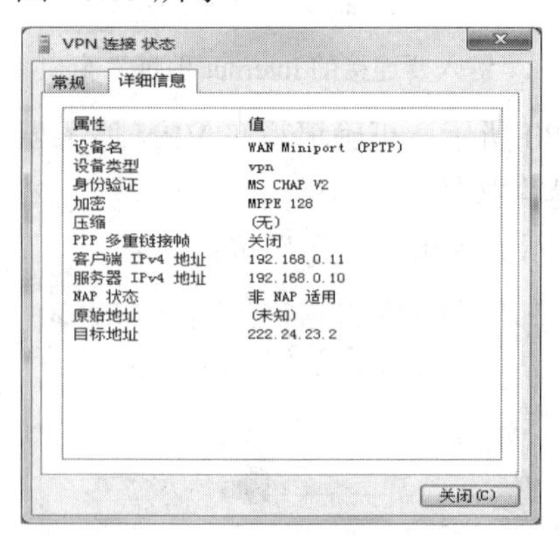


图 10.84 “详细信息”选项卡

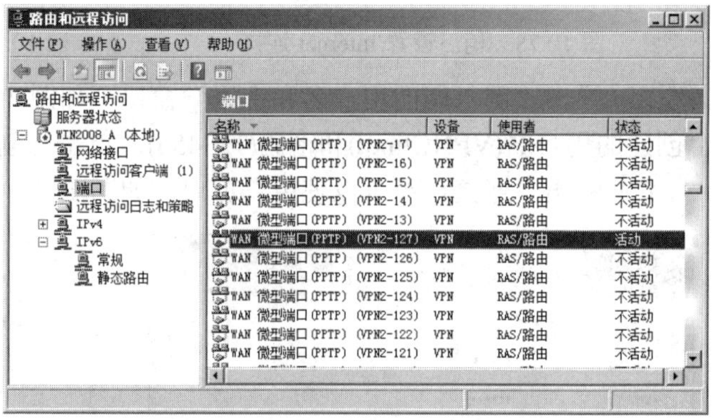

图 10.85 查看客户端信息

(5) 用“ping”命令测试 PC1 与 PC2 的连通性：PC1 可以 ping 通 PC2(10.0.0.2)，PC2 同样可以 ping 通 PC1(192.168.0.11)，PC2 无法 ping 通 PC1 的原有地址(222.24.21.2)。

(6) 用“ping”命令测试 PC1 与路由器 R1、R2 各端口的连通性：PC1 无法 ping 通 R1 的端口 f0/1、以及 R2 的两个端口。

### 10.3.3 实验 基于 L2TP 的远程访问 VPN 实现

【实验目的】

(1) 了解 L2TP 协议的工作过程。

(2) 理解 L2TP/IPSec 的工作原理。

(3) 学会配置基于 L2TP 的远程访问 VPN。

【实验环境】

实验环境同 10.3.2 节。

**【实验过程】**

### 1. 搭建基本网络环境

(1) 按照图 10.50 所示网络拓扑，连接网络。

(2) 参考 10.3.2 节，按照表 10-1 配置路由器 R1 端口 f0/0、f0/1 及 RIP 协议。

(3) 参考 10.3.2 节，按照表 10-1 配置路由器 R2 端口 f0/0、f0/1 及 RIP 协议。

(4) 按照表 10-1，正确配置各计算机的网络连接参数。

(5) 用“ping”命令测试以上配置过程是否正确，此时 PC1 可以与 VPN 服务器的外网卡(222.24.23.2)连通，但不能与内网卡(10.0.0.1)连通。

### 2. 安装“路由和远程访问服务”

默认情况下，Windows Server 2008 系统(标准版)中没有安装“路由和远程访问服务”，可以通过添加角色向导来安装。

参考 10.3.2 节相关步骤，安装“路由和远程访问服务”。

### 3. VPN 服务器配置

1) 配置并启用路由和远程访问

(1) 参考 10.3.2 节相关步骤，配置并启用路由和远程访问，配置结果如图 10.86 所示。

(2) 右键单击服务器名称(如 WIN2008_A)节点，在弹出的快捷菜单中，单击“属性”项，如图 10.86 所示。弹出“WIN2008_A(本地) 属性”窗口，如图 10.87 所示。选择“安全”选项卡，单击选中“允许 L2TP 连接使用自定义 IPsec 策略”复选框，并在“预共享的密钥”文本框内输入一个密钥(12345678)，单击“确定”按钮。

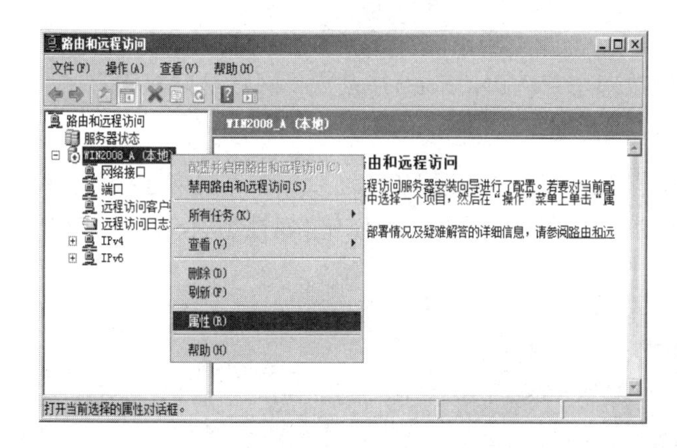


图 10.86　路由和远程访问配置结果

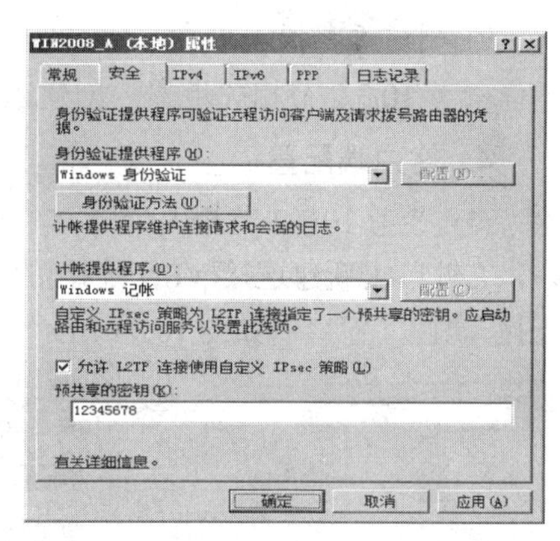


图 10.87　“WIN2008_A(本地) 属性”窗口

(3) 弹出提示重新启动路由和远程访问的窗口，如图 10.88 所示。单击“确定”按钮。

图 10.88　提示重新启动路由和远程访问

(4) 右键单击服务器名称(如 WIN2008_A)节点，在弹出的快捷菜单中，依次单击“所有任务”→“重新启动”菜单，如图 10.89 所示。

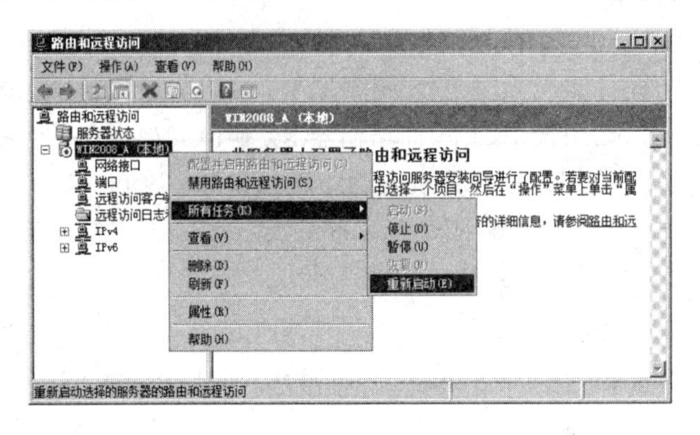

图 10.89　重新启动路由和远程访问

(5) 弹出正在重新启动路由和远程访问窗口，如图 10.90 所示。稍等片刻即可完成重新启动，此时为 L2TP 连接启用的自定义 IPsec 策略才能生效。

图 10.90　正在重新启动路由和远程访问

2) 创建远程拨入用户

参考 10.3.2 节相关步骤，创建远程拨入用户(VPNClient)并设置“网络访问权限”。

4．客户端配置

(1) 参考 10.3.2 节相关步骤，在远程用户 PC1 中创建 VPN 连接。在“网络连接”窗口中，右键单击新建连接(VPN 连接)的图标，在弹出的菜单中，单击“属性”项，弹出“VPN 连接 属性”窗口，如图 10.91 所示。

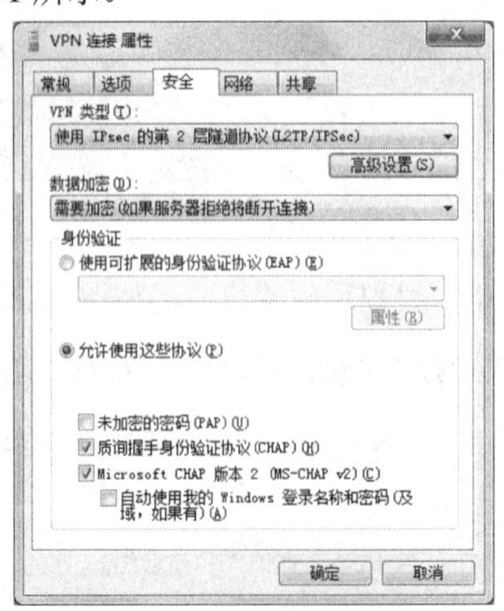


图 10.91　“VPN 连接 属性”窗口

(2) 选择“安全”选项卡，在“VPN 类型”下拉列表中选择“使用 IPsec 的第 2 层隧道协议(L2TP/IPSec)”项，并单击“高级设置”按钮，弹出“高级属性”窗口，如图 10.92 所示。单击选中“使用预共享的密钥作身份认证”项，并在“密钥”文本框中输入一个密钥(12345678)，两次单击“确定”按钮。

需要强调的是，这里输入的预共享密钥必须与 VPN 服务器端设置的完全相同。

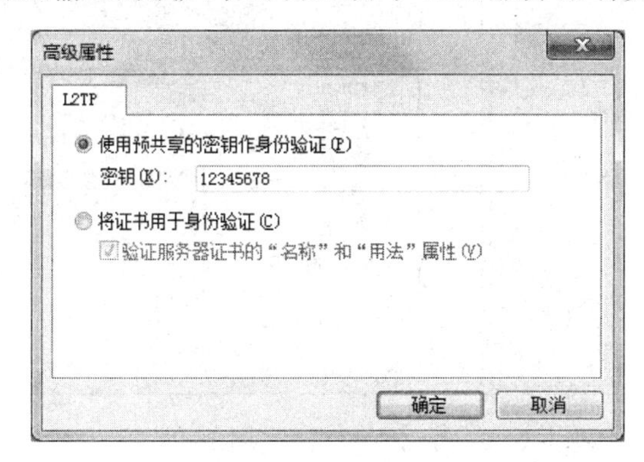


图 10.92　“高级属性”窗口

### 5. 测试 VPN 配置

(1) 在远程用户 PC1 的“网络连接”窗口中，双击新建的“VPN 连接”图标，弹出“连接 VPN 连接”窗口，如图 10.93 所示。正确填写用户名(VPNClient)和密码(123456)后，单击“连接”按钮。

(2) 经过验证用户名和密码，在网络上注册计算机等过程后，网络连接成功，如图 10.94 所示。

图 10.93　“连接 VPN 连接”窗口

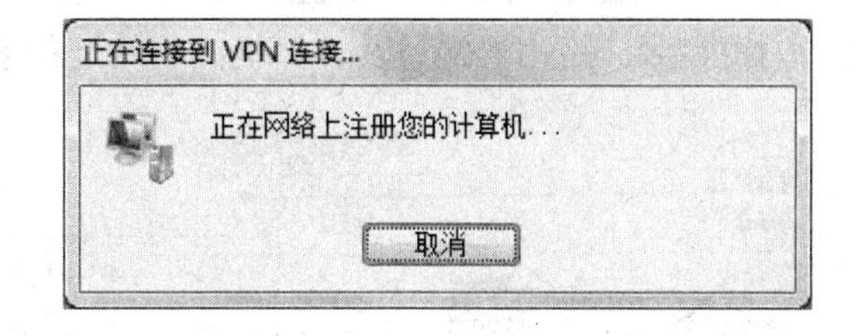


图 10.94　正在网络上注册计算机

(3) 在“网络连接”窗口中，双击“VPN 连接”图标，打开“VPN 连接 状态”窗口，选择“详细信息”选项卡，如图 10.95 所示。可以查看此连接使用的身份验证协议、加密机制、客户端及服务器的 IP 地址等信息。

(4) 在 VPN 服务器的“路由和远程访问”窗口中，可以看到有一个 L2TP 端口处于“活动”状态，同时在节点“远程访问客户端”右侧列出了已经建立连接的客户端的数目，如图 10.96 所示。

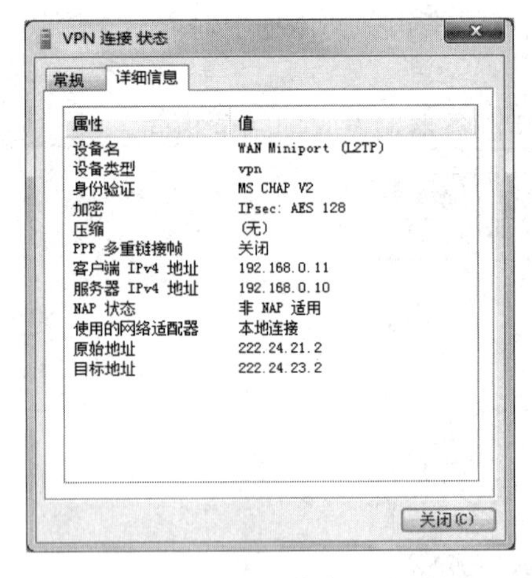


图 10.95 “详细信息”选项卡

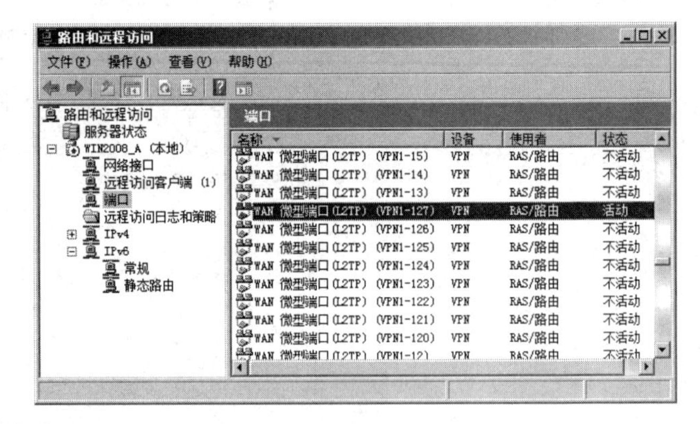


图 10.96 查看客户端信息

(5) 用“ping”命令测试 PC1 与 PC2 的连通性：PC1 可以 ping 通 PC2(10.0.0.2)，PC2 同样可以 ping 通 PC1(192.168.0.11)，PC2 无法 ping 通 PC1 的原有地址(222.24.21.2)。

(6) 用“ping”命令测试 PC1 与路由器 R1、R2 各端口的连通性：PC1 无法 ping 通 R1 的端口 f0/1、以及 R2 的两个端口。

### 10.3.4 实验 基于 PPTP 的网关到网关 VPN 实现

【实验目的】

(1) 加深对 PPTP 协议理解，掌握 PPTP 的加密和认证过程。

(2) 深刻理解 VPN 的工作原理。

(3) 学会配置基于 PPTP 的网关到网关 VPN。

【实验环境】

PC 机至少 4 台，交换机 5 台，路由器 2 台，连接成如图 10.97 所示网络。其中，VPN 服务器(VPNServer1、VPNServer2)利用具有双网卡的计算机实现，安装 Windows Server 2008 系统(标准版)。路由器端口及计算机的网络连接参数如表 10-2 所示。

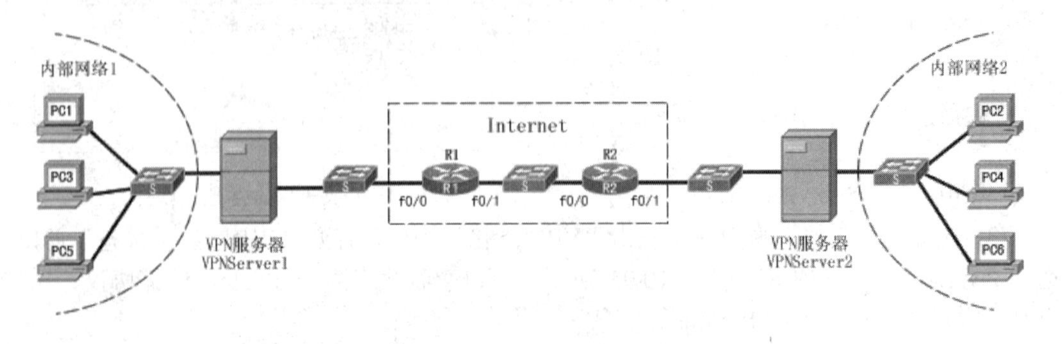


图 10.97 网络连接拓扑图

表 10-2　网络连接参数

| 设　备 | IP 地址 | 子网掩码 | 默认网关 |
|---|---|---|---|
| 计算机 PC1 | 192.168.0.10 | 255.255.255.0 | 192.168.0.1 |
| VPNServer1 内网卡 | 192.168.0.1 | 255.255.255.0 | — |
| VPNServer1 外网卡 | 222.24.21.2 | 255.255.255.0 | 222.24.21.1 |
| 路由器 R1 端口 f0/0 | 222.24.21.1 | 255.255.255.0 | — |
| 路由器 R1 端口 f0/1 | 222.24.22.1 | 255.255.255.0 | — |
| 路由器 R2 端口 f0/0 | 222.24.22.2 | 255.255.255.0 | — |
| 路由器 R2 端口 f0/1 | 222.24.23.1 | 255.255.255.0 | — |
| VPNServer2 外网卡 | 222.24.23.2 | 255.255.255.0 | 222.24.23.1 |
| VPNServer1 内网卡 | 10.0.0.1 | 255.0.0.0 | — |
| 计算机 PC2 | 10.0.0.20 | 255.0.0.0 | 10.0.0.1 |

**【实验过程】**

### 1. 搭建基本网络环境

(1) 按照图 10.97 所示网络拓扑，连接网络。

(2) 配置路由器 R1。

① 配置端口 f0/0。

```
R1(config)#interface f0/0
R1(config-if)#ip address 222.24.21.1 255.255.255.0
R1(config-if)#no shutdown
```

② 配置端口 f0/1。

```
R1(config)#interface f0/1
R1(config-if)#ip address 222.24.22.1 255.255.255.0
R1(config-if)#no shutdown
```

③ 配置 RIP 协议。

```
R1(config)#router rip
R1(config-router)#network 222.24.21.0
R1(config-router)#network 222.24.22.0
```

(3) 配置路由器 R2。

① 配置端口 f0/0。

```
R2(config)#interface f0/0
R2(config-if)#ip address 222.24.22.2 255.255.255.0
R2(config-if)#no shutdown
```

② 配置端口 f0/1。

```
R2(config)#interface f0/1
R2(config-if)#ip address 222.24.23.1 255.255.255.0
R2(config-if)#no shutdown
```

③ 配置 RIP 协议。

```
R2(config)#router rip
R2(config-router)#network 222.24.22.0
R2(config-router)#network 222.24.23.0
```

(4) 配置计算机的网络连接参数，参见表 10-2，用“ping”命令测试各设备之间的连通性，以判断各设备的配置是否正确。

### 2. 安装“路由和远程访问服务”

默认情况下，Windows Server 2008 系统(标准版)中没有安装“路由和远程访问服务”，可以通过添加角色向导来安装。

参考 10.3.2 节相关步骤，分别在 VPN 服务器 VPNServer1、VPNServer2 上安装“路由和远程访问服务”。

### 3. 配置 VPN 服务器 VPNServer1

#### 1) 配置并启用路由和远程访问

参考 10.3.2 节相关步骤，在服务器 VPNServer1 上配置并启用路由和远程访问。

(1) 在 VPN 服务器上，依次单击“开始”→“管理工具”→“路由和远程访问”菜单，打开“路由和远程访问”窗口。右键单击服务器名称(如 WIN2008_A)节点，在弹出的快捷菜单中，单击“配置并启用路由和远程访问”项。

(2) 弹出“欢迎使用路由和远程访问服务器安装向导”窗口，单击“下一步”按钮。

(3) 弹出“配置”窗口，如图 10.98 所示。单击选中“远程访问(拨号或 VPN)”项，单击“下一步”按钮。

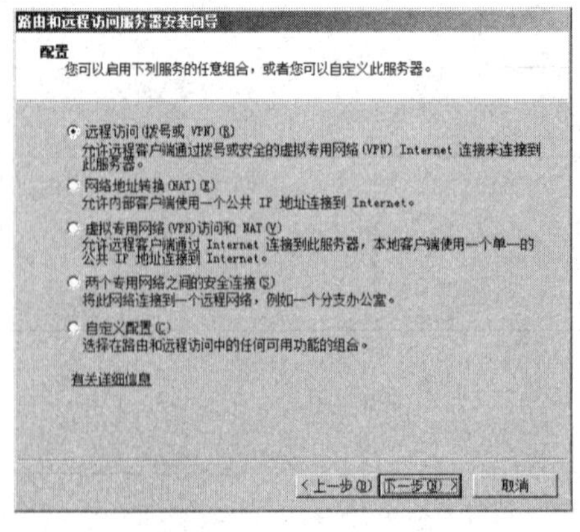

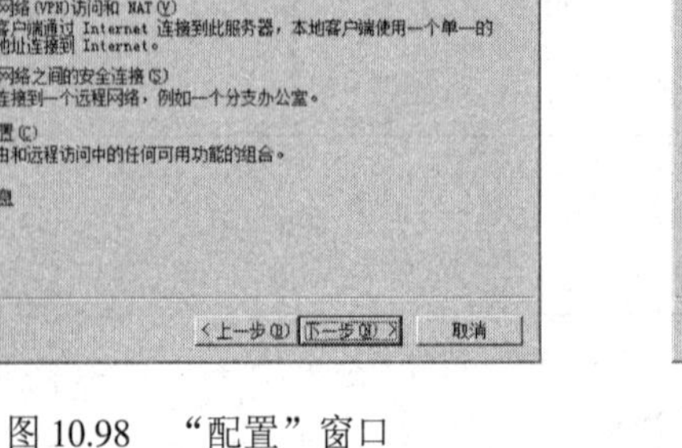

图 10.98 “配置”窗口

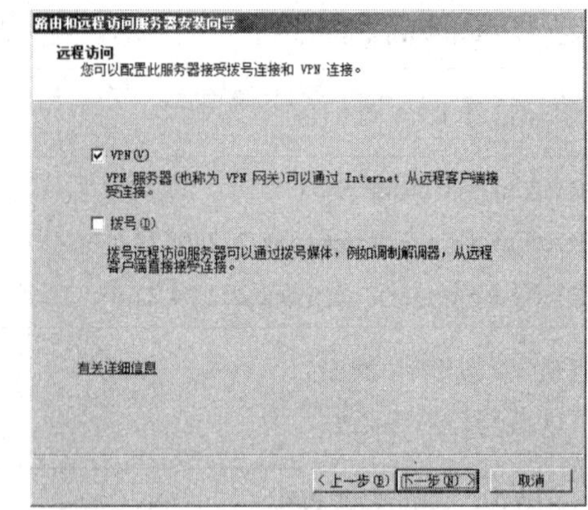


图 10.99 “远程访问”窗口

(4) 弹出“远程访问”窗口，如图 10.99 所示。单击选中“VPN”复选框，单击“下一步”按钮。

(5) 弹出“VPN 连接”窗口，如图 10.100 所示。选择外网卡对应的本地连接(222.24.21.2)作为连接到 Internet 的连接，单击取消“通过设置静态数据包筛选器来对选择的接口进行保护”复选框后，单击“下一步”按钮。

(6) 弹出“IP 地址分配”窗口，选择“来自一个指定的地址范围”项，以便从一个指定的地址池中为拨入客户端和 VPN 服务器分配 IP 地址，单击“下一步”按钮。

(7) 弹出“地址范围分配”窗口，单击“新建”按钮。

(8) 弹出“新建 IPv4 地址范围”窗口，指定一个地址范围，如图 10.101 所示。单击“确定”按钮回到“地址范围分配”窗口。

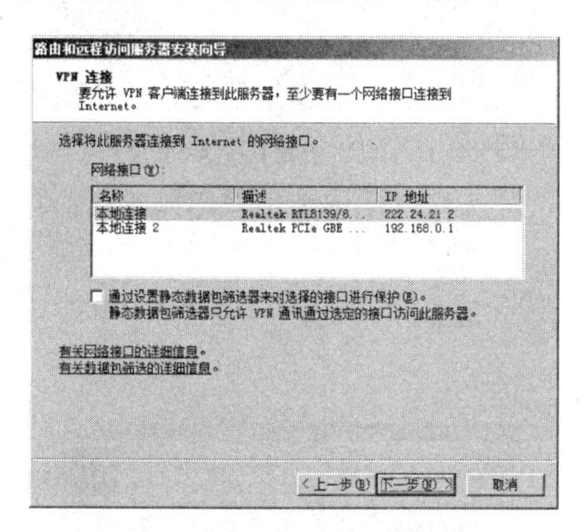


图 10.100　“VPN 连接”窗口

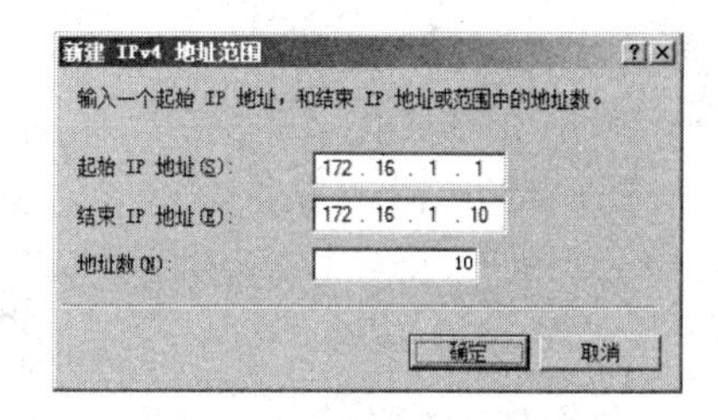


图 10.101　“新建 IPv4 地址范围”窗口

(9) 单击“下一步”按钮，弹出“管理多个远程访问服务器”窗口，选择“否，使用路由和远程访问来对连接请求进行身份验证”项，这里不使用 RADIUS 服务器对远程客户进行身份验证，单击“下一步”按钮。

(10) 弹出“正在完成路由和远程访问服务器安装向导”窗口，单击“完成”按钮。

(11) 弹出提示配置 DHCP 中继代理程序的窗口，这里不使用 DHCP 服务器分配 IP 地址，因此不需要配置 DHCP 中继代理程序的属性，单击“确定”按钮。

(12) 系统开始启动路由和远程访问服务，并完成初始化工作。

2) 创建请求拨号接口

(1) 在“路由和远程访问”窗口中，右键单击节点“网络接口”，在弹出的快捷菜单中单击“新建请求拨号接口”项，如图 10.102 所示。

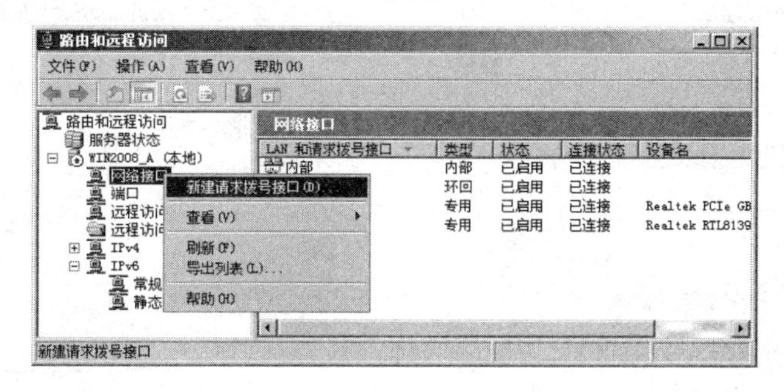


图 10.102　新建请求拨号接口

(2) 弹出“欢迎使用请求拨号接口向导”窗口，如图 10.103 所示。单击“下一步”按钮。

(3) 弹出“接口名称”窗口，如图 10.104 所示。填写到对方 VPN 网关的接口名称(如 VPNServer2)，单击“下一步”按钮。

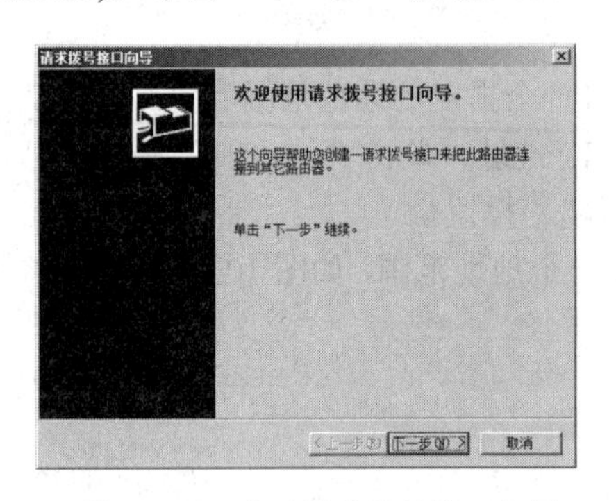


图 10.103　启动请求拨号接口向导

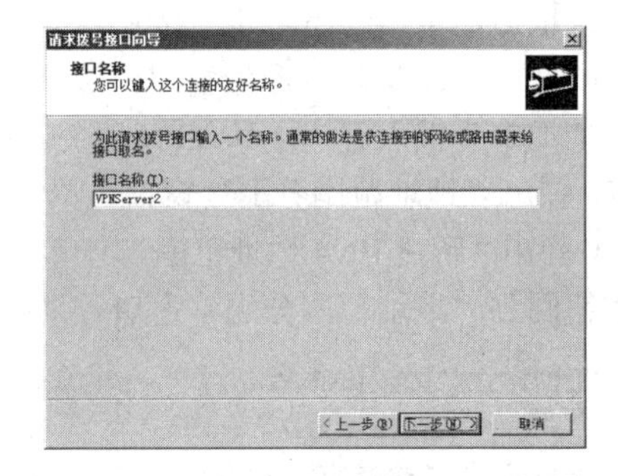


图 10.104　“接口名称”窗口

(4) 弹出“连接类型”窗口，如图 10.105 所示。选择“使用虚拟专用网络(VPN)连接”项，单击“下一步”按钮。

(5) 弹出“VPN 类型”窗口，如图 10.106 所示。选择“点对点隧道协议(PPTP)”项，单击“下一步”按钮。

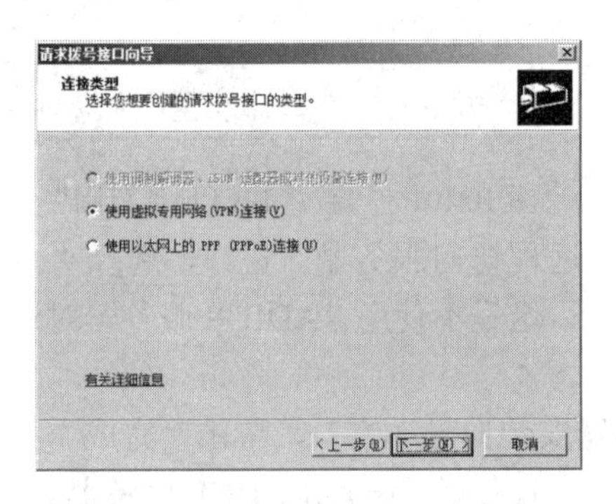


图 10.105　“连接类型”窗口

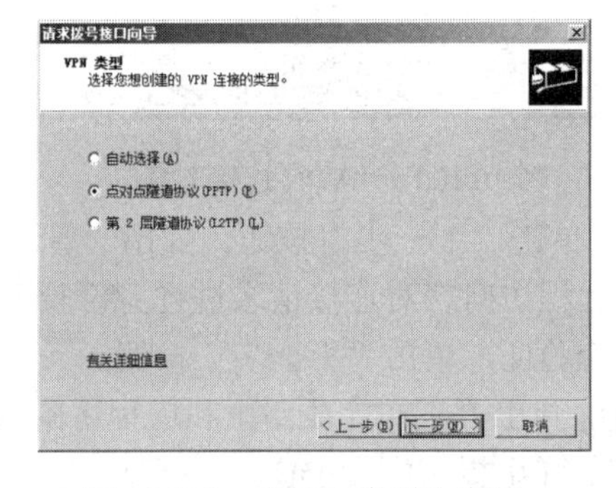


图 10.106　“VPN 类型”窗口

(6) 弹出“目标地址”窗口，填写远程服务器 VPNServer2 外网卡的 IP 地址(222.24.23.2)，如图 10.107 所示。单击“下一步”按钮。

(7) 弹出“协议及安全”窗口，如图 10.108 所示。选中“在此接口上路由选择 IP 数据包”和“添加一个用户帐户使远程路由器可以拨入”两个复选框，单击“下一步”按钮。

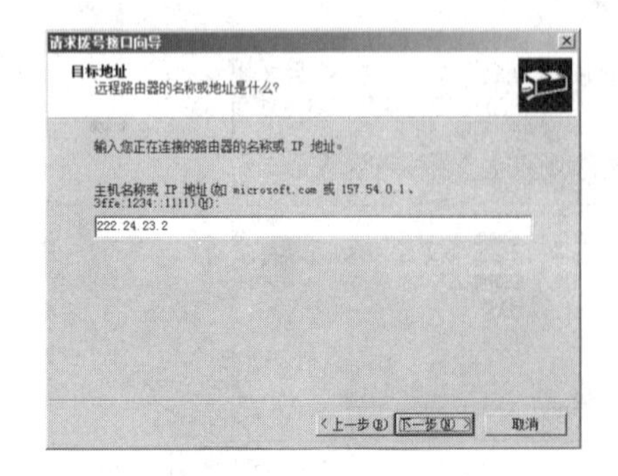


图 10.107　“目标地址”窗口

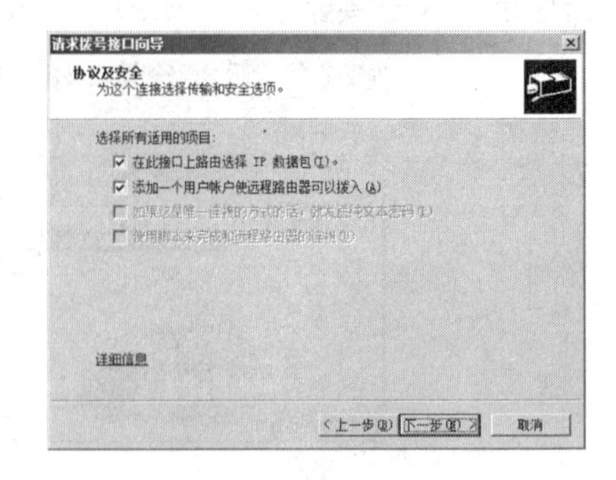


图 10.108　“协议及安全”窗口

(8) 弹出“远程网络的静态路由”窗口，如图 10.109 所示。单击“添加”按钮。

(9) 弹出“静态路由”窗口，如图 10.110 所示。设置到达对方内部网络(10.0.0.0)的静态路由，使用接口 VPNServer2 来转发到对方内部局域网的通信，单击“确定”按钮回到“远程网络的静态路由”窗口，单击“下一步”按钮。

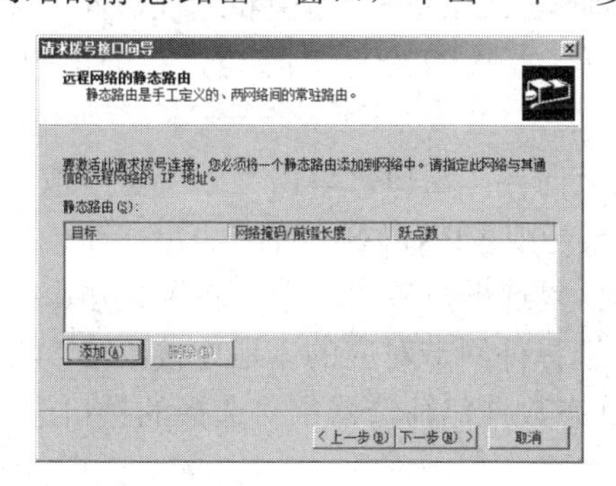


图 10.109　“远程网络的静态路由”窗口

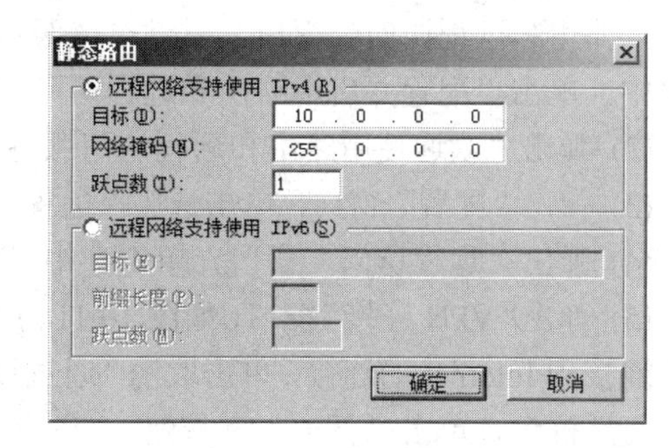


图 10.110　“静态路由”窗口

(10) 弹出“拨入凭据”窗口，如图 10.111 所示。配置远程路由器拨入这台服务器时要使用的用户名和密码，系统根据填写的信息自动在此服务器上创建用户帐户。这里为用户 VPNServer2 填写的密码为 vpn2，单击“下一步”按钮。

(11) 弹出“拨出凭据”窗口，如图 10.112 所示。配置连接到远程路由器时要使用的用户名和密码。这里填写的用户名和密码分别为 VPNServer1 和 vpn1，单击“下一步”按钮。

**注意**：这里配置的拨出凭据必须要与服务器 VPNServer2 上配置的拨入凭据匹配。

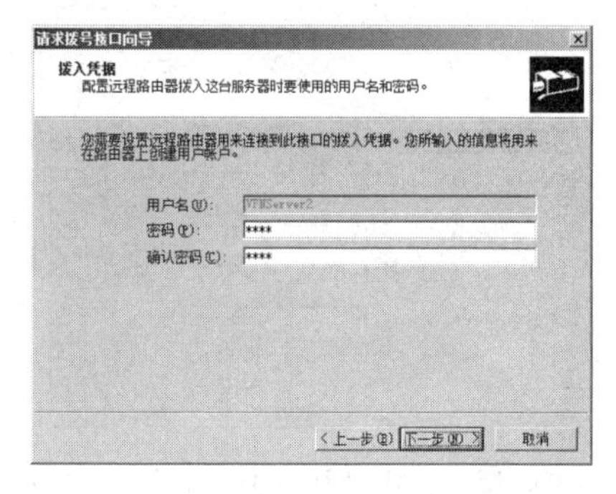


图 10.111　“拨入凭据”窗口

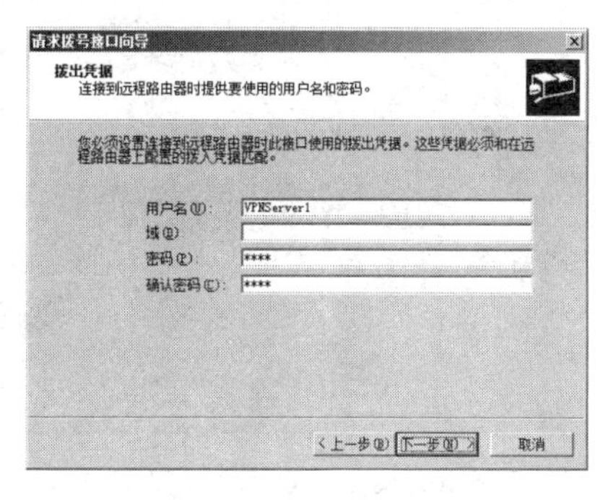


图 10.112　“拨出凭据”窗口

(12) 弹出“完成请求拨号接口向导”窗口，如图 10.113 所示。单击“完成”按钮，新的请求拨号接口创建完成。

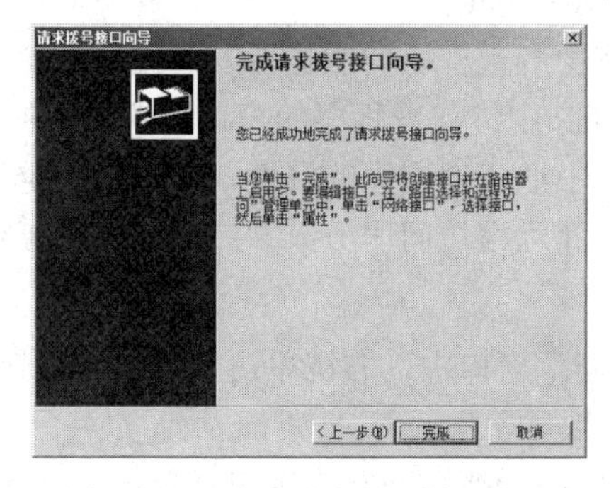


图 10.113　完成请求拨号接口向导

### 4. 配置 VPN 服务器 VPNServer2

服务器 VPNServer2 的配置步骤与服务器 VPNServer1 非常相似。

1) 配置并启用路由和远程访问

(1) 在 VPN 服务器上，依次单击“开始”→“管理工具”→“路由和远程访问”菜单，打开“路由和远程访问”窗口。右键单击服务器名称(如 WIN2008_B)节点，在弹出的快捷菜单中，单击“配置并启用路由和远程访问”项。

(2) 弹出“欢迎使用路由和远程访问服务器安装向导”窗口，单击“下一步”按钮。

(3) 弹出“配置”窗口，单击选中“远程访问(拨号或 VPN)”项，单击“下一步”按钮。

(4) 弹出“远程访问”窗口，单击选中“VPN”复选框，单击“下一步”按钮。

(5) 弹出“VPN 连接”窗口，如图 10.114 所示。选择外网卡对应的本地连接(222.24.23.2)作为连接到 Internet 的连接，单击取消“通过设置静态数据包筛选器来对选择的接口进行保护”复选框后，单击“下一步”按钮。

(6) 弹出“IP 地址分配”窗口，选择“来自一个指定的地址范围”项，以便从一个指定的地址池中为拨入客户端和 VPN 服务器分配 IP 地址，单击“下一步”按钮。

(7) 弹出“地址范围分配”窗口，单击“新建”按钮。

(8) 弹出“新建 IPv4 地址范围”窗口，指定一个地址范围，如图 10.115 所示。单击“确定”按钮回到“地址范围分配”窗口。

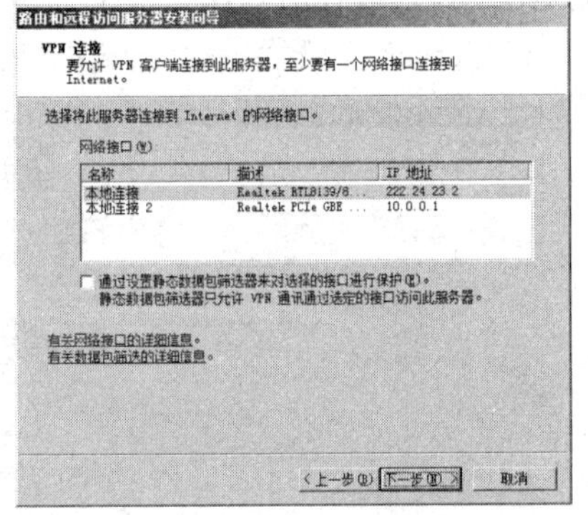


图 10.114 “VPN 连接”窗口

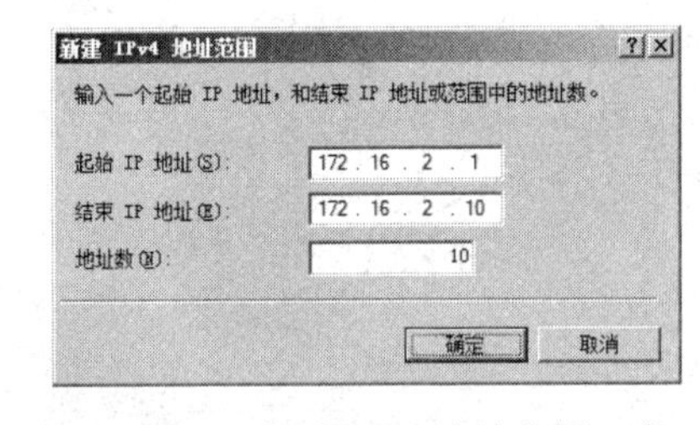


图 10.115 “新建 IPv4 地址范围”窗口

(9) 单击“下一步”按钮，弹出“管理多个远程访问服务器”窗口，选择“否，使用路由和远程访问来对连接请求进行身份验证”项，这里不使用 RADIUS 服务器对远程客户进行身份验证，单击“下一步”按钮。

(10) 弹出“正在完成路由和远程访问服务器安装向导”窗口，单击“完成”按钮。

(11) 弹出提示配置 DHCP 中继代理程序的窗口，这里不使用 DHCP 服务器分配 IP 地址，因此不需要配置 DHCP 中继代理程序的属性，单击“确定”按钮。

(12) 系统开始启动路由和远程访问服务，并完成初始化工作。

2) 创建请求拨号接口

(1) 在“路由和远程访问”窗口中，右键单击节点“网络接口”，在弹出的快捷菜单中单击“新建请求拨号接口”项。

(2) 弹出“欢迎使用请求拨号接口向导”窗口，单击“下一步”按钮。

(3) 弹出“接口名称”窗口，如图 10.116 所示。填写到对方 VPN 网关的接口名称(如 VPNServer1)，单击“下一步”按钮。

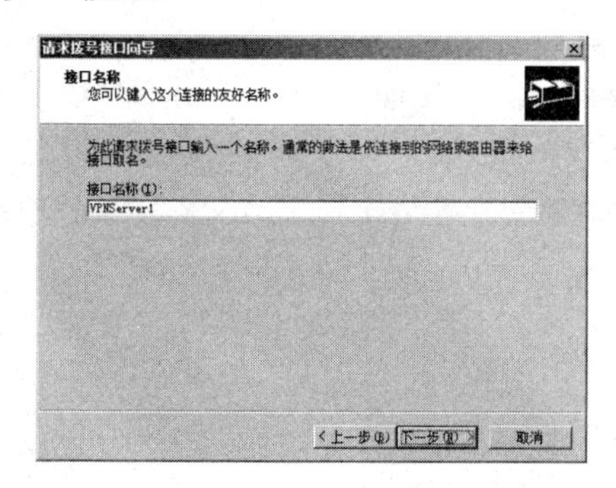


图 10.116　“接口名称”窗口

(4) 弹出“连接类型”窗口，选择“使用虚拟专用网络(VPN)连接”项，单击“下一步”按钮。

(5) 弹出“VPN 类型”窗口，选择“点对点隧道协议(PPTP)”项，单击“下一步”按钮。

(6) 弹出“目标地址”窗口，如图 10.117 所示。填写远程服务器 VPNServer1 外网卡的 IP 地址(222.24.21.2)，单击“下一步”按钮。

(7) 弹出“协议及安全”窗口，选中“在此接口上路由选择 IP 数据包”和“添加一个用户帐户使远程路由器可以拨入”两个复选框，单击“下一步”按钮。

(8) 弹出“远程网络的静态路由”窗口，单击“添加”按钮。

(9) 弹出“静态路由”窗口，如图 10.118 所示。设置到达对方内部网络(192.168.0.0)的静态路由，使用接口 VPNServer1 来转发到对方内部局域网的通信，单击“确定”按钮回到“远程网络的静态路由”窗口，单击“下一步”按钮。

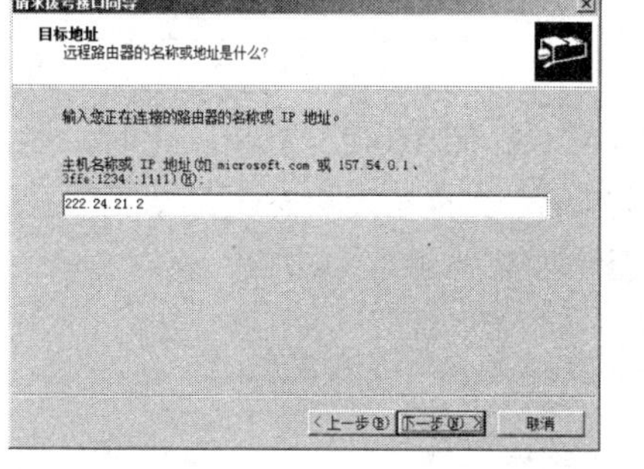
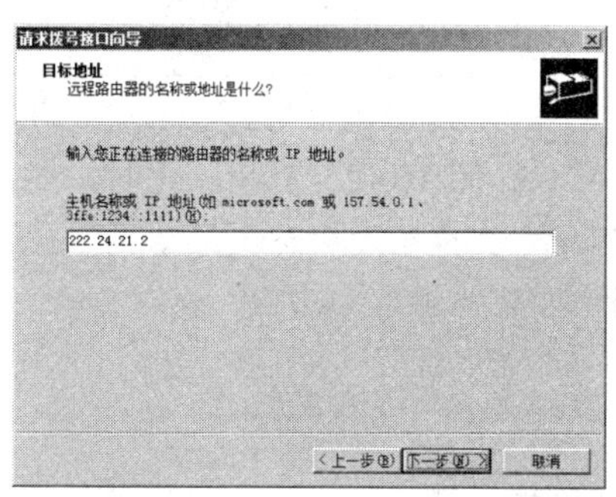


图 10.117　“目标地址”窗口

图 10.118　“静态路由”窗口

(10) 弹出“拨入凭据”窗口，如图 10.119 所示。配置远程路由器拨入这台服务器时要使用的用户名和密码，系统根据填写的信息自动在此服务器上创建用户帐户。这里为用户 VPNServer1 填写的密码为 vpn1，单击“下一步”按钮。

(11) 弹出“拨出凭据”窗口，如图 10.120 所示。配置连接到远程路由器时要使用的用户名和密码。这里填写的用户名和密码分别为 VPNServer2 和 vpn2，单击“下一步”按钮。

**注意**：这里配置的拨出凭据必须要与服务器 VPNServer1 上配置的拨入凭据匹配。

(12) 弹出“完成请求拨号接口向导”窗口，单击“完成”按钮，新的请求拨号接口创建完成。

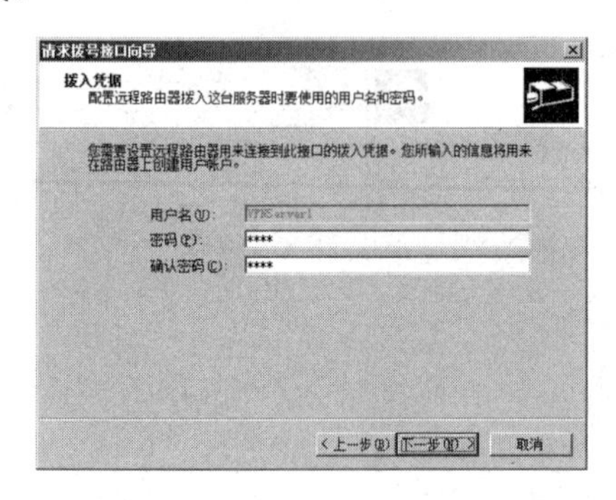


图 10.119 “拨入凭据”窗口

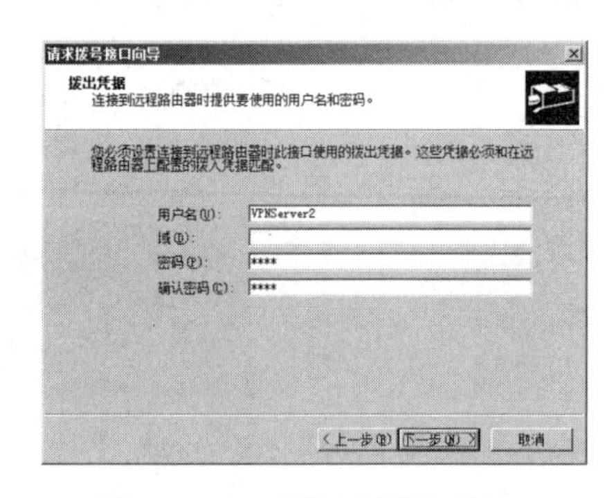


图 10.120 “拨出凭据”窗口

## 5. VPN 配置测试

1) VPN 网关主动方式

(1) 在服务器 VPNServer1 的“路由和远程访问”窗口中，右键单击新建的网络接口“VPNServer2”，如图 10.121 所示。在弹出的快捷菜单中单击“连接”项。

(2) 弹出“接口连接”窗口，如图 10.122 所示。几秒钟后连接成功，该窗口自动关闭。

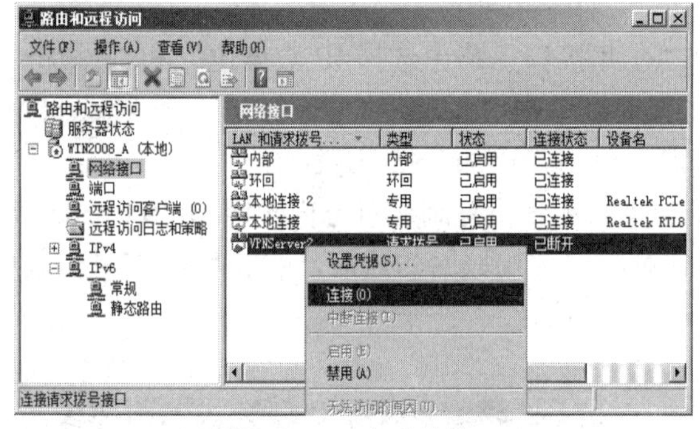


图 10.121 主动连接

图 10.122 “接口连接”窗口

(3) 接口 VPNServer2 连接状态显示为“已连接”，如图 10.123 所示。此时，刷新服务器 VPNServer2 上的网络接口，可以发现接口 VPNServer1 的连接状态也显示为“已连接”。

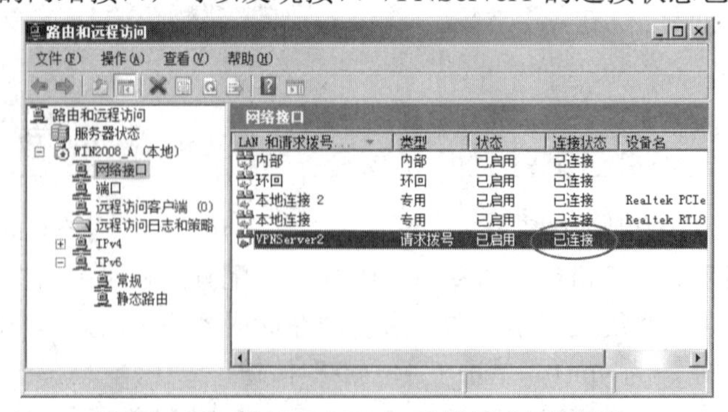


图 10.123 接口 VPNServer2 显示“已连接”

(4) 单击窗口左侧的“端口”节点，可以看出有一个 PPTP 端口已经处于“活动”状态，如图 10.124 所示。

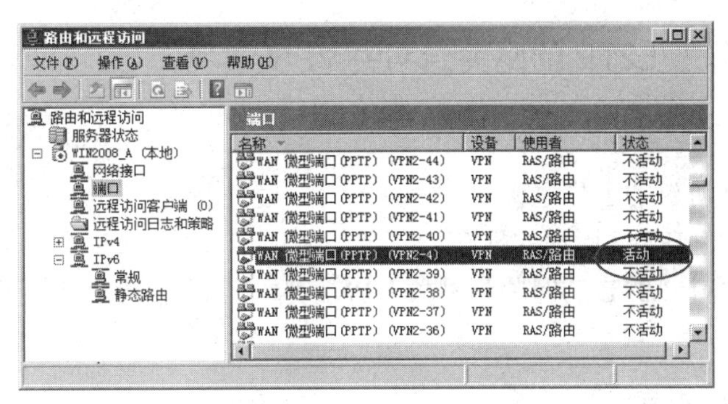


图 10.124　查看端口状态

(5) 在 PC1 上，用“ping”命令测试与远程内部网络中 PC2 的连通性，如图 10.125 所示。

(6) 在 PC1 上，用“tracert”命令跟踪到达 PC2 的路径，如图 10.126 所示。VPN 连接建立后，它们之间的路由器(R1 和 R2)是不可见的。

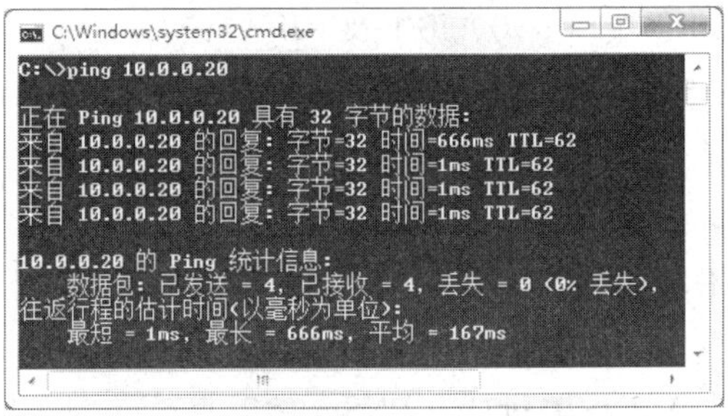

```
C:\Windows\system32\cmd.exe
C:\>ping 10.0.0.20

正在 Ping 10.0.0.20 具有 32 字节的数据:
来自 10.0.0.20 的回复: 字节=32 时间=666ms TTL=62
来自 10.0.0.20 的回复: 字节=32 时间=1ms TTL=62
来自 10.0.0.20 的回复: 字节=32 时间=1ms TTL=62
来自 10.0.0.20 的回复: 字节=32 时间=1ms TTL=62

10.0.0.20 的 Ping 统计信息:
    数据包: 已发送 = 4, 已接收 = 4, 丢失 = 0 (0% 丢失),
往返行程的估计时间(以毫秒为单位):
    最短 = 1ms, 最长 = 666ms, 平均 = 167ms
```

图 10.125　测试 PC1、PC2 连通性

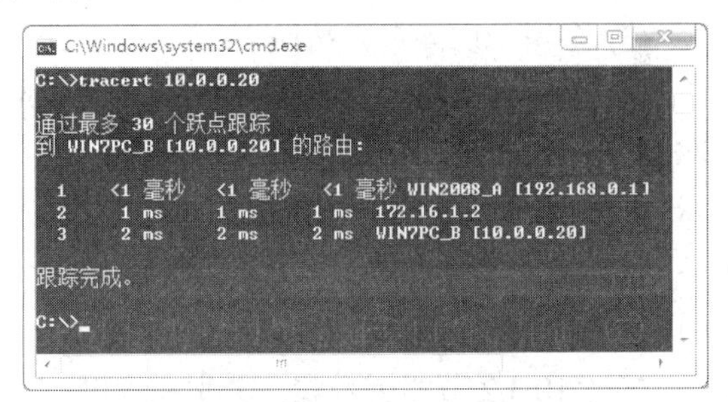


图 10.126　用 tracert 命令跟踪路径

2) 客户端触发方式

VPN 配置测试除了采用 VPN 网关主动方式，还可以通过客户端触发的方式建立连接。方法为首先在 VPNServer1 上中断网络接口 VPNServer2 的连接，然后在 PC1 上用“ping”命令测试与 PC2 的连通性，如图 10.127 所示。VPN 服务器 VPNServer1 接收到 PC1 发往对方局域网数据后，启用请求拨号接口 VPNServer2，初始化 VPN 连接，连接建立后，PC1 与 PC2 即可正常通信。PC1 发送的第一个 ICMP 报文显示“请求超时”，表明正在建立 VPN 连接。

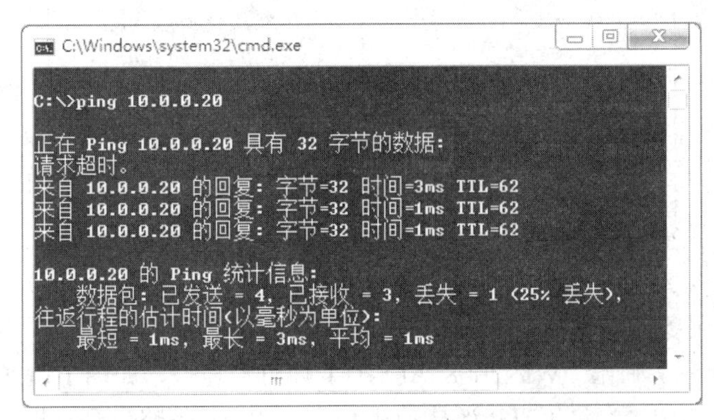


图 10.127　客户端触发方式

## 10.3.5 实验 基于 L2TP 的网关到网关 VPN 实现

【实验目的】

(1) 理解 L2TP 协议的工作过程。

(2) 加深对 L2TP/IPSec 原理的理解。

(3) 学会配置基于 L2TP 的网关到网关 VPN。

【实验环境】

实验环境同 10.3.4 节。

【实验过程】

### 1. 搭建基本网络环境

(1) 按照图 10.97 所示网络拓扑，连接网络。

(2) 参考 10.3.4 节，按照表 10-2 配置路由器 R1 端口 f0/0、f0/1 及 RIP 协议。

(3) 参考 10.3.4 节，按照表 10-2 配置路由器 R2 端口 f0/0、f0/1 及 RIP 协议。

(4) 配置计算机的网络连接参数(见表 10-2)，用“ping”命令测试各设备之间的连通性，以判断各设备的配置是否正确。

### 2. 安装“路由和远程访问服务”

默认情况下，Windows Server 2008 系统(标准版)中没有安装“路由和远程访问服务”，可以通过添加角色向导来安装。

参考 10.3.2 节相关步骤，分别在 VPN 服务器 VPNServer1、VPNServer2 上安装“路由和远程访问服务”。

### 3. 配置 VPN 服务器 VPNServer1

1) 配置并启用路由和远程访问

(1) 参考 10.3.4 节相关步骤，配置并启用路由和远程访问，配置结果如图 10.128 所示。

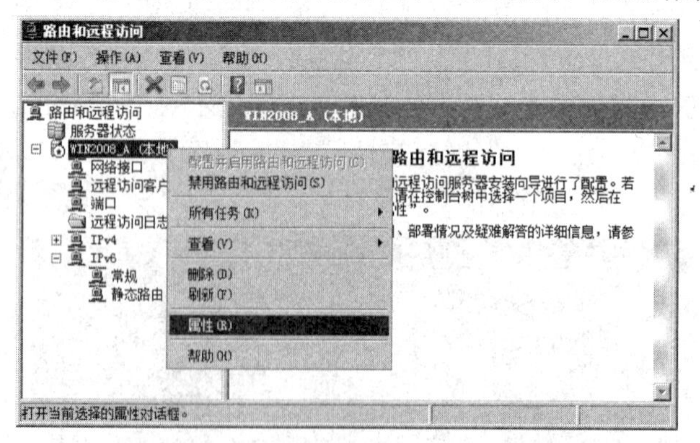


图 10.128 路由和远程访问配置结果

(2) 右键单击服务器名称(如 WIN2008_A)节点，在弹出的快捷菜单中，单击“属性”项，如图 10.128 所示。弹出“WIN2008_A(本地) 属性”窗口，如图 10.129 所示。选择“安全”选项卡，单击选中“允许 L2TP 连接使用自定义 IPsec 策略”复选框，并在“预共享的密钥”文本框内输入一个密钥(12345678)，单击“确定”按钮。

(3) 弹出提示重新启动路由和远程访问的窗口，如图 10.130 所示。单击“确定”按钮。

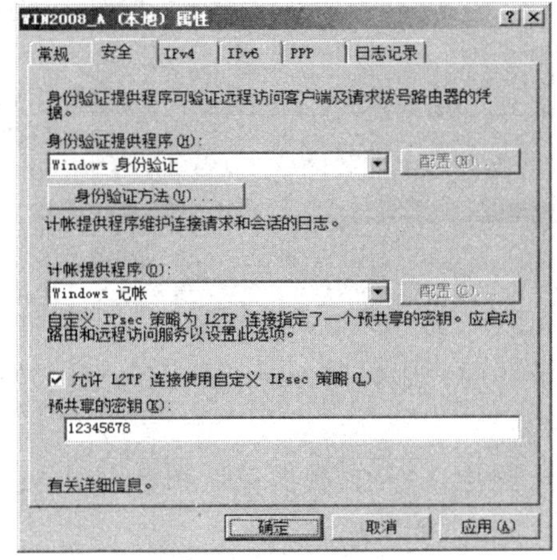

图 10.129　“WIN2008_A(本地) 属性”窗口　　　　图 10.130　提示重新启动路由和远程访问

(4) 右键单击服务器名称(如 WIN2008_A)节点，在弹出的快捷菜单中，依次单击“所有任务”→“重新启动”菜单，如图 10.131 所示。

(5) 弹出正在重新启动路由和远程访问窗口，如图 10.132 所示。稍等片刻即可完成重新启动，此时为 L2TP 连接启用的自定义 IPsec 策略才能生效。

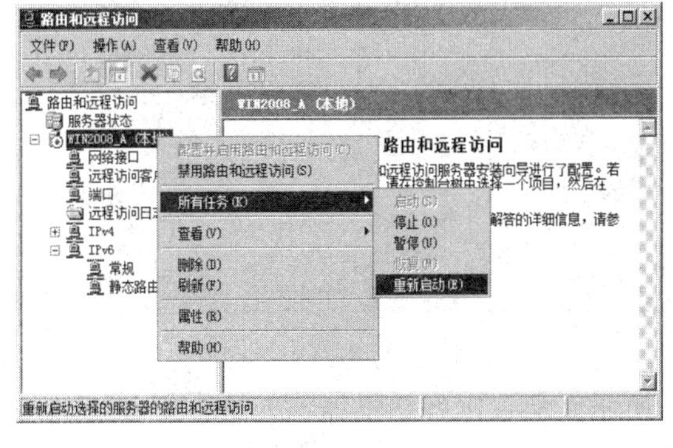


重新启动路由和远程访问

请等待 WIN2008_A 上的路由和远程访问服务重新启动。

图 10.131　重新启动路由和远程访问　　　　图 10.132　正在重新启动路由和远程访问

2) 创建请求拨号接口

参考 10.3.4 节相关步骤，创建请求拨号接口。不同的是，这里的 VPN 类型为 L2TP。

(1) 在“路由和远程访问”窗口中，右键单击节点“网络接口”，在弹出的快捷菜单中单击“新建请求拨号接口”项。

(2) 弹出“欢迎使用请求拨号接口向导”窗口，单击“下一步”按钮。

(3) 弹出“接口名称”窗口，如图 10.133 所示。填写到对方 VPN 网关的接口名称(如 VPNServer2)，单击“下一步”按钮。

(4) 弹出“连接类型”窗口，选择“使用虚拟专用网络(VPN)连接”项，单击“下一步”按钮。

(5) 弹出“VPN 类型”窗口，如图 10.134 所示。选择“第 2 层隧道协议(L2TP)”项，单击“下一步”按钮。

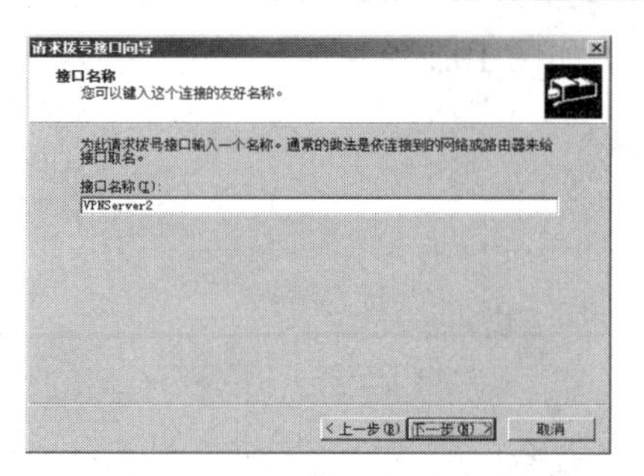


图 10.133 “接口名称”窗口

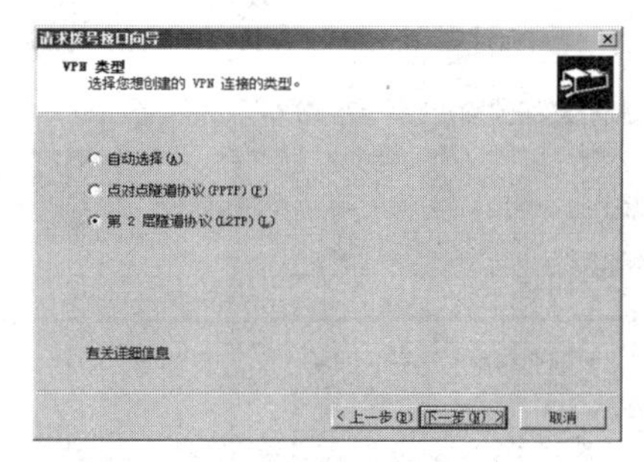


图 10.134 “VPN 类型”窗口

(6) 弹出“目标地址”窗口，如图 10.135 所示。填写远程服务器 VPNServer2 外网卡的 IP 地址(222.24.23.2)，单击“下一步”按钮。

(7) 弹出“协议及安全”窗口，选中“在此接口上路由选择 IP 数据包”和“添加一个用户帐户使远程路由器可以拨入”两个复选框，单击“下一步”按钮。

(8) 弹出“远程网络的静态路由”窗口，单击“添加”按钮。

(9) 弹出“静态路由”窗口，如图 10.136 所示。设置到达对方内部网络(10.0.0.0)的静态路由，使用接口 VPNServer2 来转发到对方内部局域网的通信，单击“确定”按钮回到“远程网络的静态路由”窗口，单击“下一步”按钮。

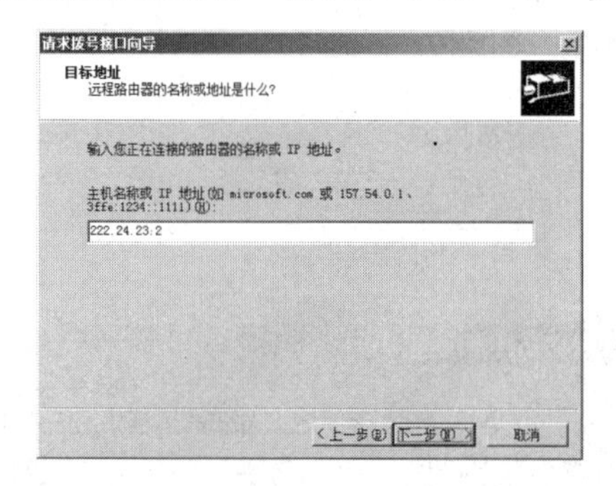


图 10.135 “目标地址”窗口

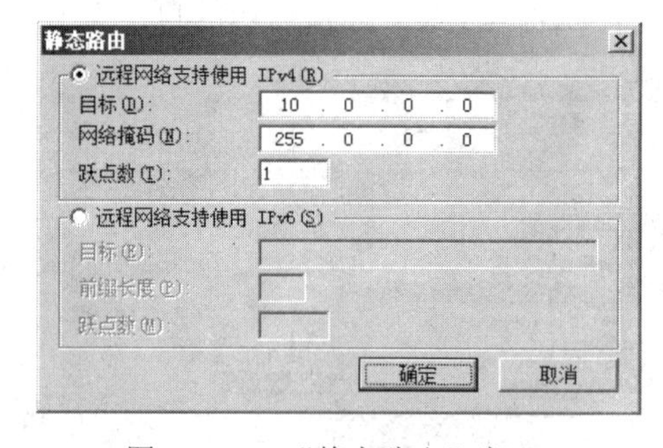


图 10.136 “静态路由”窗口

(10) 弹出“拨入凭据”窗口，如图 10.137 所示。配置远程路由器拨入这台服务器时要使用的用户名和密码，系统根据填写的信息自动在此服务器上创建用户帐户。这里为用户 VPNServer2 填写的密码为 vpn2，单击“下一步”按钮。

(11) 弹出“拨出凭据”窗口，如图 10.138 所示。配置连接到远程路由器时要使用的用户名和密码。这里填写的用户名和密码分别为 VPNServer1 和 vpn1，单击“下一步”按钮。

**注意**：这里配置的拨出凭据必须要与服务器 VPNServer2 上配置的拨入凭据匹配。

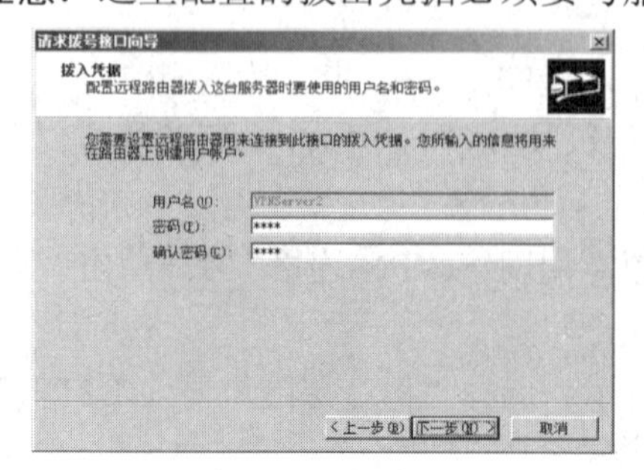


图 10.137 “拨入凭据”窗口

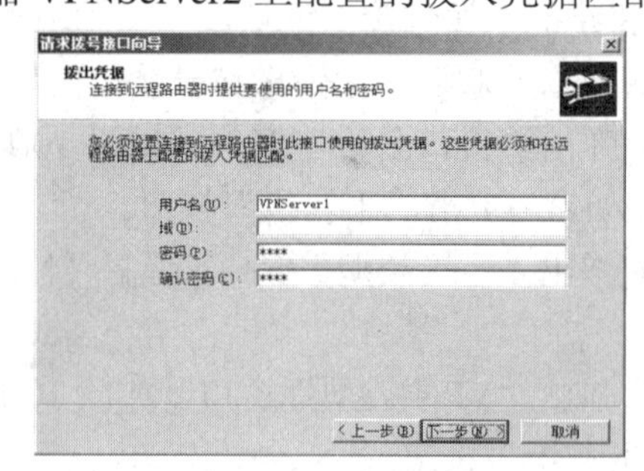


图 10.138 “拨出凭据”窗口

(12) 弹出“完成请求拨号接口向导”窗口，单击“完成”按钮，新的请求拨号接口创建完成。

(13) 在“路由和远程访问”窗口中，右键单击新建的网络接口 VPNServer2，在弹出的快捷菜单中，单击“属性”项，如图 10.139 所示。

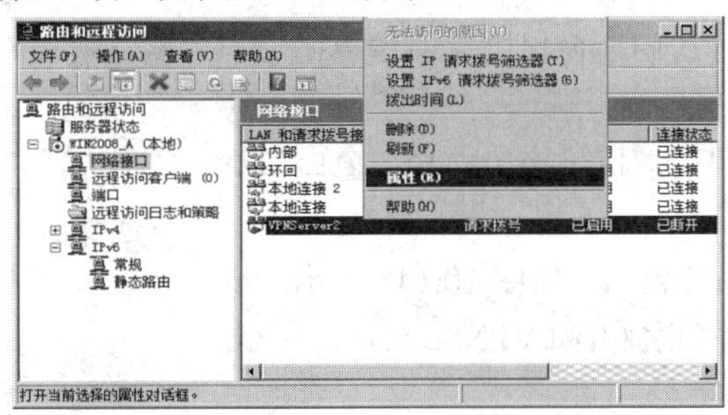


图 10.139　查看 VPNServer2 的属性

(14) 弹出“VPNServer2 属性”窗口，选择“网络连接”选项卡，单击“IPSec 设置”按钮，如图 10.140 所示。

(15) 弹出“IPSec 设置”窗口，如图 10.141 所示。单击选中“使用预共享的密钥作身份验证”项，并在“密钥”文本框中输入密钥(87654321)，两次单击“确定”按钮。

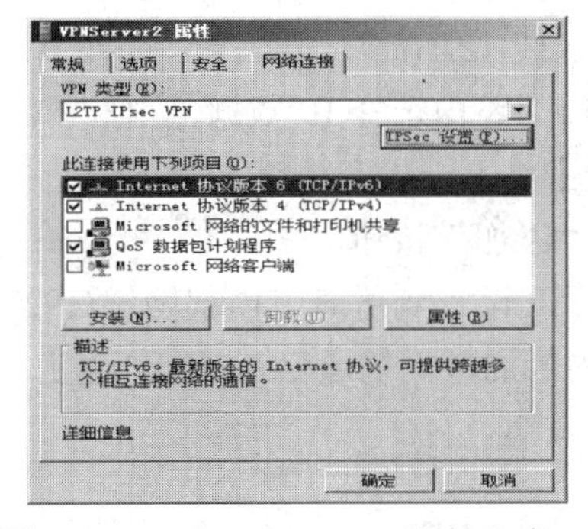


图 10.140　“VPNServer2 属性”窗口

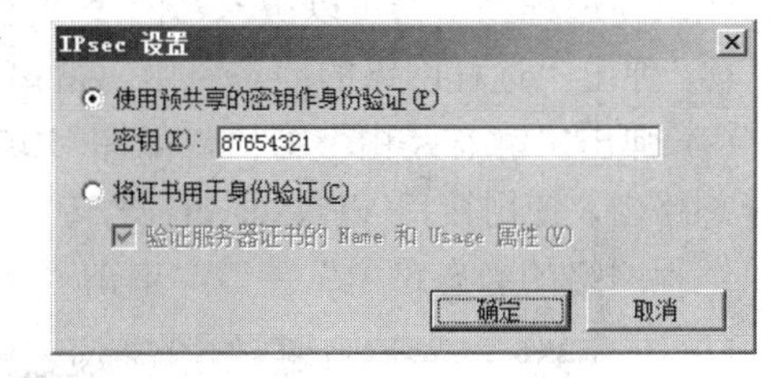


图 10.141　“IPSec 设置”窗口

4. 配置 VPN 服务器 VPNServer2

服务器 VPNServer2 的配置步骤与服务器 VPNServer1 非常相似。

(1) 参考 10.3.4 节相关步骤，配置并启用路由和远程访问。

(2) 右键单击服务器名称(如 WIN2008_B)节点，在弹出的快捷菜单中，单击“属性”项，弹出“WIN2008_B(本地) 属性”窗口，如图 10.142 所示。选择“安全”选项卡，单击选中“允许 L2TP 连接使用自定义 IPsec 策略”复选框，并在“预共享的密钥”文本框内输入一个密钥(87654321)，单击“确定”按钮。

(3) 弹出提示重新启动路由和远程访问的窗口，单击“确定”按钮。

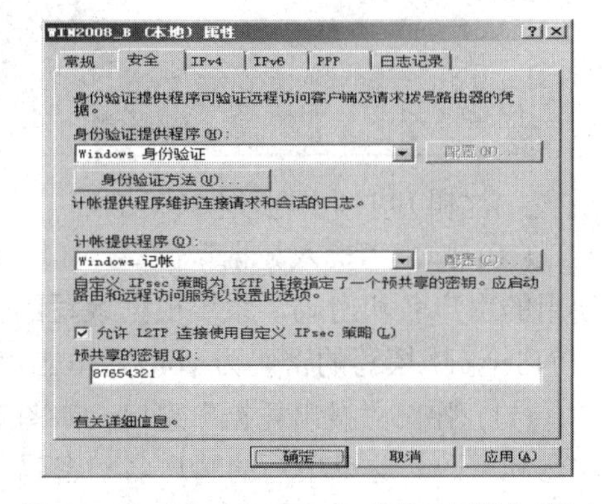


图 10.142　“WIN2008_B(本地) 属性”窗口

(4) 右键单击服务器名称(如 WIN2008_B)节

点，在弹出的快捷菜单中，依次单击“所有任务”→“重新启动”菜单。

(5) 弹出正在重新启动路由和远程访问窗口，稍等片刻即可完成重新启动，此时为L2TP连接启用的自定义IPsec策略才能生效。

2) 创建请求拨号接口

(1) 在“路由和远程访问”窗口中，右键单击节点“网络接口”，在弹出的快捷菜单中单击“新建请求拨号接口”项。

(2) 弹出“欢迎使用请求拨号接口向导”窗口，单击“下一步”按钮。

(3) 弹出“接口名称”窗口，如图10.143所示。填写到对方VPN网关的接口名称(如VPNServer1)，单击“下一步”按钮。

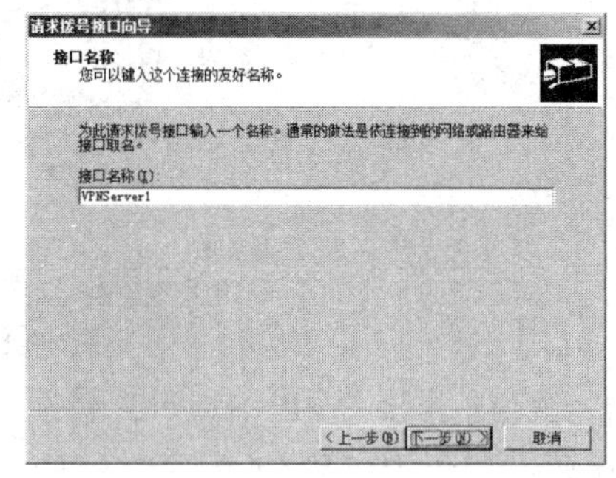

图10.143 “接口名称”窗口

(4) 弹出“连接类型”窗口，选择“使用虚拟专用网络(VPN)连接”项，单击“下一步”按钮。

(5) 弹出“VPN类型”窗口，选择“第2层隧道协议(L2TP)”项，单击“下一步”按钮。

(6) 弹出“目标地址”窗口，如图10.144所示。填写远程服务器VPNServer1外网卡的IP地址(222.24.21.2)，单击“下一步”按钮。

(7) 弹出“协议及安全”窗口，选中“在此接口上路由选择IP数据包”和“添加一个用户帐户使远程路由器可以拨入”两个复选框，单击“下一步”按钮。

(8) 弹出“远程网络的静态路由”窗口，单击“添加”按钮。

(9) 弹出“静态路由”窗口，如图 10.145 所示。设置到达对方内部网络(192.168.0.0)的静态路由，使用接口VPNServer1来转发到对方内部局域网的通信，单击“确定”按钮回到“远程网络的静态路由”窗口，单击“下一步”按钮。

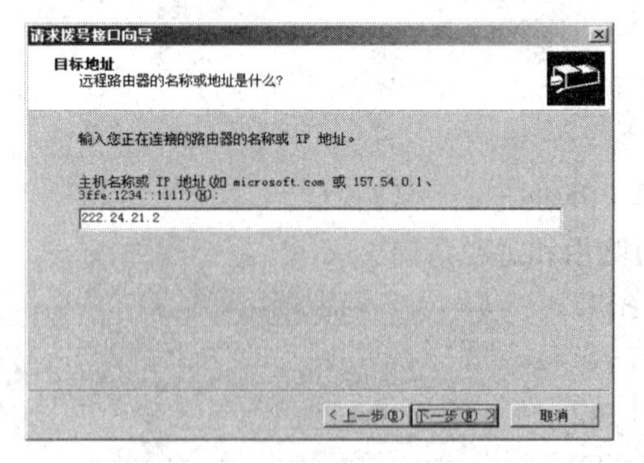

图10.144 “目标地址”窗口

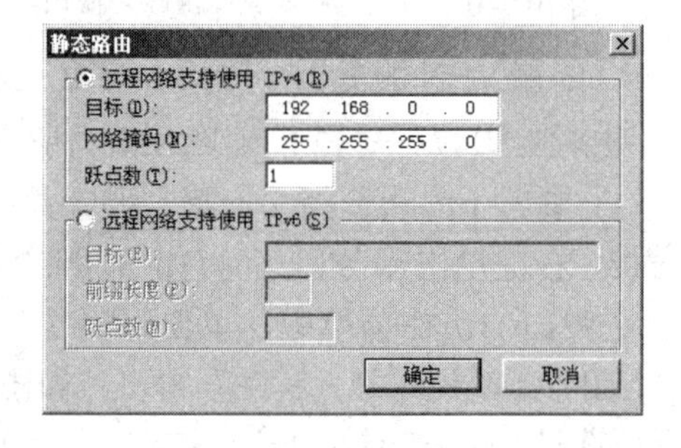

图10.145 “静态路由”窗口

(10) 弹出“拨入凭据”窗口，如图10.146所示。配置远程路由器拨入这台服务器时要使用的用户名和密码，系统根据填写的信息自动在此服务器上创建用户帐户。这里为用户VPNServer1填写的密码为vpn1，单击“下一步”按钮。

(11) 弹出“拨出凭据”窗口，如图10.147所示。配置连接到远程路由器时要使用的用户名和密码。这里填写的用户名和密码分别为VPNServer2和vpn2，单击“下一步”按钮。

**注意**：这里配置的拨出凭据必须要与服务器VPNServer1上配置的拨入凭据匹配。

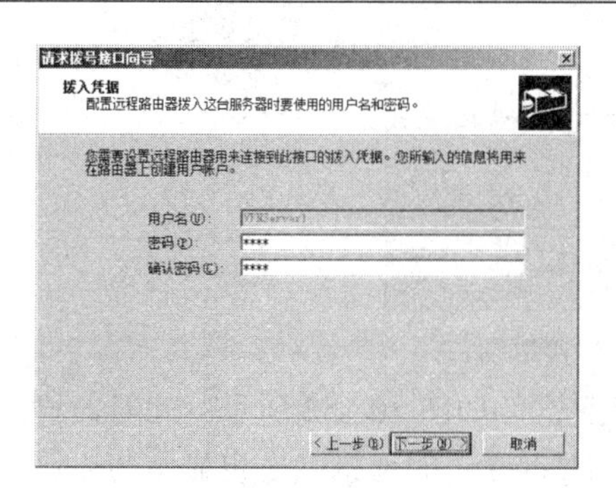


图 10.146　“拨入凭据”窗口

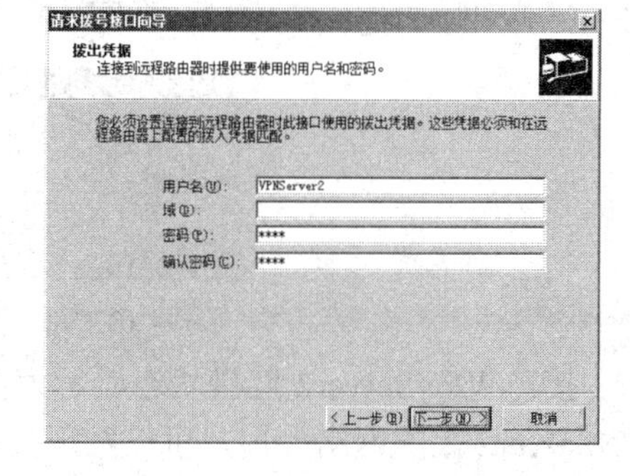


图 10.147　“拨出凭据”窗口

(12) 弹出“完成请求拨号接口向导”窗口，单击“完成”按钮，新的请求拨号接口创建完成。

(13) 在“路由和远程访问”窗口中，右键单击新建的网络接口 VPNServer1，在弹出的快捷菜单中，单击“属性”项。

(14) 弹出“VPNServer1 属性”窗口，选择“网络连接”选项卡，单击“IPSec 设置”按钮，如图 10.148 所示。

(15) 弹出“IPSec 设置”窗口，如图 10.149 所示。单击选中“使用预共享的密钥作身份验证”项，并在“密钥”文本框中输入密钥(12345678)，两次单击“确定”按钮。

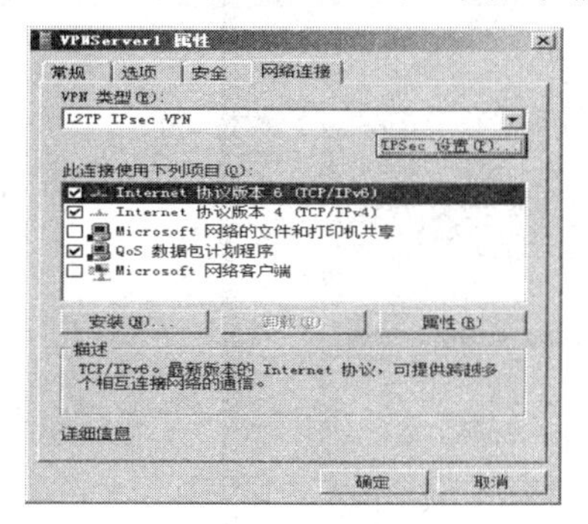


图 10.148　“VPNServer1 属性”窗口

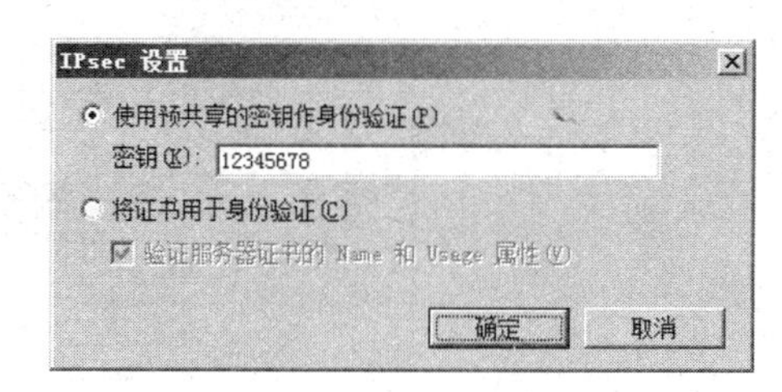


图 10.149　“IPSec 设置”窗口

## 5. VPN 配置测试

(1) 在服务器 VPNServer1 的“路由和远程访问”窗口中，右键单击新建的网络接口 VPNServer2，在弹出的快捷菜单中单击“连接”项，如图 10.150 所示。

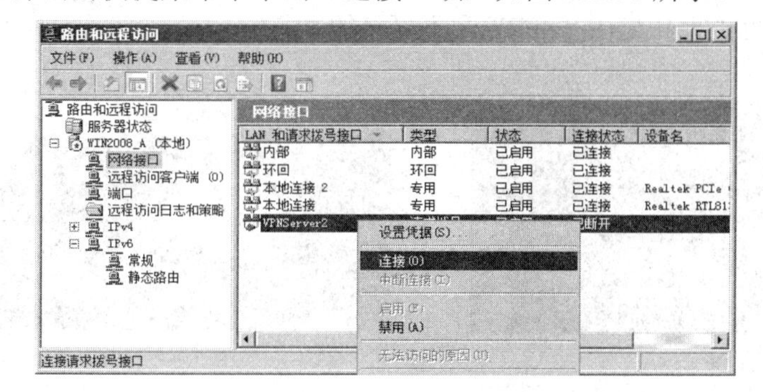


图 10.150　主动连接

(2) 弹出“接口连接”窗口，如图 10.151 所示。几秒钟后连接成功，该窗口自动关闭。

图 10.151 “接口连接”窗口

(3) 接口 VPNServer2 连接状态显示为“已连接”，如图 10.152 所示。此时，刷新服务器 VPNServer2 上的网络接口，可以发现接口 VPNServer1 的连接状态也显示为“已连接”。

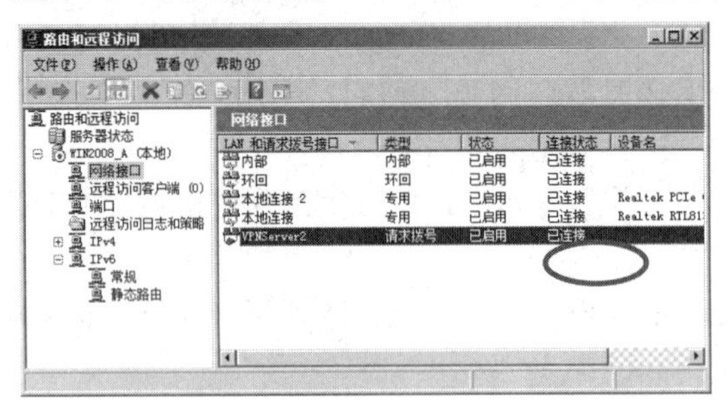


图 10.152 接口 VPNServer2 显示已连接

(4) 单击窗口左侧的“端口”节点，可以看出有一个 L2TP 端口已经处于“活动”状态，如图 10.153 所示。

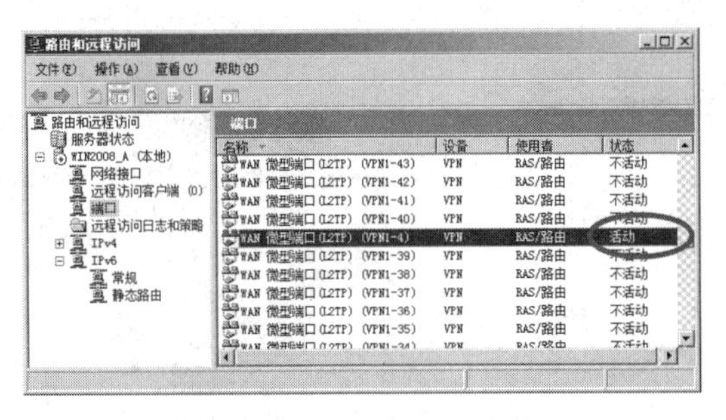


图 10.153 查看端口状态

(5) 在 PC1 上，用“ping”命令测试与远程内部网络中 PC2 的连通性，如图 10.154 所示。

(6) 在 PC1 上，用“tracert”命令跟踪到达 PC2 的路径，如图 10.155 所示。VPN 连接建立后，它们之间的路由器(R1 和 R2)是不可见的。

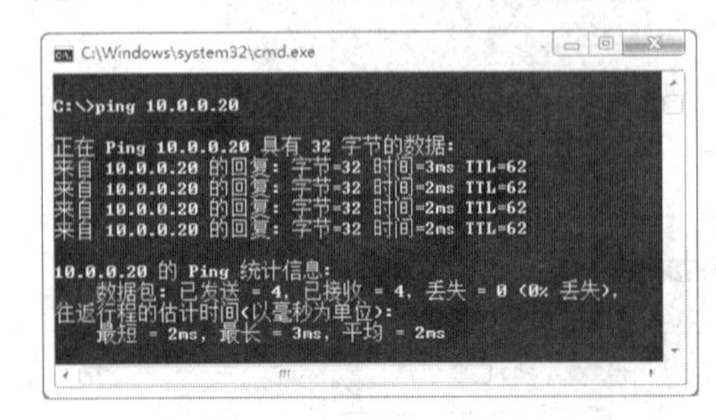


图 10.154 测试 PC1、PC2 连通性

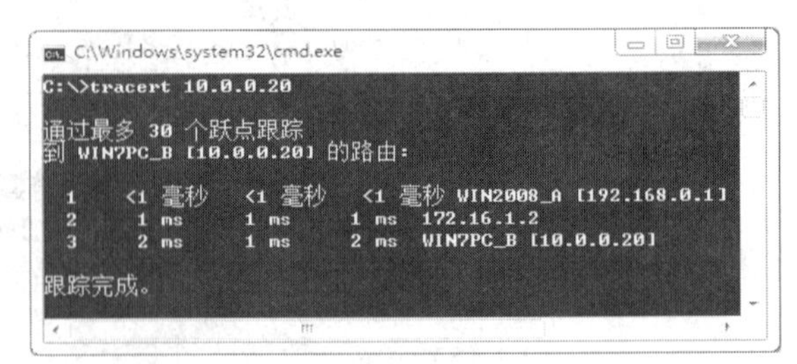


图 10.155 用“tracert”命令跟踪路径

# 第 11 章　网络程序设计

网络编程通过使用套接字来实现进程间的通信，是网络技术人员必须掌握的技能之一。本章介绍网络程序设计的基本概念，主要包括套接字、套接字地址、常用套接字函数以及两种基本并发服务器程序模型，并通过编写简单的 Echo 程序和代理服务器程序实践套接字程序设计的要点。通过对本章的学习，应当掌握网络程序设计的基本概念和方法，初步具备网络通信程序设计的能力。

## 11.1　网络程序设计基础

### 11.1.1　网络编程

网络是进程间通信的一种途径。通常情况下，相互通信的进程位于分散的远端位置。网络程序设计的最终目的就是实现通过网络进行(远程)进程间的数据交换，如图 11.1 所示。它最主要的工作就是在发送端把数据按照标准的或协商好的协议进行封装，并使用操作系统的网络传输功能把数据发送出去；而在接收端遵循与发送端同样的协议进行数据的接收和解封，提取出其中包含的数据。现代操作系统除了具有进程管理、资源管理、文件管理和设备管理等基本功能外，还具有网络通信功能。具有网络通信功能的操作系统称为网络操作系统(Network Operating System，NOS)。网络操作系统是网络用户(应用进程)与网络系统之间的接口。

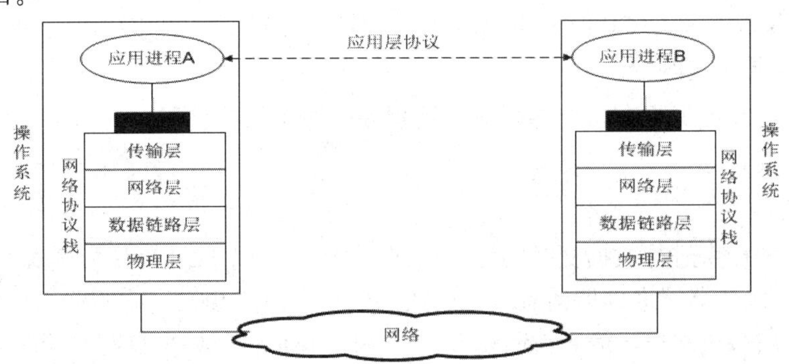


图 11.1　进程间的网络通信

网络通信服务由操作系统中的网络协议栈软件实现，协议栈进程在操作系统内核中运行。操作系统定义了一整套网络应用编程接口(Network Application Programming Interface)，作为应用进程访问内核网络协议栈软件服务的访问接口，方便应用进程使用网络服务。网络编程接口也称为套接字编程接口。

## 11.1.2 套接字

### 1. 套接字简介

套接字(Socket)是网络程序设计中的一个基本概念，源于 UNIX 系统。网络通信中首先需要标识通信的双方进程(或广播、组播通信中的一组进程)，一个套接字就代表了一种通信关系。套接字通常用五元组来表示，即本地网络接口地址、本地协议端口号、目的网络接口地址、目的协议端口号、传输层协议类型。在类 UNIX 系统中，一切都抽象为文件，在应用进程看来，通过网络与另一个进程交换数据就是读写一个文件。操作系统中用套接字描述符来代表这个文件，数据发送或接收就是在套接字描述符上进行的文件写或读操作。实际上，套接字描述符就是一个文件描述符，它在本地操作系统中代表了通信双方。

伯克利套接字(Berkeley Socket，BSD Socket)是由加州大学伯克利分校为 UNIX 系统开发的网络编程接口，采用 C 语言定义，它是事实上的网络套接字标准。BSD Socket 不仅支持多种不同的网络类型，而且还是一种进程间的通信机制，即实现本地系统中进程之间的通信。现代操作系统都遵循可移植操作系统接口(Portable Operating System Interface，POSIX)。POSIX 由 IEEE 制定，被 ISO 采纳，其中以 BSD 套接字为基础制定了操作系统的网络编程 API 标准。

### 2. 套接字类型

套接字有 3 种类型：

(1) 流式套接字(SOCK_STREAM)。流式套接字提供一对一、双向的、有序的、无重复、无差错、无记录边界的数据流服务，是一种面向连接的数据流传输方法。TCP/IP 网络中，流式套接字就是 TCP 协议服务。

(2) 数据报套接字(SOCK_DGRAM)。数据报套接字提供一种无连接服务，支持双向和一对多通信，报文传输无序且不保证可靠、无差错，但保持记录边界。TCP/IP 网络中，数据报套接字就是 UDP 协议服务。

(3) 原始套接字(SOCK_RAW)。原始套接字允许直接访问低层协议，主要用于新网络协议测试、网络流量捕获等。TCP/IP 网络中，可通过原始套接字访问网络层协议 IP 或 ICMP 等。

### 3. 套接字通信过程

流式套接字和数据报套接字在网络应用程序开发中最常使用。这里详细介绍这两种套接字的通信过程。

1) 流式套接字

使用流式套接字进行数据交换的过程如图 11.2 所示(以 TCP 协议为例)。

(1) 首先，服务器端进程调用 socket 函数创建一个流式套接字，并绑定(调用 bind 函数)到指定的传输层协议端口，然后在该端口监听(调用 listen 函数)来自客户端的请求。这个监听套接字通常指向 5 元组：*、*、服务器端网络接口地址、服务器端协议端口、TCP 协议，其中“*”代表任意地址或端口，表示接受来自任何主机、任何端口的建立连接请求数据。“服务器端网络接口地址”也可以是“*”，表示在服务器主机的所有网络接口监听客户连接请求。

(2) 客户端进程在向服务器进程发送数据前，也先创建一个自己的流式套接字，而后通过该套接字连接(调用 connect 函数)到服务器端的监听端口。通常，客户端进程并不关心(不绑定)连接使用的本地协议端口号，而由操作系统分配一个未用的端口号。

(3) 服务器进程接受(调用 accept 函数)客户端的连接请求，并创建一个新的流式套接字关联到请求的连接，用于与客户端进程交换数据；而服务器进程仍在原来的套接字上监听指定端口上的客户端请求。

(4) 对 TCP 协议，连接建立过程是一个三次握手过程：客户端进程调用 connect 函数发起连接请求是第一次握手；服务器调用 accept 函数接受连接请求后，向客户端发送确认消息是第二次握手；客户端进程再向服务器进程发送确认(允许携带数据)是第三次握手。连接成功建立后，客户端套接字和服务器新创建的套接字都关联到五元组：客户端网络接口地址、客户端协议端口、服务器端网络接口地址、服务器端协议端口、TCP 协议，它们在各自的操作系统中代表了这个建立的连接。

(5) 客户端进程向服务器进程发送(调用 send 函数)请求数据，即在自己的套接字上执行写操作；服务器进程从自己的连接关联套接字上接收(调用 recv 函数)客户端数据，即从自己的套接字读取数据。服务器或客户端进程处理请求或响应数据后，继续调用 send 函数或 recv 函数发送或接收数据，直至完成数据交换任务。

(6) 客户端进程和服务器进程完成数据交换后，要关闭(调用 close 函数)各自的套接字描述符，即拆除建立的连接(4 次握手过程)。而服务器进程由于要一直在指定协议端口监听新的客户端请求，通常不主动关闭用于监听的套接字。监听套接字在服务器进程退出时，由操作系统关闭。

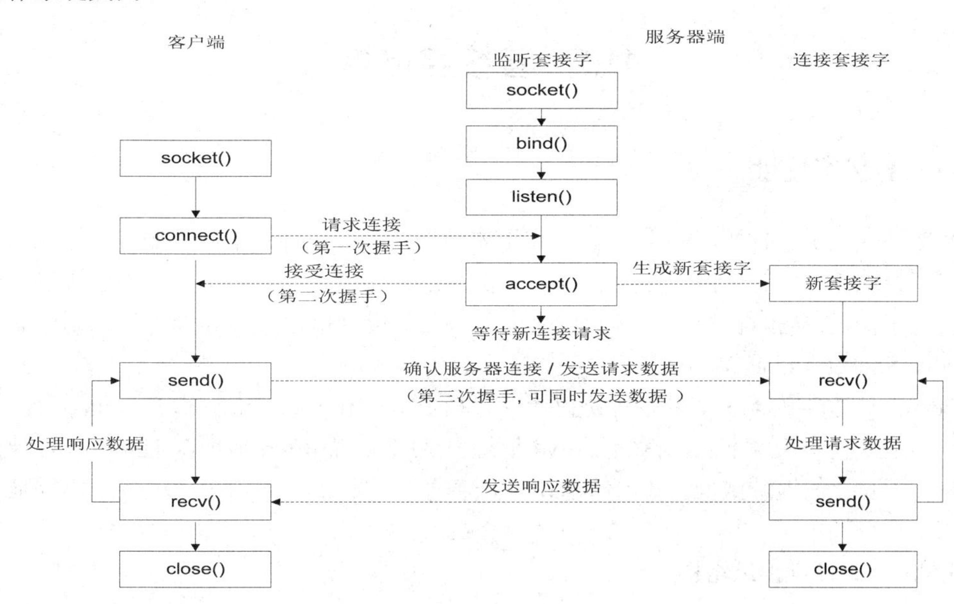


图 11.2　流式套接字数据收发过程

2) 数据报套接字

数据报套接字提供无连接的数据传输服务，接收进程应具有数据管理功能(如差错处理、顺序处理等)。数据报套接字的数据交换过程如图 11.3 所示(以 UDP 协议为例)。

(1) 通信的双方进程(进程 A 和进程 B)各自创建自己的数据报套接字，并可绑定到指定的传输层协议端口上。这些数据报套接字关联的五元组可视为本地网络接口地址、本地传输层协议端口、*、*、UDP 协议，即并不关联到特定的目的方。目的方地址在发送数据时指定，因此，可通过创建的套接字向任何目的方发送数据。一次数据发送(调用 sendto 函数)中指定的目的方地址可以与上次调用的目的方不同。在数据报套接字上发送数据，并不确信指定的目的方已经在发送操作中指定的地址(网络接口地址+协议端口号)上准备好数据接收，目的方的端口甚至可以没有打开(这样的数据发送会失败)。

(2) 数据接收方在自己的套接字上调用 recvfrom 函数接收数据，同时也会从操作系统中获得发送方的地址(发送方网络接口地址 + 协议端口号)，并使用这个地址给发送方发送响应数据。

(3) 同样，不再使用套接字描述符时，要(调用 close 函数)关闭这些描述符。

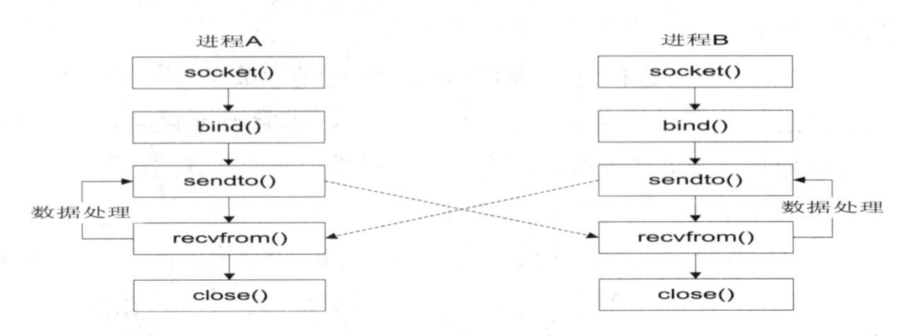


图 11.3　数据报套接字数据收发过程

# 11.2　套接字函数

## 11.2.1　套接字地址

套接字代表了一种通信关系，用 5 元组(本地网络接口地址、本地传输层协议端口、目的网络接口地址、目的传输层协议端口、传输层协议类型)表示。其中，传输层协议类型在生成套接字描述符时，由协议族和套接字类型参数的组合指定，而其余的信息则存储在套接字地址(Socket Address)结构体中。

Berkeley 套接字 API 支持多种协议族，包括 IPv4、IPv6、UNIX 和 Datalink 等。不同协议族的地址空间长度不同，例如，IPv4 地址占 32 位，而 IPv6 地址占 128 位。各种协议族都定义了自己的地址结构。地址结构体的名字通常以 sockaddr_开始，以各个协议唯一的后缀结束。

### 1. IPv4 套接字地址结构

IPv4 套接字地址结构的定义如下：

```
#include  <netinet/in.h>
struct  in_addr {
  in_addr_t              s_addr;          /*32 位 IPv4 地址，网络字节序*/
};
struct  sockaddr_in {
```

```
    uint8_t            sin_len;         /*地址结构体长度，以字节为单位*/
    sa_family_t        sin_family;      /*协议族，IPv4 是 AF_INET*/
    in_port_t          sin_port;        /*16 位 TCP 或 UDP 端口号，网络字节序*/
    struct  in_addr    sin_addr;        /*32 位 IPv4 地址，网络字节序*/
    char               sin_zero[8];     /*未使用，置为 0*/
};
```

(1) sin_len 字段并非 POSIX 标准所必须要求的，也并非所有的实现都支持该字段。添加该字段使得变长套接字地址结构的处理变得简单。该字段通常用于内核处理各种协议族的地址结构，程序编写过程中不需要显式设置或检查该字段。

(2) 对 IPv4 协议，sin_family 字段设置为 AF_INET。

(3) IPv4 地址(s_addr)和 TCP 或 UDP 端口号(sin_port)字段必须以网络字节顺序存储。

(4) 假设定义的套接字地址变量是 addr，在引用 IPv4 地址时，可以是 addr.sin_addr 或 addr.sin_addr.s_addr。

**注意**：前者把地址作为 struct in_addr 结构体引用，而后者是以 in_addr_t(实际上是 uint32_t)类型引用。在作为函数参数使用时要注意使用正确的数据类型。

(5) sin_zero 字段未使用，通常设置为 0。经常的做法是在填充地址变量之前，将整个地址结构都置为 0，而后再填充使用的字段。

(6) 地址结构体定义中使用了一些新的数据类型，这些类型(以及后文中遇到的一些其他数据类型)在 POSIX 标准中定义，如表 11-1 所示。

**表 11-1　POSIX 定义的数据类型(部分)**

| 数据类型 | 描　述 | 定义的头文件 |
| --- | --- | --- |
| int8_t | 有符号 8 位整数 | <sys/types.h> |
| uint8_t | 无符号 8 位整数 | <sys/types.h> |
| int16_t | 有符号 16 位整数 | <sys/types.h> |
| uint16_t | 无符号 16 位整数 | <sys/types.h> |
| int32_t | 有符号 32 位整数 | <sys/types.h> |
| uint32_t | 无符号 32 位整数 | <sys/types.h> |
| sa_family_t | 地址族类型，IPv4 是 AF_INET, IPv6 是 AF_INET6 | <sys/socket.h> |
| socklen_t | 套接字地址长度, uint32_t | <sys/socket.h> |
| in_addr_t | IPv4 地址, uint32_t | <netinet/in.h> |
| in_port_t | TCP 或 UDP 端口号, uint16_t | <netinet/in.h> |

### 2. IPv6 套接字地址结构

IPv6 套接字地址结构的定义如下：

```
#include  <netinet/in.h>
struct   in6_addr {
    uint8_t         s6_addr[16];            /*128 位 IPv6 地址，网络字节序*/
};
#define   SIN6_LEN                          /*编译时测试用*/
```

```
struct    sockaddr_in6 {
    uint8_t              sin6_len;           /*地址结构长度，以字节为单位*/
    sa_family_t          sin6_family;        /*协议族，IPv6 是 AF_INET6 */
    in_port_t            sin6_port;          /*传输层协议端口号，网络字节序*/
    uint32_t             sin6_flowinfo;      /*流(flow)信息，未定义*/
    struct    in6_addr   sin6_addr;          /*IPv6 地址，网络字节序*/
    uint32_t             sin6_scope_id;      /*本地链路地址的范围域标识*/
};
```

(1) sin6_len 类似于 IPv4 地址中的 sin_len 字段。若实现支持该字段，则必须定义 SIN6_LEN。

(2) sin_family 设置为 AF_INET6。

(3) sin6_scope_id 是与本地链路地址相关的网络接口索引，用于指明本地链路地址的范围域(Scope Zone)。

### 3. 通用套接字地址结构

套接字地址总是作为参数传递给套接字函数。套接字函数要支持不同类型协议族(它们定义了不同的地址结构)，因此需要定义一种通用的地址结构作为参数传递类型。ANSI C 中的 void*可作为通用类型，但 ANSI C 标准出现较晚。POSIX 标准定义了一种通用套接字地址结构(Generic Socket Address Structure)作为解决方案：

```
#include    <sys/socket.h>
struct sockaddr{
    uint8_t                  sa_len;             /*结构体长度*/
    sa_family_t              sa_family;          /*地址族：AF_XXX*/
    char                 sa_data[14];            /*协议地址*/
};
```

struct sockaddr 类型通常只用于强制类型转换，即在某些函数调用时，把地址变量从具体的协议地址类型转换为通用地址类型。

IPv6 套接字 API 中定义了一种新的通用套接字地址结构，该结构能容纳系统支持的所有协议地址类型。新结构通用地址的定义如下：

```
#include    <netinet/in.h>
struct    sockaddr_storage {
    uint8_t         ss_len;          /*结构体长度(与实现相关)*/
    sa_family_t     ss_family;       /*地址族: AF_XXX */
   /* 其余字段与实现相关，对用户透明。该地址结构要求：
    * a) 满足系统支持的所有类型套接字地址的边界对齐需求；
    * b) 拥有足够存储空间，能够容纳系统支持的所有类型套接字地址。
    */
};
```

**注意**：在 struct sockaddr_storage 结构体中，除了 ss_family 和 ss_len(如果支持)字段外，其他字段用户是看不到的，即对用户透明。在使用时，必须将该结构体变量转换为 ss_family 指明的特定协议类型地址结构，然后再访问地址信息字段。

### 11.2.2　常用套接字函数

套接字函数可分为 3 种类型：

(1) 用于套接字创建和关闭、传输层协议端口绑定和监听、连接建立和拆除等的连接管理类函数。

(2) 用于数据发送和接收的数据传输类函数。

(3) 其他辅助类型函数，例如用于整数字节顺序转换、IP 地址表示转换、域名解析等的函数。

下面对网络编程中经常用到的套接字函数进行介绍。

**1. 连接管理函数**

(1) socket 函数。

功能：用于生成指定类型的套接字。

原型：

```
#include    <sys/socket.h>
int socket (int domain , int type , int protocol );
```

参数：

- *domain*：协议地址族。例如，对 IPv4 协议设置为 AF_INET，IPv6 协议设置为 AF_INET6。
- *type*：需要生成的套接字的类型，通常取 SOCK_STREAM(流式套接字)或 SOCK_DGRAM(数据报套接字)(也可以取其值)。
- *protocol*：所用的传输层协议类型。例如，对 TCP 协议设置为 IPPROTO_TCP，对 UDP 协议设置为 IPPROTO_UDP。通常设置为 0，由操作系统根据 *domain* 和 *type* 值的组合选择默认值。

**注意**：并非 *domain* 和 *type* 的每种组合值都有效。

返回值：函数调用成功，返回一个可以使用的套接字描述符。调用失败时返回 -1，全局变量 errno 将被设置为错误代码，可调用 perror 函数或 strerror 函数查看具体的错误信息(后文中其函数若无特殊说明，调用失败后可用同样的方法查看错误原因)。

(2) bind 函数。

功能：把一个 socket 描述符与指定的本地网络接口地址及传输层协议端口号进行绑定。

原型：

```
#include    <sys/socket.h>
int bind (int sockfd , struct sockaddr *myaddr , socklen_t    addrlen) ;
```

参数：

- *sockfd*：套接字描述符。
- *myaddr*：通用套接字地址结构体 struct sockaddr 类型的指针，指向一个套接字地址变量，其中包含有要绑定的地址信息。

● *addrlen*：指示 *myaddr* 所指向的套接字地址变量的长度，以字节为单位。

返回值：函数调用成功时返回 0；调用失败时返回 -1。

说明：

① 任何传递给 bind 函数(以及其 socket 函数)的套接字地址都必须被转换成 struct sockaddr 或其指针类型，而不论实际的地址变量是特定协议地址类型还是其他通用地址类型(如 struct sockaddr_storage)；参数 *addrlen* 指实际套接字地址变量的大小，而非 struct sockaddr 结构体的大小。

② 服务器程序通常需要执行此操作，以便在某个指定的端口上等待客户程序发起的连接或接收客户程序发送的数据。

③ bind 函数可以自动获取 IP 地址和端口：若把 *my_addr.sin_port*(IPv4)或 *my_addr.sin6_port*(IPv6)设置为 0，操作系统将自动选择未用的端口；把 *my_addr.sin_addr.s_addr* 设置为 INADDR_ANY(IPv4)或 *my_addr. sin6_addr. s6_addr* 设置为 IN6ADDR_ANY_INIT (IPv6)，操作系统将绑定运行这个进程的主机的网络接口地址(对多宿主主机，INADDR_ANY 或 IN6ADDR_ANY_INIT 表示不指定网络接口，而绑定所有的网络接口地址)，如：

```
myaddr.sin_port = 0 ;            /*随机选择一个端口*/
myaddr.sin_addr.s_addr =htonl( INADDR_ANY) ;         /*使用自己的地址*/
```

若想知道操作系统选择的地址和端口，可调用套接字函数 getsockname。

④ 调用 bind 函数绑定端口时，不要把端口值设置过小：小于 1024 的所有端口都是保留的系统端口，在 Linux 系统中没有 root 权限无法使用。

(3) listen 函数。

功能：用于设置 socket 描述符处于监听状态，等待来自客户进程的连接请求。

原型：

```
#include   <sys/socket.h>
int listen(int sockfd, int backlog);
```

参数：

● *sockfd*：通过 listen 函数调用希望处于监听状态的套接字描述符。

● *backlog*：未处理的连接请求的队列可以容纳的最大数目。每一个连接请求都先进入连接请求队列，等待调用 accept 函数接受，*backlog* 就是可以在队列中等待的请求的最大数目，通常设置为 5～10 之间的数值。

返回值：函数调用成功返回 0；调用失败时返回 -1。

说明：只有服务器程序需要调用 listen 函数。服务器进程要在本地某端口上等待客户的连接请求，它首先在生成的 socket 描述符上调用 bind 函数，绑定某端口(甚至网络接口地址)，然后再调用 listen 函数，在绑定的地址上监听客户请求，最后调用 accept 函数接受客户连接请求。

(4) accept 函数。

功能：在处于监听状态的 socket 描述符上接受客户进程的连接请求。

原型：

```
#include   <sys/socket.h>
```

```
int accept(int sockfd, struct sockaddr *cliaddr, socklen_t *addrlen);
```

参数：

- *sockfd*：处于监听状态的套接字描述符。
- *cliaddr*：指向用来存储客户端地址的套接字地址变量。
- *addrlen*：指向一个本地的整型数，调用 accept 函数前它的值应该设置为 *cliaddr* 所指向的地址变量所占内存空间大小(字节数)；函数成功调用后由系统设置，指示 *cliaddr* 中存储的地址实际占用的字节数。

返回值：调用成功后 accept 函数将返回一个新的套接字描述符；调用失败时返回 -1。

说明：

① accept 函数不会在 *cliaddr* 中存储多于 *addrlen* 指明字节数的数据。如果 accept 函数在 *cliaddr* 中存储的字节数不足 *addrlen*，则 accept 函数通过改变 *addrlen* 的值来指示实际的字节数。

② accept 函数调用成功后有了两个套接字描述符：函数返回的套接字描述符，它代表了服务器进程和客户端进程间建立的连接，服务器和客户端的数据交换将通过这个描述符进行(即在这个描述符上调用数据发送和接收函数)；原来的套接字描述符(accept 函数的第一个参数)，这个套接字描述符处于监听状态，服务器进程通过这个描述符继续监听新的客户连接请求。

(5) connect 函数。

功能：用于客户进程向服务器进程发起连接建立请求。

原型：

```
#include    <sys/socket.h>
int connect (int sockfd, const struct sockaddr *srvaddr, socklen_t addrlen);
```

参数：

- *sockfd*：套接字描述符。
- *srvaddr*：指向一个套接字地址变量，其中存储要连接的服务器的地址。
- *addrlen*：指示 *srvaddr* 所指向的地址变量的大小，以字节为单位。

返回值：函数调用成功返回 0；若调用失败时(如无法连接到远程主机，或远程主机的指定端口无法进行连接等)返回 -1。编程实现中一定要检测 connect 函数的返回值，确定连接建立是否成功。

说明：

① 客户端进程在成功创建 socket 描述符后，通常直接调用 connect 函数与服务器进程建立连接，而不需要指定本地的地址信息(尤其是端口号)，即不调用 bind 函数。实际上，操作系统将自动为客户进程选择一个可用的端口号。当然也可以调用 bind 函数指定客户端进程的网络接口地址和端口号，但客户端进程通常不关心这些信息。

② 可以对数据报套接字描述符调用 connect 函数。此时，数据报套接字会关联到指定的目的方，但 connect 函数调用并不会引起向目的方发送连接建立请求(像流式套接字那样)。此后，就可以像使用流式套接字一样使用该数据报套接字，调用 send 函数或 recv 函数发送或接收数据(实际上，此时也不再允许调用 sendto 函数并指定接收方地址，也无需调用 recvfrom 获知发送方地址)。注意：在数据报套接字上调用 connect 函数后，就把套接字绑定到了一个特定的目的方，只允许通过该套接字与绑定的目的方进行数据交换，操作系统

会过滤来自其进程、以该套接字的本地协议端口为目的的数据报。

可以在已经“连接”的数据报套接字上再次调用 connect 函数，并指定一个新的目的方地址。这在流式套接字上是不允许的，流式套接字上只能调用一次 connect 函数。

调用 connect 函数时将 *srvaddr* 中的地址族指定为“AF_UNSPEC”将导致返回一个错误(EAFNOSUPPORT)。这可用于断开一个在数据报套接字上已经建立的“连接”。

(6) close 函数。

功能：关闭套接字描述符。

原型：

```
#include    <stdio.h>
int close(int sockfd);
```

参数：

- *sockfd*：要关闭的套接字描述符。

返回值：调用成功返回 0；调用失败时返回 –1。

说明：

① 套接字描述符是操作系统中的一种标识资源，进程完成网络数据传输后，应当关闭使用的套接字描述符。类 UNIX 中一切都抽象为一个文件，套接字可视为一个套接字文件，套接字描述符就是文件描述符。close 函数是标准的关闭文件系统调用，也可用于关闭套接字描述符。

② 对某个套接字执行 close 函数之后，该套接字上将不再允许进行任何读或写操作。任何对已关闭套接字描述符的读或写操作都会返回一个错误。

③ 对流式套接字执行 close 函数，同时也会关闭该套接字对应的连接。

(7) shutdown 函数。

功能：关闭建立的连接。

原型：

```
#include     <sys/socket.h>
int shutdown(int sockfd, int how);
```

参数：

- *sockfd*：要关闭连接的 socket 函数描述符。
- *how*：关闭操作类型，可以是：0，表示以后不再允许该套接字上的数据接收操作；1，以后不再允许该套接字上的数据发送操作；2，和 close 函数一样，不再允许该套接字上的任何接收或发送操作。

返回值：函数执行成功返回 0；调用失败时返回 –1。

说明：对流式套接字而言，调用 shutdown 函数禁止接收或发送操作意味着关闭了接收或发送方向上的连接。

**2. 数据传输函数**

(1) send 函数。

功能：通过流式套接字发送数据。

原型：

```
#include     <sys/socket.h>
```

int send(int *sockfd*, const void **msg*, size_t *len*, int *flags*);

参数：

- *sockfd*：流式套接字描述符，代表了一个与通信对方应用进程的连接。
- *msg*：指向要发送的数据的起始地址。
- *len*：要发送的数据的长度，以字节为单位。
- *flags*：发送标记，用于控制数据发送行为，一般设为 0。

返回值：调用成功后返回实际发送数据的字节数；调用失败时返回 -1。

说明：

① 如果 *len* 参数指明的长度大于 send 函数所能一次发送的数据，则 send 函数只发送它所能发送的最大长度的数据，因而实际发送的数据可能少于 *len* 指定的长度。此时，应用程序需要再次调用 send 函数来发送剩余的数据。如果 *len* 足够小(小于 1K)，send 函数一般会一次发送完所有数据。

② 如果对数据报套接字调用了 connect 函数，也可调用 send 函数在这个数据报套接字上发送数据。

③ 套接字描述符也是一个文件描述符，可以在套接字描述符上用标准的文件写调用 write 函数来发送数据，但调用 send 函数可通过设置 *flags* 对网络数据传输进行更好的控制。

(2) recv 函数。

功能：从流式套接字接收数据。

原型：

```
#include    <sys/socket.h>
int recv(int sockfd, void *buf, size_t len, int flags);
```

参数：

- *sockfd*：流式套接字描述符，代表了一个与通信对方应用进程的连接。
- *buf*：指向存储接收数据的内存缓冲区的起始地址。
- *len*：缓冲区的大小，以字节为单位。
- *flags*：接收标记，用于控制数据接收行为，一般设为 0。

返回值：调用成功后返回实际接收数据的长度，即存储到 *buf* 中的数据的字节数；调用失败时返回 -1(如网络异常中断、对方关闭连接等)。

说明：

① 如果对数据报套接字调用了 connect 函数，也可调用 recv 函数在这个数据报套接字上接收数据。

② 套接字描述符也是一个文件描述符，可以在套接字描述符上用标准的文件读调用 read 函数来接收数据，但调用 recv 函数可通过设置 *flags* 对网络数据传输进行更好的控制。

(3) sendto 函数。

功能：通过数据报套接字发送数据。

原型：

```
#include    <sys/socket.h>
int sendto(int sockfd, const void *msg, size_t len, int flags, const struct sockaddr *to,
socklen_t    tolen);
```

参数：

- *sockfd*：数据报套接字描述符。
- *msg*：指向要发送的数据的起始地址。
- *len*：要发送的数据的长度，以字节为单位。
- *flags*：发送标记，用于控制数据发送行为，一般设为 0。
- *to*：指向一个套接字地址变量，其中包含有数据发往的目的方地址。
- *tolen*：指示 *to* 所指向的地址变量的长度，以字节为单位。

返回值：调用成功后返回实际发送的字节数；调用失败时返回 -1。

说明：

① 类似于 send 函数，sendto 函数实际发送的数据可能小于 *len* 指定的字节数。

② 每次调用 sendto 函数发送数据时，都必须指明通信对方的地址信息。如果只与一个确定的对方交换数据，即每次发送数据的目的方都相同，可以在发送数据前对数据报套接字调用 connect 函数，此后对该套接字的数据操作可等同于流式套接字：用 send 函数发送数据，用 recv 函数接收数据。但不同于对流式套接字调用 connect 函数，对数据报套接字调用 connect 函数并不在通信双方之间建立真正的连接，操作系统只是记下了对方的地址信息，并在调用 send 函数或 recv 函数时自动添加上该地址信息。

**注意**：在数据报套接字上调用 connect 函数后，就把套接字绑定到了一个特定的目的方，只允许通过该套接字与绑定的目的方进行数据交换，操作系统将过滤来自其他进程、以该套接字的本地协议端口为目的的数据报。

(4) recvfrom 函数。

功能：从数据报套接字上接收数据。

原型：

```
    #include    <sys/socket.h>
    int recvfrom(int sockfd, void *buf, size_t len, int flags, struct sockaddr *from,
socklen_t *fromlen);
```

参数：

- *sockfd*：数据报套接字描述符。
- *buf*：指向存储接收数据的内存缓冲区的起始地址。
- *len*：缓冲区的大小，以字节为单位。
- *flags*：接收标记，用于控制数据接收行为，一般设为 0。
- *from*：指向一个套接字地址变量，用来存储数据发送方的地址。
- *fromlen*：指向一个整型数据的指针，函数调用前其值应设置为 *from* 所指向的地址变量所占内存空间的大小(字节数)；函数调用后由系统设置，指示 *from* 中存储的地址实际所占用的内存字节数。

返回值：调用成功后返回实际接收到的字节数；调用失败时返回 -1。

说明：如果一个信息太大得缓冲区放不下，即数据长度大于 *len*，多余的数据将被截断，函数调用可以立即返回，也可以永久等待，这取决于 *flags* 的设置。

#### 3. 其他函数

1) 获取通信双方的地址信息

流式套接字中，服务器进程调用 accept 函数接受客户端请求时，可通过函数参数获得客户端的地址；数据报套接字中，调用 recvfrom 函数接收数据报的同时，也可通过函数参数获得对方地址。然而，在某些情况下，进程可能需要获得与一个套接字相关的本地或通信对方的地址。例如，应用进程生成套接字后，若不调用 bind 函数绑定本地地址，而直接调用 connect 函数连接服务器或 sendto 函数发送数据报，操作系统将自动给该套接字选择本地地址，应用进程出于某种目的(例如监控连接)可能需要明确这个地址。套接字 API 定义了一组函数，用于根据套接字描述符获得相关的本地或通信对方的地址。

(1) getpeername 函数。

功能：若在套接字上与通信对方建立了连接，调用 getpeername 函数可获得通信对方的地址。

原型：

```
#include    <sys/socket.h>
int getpeername(int sockfd, struct sockaddr *peeraddr, socklen_t *addrlen);
```

参数：

- *sockfd*：套接字描述符，在该套接字上已与通信对方建立了连接。
- *peeraddr*：指向 struct sockaddr 结构体变量的指针，用于存储获得的地址信息。
- *addrlen*：指向一个整型变量的指针，函数调用前其值应设置为 *peeraddr* 所指向的地址变量所占用的内存空间大小(字节数)；函数返回后被修改为实际地址数据所占的内存空间大小。

返回值：函数调用成功返回 0；调用失败时返回 –1。

说明：也可在调用 connect 函数的数据报套接字上调用此函数。

(2) getsockname 函数。

功能：根据套接字描述符获取本地地址。

原型：

```
#include    <sys/socket.h>
int getsockname(int sockfd, struct sockaddr *localaddr, socklen_t *addrlen);
```

参数：

- *sockfd*：套接字描述符。
- *localaddr*：指向一个套接字地址变量，该变量用来存储获得的地址信息。
- *addrlen*：指向一个整型变量的指针，函数调用前其值应设置为 *localaddr* 所指向的地址变量所占用的内存空间大小(字节数)；函数返回后被修改为实际地址数据所占的内存空间大小。

返回值：函数调用成功返回 0；调用失败时返回 –1。

说明：在任何类型的套接字描述符上都可以调用此函数，获得己方的地址信息。

2) 域名解析

(1) gethostbyname 函数。

功能：根据主机域名获取其二进制 IPv4 地址。

原型：

```
#include    <netdb.h>
struct hostent *gethostbyname(const char *name);
```

参数：

- *name*：常量字符串指针，指向要解析的域名。

返回值：函数成功调用返回指向 struct hostent 结构体变量的指针；若调用失败时返回 NULL(但全局变量 errno 并不代表错误代码，错误代码存储在 h_errno 中，可调用 herror 函数查看错误原因)。

struct hostent 结构体的定义如下：

```
struct  hostent {
    char   *h_name;
    char   **h_aliases;
    int    h_addrtype;
    int    h_length;
    char   **h_addr_list;
};
#define  h_addr    h_addr_list[0]
```

其中：

- *h_name*：主机的正式名称。
- *h_aliases*：以 NULL(空字符)结尾的字符串指针数组，每个指针指向一个该主机的备用名称。
- *h_addrtype*：返回地址族类型，即 AF_INET。
- *h_length*：地址长度(字节数)。
- *h_addr_list*：以 NULL(空字符)结尾的字符串指针数组，每个指针指向一个该主机的网络地址(网络字节序)。
- *h_addr*：*h_addr_list* 数组的第一个成员。

说明：该函数只支持 IPv4 协议。

(2) gethostbyaddr 函数。

功能：根据二进制 IPv4 地址获取相应的域名(或主机名称)。

原型：

```
#include    <netdb.h>
struct hostent *gethostbyaddr(const char *addr, socklen_t len, int family);
```

参数：

- *addr*：常量字符串指针，但并不指向字符串，而是指向 struct in_addr 结构体变量，其中存储有网络字节序的 32 位 IPv4 地址。
- *len*：*addr* 所指内存空间大小，以字节为单位。因 *addr* 是 IPv4 地址，所以是 4。
- *family*：AF_INET。

返回值：函数调用成功返回指向 struct hostent 结构体的指针；调用失败时返回 NULL，

错误代码存储在 h_errno 中。

说明：

① 正式主机名存储在 struct hostent 结构体的 *h_name* 成员变量中，备用名存储在 *h_aliases* 变量中。

② 该函数只支持 IPv4 协议。

(3) getaddrinfo 函数。

功能：实现域名(或字符串 IP 地址，即点分十进制 IPv4 地址或冒号十六进制 IPv6 地址)到二进制 IP 地址以及服务名(或字符串协议端口号)到二进制协议端口号的转换。

原型：

```
#include    <netdb.h>
int getaddrinfo(const char *hostname,   const char *service, const struct addrinfo
*hints, struct addrinfo ** result);
```

参数：

- *hostname*：常量字符串指针，或者指向域名字符串，或者指向字符串 IP 地址(点分十进制 IPv4 地址，或冒号十六进制 IPv6 地址)。
- *service*：常量字符串指针，或者指向服务名字符串，或者指向十进制字符串端口号。
- *hints*：或者为空，或者指向一个 struct addrinfo 结构体变量，该变量由函数调用者填充，用于指示需要函数返回的信息。头文件<netdb.h>中定义了该结构体：

```
struct addrinfo {
    int                 ai_flags;        /*AI_PASSIVE, AI_CANONNAME */
    int                 ai_family;       /*AF_xxx */
    int                 ai_socktype      /*SOCK_xxx */
    int                 ai_protocol;     /* 0 或 IPPROTO_xxx */
    socklen_t           ai_addrlen;      /* ai_addr 指向的地址长度 */
    char                *ai_canonname;   /*指向主机正式名称*/
    struct sockaddr     *ai_addr;        /*指向套接字地址*/
    struct addrinfo     *ai_next;        /*指向链表中下一结构体*/
};
```

- *result*：指向 struct addrinfo 结构体变量指针的指针；函数调用成功后，通过 *result* 指针返回一个 struct addrinfo 结构体链表，每个链表节点都是一个与 *hostname* 和 *service* 相关的可用地址，这些地址可能属于不同的地址族，或是不同的套接字类型；struct addrinfo 中的字段已经是网络字节顺序，可在套接字函数中直接使用，而不必再调用字节顺序转换函数。

返回值：函数调用成功返回 0；调用失败时返回 -1，函数 const char *gai_strerror(int error) (在头文件 netdb.h 中声明)可返回具体错误代码的字符串描述。

说明：

① 函数调用者可设置 *hints* 参数的下列成员：*ai_flags*、*ai_family*、*ai_socktype* 和 *ai_protocol*。

② *ai_flags* 可能的取值见表 11-2；*ai_flags* 可以是其中的一个值或若干个值的相“或”

(OR)组合。

**注意：**并非所有的组合都有意义。

③ *ai_family* 可取 AF_INET(IPv4)、AF_INET6(IPv6)或 AF_UNSPEC(未指定)。

④ *ai_socktype* 可取 SOCK_STREAM 或 SOCK_DGRAM。

**注意：**当 *service* 是十进制端口字符串时，必须指定 *ai_socktype* 的类型，否则多数函数实现可能会返回错误。

⑤ 若 *hints* 为 0，函数假定 *ai_flags*、*ai_socktype* 和 *ai_protocol* 都是 0，而 *ai_family* 设置为 AF_UNSPEC，表示所有可能的取值。

⑥ 若 *hints* 中的 *ai_flags* 设置了 AI_CANONNAME 标志，函数返回链表的第一个节点的 *ai_canonname* 指向主机的规范名称(其余节点的 *ai_canonname* 为空)。

**表 11-2　struct addrinfo 结构体的 ai_flags 取值**

| ai_flags 取值 | 含　义 |
|---|---|
| AI_PASSIVE | 返回的套接字地址(端口)将用于被动打开 |
| AI_CANONNAME | 指示函数返回主机的规范名称 |
| AI_NUMERICHOST | 禁止执行域名到地址的映射，*hostname* 指向字符串地址而非域名 |
| AI_NUMERICSERV | 禁止执行服务名到端口的映射，*service* 指向数字端口字符串而非服务名 |
| AI_V4MAPPED | 若 *ai_family* 设置为 AF_INET6 且没有 AAAA 记录地址(IPv6 地址)，则返回 IPv4 地址映射的 IPv6 地址 |
| AI_ALL | 若与 AI_V4MAPPED 同时设置，返回 IPv4 映射的 IPv6 地址以及所有 AAAA 记录地址 |
| AI_ADDRCONFIG | 仅查找非 loopback 接口的指定版本的 IP 地址 |

(4) freeaddrinfo 函数。

功能：所有由 getaddrinfo 函数返回的存储空间，包括 addrinfo 结构体、ai_addr 结构体和 ai_canonname 字符串，都是由 getaddrinfo 函数动态分配的；freeaddrinfo 函数用于释放这些内存空间。

原型：

```
#include    <netdb.h>
void freeaddrinfo(struct addrinfo *ai);
```

参数：

- *ai*：指向 getaddrinfo 函数返回的第一个 struct addrinfo 结构体变量，即 *result* 参数。

返回值：无。

说明：函数返回后，struct addrinfo 链表以及链表节点中包含的动态分配内存空间都被释放。

**注意：**不调用 freeaddrinfo 函数释放内存空间很可能会造成内存泄漏。

(5) getnameinfo 函数。

功能：其与 getaddrinfo 函数相反，实现二进制 IP 地址到域名(或字符串 IP 地址)以及二进制协议端口号到服务名(或字符串协议端口号)的转换。

原型：

```
#include  <netdb.h>
int getnameinfo(const struct sockaddr *sockaddr, socklen_t addrlen, char *host,
socklen_t hostlen, char* serv, socklen_t servlen, int flags);
```

参数：

- *sockaddr*：常量指针，指向套接字地址结构体 struct sockaddr 变量，该变量包含二进制套接字地址。
- *addrlen*：套接字结构体长度，单位字节。
- *host*：字符串指针，指向存储返回的域名(或字符串 IP 地址)的内存区域的起始地址，该区域由调用者提供。
- *hostlen*：*host* 所指内存区域的大小，单位字节。
- *serv*：字符串指针，指向存储返回的服务名称(或字符串协议端口号)的内存区域的起始地址，该区域由调用者提供。
- *servlen*：*serv* 所指内存区域的大小，单位字节。
- *flags*：指示函数的操作类型，可取值见表 11-3；*flags* 可以是表中的一个值或若干值的相“或”(OR)组合(但并非所有的组合都有意义)。

**表 11-3　getnameinfo 函数的 flags 取值**

| Flags 取值 | 操 作 类 型 |
| --- | --- |
| NI_DGRAM | 仅返回数据报服务的服务名称 |
| NI_NAMEREQD | 若无法从 DNS 解析出地址则返回错误 |
| NI_NOFQDN | 仅返回全域名(FQDN)中的主机名部分 |
| NI_NUMERICHOST | 返回字符串 IP 地址(不查找 DNS) |
| NI_NUMERICSCOPE | 返回字符串区域标识符 |
| NI_NUMERICSER | 返回字符串协议端口号(不查找 DNS) |

返回值：函数调用成功返回 0；调用失败时返回 –1，可调用函数 gai_strerror 返回具体的错误字符串描述。

说明：

① 该函数与具体协议无关，调用者不必关心套接字地址中包含的是何种类型的地址，这些细节由函数处理。

② 若不需要返回域名或服务名称，可将 host 或 serv 置为 NULL。

3) 整数字节顺序转换

不同类型的计算机可能使用不同的字节顺序存储整型数。例如，Intel 处理器使用 Little-Endian 字节顺序，即低位字节在前而高位字节在后；Internet 则使用网络字节顺序，高位字节在前而低位字节在后，称为 Big-Endian 顺序。因此，用户在使用整型数时要特别小心，保证用正确的字节顺序解释数据。Socket API 定义了一组函数用于整型字节顺序的转换，用户在编写网络应用程序时使用这些函数将有助于实现程序的简便移植。通常，无论本地主机字节顺序是否与网络字节顺序一致，在进行网络传输时都将本地主机字节顺序转换成网络字节顺序，而在接收数据后将网络字节顺序转换成本地主机字节顺序。对内部字节顺序与网络字节顺序相同的主机，是否真正进行转换则取决于转换函数的实现。

socket 整数顺序转换函数的名称有如下规律：“h”代表主机(host)顺序，“n”代表网络(network)顺序，“to”代表转换为，“s”代表短型(short，2 字节)整数，“l”代表长型(long，4 字节)整数。例如，htons 函数表示将短型整数从主机字节顺序转换为网络字节顺序。

原型：

```
#include  <netinet/in.h>
short   htons(short   s)
short   ntohs(short   s)
long   htonl(long   l)
long   ntohl(long   l)
```

参数：需要转换的短型或长型整数。

返回值：转换字节顺序后的整数。

4) IP 地址转换

编写网络程序时经常需要把字符串 IP 地址(点分十进制 IPv4 地址，或冒号十六进制 IPv6 地址)转换为网络字节顺序的二进制 IP 地址，或者相反。getaddrinfo 函数和 getnameinfo 函数可以实现这两种转换。这两个函数还同时支持域名解析以及服务名(或字符串端口)与网络字节顺序整数端口的转换，但使用起来较为繁琐。有些情况下，可能仅需要进行字符 IP 地址和二进制 IP 地址之间的转换。Socket API 定义了一组函数用于实现这两种 IP 地址的相互转换。

(1) inet_aton 函数。

功能：把点分十进制 IPv4 地址转换为网络字节顺序的 32 位整数地址。

原型：

```
#include <arpa/inet.h>
int inet_aton(const char *strptr, struct in_addr *addrptr);
```

参数：

- *strptr*：常量字符串指针，指向点分十进制 IPv4 地址。
- *addrptr*：struct in_addr 结构体指针，指向存储转换后整数地址的内存区域。

返回值：函数调用成功返回 1；调用失败时返回 0。

说明：

① 字母“a”代表 ASCII，指字符串地址；字母“n”代表 numeric，指网络字节顺序的整数地址。

② 此函数仅支持 IPv4 地址转换。

(2) inet_addr 函数。

功能：与 inet_aton 函数功能相同，实现点分十进制 IPv4 地址到网络字节顺序 32 位整数地址的转换。

原型：

```
#include <arpa/inet.h>
in_addr_t inet_addr(const char   *strptr);
```

参数：

- *strptr*：常量字符串指针，指向点分十进制 IPv4 地址。

返回值：函数调用成功返回 32 位网络字节顺序整数地址；调用失败时返回 INADDR_NONE(32 位 1)。

说明：

① 所有的 32 位无符号整数均表示一个有效的 IPv4 地址，而 inet_addr 函数用 32 位 1(即有限广播地址“255.255.255.255”)表示调用错误，因此，该函数不能用于处理有限广播地址的转换。但实际上，“255.255.255.255”无需进行字节顺序转换。编程实现中不建议使用该函数。

② 此函数仅支持 IPv4 地址转换。

(3) inet_ntoa 函数。

功能：把 32 位网络字节顺序 IPv4 地址转换为点分十进制字符串地址。

原型：

```
#include <arpa/inet.h>
char    *inet_ntoa (struct    in_addr    inaddr);
```

参数：

- *inaddr*：结构体 struct in_addr(注意不是结构体指针)变量，包含 32 位网络字节顺序整数 IPv4 地址。

返回值：调用成功返回一个字符串指针，指向转换后的点分十进制 IP 地址。

说明：

① 函数返回值指针指向的内存空间是一个静态变量，因此该函数不可重入，相继调用时后一次调用会覆盖前一次调用的结果。每次调用完后，需要用 strcpy 等字符串操作函数将结果复制到自己定义的字符串变量中。

② 此函数仅支持 IPv4 地址转换。

(4) inet_pton 函数。

功能：将字符串表示的 IP 地址转换为网络字节顺序的整数 IP 地址。

原型：

```
#include <arpa/inet.h>
int inet_pton(int family, const char *strptr, void *addptr);
```

参数：

- *family*：地址族。
- *strptr*：常量字符串指针，指向要转换的字符串 IP 地址。
- *addptr*：指向存储转换后整数地址的内存空间。

返回值：函数调用成功返回 1；调用失败时返回 −1；若字符串地址格式不正确则返回 0。

说明：

① 字母“p”代表 presentation，字母“n”代表 numeric。

② 支持 IPv4 地址或 IPv6 地址转换。转换 IPv4 地址时 *family* 设为 AF_INET，*strptr* 指向点分十进制 IP 地址，*addptr* 可指向 struct sockaddr_in 或 struct sockaddr 结构体变量；转换 IPv6 地址时 *family* 设为 AF_INET6，*strptr* 指向冒号十六进制 IP 地址，*addptr* 可指向 struct sockaddr_in6 或 struct sockaddr_storage 结构体变量。

(5) inet_ntop 函数。

功能：将网络字节顺序整数 IP 地址转换为字符串 IP 地址。

原型：

```
#include <arpa/inet.h>
const char *inet_ntop(int family, const void *addptr, char * strptr, size_t len);
```

参数：

- *family*：地址族。
- *addptr*：常量无符号类型指针，指向套接字地址结构体变量。
- *strptr*：字符串指针，指向存储字符串地址的内存区域。
- *len*：指示 *strptr* 所指内存区域的大小，单位字节，用于防止字符串溢出。

返回值：若函数调用成功，返回指向字符串地址的指针，即与参数 *strptr* 指向同一块内存空间；调用失败时返回 NULL。如果 *strptr* 所指内存空间太小而无法存储字符串地址(包括字符串结束标志空字符)，则返回空指针，errno 设置为 ENOSPC。

说明：

① 头文件<netinet/in.h>中定义了两个宏用于简单指定 IPv4 和 IPv6 字符串地址的长度(包括字符串结束标志空字符)：

```
#define    INET_ADDRSTRLEN     16    /* IPv4 点分十进制地址长度*/
#define    INET6_ADDRSTRLEN    64    /* IPv6 冒号十六进制地址长度*/
```

② 支持 IPv4 地址或 IPv6 地址转换，参考 inet_pton 函数的说明。编程实践中建议使用 inet_pton 函数和 inet_ntop 函数，以使程序移植更容易。

## 11.3 简单网络程序设计

前两节介绍了套接字编程的基本概念。本节开始编写一些简单的程序，实践套接字编程的要点。用流式套接字和数据报套接字分别实现客户/服务器模式 Echo 程序。首先用最基本的套接字函数实现，然后改用协议无关套接字函数实现，使程序支持在 IPv4 或 IPv6 协议环境下运行。另外，还采用多路复用和多进程两种基本的并发服务器模型实现 Echo 服务器程序。这些代码均在 Linux 环境下实现。

### 11.3.1 函数封装

为了使代码看起来简洁，对基本的套接字函数进行封装，把错误处理放在封装函数中进行。错误处理分为严重错误(Fatal Error)和一般性错误(Non-fatal Error)两类。严重错误输出错误信息后直接退出程序，一般性错误输出错误信息提示并在返回值中指明。封装函数在文件 wrapper.h 和 wrapper.c 中声明和定义。Linux 系统中区分字母大小写，封装函数与原函数同名，但首字母大写。封装函数的参数与原函数一致。所需的套接字函数头文件也在 wrapper.h 中进行引用。

wrapper.h

```
#ifndef __wrapper_h
#define __wrapper_h
```

```
#include <sys/types.h>
#include <netdb.h>
#include <sys/socket.h>
#include <arpa/inet.h>
#include <netinet/in.h>
#include <string.h>
#include <stdio.h>
#include <stdlib.h>

int Socket(int family, int type, int protocol);
int Connect(int sockfd, const struct sockaddr *srvaddr, socklen_t addrlen);
int Bind(int sockfd, const struct sockaddr *lcladdr, socklen_t addrlen);
int Listen(int sockfd, int backlog);
int Accept(int sockfd, struct sockaddr *cliaddr, socklen_t *addrlen);
int Send(int sockfd, const void *buff, size_t nbytes, int flags);
int Recv(int sockfd, void *buff, size_t nbytes, int flags);
int Sendto(int sockfd, const void *buff, size_t nbytes, int flags, const struct sockaddr *to, socklen_t
            addrlen);
int Recvfrom(int sockfd, void *buff, size_t nbytes, int flags, struct sockaddr *from,
                socklen_t *addrlen);
int Select(int maxfdp1, fd_set *readset, fd_set *writeset, fd_set *exceptset,
        const struct timeval *timeout);
int Inet_aton(const char *strptr, struct in_addr *addrptr);
int Getaddrinfo(const char *hostname, const char *service, const struct addrinfo *hints,
             struct addrinfo **result);

#endif
```

———————————————— wrapper.h ————————————————

———————————————— wrapper.c ————————————————

```
#include "wrapper.h"

int Socket(int family, int type, int protocol)
{
    int sockfd;

    if((sockfd = socket(family, type, protocol))  <  0)  {
        printf("socket error.\n");
        exit(1);
```

```
        }

        return sockfd;
}

int Connect(int sockfd, const struct sockaddr *srvaddr, socklen_t addrlen)
{
        int n;

        if((n = connect(sockfd, srvaddr, addrlen))  <  0) {
                printf("connect error\n");
                close(sockfd);
                exit(1);
        }

        return n;
}

int Bind(int sockfd, const struct sockaddr *lcladdr, socklen_t addrlen)
{
        int n;

        if ((n = bind(sockfd, lcladdr, addrlen))  <  0) {
                printf("bind error.\n");
                close(sockfd);
                exit(1);
        }

        return n;
}

int Listen(int sockfd, int backlog)
{
        int n;

        if((n = listen(sockfd, backlog))  <  0) {
                printf("listen error.\n");
                close(sockfd);
                exit(1);
```

```
	}

	return n;
}

int Accept(int sockfd, struct sockaddr *cliaddr, socklen_t *addrlen)
{
	int newsockfd;

	if((newsockfd = accept(sockfd, cliaddr, addrlen))  <  0) {
		if(EINTR == errno)
			return 0;
		else {
			printf("accept error.\n");
			close(sockfd);
			exit(1);
		}
	}

	return newsockfd;
}

int Send(int sockfd, const void *buff, size_t nbytes, int flags)
{
	int len;

	if((len = send(sockfd, buff, nbytes, flags))  <  0)
		printf("send error.\n");

	return len;
}

int Recv(int sockfd, void *buff, size_t nbytes, int flags)
{
	int len;

	if((len = recv(sockfd, buff, nbytes, flags))  <  0)
		printf("recv error.\n");
```

```
        return len;
}

int Sendto(int sockfd, const void *buff, size_t nbytes, int flags, const struct sockaddr *to, socklen_t
            addrlen)
{
        int len;

        if((len = sendto(sockfd, buff, nbytes, flags, to, addrlen))  <  0)
                printf("sendto error.\n");

        return len;
}

int Recvfrom(int sockfd, void *buff, size_t nbytes, int flags, struct sockaddr *from,
                socklen_t *addrlen)
{
        int len;
        if((len = recvfrom(sockfd, buff, nbytes, flags, from, addrlen))  <  0)
                printf("recvfrom error.\n");
        return len;
}

int Select(int maxfdp1, fd_set *readset, fd_set *writeset, fd_set *exceptset,
            const struct timeval *timeout)
{
        int n;

        if ((n = select(maxfdp1, readset, writeset, exceptset, timeout))  <  0)
                printf("select error.\n");

        return n;
}

int Inet_aton(const char *strptr, struct in_addr *addrptr)
{
        int n;

        if((n = inet_aton(strptr, addrptr))  <=  0)
        {
```

```
            printf("inet_aton error.\n");
            exit(1);
        }
        return n;
}

int Getaddrinfo(const char *hostname, const char *service, const struct addrinfo *hints,
                struct addrinfo **result)
{
        int n;

        if((n = getaddrinfo(hostname, service, hints, result))   !=   0)
            printf("getaddrinfo error\n");

        return n;
}
```

wrapper.c

此外，还定义了一个头文件 config.h，用来定义配置参数，如缓冲区大小、服务器监听端口、超时时间等。

config.h

```
#ifndef __config_h
#define __config_h

// 缓冲区大小
#define         MAXLINE         1024
#define         MINLINE         100

// 服务器端口
#define         SRVLSTPORT      1026
#define         AGTLSTPORT      1027

// 请求队列大小
#define         LISTENQ         10

// 客户端 Echo 请求次数
#define         LOOPNUM         4

// 代理连接状态
#define         CONNECT         0x01
```

```
#define     CLOSE       0x02
// 超时时间
#define     WAITSEC     10
#define     WAITUSEC    0

// 数据类型重定义
#define     SA          struct sockaddr

#endif
```

config.h

### 11.3.2 实验 简单的 Echo 程序

**【实验目的】**

掌握基本流式套接字和数据报套接字程序的编写。

**【实验环境】**

Linux 操作系统，GCC 编译环境。

**【实验过程】**

分别用流式套接字和数据报套接字编写 Echo 服务器和客户端程序。Echo 服务器程序在指定的端口(SRVLSTPORT)等待客户程序的连接请求；Echo 客户程序连接到服务器程序后，每隔 1 秒发送一次 Echo 请求字符串，共发送 LOOPNUM 次，而服务器把收到的字符串再回送给客户程序。

**1. 流式套接字服务器程序**

tcpserver.c

```
#include "config.h"
#include "wrapper.h"

int main(int argc, char **argv)
{
    int         listenfd, connfd, len;
    char        sendbuff[MAXLINE+1];
    char        recvbuff[MAXLINE+1];
    struct      sockaddr_in localaddr;

    listenfd = Socket(AF_INET, SOCK_STREAM, 0);

    memset(&localaddr, 0, sizeof(localaddr));
    localaddr.sin_family = AF_INET;
    localaddr.sin_port = htons(SRVLSTPORT);
```

```
        localaddr.sin_addr.s_addr =htonl( INADDR_ANY) ;

        Bind(listenfd, (SA*)&localaddr, sizeof(localaddr));

        Listen(listenfd, LISTENQ);
        printf("server is listening on port %d\n", SRVLSTPORT);

        while(1) {
            connfd = Accept(listenfd, NULL, NULL);
            if (0 == connfd)
                continue;
            printf("new connection.\n");

            while(1) {
                if((len = Recv(connfd, recvbuff, MAXLINE, 0))   <=   0)
                    break;
                else {
                    recvbuff[len] = 0;
                    printf("receive: %s\n", recvbuff);

                    snprintf (sendbuff, MAXLINE+1,"REPLAY FOR: %s", recvbuff);
                    if ((len = Send(connfd, sendbuff, strlen(sendbuff), 0)) > 0)
                        printf("send: %s\n", sendbuff);
                }
            }

            close(connfd);
        }
    }
```

tcpserver.c

## 2. 流式套接字客户端程序

tcpclient.c

```
    #include "config.h"
    #include "wrapper.h"

    int main(int argc, char **argv)
    {
        int         sockfd, len, i;
        char        sendbuff[MAXLINE+1];
```

```
    char        recvbuff[MAXLINE+1];
    struct      sockaddr_in servaddr;

    if(argc != 3) {
        printf ("usage: <client-program>   <IPaddress>   <port>\n");
        exit(1);
    }

    sockfd = Socket(AF_INET, SOCK_STREAM, 0);

    memset(&servaddr, 0, sizeof(servaddr));
    servaddr.sin_family = AF_INET;
    servaddr.sin_port = htons(atoi(argv[2]));
    Inet_aton(argv[1], (struct in_addr*)&servaddr.sin_addr);

    Connect(sockfd, (SA*)&servaddr, sizeof(servaddr));
    printf("connect to %s:%s\n", argv[1], argv[2]);

    for (i = 0; i < LOOPNUM; i++) {
        snprintf(sendbuff, MAXLINE +1,"%d ECHO REQUEST", i);

        if ((len = Send(sockfd, sendbuff, strlen(sendbuff), 0))   <   0)
            continue;
        else
            printf("send: %s\n", sendbuff);

        if ((len = Recv(sockfd, recvbuff, MAXLINE, 0))   <=   0)
            break;
        else {
            recvbuff[len] = 0;
            printf("receive: %s\n", recvbuff);
        }

        sleep(1);
    }
    close(sockfd);
    return 0;
}
```

tcpclient.c

### 3. 数据报套接字服务器程序

udpserver.c

```
#include "config.h"
#include "wrapper.h"

int main(int argc, char **argv)
{
	int		sockfd, len, addrlen;
	char		sendbuff[MAXLINE+1];
	char		recvbuff[MAXLINE+1];
	struct		sockaddr_in localaddr, fromaddr;

	sockfd = Socket(AF_INET, SOCK_DGRAM, 0);

	memset(&localaddr, 0, sizeof(localaddr));
	localaddr.sin_family = AF_INET;
	localaddr.sin_port = htons(SRVLSTPORT);
	localaddr.sin_addr.s_addr =htonl( INADDR_ANY) ;

	Bind(sockfd, (SA*)&localaddr, sizeof(localaddr));
	printf("server is ready on port %d.\n", SRVLSTPORT);

	while(1) {
		addrlen = sizeof(fromaddr);
		if ((len = Recvfrom(sockfd, recvbuff, MAXLINE, 0, (SA*)(&fromaddr), &addrlen)) < 0)
			continue;
		else {
			recvbuff[len] = 0;
			printf("receive: %s\n", recvbuff);
		}

		sprintf(sendbuff, "REPLAY FOR: %s", recvbuff);
		if ((len = Sendto(sockfd, sendbuff, strlen(sendbuff), 0, (SA*)(&fromaddr), addrlen)) > 0)
			printf("send: %s\n", sendbuff);
	}
}
```

udpserver.c

## 4. 数据报套接字客户端程序

udpclient.c

```
#include "config.h"
#include "wrapper.h"

int main(int argc, char **argv)
{
    int         sockfd, len, addrlen, i;
    char        sendbuff[MAXLINE+1];
    char        recvbuff[MAXLINE+1];
    struct      sockaddr_in toaddr;

    if(argc != 3) {
        printf ("usage: <client-program>    <IPaddress>    <port>\n");
        exit(1);
    }

    sockfd = Socket(AF_INET, SOCK_DGRAM, 0);

    memset(&toaddr, 0, sizeof(toaddr));
    toaddr.sin_family = AF_INET;
    toaddr.sin_port = htons(atoi(argv[2]));
    Inet_aton(argv[1], (struct in_addr*)&toaddr.sin_addr);
    addrlen = sizeof(toaddr);

    for (i = 0; i < LOOPNUM; i++) {
        snprintf(sendbuff, MAXLINE+1 ," %d ECHO REQUEST;", i);
        if ((len = Sendto(sockfd, sendbuff, strlen(sendbuff), 0, (SA*)(&toaddr), addrlen))   <   0)
            continue;
        else
            printf("send: %s\n", sendbuff);

        if ((len = Recvfrom(sockfd, recvbuff, MAXLINE, 0, NULL, NULL))   >   0) {
            recvbuff[len] = 0;
            printf("receive: %s\n", recvbuff);
        }
        sleep(1);
    }
```

```
    close(sockfd);

    return 0;
}
```

udpclient.c

### 11.3.3 服务器 I/O 模式

#### 1. 阻塞/非阻塞套接字

套接字函数可以处于阻塞模式或非阻塞模式。阻塞模式下，在输入/输出操作(I/O 操作)完成前，执行操作的函数会一直等待下去，直到有结果返回；非阻塞模式下，套接字函数调用会立即返回。默认情况下，套接字处于阻塞模式(可通过高级套接字控制函数来设置套接字的模式)。阻塞意味着某一时刻，任一进程(或线程)只能执行一个 I/O 操作。默认处于阻塞模式的套接字函数有 accept 函数、connect 函数、send 函数、recv 函数、sendto 函数、recvfrom 函数等。

因此，前一小节编写的流式套接字服务器程序只能一次服务一个客户程序。当与一个客户程序建立连接后，服务器程序将阻塞在 recv 函数调用(封装在 Recv 中)，等待客户端的消息；直到与该客户断开连接后，才再次调用 accept 函数(封装在 Accept 中)，接收另一个客户程序的连接请求。显然，这种服务器程序不能满足实际应用需求。

多路复用和多进程是两种最基本的并发服务器模型。

#### 2. 多路复用

多路复用套接字函数 select 可同时在多个套接字描述符上等待，只要其中任意一个套接字处于读就绪、写就绪或异常发生状态，函数就返回。

原型：

```
#include    <sys/select.h>
#include    <sys/time.h>
int select(int maxfdp1, fd_set *readset,    fd_set *writeset, fd_set *exceptset, const
struct timeval *timeout);
```

参数：

- *maxfd1*：用来指示被测试描述符的数目，设置为最大描述符加 1。
- *readset*；可读描述符测试集。
- *writeset*：可写描述符测试集。
- *exceptset*：异常描述符测试集。
- *timeout*：用于设置等待的超时时间。

返回值：调用成功，返回所有处于就绪状态(包括可读、可写和发生异常)的描述符的数量；超时返回 0；调用失败时返回 -1。

说明：

① 结构体 struct timeval 的定义如下：

```
struct timeval{
```

```
        long    tv_sec;     /*秒*/
        long    tv_usec;    /*毫秒*/
    }
```

② 调用 select 函数，若 *timeout* 设置为 NULL，函数将一直等待，直到有描述符进入就绪状态；若 *timeout* 为 0(tv_sec=0，tv_usec=0)，函数立即返回，这可用于检测是否有描述符处于就绪状态；否则，函数将等待指定的时长后返回。

③ Socket API 定义了一组宏用于描述符集的操作：

```
void  FD_ZERO(fd_set * fdset);              /*清除fdset中的所有标志位*/
void  FD_SET(int  fd,  fd_set * fdset);     /*设置描述符fd在fdset中的标志位*/
void  FD_CLR(int  fd,  fd_set * fdset);     /*清除描述符fd在fdset中的标志位*/
void  FD_ISSET(int  fd,  fd_set *fdset);    /*测试fdset中的描述符fd是否就绪*/
```

④ 若 *readset*、*writeset* 和 *exceptset* 都为空，select 函数可用作高精度定时器(毫秒级)。

**3. 多进程模型**

多进程服务器模型中，当有新客户请求到来时，服务器就创建一个新进程，专用于为该客户服务。Linux 系统中，用系统调用 fork 创建一个新进程。服务器程序先调用 accept 函数接受一个客户请求，然后调用 fork 函数创建一个子进程为该客户服务。

**原型：**

```
#include  <unistd.h>
pid_t    fork(void);
```

参数：无。

返回值：子进程中，返回 0；父进程中，返回子进程的进程 ID；调用失败时返回 –1。

说明：

① fork 是一种特殊的系统调用：一次调用，两次返回，在子进程中返回 0，而在父进程中返回子进程 ID。子进程只有一个父进程，它可通过其他系统调用(如 getppid 函数)获得父进程的进程 ID，而父进程因为有多个子进程，除了在 fork 调用返回时获得子进程 ID 外，它没有其他方式获得子进程的进程 ID。

② 新生成的子进程继承了父进程的所有状态，包括打开的套接字描述符。因此，父进程接受客户端的连接请求后，子进程也可在返回的套接字描述符上进行数据读写操作。通常父进程负责与客户进程建立连接，而子进程负责与客户进程进行数据交换，父进程会关闭 accept 函数返回的新描述符，而子进程会关闭监听套接字描述符。

③ 子进程有两种执行方式。调用 fork 后，子进程是父进程的一个完全拷贝，父子进程可分别执行不同代码段，完成不同的任务；子进程也可以执行另一个可执行程序(通过 exec 系统调用)。

### 11.3.4 实验 协议无关的并发 Echo 程序

**【实验目的】**

(1) 掌握基本的并发服务器程序的编写方法。

(2) 掌握基本的协议无关套接字程序的编写方法。

**【实验环境】**

Linux 操作系统，GCC 编译环境。

**【实验过程】**

重新实现一组 Echo 程序：

(1) 流式套接字服务器程序采用多路复用或多进程模式，可同时服务多个客户端。

(2) 11.3.2 节的程序只能用于 IPv4 网络，这里改用协议无关的套接字函数来编写，使程序能同时运行在 IPv4 或 IPv6 环境下。

### 1. 实用函数

用协议无关的套接字 API 实现了两个函数 Listen2 和 Connect2，分别用于服务器程序在指定端口监听客户端请求和客户端程序与服务器建立连接(示例程序中只用到 IP 地址，没有用域名或服务名，不需要进行域名解析，调用 getaddrinfo 函数时，设置 ai_flags 包含 AI_NUMERICHOST 和 AI_NUMERICSERV 标志)。

服务器程序的 recv 函数和 recvfrom 函数调用不能处于阻塞状态。用 select 函数实现具有超时功能的接收函数 Recv_timeo 和 Recvfrom_timeo。这些函数在 util.h 和 util.c 中进行声明和定义。

util.h

```
#ifndef __util_h
#define __util_h

#include "wrapper.h"

int Listen2(const char *ipaddr, int port, int type);
int Connect2(const char* ipaddr, int port, int type);

int Recv_timeo(int sockfd, char *buff, size_t maxlen, int sec, int msec);
int Recvfrom_timeo(int sockfd, char *buff, size_t maxlen, struct sockaddr *from, int *addrlen, int sec,
int msec);

#endif
```

util.h

util.c

```
#include "util.h"
#include "config.h"

int Listen2(const char *ipaddr, int port, int type)
{
```

```
int          sockfd, rv;
char         serv[MINLINE];
struct addrinfo    hints, *res, *ressave;

snprintf(serv, MINLINE, "%d", port);

memset(&hints, 0, sizeof(struct addrinfo));
hints.ai_family = AF_UNSPEC;
hints.ai_socktype = type;        // SOCK_STREAM, 或 SOCK_DGRAM
hints.ai_flags = (AI_NUMERICHOST | AI_NUMERICSERV);
if(SOCK_STREAM == type)
    hints.ai_flags = (hints.ai_flags | AI_PASSIVE);

if((rv = getaddrinfo(ipaddr, serv, &hints, &res))  !=  0)
    return -1;

ressave = res;
do {
    if((sockfd = socket(res->ai_family, res->ai_socktype, res->ai_protocol))  <  0)
        continue;

    if(bind(sockfd, res->ai_addr, res->ai_addrlen)  ==  0)
        break;

    close(sockfd);
} while ((res = res->ai_next)  !=  NULL);

if (NULL == res) {
    printf("bind error\n");
    return -1;
}

if(SOCK_STREAM == type)
    if((rv = listen(sockfd, LISTENQ))  <  0)
    {
        close(sockfd);
        return -1;
    }
```

```
    freeaddrinfo(ressave);

    return sockfd;
}

int Connect2(const char* ipaddr, int port, int type)
{
    int     sockfd, rv;
    char    serv[MINLINE];
    struct  addrinfo hints, *res, *ressave;

    sprintf(serv, "%d", port);

    memset(&hints, 0, sizeof(struct addrinfo));
    hints.ai_family = AF_UNSPEC;
    hints.ai_socktype = type;     // SOCK_STREAM, 或 SOCK_DGRAM
    hints.ai_flags = (AI_NUMERICHOST | AI_NUMERICSERV);

    if((rv = getaddrinfo(ipaddr, serv, &hints, &res))  != 0)
        return -1;

    ressave = res;
    do {
        if((sockfd = socket(res->ai_family, res->ai_socktype, res->ai_protocol))  <  0)
            continue;

        if(connect(sockfd, res->ai_addr, res->ai_addrlen)  ==  0)
            break;

        close(sockfd);
    } while ((res = res->ai_next)  !=  NULL);

    if (NULL == res) {
        printf("connect error\n");
        return -1;
    }

    freeaddrinfo(ressave);
```

```
    return sockfd;
}

int Recv_timeo(int sockfd, char *buff, size_t maxlen, int sec, int msec)
{
    int             maxfd, nready, len;
    fd_set          rset;
    struct timeval      waiting;

    waiting.tv_sec = sec;
    waiting.tv_usec = msec;

    FD_ZERO(&rset);
    FD_SET(sockfd, &rset);
    maxfd = sockfd;

    nready = select(maxfd+1, &rset, NULL, NULL, &waiting);

    len = -1;
    if (1 == nready)
        len = Recv(sockfd, buff, maxlen, 0);

    return len;
}

int Recvfrom_timeo(int sockfd, char *buff, size_t maxlen, struct sockaddr *from, int *addrlen,
                  int sec, int msec)
{
    int             maxfd, nready, len;
    fd_set          rdset;
    struct timeval      waiting;

    waiting.tv_sec = sec;
    waiting.tv_usec = msec;

    FD_ZERO(&rdset);
    FD_SET(sockfd, &rdset);
    maxfd = sockfd;
```

```
    nready = select(maxfd+1, &rdset, NULL, NULL, &waiting);

    len = -1;
    if (1 == nready)
        len = Recvfrom(sockfd, buff, maxlen, 0, from, addrlen);

    return len;
}
```

util.c

### 2. 多进程流式套接字服务器程序

newtcpserver1.c

```
#include "config.h"
#include "util.h"

int replay(int sockfd);

int main(int argc, char **argv)
{
    int    listenfd, connfd, pid;

    listenfd = Listen2(NULL, SRVLSTPORT, SOCK_STREAM);
    printf("server is listening on port %d\n", SRVLSTPORT);

    while(1) {
        connfd = Accept(listenfd, NULL, NULL);
        if (0 == connfd)
            continue;
        printf("new connection.\n");

        if ((pid = fork())   ==   0) {   //子进程
            close(listenfd);
            replay(connfd);
            close(connfd);

            exit(0);
        }

        //父进程
        close(connfd);
```

```
        }

        return 0;
}

int replay(int sockfd)
{
        char        sendbuff[MAXLINE+1];
        char        recvbuff[MAXLINE+1];
        int         len, pid;

        pid = getpid();

        while(1) {
                if((len = Recv(sockfd, recvbuff, MAXLINE, 0))   <=   0)
                        break;
                else {
                        recvbuff[len] = 0;
                        printf("pid %d, receive: %s\n", pid, recvbuff);

                        snprintf(sendbuff, MAXLINE+1,"REPLAY FOR: %s", recvbuff);
                        if ((len = Send(sockfd, sendbuff, strlen(sendbuff), 0)) > 0)
                                printf("pid %d, send: %s\n", pid, sendbuff);
                }
        }

        return len;
}
```

—————————— newtcpserver1.c ——————————

3. 多路选择流式套接字服务器程序

—————————— newtcpserver2.c ——————————

```
#include "config.h"
#include "util.h"

int replay2(int sockfd);
int closeall(int set[], int max);

int main(int argc, char **argv)
{
```

```
int         listenfd, connfd, sockfd, maxfd, nready, maxi, len, i;
int         clisock[FD_SETSIZE];
fd_set      rdset, allset;

listenfd = Listen2(NULL, SRVLSTPORT, SOCK_STREAM);
printf("server is listening on port %d\n", SRVLSTPORT);

maxfd = listenfd;
maxi = -1;
for(i = 0; i < FD_SETSIZE; i++)
    clisock[i] = -1;

FD_ZERO(&allset);
FD_SET(listenfd, &allset);

while(1) {
    rdset = allset;

    if((nready = Select(maxfd+1, &rdset, NULL, NULL, NULL))  <  0) {
        close(listenfd);
        closeall(clisock, FD_SETSIZE);
        exit(1);
    }

    if(FD_ISSET(listenfd, &rdset)) {
        if((connfd = accept(listenfd, NULL, NULL))  <  0) {
            if (EINTR == errno)
                continue;
            else {
                printf("accept error.\n");
                close(listenfd);
                closeall(clisock, FD_SETSIZE);
                exit(1);
            }
        }

        for(i = 0; i < FD_SETSIZE; i++)
            if(clisock[i] < 0) {
                clisock[i] = connfd;
```

```
                break;
            }

        if(FD_SETSIZE == i) {
            printf("too many clients.\n");
            close(connfd);
            continue;
        }

        FD_SET(connfd, &allset);

        if(connfd > maxfd)
            maxfd = connfd;

        if(i > maxi)
            maxi = i;

        if(--nready <= 0)
            continue;
    }

    for(i = 0; i <= maxi; i++)
    {
        if((sockfd = clisock[i])   <   0)
            continue;
        else if(FD_ISSET(sockfd, &rdset)) {
            len = replay2(sockfd);

            if (len <= 0) {
                close(sockfd);
                FD_CLR(sockfd, &allset);
                clisock[i] = -1;
            }
        }

        if(--nready <= 0)
            break;
    }
}
```

```
}

int replay2(int sockfd)
{
    char  sendbuff[MAXLINE+1];
    char  recvbuff[MAXLINE+1];
    int   len;

    if((len = Recv(sockfd, recvbuff, MAXLINE, 0))   >   0) {
        recvbuff[len] = 0;
        printf("sockfd %d, receive: %s\n", sockfd, recvbuff);

        snprintf(sendbuff, MAXLINE+1, "REPLAY FOR: %s", recvbuff);
        if ((len = Send(sockfd, sendbuff, strlen(sendbuff), 0))   >   0)
                printf("sockfd %d, send: %s\n", sockfd, sendbuff);
    }

    return len;
}

int closeall(int fdset[], int max)
{
    int i;

    for(i = 0; i < max; i++)
        if(fdset[i] >= 0)
                close(fdset[i]);

    return 0;
}
```

——————————————— newtcpserver2.c ———————————————

### 4. 流式套接字客户端程序

——————————————— newtcpclient.c ———————————————

```
#include "config.h"
#include "wrapper.h"

int main(int argc, char **argv)
{
    int   sockfd, len, n, i;
```

```
        char  sendbuff[MAXLINE+1];
        char  recvbuff[MAXLINE+1];

        if(argc != 3)
        {
              printf ("usage: <client-program>    <IPaddress>    <port>\n");
              exit(1);
        }

        sockfd = Connect2(argv[1], atoi(argv[2]), SOCK_DGRAM);
        printf("connect to %s:%s\n", argv[1], argv[2]);

        for(i = 0; i < LOOPNUM; i++) {
              snprintf(sendbuff, MAXLINE+1, "%d ECHO REQUEST", i);

              if ((len = Send(sockfd, sendbuff, strlen(sendbuff), 0))   <    0)
                    continue;
              else
                    printf("send: %s\n", sendbuff);

              if ((len = Recv(sockfd, recvbuff, MAXLINE, 0))   <=    0)
                    break;
              else {
                    recvbuff[len] = 0;
                    printf("receive: %s\n", recvbuff);
              }

              sleep(1);
        }

        close(sockfd);

        return 0;
}
```

newtcpclient.c

5. 数据报套接字服务器程序

newudpserver.c

```
#include "config.h"
#include "util.h"
```

```
int main(int argc, char **argv)
{
    int         sockfd, len, addrlen;
    char        sendbuff[MAXLINE+1];
    char        recvbuff[MAXLINE+1];
    struct  sockaddr_storage    cliaddr;

    sockfd = Listen2(NULL, SRVLSTPORT, SOCK_DGRAM);
    printf("server is ready on port %d\n", SRVLSTPORT);

    while(1) {
        addrlen = sizeof(cliaddr);
        if((len = Recvfrom(sockfd, recvbuff, MAXLINE, 0, (struct sockaddr*)&cliaddr,
                                                            &addrlen)) < 0) {
            close(sockfd);
            exit(1);
        }

        recvbuff[len] = 0;
        printf("receive: %s\n", recvbuff);

        snprintf(sendbuff, MAXLINE+1,"REPLAY FOR: %s", recvbuff);
        if ((len = Sendto(sockfd, sendbuff, strlen(sendbuff), 0, (struct sockaddr*)&cliaddr,
                                                                addrlen)) > 0)
            printf("send: %s\n", sendbuff);
    }
}
```

newudpserver.c

### 6. 数据报套接字客户端程序

newudpclient.c

```
#include "config.h"
#include "wrapper.h"

int main(int argc, char **argv)
{
    int     sockfd, len, addrlen, rv, i;
    char  sendbuff[MAXLINE+1];
    char  recvbuff[MAXLINE+1];
    struct  sockaddr_storage    srvaddr;
```

```
        if(argc != 3) {
            printf ("usage: <client-program>  <IPaddress>  <port>\n");
            exit(1);
        }

        sockfd = Connect2(argv[1], atoi(argv[2]), SOCK_DGRAM);
        printf("connect to %s:%s\n", argv[1], argv[2]);

        for(i = 0; i < LOOPNUM; i++) {
            snprintf(sendbuff, MAXLINE+1," %d ECHO REQUEST;", i);

            if ((len = Send(sockfd, sendbuff, strlen(sendbuff), 0))  <  0)
                continue;
            else
                printf("send: %s\n", sendbuff);

            if ((len = Recv(sockfd, recvbuff, MAXLINE, 0))  <=  0)
                break;
            else {
                recvbuff[len] = 0;
                printf("receive: %s\n", recvbuff);
            }

            sleep(1);
        }

        close(sockfd);
        return 0;
    }
```

newudpclient.c

## 11.4 代理服务器程序设计

### 11.4.1 代理服务器简介

代理服务器(Proxy Server)是一种常用的防火墙实现技术。顾名思义，所谓代理，即代替客户程序向服务器提出请求并接收响应，再把响应数据发送给客户程序。代理可分为应用级代理和电路级代理两种类型。前者工作在网络体系结构的应用层，为某一种特定的应用层服务(如 HTTP、FTP)提供客户程序和服务器之间的数据转发服务，转发时可对数据内容进行过滤；后者工作在网络体系结构的传输层，接收来自客户端的连接，代替客户端与服务器建立连接，转发客户端连接和服务器连接之间的数据，如图 11.4 所示。电路级代理能支持各种应用层协议，通用性好，但缺点是需要对客户端程序进行修改。代理可对客户程序进行认证，可根据规则过滤(拒绝)客户的连接请求。Socks 就是一种典型的代理服务程序，Socks v5 支持 TCP 和 UDP 连接代理、用户验证以及 IPv6 协议。

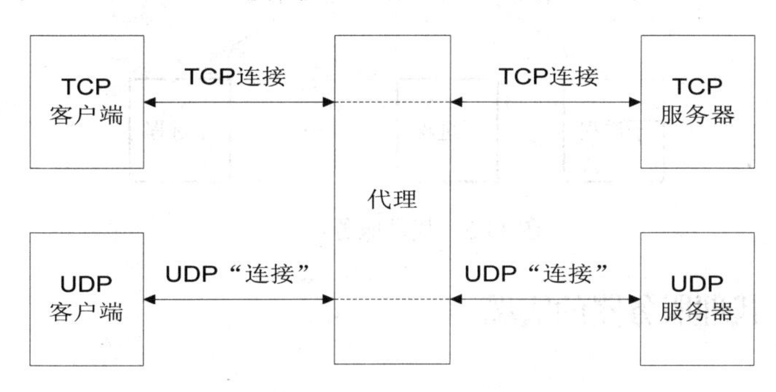


图 11.4　电路级代理

代理服务器程序既是客户(对应用服务器而言)，又是服务器(对客户端而言)，是一种综合性的网络通信程序。这里忽略用户认证、连接过滤等与网络编程无关的功能，实现一个简单的电路级代理，它能同时支持 TCP 和 UDP 协议代理，且能运行在 IPv4 或 IPv6 环境下。

## 11.4.2　代理服务器设计

实验包括简单代理服务器的设计及实现。此外，客户程序通过代理访问服务，需要与代理服务器进行协商，因此客户程序需要增加协商功能。本节实验完成代理服务器程序的设计，包括代理协议设计和代理服务器程序结构设计。

### 1. 代理协议

通过代理访问应用服务，客户端程序首先要与代理服务器建立连接，请求通过代理访问指定的某个应用服务器。代理服务器可接受该请求，也可拒绝请求。因此，首先需要定义客户程序和代理服务器程序之间的通信协议。这里定义一套简单的文本协商协议，客户程序请求信息的格式为“REQ　应用服务器 IP 地址　应用服务器端口”；代理服务器响应消息的格式为“REP OK”(同意建立代理连接)或“REP DENY”(拒绝建立代理连接)。

在 UDP 协议代理中，代理服务器打开一个新端口，用于接收客户端数据或向客户端发送应用服务器的响应数据。代理服务器需要告知客户端这个新打开的端口，因此，在同意建立代理连接的消息后再增加一个端口号字段，即同意 UDP 协议代理的消息格式为“REP OK 新端口”。

### 2. 代理服务器结构

代理服务器的结构如图 11.5 所示。主进程分别为 TCP 协议和 UDP 协议各打开一个监听端口，采用多路复用方式监听来自客户端的连接请求。对新到来的每个代理请求，主进程都创建一个子进程为该连接转发数据。同时，主进程还监视连接状况，在连接建立和关闭时输出提示信息。代理主进程与客户进程协商代理连接，并输出连接建立信息；子进程为建立的连接提供数据转发服务。连接在子进程中关闭，子进程通过进程间通信机制(管道，Pipe)通知父进程连接关闭消息。

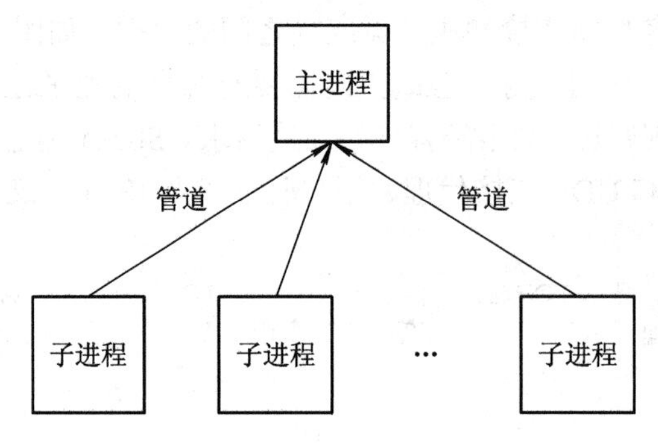


图 11.5　代理服务器结构

### 11.4.3　实验　代理服务器的实现

**【实验目的】**

综合实践套接字程序的编写，实现一个代理服务器程序。

**【实验环境】**

Linux 操作系统，GCC 编译环境。

**【实验过程】**

编程实现一个代理服务器程序。

agentserver.c

```
#include "config.h"
#include "util.h"

// 连接信息
struct conninfo {
    char    type[MINLINE+1];          //连接类型，“TCP”或“UDP”
    char    cliaddr[MINLINE+1];       //客户端 IP
    char    cliport[MINLINE+1];       //客户端端口
    char    agtcliaddr[MINLINE+1];    //代理用于与客户端连接的 IP
    char    agtcliport[MINLINE+1];    //代理用于与客户端连接的端口
    char    agtsrvaddr[MINLINE+1];    //代理用于与服务器连接的 IP
    char    agtsrvport[MINLINE+1];    //代理用于与客户端连接的端口
    char    srvaddr[MINLINE+1];       //服务器 IP
    char    srvport[MINLINE+1];       //服务器端口
};

int negotiate_tcpserver(int listenfd, int *pagtclifd, int *pagtsrvfd, struct conninfo *pcinfo);
```

```
int negotiate_udpserver(int listenfd, int *pagtclifd, int *pagtsrvfd, struct conninfo *pcinfo);
int service_tcp(int agtclifd, int agtsrvfd);
int service_udp(int agtclifd, int agtsrvfd);
int sprintf_conn(char *buff, int maxlen, const struct conninfo *pcinfo, int flags);

int main(int argc, char **argv)
{
    int         listenfd_tcp, listenfd_udp, agtclifd, agtsrvfd, readfd_pp, writefd_pp, pid, len, maxfd, rv;
    char        buff[MAXLINE+1];
    char        op[MINLINE+1];
    int         pipefd[2];
    fd_set      rdset, allset;
    struct      conninfo    cinfo;

    if(argc != 2)
    {
        printf("Usage: <agent-program>    <local ip address>\n");
        exit(1);
    }

    if(pipe(pipefd)    <    0) {
        printf("pipe error\n");
        exit(1);
    }
    readfd_pp = pipefd[0];
    writefd_pp = pipefd[1];

    listenfd_tcp = Listen2(argv[1], AGTLSTPORT, SOCK_STREAM);
    listenfd_udp = Listen2(argv[1], AGTLSTPORT, SOCK_DGRAM);
    printf("agent is ready on port: tcp %d, udp %d\n", AGTLSTPORT, AGTLSTPORT);

    maxfd = (listenfd_tcp > listenfd_udp) ? listenfd_tcp : listenfd_udp;
    maxfd = (maxfd > readfd_pp) ? maxfd : readfd_pp;
    FD_ZERO(&allset);
    FD_SET(listenfd_tcp, &allset);
    FD_SET(listenfd_udp, &allset);
    FD_SET(readfd_pp, &allset);

    while(1) {
```

```
rdset = allset;

if(Select(maxfd+1, &rdset, NULL, NULL, NULL)  <  0) {
    printf("select error\n");
    close(listenfd_tcp);
    close(listenfd_udp);
    close(readfd_pp);
    close(writefd_pp);
    exit(1);
}

if(FD_ISSET(listenfd_tcp, &rdset)) {    //新 TCP 连接
    sprintf(cinfo.type, "TCP");

    agtclifd = -1;
    agtsrvfd = -1;
    rv = negotiate_tcpserver(listenfd_tcp, &agtclifd, &agtsrvfd, &cinfo);

    if (0 == rv) {
        if((pid = fork()) ==0) {        //子进程
            close(listenfd_tcp);
            close(listenfd_udp);
            close(readfd_pp);

            service_tcp(agtclifd, agtsrvfd);

            sprintf_conn(buff, MAXLINE, &cinfo, CLOSE);
            write(writefd_pp, buff, strlen(buff));

            exit(0); //子进程结束
        }

        //父进程
        sprintf_conn(buff, MAXLINE, &cinfo, CONNECT);
        printf("%s\n", buff);

        close(agtclifd);
        close(agtsrvfd);
    }
```

```
        }

        if(FD_ISSET(listenfd_udp, &rdset)) {     //新 UDP“连接”
            sprintf(cinfo.type, "UDP");

            agtclifd = -1;
            agtsrvfd = -1;
            rv = negotiate_udpserver(listenfd_udp, &agtclifd, &agtsrvfd, &cinfo);

            if (0 == rv) {
                if((pid = fork()) ==0) { //子进程
                    close(listenfd_tcp);
                    close(listenfd_udp);
                    close(readfd_pp);

                    service_udp(agtclifd, agtsrvfd);

                    sprintf_conn(buff, MAXLINE, &cinfo, CLOSE);
                    write(writefd_pp, buff, strlen(buff));

                    exit(0);     //子进程结束
                }

                //父进程
                sprintf_conn(buff, MAXLINE, &cinfo, CONNECT);
                printf("%s\n", buff);

                close(agtclifd);
                close(agtsrvfd);
            }
        }

        if(FD_ISSET(readfd_pp, &rdset)) {        //连接关闭，子进程发送提示消息
                len = read(readfd_pp, buff, MAXLINE);
                printf("%s\n", buff);
        }
    }
}
```

```
int negotiate_tcpserver(int listenfd, int *pagtclifd, int *pagtsrvfd, struct conninfo *pcinfo)
{
    char        buff[MAXLINE+1];
    char        op[MINLINE+1];
    char        srvaddr[MINLINE+1];
    struct      sockaddr_storage   addr;
    int         clifd, srvfd, len, addrlen, srvport;

    //接收来自客户端的 TCP 连接
    addrlen = sizeof(addr);
    if((clifd = accept(listenfd, (SA*)&addr, &addrlen))   <   0)
        return -1;

    //与客户端协商服务器地址
    if((len = Recv_timeo(clifd, buff, MAXLINE, WAITSEC, WAITUSEC))   <=   0) {
        close(clifd);
        return -1;
    }
    buff[len] = 0;
    sscanf(buff, "%s %s %d", op, srvaddr, &srvport);

    if((srvfd = Connect2(srvaddr, srvport, SOCK_STREAM))   <   0)    //建立代理到服务器连接
        sprintf(buff, "REP DENY");
    else
        sprintf(buff, "REP OK");

    Send(clifd, buff, strlen(buff), 0);

    if (srvfd > 0) {
        //获取连接信息
        getnameinfo((SA*)&addr, addrlen, pcinfo->cliaddr, MINLINE, pcinfo->cliport, MINLINE,
                    (NI_NUMERICHOST | NI_NUMERICSERV));

        strncpy(pcinfo->srvaddr, srvaddr, MINLINE);
        snprintf(pcinfo->srvport, MINLINE+1,"%d", srvport);

        addrlen = sizeof(addr);
        getsockname(clifd, (SA*)&addr, &addrlen);
        getnameinfo((SA*)&addr, addrlen, pcinfo->agtcliaddr, MINLINE, pcinfo->agtcliport,
```

```
                    MINLINE, (NI_NUMERICHOST | NI_NUMERICSERV));

            addrlen = sizeof(addr);
            getsockname(srvfd, (SA*)&addr, &addrlen);
            getnameinfo((SA*)&addr, addrlen, pcinfo->agtsrvaddr, MINLINE, pcinfo->agtsrvport,
                    MINLINE, (NI_NUMERICHOST | NI_NUMERICSERV));

            *pagtclifd = clifd;
            *pagtsrvfd = srvfd;

            return 0;
        }

        close(clifd);

        return -1;
}

int service_tcp(int agtclifd, int agtsrvfd)
{
        char            buff[MAXLINE+1];
        int             maxfd, nready, len;
        fd_set          rdset, allset;
        struct timeval  waiting;

        maxfd = (agtclifd > agtsrvfd) ? agtclifd : agtsrvfd;
        FD_ZERO(&allset);
        FD_SET(agtclifd, &allset);
        FD_SET(agtsrvfd, &allset);

        waiting.tv_sec = WAITSEC;
        waiting.tv_usec = WAITUSEC;

        while(1) {
            rdset = allset;
            nready = Select(maxfd+1, &rdset, NULL, NULL, &waiting);
            if(nready <= 0)
                break;
```

```
            if(FD_ISSET(agtclifd, &rdset)) {
                //从客户端接收数据，转发给服务器
                len = Recv(agtclifd, buff, MAXLINE, 0);

                if(len > 0)
                    Send(agtsrvfd, buff, len, 0);
                else
                    break;
            }

            if(FD_ISSET(agtsrvfd, &rdset)) {
                //从服务器接收数据，转发给客户端
                len = Recv(agtsrvfd, buff, MAXLINE, 0);

                if(len > 0)
                    Send(agtclifd, buff, len, 0);
                else
                    break;
            }
        }

        close(agtsrvfd);
        close(agtclifd);

        return 0;
}

int negotiate_udpserver(int listenfd, int *pagtclifd, int *pagtsrvfd, struct conninfo *pcinfo)
{
        char        buff[MAXLINE+1];
        char        op[MINLINE+1];
        char        srvaddr[MINLINE+1];
        char        listenip[MINLINE+1];
        struct      sockaddr_storage    addr, cliaddr;
        int         clifd, srvfd, len, addrlen, cliaddrlen, srvport;

        //在客户端连接网络接口打开一个新的 UDP 端口，用于与客户端交换数据
        addrlen = sizeof(addr);
        getsockname(listenfd, (SA*)&addr, &addrlen);
```

```
getnameinfo((SA*)&addr, addrlen, listenip, MINLINE, NULL, 0, NI_NUMERICHOST);
if((clifd = Listen2(listenip, 0, SOCK_DGRAM))  <  0)
    return -1;

//与客户端协商服务器地址
cliaddrlen = sizeof(cliaddr);
if ((len  =  Recvfrom_timeo(listenfd, buff, MAXLINE, (SA*)&cliaddr, &cliaddrlen,
                    WAITSEC, WAITUSEC))  <=  0) {
    close(clifd);
    return -1;
}
buff[len] = 0;

// “连接”到服务器
sscanf(buff, "%s %s %d", op, srvaddr, &srvport);
if((srvfd = Connect2(srvaddr, srvport, SOCK_DGRAM))  <  0) {
    snprintf(buff, MAXLINE+1,"REP DENY");
    Sendto(listenfd, buff, strlen(buff), 0, (SA*)&cliaddr, cliaddrlen);
    close(clifd);
    return -1;
} else {
    //获取连接信息
    getnameinfo((SA*)&cliaddr, cliaddrlen, pcinfo->cliaddr, MINLINE, pcinfo->cliport,
                MINLINE, (NI_NUMERICHOST | NI_NUMERICSERV));

    strncpy(pcinfo->srvaddr, srvaddr, MINLINE);
    snprintf(pcinfo->srvport, MINLINE+1, "%d", srvport);

    addrlen = sizeof(addr);
    getsockname(clifd, (SA*)&addr, &addrlen);
    getnameinfo((SA*)&addr, addrlen, pcinfo->agtcliaddr, MINLINE, pcinfo->agtcliport,
                MINLINE, (NI_NUMERICHOST | NI_NUMERICSERV));

    addrlen = sizeof(addr);
    getsockname(srvfd, (SA*)&addr, &addrlen);
    getnameinfo((SA*)&addr, addrlen, pcinfo->agtsrvaddr, MINLINE, pcinfo->agtsrvport,
                MINLINE, (NI_NUMERICHOST | NI_NUMERICSERV));

    snprintf(buff, MAXLINE+1,"REP OK %s", pcinfo->agtcliport);
```

```
            Sendto(listenfd, buff, strlen(buff), 0, (SA*)&cliaddr, cliaddrlen);

            *pagtclifd = clifd;
            *pagtsrvfd = srvfd;

            return 0;
        }
}

int service_udp(int agtclifd, int agtsrvfd)
{
        char            buff[MAXLINE+1];
        int             maxfd, nready, len, addrlen;
        fd_set          rdset, allset;
        struct  timeval waiting;
        struct  sockaddr_storage    cliaddr;

        maxfd = (agtclifd > agtsrvfd) ? agtclifd : agtsrvfd;
        FD_ZERO(&allset);
        FD_SET(agtclifd, &allset);
        FD_SET(agtsrvfd, &allset);

        waiting.tv_sec = WAITSEC;
        waiting.tv_usec = WAITUSEC;

        //第一次从客户端接收数据，保留客户端地址
        addrlen = sizeof(cliaddr);
        len  =  Recvfrom_timeo(agtclifd, buff, MAXLINE, (SA*)&cliaddr, &addrlen, WAITSEC,
                               WAITUSEC);

        if(len > 0) {
            Send(agtsrvfd, buff, len, 0);

            while(1) {
                rdset = allset;
                nready = Select(maxfd+1, &rdset, NULL, NULL, &waiting);
                if(nready <= 0)
                    break;
```

```
            if(FD_ISSET(agtclifd, &rdset)) {
                //从客户端接收数据，转发给服务器
                len = Recvfrom(agtclifd, buff, MAXLINE, 0, NULL, NULL);
                if(len > 0)
                    Send(agtsrvfd, buff, len, 0);   //已经与服务器建立了 UDP“连接”
                else
                    break;
            }

            if(FD_ISSET(agtsrvfd, &rdset)) {
                //从服务器接收数据，转发给客户端
                len = Recv(agtsrvfd, buff, MAXLINE, 0);
                if(len > 0)
                    Sendto(agtclifd, buff, len, 0, (SA*)&cliaddr, addrlen);
                else
                    break;
            }
        }
    }

    close(agtclifd);
    close(agtsrvfd);

    return 0;
}

int sprintf_conn(char *buff, int maxlen, const struct conninfo *pcinfo, int flags)
{
    char        event[MINLINE+1];

    if (flags & CONNECT)
        strncpy(event, "new", MINLINE);
    else
        strncpy(event, "close", MINLINE);

    snprintf(buff, maxlen, "%s %s: client-ip:%s, client-port:%s, agent-client-ip:%s,
        agent-client-port:%s, agent-server-ip:%s, agent-server-port:%s, server-ip:%s,
        server-port:%s", event, pcinfo->type, pcinfo->cliaddr, pcinfo->cliport, pcinfo->agtcliaddr,
        pcinfo->agtcliport, pcinfo->agtsrvaddr, pcinfo->agtsrvport, pcinfo->srvaddr,
```

```
            pcinfo->srvport);

        return (strlen(buff));
    }
```

agentserver.c

## 11.4.4 实验　客户端程序的实现

**【实验目的】**

综合实践套接字程序的编写，实现客户端程序的代理协商功能。

**【实验环境】**

Linux 操作系统，GCC 编译环境。

**【实验过程】**

改进 11.3.4 节中的客户端程序，增加代理协商功能。

**1. 流式套接字客户端程序**

agenttcpclient.c

```
#include "config.h"
#include "wrapper.h"
#include "util.h"

int negotiate_tcpclient(int sockfd, const char* host, const char* serv);

int main(int argc, char **argv)
{
    int     sockfd, len, rv, i;
    char    sendbuff[MAXLINE+1];
    char    recvbuff[MAXLINE+1];

    if(argc != 5) {
        printf ("usage: <client program> <AgentIP> <AgentPort> <ServerIP> <ServerPort>\n");
        exit(1);
    }

    if((sockfd = Connect2(argv[1], atoi(argv[2]), SOCK_STREAM))  <  0)
        exit(1);

    if ((rv = negotiate_tcpclient(sockfd, argv[3], argv[4]))  <  0)
        exit(1);
```

```
    for(i = 0; i < LOOPNUM; i++) {
        snprintf(sendbuff, MAXLINE+1,"%d ECHO REQUEST", i);

        if ((len = Send(sockfd, sendbuff, strlen(sendbuff), 0))   <   0)
            continue;
        else
            printf("send: %s\n", sendbuff);

        if ((len = Recv(sockfd, recvbuff, MAXLINE, 0))   <=   0)
            break;
        else {
            recvbuff[len] = 0;
            printf("receive: %s\n", recvbuff);
        }

        sleep(1);
    }

    close(sockfd);

    return 0;
}

int negotiate_tcpclient(int serverfd, const char* host, const char* serv)
{
    char  buff[MINLINE];
    char  op[MINLINE];
    char  status[MINLINE];
    int   len;

    printf("negotiate with agent.\n");

    snprintf(buff, MAXLINE+1,"REQ %s %s", host, serv);
    if ((len = Send(serverfd, buff, strlen(buff), 0))   <   0)
        return -1;
    else
        printf("send: %s\n", buff);

    if ((len = Recv(serverfd, buff, MINLINE, 0))   <   0)
```

```
            return -1;
        else {
            buff[len] = 0;
            printf("receive: %s\n", buff);
        }

        sscanf(buff, "%s %s", op, status);

        if (strcmp(status, "OK")) {
            printf("connection denied!\n");
            return -1;
        }   else {
            printf("negiotation successful.\n");
            return 0;
        }
    }
```

agenttcpclient.c

## 2. 数据报套接字客户端程序

agentudpclient.c

```
    #include "config.h"
    #include "wrapper.h"
    #include "util.h"

    int negotiate_udpclient(int serverfd, const char* host, const char* serv);

    int main(int argc, char **argv)
    {
        int     sockfd, len, rv, newport, i;
        char    sendbuff[MAXLINE+1];
        char    recvbuff[MAXLINE+1];

        if(argc != 5) {
            printf ("usage: <client program> <AgentIP> <AgentPort> <ServerIP> <ServerPort>\n");
            exit(1);
        }

        sockfd = Connect2(argv[1], atoi(argv[2]), SOCK_DGRAM);

        newport = negotiate_udpclient(sockfd, argv[3], argv[4]);
```

```
    close(sockfd);

    if(newport < 0)
        exit(1);

    //与服务器端的新端口建立“连接”
    sockfd = Connect2(argv[1], newport, SOCK_DGRAM);

    for(i = 0; i < LOOPNUM; i++) {
        snprintf(sendbuff, MAXLINE+1, " %d ECHO REQUEST;", i);

        if ((len = Send(sockfd, sendbuff, strlen(sendbuff), 0))  <  0)
            continue;
        else
            printf("send: %s\n", sendbuff);

        if ((len = Recv(sockfd, recvbuff, MAXLINE, 0))  <=  0)
            break;
        else {
            recvbuff[len] = 0;
            printf("receive: %s\n", recvbuff);
        }

        sleep(1);
    }

    close(sockfd);

    return 0;
}

int negotiate_udpclient(int serverfd, const char* host, const char* serv)
{
    char        buff[MINLINE+1];
    char        op[MINLINE+1];
    char        status[MINLINE+1];
    struct      sockaddr_storage  addr;
    int         newport, len, addrlen;
```

```
        snprintf(buff, MAXLINE+1,"REQ %s %s", host, serv);

        if ((len = Send(serverfd, buff, strlen(buff), 0))  <  0)
            return -1;
        else
            printf("send: %s\n", buff);

        if ((len = Recv(serverfd, buff, MINLINE, 0))  <  0)
            return -1;
        else {
            buff[len] = 0;
            printf("receive: %s\n", buff);
        }

        sscanf(buff, "%s %s %d", op, status, &newport);

        if (strcmp(status, "OK")) {
            printf("connection denied!\n");
            return -1;
        }   else {
            printf("negiotation successful.\n");
            return newport;
        }
}
```

agentudpclient.c